AF568387

SAP Projektsystem in SAP S/4HANA®

SAP PRESS ist eine gemeinschaftliche Initiative von SAP SE und der Rheinwerk Verlag GmbH. Unser Ziel ist es, Ihnen als Anwendern qualifiziertes SAP-Wissen zur Verfügung zu stellen. SAP PRESS vereint das Know-how der SAP und die verlegerische Kompetenz von Rheinwerk. Die Bücher bieten Ihnen Expertenwissen zu technischen wie auch zu betriebswirtschaftlichen SAP-Themen.

Damit Sie nach weiteren Titeln Ihres Interessengebiets nicht lange suchen müssen, haben wir eine kleine Auswahl zusammengestellt.

Antje Diekhoff, Mathias Cararo
SAP-Geschäftspartner und Customer-Vendor-Integration
568 Seiten, 2022, gebunden
ISBN 978-3-8362-8958-0
www.sap-press.de/5515

Thomas Kunze, Christian Kurzke, Kathrin Schmalzing
SAP S/4HANA Finance – Customizing
986 Seiten, 3., aktualisierte und erweiterte Auflage 2022, gebunden
ISBN 978-3-8362-8715-9
www.sap-press.de/5423

Kathrin Schmalzing
CO-PA in SAP S/4HANA Finance
424 Seiten, 2., aktualisierte und erweiterte Auflage 2022, gebunden
ISBN 978-3-8362-8740-1
www.sap-press.de/5431

Karl Liebstückel
Instandhaltung mit SAP S/4HANA. Das Praxishandbuch
740 Seiten, 6., aktualisierte und erweiterte Auflage 2023, gebunden
ISBN 978-3-8362-9013-5
www.sap-press.de/5531

Mario Franz, Andrea Langlotz

SAP Projektsystem in SAP S/4HANA®

Liebe Leserin, lieber Leser,

die 1. Auflage unseres Buches zu PS ist bereits im Jahr 2006 erschienen. Nun schreiben wir das Jahr 2022, und nicht mehr SAP ERP, sondern SAP S/4HANA ist die aktuelle Business Suite aus dem Hause SAP. Unser Buch ist mitgewachsen: Diese 6. Auflage ist komplett zu SAP S/4HANA aktualisiert und hat ca. 100 Seiten an Umfang gewonnen.

Unser Autor Dr. Mario Franz hat mit Co-Autorin Andrea Langlotz kompetente Verstärkung bekommen. Zusammen zeigen die beiden Ihnen, wie Sie Ihre Projekte mit PS in den Griff bekommen. Ob es um die Abrechnung der Projektkosten, die Definition der notwendigen Stammdaten oder um das Projekt-Reporting geht: Die einzelnen Schritte beschreiben sie stets verständlich und anschaulich direkt im System, bis hin zum individuellen Customizing.

Ich bin mir deshalb sicher, dass dieses Buch Sie in allen Projektphasen bestens unterstützen wird!

Wir freuen uns stets über Lob, aber auch über kritische Anmerkungen, die uns helfen, unsere Bücher zu verbessern. Scheuen Sie sich nicht, sich bei mir zu melden; Ihr Feedback ist jederzeit willkommen.

Ihre Eva Tripp
Lektorat SAP PRESS

eva.tripp@rheinwerk-verlag.de
www.rheinwerk-verlag.de
Rheinwerk Verlag · Rheinwerkallee 4 · 53227 Bonn

Auf einen Blick

Wir hoffen, dass Sie Freude an diesem Buch haben und sich Ihre Erwartungen erfüllen. Ihre Anregungen und Kommentare sind uns jederzeit willkommen. Bitte bewerten Sie doch das Buch auf unserer Website unter **www.rheinwerk-verlag.de/feedback**.

An diesem Buch haben viele mitgewirkt, insbesondere:

Lektorat Eva Tripp
Korrektorat Anna Krepper, Rommerskirchen
Herstellung Stefanie Häb
Typografie und Layout Vera Brauner
Einbandgestaltung Bastian Illerhaus
Coverbild shutterstock: 1937816254 © Monster Ztudio
Satz III-Satz, Kiel
Druck Beltz Grafische Betriebe, Bad Langensalza

Dieses Buch wurde gesetzt aus der TheAntiquaB (9,35/13,7 pt) in FrameMaker.
Gedruckt wurde es mit mineralölfreien Farben auf chlorfrei gebleichtem, FSC®-zertifiziertem Offsetpapier (90 g/m²).
Hergestellt in Deutschland.

Bibliografische Information der Deutschen Nationalbibliothek:
Die Deutsche Nationalbibliothek verzeichnet diese Publikation in der Deutschen Nationalbibliografie; detaillierte bibliografische Daten sind im Internet über *http://dnb.dnb.de* abrufbar.

ISBN 978-3-8362-9074-6

1. Auflage 2023, 1., korrigierter Nachdruck 2025

Rheinwerk Verlag GmbH • Rheinwerkallee 4 • 53227 Bonn
service@rheinwerk-verlag.de

Informationen zu unserem Verlag und Kontaktmöglichkeiten finden Sie auf unserer Verlagswebsite **www.rheinwerk-verlag.de**. Dort können Sie sich auch umfassend über unser aktuelles Programm informieren und unsere Bücher und E-Books bestellen.

Inhalt

Einleitung

Aufgrund der Anforderung, Vorhaben in immer kürzer werdenden Zeiträumen unter stetig wachsendem Kostendruck erfolgreich zu realisieren, gewinnen Projektmanagement-Methoden und -Werkzeuge in der Industrie, aber auch im öffentlichen Bereich zunehmend an Bedeutung. Die Palette reicht dabei von kleineren Kosten- und Investitionsvorhaben über Entwicklungs- oder Instandhaltungsprojekte bis hin zu Großprojekten im Anlagen- und Maschinenbau.

Auf dem Markt findet man eine Fülle an Projektmanagement-Softwareprodukten, die Projektleiterinnen und -leiter bei der Planung und Durchführung ihrer Projekte unterstützen können. Viele Unternehmen setzen für einzelne Aspekte der Projektplanung oder -durchführung zusätzlich auch selbst entwickelte Programme ein oder verwenden unterschiedliche Lösungen je Geschäftsbereich. Nur wenige Projektmanagement-Werkzeuge können jedoch den gesamten Projektlebenszyklus vollständig und durchgängig abbilden. Mangelnde Integrationsmöglichkeiten führen außerdem oft dazu, dass Projektdaten, wie z. B. Kosteninformationen oder Zeitdaten, mehrfach erfasst werden müssen. Die gleichzeitige Verfügbarkeit aller aktuellen projektrelevanten Daten und Dokumente für das Projektmanagement ist daher bei den meisten Projektmanagement-Werkzeugen nur bedingt gegeben.

Um diese Probleme zu vermeiden, verwenden gerade Unternehmen, die bereits ein SAP-ERP-System (Enterprise Resource Planning), also z. B. ein R/3-, ein ECC- (ERP Core Component) oder ein SAP-S/4HANA-System einsetzen, zunehmend *SAP Projektsystem* für das Management ihrer Projekte und profitieren damit von der festen Integration des Projektsystems mit dem Rechnungswesen, der Materialwirtschaft, dem Vertrieb, der Produktion, dem Personalwesen usw. Weitere Integrationen, wie etwa in Portfolio and Project Management oder Commercial Project Management in SAP S/4HANA, erweitern das Projektsystem um Funktionen zum Management von Projektportfolios oder um erweiterte Kosten- und Erlösplanungsoptionen.

Im Vergleich zu den Vorgängerversionen bietet das Projektsystem in SAP S/4HANA eine Reihe von Neuerungen: Erneuerte Funktionen wie Projekttexte und Prozesserweiterungen wie Management und Optimierung der Projektfertigung (PMMO) ergänzen und modernisieren den Funktionsumfang des Projektsystems. Vereinfachte, geräteunabhängige und rollenbasierte Benutzeroberflächen verbessern die Bedienbarkeit der Anwendung und unterstützen mobil arbeitende Projektteams. Dokumentierte, externe Programmierschnittstellen, sog. *Application Programming Interfaces* (APIs) erleichtern die Erweiterung von Projektmanagement-Prozessen durch SAP-Partner oder unternehmensspezifische Entwicklungen und vereinfachen die Integration mit cloudbasierten Anwendungen.

Da das Projektsystem Funktionen für das Management praktisch aller Projekttypen – und je nach Anforderung oft sogar in unterschiedlichen Formen – bietet, verwenden die meisten Unternehmen, die das Projektsystem einsetzen, nur einen geringen Teil der zur Verfügung stehenden Funktionen. Häufig setzen Unternehmen zunächst nur wenige Werkzeuge des Projektsystems, z. B. für das Kosten-Controlling ihrer Vorhaben, ein und greifen dann nach und nach auf weitere Möglichkeiten des Projektsystems zurück.

Zielsetzung des Buches

Ziel dieses Buches ist es, Ihnen die wesentlichen Funktionen und Integrationsszenarien von SAP Projektsystem zu erläutern. Dazu werden zum einen Geschäftsprozesse erörtert, die mithilfe des Projektsystems abgebildet werden können, und zum anderen die notwendigen Einstellungen behandelt, die dazu in den Projekten, insbesondere jedoch auch im Customizing des Projektsystems, vorgenommen werden müssen. Verweise auf Kundenerweiterungen (User-Exits) und Business Add-Ins (BAdIs) oder auch auf Modifikationshinweise zeigen weitere Anpassungsmöglichkeiten des Projektsystems auf.

Relevante Softwareversionen
Der Inhalt des Buches bezieht sich auf das Release SAP S/4HANA 2022. Die meisten Funktionen stehen jedoch bereits auch in früheren Releaseständen zur Verfügung, sodass das Buch auch für Leserinnen und Leser geeignet ist, die z. B. ein Enterprise-Release oder SAP ERP 6.0 einsetzen.

Für zusätzliche Erläuterungen der Unterschiede zwischen SAP ERP und SAP S/4HANA sei auf die Dokumentation unter *https://help.sap.com/s4hana_op_2022* und insbesondere auf die darin enthaltene Simplification List verwiesen.

Der Funktionsumfang des Projektsystems ist projekttyp- und branchenübergreifend. Dieses Buch beschreibt daher die Funktionen des Projektsystems in möglichst allgemeiner Form, ohne sich auf spezielle Verwendungen oder auf einzelne Projekttypen zu beschränken. Nichtsdestotrotz können oft nur explizite Beispiele und konkrete Screenshots Funktionen und Zusammenhänge deutlich machen.

Zielgruppe des Buches

Aufgrund seiner Zielsetzung richtet sich dieses Buch zum einen an Leserinnen und Leser, die detaillierte Kenntnisse zu den verschiedenen Einstellungsmöglichkeiten des Projektsystems oder neu hinzugekommenen Funktionen benötigen bzw. ihre Kenntnisse erweitern oder auffrischen möchten. Dies sind z. B. Consultants, Projektleiterinnen und Projektleiter, Verantwortliche für die Implementierung des Projektsystems, Mitarbeitende von Competence-Centern oder Key-User eines Unternehmens. Zum anderen richtet sich dieses Buch aber auch an Leserinnen und Leser, die an einem Überblick über die Funktionen und Konzepte des Projektsystems interessiert sind, wie z. B. Entscheiderinnen und Entscheider in Unternehmen, die die Einführung des Projektsystems erwägen. Leserinnen und Lesern, deren Unternehmen einen Wechsel auf SAP S/4HANA plant, soll dieses Buch helfen, mögliche Auswirkungen auf bestehende Prozesse und Funktionen besser abschätzen zu können.

Grundsätzlich setzt dieses Buch voraus, dass Sie über grundlegende betriebswirtschaftliche Kenntnisse verfügen und mit den Methoden des Projektmanagements vertraut sind. Aufgrund seiner Integration mit den diversen anderen SAP-Komponenten sind für das Verständnis vieler Funktionen und Prozesse des Projektsystems zusätzlich auch Grundkenntnisse dieser SAP-Komponenten notwendig. So kennt das Projektsystem z. B. keine eigenen Organisationseinheiten, sondern verwendet stattdessen Organisationseinheiten des externen und internen Rechnungswesens, der Produktion, des Einkaufs, des Vertriebs usw. Eine ausführliche Erläuterung all dieser Organisationseinheiten bzw. der integrierten Komponenten würde den Rahmen dieses Buches sprengen. Wenn Sie bisher nur über geringe SAP-Kenntnisse verfügen, sollten Sie daher bei Bedarf das SAP-Glossar und die SAP-Bibliothek zu Hilfe nehmen, die im Internet unter *https://help.sap.com* frei verfügbar sind.

Aufbau des Buches

Der Aufbau des Buches orientiert sich weitestgehend an den einzelnen Phasen des Projektmanagements mithilfe des Projektsystems. So erläutert

Kapitel 1, »Strukturen und Stammdaten«, zunächst, wie Sie Ihre Projekte mithilfe geeigneter Strukturen im SAP-System abbilden können. Diese Strukturen und ihre Stammdaten bilden die Basis für alle weiteren Planungs- und Realisierungsschritte.

Bei der Strukturierung stellen Sie bereits mittels Profilen und steuernden Kennzeichen die Weichen für die weiteren Planungs- und Realisierungsfunktionen. Wenn Sie dieses Buch als eine erste Einführung in das Projektmanagement mit dem Projektsystem nutzen wollen, sollten Sie deswegen die in Kapitel 1 behandelten Details zu diesen Profilen und Kennzeichen beim ersten Lesen des Buches überspringen, um sich zunächst in den darauffolgenden Kapiteln einen Überblick über die Planungs- und Realisierungsfunktionen des Projektsystems zu verschaffen.

Kapitel 2, »Planungsfunktionen«, beschäftigt sich mit den diversen Funktionen des Projektsystems, die Sie zur Planung der logistischen und der für das Rechnungswesen relevanten Aspekte Ihrer Projekte verwenden können. Bei vielen Projekten, insbesondere z. B. bei Kosten- oder Investitionsprojekten, erfolgt im Rahmen der Genehmigungsphase eine Budgetierung. **Kapitel 3**, »Budget«, erläutert die dazu zur Verfügung stehenden Funktionen des Projektsystems. **Kapitel 4**, »Prozesse der Projektdurchführung«, behandelt typische Prozesse, die nach der Genehmigung im Rahmen der Realisierungsphase von Projekten im SAP-System abgebildet werden können, und die dabei entstehenden Mengen- und Werteflüsse. In diesem Kapitel wird insbesondere auch auf die vielfältigen Integrationsmöglichkeiten des Projektsystems mit anderen SAP-Komponenten eingegangen. Periodisch werden zusätzliche Verfahren, wie z. B. eine Gemeinkostenbezuschlagung oder Abrechnung von Projekten, durchgeführt. Die im Projektsystem vorhandenen periodischen Verfahren für die Plan- und Ist-Daten Ihrer Projekte sind Inhalt von **Kapitel 5**, »Periodenabschluss«.

Die Auswertung aller projektbezogenen Daten ist ein zentraler Aspekt des Projektmanagements. Die Reporting-Funktionen des Projektsystems, die Sie in allen Phasen Ihres Projektmanagements unterstützen, werden in **Kapitel 6**, »Reporting«, vorgestellt. Abschließend behandelt das **Kapitel 7**, »Integrationsszenarien mit anderen Projektmanagement-Werkzeugen«, die mögliche Integration des Projektsystems mit SAP Portfolio and Project Management (SAP PPM), SAP Commercial Project Management (SAP CPM) sowie der cloudbasierten Anwendung SAP Project and Resource Management.

Im **Anhang** finden Sie eine Auflistung der wichtigsten Datenbanktabellen des Projektsystems sowie eine Liste von Application Programming Interfaces (APIs), die Ihnen für die Entwicklung eigener Schnittstellen und Prozessschritte zur Verfügung stehen. Ferner gibt Ihnen der Anhang eine Übersicht über die mit SAP S/4HANA 2022 zur Verfügung stehenden Core Data Service Views (CDS Views), die Sie nutzen können, um eigene Auswertungen zu definieren. Darüber hinaus werden die Transaktionscodes und Menüpfade der wichtigsten im Text erwähnten Transaktionen und Customizing-Aktivitäten tabellarisch aufgeführt.

Hinweise zur Lektüre

Um Ihnen die Arbeit mit diesem Buch zu erleichtern, werden Sie durch spezielle Symbole auf Informationen hingewiesen, die für Sie von besonderer Bedeutung sein können:

- Dieses Symbol weist Sie auf Besonderheiten hin, die Sie beachten sollten. Es warnt Sie außerdem vor häufig gemachten Fehlern oder Problemen, die auftreten können.
-  Mit diesem Symbol werden Hinweise markiert, die Ihnen weiterführende Informationen zum besprochenen Thema geben. Auch Tipps, die Ihnen die Arbeit erleichtern können, werden mit diesem Symbol hervorgehoben.
-  Mit diesem Hinweis markierte Textstellen fassen wichtige thematische Zusammenhänge für Sie noch einmal auf einen Blick zusammen.

Kapitel 1
Strukturen und Stammdaten

Die Strukturierung von Projekten ist im Projektsystem die Grundlage für alle weiteren Schritte in Ihrem Projektmanagement. Die Auswahl der richtigen Strukturen und eine effiziente Strukturierung sind somit zentrale Aspekte des Managements.

Projektstrukturpläne und Netzpläne

Voraussetzung für das Management von Projekten mit dem Projektsystem ist die Abbildung Ihrer Projekte im SAP-System mithilfe geeigneter Strukturen. Diese Strukturen bilden das Grundgerüst für die Planung, Erfassung und Auswertung aller projektbezogenen Daten. Das Projektsystem stellt für diesen Zweck eigens zwei Strukturen zur Verfügung: *Projektstrukturpläne* (PSP) und *Netzpläne*. Diese beiden Strukturen unterscheiden sich zum einen in der Art, wie Sie mit ihnen Projekte strukturieren können, und zum anderen durch die Funktionen, die im SAP-System für die beiden Strukturen zur Verfügung stehen. Benötigen Sie für ein Projekt z. B. eine hierarchische Budgetverwaltung, verwenden Sie einen Projektstrukturplan; möchten Sie zusätzlich z. B. eine Kapazitätsplanung für dieses Projekt durchführen, setzen Sie auch einen oder mehrere Netzpläne ein.

Dieses Kapitel erörtert zunächst die grundlegenden Unterschiede zwischen den beiden Strukturen Projektstrukturplan und Netzplan. Anschließend werden die wesentlichen Stammdaten dieser Strukturen, Meilensteine und Dokumentationsmöglichkeiten sowie die für eine Strukturierung notwendigen Customizing-Aktivitäten erläutert. Eine wichtige Rolle bei der Steuerung von Projekten spielen Status. Dieses Kapitel zeigt Ihnen, welche Funktionen Status im Projektsystem wahrnehmen und wie Sie eigene Status definieren können. Darüber hinaus werden in diesem Kapitel die Transaktionen und Werkzeuge zur Strukturierung und Stammdatenbearbeitung vorgestellt sowie Versionen des Projektsystems, die Sie zur Dokumentation des Projektverlaufs oder für Was-wäre-wenn-Analysen verwenden können. Anschließend werden die verschiedenen Schritte und die notwendigen Voraussetzungen zur Archivierung und zum Löschen von Projektstrukturen erörtert.

1.1 Grundlagen

Abhängig von den Anforderungen können Sie ein Projekt nur mithilfe eines Projektstrukturplans, mithilfe eines oder mehrerer Netzpläne oder auch mittels einer Kombination aus Projektstrukturplan und Netzplänen abbilden.

Strukturierungsmöglichkeiten

In Abbildung 1.1 sind die unterschiedlichen Strukturierungsmöglichkeiten schematisch dargestellt. Die in der Abbildung für die verschiedenen Strukturobjekte verwendeten Symbole entsprechen den Symbolen, die auch im SAP-System zur Darstellung dieser Objekte verwendet werden. Im Folgenden werden die wesentlichen Unterschiede zwischen den unterschiedlichen Strukturierungsmöglichkeiten erörtert.

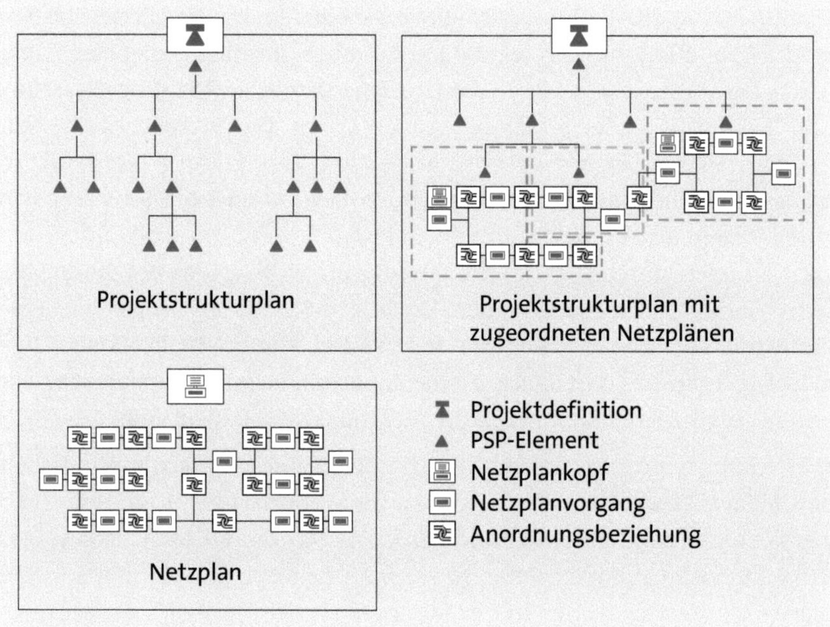

Abbildung 1.1 Verwendungsmöglichkeiten von Projektstrukturplänen (PSP) und Netzplänen zur Strukturierung von Projekten

1.1.1 Übersicht der Projektstrukturen

Projektstrukturplan

Mithilfe eines Projektstrukturplans bilden Sie den Aufbau eines Projekts im SAP-System ab. Dies geschieht durch *Projektstrukturplanelemente* (PSP-Elemente), die – auf verschiedenen Stufen angeordnet – das Projekt in hierarchischer Form gliedern. Ein Vorteil dieses hierarchischen Aufbaus ist es, dass Daten innerhalb der Struktur top-down vererbt bzw. verteilt oder auch bottom-up aggregiert bzw. verdichtet werden können.

Die Strukturierung eines Projekts mithilfe von PSP-Elementen kann auf den einzelnen Stufen z. B. phasenorientiert, funktionsorientiert oder auch nach organisatorischen Gesichtspunkten erfolgen. Pauschale Empfehlungen, wie Projekte mithilfe eines Projektstrukturplans zu gliedern sind, gibt es nicht. Vielmehr hängt die Auswahl der geeigneten Gliederungen von sehr vielen unterschiedlichen Aspekten ab und sollte im Vorfeld sorgfältig überlegt sein. Abschnitt 1.2, »Projektstrukturplan«, beinhaltet einige allgemeine Tipps zur Strukturierung von Projekten mithilfe eines Projektstrukturplans.

Funktionen von Projektstrukturplänen

Wichtige Funktionen von Projektstrukturplänen im SAP-System sind:

- Planung und Erfassung von Terminen
- Kostenplanung und Kontierung von Belegen
- Planung und Fakturierung von Erlösen
- Planung und Überwachung von Zahlungsflüssen
- hierarchische Budgetverwaltung
- Bestandsführung von Material
- diverse Periodenabschlussarbeiten
- Überwachung des Projektfortschritts
- aggregierte Auswertung von Daten

Aufgrund des Funktionsumfangs werden Projektstrukturpläne ohne zugeordnete Netzpläne typischerweise für die Abbildung von Projekten verwendet, bei denen Controlling-Aspekte im Vordergrund stehen, aber weniger logistische Funktionen benötigt werden, also z. B. Gemeinkosten- oder Investitionsprojekte. Nicht selten werden in der Praxis Projektstrukturpläne auch rein aufgrund ihrer Controlling-Funktionen genutzt und das eigentliche Projektmanagement mithilfe anderer Projektmanagement-Werkzeuge realisiert (siehe Kapitel 7, »Integrationsszenarien mit anderen Projektmanagement-Werkzeugen«); oder die Projektstrukturpläne werden z. B. anstelle von Innenaufträgen eingesetzt, da sie die Möglichkeit eines hierarchischen Projekt-Controllings bieten. So kann z. B. im Gegensatz zu Innenaufträgen ein Budget innerhalb eines Projektstrukturplans auf einzelne Projektteile aufgeteilt werden.

Netzplan

Mithilfe eines oder auch mehrerer Netzpläne bilden Sie ein Projekt oder Teile des Projekts ablauforientiert im SAP-System ab. In einem Netzplan werden dazu einzelne Aspekte des Projekts in Form von *Vorgängen* abgebildet, die durch sogenannte *Anordnungsbeziehungen* verknüpft werden (siehe Abbildung 1.2).

Die Anordnungsbeziehung zwischen zwei Vorgängen definiert zum einen deren logische Abfolge (Vorgänger-Nachfolger-Beziehung) und zum anderen deren zeitlichen Abhängigkeiten. Durch die Verknüpfung von Vorgängen unterschiedlicher Netzpläne können Sie auch netzplanübergreifende Abläufe abbilden. Ein wichtiger Vorteil der Netzplantechnik ist es, dass das SAP-System auf der Basis der Dauer von einzelnen Vorgängen und deren zeitlicher Abfolge automatisch Plantermine für jeden Vorgang und den gesamten Netzplan ermitteln kann. Zusätzlich zu Planterminen werden Puffer und zeitkritische Vorgänge ermittelt.

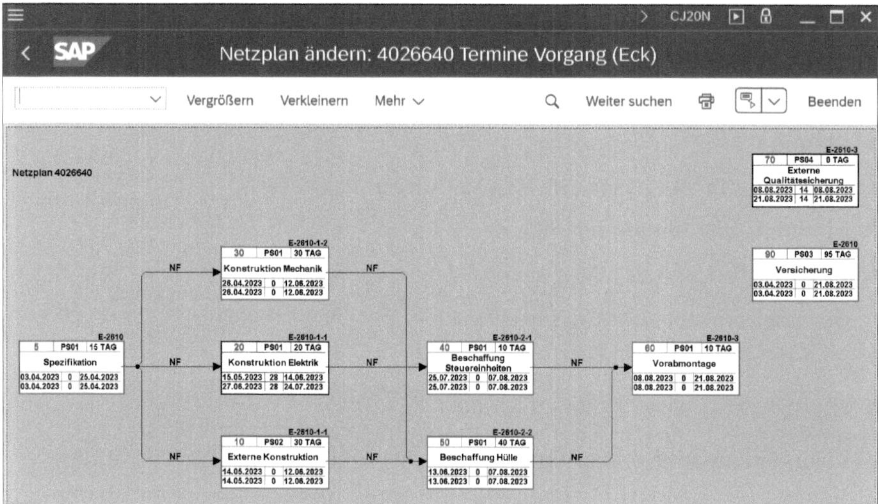

Abbildung 1.2 Ablaufstruktur eines Netzplans (Netzplangrafik)

Funktionen von Netzplänen

Wichtige Funktionen von Netzplänen im SAP-System sind:

- Terminierung
- Ressourcenplanung
- Rückmeldung von Arbeit
- Fremdbeschaffung von Leistungen
- Materialplanung, -beschaffung und -lieferung
- Netzplankalkulation
- diverse Periodenabschlussarbeiten
- Überwachung des Projektfortschritts

Aufgrund der Funktionen von Netzplänen werden diese insbesondere für die Abbildung von Projekten verwendet, bei denen logistische Funktionen, wie die automatische Terminplanung mithilfe der Terminierung, die Planung von Ressourcen oder die Beschaffung von Material, benötigt werden. Sie können Netzpläne unabhängig von oder in Kombination mit einem Projektstrukturplan verwenden.

Projektstrukturplan und Netzpläne

Um die Funktionen und Vorteile von Projektstrukturplänen und Netzplänen gemeinsam nutzen zu können, besteht die Möglichkeit, Netzplanvorgänge PSP-Elementen zuzuordnen. Einem PSP-Element können Sie dabei mehrere Vorgänge (gegebenenfalls auch aus unterschiedlichen Netzplänen) zuordnen. Ein Vorgang kann jedoch maximal einem PSP-Element zugeordnet werden. Nach der Zuordnung von Vorgängen zu PSP-Elementen können Daten zwischen dem Projektstrukturplan und den Vorgängen ausgetauscht werden. So können z. B. Status von PSP-Elementen auf die zugeordneten Vorgänge vererbt werden. Umgekehrt können z. B. Vorgangstermine auf die PSP-Elemente hochgerechnet oder Verfügungen der Vorgänge gegen das Budget der PSP-Elemente verprobt werden. Im Reporting können Sie auf der Ebene der PSP-Elemente die Daten der zugeordneten Vorgänge aggregiert auswerten.

Operative und Standardstrukturen, Versionen

Bei den Strukturen im Projektsystem unterscheidet man allgemein zwischen *operativen Strukturen* (Projektstrukturplan und Netzplan), *Standardstrukturen* (Standardprojektstrukturplan und Standardnetz) und *Versionen* (Projektversion und Simulationsversion).

Während Sie die operativen Strukturen für die eigentliche Planung und Durchführung Ihrer Projekte verwenden, also für das operative Projektmanagement, dienen Standardstrukturen rein als Kopiervorlagen zur Erstellung der operativen Strukturen oder von Teilen dieser Strukturen. Versionen dienen zum einen dazu, den Stand eines Projekts zu einem bestimmten Zeitpunkt oder bei einem bestimmten Status im System festzuhalten, und zum anderen z. B. dazu, nachträgliche Änderungen zunächst zu testen, bevor Sie diese für Ihr operatives Projekt übernehmen.

1.1.2 Kundenspezifische Felder

Benutzerfelder

In der Regel hat jedes Unternehmen eigene Anforderungen an die Informationsfelder, die im Reporting zusammen mit den Stammdatenfeldern der Projektstruktur ausgewertet werden sollen. Zu diesem Zweck können Sie für die Projektdefinition (siehe SAP-Hinweis 2636018), PSP-Elemente und Netzplanvorgänge Benutzerfelder verwenden. Ihnen stehen die folgenden vordefinierten Felder zur Verfügung, die im Detailbild Benutzerfelder (siehe Abbildung 1.3) gepflegt werden können:

- zwei Felder für je 20 alphanumerische Zeichen
- zwei Felder für je zehn alphanumerische Zeichen

- zwei Datumsfelder
- zwei numerische Felder mit Mengeneinheiten
- zwei numerische Felder mit Währungen
- zwei Kennzeichen

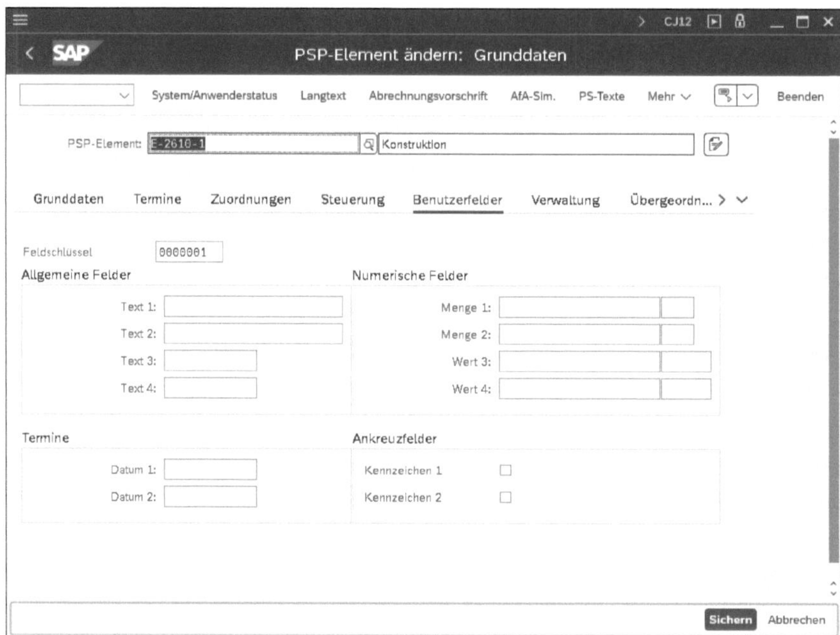

Abbildung 1.3 Benutzerfelder eines PSP-Elements

Detailbild

Die Bezeichnung der Felder im Detailbild kann über den **Feldschlüssel** (siehe Abschnitt 1.2.2, »Strukturen-Customizing des Projektstrukturplans«) gesteuert werden, der über das Projektprofil vorgeschlagen werden kann. Anstelle der Standardbezeichnung **Feld** 1 können Sie also z. B. die Bezeichnung **Modellreihe** für das erste alphanumerische Feld im Customizing des Feldschlüssels hinterlegen. Über eine Kundenerweiterung können Sie eine Verprobung der Eingaben realisieren. Eine Eingabehilfe für die alphanumerischen Felder ist standardmäßig nicht möglich.

[!]

Einsatz des Feldschlüssels

Beachten Sie bei der Verwendung von Benutzerfeldern, dass der Feldschlüssel individuell für jedes Projektobjekt gesetzt werden kann. Dies kann jedoch zu Irritationen im Reporting führen. Verwenden Sie z. B. in Ihrem Projekt zwei unterschiedliche Feldschlüssel – wobei der eine die Bezeichnung **Modellreihe** für das erste alphanumerische Feld enthält und der zweite die Bezeichnung **Farbe** für dieses Feld –, tauchen im Reporting die Feldwerte in ein und derselben Spalte des Berichts auf, unabhängig davon, dass in den Projektobjekten mit dem einen Feldschlüssel Angaben zu Modellreihen vorliegen und in den Projektobjekten mit dem anderen Feldschlüssel Angaben zu Farben. Daher sollten Sie entweder den Feldschlüssel einheitlich innerhalb eines Projekts wählen oder den Feldschlüssel als Selektionskriterium bei Ihren Auswertungen verwenden.

Kundenerweiterung

Sollte die Anzahl der vordefinierten Benutzerfelder für Ihre Anforderungen nicht ausreichend sein, können Sie über eine Kundenerweiterung weitere Felder für Projektobjekte definieren. In SAP S/4HANA steht Ihnen dafür die *Erweiterbarkeit für Anwendungsexperten* zur Verfügung. Mithilfe der SAP-Fiori-App **Benutzerdefinierte Felder** können Sie Felder für die folgenden Projektobjekte hinzufügen:

- Projektdefinition
- PSP-Element
- Netzplan
- Netzplanvorgang
- Materialkomponente
- Meilensteine

Sie können die kundenspezifischen Felder in den Bearbeitungstransaktionen im Detailbild **Freie Felder** für operative Projekte und Simulationen pflegen. Die Feldeigenschaften von Kundenfeldern, wie z. B. eingabebereit, Muss-Feld, können Sie über das Business Add-In (BAdI) PS_EXT_FLD_PROP anpassen. Zur Auswertung stehen die Felder in den jeweiligen SAP-Fiori-Apps mit Überblick- und Objektseiten sowie in verschiedenen Reports zur Verfügung.

1.1.3 Benutzeroberfläche und Rollen

Die Anzeige und Bearbeitung von Objekten des Projektsystems können Sie entweder über die lokal auf Ihrem PC installierten Anwendungen SAP GUI und SAP Business Client oder im Webbrowser über das SAP Fiori Launchpad (siehe Abbildung 1.4) durchführen. Während im SAP GUI klassische Transaktionen zur Pflege der Projektobjekte zur Verfügung stehen, benutzen Sie im SAP Business Client bzw. über das SAP Fiori Launchpad zusätzlich auch *SAP-Fiori-Apps*.

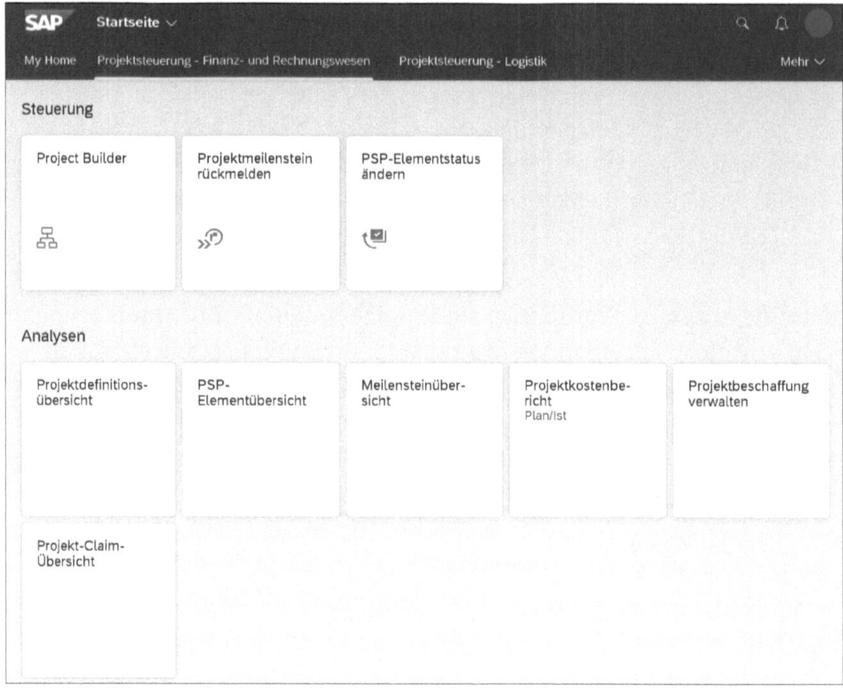

Abbildung 1.4 Beispiel eines SAP Fiori Launchpads

Die SAP-Fiori-Benutzeroberfläche ist HTML5-basiert und unterstützt diverse Endgeräte wie Desktops, Tablets oder Smartphones; viele Apps passen sich automatisch den jeweiligen Größenverhältnissen und Besonderheiten der Endgeräte an.

Transaktionale Apps

Transaktionale SAP-Fiori-Apps adressieren typischerweise eine einzelne Benutzerrolle und Aufgabe. Im Vergleich zu den SAP-GUI-Transaktionen bieten sie daher eine stark vereinfachte Benutzeroberfläche, die auch eine Ausführung von Aufgaben auf mobilen Endgeräten unterwegs, auf der Baustelle oder z. B. bei Kundinnen und Kunden vor Ort erlaubt. Für das Projektsystem können Sie derzeit die folgenden transaktionalen Apps nutzen:

- PSP-Elementstatus ändern
- Netzplanvorgangstatus ändern
- Projektmeilenstein rückmelden
- Netzplanvorgang rückmelden

Grafische Apps

Zur grafischen Visualisierung von Projektdaten können die SAP-Fiori-Apps **Projektzeitplan**, **Projektzeitplan für Versionen** und **Projektnetzplangrafik**. Diese werden im Detail in Abschnitt 1.7, »Bearbeitungsfunktionen«, beschrieben.

Übersichts- und Objektseiten

Neben den transaktionalen und grafischen Apps stehen zur Anzeige von Projektobjekten Übersichts- und Objektseiten-Apps, sowie Apps zur grafischen Visualisierung von Projektdaten zur Verfügung. Diese enthalten die wichtigsten Daten zum betreffenden Objekt sowie Kontextinformationen. Abbildung 1.5 zeigt das Beispiel einer PSP-Objektseite.

Abbildung 1.5 PSP-Element Objektseite

Im Kopf der Objektseite können neben der Bezeichnung und der Identifikation des Business-Objekts zusätzliche wichtige Informationen angezeigt werden, z. B. die Priorität und die Projektart des PSP-Elements. Im Bereich **Allgemeine Informationen** finden Sie dann wichtige ausgewählte Daten zum Objekt. In weiteren Bereichen werden verknüpfte Objekte angezeigt. Aus der Objektseite können Sie bei Bedarf zu weiteren Details des Objekts oder verknüpfter Objekte navigieren oder transaktionale Apps oder auch Transaktionen aufrufen.

Rollen

Für den Einsatz des Projektsystems über das SAP Fiori Launchpad werden die beiden Rollen SAP_BR_PROJ_FIN_CONTROLLER und SAP_BR_PROJ_LOG_CONTROLLER für die kaufmännische bzw. logistische Projektsteuerung ausgeliefert. Diesen Rollen sind standardmäßig bereits transaktionale, grafische, Übersichten-Apps, sowie einige Kacheln für den Aufruf von Transaktionen über das SAP Fiori Launchpad zugeordnet. Sie können sich jedoch sehr leicht

Ihr benutzerspezifisches Launchpad erstellen und dabei über den App Finder z. B. auch andere Transaktionen des Projektsystems aus dem SAP-Menü als Kacheln in Ihr Launchpad übernehmen.

Beim Aufruf einer klassischen Transaktion über das Launchpad wird diese Transaktion technisch als SAP GUI for HTML in einem SAP-Fiori-Theme gestartet. Dieses Theme folgt den SAP-Fiori-Designprinzipien und ermöglicht es Ihnen so, ohne größere Brüche in der Benutzeroberfläche sowohl SAP-Fiori-Apps als auch klassische Transaktionen zu nutzen. Abbildung 1.6 zeigt exemplarisch den Project Builder im SAP-Fiori-Design.

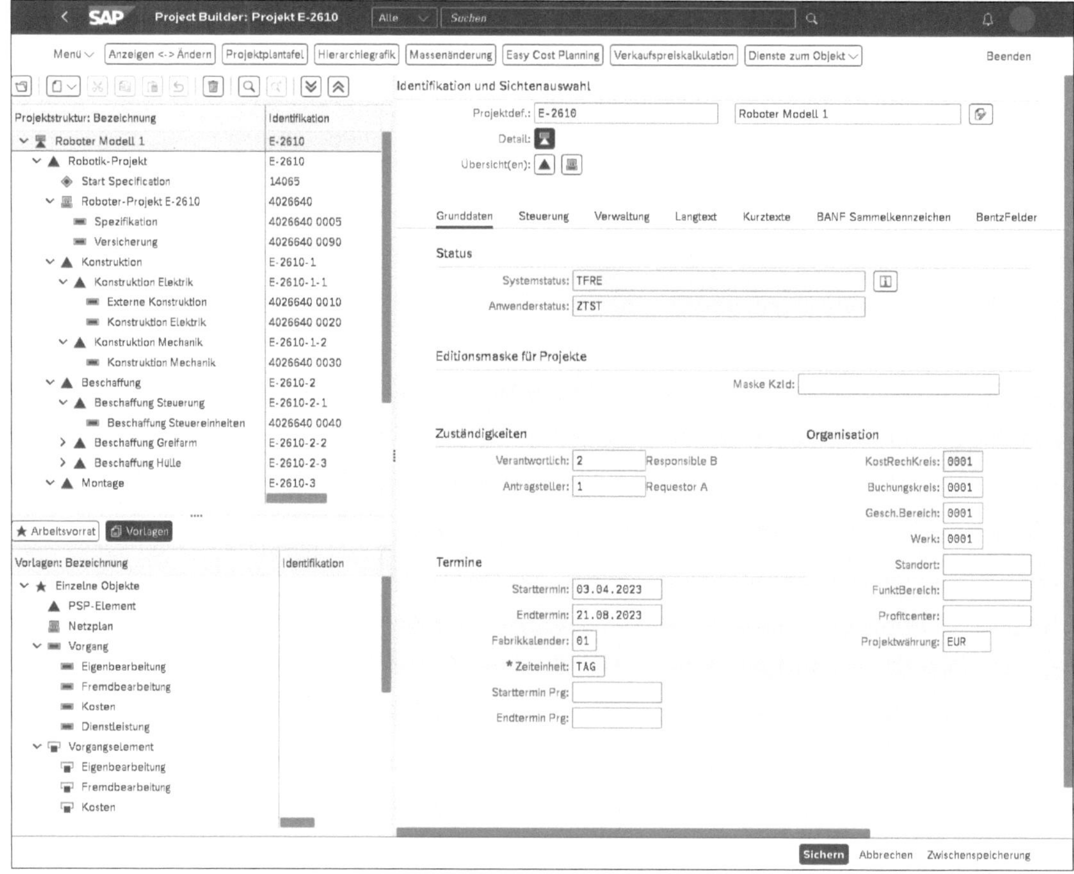

Abbildung 1.6 Der Project Builder, aus dem SAP Fiori Launchpad gestartet

Bitte beachten Sie, dass das SAP GUI for HTML nicht alle klassischen Transaktionen und Grafiken des Projektsystems unterstützt. So können Sie z. B. die GUI-basierte Netzplangrafik und auch die Projektplantafel nicht im SAP GUI for HTML öffnen. Im SAP GUI for HTML wird daher die entsprechende grafische SAP-Fiori-App gestartet. Sollten Sie jedoch z. B. die Projektplantafel aus dem Launchpad starten wollen, können Sie das SAP Fiori Launchpad auch über den SAP Business Client aufrufen. Die Transaktionen werden dann im SAP GUI for Windows gestartet.

1.2 Projektstrukturplan

Größe von Projektstrukturplänen

Mithilfe der PSP-Elemente eines Projektstrukturplans gliedern Sie ein Projekt in verschiedene Teile. Diese Teile können Sie wiederum untergliedern, bis Sie schließlich den benötigten Detaillierungsgrad erreicht haben. Pro Gliederungsstufe können Sie im Prinzip beliebig viele PSP-Elemente anordnen. Insgesamt sollte ein Projektstrukturplan aus Performancegründen jedoch nicht mehr als 10.000 PSP-Elemente umfassen.[1]

Ein Projektstrukturplan sollte alle relevanten Aspekte eines Projekts abbilden; nur so sind auch eine vollständige Planung und Analyse des Projekts im SAP-System möglich. Die Aufgaben der verschiedenen Projektteile und insbesondere der einzelnen PSP-Elemente sollten dabei klar und eindeutig sowie termingebunden und erreichbar definiert sein und für eine Analyse des Projektfortschritts Kriterien zur Messung ihres Fortschritts besitzen.

Gliederungsmöglichkeiten

Einige mögliche Arten der Gliederung eines Projektstrukturplans innerhalb einer Stufe sollen kurz am Beispiel des Roboterprojekts erörtert werden:

- **Phasenorientierte Strukturierung**
  Diese Form der Strukturierung könnte z. B. die folgenden PSP-Elemente umfassen: **Konstruktion**, **Beschaffung** und **Montage**. Die phasenorientierte Strukturierung ist insbesondere für eine aussagekräftige Terminplanung und die sukzessive Durchführung von Projektteilen geeignet.
- **Funktionsorientierte Strukturierung**
  Diese Strukturierungsmöglichkeit könnte PSP-Elemente für einzelne Baugruppen des Roboters umfassen, z. B. **Steuerung**, **Hülle** und **Greifarm**. Wenn Sie mit Projektbeständen arbeiten (siehe Abschnitt 2.3.2, »Projektbestand«), können Sie so separate Bestände für die einzelnen Baugruppen führen.
- **Strukturierung nach organisatorischen Gesichtspunkten**
  Hierbei könnten Strukturen z. B. einzelne PSP-Elemente für *Vertrieb*, *Einkauf* und *Produktion* beinhalten oder eine Aufteilung nach verantwortlichen Kostenstellen umfassen. Diese Form der Strukturierung erlaubt im Reporting den unmittelbaren Ausweis der Kostenanteile für die verschiedenen Organisationseinheiten.

1 Nähere Informationen zur Größe von Projektstrukturen finden Sie in SAP-Hinweis 206264.

Abbildung 1.7 zeigt die Strukturierung des Roboterprojekts, das hier als Praxisbeispiel herangezogen wird.

Name	ID	Planungselement	Kontierungselement	Fakturierungselement
Roboter Modell 1	E-2610	Nein	Nein	Nein
Robotik-Projekt	E-2610	Ja	Ja	Ja
Konstruktion	E-2610-1	Ja	Ja	Nein
Konstruktion Elektrik	E-2610-1-1	Nein	Ja	Nein
Konstruktion Mechanik	E-2610-1-2	Nein	Ja	Nein
Beschaffung	E-2610-2	Ja	Ja	Nein
Beschaffung Steuerung	E-2610-2-1	Nein	Ja	Nein
Beschaffung Greifarm	E-2610-2-2	Nein	Ja	Nein
Beschaffung Hülle	E-2610-2-3	Nein	Ja	Nein
Montage	E-2610-3	Ja	Ja	Nein
Abnahme	E-2610-4	Ja	Ja	Nein

Abbildung 1.7 Struktur des Beispielprojekts

Für Stufe 2 wurde eine phasenorientierte Strukturierung verwendet, während für Stufe 3 eine Strukturierung gewählt wurde, die sich nach funktionellen Gesichtspunkten richtet. Das Beispiel zeigt, dass Sie die Logik der Strukturierung für unterschiedliche Stufen durchaus verschieden wählen können; innerhalb einer Stufe des Projektstrukturplans sollte die Strukturierung jedoch der gleichen Logik folgen.

Bei der Strukturierung Ihrer Projekte sollten Sie auch berücksichtigen, nach welchen Gesichtspunkten Sie die Daten im Reporting analysieren möchten. Durch die Verwendung von Projektsichten, und insbesondere der Projektverdichtung im Reporting, haben Sie jedoch auch die Möglichkeit, alternative Auswertungshierarchien zu verwenden (siehe Kapitel 6, »Reporting«).

Der benötigte Detaillierungsgrad der Kostenplanung und Budgetierung kann Ihnen darüber hinaus Anhaltspunkte dazu geben, wie viele Hierarchiestufen insgesamt benötigt werden. Sollen die Projektkosten später weiterverrechnet oder eine Ergebnisermittlung durchgeführt werden, sollten Sie sich gegebenenfalls überlegen, welche Strukturierung dafür am besten geeignet ist (siehe Kapitel 5, »Periodenabschluss«).

Alternative Strukturierungsmöglichkeiten

Vermeiden Sie es, unnötig viele Hierarchiestufen und PSP-Elemente zu erstellen. Sollten Sie z. B. PSP-Elemente nicht für Controlling-Zwecke, sondern lediglich für die Verfolgung von Terminen oder Ereignissen nutzen wollen, können Sie alternativ z. B. auch Meilensteine oder das Progress Tracking (siehe Abschnitt 4.7.3, »Progress Tracking«) einsetzen.

1.2.1 Aufbau und Stammdaten

Ein Projektstrukturplan besteht aus PSP-Elementen, die auf verschiedenen Stufen angeordnet sind und so den hierarchischen Aufbau eines Projekts abbilden. Jeder Projektstrukturplan besitzt jedoch auch eine sogenannte *Projektdefinition*, die als Projektrahmen dient und Parameter enthält, die die Eigenschaften des gesamten Projekts steuern. Darüber hinaus enthält die Projektdefinition Vorschlagswerte, die an neu angelegte PSP-Elemente weitergereicht werden. Die eigentlichen Träger der Kosten-, Erlös-, Budget- und Termindaten sind jedoch die PSP-Elemente. Die Projektdefinition ist kein eigenes Controlling-Objekt im SAP-System.

[!]

Zuordnung der PSP-Elemente

Jedes PSP-Element ist eindeutig einer Projektdefinition zugeordnet. Diese Zuordnung kann auch nicht geändert werden, d. h., Sie können z. B. ein PSP-Element einer Projektdefinition im Nachhinein nicht einer anderen Projektdefinition zuordnen.

Projektdefinition

Identifikation

Wenn Sie ein Projekt im Projektsystem mit einer der in Abschnitt 1.7, »Bearbeitungsfunktionen«, erläuterten Transaktionen anlegen, erstellen Sie zunächst eine Projektdefinition (siehe Abbildung 1.8).

Bei einigen Prozessen wird zuerst ein PSP-Element erstellt und erst beim Sichern automatisch eine Projektdefinition. Es kann nach dem Sichern jedoch niemals ein PSP-Element ohne Bezug zu einer Projektdefinition geben.

Beim Anlegen der Projektdefinition vergeben Sie manuell eine eindeutige, maximal 24-stellige *Identifikation* für diese Projektdefinition. Sie können auch nach der nächsten freien Identifikation suchen. Der Aufbau der Identifikation kann dabei durch sogenannte *Editionsmasken* gesteuert werden (siehe Abschnitt 1.2.2, »Strukturen-Customizing des Projektstrukturplans«).

Kurz- und Langtext

Neben der Identifikation vergeben Sie auch einen *Kurztext* als Bezeichnung für Ihr Projekt. Bei Bedarf können Sie auch einen beschreibenden *Langtext* erfassen. Je nach Terminierungseinstellungen (siehe Abschnitt 2.1, »Terminplanung«) müssen Sie einen Start- oder Endtermin für Ihr Projekt angeben, ansonsten schlägt das System Ihnen das aktuelle Tagesdatum vor. Diese Termine können natürlich später im Rahmen Ihrer Terminplanung geändert werden.

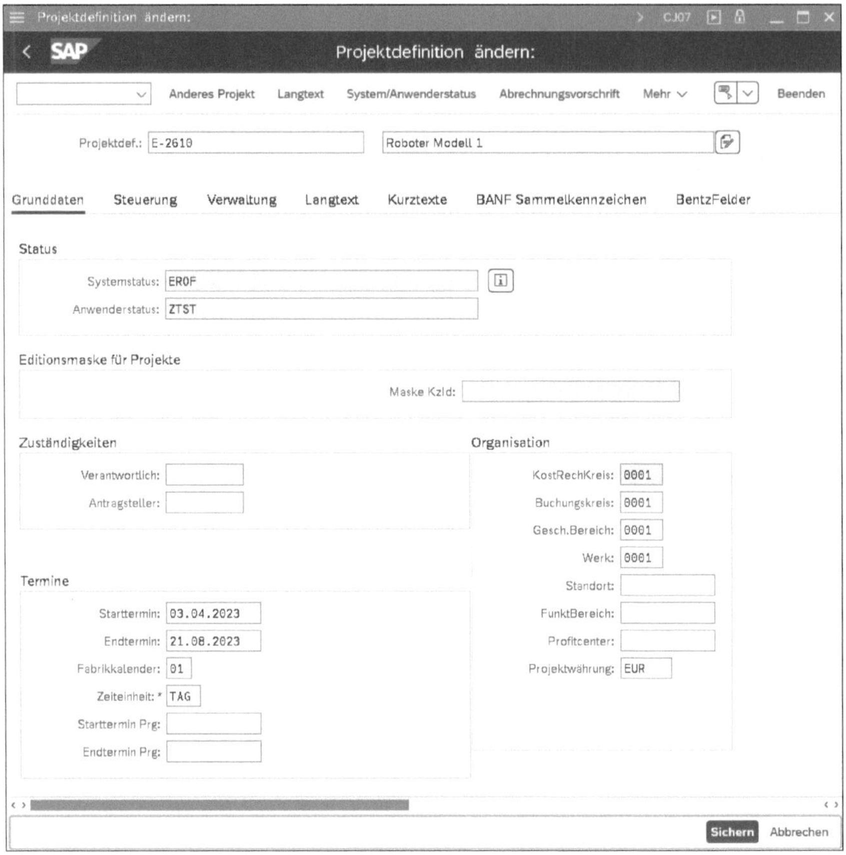

Abbildung 1.8 Grunddaten einer Projektdefinition

Projektprofil

Beim Erstellen der Projektdefinition müssen Sie immer auch ein *Projektprofil* angeben. Das Projektprofil enthält Steuerungsdaten und Vorschlagswerte für das Projekt. Im Projektprofil können Sie bereits alle weiteren Muss-Felder der Projektdefinition als Vorschlagswerte hinterlegen, sodass in der Regel die Angabe der Identifikation und des Projektprofils zum Erstellen der Projektdefinition ausreicht. Ein nachträglicher Wechsel des Projektprofils für ein Projekt ist nicht möglich. Sie definieren Projektprofile für die unterschiedlichen Projekttypen eines Unternehmens im Customizing des Projektsystems (siehe Abschnitt 1.2.2, »Strukturen-Customizing des Projektstrukturplans«).

Organisatorische Zuordnungen

Auf der Ebene der Projektdefinition nehmen Sie die Zuordnung Ihres Projekts zu einem Kostenrechnungskreis vor. Die Zuordnung zum Kostenrechnungskreis ist obligatorisch, kann bereits über das Projektprofil vorgeschlagen werden und ist spätestens nach dem ersten Sichern Ihres Projekts nicht mehr änderbar.

[!]

Zuordnung zum Kostenrechnungskreis

Die Zuordnung eines Projekts zu einem Kostenrechnungskreis über die Projektdefinition ist eindeutig. Ein Projektstrukturplan kann also nicht mehrere Kostenrechnungskreise umfassen.

Obwohl auch die Felder **Buchungskreis** und **Projektwährung** Muss-Felder sind, sind die Einträge, die Sie in der Projektdefinition vornehmen, lediglich Vorschlagswerte für die PSP-Elemente. Die Zuordnung zu einem Buchungskreis kann also separat für jedes PSP-Element geändert werden.

Objektwährung

Das Feld **Projektwährung** hat die folgende Bewandtnis: Alle währungsabhängigen Daten Ihrer Projekte werden in drei Währungen verwaltet. Das sind die Kostenrechnungskreiswährung, die Transaktionswährung, also die Währung des jeweiligen Geschäftsvorfalls, und die Projekt- bzw. Objektwährung, sofern dies für den Kostenrechnungskreis explizit erlaubt ist. Die Umrechnung der währungsabhängigen Daten erfolgt dann automatisch bei der Erfassung der Daten anhand der im Customizing festgelegten aktuellen Umrechnungskurse.

Sie können die Objektwährung für jedes PSP-Element separat auswählen, sofern es nur einen Buchungskreis in Ihrem Kostenrechnungskreis gibt. Verwenden Sie die buchungskreisübergreifende Kostenrechnung, wird die Objektwährung automatisch aus der Hauswährung des jeweiligen Buchungskreises abgeleitet und kann nicht manuell geändert werden.

Die Zuordnungen zu anderen Organisationseinheiten des Rechnungswesens (Geschäftsbereich, Profit-Center) und der Logistik (Werk, Standort), die Sie in der Projektdefinition vornehmen können, dienen als Vorschlagswerte für die PSP-Elemente dieses Projekts. Beachten Sie jedoch, dass auch das Feld **Geschäftsbereich** ein Muss-Feld ist, wenn Geschäftsbereichsbilanzen geführt werden.

Sie können in der Projektdefinition auch einen **Verantwortlichen** für Ihr Projekt sowie einen **Antragsteller** hinterlegen (siehe Abschnitt 1.2.2, »Strukturen-Customizing des Projektstrukturplans«). Diese werden automatisch beim Anlegen von PSP-Elementen als Vorschlagswerte übernommen.

Partnerschema

Möchten Sie zu Informationszwecken zusätzliche Personendaten oder Partnerinformationen angeben, können Sie in der Projektdefinition ein *Partnerschema* festlegen (siehe ebenfalls Abschnitt 1.2.2). Sobald Sie das Partnerschema spezifiziert haben, erscheint für die Projektdefinition (und alle zugeordneten PSP-Elemente) eine weitere Registerkarte, auf der Sie – je nach Definition des Partnerschemas – weitere Verantwortliche, Personalnummern, SAP-Benutzer oder auch z. B. Lieferanten- oder Kundennummern hinterlegen und gegebenenfalls in die dazugehörigen Detailsichten verzweigen können. Im Reporting steht Ihnen ein eigener Bericht für die Auswertung dieser Partnerdaten zur Verfügung.

Neben dem Partnerschema können Sie auch das Plan-, Budget- (siehe Abschnitt 2.4, »Planung von Kosten und statistischen Kennzahlen«, und Abschnitt 3.1, »Funktionen der Budgetierung im Projektsystem«) und Simulationsprofil (siehe Abschnitt 1.9.2, »Simulationsversionen«) in der Projektdefinition festlegen. Die anderen Profile im Detailbild **Steuerung** der Projektdefinition sind Vorschlagswerte für die PSP-Elemente des Projekts.

Projektbestand

Eine weitere wichtige Einstellung, die Sie auf der Ebene der Projektdefinition vornehmen, sind Kennzeichen zur Projektbestandsführung. Details zu dieser Einstellung finden Sie in Abschnitt 2.3.2, »Projektbestand«. Beachten Sie jedoch, dass Sie die Einstellungen dazu, ob Sie einen bewerteten Projektbestand erlauben möchten oder nicht, nach dem Sichern nicht mehr ändern können.

Die Felder zur *Verkaufspreiskalkulation* sind nur relevant, wenn Sie allein auf der Basis Ihrer Projektdaten, also ohne Bezug zu einer Kundenanfrage, eine Verkaufspreiskalkulation erstellen möchten (siehe Abschnitt 2.5.4, »Verkaufspreiskalkulation«).

Die Darstellung der Felder der Projektdefinition kann über eine *Feldauswahl* gesteuert werden (siehe Abschnitt 1.8.1, »Feldauswahl«). Zusätzliche Felder für die Projektdefinition können Sie mithilfe einer Kundenerweiterung realisieren.

Gruppierungskennzeichen

Sie können auf Projektebene *Gruppierungskennzeichen* in Form eines Freitextes definieren, um diese später in zugeordneten Netzplänen nutzen, um beschaffungsrelevante Positionen (Material, Fremd- und Dienstleistungen) des Projekts geeignet zusammenzufassen (siehe Abschnitt 2.2.4, »Fremdbearbeitung«).

PSP-Elemente

Abbildung 1.9 zeigt Ihnen das Detailbild eines PSP-Elements. Ebenso wie die Projektdefinition verfügt auch ein PSP-Element über eine eindeutige, maximal 24-stellige externe Identifikation, die über eine Editionsmaske gesteuert werden kann. Da es sich bei der Projektdefinition und den PSP-Elementen um unterschiedliche Objekte handelt, kann ein PSP-Element genau die gleiche Identifikation wie die Projektdefinition tragen. Intern vergibt das System eine weitere eindeutige Nummer für das PSP-Element, sodass Sie die externe Identifikation später noch ändern können. Ein nachträgliches Ändern der externen Identifikation ist jedoch nicht möglich, wenn Sie z. B. den Projektstrukturplan mittels Application Link Enabling (ALE) an andere Systeme verteilt haben oder z. B. der Status des PSP-Elements eine Änderung verbietet. Neben der eindeutigen Identifikation und dem Kurztext als Bezeichnung können Sie auch eine *Kurzidentifikation* vergeben.

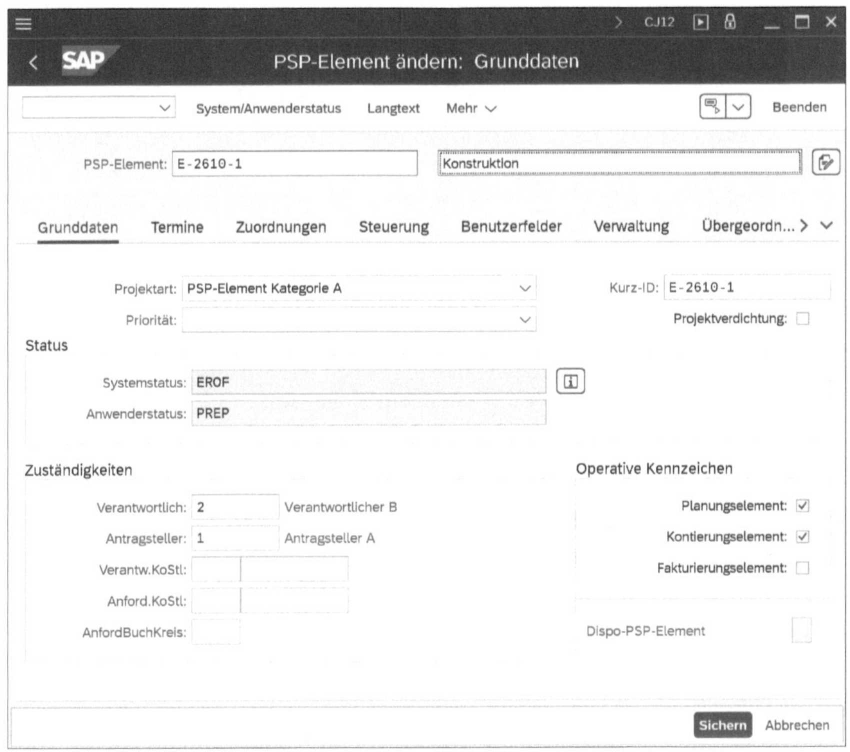

Abbildung 1.9 Grunddaten eines PSP-Elements

Kurzidentifikation

Mithilfe von Kurzidentifikationen können Sie in tabellarischen Darstellungen oder z. B. in der hierarchischen Kostenplanung oder in der Budgetierung Platz für den Ausweis der PSP-Elemente sparen. Sie können entweder manuell eine Kurzidentifikation völlig frei vergeben oder über das Feld **Maske Kurz-ID** in der Projektdefinition die Kurzidentifikationen der PSP-Elemente aus deren Identifikationen ableiten lassen.

Organisatorische Zuordnung

Durch die Zuordnung zu den Organisationseinheiten des Rechnungswesens und der Logistik betten Sie ein PSP-Element in Ihre Unternehmensstruktur ein. Die meisten Organisationseinheiten können dabei über das Projektprofil oder die Projektdefinition vorgeschlagen und bei Bedarf separat pro PSP-Element geändert werden. Solche Änderungen müssen dabei jedoch mit Ihrer bestehenden Unternehmensstruktur übereinstimmen.

Buchungskreisübergreifende Projekte

Bei einem internationalen Projekt können Sie verschiedene Buchungskreise in unterschiedlichen PSP-Elementen hinterlegen. Alle Buchungskreise innerhalb eines Projektstrukturplans müssen jedoch dem Kostenrechnungskreis zugeordnet sein, den Sie in der Projektdefinition festgelegt haben.

Der Buchungskreis, die Objektwährung, die Objektklasse und – sofern Geschäftsbereichsbilanzen geführt werden – auch der Geschäftsbereich sind dabei Muss-Felder auf der Ebene der PSP-Elemente und können nicht mehr geändert werden, sobald z. B. Plan- oder Ist-Werte vorhanden sind.

In den PSP-Elementen finden Sie eine Reihe steuernder Profile und Kennzeichen. Die steuernden Kennzeichen werden im Folgenden beschrieben, während die Profile in Abschnitt 5.3, »Gemeinkostenzuschläge«, Abschnitt 5.4, »Template-Verrechnungen«, Abschnitt 5.6, »Ergebnisermittlung«, und Abschnitt 5.9, »Abrechnung«, näher erörtert werden.

Operative Kennzeichen

Bei den Grunddaten eines PSP-Elements finden Sie die drei operativen Kennzeichen **Planungselement**, **Kontierungselement** und **Fakturierungselement**. Mithilfe dieser Kennzeichen können Sie die Controlling-Eigenschaften des PSP-Elements festlegen.

Planungselemente

PSP-Elemente, auf denen Sie manuell Kosten planen möchten, kennzeichnen Sie als Planungselemente. Durch geeignete Einstellungen im Planprofil des Projekts (siehe Abschnitt 2.4, »Planung von Kosten und statistischen Kennzahlen«) können Sie sogar erzwingen, dass eine manuelle Kostenplanung auf einem PSP-Element nur möglich ist, wenn dieses Kennzeichen gesetzt ist. Das Erzeugen von Plankosten durch das Hochrollen der Planwerte untergeordneter PSP-Elemente oder Aufträge ist jedoch unabhängig vom Kennzeichen **Planungselement** möglich.

Kontierungselemente

Das Kennzeichen **Kontierungselement** steuert, ob Sie dem PSP-Element Aufträge (insbesondere auch Vorgänge bzw. Netzpläne) zuordnen können, sowie die Kontierung von Belegen, die zu Kosten auf dem PSP-Element führen. Wenn Sie dieses Kennzeichen für ein PSP-Element nicht setzen, ist es z. B. nicht möglich, eine Bestellanforderung oder Rechnung auf dieses PSP-Element zu kontieren. Sie können dieses Kennzeichen bereits als Vorschlagswert für alle PSP-Elemente im Projektprofil hinterlegen.

Fakturierungselemente

Wenn Sie auf einem PSP-Element Erlöse planen möchten und später gegebenenfalls Ist-Erlöse auf das PSP-Element gebucht werden sollen, müssen

Sie dieses PSP-Element als Fakturierungselement kennzeichnen. Beachten Sie zum Setzen dieses Kennzeichens auch Abschnitt 5.6, »Ergebnisermittlung«, und Abschnitt 5.9, »Abrechnung«.

Sie können für ein PSP-Element unabhängig von seiner Stufe eine beliebige Kombination dieser Kennzeichen festlegen. Abbildung 1.7 zeigt ein Beispiel für die operativen Kennzeichen eines Projekts. In dem dargestellten Beispiel ist eine manuelle Kostenplanung nur auf den PSP-Elementen der Stufen 1 und 2 möglich. Der Ausweis der Ist-Kosten kann jedoch detaillierter erfolgen, da die Kontierung von Belegen auch auf den PSP-Elementen der Stufe 3 möglich ist. Das oberste PSP-Element ist zusätzlich für die Planung und Realisierung von Erlösen zuständig.

Statistische PSP-Elemente

Ein weiteres Kennzeichen, das die Controlling-Eigenschaften eines PSP-Elements mitbestimmt, ist das Kennzeichen **Statistisch**. Ist dieses Kennzeichen für ein PSP-Element gesetzt (Sie können es auch als Vorschlagswert für alle PSP-Elemente im Projektprofil setzen), werden die Ist-Kosten auf dem PSP-Element nur statistisch unter dem Werttyp 11 (**Statistisches Ist**) fortgeschrieben statt unter dem Werttyp 4 (**Ist**). Dies bedeutet, dass Sie bei der Kontierung von Belegen auf ein statistisches PSP-Element nicht nur das PSP-Element als Kontierungsempfänger angeben müssen, sondern gleichzeitig auch ein »echtes« Kontierungsobjekt, das als Empfänger der Ist-Kosten dient. Ist dies immer eine bestimmte Kostenstelle, können Sie diese Kostenstelle bereits als Vorschlagskontierung im Detailbild des statistischen PSP-Elements hinterlegen.

Es gibt verschiedene Verwendungsmöglichkeiten für statistische PSP-Elemente bzw. statistische Projekte. Manche Unternehmen setzen statistische Projekte rein zu hierarchischen Auswertungszwecken ein. Das operative Controlling wird dabei weiterhin auf der Ebene von z. B. Kostenstellen, Innenaufträgen oder Kostenträgern durchgeführt.

Statistische Budgetüberwachung

Eine andere typische Verwendung statistischer PSP-Elemente ist die indirekte Budgetierung und Verfügbarkeitskontrolle (siehe Abschnitt 3.1.5, »Verfügbarkeitskontrolle«) von ansonsten nicht budgettragenden Objekten im SAP-System. So können z. B. Anlagen in der Anlagenbuchhaltung nicht budgetiert werden. Daher gibt es auch nicht die Möglichkeit, mithilfe einer Verfügbarkeitskontrolle Direktaktivierungen der Anlage zu steuern, also automatisch die Überschreitung bestimmter Schwellenwerte zu verhindern. Dies können Sie jedoch erreichen, indem Sie im Stammsatz der Anlage ein statistisches PSP-Element als Investitionskontierung eintragen. Zusätzlich müssen die Bestandskonten als statistische Kostenarten definiert sein und über eine Feldstatusdefinition verfügen, die eine Zusatzkontierung auf ein

PSP-Element erlaubt, sowie PSP-Elemente in der Anlagenbuchhaltung als Kontierungsobjekte aktiviert werden.

[!]

Einschränkungen für statistische PSP-Elemente

Beachten Sie, dass für statistische PSP-Elemente nicht alle Rechnungswesenfunktionen zur Verfügung stehen. Sie können z. B. keine Gemeinkostenbezuschlagung auf der Basis der statistischen Ist-Kosten durchführen oder auch keine Abrechnung der statistischen Ist-Kosten vornehmen. Statistische PSP-Elemente können zwar zur Berechnung von Zinsen herangezogen werden, die Fortschreibung der Zinsen muss jedoch auf einem echten Kontierungsobjekt erfolgen (siehe Abschnitt 5.5, »Verzinsung«).

Wurde das PSP-Element budgetiert und die Verfügbarkeitskontrolle für das Projekt aktiviert, findet bei jeder Buchung auf die Anlage gleichzeitig auch eine statistische Mitkontierung auf dem PSP-Element und somit auch eine Verprobung der statistischen Ist-Kosten gegen das Budget des PSP-Elements statt.

Planintegration

Das Kennzeichen **Planintegriert** verweist auf eine spezielle Funktion, bei der geplante Leistungsaufnahmen eines Projekts als disponierte Leistungen an die Kostenstellenrechnung weitergeleitet werden können. Nähere Informationen zur Planintegration finden Sie in Abschnitt 2.4.3, »Detailplanung«, und Abschnitt 2.4.5, »Netzplankalkulation«.

Projektverdichtung

Mithilfe des Kennzeichens **Projektverdichtung** in den Grunddaten eines PSP-Elements steuern Sie, wie das PSP-Element bei einer – typischerweise projektübergreifenden – Auswertung mithilfe selbst definierter Auswertungshierarchien berücksichtigt werden soll (siehe Abschnitt 6.4, »Projektverdichtung«). Im Projektprofil können Sie dieses Kennzeichen als Vorschlagswert für alle PSP-Elemente, nur für die Kontierungselemente oder nur für die Fakturierungselemente hinterlegen. Wenn Sie die Projektverdichtung nicht verwenden, spielt das Kennzeichen keine Rolle.

Dispo-PSP-Elemente

Das Kennzeichen **Dispo-PSP-Element** kennzeichnet ein PSP-Element als relevant für die Zusammenfassung von Bedarfen und Beständen einzelbestandsgeführter Materialkomponenten. Das Kennzeichen wird entweder manuell für ausgewählte PSP-Elemente oder automatisch für das oberste PSP-Element gesetzt, sofern in der Projektdefinition die automatische Bedarfszusammenfassung eingestellt wurde. Details zu den möglichen Ausprägungen des Kennzeichens und zu den weiteren Voraussetzungen der Bedarfszusammenfassung finden Sie in Abschnitt 2.3.2, »Projektbestand«.

Für die Terminplanung und die Erfassung von Ist-Terminen gibt es ein eigenes Detailbild für jedes PSP-Element. Auch für die Ermittlung des Projektfortschritts steht ein eigenes Detailbild pro PSP-Element zur Verfügung. Auf die Daten dieser Detailbilder wird in Abschnitt 2.1.1, »Terminplanung mit PSP-Elementen«, bzw. Abschnitt 4.7.2, »Fortschrittsanalyse«, näher eingegangen.

Projektart, Priorität

Viele Felder der PSP-Elemente sind reine Informationsfelder ohne steuernde Funktionen. So können Sie z. B. im Customizing Ausprägungen für die Felder **Projektart**, **Priorität**, **Größenordnung** oder **Investitionsgrund** definieren und diese separat pro PSP-Element hinterlegen. Auch die Felder **Equipment** und **technischer Platz** im Detailbild **Zuordnungen** dienen rein informativen Zwecken, d. h., Sie können all diese Felder im Reporting auswerten, zum Gruppieren oder Filtern einsetzen oder auch bereits als Selektionskriterien bei der Auswahl der auszuwertenden Objekte verwenden.

Bei Bedarf können Änderungen der Stammdaten in Form von *Änderungsbelegen* protokolliert und später ausgewertet werden. Für die PSP-Elemente können Sie ebenso wie für die Projektdefinition im Customizing über den Bereich **Feldauswahl** steuern, welche Felder ausgeblendet, angezeigt, eingabebereit, farblich hervorgehoben oder Muss-Felder werden sollen (siehe Abschnitt 1.8.1, »Feldauswahl«).

Weitere Registerkarten

Je nach Ihren Anforderungen können Sie eine Reihe weiterer Registerkarten für PSP-Elemente aktivieren. Abhängig von Ihren Customizing-Einstellungen können Sie so z. B. weitere Registerkarten für Integrationsszenarien nutzen, z. B. das integrierte Produkt- und Prozess-Engineering (iPPE), die Joint-Venture-Rechnung, AfA-Simulationen in der Anlagenbuchhaltung oder das Haushaltsmanagement.

1.2.2 Strukturen-Customizing des Projektstrukturplans

Abbildung 1.10 zeigt die verschiedenen Aktivitäten im Strukturen-Customizing operativer Projektstrukturpläne. Bevor Sie einen Projektstrukturplan erstellen können, müssen Sie hier mindestens ein Projektprofil erstellen. Vor dem ersten Anlegen eines Projektstrukturplans sollten Sie sich auch Gedanken über die Definition von Editionsmasken machen. Die Verwendung von Editionsmasken ist zwar keine Pflicht, hat jedoch viele Vorteile. Das nachträgliche Erstellen oder Ändern von Editionsmasken ist – wenn überhaupt – nur bedingt möglich.

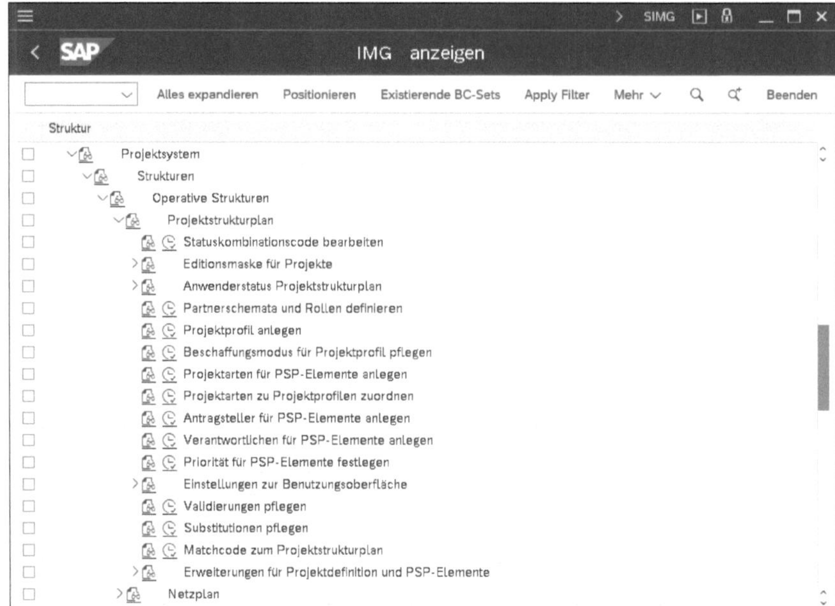

Abbildung 1.10 Strukturen-Customizing der Projektstrukturpläne

Je nach Ihren Anforderungen müssen Sie neben der Definition von Projektprofilen und Editionsmasken weitere Einstellungen im Strukturen-Customizing der operativen Projektstrukturpläne vornehmen. Im Folgenden sollen die einzelnen Customizing-Aktivitäten kurz erläutert werden. Zu jeder dieser Customizing-Aktivitäten finden Sie auch eine ausführliche Dokumentation im Einführungsleitfaden des SAP-Systems.

Projektprofil

Beim Anlegen eines Projekts müssen Sie stets ein Projektprofil angeben, das zuvor in Transaktion OPSA für den jeweiligen Projekttyp definiert worden sein muss. Das Projektprofil enthält zum einen Werte und Profile, die als Vorschlagswerte für Projektdefinitionen bzw. PSP-Elemente beim Anlegen fungieren und dort (je nach Feldauswahl und Status des Objekts) änderbar sind (z. B. Projektart, Organisationseinheiten usw.), und zum anderen sogenannte *referenzierte Felder* (siehe Abbildung 1.11).

Referenzierte Felder

Referenzierte Felder legen Eigenschaften Ihres Projekts fest, ohne dass diese Felder im Projektstrukturplan sichtbar oder änderbar wären; sie werden im Folgenden kurz erläutert.

Das Kennzeichen **Nur eine Wurzel** steuert, ob auf Stufe 1 des Projektstrukturplans nur ein PSP-Element oder mehrere PSP-Elemente erlaubt sein sollen. Ist das Kennzeichen gesetzt und Sie versuchen, zwei oder mehr PSP-

Elemente auf der obersten Stufe zu sichern, gibt das System eine Fehlermeldung aus, und Sie müssen zunächst die hierarchische Struktur ändern, bevor Sie das Projekt sichern können.

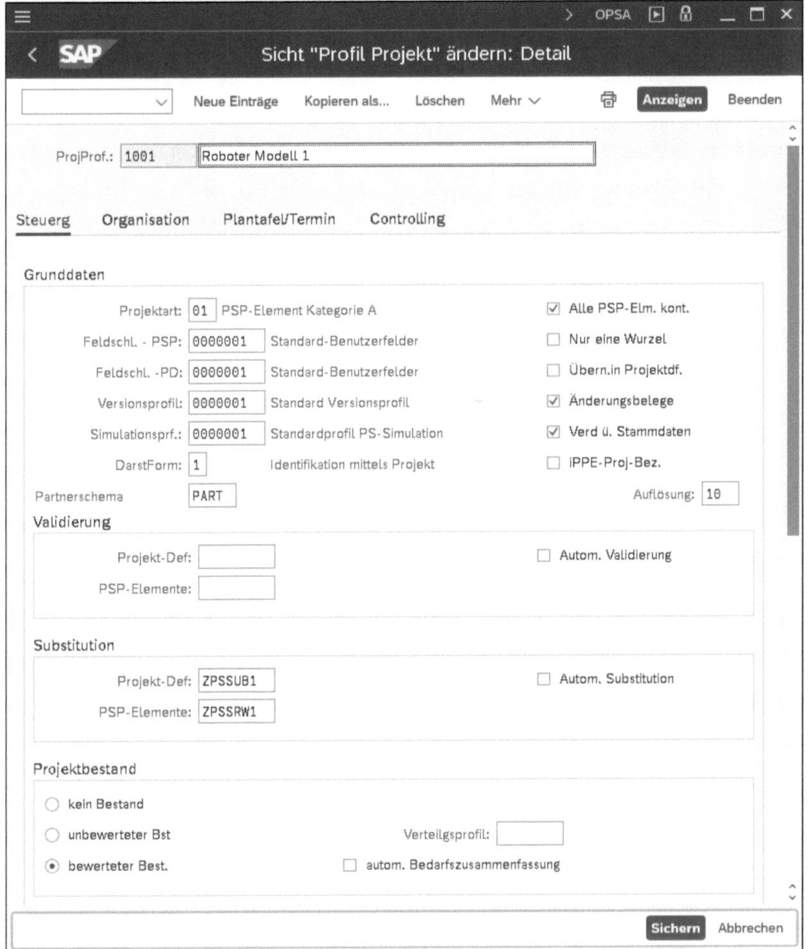

Abbildung 1.11 Beispiel eines Projektprofils

Änderungsbelege

Für das Schreiben von Änderungsbelegen gibt es zwei Kennzeichen im Projektprofil:

- das Kennzeichen für Stammdatenänderungen
- das Kennzeichen für Statusänderungen

Neben der Aktivierung des entsprechenden Kennzeichens gibt es jedoch noch eine weitere Voraussetzung für das Schreiben von Änderungsbelegen: Ein Status muss explizit den betriebswirtschaftlichen Vorgang **Änderungsbeleg erstellen** erlauben (siehe Abschnitt 1.6, »Status«).

Projektverdichtung

Das Kennzeichen **Projektverdichtung über Stammdaten** ist nur relevant, wenn Sie die Funktion der Projektverdichtung für Ihre Auswertungen einsetzen möchten (siehe Abschnitt 6.4, »Projektverdichtung«). Mithilfe des Kennzeichens entscheiden Sie, ob die Verdichtung anhand der Stammdaten oder mithilfe einer Klassifizierung der PSP-Elemente durchgeführt werden soll. Insbesondere aus Performancegründen ist die Verdichtung über die Stammdatenmerkmale zu bevorzugen. Über das Projektprofil können Sie vorschlagsweise bereits Fakturierungselemente, Kontierungselemente oder alle PSP-Elemente des Projekts als relevant für die Vererbung von Stammdaten im Rahmen der Projektverdichtung kennzeichnen.

Projektversionen

Das **Versionsprofil** steuert das automatische Erzeugen von Projektversionen in Abhängigkeit von deren Status (siehe Abschnitt 1.9.1, »Projektversionen«) und wird über das Projektprofil referenziert.

Über die Angabe von **Substitutionen** und **Validierungen** und das Setzen des Kennzeichens **Automatisch** können von Ihnen definierte Logiken zum Setzen oder Überprüfen von Feldwerten beim Sichern durchlaufen werden (siehe Abschnitt 1.8.4, »Substitution«, und Abschnitt 1.8.5, »Validierung«).

Die Angabe von **Statusschemata** (siehe Abschnitt 1.6, »Status«) für Projektdefinitionen und PSP-Elemente ist zwar nur ein Vorschlagswert für die entsprechenden Objekte; ein Statusschema kann in dem Objekt jedoch nicht mehr geändert werden, wenn darüber direkt ein Anwenderstatus gesetzt wird. In diesem Fall hat der Eintrag des Statusschemas im Projektprofil also ebenfalls referenzierenden Charakter. Da das nachträgliche Eintragen von Statusschemata in den Objekten mühsam ist und nicht mithilfe der Massenänderung (siehe Abschnitt 1.8.3, »Massenänderung«) erfolgen kann, sollten Sie die von Ihnen definierten Schemata bereits im Projektprofil hinterlegen.

Grafische Darstellung

Eine grafische Darstellung von Projektdaten kann über die Bearbeitungstransaktionen (siehe Abschnitt 1.7, »Bearbeitungsfunktionen«) oder auch über die Transaktionen zur Kosten- und Terminplanung sowie zur Budgetierung aufgerufen werden. Die jeweilige grafische Aufbereitung der Daten wird über die **Grafikprofile** gesteuert, die Sie im Projektprofil für die unterschiedlichen Zwecke hinterlegen. Sie können bei Bedarf eigene Grafikprofile definieren; in den meisten Fällen sind jedoch die Standardprofile ausreichend. Wenn Sie das Kennzeichen **iPPE-Proj-Bez.** setzen, wird eine zusätzliche Registerkarte für PSP-Elemente angezeigt, die eine Integration in das iPPE (siehe Abschnitt 2.3.1, »Zuordnung von Materialkomponenten«) erlaubt.

Abrechnungsvorschriften

Durch den Eintrag einer **Strategie** auf der Registerkarte **Controlling** im Projektprofil können Sie die Abrechnungsvorschriften für PSP-Elemente automatisch generieren. Die Definition von Strategien und das Ableiten von Abrechnungsvorschriften werden ausführlich in Abschnitt 5.9, »Abrechnung«, behandelt.

Editionsmasken

Um Mitarbeitenden aus unterschiedlichen Abteilungen die Arbeit mit Projektstrukturen zu erleichtern, empfiehlt es sich, Konventionen für die Identifikation der Projektstrukturplanobjekte, z. B. in Abhängigkeit von Typ und Verwendung der Projekte, zu vereinbaren. Zu diesem Zweck können Sie Editionsmasken für die Steuerung der externen Identifikation von Projektdefinitionen und PSP-Elementen im Customizing definieren.

Editionsmasken festlegen

In der Customizing-Aktivität **Projektcodierung für Projekt festlegen** (OPSJ) definieren Sie Editionsmasken in Abhängigkeit von *Schlüsseln*. Eine Editionsmaske enthält jeweils durch Sonderzeichen getrennte *Abschnitte* für die externen Identifikationen. Ein Abschnitt kann entweder aus Ziffern bestehen, repräsentiert durch Nullen in der Editionsmaske, oder aus alphanumerischen Zeichen, dargestellt durch X-Zeichen in der Maske. Zu jeder Maske können Sie einen beschreibenden Text im Customizing hinterlegen und über *Sperrkennzeichen* steuern, ob der Schlüssel und die dazugehörige Maske für operative oder Standardprojektstrukturpläne verwendet werden dürfen.

Beispiel zur Definition

Die Definition von Editionsmasken soll nun an unserem Beispiel, den Roboterprojekten, erläutert werden. Alle Roboterprojekte im Beispiel-Unternehmen beginnen mit dem Buchstaben E. Zum Schlüssel E wurde daher – noch bevor das erste Roboterprojekt angelegt wurde – im Customizing die in Abbildung 1.12 dargestellte Editionsmaske definiert.

Jede mit dem Buchstaben E beginnende Identifikation von Projektdefinitionen und PSP-Elementen folgt nun der Konvention, dass nach dem Schlüssel E ein Bindestrich als Sonderzeichen folgt und danach ein maximal vierstelliger Abschnitt, in dem nur Ziffern stehen dürfen. Wird im ersten Abschnitt ein Buchstabe eingegeben, reagiert das System mit einer Fehlermeldung.

Im Beispiel wird der erste Abschnitt für eine fortlaufende Nummerierung von Projekten verwendet. Dies wird vom System durch die Möglichkeit, nach der nächsten freien Nummer zu suchen, unterstützt.

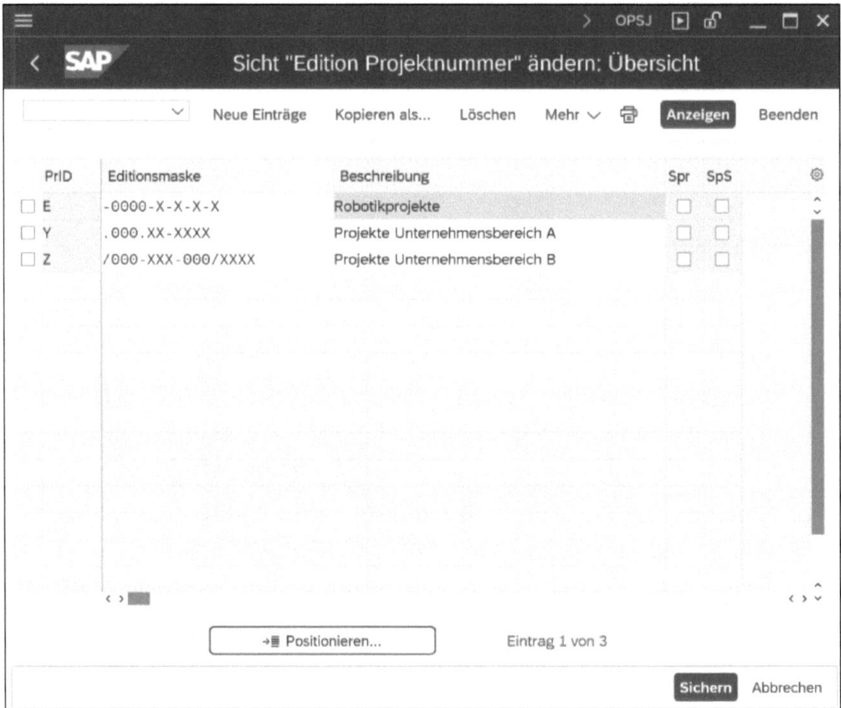

Abbildung 1.12 Beispiele für Editionsmasken

Wird eine längere Identifikation für PSP-Elemente vergeben, muss nach dem numerischen Abschnitt wieder ein Bindestrich folgen und danach ein einstelliger Abschnitt, in dem ein alphanumerisches Zeichen stehen darf, usw. Bei der Eingabe der Identifikation können Sie in der Regel auf die Angabe der Sonderzeichen verzichten, da das System die Sonderzeichen nach der Datenfreigabe automatisch an der vorgesehenen Stelle der angezeigten Identifikation einfügt. In der Datenbanktabelle der PSP-Elemente wird die externe Identifikation jedoch ohne Sonderzeichen abgelegt. Weitere Informationen zu Editionsmasken finden Sie in SAP-Hinweis 536471.

Sperrkennzeichen

Da in dem Beispiel weder ein Sperrkennzeichen für operative noch für Standardstrukturen gesetzt ist, können sowohl operative Projekte als auch Standardprojektstrukturpläne mit Identifikationen zum Schlüssel E angelegt werden.

[!]

Einschränkungen beim Erstellen von Editionsmasken

Beachten Sie, dass Sie eine Editionsmaske zu einem Schlüssel nur dann erstellen können, wenn es noch kein Objekt zu diesem Schlüssel gibt.

Sie sollten sich bereits bei der Einführung des Projektsystems, noch vor dem Anlegen der ersten Projekte, Gedanken über die Verwendung von Editionsmasken machen. Definieren Sie gegebenenfalls frühzeitig einfache Masken zu Schlüsseln, die Sie später eventuell nutzen möchten, und sperren Sie diese Editionsmasken. Zu einem späteren Zeitpunkt können Sie die Masken dann detaillieren und für die Verwendung freigeben, d. h. die Sperrkennzeichen entfernen.

Einschränkungen beim Ändern von Editionsmasken

Editionsmasken, die bereits von Objekten verwendet werden, sind nur noch bedingt änderbar. Die einzigen beiden nachträglichen Änderungsmöglichkeiten sind das Hinzufügen neuer alphanumerischer Abschnitte und das Ändern eines numerischen in einen alphanumerischen Abschnitt der gleichen Länge.

Wenn Sie Editionsmasken anlegen oder ändern, führt das System verschiedene Prüfungen durch. Beim Transport der Customizing-Einstellungen zu den Editionsmasken werden jedoch nicht alle Prüfungsschritte durchlaufen. Es ist daher empfehlenswert, Editionsmasken nicht zu transportieren, sondern sie manuell in den jeweiligen Systemen zu erstellen.

Sonderzeichen festlegen

Bevor Sie Editionsmasken im Customizing definieren können, müssen Sie in der Customizing-Aktivität **Sonderzeichen für Projekt festlegen** (OPSK, siehe Abbildung 1.13) Einstellungen vorgenommen haben. Zunächst müssen Sie hier definieren, wie lang die Schlüssel der Editionsmasken sein dürfen. Maximal dürfen Sie als Wert für die Schlüssellänge fünf Zeichen (numerisch oder alphanumerisch) definieren. Geben Sie im entsprechenden Feld z. B. »3« ein, dürfen Sie anschließend bei der Festlegung der Editionsmasken nur Schlüssel bis zu einer Länge von drei Zeichen verwenden. Sollen die Schlüssel immer genau drei Zeichen lang sein und nicht kürzer, setzen Sie zusätzlich das Kennzeichen **SL** (Strukturlänge).

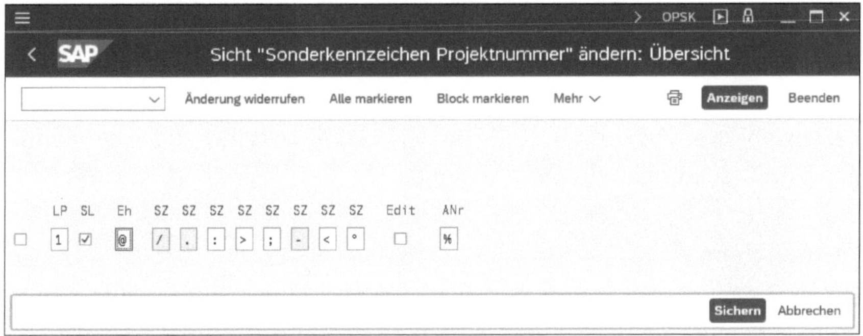

Abbildung 1.13 Beispiele für Sonderzeichen

Erfassungshilfe

Indem Sie neben dem Kennzeichen **SL** ein beliebiges Zeichen im Feld **Eh** (Erfassungshilfe) hinterlegen, können Sie das tabellarische Anlegen von PSP-Elementen vereinfachen. Anstatt immer die komplette Identifikation für ein neues PSP-Element anzugeben – was bei langen Identifikationen fehleranfällig sein kann –, können Sie für den Teil der Identifikation, der identisch mit dem hierarchisch übergeordneten Objekt ist, einfach das Erfassungshilfezeichen eintragen. Bei der Datenfreigabe ersetzt das System dann das Zeichen durch die Identifikation des übergeordneten Objekts.

Sonderzeichen

In den acht Feldern **SZ** (Sonderzeichen) hinterlegen Sie die Zeichen, die Sie bei der Definition der Editionsmasken als Trennzeichen zwischen zwei Abschnitten einsetzen möchten.

Durch das Setzen des Kennzeichens **Edit** erzwingen Sie, dass Projektdefinitionen und PSP-Elemente nur mit Identifikationen angelegt werden können, die durch nicht gesperrte Editionsmasken gesteuert werden. Haben Sie z. B. zum Schlüssel Z keine Editionsmaske definiert, können Sie keine mit Z beginnenden Projekte anlegen, wenn das Kennzeichen gesetzt ist.

Wenn Sie in das Feld **ANr** (Automatische Nummernvergabe) ein beliebiges Zeichen eintragen, schlägt Ihnen das System beim Anlegen eines PSP-Elements aus dem Vorlagenbereich (siehe z. B. Abschnitt 1.7.1, »Project Builder«) automatisch eine Identifikation für dieses PSP-Element vor. Kann das System keine Nummer automatisch vorschlagen, vergibt es eine vorläufige Nummer, beginnend mit dem Zeichen, das Sie in das Feld **ANr** eingetragen haben.

Projektart und Priorität

Die Definition von Projektarten und Prioritäten besteht lediglich aus einer Identifikation und einer Bezeichnung. Projektarten und Prioritäten können in den Grunddaten von PSP-Elementen eingetragen werden und dienen rein informativen Zwecken bzw. können über die erweiterte Abgrenzung als Selektionskriterien im Reporting verwendet werden. Im Projektprofil können Sie einen Vorschlagswert für die Projektart und die Priorität hinterlegen. Sie haben auch die Möglichkeit, Projektarten Projektprofilen zuzuordnen und somit zu kontrollieren, welche Projektarten für welche Projekte ausgewählt werden können. SAP-Hinweis 2232730 beschreibt die notwendigen Voraussetzungen für diese Lösung.

Partnerschema

Definition von Partnerrollen

Die Definition von Partnerschemata besteht aus drei Customizing-Aktivitäten. Zunächst legen Sie Identifikationen und Bezeichnungen für die Rollen an, die Sie später Projekten zuordnen möchten, und verknüpfen diese mit vorgegebenen Arten von Partnernummern.

Rollen

Der Begriff *Rolle* taucht in unterschiedlichen Kontexten auf. Die hier definierten Rollen haben keinen Bezug zu den Rollen, die zur Vergabe von Berechtigungen verwendet werden, oder zu den Rollen, die z. B. in Portfolio and Project Management (PPM) in SAP S/4HANA definiert werden.

Möchten Sie z. B. in Kundenprojekten den Auftraggeber als Information manuell hinterlegen, legen Sie eine Rolle **Auftraggeber** an und verknüpfen sie mit der Art **Kunde**. Sie können so zur Rolle **Auftraggeber** eine Debitorennummer eingeben und sich im Projekt die Daten des entsprechenden Debitorenstammsatzes anzeigen lassen.

Sprachabhängige Umschlüsselung

In der zweiten Customizing-Aktivität können Sie die Bezeichnung der Rollen in andere Sprachen übersetzen. Je nach Anmeldesprache gibt das System später die entsprechende Bezeichnung aus.

Definition von Partnerschemata

Im letzten Schritt fassen Sie schließlich die Rollen, die später gemeinsam in einem Projekt zur Auswahl stehen sollen, in einem Partnerschema zusammen. Dabei können Sie für jede Rolle festlegen, ob sie auf jeden Fall spezifiziert werden muss, ob ein Eintrag zur Rolle später noch geändert werden kann und ob Sie zu einer Rolle auch mehrere Werte eintragen können. Sie können ein Partnerschema als Vorschlagswert im Projektprofil hinterlegen.

Antragstellende und Verantwortliche

Mithilfe der Transaktionen OPS6 und OPS7 legen Sie mögliche Verantwortliche und Antragsteller für Projektdefinitionen und PSP-Elemente an. Die Definition von Antragstellern und Verantwortlichen besteht einfach aus einer maximal achtstelligen Identifikation und dem Namen der entsprechenden Person. Die Einträge werden manuell vorgenommen; es werden keine Daten aus dem Personalwesen dafür benötigt. Sollten Sie Daten aus dem Personalwesen übernehmen wollen, steht Ihnen die in SAP-Hinweis 2331027 beschriebene Lösung zur Verfügung.

Für Verantwortliche können Sie zusätzlich den entsprechenden SAP-Benutzer eintragen. Dieser Eintrag ist relevant, wenn der Benutzer im Falle von Budgetüberschreitungen automatisch per E-Mail informiert werden soll (siehe Abschnitt 3.1.5, »Verfügbarkeitskontrolle«).

Feldschlüssel

Mithilfe von Feldschlüsseln steuern Sie die Bezeichnung von Benutzerfeldern (siehe Abbildung 1.3). Nur die Benutzerfelder sind eingabebereit, für die Sie in der Definition des Feldschlüssels eine Bezeichnung hinterlegen. Für die beiden Mengenfelder der Benutzerfelder können Sie eine Verknüpfung zu den entsprechenden Parametern herstellen, um so die Mengen später in Formeln verwenden zu können (siehe z. B. Abschnitt 2.2.1, »Kapazitätsplanung mit Arbeitsplätzen«). Im Projektprofil können Sie einen Vorschlagswert für den Feldschlüssel eintragen.

1.2.3 Standardprojektstrukturpläne

Ein Standardprojektstrukturplan besteht aus einer *Standardprojektdefinition* und *Standard-PSP-Elementen* und dient als Kopiervorlage für operative Projekte. Standardprojektstrukturpläne werden mithilfe von Transaktion CJ91 mit Bezug zu einem Projektprofil erstellt. Dabei können andere Standardprojektstrukturpläne oder auch operative Projekte als Kopiervorlage genutzt werden.

Stammdaten

Ein Standardprojektstrukturplan kann bereits wesentliche Stammdaten enthalten. Sie können Standard-PSP-Elementen auch bereits Meilensteine (siehe Abschnitt 1.4, »Meilensteine«) oder PS-Texte (siehe Abschnitt 1.5.1, »PS-Texte«) zuordnen. Es können jedoch keine Plandaten, wie z. B. Termininformationen, Plankosten oder -erlöse, und auch keine Abrechnungsvorschriften im Standardprojektstrukturplan hinterlegt werden. Auch eine Zuordnung von Dokumenteninfosätzen (siehe Abschnitt 1.5.2, »Integration zur Dokumentenverwaltung«) ist nicht möglich.

Darüber hinaus können noch keine Status für die Standard-PSP-Elemente gesetzt werden. In der Standardprojektdefinition können Sie jedoch bereits die Statusschemata für die operative Projektdefinition und die operativen PSP-Elemente hinterlegen.

Standard-systemstatus

Auf der Ebene der Standardprojektdefinition gibt es darüber hinaus drei Systemstatus:

- **Standard-Eröffnet**
  Das System gibt eine Warnmeldung aus, wenn Sie den Standardprojektstrukturplan in diesem Initialstatus als Kopiervorlage nutzen möchten.
- **Standard-Freigegeben**
  Der Standardprojektstrukturplan kann ohne Einschränkung als Kopiervorlage verwendet werden. Dieser Status kann nicht zurückgenommen werden.

- **Standard-Abgeschlossen**
  Der Standardprojektstrukturplan kann bei diesem Status nicht kopiert werden.

Projektstrukturpläne

Mithilfe der PSP-Elemente eines Projektstrukturplans bilden Sie ein Projekt in hierarchischer Form im SAP-System ab. Alle PSP-Elemente eines Projektstrukturplans sind eindeutig einer Projektdefinition zugeordnet.

In den Stammdaten dieser Projektelemente hinterlegen Sie diverse Daten zu Informationszwecken, aber auch steuernde Profile und Kennzeichen. Standardprojektstrukturpläne dienen als Kopiervorlage für operative Projekte. Bevor Sie Projektstrukturpläne anlegen, müssen Sie im Customizing des Projektsystems ein Projektprofil definieren. Sinnvoll ist es darüber hinaus, im Customizing auch Editionsmasken festzulegen, die die Identifikation der Projektelemente steuern.

1.3 Netzplan

Netzpläne dienen dazu, den Ablauf der verschiedenen Projektaktivitäten in Form von Vorgängen und Anordnungsbeziehungen im System abzubilden. Mithilfe von Netzplänen können Sie insbesondere diverse logistische Integrationen in die Materialwirtschaft, Produktion und Instandhaltung sowie in den Einkauf, die Kapazitätsplanung und die Terminierung nutzen.

Größe von Netzplänen

Netzpläne sollten eine Größe von ca. 500 Vorgängen nicht überschreiten, da Sie pro Netzplan in der Regel nur eine verantwortliche Person hinterlegen. Ein anderer Grund liegt in der Sperrlogik von Netzplänen: Immer wenn ein Netzplanobjekt bearbeitet oder z. B. rückgemeldet wird, wird der gesamte Netzplan gesperrt. Je größer Ihre Netzpläne sind und je höher die Anzahl der voraussichtlichen Rückmeldungen ist, desto größer ist also die Gefahr, dass der Netzplan für die Bearbeitung gesperrt wird.

1.3.1 Aufbau und Stammdaten

Ein Netzplan besteht aus einem *Netzplankopf* und *Vorgängen*. Die Vorgänge können durch *Anordnungsbeziehungen* miteinander verknüpft werden. Mithilfe von *Vorgangselementen* können Sie Vorgänge detaillieren bzw. ergänzen.

Im Kopf eines Netzplans sowie in den Vorgängen und Vorgangselementen können Sie jeweils die Identifikation eines PSP-Elements eintragen und so eine Zuordnung zu einem Projektstrukturplan herstellen. Aufgrund dieser Zuordnung können Daten zwischen den Netzplanobjekten und den jeweiligen PSP-Elementen ausgetauscht werden.

Identifikation

Jeder Netzplan besitzt eine maximal zwölfstellige eindeutige Identifikation. Abhängig von den Customizing-Einstellungen müssen Sie diese Identifikation entweder beim Anlegen des Netzplans manuell eingeben, oder die Identifikation wird vom System automatisch vergeben. Für Netzpläne, die einem PSP-Element zugeordnet werden, kann die Identifikation mithilfe einer Kundenerweiterung auch aus der Identifikation des PSP-Elements abgeleitet werden.

Aufträge

Netzpläne sind technisch als Aufträge realisiert, und einige ihrer Funktionen ähneln daher z. B. denen von Fertigungs-, Instandhaltungs- oder Serviceaufträgen oder im weiteren Sinne auch denen von Innenaufträgen. Die unterschiedlichen Aufträge im SAP-System werden durch fest vorgegebene *Auftragstypen* unterschieden; Netzpläne bilden den Auftragstyp 20.

Die Eigenschaften von Aufträgen werden innerhalb der einzelnen Auftragstypen durch *Auftragsarten* – im Falle von Netzplänen auch als *Netzplanarten* bezeichnet – spezifiziert, die Sie im Customizing der jeweiligen Anwendung definieren. Abhängig von Netzplanart und Werk im Kopf des Netzplans legen Sie weitere Eigenschaften der Netzpläne im Customizing des Projektsystems fest (siehe Abschnitt 1.3.2, »Strukturen-Customizing des Netzplans«).

Netzplankopf

Ein Netzplankopf bildet einen Rahmen für die unterschiedlichen Objekte des Netzplans. Der Netzplankopf enthält sowohl steuernde Profile und Kennzeichen als auch Vorschlagswerte für die verschiedenen Netzplanobjekte (siehe Abbildung 1.14).

Wenn Sie einen Netzplankopf anlegen (siehe Abschnitt 1.7, »Bearbeitungsfunktionen«), müssen Sie Einträge in den Feldern **Netzplanprofil**, **Netzplanart** und **Werk** vornehmen, wobei die Netzplanart und das Werk auch über das Netzplanprofil vorgeschlagen werden können. Über das Werk wird die Zugehörigkeit zu Buchungskreis und Kostenrechnungskreis ermittelt.

Das Werk wird auch als Vorschlagswert an die Vorgänge des Netzplans weitergegeben, kann dort jedoch geändert werden, sofern das neue Werk noch zum gleichen Kostenrechnungskreis des Netzplankopfs gehört. Auch andere Daten des Netzplankopfs, wie z. B. der **Geschäftsbereich**, das **Profit Center** (auf der Registerkarte **Zuordnungen**), oder das Kennzeichen **Res./BAnf** dienen als Vorschlagswerte für die Vorgänge des Netzplans.

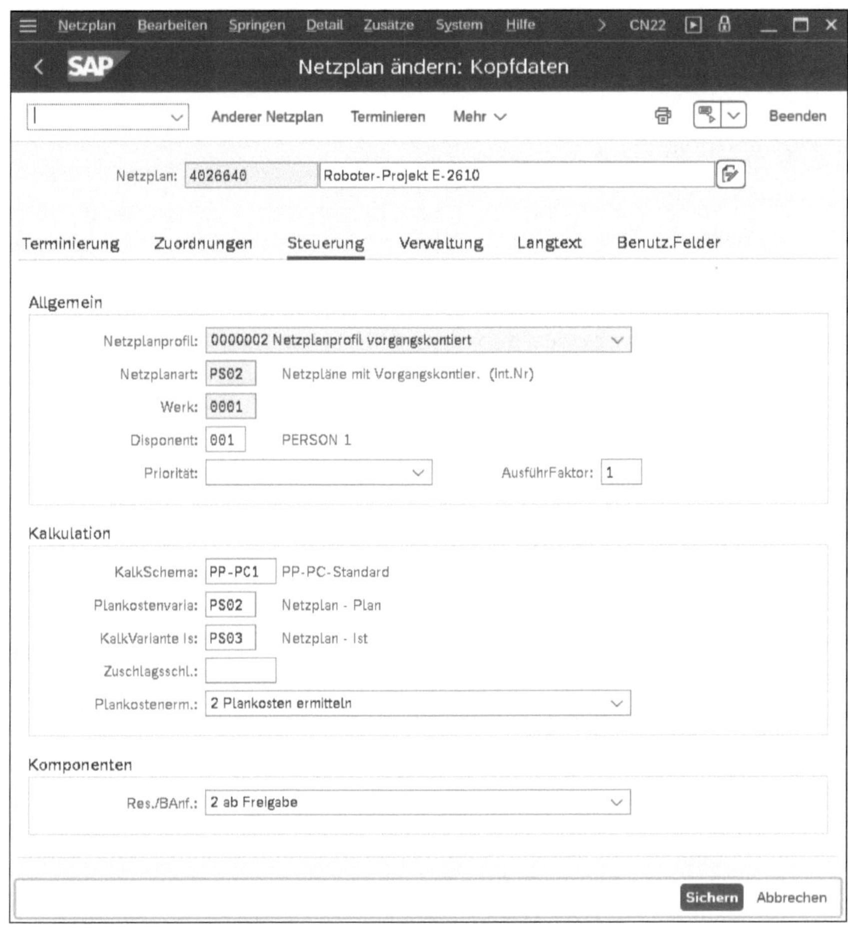

Abbildung 1.14 Steuerungsdaten eines Netzplankopfs

Im Netzplankopf nehmen Sie neben der Spezifikation der Netzplanverantwortlichkeit (Feld **Disponent**) auch verschiedene Einstellungen zur Termin- und Kapazitätsplanung sowie zur Kostenkalkulation vor. Diese werden in Abschnitt 2.1.2, »Terminierung mit Netzplänen«, Abschnitt 2.2.1, »Kapazitätsplanung mit Arbeitsplätzen«, und Abschnitt 2.4.5, »Netzplankalkulation«, näher erläutert.

Ausführungsfaktor

Mithilfe des Felds **AusführFaktor** können Sie Mengeninformationen in den Vorgängen, Vorgangselementen und zugeordneten Materialkomponenten vervielfachen. Wenn Sie einen ganzzahligen Faktor im Netzplankopf hinterlegen, werden automatisch Dauer, Arbeit, Kosten und Mengen von Vorgängen und deren zugeordneten Vorgangselementen und Materialkomponenten mit diesem Faktor multipliziert. Dabei werden jedoch nur die Vorgänge berücksichtigt, die Sie explizit für diese Vervielfachung gekennzeichnet haben.

Vorgänge

Man unterscheidet bei Netzplänen die vier unterschiedlichen Vorgangstypen:

- Eigenbearbeitung
- Fremdbearbeitung
- Dienstleistung
- Kosten

Der Typ eines Vorgangs wird dabei durch den *Steuerschlüssel* des Vorgangs (siehe Abschnitt 1.3.2, »Strukturen-Customizing des Netzplans«) festgelegt. Über die Bezeichnung, die Langtexte oder auch die zugeordneten PS-Texte und Dokumente (siehe Abschnitt 1.5, »Dokumente«) können Sie die Aufgabe jedes einzelnen Vorgangs näher spezifizieren.

Jeder Vorgang besitzt innerhalb des Netzplans eine eindeutige, vierstellige Identifikation und kann so zusammen mit der Netzplanidentifikation eindeutig identifiziert werden. Legen Sie einen neuen Vorgang an, schlägt Ihnen das System, basierend auf der bisher höchsten Vorgangsnummer innerhalb des Netzplans und der im Netzplanprofil angegebenen Vorgangsschrittweite, automatisch eine Identifikation für diesen Vorgang vor.

Eigenbearbeitung

Ein Eigenbearbeitungsvorgang – standardmäßig steht Ihnen hierfür der Steuerschlüssel PS01 zur Verfügung – dient der Planung und Erfassung einer Leistung, die von Kapazitäten (z. B. Personen oder Maschinen) des eigenen Unternehmens erbracht wird. Abbildung 1.15 zeigt für das Projektbeispiel einen Eigenbearbeitungsvorgang, der dazu dient, die Spezifikation des Roboters im Netzplan abzubilden.

Mithilfe des Felds **Dauer normal** planen Sie die Länge des Zeitraums, der für die Eigenleistung im Rahmen der Terminierung berücksichtigt werden soll. Wenn Sie Kosten und Kapazitätsbedarfe für die Eigenleistung planen möchten, müssen Sie einen **Arbeitsplatz** angeben (siehe Abschnitt 2.2.1, »Kapazitätsplanung mit Arbeitsplätzen«), der die entsprechende Leistung erbringen soll, und den Arbeitsaufwand im Feld **Arbeit** eingeben.

Berechnungsschlüssel

Gibt es für einen Eigenbearbeitungsvorgang einen festen Bezug zwischen der geplanten Arbeit und der Dauer der Durchführung, können Sie über das Feld **Berechngschl** (Berechnungsschlüssel) z. B. steuern, dass die Dauer aus der geplanten Arbeit des Vorgangs und der Einsatzzeit des Arbeitsplatzes berechnet wird. Mittels der Felder **Anzahl** und **Prozent** können Sie dabei zusätzlich spezifizieren, wie viele Kapazitäten zu wie viel Prozent bei der Umrechnung berücksichtigt werden sollen. Umgekehrt kann auch die benötigte Arbeit aus der Dauer des Vorgangs berechnet werden. Eine dritte mögliche Verwendung des Berechnungsschlüssels ist, dass Sie die geplante Arbeit und Dauer manuell angeben und das System Ihnen die Anzahl der benötigten Kapazitäten berechnet.

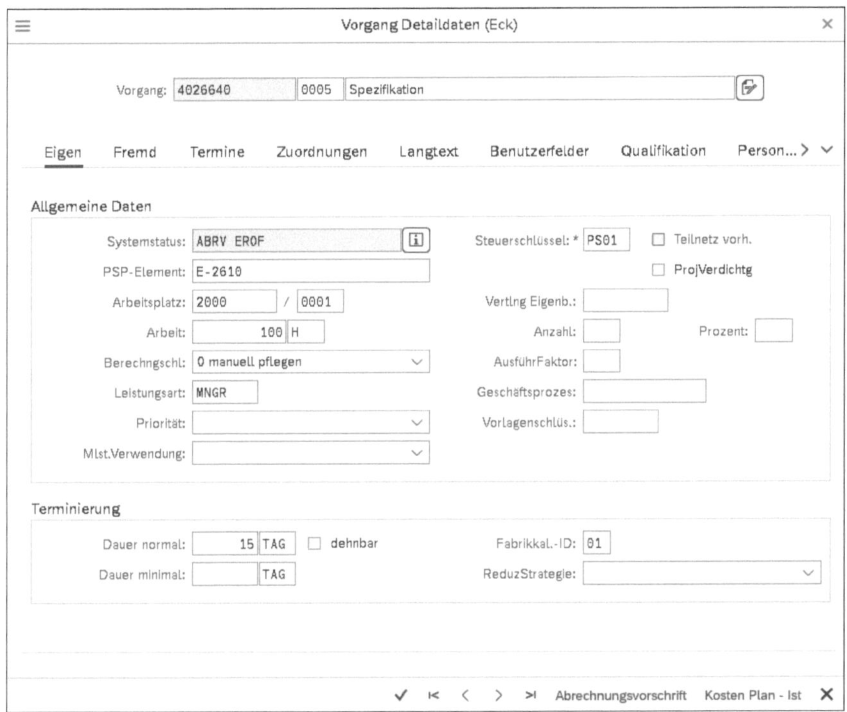

Abbildung 1.15 Beispiel eines Eigenbearbeitungsvorgangs

Fremdbearbeitung

Mithilfe eines Fremdbearbeitungsvorgangs – standardmäßig können Sie für diesen Vorgangstyp den Steuerschlüssel PS02 verwenden – planen und beschaffen Sie eine Leistung, die von einer externen Ressource erbracht werden soll. Die zu beschaffende Leistung können Sie entweder manuell mithilfe von Langtexten, PS-Texten oder zugeordneten Dokumenten beschreiben oder durch die Angabe geeigneter **Infosätze** oder **Rahmenverträge** des Einkaufs spezifizieren. Abbildung 1.16 zeigt das Beispiel eines Fremdbearbeitungsvorgangs, der für die Beschaffung einer externen Konstruktionsleistung innerhalb des Netzplans verwendet wird.

Kennzeichen Res./BAnf

Mithilfe Ihrer Angaben zur Fremdleistung, dem **Endtermin** des Fremdbearbeitungsvorgangs, der angegebenen **Vorgangsmenge**, der Warengruppe, der verantwortlichen Einkaufsorganisation (**Einkaufsorg**) und **Einkäufergruppe**, kann das System eine Bestellanforderung erstellen. Dies erfolgt in Abhängigkeit vom Kennzeichen **Res./BAnf**:

- sofort, also automatisch beim nächsten Sichern des Netzplans
- ab Freigabe des Vorgangs und dem anschließenden Sichern
- nie automatisch, sondern zu einem beliebigen Zeitpunkt beim Sichern, nachdem Sie das Kennzeichen manuell von **nie** auf **sofort** gesetzt haben

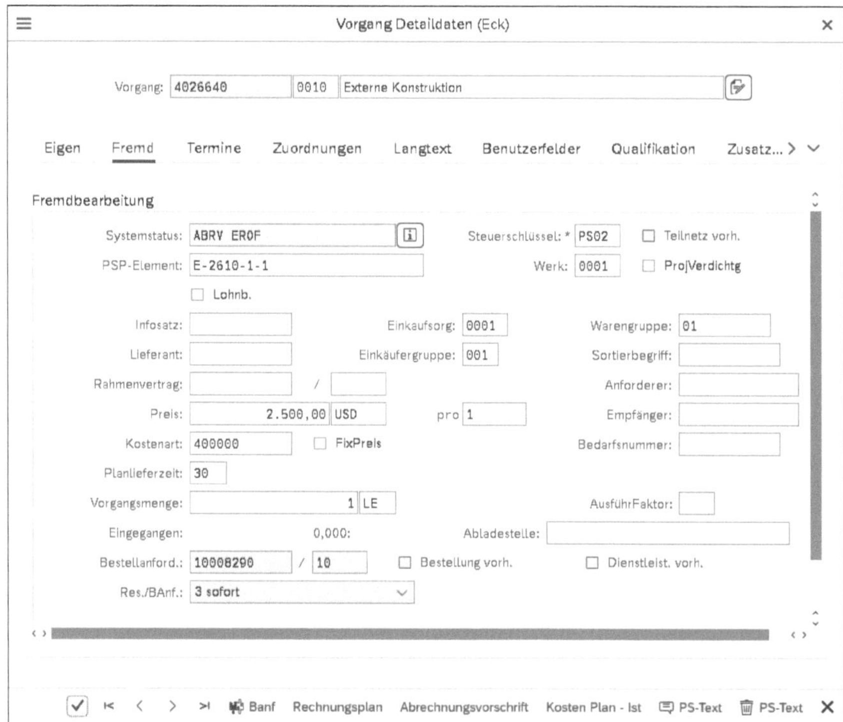

Abbildung 1.16 Beispiel eines Fremdbearbeitungsvorgangs

Dienstleistung

Ähnlich wie ein Fremdbearbeitungsvorgang dient auch ein Dienstleistungsvorgang (standardmäßig Steuerschlüssel PS05) der Planung und Beschaffung von Fremdleistungen über den Einkauf (siehe Abbildung 1.17). Während Sie mithilfe eines Fremdbearbeitungsvorgangs nur eine spezifizierte Leistung beschaffen, erlaubt ein Dienstleistungsvorgang die Planung und Beschaffung mehrerer Dienstleistungen sowie die Angabe von Daten zu noch nicht näher spezifizierten Leistungen.

Leistungsverzeichnis

Zu diesem Zweck erstellen Sie beim Anlegen eines Dienstleistungsvorgangs ein *Leistungsverzeichnis*, in dem Sie gegebenenfalls mit Bezug auf Leistungsstammsätze, Muster- oder Standardleistungsverzeichnisse tabellarisch – bei Bedarf hierarchisch strukturiert – geplante Leistungen angeben (siehe Abschnitt 2.2.5, »Dienstleistung«). Zusätzlich müssen Sie ein Wertelimit für ungeplante Leistungen, also für Leistungen, die noch nicht genau spezifiziert werden können, angeben. Dieses Limit darf später vom Lieferanten bei der *Leistungserfassung* durch die Werte der ungeplanten Leistungen nicht überschritten werden (siehe Abschnitt 4.4.2, »Dienstleistung«).

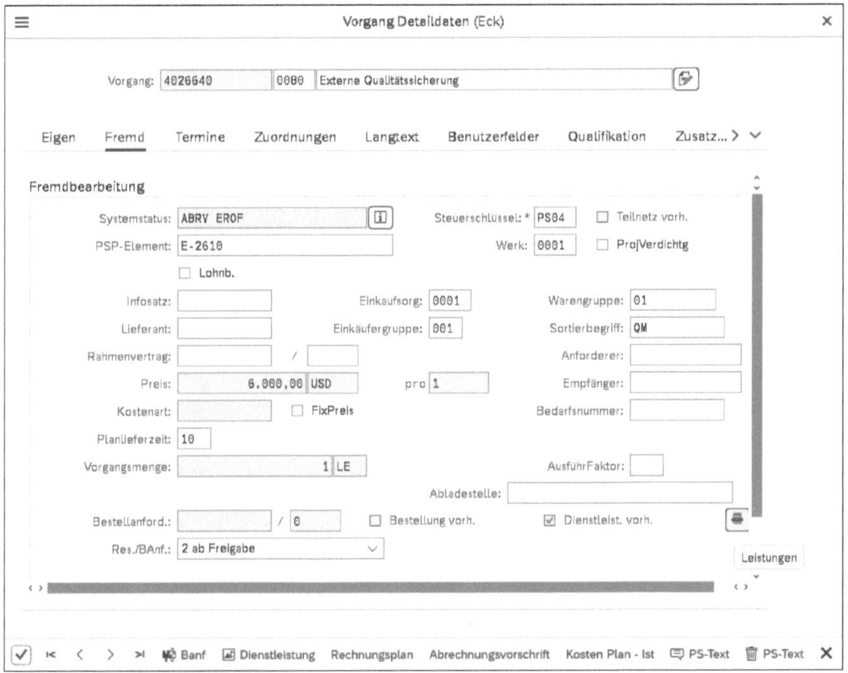

Abbildung 1.17 Beispiel eines Dienstleistungsvorgangs

Genau wie bei einem Fremdbearbeitungsvorgang steuern Sie mithilfe des Kennzeichens **Res./BAnf**, wann eine Bestellanforderung anhand der Daten eines Dienstleistungsvorgangs erstellt werden soll. Die Weiterverarbeitung der Bestellanforderung erfolgt dann mithilfe von Funktionen des Dienstleistungsbereichs im Einkauf.

Kostenvorgang

Für die Planung und spätere Kontierung von Kosten, die nicht aufgrund von Eigenleistungen oder der Beschaffung von Fremdleistungen oder Dienstleistungen über den Einkauf oder den Verbrauch von Material entstehen, also z. B. für Reisekosten oder andere Primärkosten, können Sie Kostenvorgänge einsetzen. Standardmäßig wird für Kostenvorgänge der Steuerschlüssel PS03 ausgeliefert. Abbildung 1.18 zeigt ein Beispiel eines Kostenvorgangs für die Abbildung von Versicherungskosten innerhalb des Netzplans.

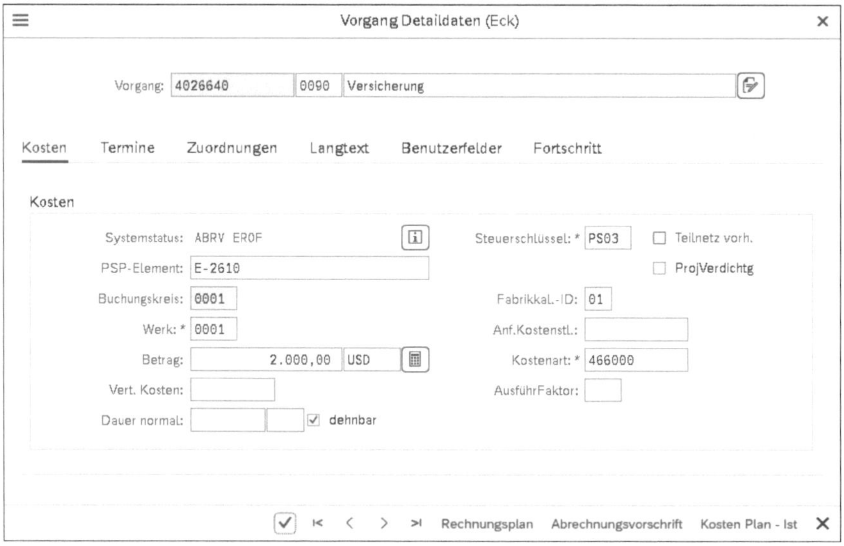

Abbildung 1.18 Beispiel eines Kostenvorgangs

Für die Planung solcher Kosten stehen Ihnen in den Kostenvorgängen unterschiedliche Möglichkeiten zur Verfügung. Im einfachsten Fall geben Sie lediglich einen **Betrag** und eine **Kostenart** an. Detailliertere Möglichkeiten stellen Einzelkalkulationen oder alternativ Rechnungspläne dar (siehe Abschnitt 2.4.5, »Netzplankalkulation«).

Um eine Verteilung der Kosten über mehrere Perioden zu erreichen, können Sie in einem Kostenvorgang eine Dauer eingeben und – falls Sie keine gleichmäßige Verteilung über die Dauer möchten – auch einen Verteilungsschlüssel (siehe Abschnitt 2.2.1, »Kapazitätsplanung mit Arbeitsplätzen«).

Anordnungsbeziehungen

Mithilfe von Anordnungsbeziehungen definieren Sie die Abfolge von Vorgängen. Wenn Sie eine Anordnungsbeziehung zwischen zwei Vorgängen erstellen, legen Sie dabei fest, welcher Vorgang der *Vorgänger* und welcher Vorgang der *Nachfolger* sein soll und spezifizieren so die logische Abfolge. Zusätzlich geben Sie die Art der Anordnungsbeziehung an, über die das System im Rahmen der Terminierung die zeitliche Abfolge von Vorgänger und Nachfolger ermittelt.

Arten von Anordnungsbeziehungen

Die folgenden Arten von Anordnungsbeziehungen stehen Ihnen dabei zur Verfügung:

- **NF (Normalfolge)**
  Der Nachfolger beginnt zeitlich nach dem Ende des Vorgängers.
- **AF (Anfangsfolge)**
  Der Nachfolger beginnt zeitgleich mit oder zeitlich nach dem Start des Vorgängers.
- **EF (Endfolge)**
  Der Nachfolger endet zeitgleich mit oder zeitlich nach dem Ende des Vorgängers.
- **SF (Sprungfolge)**
  Der Vorgänger beginnt zeitlich nach dem Ende des Nachfolgers.

Zeitabstand

Durch die Angabe eines positiven Zeitabstands in einer Anordnungsbeziehung können Sie bei der Terminierung erreichen, dass dieser zeitliche Abstand zwischen den Vorgängen mindestens gewahrt wird. Ein negativer Zeitabstand bedeutet umgekehrt, z. B. bei einer Normalfolge, dass sich die Vorgänge um diesen Abstand zeitlich überlappen können.

Sie können die Zeitabstände entweder absolut, z. B. als Anzahl von Tagen eingeben, oder sie, prozentual gerechnet, anhand der Dauer des Vorgängers oder des Nachfolgers spezifizieren. Sollen sich die Zeitabstände dabei rein auf Arbeitstage oder die Einsatzzeit von Kapazitäten beziehen, tragen Sie zusätzlich einen Fabrikkalender oder einen Arbeitsplatz in die Anordnungsbeziehung ein.

Sie können Anordnungsbeziehungen tabellarisch für Vorgänge erstellen. In der Netzplangrafik und der Projektplantafel können Sie mithilfe des sogenannten *Verbindungsmodus* auch grafisch Anordnungsbeziehungen anlegen. In der Projektplantafel können Sie darüber hinaus einfach Vorgänge selektieren und mithilfe des Icons **Markierte Vorgänge verknüpfen** automatisch Normalfolgen zwischen diesen Vorgängen in der Reihenfolge ihrer tabellarischen Darstellung erstellen.

Externe Anordnungsbeziehungen

Sie können auch Anordnungsbeziehungen zwischen Vorgängen unterschiedlicher Netzpläne erstellen und so Abhängigkeiten zwischen diesen Netzplänen abbilden. Die durch Anordnungsbeziehungen verbundenen Netzpläne können auch zu unterschiedlichen Projekten gehören. Anordnungsbeziehungen zwischen Vorgängen unterschiedlicher Netzpläne werden auch als *externe Anordnungsbeziehungen* bezeichnet.

Vorgangselemente

Bei Vorgangselementen unterscheidet man die vier folgenden Typen:

- Eigenbearbeitungselement zur Planung und Erfassung von Leistungen von Kapazitäten des eigenen Unternehmens
- Fremdbearbeitungselement zur Planung und Beschaffung externer Leistungen
- Dienstleistungselement zur Planung und Beschaffung externer Leistungen mithilfe von Leistungsverzeichnissen
- Kostenelement zur Planung und Kontierung zusätzlicher Primärkosten

Vorgangselement

Ebenso wie bei einem Vorgang können Sie mithilfe eines Vorgangselements in Abhängigkeit vom Steuerschlüssel, der den Typ des Vorgangselements festlegt, Kosten und Kapazitätsbedarfe für Eigenleistungen planen, die Beschaffung von Fremd- und Dienstleistungen über den Einkauf planen und anstoßen, oder zusätzliche Kosten planen. Ein Vorgangselement wird durch eine eindeutige Nummer innerhalb des Netzplans identifiziert. Abbildung 1.19 zeigt ein Beispiel eines Vorgangselements vom Typ **Kosten**.

Im Unterschied zu einem Vorgang besitzt ein Vorgangselement jedoch keine Anordnungsbeziehungen und ist somit nicht relevant für die Terminierung des Netzplans. Ein Vorgangselement wird fest einem Vorgang zugeordnet und übernimmt dessen Termine, wobei Sie durch die Eingabe von Zeitabständen planen können, dass das Vorgangselement später beginnen oder früher enden soll als der übergeordnete Vorgang. Der Plantermin eines Vorgangselements muss jedoch immer innerhalb des Plantermins des Vorgangs liegen.

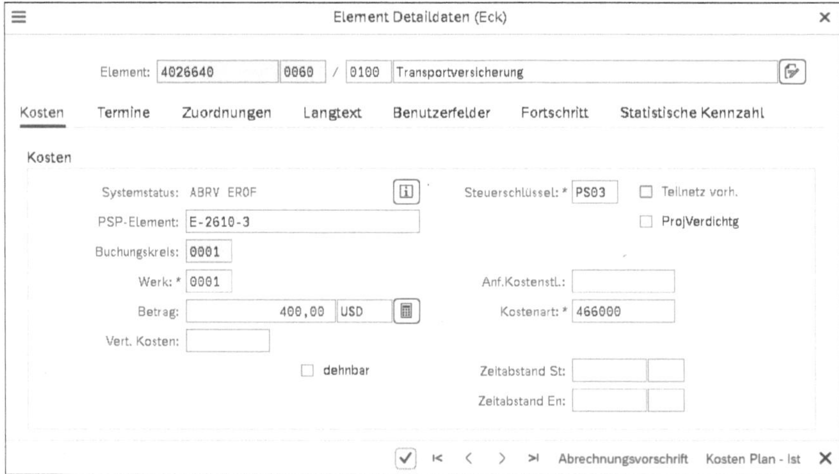

Abbildung 1.19 Beispiel eines Vorgangselements vom Typ »Kosten«

Ein weiterer Unterschied zwischen Vorgangselementen und Vorgängen besteht darin, dass Sie Vorgangselementen keine weiteren Objekte, also insbesondere keine PS-Texte, Dokumente, Meilensteine oder Materialkomponenten zuordnen können.

Beispiele für Vorgangselemente

Durch die Verwendung von Vorgangselementen anstelle von Vorgängen können Sie die Struktur des Netzplans und insbesondere die Terminplanung des Netzplans überschaubar halten. Die folgenden beiden Beispiele des Roboterprojekts sollen dies erläutern:

- **Beispiel 1: Lieferung**

  Die Lieferung von Roboterteilen wird durch einen Eigenbearbeitungsvorgang **Lieferung** abgebildet. Für den Transport möchten Sie zusätzliche Versicherungskosten planen. Sie realisieren dies durch ein Kostenelement **Transportversicherung**, das Sie dem Vorgang **Lieferung** zuordnen. Die Plankosten des Kostenelements liegen aufgrund des festen Terminbezugs zwischen Vorgang und Vorgangselement automatisch in dem terminierten Zeitraum der Lieferung.

- **Beispiel 2: Montage**

  Die Montage einer Roboterkomponente wird von mehreren Arbeitsplätzen durchgeführt; ein Teil der Leistung wird dabei auch von einem Lieferanten erbracht. Da die Arbeiten parallel durchgeführt werden bzw. eine detaillierte Ablaufplanung der einzelnen Aktivitäten nicht notwendig ist, verwenden Sie Vorgangselemente anstelle einzelner Vorgänge für jeden Arbeitsplatz und jede Fremdleistung. Das heißt, Sie legen einen Vorgang mit einer geplanten Dauer für die gesamte Montage der Komponente und den benötigten Anordnungsbeziehungen an und ordnen diesem Vorgang anschließend für jeden beteiligten Arbeitsplatz und die benötigten Fremdbeschaffungen jeweils ein Vorgangselement zu.

Teilnetze

Als Teilnetze werden Netzpläne bezeichnet, die über eine Zuordnung auf der Ebene des Netzplankopfs mit einem Vorgang eines anderen Netzplans verknüpft sind. Teilnetze dienen so der Detaillierung des übergeordneten Vorgangs.

Datenaustausch

Bei der Zuordnung des (Teil-)Netzes zum übergeordneten Vorgang übergibt das System Vorgangstermine an den Kopf des Teilnetzes. Darüber hinaus können die Zuordnung des Vorgangs zu PSP-Elementen, organisatorische Daten und die Anordnungsbeziehungen des Vorgangs im Teilnetz übernommen werden. Im übergeordneten Vorgang wird bei der Zuordnung eines Teilnetzes das Kennzeichen **Teilnetz vorhanden** gesetzt, und der Steuerschlüssel des Vorgangs wird geändert (siehe Abschnitt 1.3.2, »Strukturen-Customizing des Netzplans«). Sie können einem Vorgang auch mehrere Teilnetze zuordnen, und den Vorgängen eines Teilnetzes können Sie wiederum Teilnetze zuordnen. Anstatt manuell Teilnetze anzulegen, können Sie über Meilensteinfunktionen (siehe Abschnitt 1.4.2, »Meilensteine an Vorgängen«) auch automatisch Netzpläne mithilfe von Standardnetzen anlegen und sie dabei gleichzeitig als Teilnetze Vorgängen zuordnen. Eine mögliche Verwendung von Teilnetzen soll nun an einem einfachen Beispiel erläutert werden.

Beispiel für Teilnetze

In einer frühen Planungsphase des Roboterprojekts definieren Sie einen Netzplan, um den groben Ablauf der einzelnen Aktivitäten des Projekts abzubilden. Sie planen so mithilfe dieses Netzplans bereits Termine, Kosten und benötigte Kapazitätsbedarfe für die Planung, Konstruktion und Montage des Roboters.

Im Rahmen der Detailplanung des Projekts erstellen Sie nun eigens für Konstruktion und Montage neue, detaillierte Netzpläne mit eigenen Verantwortlichkeiten und ordnen diese den Vorgängen **Konstruktion** und **Montage** Ihres ersten Netzplans zu. Dabei übergibt das System die Termine dieser Vorgänge und die Zuordnung zum Projektstrukturplan des Roboterprojekts an die beiden Teilnetze.

Um zu verhindern, dass nun doppelte Plankosten und Kapazitätsbedarfe für Konstruktion und Montage für Ihr Projekt im Reporting ausgewiesen werden, haben Sie im Customizing des Projektsystems festgelegt, dass die Steuerschlüssel der übergeordneten Vorgänge automatisch so geändert werden, dass diese nun nicht mehr relevant für die Kostenkalkulation und die Berechnung von Kapazitätsbedarfen sind.

Die Verantwortlichen der Teilnetze können anschließend die Teilnetze bearbeiten bzw. sie weiter detaillieren, ohne dass dabei der übergeordnete Netzplan gesperrt wird. Müssen das Projekt oder Teile des Projekts zeitlich verschoben werden, können Sie z. B. mithilfe der Gesamtnetzterminierung (siehe Abschnitt 2.1.2, »Terminierung mit Netzplänen«) die Termine des übergeordneten Netzplans und der Teilnetze gleichzeitig neu berechnen.

Instandhaltungs- und Serviceaufträge als Teilnetze

Auch Instandhaltungs- und Serviceaufträge können Vorgängen eines Netzplans als Teilnetze zugeordnet werden, um die Reihenfolge der Aufträge festzulegen und deren Durchführungszeitraum zu terminieren. Gleichzeitig kann der Netzplan bzw. das Projekt bei größeren Instandhaltungsmaßnahmen zur Planung aller vorbereitenden Maßnahmen sowie zur Vorplanung der benötigten Mittel und Ressourcen und späteren Fortschrittsüberwachung eingesetzt werden. Werden die Aufträge gleichzeitig PSP-Elementen zugeordnet, kann das Projekt auch für eine Budgetverwaltung der Instandhaltungsmaßnahmen genutzt werden, wobei bereits die Plankosten der Aufträge gegen das zur Verfügung stehende Budget verprobt werden können (siehe Abschnitt 3.1.5, »Verfügbarkeitskontrolle«).

Auftragszuordnung zum Projekt

Die Zuordnung von Instandhaltungs- und Serviceaufträgen zu Netzplanvorgängen bzw. PSP-Elementen erfolgt im Kopf der jeweiligen Aufträge. Mithilfe von Transaktion ADPMPS (Auftragszuordnung zum Projekt) können Zuordnungen auch per Drag-and-Drop oder automatisch vorgenommen werden (siehe Abbildung 1.20). Für eine automatische Zuordnung dient das Feld **Bezugselement PM/PS** in Netzplanvorgängen und Auftragsköpfen bzw. deren Kopiervorlagen. Werden ein Projekt oder Netzplan sowie Aufträge in der Auftragszuordnung zum Projekt selektiert und die automatische Zuordnung angestoßen, werden den PSP-Elementen bzw. Netzplanvorgängen dann alle selektierten Aufträge zugeordnet, die dasselbe Bezugselement haben. Bezugselemente können im Customizing der Instandhaltung definiert werden.

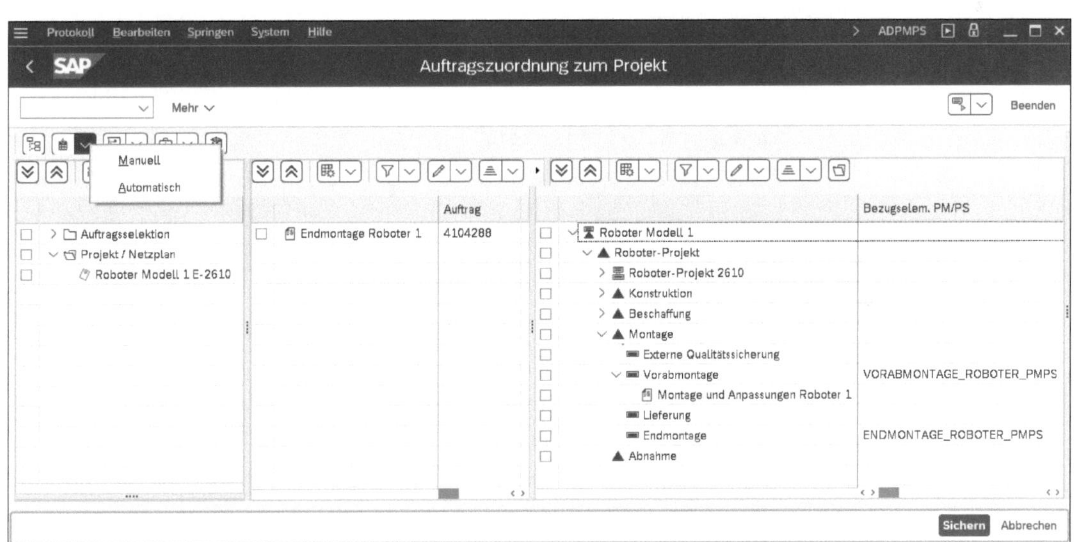

Abbildung 1.20 Zuordnung von Instandhaltungsaufträgen zu Projekten mithilfe von Transaktion ADPMPS

Maintenance Event Builder

Die Auftragszuordnung zum Projekt kann entweder direkt aufgerufen werden oder über den Maintenance Event Builder (Transaktion WPS1), der weitergehende Funktionen für die revisionsbezogene Planung von Instandhaltungsmaßnahmen bietet und z. B. die Verknüpfung von Projekten bzw. Netzplänen mit Revisionen erlaubt.

Mehr Informationen zum Thema Instandhaltung finden Sie in dem Buch »Instandhaltung mit SAP S/4HANA« von Karl Liebstückel (Rheinwerk Verlag 2022).

1.3.2 Strukturen-Customizing des Netzplans

Bevor Sie operative Netzpläne im SAP-System anlegen können, müssen Sie verschiedene Einstellungen im Customizing des Projektsystems vorgenommen haben. Neben den im Anschluss erörterten Einstellungen im Strukturen-Customizing müssen Sie darüber hinaus *Terminierungs-* und *Rückmeldeparameter* definiert sowie Einstellungen zur *Verfügbarkeitsprüfung von Material* vorgenommen haben. Diese Customizing-Aktivitäten werden in Abschnitt 2.1.2, »Terminierung mit Netzplänen«, Abschnitt 2.3.4, »Verfügbarkeitsprüfung« und Abschnitt 4.3, »Rückmeldungen«, behandelt.

Netzplanart

Interne/externe Nummernvergabe

Im ersten Schritt definieren Sie in Transaktion OPSC eine Netzplanart (siehe Abbildung 1.21) und ordnen diese einem Nummernkreis zu.

Bei der Definition der Nummernkreise aller Auftragstypen (Transaktion CO82) legen Sie fest, ob die Nummer automatisch vom System oder vom Anwender vergeben werden soll (interne oder externe Nummernvergabe).

Netzplan- und Auftragsarten

Da Netzpläne technisch als Aufträge im SAP-System realisiert sind, wird im Customizing des Projektsystems anstelle des Begriffs *Netzplanart* oft auch einfach der Oberbegriff *Auftragsart* verwendet.

In der Netzplanart können Sie darüber hinaus Vorschlagswerte für den Funktionsbereich (**FunktBereich**), die **Objektklasse** und das Abrechnungsprofil (**AbrechProfil**) der Netzplanobjekte sowie für das Anwenderstatusschema (**Statusschema**), siehe Abschnitt 1.6, »Status«, hinterlegen. Mithilfe des Kennzeichens **Sof. Freigeben** (sofort freigeben) erreichen Sie, dass alle Netzplanobjekte den Status **Freigegeben** als Initialstatus erhalten und somit direkt nach dem Anlegen des Netzplans die Erfassung von Ist-Daten auf dem Netzplan möglich ist.

Vorplanungsnetze

Neben steuernden Einstellungen zur Klassifizierung und Archivierung (Residenzzeiten, siehe Abschnitt 1.10, »Archivierung von Projektstrukturen«) legen Sie darüber hinaus über das Kennzeichen **Vorplanung** fest, ob die Planwerte des Netzplans bei einer aktiven Verfügbarkeitskontrolle gegen das Budget der zugeordneten PSP-Elemente verprobt werden sollen (siehe Abschnitt 3.1.5, »Verfügbarkeitskontrolle«).

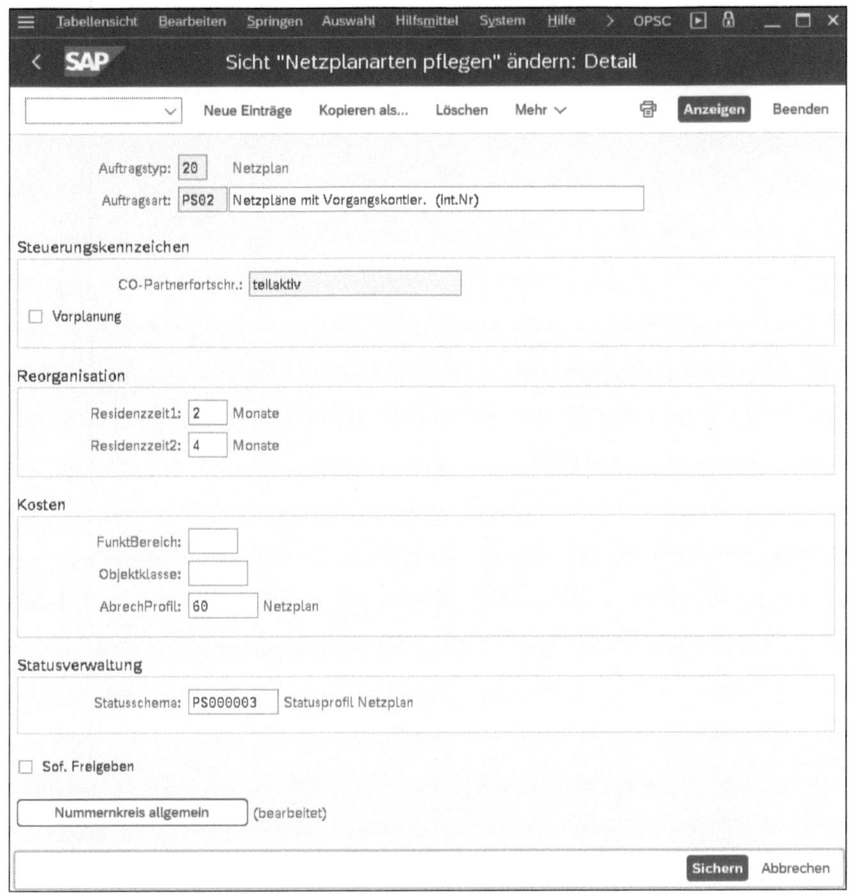

Abbildung 1.21 Beispiel einer Netzplanart

Netzpläne, deren Plankosten nicht in die Verfügbarkeitskontrolle einfließen, werden als *Vorplanungsnetze* bezeichnet. Vorplanungsnetze sind insbesondere relevant für Projekte, die mit dem unbewerteten Projektbestand arbeiten (siehe Abschnitt 2.3.2, »Projektbestand«), da in Vorplanungsnetzen, anders als in normalen Netzplänen, Plankosten für Materialkomponenten, die im unbewerteten Projektbestand geführt werden, ausgewiesen werden können.

Parameter zur Netzplanart

Nach dem Anlegen einer Netzplanart definieren Sie für eine Kombination aus Werk und Netzplanart in Transaktion OPUV die Parameter zur Netzplanart (siehe Abbildung 1.22).

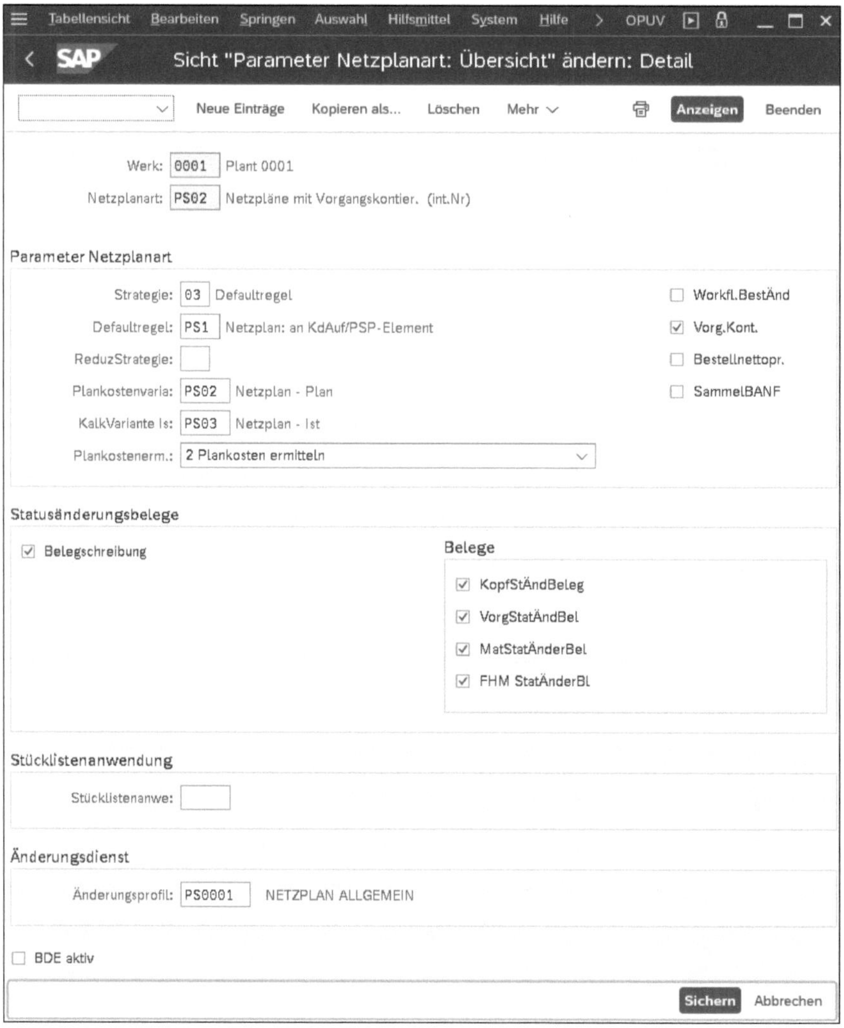

Abbildung 1.22 Beispiel für Parameter zur Netzplanart

Außer den Vorschlagswerten für die Reduzierungsstrategie (**ReduzStrategie**) (siehe Abschnitt 2.1.2, »Terminierung mit Netzplänen«), den Kalkulationsvarianten (**Plankostenvaria, KalkVariante Is**) im Plan und im Ist und dem Zeitpunkt der Plankostenermittlung (**Plankostenerm**) enthalten die Parameter zur Netzplanart nur referenzierte, steuernde Einstellungen.

Diese Einstellungen umfassen Parameter zur Generierung von Abrechnungsvorschriften (siehe Abschnitt 5.9, »Abrechnung«), zum Schreiben von Änderungsbelegen bei Stammdaten- (Kennzeichen **Belegschreibung**) und Statusänderungen sowie zur automatischen Alternativenbestimmung von Stücklisten und Kennzeichen für Fremdbeschaffungsprozesse (siehe Abschnitt 4.4, »Fremdbeschaffung von Leistungen«).

Die Angabe eines Änderungsprofils ist nur relevant, wenn Sie die Variantenkonfiguration von Netzplänen nutzen (siehe Abschnitt 1.8.6, »Variantenkonfiguration mit Projekten«). In diesem Fall steuert das Änderungsprofil, das Sie über Transaktion OPSG definieren können, wie nach der Freigabe von Netzplänen nachträgliche Änderungen der Konfiguration behandelt werden sollen.

Kopf- und Vorgangskontierung

Über das Kennzeichen **Vorg.Kont.** steuern Sie, ob Netzpläne zu dieser Kombination aus Werk und Netzplanart entweder *kopf-* oder *vorgangskontiert* sein sollen.

Bei kopfkontierten Netzplänen werden sämtliche Plan- und Ist-Kosten sowie Obligos auf der Ebene der Netzplanköpfe geführt. Eine detailliertere Auswertung auf der Vorgangsebene ist dabei nicht möglich. Die Verwendung von kopfkontierten Netzplänen ist notwendig, wenn Sie Netzpläne ohne Projektstrukturpläne Kundenauftragspositionen zuordnen möchten.

[!]

Vorgangszuordnung bei kopfkontierten Netzplänen

Wenn Sie kopfkontierte Netzpläne zusammen mit Projektstrukturplänen einsetzen, sollten Sie die Vorgänge der kopfkontierten Netzpläne nicht unterschiedlichen PSP-Elementen zuordnen. Da die Kosteninformationen nur auf den PSP-Elementen, denen die Netzplanköpfe zugeordnet sind, aggregiert ausgewiesen werden, könnte dies ansonsten zu Irritationen bei der Analyse der Kosten führen.

Bei vorgangskontierten Netzplänen stellen die Vorgänge und Vorgangselemente jeweils eigenständige Kontierungsobjekte dar. Alle Kosteninformationen können separat auf den einzelnen Vorgängen und Vorgangselementen analysiert werden. Eine Zuordnung der Vorgänge von vorgangskontierten Netzplänen zu unterschiedlichen PSP-Elementen ist im Gegensatz zu den kopfkontierten Netzplänen ohne Probleme möglich. Ein Netzplan kann entweder nur kopfkontiert oder nur vorgangskontiert sein. Eine nachträgliche Änderung dieser Eigenschaft eines Netzplans ist nicht möglich.

Die werksabhängige Definition der Parameter zur Netzplanart erlaubt es Ihnen, für die Verwendung von Netzplänen in unterschiedlichen Werken bei Bedarf auch unterschiedliche Parameter zu definieren. Die von Ihnen definierten Parameter zur Netzplanart werden aus dem Werk und der Netzplanart ermittelt, die Sie beim Anlegen eines Netzplans im Netzplankopf eintragen.

Netzplanprofil

Zum Anlegen eines Netzplans benötigen Sie auch ein Netzplanprofil, das Sie mithilfe von Transaktion OPUU definieren können (siehe Abbildung 1.23).

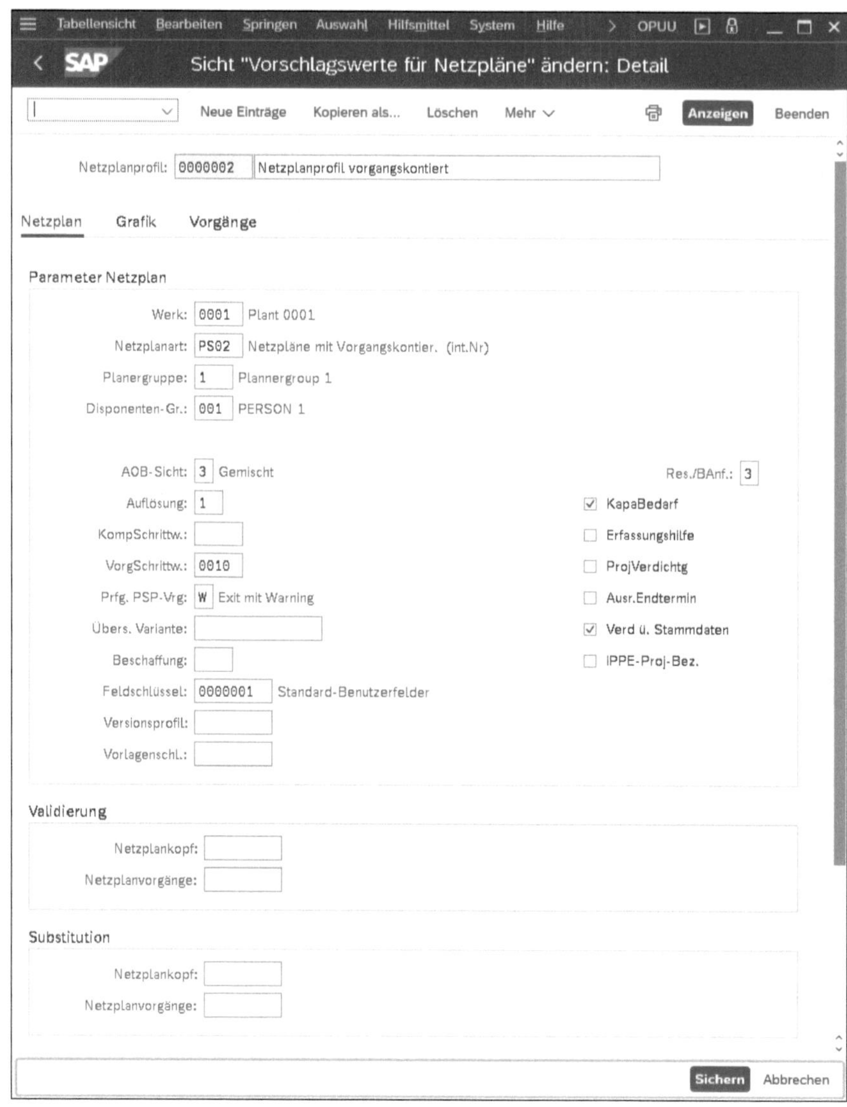

Abbildung 1.23 Beispiel eines Netzplanprofils

Im Netzplanprofil tragen Sie diverse Vorschlagswerte für die Felder und die Darstellung von Netzplanköpfen, Vorgängen, Vorgangselementen, Anordnungsbeziehungen und Materialkomponenten ein.

Insbesondere können Sie bereits Vorschlagswerte für das Werk, die Netzplanart und den Disponenten des Netzplans in einem Netzplanprofil hinterlegen, sodass die Angabe des Netzplanprofils beim Erstellen eines Netzplans ausreicht. Wenn Sie noch keine Disponenten in der Produktion definiert haben oder andere Disponenten für die Netzpläne verantwortlich sein sollen, müssen Sie die Disponenten für Ihre Netzpläne zuvor im Customizing definieren.

Vorschlagswerte hinterlegen

Ähnlich wie im Projektprofil der Projektstrukturpläne, können Sie im Netzplanprofil Einstellungen zum Erstellen von Projektversionen (siehe Abschnitt 1.9.1, »Projektversionen«), zur Verwendung von Substitutionen und Validierungen (siehe Abschnitt 1.8.4, »Substitution«, bzw. Abschnitt 1.8.5, »Validierung«) und zur Verdichtung und grafischen Darstellung der Netzpläne vornehmen sowie die Verwendung von Zugriffskontrolllisten erlauben.

Für Vorgänge und Vorgangselemente können Sie in Abhängigkeit vom jeweiligen Typ diverse Vorschlagswerte im Netzplanprofil eintragen. Insbesondere hinterlegen Sie Vorschlagswerte für den jeweiligen Steuerschlüssel der Vorgänge und Vorgangselemente.

Materialvorplanung

Damit Sie in Eigenbearbeitungsvorgängen Werte zur Materialvorplanung angeben können, müssen Sie im Netzplanprofil eine Kostenart für die erwarteten Kosten der Materialvorplanung eintragen. Mithilfe solcher *Materialvorplanungswerte* können Sie in einer frühen Planungsphase bereits die Plankosten für Material erfassen, ohne dass Sie dem betreffenden Vorgang explizit Material zuordnen müssen. Wenn Sie dem Vorgang zu einem späteren Zeitpunkt Materialkomponenten zuordnen, wird der Anteil des Materialvorplanungswerts an den Plankosten automatisch um den Planwert der zugeordneten Komponenten reduziert. So wird ein Ausweis von doppelten Plankosten verhindert.

Steuerschlüssel

Im Standard werden bereits Steuerschlüssel für die unterschiedlichen Vorgangstypen ausgeliefert. Bei Bedarf können Sie jedoch auch eigene Steuerschlüssel mit Transaktion OPSU erstellen (siehe Abbildung 1.24). Mithilfe der Felder **Kostenvorgang**, **Dienstleistung** und **Fremdbearbeitung** legen Sie dabei im Steuerschlüssel den jeweiligen Typ fest.

Die Kennzeichen **Kalkulieren**, **KapaBed. erm.** (Kapazitätsbedarfe ermitteln) und **Terminieren** im Steuerschlüssel steuern, ob für einen Vorgang Plankosten ermittelt, Kapazitätsbedarfe berechnet und eine terminierungsrelevante Dauer berücksichtigt werden sollen. Wenn Sie z. B. das Kennzeichen **Terminieren** nicht gesetzt haben, verwendet das System im Rahmen der Terminierung, unabhängig von den Vorgangsdaten, immer die Dauer null für den Vorgang. Mithilfe des Kennzeichens **FrArbVorg. term.** können Sie für die beiden Vorgangstypen Fremdbearbeitung und Dienstleistung spezifizieren, ob die Planlieferzeit des Vorgangs oder aber das Feld **Dauer normal** der Registerkarte **Eigen** für die Terminierung des Vorgangs verwendet werden soll.

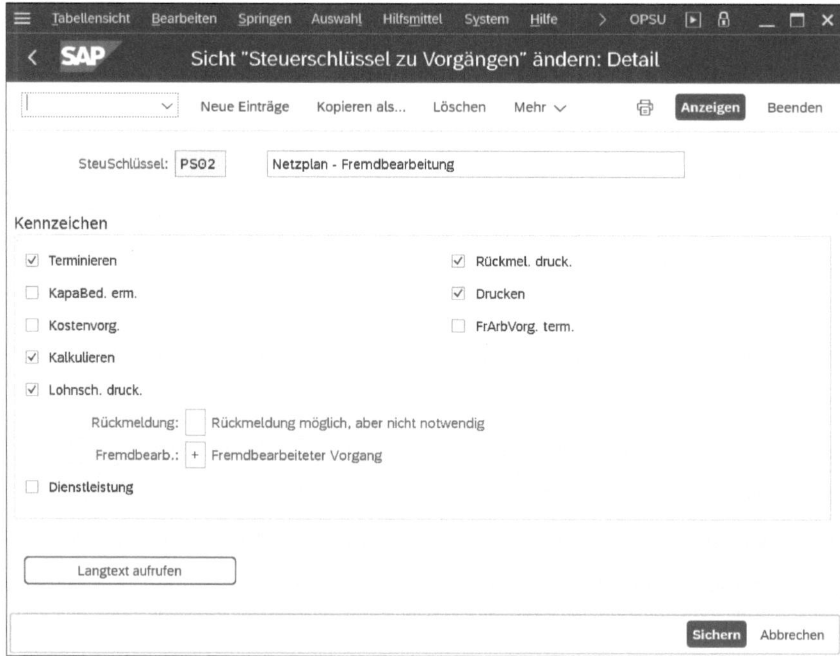

Abbildung 1.24 Steuerschlüssel für Fremdbearbeitungsvorgänge

Über die Einstellung im Feld **Rückmeldung** steuern Sie, ob ein Vorgang zurückgemeldet werden muss, bevor Sie ihn abschließen können, ob Rückmeldungen erlaubt, aber nicht notwendig sein sollen oder ob die Erfassung von Rückmeldungen für Vorgänge mit diesem Steuerschlüssel gar nicht möglich sein soll.

Arbeitspapiere

Damit für einen Vorgang Arbeitspapiere, also *Rückmeldescheine* oder *Lohnscheine* gedruckt werden können, müssen Sie den Ausdruck über die entsprechenden Kennzeichen im Steuerschlüssel erlauben. Darüber hinaus müssen Sie im Strukturen-Customizing der Netzpläne die *Drucksteuerung* definiert haben. In den operativen Netzplanvorgängen müssen Sie schließlich die Anzahl der zu druckenden Arbeitspapiere und den Drucker angeben.

Parameter für Teilnetzpläne

Wenn Sie mit Teilnetzen arbeiten möchten, müssen Sie in den Parametern für Teilnetzpläne in Abhängigkeit von der Netzplanart des übergeordneten Netzplans und der Netzplanart (bzw. Auftragsart im Falle von Instandhaltungs- oder Serviceaufträgen) zwei Einstellungen vornehmen:

- **Spezifikation des Steuerschlüssels**

  Sie müssen den Steuerschlüssel spezifizieren, der automatisch für den übergeordneten Vorgang nach der Zuordnung eines Teilnetzes gesetzt werden soll.

- **Terminspezifizierung**

  Sie müssen spezifizieren, welche Termine aus dem Vorgang an den Kopf des Teilnetzes weitergegeben werden sollen.

Zusätzlich können Sie im Customizing operativer Netzpläne Prioritäten und Feldschlüssel für Benutzerfelder analog zum Customizing der Projektstrukturpläne definieren (siehe Abschnitt 1.2.2, »Strukturen-Customizing des Projektstrukturplans«).

[!]

Erforderliches Customizing für Netzpläne

Bevor Sie operative Netzpläne anlegen können, müssen Sie außer den Einstellungen im Strukturen-Customizing noch Terminierungsparameter, Rückmeldeparameter und – bei der Verwendung von Material im Netzplan – die Verfügbarkeitsprüfung für Material im Customizing des Projektsystems definiert haben.

Diese Einstellungen werden in Abschnitt 2.1.2, »Terminierung mit Netzplänen«, Abschnitt 4.3, »Rückmeldungen«, und Abschnitt 2.3.4, »Verfügbarkeitsprüfung«, erläutert.

1.3.3 Standardnetze

Aufbau von Standardnetzen

Ein Standardnetz besteht aus einem *Standardnetzkopf* und *Standardnetzvorgängen* und dient als Kopiervorlage für operative Netzpläne. Sie erstellen Standardnetze mithilfe von Transaktion CN01. Indem Sie im Kopf des Standardnetzes und der Standardnetzvorgänge eine Zuordnung zu Standard-PSP-Elementen hinterlegen, können Sie direkt beide Standardstrukturen zusammen als Kopiervorlage nutzen (siehe Abschnitt 1.7, »Bearbeitungsfunktionen«).

Ebenso wie bei einem operativen Netzplan können Sie in einem Standardnetz die vier unterschiedlichen Vorgangstypen zur Strukturierung verwenden und Anordnungsbeziehungen zwischen den Vorgängen des Standardnetzes oder auch anderer Standardnetze erstellen. Zur Detaillierung der Standardnetzvorgänge können Sie Vorgangselemente und Meilensteine einsetzen. Zur Dokumentation der Vorgänge eines Standardnetzes stehen Ihnen Langtexte, PS-Texte, jedoch keine Dokumenteninfosätze zur Verfügung.

Unterschiede zu operativen Netzplänen

Da Standardnetze technisch nicht – wie Netzpläne – als Aufträge im SAP-System realisiert sind, sondern in Form von Plänen (vergleichbar mit den Arbeitsplänen, die als Kopiervorlage für Fertigungsaufträge dienen), gibt es neben allen Gemeinsamkeiten jedoch auch wesentliche Unterschiede zwischen operativen Netzplänen und Standardnetzen:

- Zum Erstellen von Standardnetzen benötigen Sie *Standardnetzprofile*, die Sie zuvor im Customizing der Standardnetze im Projektsystem definiert haben müssen. Standardnetzprofile enthalten ähnliche Daten wie Netzplanprofile für operative Netzpläne (siehe Abschnitt 1.3.2, »Strukturen-Customizing des Netzplans«).
- Sie können beim Anlegen eines Standardnetzes auf ein anderes Standardnetz als Kopiervorlage zurückgreifen, jedoch keinen operativen Netzplan als Kopiervorlage nutzen.
- Ein Standardnetz wird anhand eines achtstelligen Schlüssels aus speziellen Nummernkreisintervallen für Standardnetze und einer Alternativennummer identifiziert. Das heißt, dass Sie zu einem Standardnetzschlüssel unterschiedliche Strukturen anlegen können, die jeweils durch eine andere Alternative unterschieden werden.
- Sie können lediglich im Kopf des Standardnetzes einen Status spezifizieren. Diesen Status müssen Sie zuvor im Customizing der Standardnetze erstellt haben. Dabei können Sie über ein Kennzeichen steuern, ob das System eine Warnmeldung ausgeben soll, wenn das Standardnetz als Kopiervorlage verwendet wird.

Netzpläne

Ein Netzplan besteht aus einem Netzplankopf und Vorgängen, die durch Anordnungsbeziehungen miteinander verknüpft werden und so den Ablauf verschiedener Aktivitäten eines Projekts abbilden. Je nach Vorgangstyp können unterschiedliche Daten zur Planung und Steuerung einer Aktivität in einem Vorgang hinterlegt werden. Mit den Vorgangselementen und Teilnetzen stehen Ihnen unterschiedliche Möglichkeiten zur Detaillierung von Vorgängen zur Verfügung. Wenn Sie Standardnetze erstellen, können Sie diese als Kopiervorlage für operative Netzpläne verwenden. Bevor Sie Netzpläne anlegen, müssen Sie verschiedene Einstellungen im Customizing des Projektsystems vornehmen.

1.4 Meilensteine

Meilensteine dienen im Projektsystem dazu, Ereignisse von besonderer Bedeutung, wie z. B. das Erreichen wichtiger Projektabschnitte, abzubilden. Dazu hinterlegen Sie in einem Meilenstein neben den Daten zu dessen Verwendungszweck bzw. Funktion einen beschreibenden Kurztext und gegebenenfalls einen Langtext und den geplanten Termin, an dem der Meilenstein voraussichtlich erreicht wird. Das Erreichen des Meilensteins können Sie durch einen Ist-Termin dokumentieren. Anders als in manchen anderen Projektmanagement-Werkzeugen nehmen Meilensteine im Projektsystem jedoch keinen steuernden Einfluss auf die Terminplanung von PSP-Elementen oder Vorgängen.

Sie können Meilensteine in beliebiger Anzahl zu PSP-Elementen oder Vorgängen in operativen Strukturen und Standardstrukturen anlegen; dabei vergibt das System automatisch eine eindeutige Identifikationsnummer für jeden Meilenstein.

Standardmeilensteine und Meilensteingruppen

Wenn Sie immer wieder ähnliche Meilensteine einsetzen möchten, können Sie in Transaktion CN11 *Standardmeilensteine* als Kopiervorlage erstellen. Sie können auch mehrere Meilensteine gleichzeitig einem Objekt in Form von *Meilensteingruppen* zuordnen. Dazu definieren Sie im Customizing des Projektsystems entsprechende Meilensteingruppen (Transaktion OPT6) und ordnen die Standardmeilensteine diesen Meilensteingruppen zu.

Je nachdem, ob Sie die Meilensteine einem PSP-Element oder einem Vorgang zuordnen, stehen Ihnen unterschiedliche Verwendungsmöglichkeiten zur Verfügung.

1.4.1 Meilensteine an PSP-Elementen

Abbildung 1.25 zeigt das Detailbild eines Meilensteins an einem PSP-Element. Meilensteine, die Sie einem PSP-Element zugeordnet haben, können Sie im einfachsten Fall rein zu Informationszwecken nutzen. Über die Berichte im Strukturinfosystem können Sie die Meilensteindaten z. B. getrennt nach ihrer Verwendung auswerten. Mithilfe von *Ausnahmen* können Sie z. B. auch Meilensteine im Reporting farblich hervorheben, deren Plantermine bereits überschritten sind.

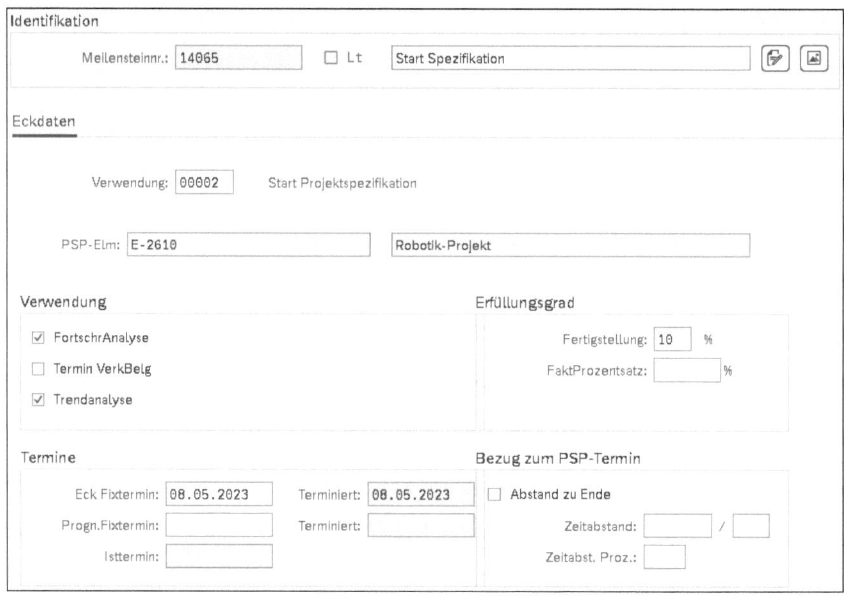

Abbildung 1.25 Beispiel eines Projektstrukturplanmeilensteins

Fakturierungs- und Rechnungspläne

Wenn Sie Fakturierungspläne zu PSP-Elementen oder Kundenauftragspositionen (siehe Abschnitt 2.5.3, »Fakturierungsplan«) oder auch Rechnungspläne zu Vorgängen (siehe Abschnitt 2.4.5, »Netzplankalkulation«) anlegen, können Sie die Termine und den geplanten Prozentsatz der Meilensteine übernehmen, die mit dem Kennzeichen **Termin VerkBelg** versehen sind. Wenn sich die Termine der Meilensteine ändern, ändern sich automatisch auch die Termine in den Fakturierungs- und Rechnungsplänen. Über die Angabe der Meilensteinverwendung im Feld **Verwendung** können dabei weitere Details zur Erlös- oder Kostenplanung gesteuert werden. Die Übernahme von Meilensteinterminen in Verkaufsbelege wird auch für die Meilensteinfakturierung eingesetzt (siehe Abschnitt 4.6.1, »Meilensteinfakturierung«).

Meilensteintrendanalyse

Wenn Sie mit Projektversionen arbeiten (siehe Abschnitt 1.9.1, »Projektversionen«) und das Kennzeichen **Trendanalyse** für einen Meilenstein setzen, können Sie später nachträgliche Änderungen der Meilensteintermine tabellarisch oder grafisch in der *Meilensteintrendanalyse* (siehe Abschnitt 4.7.1, »Meilensteintrendanalyse«) auswerten.

Der Plantermin und der geplante Prozentsatz im Feld **Fertigstellung** im Meilenstein können zur Ermittlung von Planfertigstellungsgraden verwendet werden (siehe Abschnitt 4.7.2, »Fortschrittsanalyse«), wenn Sie das Kennzeichen **FortschrAnalyse** im Meilenstein setzen. Tragen Sie einen Ist-Termin in den Meilenstein ein, kann der Fertigstellungsgrad im Meilenstein auch als Ist-Fertigstellungsgrad verwendet werden.

Meilensteintermine

Der Plantermin eines Meilensteins an einem PSP-Element kann entweder manuell als Fixtermin angegeben oder aus dem terminierten Termin des PSP-Elements abgeleitet werden. Dieser Termin wird erst über eine Terminierung des Projektstrukturplans (siehe Abschnitt 2.1, »Terminplanung«) entweder aus den zugeordneten Vorgängen oder aber – wenn Sie ohne Netzpläne arbeiten – aus den Planterminen des PSP-Elements bestimmt. Dabei können Sie festlegen, ob sich der Meilensteintermin auf den Start- oder Endtermin beziehen soll, und gegebenenfalls einen Zeitabstand absolut oder prozentual (gemessen an der Dauer des PSP-Elements) angeben. Wenn Sie einen Zeitbezug zum PSP-Element verwenden, führt eine Änderung des terminierten PSP-Element-Termins gleichzeitig auch zu einer Änderung des Meilensteintermins, während ein Fixtermin unabhängig von Terminänderungen des PSP-Elements ist. Um zu dokumentieren, dass ein Meilenstein eines PSP-Elements erreicht wurde, müssen Sie manuell einen Ist-Termin in den Meilenstein eintragen. Eine Ableitung aus den Ist-Terminen des PSP-Elements ist nicht möglich.

1.4.2 Meilensteine an Vorgängen

Meilensteine an Vorgängen können Sie für die gleichen Zwecke einsetzen wie die Meilensteine an PSP-Elementen (siehe Abschnitt 1.4.1, »Meilensteine an PSP-Elementen«).

Meilensteinfunktionen

Für Meilensteine an Vorgängen stehen Ihnen jedoch zusätzlich die folgenden Meilensteinfunktionen zur Verfügung, wobei eine Mehrfachverwendung möglich ist (siehe Abbildung 1.26).

- **Freigabe direkt folgender Vorgänge**

  Wird diese Funktion ausgelöst, werden alle Vorgänge, die über Anordnungsbeziehungen mit dem Vorgang als direkte Nachfolger verknüpft sind, freigegeben.

- **Freigabe bis Freigabepunkt**

  Alle nachfolgenden Vorgänge werden bei dieser Funktion freigegeben. Die automatische Freigabe endet jedoch bei Vorgängen, denen ein Freigabemeilenstein zugeordnet ist. Ein Freigabemeilenstein ist ein Vorgangsmeilenstein mit dem Kennzeichen **Freigabemeilenstein**.

- **Standardnetz einbinden**

  Mithilfe dieser Funktion können automatisch neue Vorgänge eingebunden werden. In den Parametern zu dieser Funktion hinterlegen Sie das Standardnetz, das als Kopiervorlage dienen soll, und den Vorgänger und Nachfolger der neuen Vorgänge.

- **Netzplan anlegen**

  Diese Funktion legt einen neuen Netzplan an. Als Kopiervorlage wird dabei das Standardnetz verwendet, das Sie in den Parametern zu dieser Funktion eintragen.

- **Teilnetz einbinden**

  In den Parametern dieser Funktion definieren Sie, welcher Vorgang durch ein Teilnetz detailliert werden soll und welches Standardnetz als Kopiervorlage für das Teilnetz dienen soll. Wird die Funktion ausgelöst, legt das System automatisch einen Netzplan an und verknüpft ihn mit dem angegebenen Vorgang. Dabei können Sie in einem Dialogfenster entscheiden, ob die Anordnungsbeziehungen des Vorgangs vom Teilnetz übernommen werden sollen.

- **Workflow-Aufgabe starten**

  Diese Funktion stößt einen Workflow an, den Sie in den Parametern zu dieser Funktion spezifizieren. Sie müssen den Workflow zuvor selbst definiert haben.

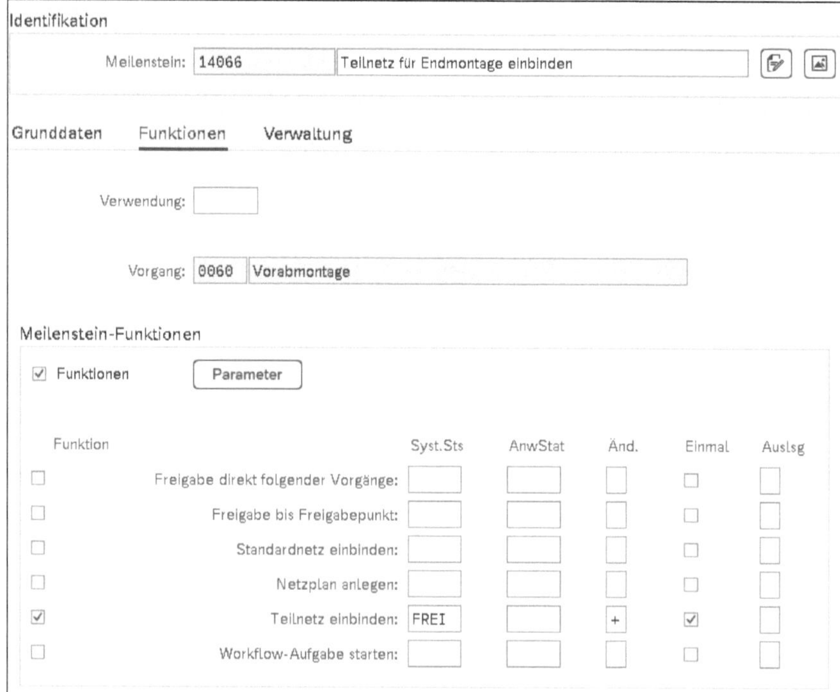

Abbildung 1.26 Funktionen von Vorgangsmeilensteinen

Für jede Meilensteinfunktion können Sie über die entsprechenden Felder im Meilenstein steuern, ob und wann die Funktion ausgelöst werden soll.

Eine Meilensteinfunktion kann automatisch gestartet werden, wenn der Meilenstein einen Ist-Termin erhält, sich der Status des Vorgangs ändert oder eines der beiden Ereignisse eintritt. Verwenden Sie eine Statusänderung als Auslöser einer Funktion, müssen Sie zusätzlich angeben, ob das Setzen eines Status, das Zurücknehmen oder beide Statusänderungen relevant sind und welcher spezifische Status oder auch welche Statuskombination überhaupt ausschlaggebend sein sollen. Mithilfe des Kennzeichens **Einmal** steuern Sie schließlich, ob Sie eine mehrfache Auslösung der Funktion erlauben oder ob die Funktion maximal nur einmal ausgeführt werden soll.

Meilensteintermine

Ebenso wie bei Meilensteinen an PSP-Elementen können Sie die Plantermine von Meilensteinen an Vorgängen entweder manuell eingeben (Fixtermine) oder über einen Terminbezug aus den Vorgangsterminen ableiten.

Ist-Termine von Vorgangsmeilensteinen können entweder manuell eingegeben oder aus den Ist-Terminen der Vorgangsrückmeldungen abgeleitet werden (siehe Abschnitt 4.3, »Rückmeldungen«).

Verwendung

Im Customizing der Meilensteine können Sie *Verwendungen* definieren, die Sie in Meilensteinen an PSP-Elementen oder Vorgängen hinterlegen können. Eine Verwendung dient einerseits einfach als Sortier- bzw. Filterkriterium im Rahmen von Auswertungen, und zum anderen können Sie bestimmte steuernde Einstellungen einer Verwendung hinterlegen.

Tragen Sie in die Verwendung eine Fakturierungs-/Rechnungsregel ein, kann diese zusammen mit dem Termin und dem Prozentsatz eines Meilensteins in die Fakturierungs- bzw. Rechnungspläne übernommen werden. So können Sie über die Verwendung eines Meilensteins steuern, ob zum Meilensteintermin Anzahlungen, Teilrechnungen oder Schlussrechnungen fällig sein sollen (siehe Abschnitt 2.5, »Erlösplanung«).

Durch das Setzen des Kennzeichens **Ohne Dialog** können Sie Dialogfenster zu reinen Informationszwecken beim Auslösen von Meilensteinfunktionen unterdrücken.

1.5 Dokumente

Kurz- und Langtexte

Allen Strukturobjekten des Projektsystems, also Projektdefinitionen, PSP-Elementen, Netzplanköpfen, Vorgängen, Vorgangselementen und Meilensteinen, können Sie Langtexte zuweisen, mit denen Sie die Objekte näher beschreiben können. Der Kurztext eines Objekts entspricht dabei gleichzeitig auch den ersten 40 Zeichen der ersten Zeile des Langtextes. Für die verschiedenen Objekttypen können Sie auch eine Mehrsprachenunterstützung im Customizing aktivieren, die es Ihnen erlaubt, Kurz- und Langtexte in mehreren Sprachen zu speichern. Das System zeigt Ihnen dann die Kurz- und Langtexte in Ihrer Anmeldesprache an. Wurde kein Text in der Anmeldesprache erfasst, verwendet das System den Text einer von Ihnen ausgewählten Sprache (Mastersprache). Für die Erfassung mehrsprachiger Kurztexte steht eine neue Registerkarte zur Verfügung.

Ein einfaches Kopieren von Texten von einem Objekt auf ein anderes Objekt, eine Status- oder eine Versionsverwaltung wird durch die Kurz- und Langtexte jedoch nicht unterstützt. Im Projektsystem steht Ihnen daher zusätzlich die Verwendung von *PS-Texten* oder *Dokumenten der Dokumentenverwaltung* zur Verfügung.

Generische Objektdienste

Sie können Projekten auch beliebige Dokumente über die generischen Objektdienste zuordnen. Diese Zuordnung wird jedoch nicht explizit in den Bearbeitungs- oder Reporting-Transaktionen des Projektsystems angezeigt, sondern muss immer über die Anlageliste der generischen Objektdienste aufgerufen werden.

1.5.1 PS-Texte

Sie können PS-Texte in SAP S/4HANA zentral über Transaktion CN04, mithilfe der SAP-Fiori-App **Projekttext** (F5612) oder in verschiedenen Bearbeitungstransaktionen von Projektstrukturen anlegen und PSP-Elementen oder Vorgängen zuordnen. Sie können PS-Texte auch über das SAP-Mail-System anderen SAP-Benutzern zusenden. Ein PS-Text wird anhand der PS-Textart, der Bezeichnung, des Formats und der Sprache des PS-Textes identifiziert. Die PS-Textart dient als Sortierkriterium Ihrer PS-Texte, kann insbesondere aber auch zur Steuerung unterschiedlicher Zugriffsberechtigungen verwendet werden. Sie müssen geeignete PS-Textarten im Customizing des Projektsystems definieren.

PS-Texte in SAP S/4HANA

In SAP S/4HANA wurden die PS-Texte erneuert, um z. B. die Zuordnung mehrerer Anlagen in unterschiedlichen Formaten zu unterstützen. Für die Migration Ihrer alten PS-Texte steht Ihnen das Programm CN_PS_TEXT_MIGRATION zur Verfügung. Die Aktivierung der neuen PS-Texte geschieht im Customizing des Projektsystems.

Sie können einen PS-Text in unterschiedlichen Sprachen erfassen und später anhand des Felds **Sprache** in der Identifikation des PS-Textes unterscheiden. Das System schlägt Ihnen automatisch die PS-Texte in Ihrer Anmeldesprache vor. Ist kein PS-Text in Ihrer Anmeldesprache vorhanden, erhalten Sie ein Dialogfenster zur Auswahl des PS-Textes.

Sie können PS-Texte als Kopiervorlage für andere PS-Texte verwenden oder auch referenzieren. Wenn Sie einen PS-Text, den Sie einem Objekt zugeordnet haben, an einem anderen Objekt – dies kann sich auch in einem anderen Projekt befinden – referenzieren, führt die Änderung des PS-Textes an dem einen Objekt automatisch dazu, dass auch der PS-Text an dem anderen Objekt geändert wird.

In einem PS-Text können Sie einen Langtext erfassen, sowie auch beliebig viele Anlagen und Links hinzufügen. Abbildung 1.27 zeigt Ihnen das Beispiel eines PS-Textes in der SAP-Fiori-App **Projekttext**.

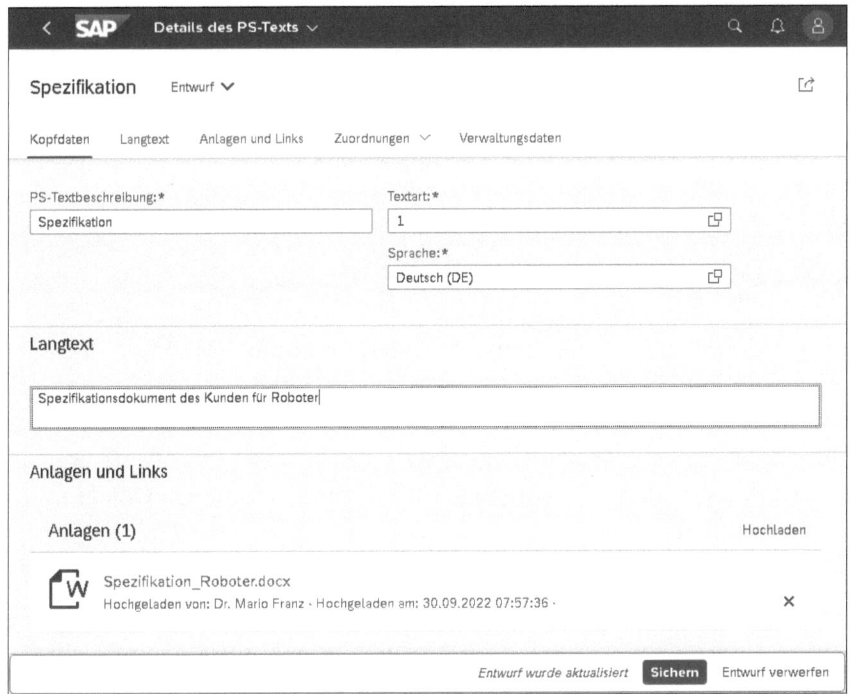

Abbildung 1.27 Beispiel eines PS-Textes in der SAP-Fiori-App »Projekttext«

1.5.2 Integration zur Dokumentenverwaltung

Sie können für operative PSP-Elemente, Netzplanköpfe und Vorgänge auch eine Zuordnung zu den *Dokumenteninfosätzen* der SAP-Dokumentenverwaltung anlegen und so direkt aus den Bearbeitungstransaktionen auf die

Originaldokumente, die über die Dokumenteninfosätze verwaltet werden, zugreifen.

Dokumente

In Abhängigkeit von den Einstellungen der Dokumentenverwaltung können so praktisch beliebige Dokumentenformate in Projekten genutzt werden. Die Originaldokumente müssen nicht in der SAP-Datenbank gespeichert werden, sondern können auch auf eigenen Dokumentenservern abgelegt werden. Zusätzlich stehen für Dokumente Funktionen wie z. B. die *Statusverwaltung, Versionierung* oder *Klassifizierung* zur Verfügung. Wenn Sie eine Zuordnung zu einem bestehenden Dokumenteninfosatz angelegt haben, können Sie aus Ihren Projekten in den Dokumenteninfosatz verzweigen.

Sie können aus den Bearbeitungsfunktionen für Projekte auch neue Dokumenteninfosätze anlegen und dabei Originaldokumente einchecken und gleichzeitig eine Verknüpfung zu einem PSP-Element oder Vorgang anlegen.

Einschränkungen für Dokumenteninfosätze

Beachten Sie, dass Sie Standardprojektstrukturplänen und Standardnetzen keine Dokumenteninfosätze zuordnen können.

1.6 Status

Verwendung von Status

Projektdefinitionen, PSP-Elemente, Netzplanköpfe, Vorgänge und Vorgangselemente besitzen Status. Status dokumentieren einerseits den Zustand des Objekts und dienen somit als Information oder auch als Selektionskriterium bei Auswertungen. Andererseits steuern Status, welche betriebswirtschaftlichen Vorgänge aktuell für das jeweilige Objekt möglich sein sollen.

Man unterscheidet zwischen *Systemstatus*, also den vom System vorgegebenen Status, und *Anwenderstatus*, die Sie selbst im Customizing des Projektsystems definieren können und in einem Anwenderstatusschema zusammenfassen.

In den Grunddaten der Objekte werden jeweils bis zu sieben System- und sieben Anwenderstatus in ihrer vierstelligen Kurzform angezeigt. Im Detailbild der Status finden Sie alle für das jeweilige Objekt aktiven Systemstatus und alle innerhalb des Statusschemas definierten Anwenderstatus mit ihrer Kurzform und ihrem Kurztext (siehe Abbildung 1.28).

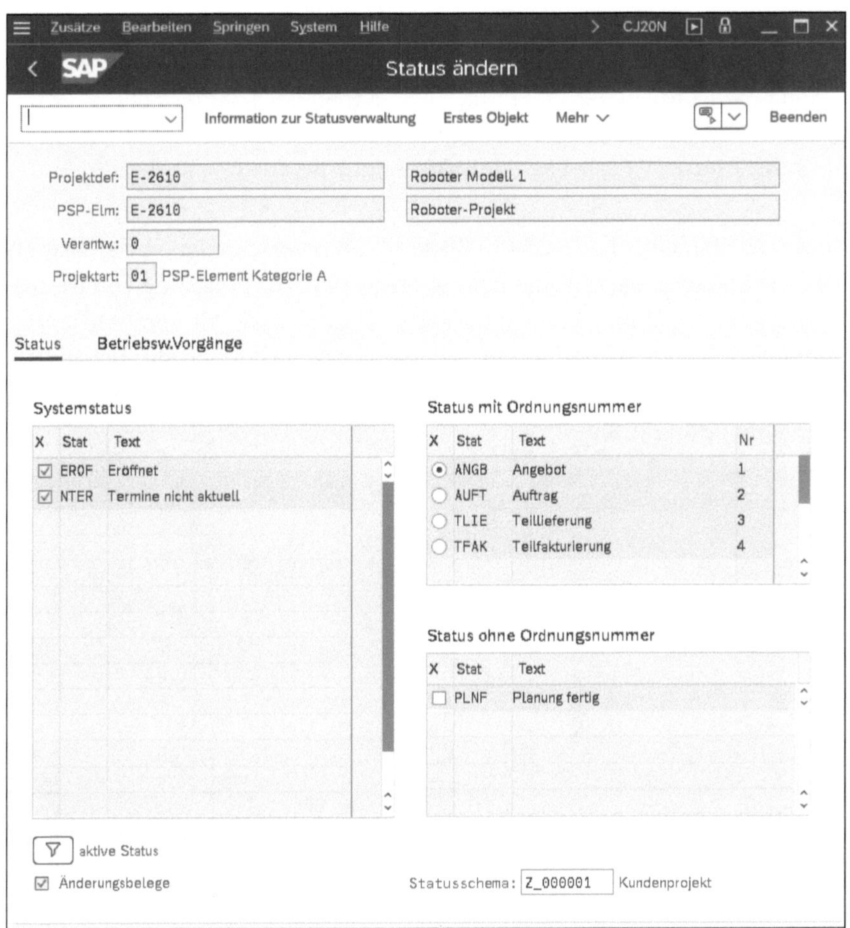

Abbildung 1.28 Detailinformationen zu System- und Anwenderstatus

Vorgangsanalyse

Im Detailbild der Status können Sie darüber hinaus ablesen, welche betriebswirtschaftlichen Vorgänge bei der aktuellen Kombination aus System- und Anwenderstatus erlaubt, nur unter Warnungen erlaubt oder gar verboten sind. Die *Vorgangsanalyse* zeigt Ihnen, welche Status jeweils dafür verantwortlich sind.

Damit ein betriebswirtschaftlicher Vorgang möglich ist, muss mindestens ein Status aktiv sein, der diesen Vorgang erlaubt; es darf aber kein anderer Status gesetzt sein, der eine Warnmeldung vorsieht oder den Vorgang sogar verbietet. Eine Warnmeldung wird bei einem betriebswirtschaftlichen Vorgang genau dann ausgegeben, wenn es mindestens einen aktiven Status gibt, der den Vorgang mit Warnung erlaubt, und keinen Status, der ihn verbietet.

[+]

Zusammenspiel von Status

Sobald ein einziger aktiver Status einen betriebswirtschaftlichen Vorgang verbietet, kann dieser nicht durchgeführt werden. System- und Anwenderstatus wirken dabei jeweils gleichberechtigt zusammen.

Status werden automatisch vom System durch verschiedene betriebswirtschaftliche Vorgänge (z. B. die Budgetierung oder die Erfassung von Ist-Terminen) gesetzt, durch Vererbung aktiviert oder manuell vom Anwender vergeben. Für PSP-Elemente und Netzplanvorgänge können Sie auch eigene SAP-Fiori-Apps nutzen, um gezielt Status für einzelne Objekte zu ändern (siehe Abbildung 1.29).

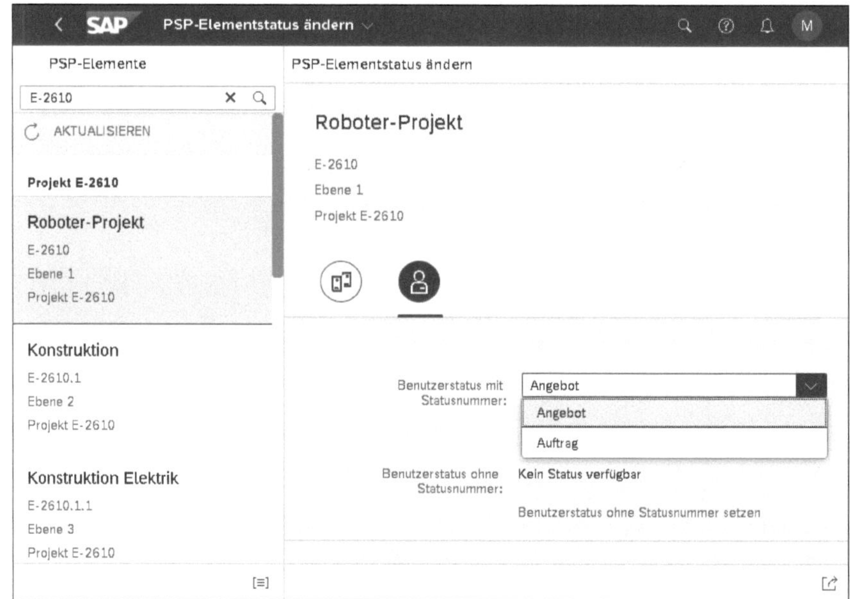

Abbildung 1.29 SAP-Fiori-App zum Ändern von PSP-Element-Status

Systemstatus

Einige wichtige Systemstatus für Projektstrukturpläne sind z. B.:

- **EROF (Eröffnet)**
  Initialstatus, der sämtliche Planungstätigkeiten und Strukturänderungen erlaubt, jedoch keine Erfassung von Ist-Terminen oder Ist-Kosten
- **FREI (Freigegeben)**
  Status, der die Erfassung von Ist-Daten erlaubt. Dieser Status vererbt sich auf untergeordnete Projektelemente und kann nicht zurückgenommen werden.

- **TFRE (Teilfrei)**

  Status, der automatisch vom System vergeben wird, wenn ein untergeordnetes Objekt freigegeben wurde. Bei PSP-Elementen erlaubt der Status die Erfassung von Ist-Startterminen.

- **TABG (Technisch abgeschlossen)**

  Ein sich vererbender Status, der Planungstätigkeiten verbietet, jedoch die Kontierung von Kosten und Erlösen erlaubt. Dieser Status löscht Kapazitätsbedarfe und steuert bei Investitionsprojekten Umbuchungen von Anlagen im Bau auf fertige Anlagen im Rahmen der Abrechnung (siehe Abschnitt 5.9, »Abrechnung«).

- **ABGS (Abgeschlossen)**

  Dieser Status verbietet nicht nur Planungstätigkeiten, sondern auch Buchungen von Ist-Kosten, und deaktiviert zugeordnete Anlagen im Bau. Der Status wird automatisch vererbt. Eine Rücknahme führt zum Status **TABG**.[2]

- **LÖVM (Löschvormerkung)**

  Dieser Status verbietet praktisch alle betriebswirtschaftlichen Vorgänge und ist Voraussetzung für die spätere Archivierung und Löschung von Projekten. Der Status wird vererbt und kann wieder zurückgenommen werden.

- **ENFA (Endfakturiert)**

  Dieser Status, der für Fakturierungselemente gesetzt werden kann und nicht vererbt wird, verhindert weitere Fakturen, erlaubt jedoch das Buchen von Kosten.

Zusätzlich können Sie diverse Systemstatus manuell setzen, die z. B. die Kosten- oder Terminplanung oder auch die Kontierung von Belegen sperren.

Anwenderstatus-schema

Um die Funktionsweise von Systemstatus zu ergänzen, können Sie eigene Status, sogenannte *Anwenderstatus* definieren. Dazu legen Sie in der Customizing-Transaktion OK02 zunächst eine Identifikation und Bezeichnung für ein Anwenderstatusschema an und ordnen diesem Schema die Objekttypen zu, für die Sie das Anwenderstatusschema einsetzen möchten. Schließ-

2 Mithilfe der in den SAP-Hinweisen 2323546, 2230659 bzw. 3090902 beschriebenen Lösungen können Sie verschiedene kundenindividuelle Verprobungen beim Setzen des Status **Abgeschlossen** implementieren. So können Sie z. B. verhindern, dass Objekte, zu denen noch offene Zeitrückmeldungen im Arbeitszeitblatt, Projektbestände oder aber auch noch nicht abgeschlossene Instandhaltungs- oder Fertigungsaufträge existieren, vorschnell abgeschlossen werden.

lich definieren Sie Anwenderstatus für das Statusschema. Abbildung 1.30 zeigt ein Beispiel eines Anwenderstatusschemas.

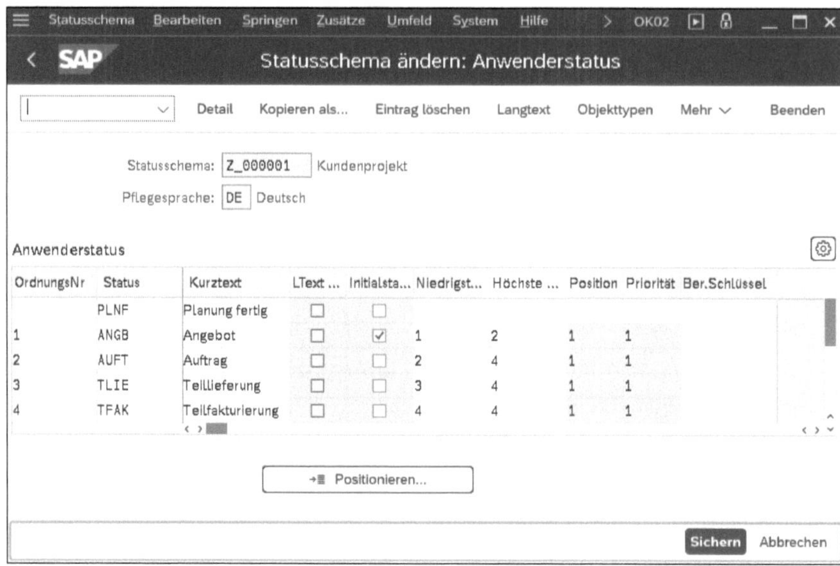

Abbildung 1.30 Beispiel eines Anwenderstatusschemas

Ordnungsnummer

Beim Anwenderstatus unterscheidet man Status mit und ohne *Ordnungsnummern*. Für Status mit Ordnungsnummern können Sie eine Reihenfolge definieren, in der diese Status gesetzt werden können (lesen Sie sich dazu sorgfältig die F1-Hilfe der Felder **Niedrigste** bzw. **Höchste OrdNr.** durch). Für ein Objekt kann immer nur ein Status mit Ordnungsnummer zeitgleich aktiv sein.

Anwenderstatus ohne Ordnungsnummer können in beliebiger Anzahl gleichzeitig gesetzt werden. Mithilfe der Felder **Position** und **Priorität** können Sie dabei festlegen, welche dieser Anwenderstatus bereits in den Grunddaten der Objekte in Kurzform angezeigt werden.

Diejenigen Anwenderstatus, die bereits beim Anlegen eines Objekts bzw. bei der Zuordnung des Anwenderstatusschemas gesetzt werden sollen, kennzeichnen Sie als **Initial**. Über die Zuordnung von Berechtigungsschlüsseln zu Anwenderstatus können Sie explizite Berechtigungen für das Setzen oder Zurücknehmen von Anwenderstatus vergeben.

Berechtigungen von betriebswirtschaftlichen Vorgängen mittels Status

Indem Sie einen Anwenderstatus automatisch als Folgeaktion zu einem betriebswirtschaftlichen Vorgang festlegen, können Sie mithilfe des Berechtigungsobjekts B_USERST_T über den Berechtigungsschlüssel des Anwenderstatus indirekt auch die Berechtigung für den betriebswirtschaftlichen Vorgang (z. B. die Freigabe) vergeben.

Folgeaktionen und Beeinflussungen

Im Detailbild jedes Status können Sie *Beeinflussungen* und *Folgeaktionen* für diesen Status festlegen. Über die Kennzeichen der Spalte **Folgeaktion** können Sie bestimmen, ob der Anwenderstatus automatisch durch einen betriebswirtschaftlichen Vorgang gesetzt oder zurückgenommen werden soll. Mithilfe der Kennzeichen der Spalte **Beeinflussung** legen Sie fest, welche betriebswirtschaftlichen Vorgänge durch den Anwenderstatus erlaubt, mit Warnung erlaubt, verboten oder gar nicht beeinflusst werden.

Sie können Anwenderstatusschemata als Vorschlagswerte in den Projektprofilen und den Netzplanarten oder auch in den Standardprojektdefinitionen hinterlegen. Sobald einmal ein Anwenderstatus des Anwenderstatusschemas in einem Objekt aktiv war, können Sie in dem Objekt jedoch kein anderes Anwenderstatusschema mehr eintragen.

Statuskombinationscodes

Status von Projektobjekten werden im SAP-System in einer anderen Datenbanktabelle abgelegt als deren Stammdaten. Wenn Status als Selektionskriterium im Reporting genutzt werden, müssen also mehrere Datenbanktabellen für die Objektselektion gelesen werden, was bei der Selektion sehr vieler Objekte zu Performanceeinbußen führen kann. Sie können daher die Kombination der aktiven Status eines Objekts in Form eines sogenannten *Statuskombinationscodes* in die Stammdaten des Objekts übernehmen und dann im Reporting als Selektionskriterium nutzen, was zu einer verbesserten Performance bei der Objektselektion führt.

Die Einstellungen zu den Statuskombinationscodes werden im Customizing des Projektsystems vorgenommen. Für Kombinationen aus Systemstatus sind 14 Kombinationscodes vordefiniert. Für Anwenderstatus können Sie eigene Kombinationscodes definieren und Kombinationen aus Anwenderstatus zuweisen. Kommen für ein Objekt gleichzeitig mehrere Statuskombinationscodes infrage, bestimmt die Priorität der Kombinationscodes, welcher Kombinationscode in die Stammdaten des Objekts geschrieben wird.

Mithilfe des Programms STATUS_COMB_UPDATE können Sie zentral für bestehende Projekte die Ermittlung von Statuskombinationscodes und deren Übernahme in die Stammdaten der jeweiligen Objekte anstoßen. Eine Aktualisierung der Statuskombinationscodes findet dann automatisch bei jeder relevanten Statusänderung der Projektobjekte statt.

1.7 Bearbeitungsfunktionen

Verwendung von Kopiervorlagen

Sie können operative Projektstrukturen manuell anlegen oder auch auf Kopiervorlagen zurückgreifen. Als Kopiervorlagen können Sie Standardprojektstrukturpläne, Standardnetze, aber auch andere operative Projektstrukturen und Simulationsversionen (siehe Abschnitt 1.9.2, »Simulationsversionen«) nutzen.

Wenn Sie einen Projektstrukturplan mit Vorlage anlegen, passt das System automatisch den ersten Abschnitt der Identifikation an die Identifikation des neuen Projekts an. Mithilfe einer Kundenerweiterung können auch mehrere Abschnitte der Identifikation automatisch angepasst werden. Wenn Sie nur Teile der Kopiervorlage zum Kopieren auswählen, müssen Sie die Anpassung der Identifikation mithilfe der Funktion **Ersetzen** selbst durchführen.

Wenn Sie Projekte, die aus Projektstrukturplan und Netzplänen bestehen, mithilfe von Kopiervorlagen erstellen möchten, stehen Ihnen dazu zwei unterschiedliche Möglichkeiten zur Verfügung:

- **Projekt mit Vorlage anlegen**

  Bei dieser Funktion steuern Sie über das Kennzeichen **Mit Vorgängen**, ob die Netzpläne, die der Kopiervorlage zugeordnet sind, gleichzeitig mitkopiert werden sollen oder nicht.

- **Netzplan mit Vorlage anlegen**

  Hierbei legen Sie zunächst nur einen Netzplan mithilfe einer Kopiervorlage an. Ist der Netzplan oder das Standardnetz, das Sie als Kopiervorlage verwendet haben, einem Projektstrukturplan bzw. Standardprojektstrukturplan zugeordnet, schlägt Ihnen das System beim Sichern des neuen Netzplans vor, auch einen neuen operativen Projektstrukturplan durch Kopieren anzulegen. Diese Funktion wird insbesondere bei der Variantenkonfiguration mit Netzplänen (siehe Abschnitt 1.8.6, »Variantenkonfiguration mit Projekten«) und der Montageabwicklung (siehe Abschnitt 1.8.7, »Montageabwicklung«) eingesetzt.

Projektteile einbinden

Auch während der Bearbeitung von operativen Strukturen können Sie immer wieder auf Kopiervorlagen zurückgreifen, um Ihre Projektstrukturen zu erweitern. Das Anlegen neuer Projektteile mittels Kopiervorlagen wird als *Einbinden* bezeichnet.

Für das Anlegen, Ändern und Anzeigen operativer Projektstrukturen stehen Ihnen im Projektsystem verschiedene Transaktionen, wie z. B. der *Project Builder*, die *Projektplantafel* oder die *speziellen Pflegefunktionen*, zur

Verfügung. Für die Bearbeitung Ihrer Projekte müssen Sie sich nicht auf eine Transaktion festlegen. So können Sie z. B. Projekte im Project Builder anlegen, sie jedoch später in der Projektplantafel oder in den speziellen Pflegetransaktionen weiterbearbeiten usw. Voraussetzung ist jedoch immer, dass Sie die entsprechenden Berechtigungen zur Anzeige bzw. Bearbeitung der Daten besitzen. Das Projektsystem verwendet das allgemeine Berechtigungskonzept des ERP-Systems, basierend auf Berechtigungsobjekten und Berechtigungsprofilen.

[«]

Informationen zum Berechtigungswesen

Details zum allgemeinen Berechtigungskonzept im ECC-System finden Sie z. B. im Buch »SAP-Berechtigungswesen«, das 2012 im Rheinwerk Verlag erschienen ist. Tipps zu den allgemeinen Berechtigungen im Projektsystem erhalten Sie darüber hinaus in den SAP-Hinweisen 554415 und 522426.

Da dieses Berechtigungskonzept eine Vergabe von Berechtigungen für einzelne Objekte oder Teile eines Projekts nur indirekt erlaubt, wurde mit der Entwicklung von Zugriffskontrolllisten eine direkte Möglichkeit zur Vergabe objektbezogener Berechtigungen in operativen Projekten geschaffen. Zugriffskontrolllisten stellen lediglich eine Detaillierungsmöglichkeit der allgemeinen Berechtigungen dar. Um Berechtigungen für ein Objekt zu besitzen, muss ein Benutzer also sowohl die allgemeinen Berechtigungen besitzen als auch über die Zugriffskontrollliste des Objekts berechtigt sein. Die Zugriffskontrolllisten sind Bestandteil der Compatibility-Pack-Lizenz und somit voraussichtlich nur noch bis Ende 2025 verwendbar.

Zum massenhaften Anlegen von operativen Projekten und Projektstrukturplänen (nicht jedoch von Netzplänen) steht auch ein Microsoft-Excel-Upload mit Transaktion CNMASSCREATE zur Verfügung. Nähere Informationen zur Implementierung dieser Funktion finden Sie in SAP-Hinweis 2321481.

1.7.1 Project Builder

Projektstrukturen anlegen, anzeigen und ändern

Sie können den Project Builder (Transaktion CJ20N) zum Anlegen, Ändern oder Anzeigen von Projektstrukturen verwenden. Aufgrund seines Aufbaus und seiner Funktionen ist der Project Builder insbesondere zur Strukturierung von Projekten geeignet. Für die Verwendung des Project Builders sind keine eigenen Customizing-Einstellungen notwendig. Über die benutzerspezifischen Optionen des Project Builders können Sie z. B. festlegen, welche Objekte im Project Builder bearbeitet werden können oder wie viele Hierarchiestufen eines Projekts bei dessen Aufruf geöffnet werden sollen (siehe Abbildung 1.31). Ihnen stehen hier die beiden Optionen **Materialstammdaten ausschließen** und **Bestellentwicklung ausschließen** zur Verfügung. Durch das Setzen dieser Kennzeichen können Sie die Performance beim Öffnen und Bearbeiten von Netzplänen mit einer großen Anzahl von Materialkomponenten und Bestellanforderungen verbessern.

Abbildung 1.31 Benutzerspezifische Optionen im Project Builder

[+]

Kundenerweiterung möglich

Mithilfe einer Kundenerweiterung können die Optionen zur Performanceverbesserung auch für andere Transaktionen genutzt werden. Beachten Sie jedoch, dass die Option **Bestellentwicklung ausschließen** dazu führt, dass Felder zur Wareneingangsmenge oder vorhandenen Bestellungen im Netzplan nicht mehr angezeigt werden.

Arbeitsvorrat

Die Oberfläche des Project Builders besteht aus drei Bereichen (siehe Abbildung 1.32). Im Bereich **Arbeitsvorrat** (links unten) finden Sie automatisch immer die zuletzt von Ihnen bearbeiteten Projekte vor. Über die rechte Maustaste können Sie jedoch auch andere Projekte oder Projektteile in die Ordner des Arbeitsvorrats aufnehmen. Möchten Sie ein Projekt aus dem Arbeitsvorrat bearbeiten, führen Sie z. B. einfach einen Doppelklick auf das entsprechende Projekt aus.

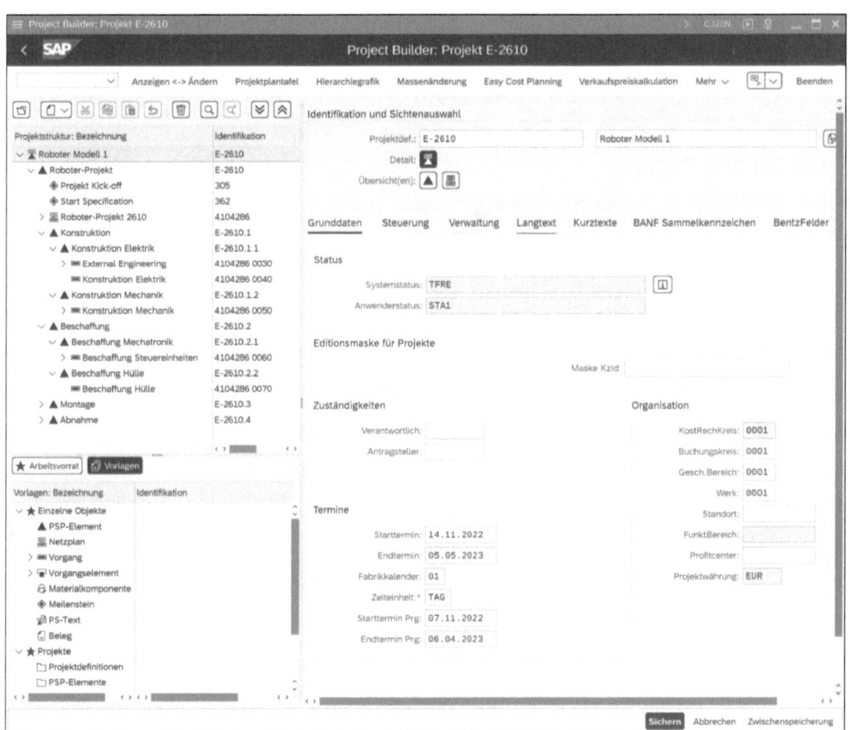

Abbildung 1.32 Bearbeitung eines Projekts im Project Builder

Vorlagenbereich

Wenn Sie ein Projekt für die Bearbeitung geöffnet haben, wird dessen Struktur im Strukturbaum (links oben) dargestellt. Gleichzeitig wechselt das System links unten vom Arbeitsvorrat zum Bereich **Vorlagen**. Mittels Doppelklick oder per Drag-and-Drop können Sie Objekte aus dem Vorlagenbereich, z. B. neue PSP-Elemente oder Vorgänge, in die Struktur des Projekts einfügen.

Strukturbaum

Im Strukturbaum des Project Builders werden in Abhängigkeit von den Einstellungen des Project Builders die Projektdefinition, PSP-Elemente, Netzplanköpfe, Vorgänge, Vorgangselemente, Meilensteine, PS-Texte, Dokumente und zugeordnete Materialkomponenten eines Projekts mit ihrer Identifikation und Bezeichnung dargestellt. Wenn Sie mit der rechten

Maustaste auf die Überschrift des Strukturbaums klicken, können Sie die Anzeigereihenfolge von Identifikation und Bezeichnung bestimmen. Per Drag-and-Drop oder mithilfe der rechten Maustaste können Sie die Struktur des Projekts ändern, indem Sie z. B. die Hierarchie des Projektstrukturplans verändern oder neue Objekte anlegen oder einbinden. Der Strukturbaum dient auch zur Navigation innerhalb der Projektstruktur.

Vorschaubereich

Haben Sie in den Optionen des Project Builders das Kennzeichen **Vorschau letztes Projekt** gesetzt, ist das zuletzt von Ihnen bearbeitete Projekt noch im Strukturbaum – im Vorschaubereich – sichtbar. Führen Sie einen Doppelklick auf das Projekt im Vorschaubereich aus, wird das Projekt zur Bearbeitung geöffnet, und das System verzweigt sofort zum zuletzt von Ihnen bearbeiteten Objekt.

Arbeitsbereich

Im rechten Bereich des Project Builders, dem sogenannten *Arbeitsbereich*, werden Daten des Objekts dargestellt, das Sie im Strukturbaum markiert haben. Im Arbeitsbereich finden Sie oben die Identifikation und Bezeichnung des im Strukturbaum selektierten Objekts. Mithilfe der Schaltflächen im oberen Bereich des Arbeitsbereichs können Sie zwischen dem Detailbild des Objekts, der tabellarischen Auflistung gleichartiger Objekte oder der tabellarischen Darstellung von zugeordneten Objekten hin- und herwechseln. Über die Verwendung der rechten Maustaste im Detailbild eines Objekts können Sie z. B. in die Abrechnungsvorschrift des Objekts oder in die Fakturierungs- oder Rechnungspläne verzweigen.

Sie können aus dem Project Builder in die Projektplantafel abspringen, in das Easy Cost Planning oder in die Verkaufspreiskalkulationen, die Sie im Project Builder angelegt haben. Wenn Sie ein Netzplanobjekt selektiert haben können sie u. a. die *Netzplangrafik* aufrufen.

Darstellung von Netzplänen

In der Netzplangrafik werden Vorgänge eines oder auch mehrerer Netzpläne grafisch dargestellt (siehe Abbildung 1.2). Das System ordnet dabei die Vorgänge automatisch entsprechend ihrer logischen Abfolge an. Sie können per Drag-and-Drop jedoch die grafische Darstellung der Abfolge ändern. Zusätzlich können die Vorgänge anhand der verwendeten Arbeitsplätze oder der PSP-Elemente, denen sie zugeordnet sind, gruppiert werden. Für große Netzplanstrukturen können Sie analog zur Hierarchiegrafik einen Navigationsbereich einblenden.

In Abhängigkeit vom Grafikprofil im Netzplanprofil und von Ihrer Auswahl unter **Darstellung Vorgänge** werden in der Netzplangrafik die Vorgangsnummer, die Bezeichnung, der Steuerschlüssel, die Dauer, die Plantermine und die Pufferzeiten der Vorgänge dargestellt. Zusätzlich können Sie in der erweiterten Darstellung der Vorgänge anhand von Kennzeichen erkennen, welche Objekte einem Vorgang zugeordnet sind.

Zeitkritische Vorgänge (Gesamtpuffer kleiner oder gleich null) werden in der Netzplangrafik rot hervorgehoben und teilrückgemeldete Vorgänge einfach sowie endrückgemeldete Vorgänge doppelt durchgestrichen dargestellt (siehe Abschnitt 2.1.2, »Terminierung mit Netzplänen«, und Abschnitt 4.3, »Rückmeldungen«).

Darstellung von Anordnungsbeziehungen

Für die Darstellung von Anordnungsbeziehungen können Sie zwischen der zeitpunktgerechten Darstellung und der Darstellung als Normalfolgen wählen. Bei der *Darstellung als Normalfolgen* werden Anordnungsbeziehungen unabhängig von ihrer Art immer als Verbindungslinie zwischen dem Ende des Vorgängers und dem Anfang des Nachfolgers dargestellt. Bei der zeitpunktgerechten Darstellung wird hingegen z. B. eine Anfangsfolge als Verbindung zwischen dem Anfang des Vorgängers und dem Anfang des Nachfolgers dargestellt. Die Art und ein gegebenenfalls festgelegter Zeitabstand einer Anordnungsbeziehung werden in der grafischen Darstellung der Anordnungsbeziehung angezeigt.

Per Doppelklick können Sie in das Detailbild eines Vorgangs oder einer Anordnungsbeziehung verzweigen. Sie können in der Netzplangrafik auch Vorgänge und Anordnungsbeziehungen anlegen oder löschen.

Verbindungsmodus der Netzplangrafik

Zum Erstellen von Anordnungsbeziehungen in der Netzplangrafik ziehen Sie im Verbindungsmodus eine Verbindungslinie zwischen dem Vorgänger und dem Nachfolger. Möchten Sie eine Normalfolge anlegen, verbinden Sie das Ende des Vorgängers mit dem Anfang des Nachfolgers. Möchten Sie eine Endfolge anlegen, verbinden Sie das Ende des Vorgängers mit dem Ende des Nachfolgers usw.

Zyklusanalyse

Mithilfe der Funktion **Zyklusanalyse** der Netzplangrafik können Sie Anordnungsbeziehungen farblich hervorheben, die zu einer zyklischen Abfolge von Vorgängen führen. Netzpläne mit Zyklus können nicht terminiert werden. Sie können die Hierarchie- und Netzplangrafiken eines Projekts auch ausdrucken. Dabei können Sie zusätzliche Grafiken, wie z. B. Firmenlogos, in die Grafik aufnehmen.

Mithilfe der in den SAP-Hinweisen 2231730 und 2231800 beschriebenen Lösungen können Sie auch Netzplanterminierungen und Vorgangsrückmeldungen in der Netzplangrafik des Project Builders ausführen.

Zur Anzeige von Netzplänen im HTML-Umfeld steht Ihnen die SAP-Fiori-App **Projektnetzplangrafik** (F5130) zur Verfügung (siehe Abbildung 1.33). Analog zur klassischen Netzplangrafik können Sie in der App die Vorgänge von einem oder mehreren Netzplänen anzeigen, zwischen verschiedenen Sichten wechseln, Objekte gruppieren, Details zu Netzplänen, PSP-Elementen, Vorgängen oder Anordnungsbeziehungen anzeigen oder zu den entsprechenden Bearbeitungstransaktionen navigieren.

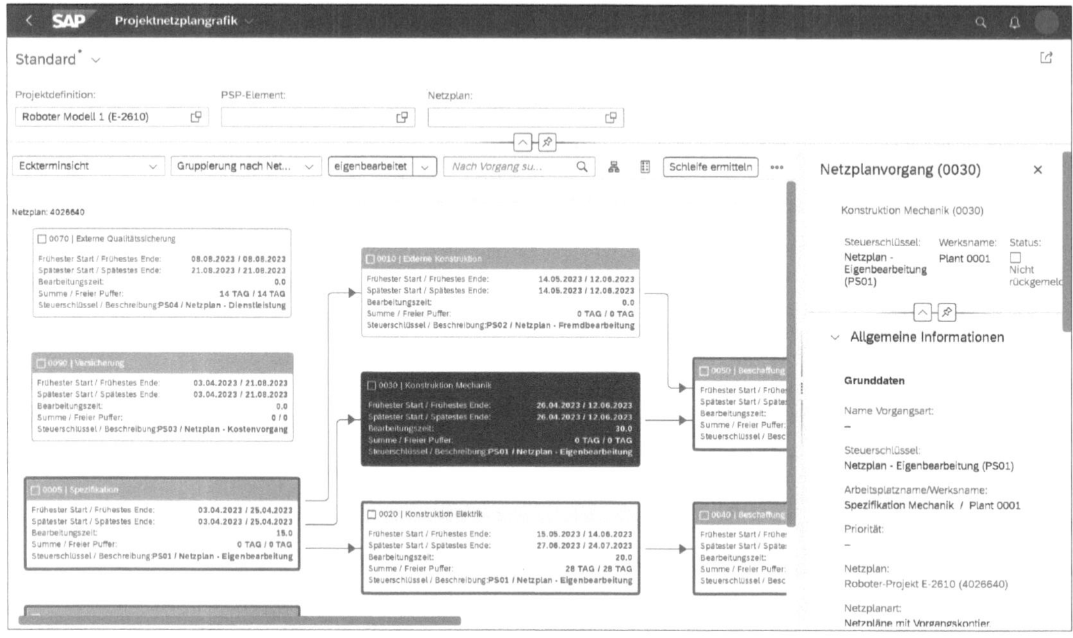

Abbildung 1.33 SAP-Fiori-App »Projektnetzplangrafik«

Sie können im Customizing des Projektsystems auch eigene Sichten für die SAP-Fiori-App definieren. Um in großen Netzplänen zu navigieren, verwenden Sie neben dem Navigationsbereich die Funktionen *Suchen* und *Hervorheben* Elemente, die die Ergebniselemente farblich hervorheben.

1.7.2 Projektplantafel

Mithilfe der Transaktionen CJ27, CJ2B und CJ2C der Projektplantafel können Sie Projektstrukturpläne und zugeordnete Netzpläne anlegen, ändern und anzeigen. Zum Öffnen eines Projekts in der Projektplantafel müssen Sie – sofern nicht über das Projektprofil vorgeschlagen – ein *Plantafelprofil* angeben, das die Darstellung und Funktionen der Projektplantafel steuert.

Die Oberfläche der Projektplantafel basiert auf einer interaktiven SAP-Balkenplangrafik, in der die Daten zur Projektdefinition, zu den PSP-Elementen, Vorgängen, Vorgangselementen und Meilensteinen gleichzeitig sowohl tabellarisch als auch grafisch dargestellt werden können (siehe Abbildung 1.34). Welche dieser Objekttypen angezeigt werden und welche Felder im Tabellenbereich dargestellt werden, wird über das Plantafelprofil gesteuert, kann jedoch auch in der Projektplantafel benutzerspezifisch geändert werden.

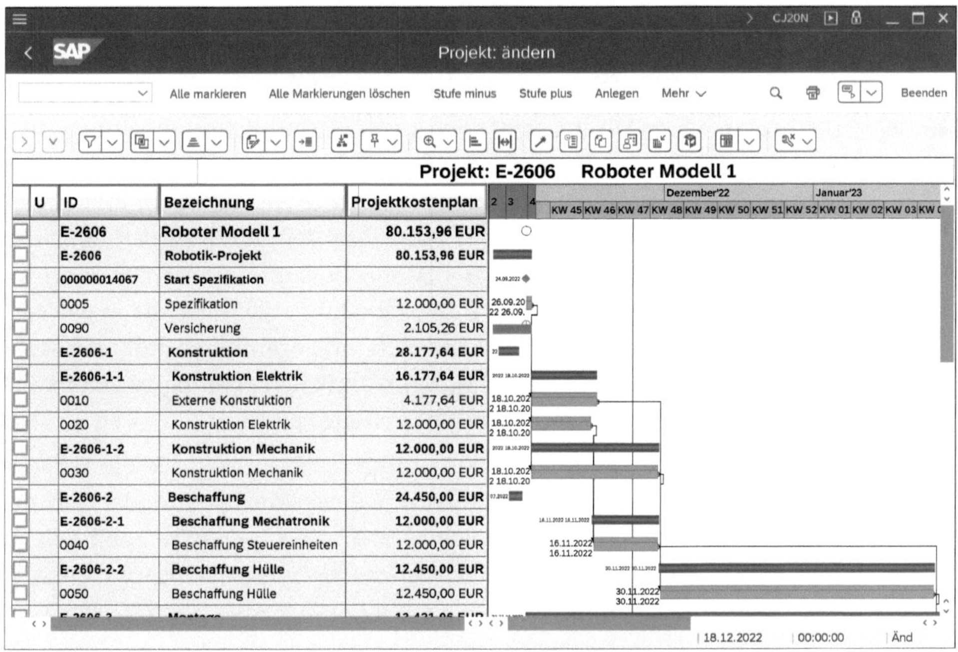

Abbildung 1.34 Bearbeitung eines Projekts in der Projektplantafel

Mittels Filter-, Sortier- und Gruppierfunktionen können Sie zusätzlich steuern, welche Objekte in welcher Reihenfolge dargestellt werden sollen. Mithilfe der Funktion **Projektelemente hervorheben** können Sie darüber hinaus Objekte farblich hervorheben, denen z. B. Dokumente zugeordnet sind oder die bestimmte Eigenschaften besitzen.

Tabellenbereich

Über das Menü der Projektplantafel können Sie auch in die Zuordnung von PS-Texten und Dokumenten verzweigen oder mithilfe des entsprechenden Icons das Detailbild eines Netzplankopfs aufrufen. Für zugeordnete Materialkomponenten steht Ihnen eine eigene Übersicht in der Projektplantafel zur Verfügung. Nach dem Einblenden eines Vorlagenbereichs können Sie mit einem Doppelklick oder auch per Drag-and-Drop neue Objekte zu einem Projekt anlegen.

Diagrammbereich

Im grafischen Bereich der Projektplantafel, dem *Diagrammbereich*, werden die Termindaten der angezeigten Objekte in Form von unterschiedlichen Terminbalken dargestellt. Zusätzlich können Termine oder auch verschiedene Stammdatenfelder der Objekte links, rechts, über, unter oder auch auf den Terminbalken angezeigt werden.

Plantafelassistent

Die grafische Darstellung der verschiedenen Objekte im Tabellenbereich und insbesondere im Diagrammbereich wird durch ein Grafikprofil im Plantafelprofil gesteuert, kann jedoch mithilfe des *Plantafelassistenten* in der Projektplantafel auch benutzerspezifisch geändert werden. Ein Vorschaubereich im Plantafelassistenten zeigt Ihnen dabei, wie sich Ihre Änderungen auf die Darstellung von Objekten auswirken.

Dargestellte Zeiträume

Der insgesamt im Diagrammbereich ausgewiesene Zeitraum wird als *Auswertungszeitraum* bezeichnet. Der Auswertungszeitraum setzt sich zusammen aus einem *Auswertungsvorlauf*, einem *Planungszeitraum* und einem *Auswertungsnachlauf*, wobei jeder dieser drei Zeiträume aus Gründen der Übersichtlichkeit in einem anderen Maßstab dargestellt werden kann. So können Sie für die Anzeige von Projektabschnitten, die bereits in der Vergangenheit oder noch sehr weit in der Zukunft liegen, einen größeren Maßstab wählen als für Projektabschnitte im aktuellen Planungszeitraum, für die Sie vielleicht eine tagesgenaue Darstellung benötigen.

Zeitskalenassistent

Die Größe und Aufteilung des Auswertungszeitraums sowie die Darstellung der Zeitskala (Farbgestaltung, Anzeige des Wochentags oder Datums usw.) wird über Unterprofile des Plantafelprofils gesteuert, kann jedoch mithilfe der Optionen und des *Zeitskalenassistenten* auch benutzerspezifisch geändert werden. Sie können die Bearbeitung eines Objekts in der Projektplantafel tabellarisch vornehmen oder auch im Detailbild, nachdem Sie z. B. einen Doppelklick auf das Objekt im Tabellen- oder Diagrammbereich ausgeführt haben.

Änderungen von Planterminen können Sie bei Bedarf auch direkt grafisch durch das Verschieben, Verlängern oder Verkürzen von Terminbalken vornehmen. Anordnungsbeziehungen zwischen Vorgängen können Sie in der Projektplantafel tabellarisch, grafisch im Verbindungsmodus oder mithilfe der Funktion **Markierte Vorgänge verbinden** erstellen. Bei dieser Funktion erstellt das System automatisch Normalfolgen für alle selektierten Vorgänge in der Reihenfolge, in der die Vorgänge im Tabellenbereich aufgelistet werden.

Zusätzliche Übersichten der Projektplantafel

Zusätzlich zu der soeben erläuterten Terminübersicht können Sie für selektierte Objekte auch weitere Übersichten, bestehend aus einem tabellarischen und einem grafischen Bereich, einblenden. Für diese Übersichten können Sie dabei über eine Feldauswahl steuern, welche Felder im Tabellenbereich dargestellt werden sollen. Über das Kontextmenü können darüber hinaus eine Legende der dargestellten Objekte sowie weitere Funktionen aufgerufen werden. Die folgenden zusätzliche Übersichten stehen Ihnen in der Projektplantafel zur Verfügung:

- **Komponentenübersicht**

  Im grafischen Bereich dieser Übersicht werden Bedarfstermine und gegebenenfalls Liefer- und Warenbewegungstermine von zugeordneten Materialkomponenten angezeigt. Per Doppelklick können Sie in das Detailbild der Materialkomponenten verzweigen.

- **Kostenübersicht**
  Im grafischen Bereich werden Plankosten und gegebenenfalls Plan- und Ist-Erlöse von PSP-Elementen in Form einer Summenkurve angezeigt.
- **Kapazitätsübersicht**
  Diese Übersicht stellt das Kapazitätsangebot der Arbeitsplätze von Vorgängen den (gesamten) Kapazitätsbedarfen periodisch in Form einer Balken- oder Histogrammdarstellung gegenüber. Per Doppelklick gelangen Sie in die Anzeige von Arbeitsplätzen.
- **Instandhaltungsübersicht**
  Die zeitliche Lage von Instandhaltungsaufträgen, die Sie als Teilnetze Vorgängen zugeordnet haben, wird im grafischen Bereich dieser Übersicht angezeigt.

Einige weitere Funktionen, die Sie direkt über die Projektplantafel aufrufen können, sind:

- Hierarchie- und Netzplangrafik
- Plantafeln zum Kapazitätsabgleich
- Arbeitsverteilung auf Personalressourcen
- Meilensteintrendanalyse
- Kosten- und Kapazitätsberichte
- Übersicht der direkten Vorgänger und Nachfolger eines Vorgangs

Benutzerspezifische Änderungen

Wenn Sie die Projektplantafel verlassen, können Sie die Änderungen, die Sie mithilfe des Plantafelassistenten, des Zeitskalenassistenten und über die Feldauswahl an der Projektplantafel vorgenommen haben, sowie einige Änderungen in den Optionen der Projektplantafel benutzerspezifisch speichern. So stehen Ihnen diese Änderungen auch beim nächsten Öffnen eines Projekts in der Projektplantafel wieder zur Verfügung. Mithilfe der Funktion **Benutzereinstellungen zurücknehmen** können Sie Ihre Änderungen wieder löschen. Außerdem können Sie den Zoomfaktor und die Aufteilung zwischen Tabellen- und Grafikbereich benutzerspezifisch sichern.

[+]

Löschen benutzerspezifischer Einstellungen

Mithilfe des Reports RSAPFCJGR können Sie auch benutzerspezifische Änderungen der Projektplantafel für mehrere Benutzer gleichzeitig rückgängig machen.

Im Standard sind bereits verschiedene, für die Projektplantafel benötigte *Plantafelprofile* und Unterprofile enthalten. Sie können im Customizing des Projektsystems jedoch auch eigene Plantafelprofile definieren (siehe Abbildung 1.35).

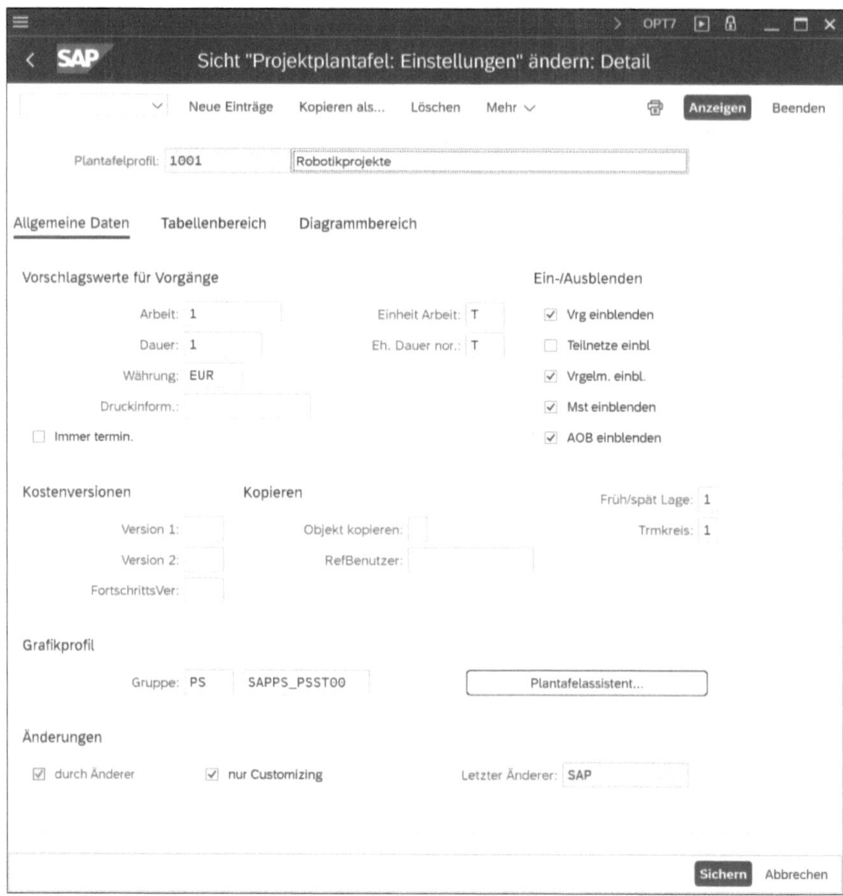

Abbildung 1.35 Beispiel eines Plantafelprofils

Profile der Projektplantafel

In einem Plantafelprofil spezifizieren Sie die Feldauswahl für die Terminübersicht und die anderen Übersichten der Projektplantafel. Über das Grafikprofil im Plantafelprofil wird die Darstellung der Objekte im tabellarischen und grafischen Bereich definiert. Zum Erstellen neuer Grafikprofile können Sie, ebenso wie in der Projektplantafel, den Plantafelassistenten verwenden. Weitere Unterprofile der Projektplantafel sind:

- **Zeitprofil**
  Dieses Profil steuert Beginn und Ende des Auswertungszeitraums und des Planungszeitraums. Die Auswertungsvor- und -nachläufe sind somit automatisch festgelegt.

- **Maßstabsprofil**
  Über dieses Profil definieren Sie den Maßstab für den Planungszeitraum und den Auswertungsvor- und Auswertungsnachlauf.
- **Zeitskalenprofil**
  Dieses Profil steuert die Darstellung der verschiedenen Zeitskalen (z. B. Jahres-, Monats- oder Tagesraster) und bestimmt, welche Zeitskalen bei welchen Maßstäben angezeigt werden sollen.

Zusätzlich spezifizieren Sie in einem Plantafelprofil unter anderem, welche Objekte, Termine und Puffer und welche Daten an den Terminbalken dargestellt werden sollen. Für die Anzeige von Kosten- und Fortschrittsdaten legen Sie im Plantafelprofil die entsprechenden CO-Versionen fest.

1.7.3 Projektzeitplan

Zum Anzeigen der Hierarchie der Projektobjekte und Überwachung von Zeitplänen im HTML-Umfeld verwenden Sie für operative Projekte und Netzpläne die SAP-Fiori-App **Projektzeitplan** (F5611) (siehe Abbildung 1.36). Sie starten die App entweder direkt über das SAP Fiori Launchpad und selektieren dann mittels Filtern das Projekt bzw. den Netzplan, den Sie anzeigen möchten oder Sie navigieren im HTML-Umfeld direkt aus dem Project Builder. Projektänderungen können Sie im Gegensatz zur Projektplantafel nicht direkt in der App vornehmen, sondern indem Sie in die entsprechenden Bearbeitungsfunktionen navigieren.

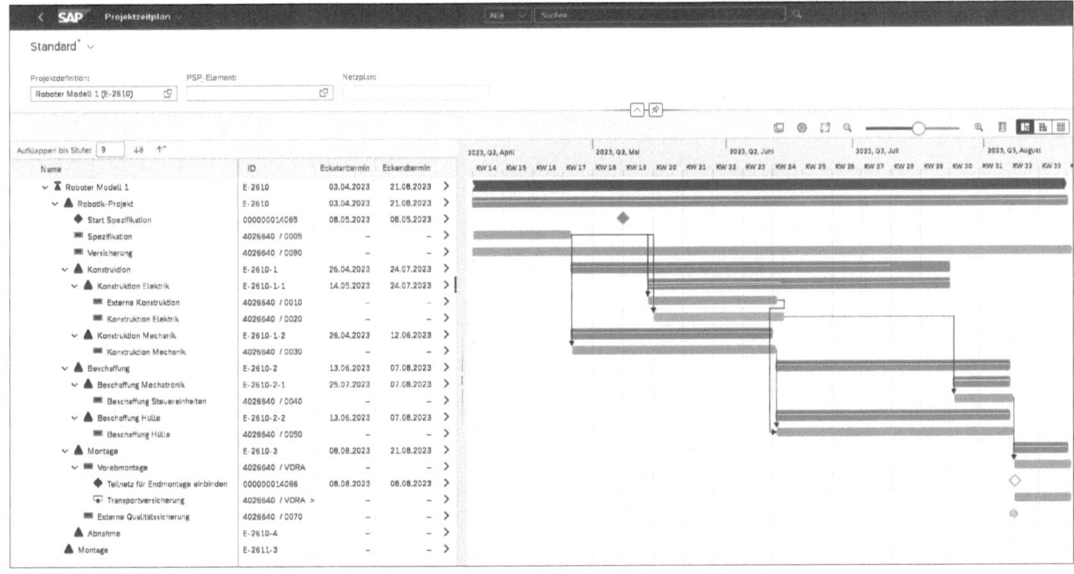

Abbildung 1.36 SAP-Fiori-App »Projektzeitplan«

Tabellenbereich

Die Oberfläche des Projektzeitplans kombiniert die Daten zu Projektdefinition, PSP-Elementen, Vorgängen, Vorgangselementen und Meilensteinen in einer tabellarischen und grafischen Darstellung. Darüber hinaus können Sie zu den Vorgängen Instandhaltungsaufträge und deren Vorgänge darstellen. Welche Tabellenfelder und Objektarten in der Hierarchie angezeigt werden, können Sie über die Einstellungen benutzerspezifisch festlegen.

Diagrammbereich

Im grafischen Bereich werden die Termindaten der Objekte mittels verschiedener Terminbalken bzw. Meilensteine angezeigt. Für Vorgänge werden die Anordnungsbeziehungen über Verbindungspfeile dargestellt. Über die Einstellungen bestimmen Sie, welche Terminkreise und Beschriftungen für die Anzeige verwendet werden.

Sidepanels

Details zu den Projektobjekten können Sie direkt in der App über Sidepanels anzeigen; dort stehen zum jeweiligen Objekt allgemeine Informationen, sowie spezifischere Informationen, wie z. B. zu Termineinschränkungen, Status, Vorgänger/Nachfolgervorgänge zur Verfügung. Von den Sidepanels aus können Sie auch zu verwandten Apps und den Bearbeitungstransaktionen navigieren.

Die Einstellungen, sowie die verwendeten Filter können Sie als benutzerspezifische Sichten sichern und bei Bedarf auch für andere Anwenderinnen und Anwender zur Verfügung stellen.

1.7.4 Spezielle Pflegefunktionen

Transaktionen

Im Menü der speziellen Pflegefunktionen im Projektsystem finden Sie Transaktionen zum Anlegen, Ändern und Anzeigen von Projektstrukturplänen (Transaktionen CJ01, CJ02, CJ03), Netzplänen (Transaktionen CN21, CN22, CN23) und Projektstrukturplänen mit zugeordneten Netzplänen (Transaktionen CJ2D, CJ20, CJ2A). Abbildung 1.37 zeigt z. B. die Bearbeitung eines Projekts mithilfe der Strukturplanung (Transaktion CJ20).

In diesen Transaktionen können Sie jeweils zwischen dem Detailbild von Projektdefinition bzw. Netzplankopf und den tabellarischen Darstellungen von PSP-Elementen bzw. Vorgängen hin- und herwechseln. Über eine tabellarische Sicht können Sie wiederum in das Detailbild eines Objekts verzweigen. Über das Menü können auch Listen von zugeordneten Objekten, wie z. B. PS-Texten, Dokumenten oder Meilensteinen, aufgerufen werden.

Zusätzlich können Sie aus den speziellen Pflegefunktionen auch die Hierarchie- und Netzplangrafik für ein Projekt aufrufen sowie in Plantafeldarstellungen verzweigen.

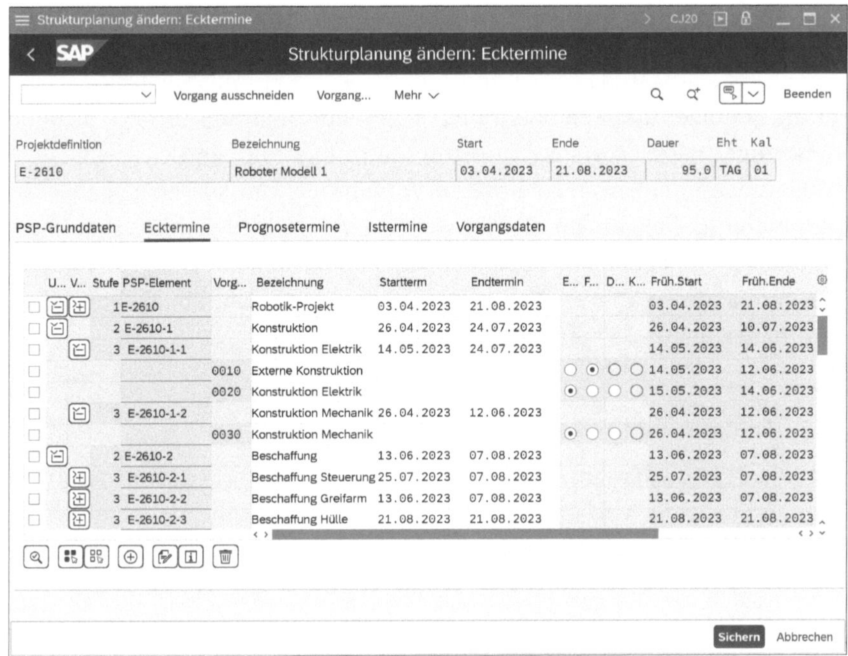

Abbildung 1.37 Bearbeitung eines Projekts in der Strukturplanung

Für die Verwendung der speziellen Pflegefunktionen sind keine zusätzlichen Customizing-Aktivitäten notwendig. Die Darstellung der Objekte in den tabellarischen Übersichten und Grafiken sowie Funktionen zur Kapazitätsplanung werden über die Einstellungen im Projekt- bzw. Netzplanprofil gesteuert.

Mithilfe der Transaktionen CJ06, CJ07 und CJ08 bzw. CJ11, CJ12 und CJ13 können Sie auch einzelne Projektdefinitionen bzw. PSP-Elemente anlegen, ändern oder anzeigen. Beim Anlegen eines neuen PSP-Elements mithilfe von Transaktion CJ11 müssen Sie entweder die Zuordnung zu einer bereits existierenden Projektdefinition anlegen, oder Sie erstellen beim Sichern des PSP-Elements eine neue Projektdefinition, die dann einmalig Daten des PSP-Elements übernimmt. Letzteres gelingt mithilfe eines Projektprofils, in dem das Kennzeichen **Übernahme in Projektdefinition** gesetzt ist.

Die speziellen Pflegefunktionen werden in der Praxis typischerweise von Benutzern bevorzugt, denen zur Bearbeitung von Projektstrukturen eine einfache tabellarische Möglichkeit ausreicht und denen gegebenenfalls der Project Builder oder die Projektplantafel zu komplex sind.

1.8 Werkzeuge zur optimierten Stammdatenpflege

Um die Erstellung und Bearbeitung von Projektstrukturen möglichst einfach für die Benutzer und Benutzerinnen zu gestalten, können Sie verschiedene Werkzeuge im Projektsystem einsetzen. Zum einen können Sie verschiedene Anpassungen der Eingabeoberfläche vornehmen, um so Fehleingaben zu vermeiden und allgemein die Akzeptanz der verschiedenen Bearbeitungstransaktionen bei den Endanwendern und Endanwenderinnen zu erhöhen, und zum anderen können Sie die Pflege von Stammdaten in einigen Fällen automatisieren und so möglichst effizient gestalten.

1.8.1 Feldauswahl

Feldeigenschaften

Mithilfe der Feldauswahlen im Strukturen-Customizing des Projektsystems können Sie Felder von Projektdefinitionen, PSP-Elementen, Netzplanköpfen, Vorgängen und Vorgangselementen beeinflussen. Die Eigenschaften von Feldern können Sie über eine Feldauswahl wie folgt kennzeichnen:

- **eingabebereit**

  Sofern nicht z. B. durch einen Status verboten, können Sie die Daten solcher Felder ändern.

- **angezeigt**

  Die Daten dieser Felder sind sichtbar, können aber weder tabellarisch noch im Detailbild geändert werden. Anzeigefelder sind jedoch über die Massenänderung oder die Substitution noch änderbar.

- **ausgeblendet**

  Diese Felder werden nicht angezeigt.

- **Muss-Feld**

  Sie müssen eine Eingabe in solchen Feldern vornehmen, bevor Sie das entsprechende Objekt sichern können.

- **farblich hervorheben**

  Die Werte dieser Felder werden durch eine andere Farbe als die der anderen Felder markiert.

Mithilfe von Feldauswahlen können Sie also, entsprechend den Anforderungen Ihrer Projekte, nicht benötigte Felder komplett ausblenden, Felder, die nur über die Vorlage oder die Vorschlagswerte im Customizing gefüllt werden sollen, anzeigen lassen oder auch erzwingen, dass bestimmte Eingaben beim Erstellen eines Objekts vorgenommen werden.

Sie können eine Feldauswahl mandantenweit definieren; in der Regel machen Sie Feldauswahlen jedoch an beeinflussenden Werten fest, wie z. B. dem Projekt- oder Netzplanprofil oder der Netzplanart. So können Sie z. B. für unterschiedliche Projekttypen auch eine unterschiedliche Auswahl und Steuerung der Felder vornehmen.

1.8.2 Flexible Detailbilder und Table Controls

Flexible Detailbilder

Mithilfe flexibler Detailbilder können Sie für PSP-Elemente und Vorgänge die Aufteilung der Felder auf die verschiedenen Registerkarten steuern. Standardmäßig wird auf jeder Registerkarte genau ein Detailbild mit den entsprechenden Daten dargestellt. Auf der Registerkarte **Termine** befindet sich z. B. also das Detailbild **Termine** mit sämtlichen Terminfeldern.

Über die Funktion **Flexible Detailbilder** können Sie eigene Registerkarten definieren und jeweils bis zu fünf Detailbilder auf einer Registerkarte in beliebiger Reihenfolge zusammen aufnehmen. Dabei können Sie die Bezeichnung jeder Registerkarte bestimmen und bei Bedarf ein Icon auswählen, das zusammen mit der Bezeichnung angezeigt werden soll. Über das Kennzeichen **Vordere Karte** steuern Sie, welche Registerkarte beim Öffnen des Objekts zuerst angezeigt werden soll. Abbildung 1.38 zeigt ein Beispiel für die Definition einer Registerkarte.

Sie können Registerkarten für alle Benutzer im Customizing des Projektsystems oder benutzerspezifisch in den Bearbeitungstransaktionen definieren. Die Definition von Registerkarten im Customizing erfolgt in Abhängigkeit vom Projekt- bzw. Netzplanprofil und dem Aktivitätstyp (**Anlegen**, **Ändern**, **Anzeigen**, **alle Aktivitäten**). Mithilfe des Kennzeichens **Custom. ausschaltbar** legen Sie fest, ob Benutzer und Benutzerinnen in der Anwendung zwischen den im Customizing definierten Registerkarten und den Standardregisterkarten wechseln können.

Berechtigte Benutzer und Benutzerinnen können Registerkarten auch bei der Bearbeitung von PSP-Elementen oder Vorgängen in Abhängigkeit vom jeweiligen Projekt- bzw. Netzplanprofil erstellen. Dabei können manuell neue Registerkarten angelegt oder auch die Standardregisterkarten oder die im Customizing definierten Registerkarten als Kopiervorlagen verwendet werden. Die Definition dieser Registerkarten kann entweder rein temporär verwendet oder auch benutzerspezifisch gespeichert werden.

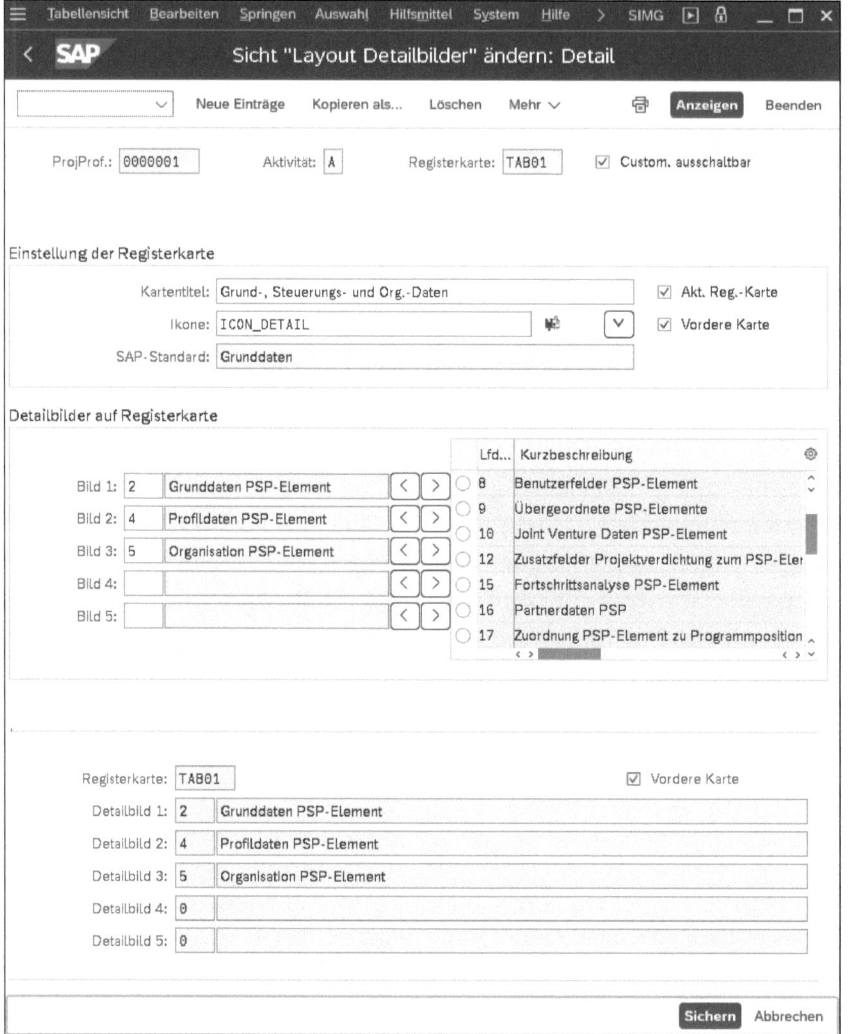

Abbildung 1.38 Beispiel zur Definition einer PSP-Element-Registerkarte im Customizing

Table Controls Die tabellarischen Darstellungen aller Projektstrukturobjekte sind in den Bearbeitungstransaktionen mit Ausnahme der Projektplantafel und der SAP-Fiori-Apps in Form von *Table Controls* realisiert. Table Controls erlauben es Ihnen, per Drag-and-Drop die Spaltenbreite und die Reihenfolge der dargestellten Spalten zu ändern. Anschließend können Sie Ihre Änderungen in Form von Varianten benutzerspezifisch speichern.

Beim Öffnen einer Tabelle können Sie später wieder eine von Ihnen definierte Variante zur Darstellung der Spalten auswählen. Durch die Auswahl einer Variante als Standardeinstellung wird die Tabelle automatisch beim Öffnen unter Verwendung dieser Variante dargestellt.

Über die Administratoreinstellungen können Sie die Table-Control-Einstellungen auch für alle Benutzer und Benutzerinnen vornehmen. Dabei können Sie in den Administratoreinstellungen zusätzlich Spalten komplett ausblenden oder festlegen, wie viele Spalten fest sein sollen, d. h. immer angezeigt werden sollen, unabhängig vom Scrollen in der Tabelle.

1.8.3 Massenänderung

Objekte für die Massenänderung

Wenn Sie Feldinhalte für mehrere Objekte gleichzeitig ändern möchten, können Sie die Massenänderung im Projektsystem einsetzen. Die Objekte, die Sie mithilfe der Massenänderung ändern können, sind:

- Projektdefinitionen
- PSP-Elemente
- Netzplanköpfe
- Vorgänge und Vorgangselemente
- Meilensteine
- Anordnungsbeziehungen

Welche Felder Sie mit der Massenänderung verändern können, hängt vom jeweiligen Objekttyp ab. In der Regel sind lediglich die Stammdatenfelder der Objekte über die Massenänderung änderbar. Für PSP-Elemente können Sie jedoch auch Termindaten ändern und für Vorgänge z. B. auch den Status **Freigegeben** setzen. Für Massenänderungen von Status steht Ihnen jedoch auch eine separate Transaktion zur Verfügung (siehe die Ausführungen zur Massenänderung von Status in diesem Abschnitt). Nicht mithilfe der Massenänderung änderbar sind unter anderem Abrechnungsvorschriften oder Statusschemata.

Für Änderungen an Objekten eines einzelnen Projekts können Sie die Massenänderung aus dem Project Builder, der Projektplantafel oder der Strukturplanung aufrufen. Wenn Sie Objekte mehrerer Projekte gleichzeitig ändern möchten, können Sie die Massenänderung dieser Projekte über das Strukturinfosystem oder Transaktion CNMASS anstoßen. Mit der Transaktion können Sie zusätzlich die Ausführung der Massenänderung von Objekten als Hintergrundjob einplanen.

Bei Änderungen von Feldwerten mittels Massenänderung werden die gleichen Prüfungen durchgeführt wie bei einer manuellen Änderung. Insbesondere benötigen Sie also auch die Berechtigung zum Ändern eines Objekts, um Daten des Objekts über die Massenänderung zu verändern.

Ablauf der Massenänderung

Um eine Massenänderung direkt durchzuführen, starten Sie die Massenänderung und selektieren die zu ändernden Objekte. Sie wählen anschließend die Felder aus, die geändert werden sollen, und geben den neuen Feldwert ein. Bei Bedarf können Sie den vorherigen Feldwert als zusätzliches Filterkriterium für die Änderungen verwenden. Für numerische Felder können Sie auch Formeln definieren, die auf Basis der ursprünglichen Feldwerte die jeweils neuen Werte berechnen.

Bevor Sie Massenänderungen an den Objekten ausführen und sichern, können Sie Ihre Änderungen testen. Zusätzlich können Sie in Transaktion CNMASS nach dem Sichern auch ein Protokoll der gemachten Änderungen speichern und jederzeit später wieder mithilfe von Transaktion CNMASSPROT auswerten.

[!]

Kein Stornieren von Massenänderungen

Beachten Sie, dass es kein Stornieren, also kein einfaches Rückgängigmachen einer Massenänderung gibt. Falls notwendig, müssen Sie also Änderungen von Feldwerten durch fehlerhafte Massenänderungen manuell korrigieren.

Tabellarische Massenänderung

Um mehr Kontrolle über die Massenänderungen mehrerer Objekte zu haben, können Sie neben der direkten Massenänderung in Transaktion CNMASS auch eine tabellarische Massenänderung durchführen (siehe Abbildung 1.39).

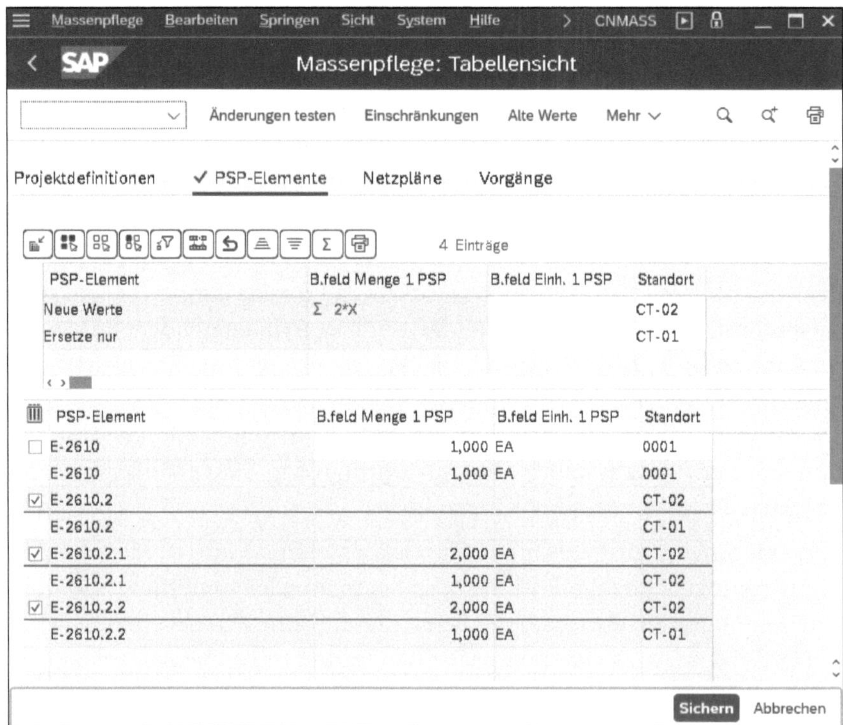

Abbildung 1.39 Beispiel einer Massenänderung von PSP-Elementen in der Tabellensicht

Nach der Selektion der Objekte und Felder erhalten Sie in der tabellarischen Massenänderung zunächst eine Auflistung der selektierten Objekte und können hier noch einmal manuell oder mithilfe von Filterfunktionen Objekte von der Massenänderung ausschließen. Zusätzlich können Sie hier die alten Feldwerte einblenden, eine Massenänderung durchführen und anschließend die neuen mit den alten Werten vergleichen. Solange Sie die Änderungen noch nicht gesichert haben, können Sie sie in der tabellarischen Massenänderung auch wieder rückgängig machen.

Massenänderung von Status

Für die massenhafte Änderung von Benutzerstatus sowie selektierter Systemstatus steht Ihnen Transaktion CNMASSSTATUS zur Verfügung (siehe Abbildung 1.40).

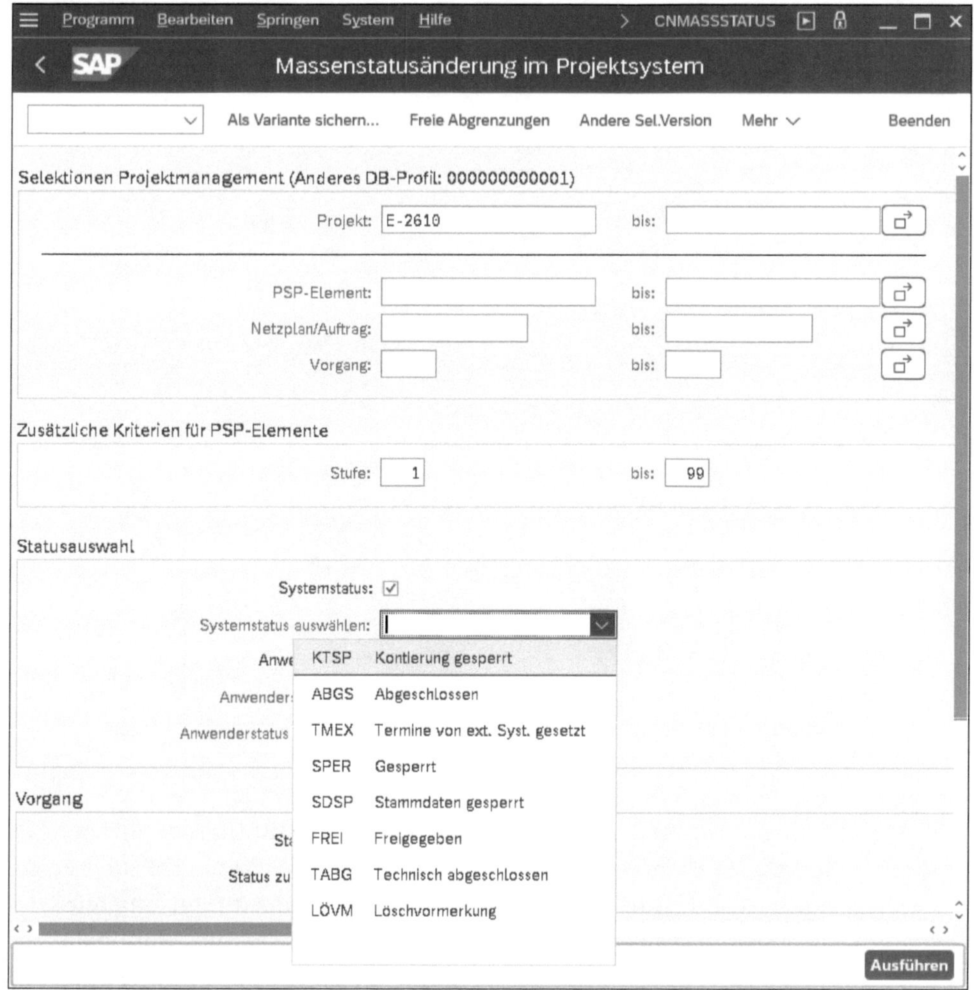

Abbildung 1.40 Selektionsbild von Transaktion CNMASSSTATUS zur Massenänderung von Status

1.8.4 Substitution

Mithilfe von Substitutionen können Sie Stammdatenfelder von Projektdefinitionen, PSP-Elementen, Netzplanköpfen und Vorgängen automatisch nach selbst definierten Bedingungen ändern. Für PSP-Elemente können Sie auch verschiedene Profile aus den Abrechnungsparametern über Substitutionen beeinflussen. Abbildung 1.41 zeigt ein Beispiel für die Definition einer Substitution, mit deren Hilfe automatisch die Projektart 01 und bestimmte Abrechnungsparameter für die PSP-Elemente gesetzt werden, in denen ein Investitionsprofil eingetragen wurde.

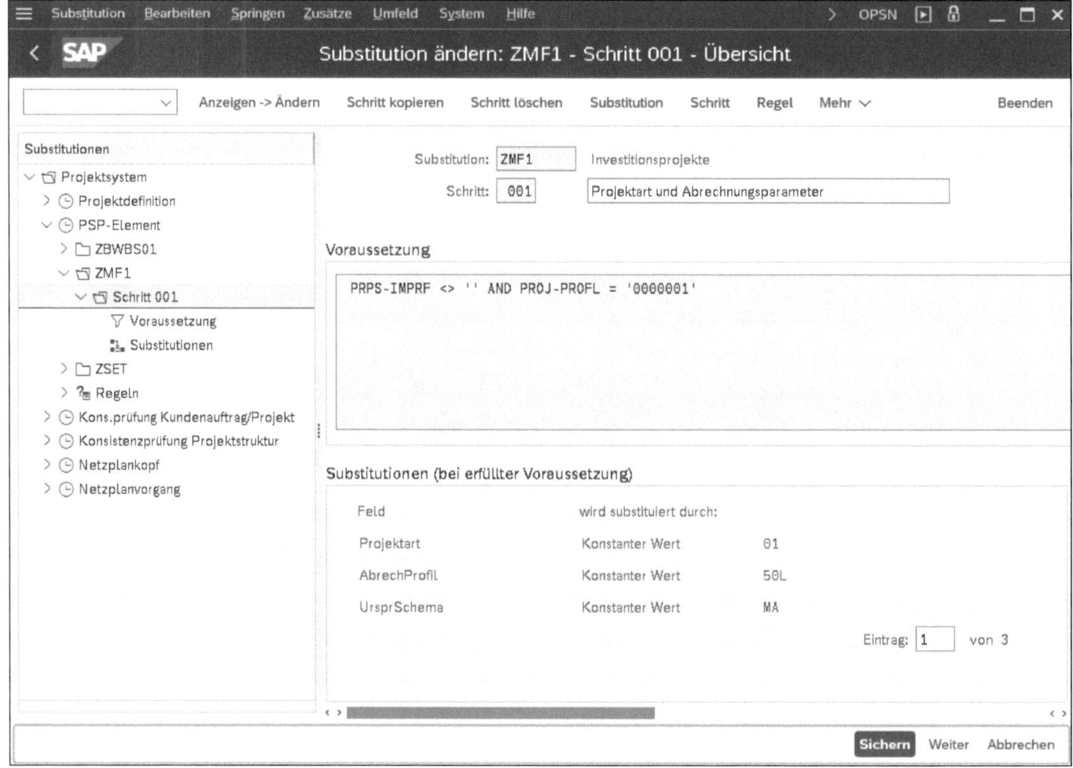

Abbildung 1.41 Beispiel der Definition einer Substitution im Customizing

Definition von Substitutionen

Sie definieren Substitutionen im Strukturen-Customizing der Projektstrukturpläne bzw. Netzpläne. Beim Anlegen einer Substitution spezifizieren Sie, für welchen Objekttyp die Substitution verwendet werden soll, und vergeben eine Identifikation und Bezeichnung für die Substitution. Anschließend legen Sie einen oder mehrere Schritte innerhalb der Substitution an. Für jeden Schritt können Sie nun auswählen, welche Felder geändert werden sollen und welche Voraussetzungen für eine Änderung erfüllt sein müssen.

Für die Definition von Voraussetzungen können Sie auf die Stammdaten des jeweiligen Objekts und auf allgemeine Systemdaten, wie z. B. Mandant, Tagesdatum oder Benutzernamen, als Parameter zurückgreifen sowie bei PSP-Elementen auf die Daten der übergeordneten Objekte. In einem Editor können Sie diese Parameter mithilfe von Vergleichsoperanden mit festen Werten oder anderen Feldwerten in Relation setzen. Die Vollständigkeit einer von Ihnen definierten Voraussetzung wird durch eine Ampel signalisiert.

Nur wenn bei der Ausführung der Substitution für ein Objekt diese Voraussetzung erfüllt ist, wird eine Feldwertersetzung durchgeführt. Ist die Voraussetzung nicht erfüllt, wird der nächste Schritt der Substitution ausgeführt. Für die Definition der Feldwertersetzung eines Substitutionsschritts können Sie entweder feste Werte für die zu ändernden Felder angeben oder auch auf Werte anderer Felder zurückgreifen.

Ausführung von Substitutionen

Sie können eine Substitution manuell anstoßen oder automatisch beim Sichern von Objekten ausführen lassen. Manuell können Sie eine Substitution aus allen Bearbeitungstransaktionen heraus durchführen. Dazu selektieren Sie die zu bearbeitenden Objekte und wählen die Funktion **Substitution**. Sie erhalten daraufhin ein Dialogfenster, in dem Sie auswählen können, welche Substitution ausgeführt werden soll. Nach der Auswahl der Substitution zeigt das System ein Protokoll mit den vorgenommenen Änderungen an.

Für Projektdefinitionen und PSP-Elemente können Sie das Fenster zur Auswahl der Substitution vermeiden, wenn Sie im Projektprofil eine Substitution für Projektdefinitionen bzw. PSP-Elemente eintragen.

Damit eine Substitution automatisch beim Sichern ausgeführt wird, hinterlegen Sie im Projektprofil die entsprechende Substitution entweder für Projektdefinitionen oder für PSP-Elemente und setzen zusätzlich das Kennzeichen **Automat. Substitution**. Für die automatische Ausführung von Substitutionen für Netzpläne müssen Sie lediglich die entsprechende Substitution im Netzplanprofil eintragen.

Ausführung von Substitutionen für mehrere Projekte

Um eine automatische Substitution für mehrere Projekte gleichzeitig anzustoßen, wird in der Praxis oft eine Massenänderung eines nicht benötigten Felds dieser Projekte ausgeführt. Beim Sichern der Massenänderung werden dann die automatischen Substitutionen durchlaufen.

1.8.5 Validierung

Mithilfe von Validierungen können Sie selbst definierte Prüfungen für Stammdatenfelder von Projektdefinitionen, PSP-Elementen, Netzplanköpfen und Vorgängen ausführen. Das Ergebnis einer Validierung können Informations-, Warn- oder auch Fehlermeldungen sein, wobei Fehlermeldungen das Sichern des entsprechenden Objekts verhindern.

Mithilfe von Validierungen können Sie also z. B. erzwingen, dass Projekte mit einem bestimmten Projektprofil immer mit demselben Schlüssel beginnen, oder Sie können die Konsistenz der Identifikation innerhalb der Projektstruktur überprüfen. Für PSP-Elemente können Sie auch verschiedene Profile in den Abrechnungsparametern validieren und so Probleme im Rahmen der späteren Abrechnung (siehe Abschnitt 5.9, »Abrechnung«) vermeiden. Abbildung 1.42 zeigt ein Beispiel für eine Validierung, die sicherstellt, dass PSP-Elemente der Stufe 1, die zur Projektart **Kundenprojekt** (CP) gehören, als Fakturierungselemente gekennzeichnet sind.

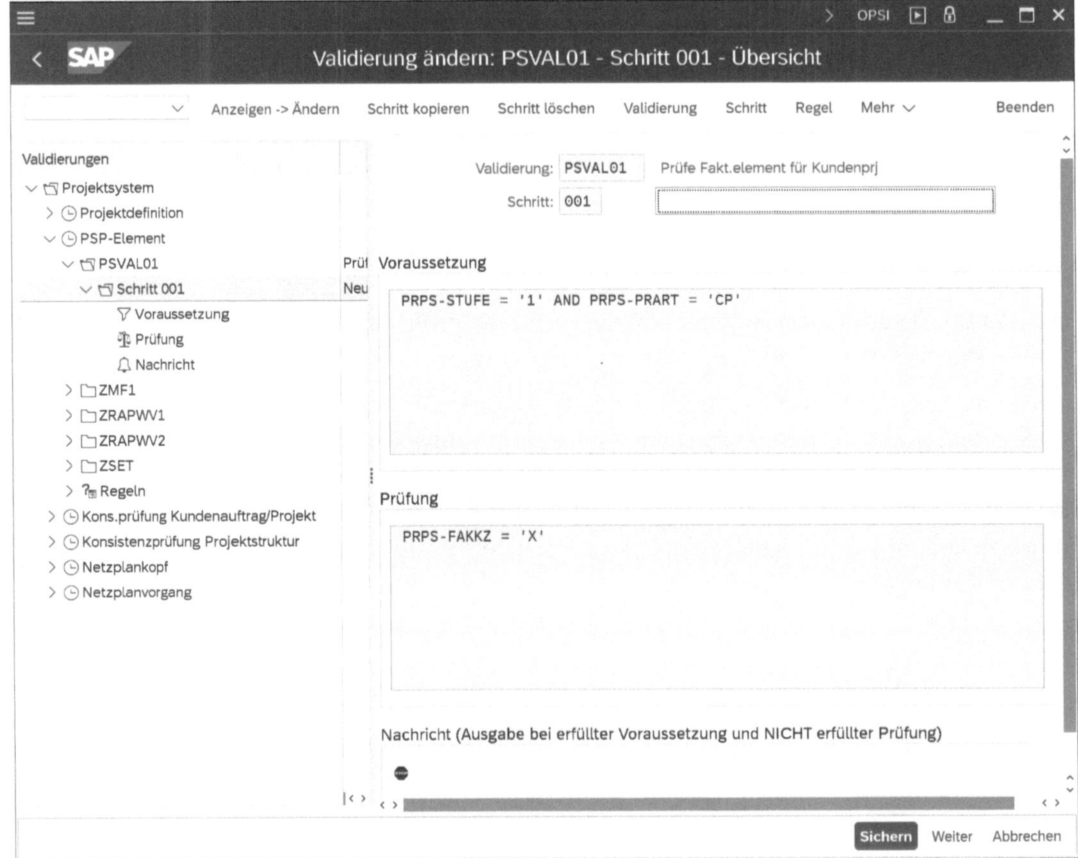

Abbildung 1.42 Beispiel der Definition einer Validierung im Customizing

Definition von Validierungen

Sie definieren Validierungen ähnlich wie Substitutionen im Strukturen-Customizing des Projektsystems. Eine Validierung kann mehrere Schritte umfassen, in denen jeweils eine Prüfung durchgeführt wird. Innerhalb eines Schritts definieren Sie eine **Voraussetzung**, eine **Prüfung** und eine entsprechende **Nachricht**. Nur wenn ein Objekt die Voraussetzung erfüllt, wird die Prüfung für das Objekt durchgeführt. Ist die Bedingung der Prüfung erfüllt, wird eine Nachricht als Reaktion ausgegeben; andernfalls wird der Validierungsschritt für dieses Objekt beendet.

Die Definition von Voraussetzungen und Prüfungen erfolgt genau wie die Definition von Voraussetzungen in Substitutionen (siehe Abschnitt 1.8.4, »Substitution«). Bei der Definition der Nachricht spezifizieren Sie zunächst den Nachrichtentyp **Information**, **Warnung**, **Fehler** oder **Abbruch**. Sie erstellen dann einen Nachrichtentext zu einer Nachrichtennummer und ordnen diesen der Nachricht zu. Indem Sie in der Nachricht Felder als Variablen festlegen (z. B. die Identifikation des Objekts), können Sie die entsprechenden Feldwerte auch in Ihren Nachrichtentext einbinden.

Ausführung von Validierungen

Die Ausführung von Validierungen kann, ebenso wie die Ausführung von Substitutionen, manuell oder automatisch beim Sichern angestoßen werden. Zur automatischen Ausführung von Validierungen müssen Sie für Projektdefinitionen oder PSP-Elemente die entsprechende Validierung im Projektprofil eintragen und das Kennzeichen zur automatischen Ausführung setzen. Für Netzplanköpfe und Vorgänge müssen Sie die Validierungen im Netzplanprofil hinterlegen.

Werden beim Sichern sowohl Substitutionen als auch Validierungen automatisch ausgeführt, werden zunächst die Substitutionsschritte sukzessive durchgeführt und anschließend die Validierungsschritte durchlaufen.

1.8.6 Variantenkonfiguration mit Projekten

Die Verwendung der Variantenkonfiguration von Projektstrukturen soll zunächst am Beispiel des Roboterprojekts erläutert werden, bevor im Anschluss daran die dafür notwendigen Voraussetzungen behandelt werden.

Beispiel einer Variantenkonfiguration

In dem Beispiel fertigt ein Unternehmen unterschiedliche Robotertypen mit unterschiedlichen Eigenschaften und Ausführungen. Jede Robotervariante benötigt im Rahmen der Projektfertigung unterschiedliche Materialkomponenten und Vorgänge. Für die Erstellung der benötigten Projektstrukturen werden Standardstrukturen als Kopiervorlage eingesetzt. Anstatt für jede mögliche Variante ein eigenes Standardnetz mit den jeweils benötigten Materialkomponenten und Vorgängen und einen eigenen Standardprojektstrukturplan als Kopiervorlage zu definieren, wird nur ein einziges konfigurierbares Standardnetz verwendet.

Merkmalsbewertung

Das konfigurierbare Standardnetz enthält Materialkomponenten und Vorgänge für alle möglichen Varianten der unterschiedlichen Robotertypen. Wenn das konfigurierbare Standardnetz als Kopiervorlage für einen operativen Netzplan verwendet wird, muss zunächst die jeweilige Robotervariante mithilfe einer *Merkmalsbewertung* (welcher Robotertyp, welche Eigenschaften, welche Ausführung usw.) spezifiziert werden (siehe Abbildung 1.43).

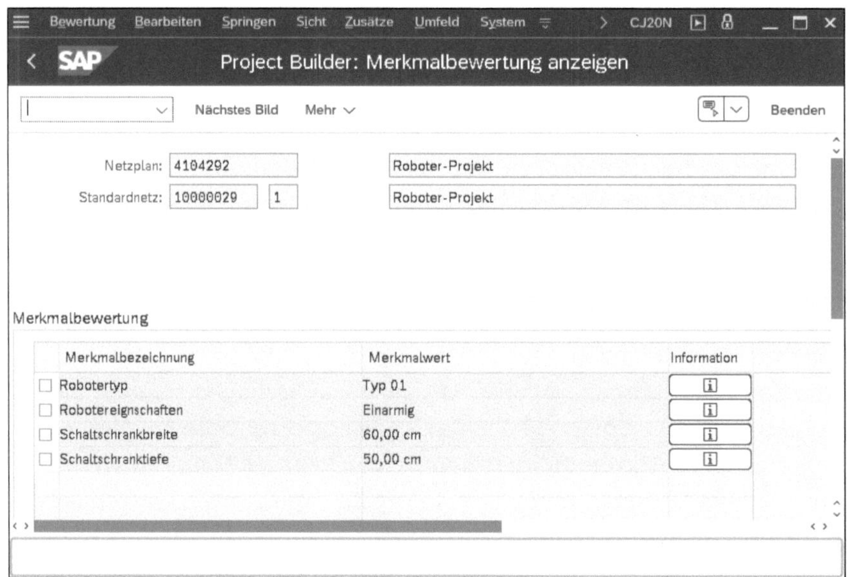

Abbildung 1.43 Beispiel einer Merkmalsbewertung

Basierend auf der Merkmalsbewertung und dem *Beziehungswissen* an den Vorgängen des Standardnetzes und den Stücklistenpositionen, also den Materialkomponenten, kopiert das System nur die Vorgänge und Komponenten, die für die Variante auch tatsächlich benötigt werden. Wird beim Sichern des konfigurierten, operativen Netzplans auch ein Projektstrukturplan mit Vorlage erstellt, kopiert das System nur die PSP-Elemente, denen noch mindestens ein operativer Vorgang zugeordnet ist, und deren übergeordnete PSP-Elemente. Der Projektstrukturplan wird also »indirekt« konfiguriert, da die PSP-Elemente über kein Beziehungswissen verfügen können.

Merkmale, Klassen

Um die Variantenkonfiguration mit Projektstrukturen nutzen zu können, müssen Sie zunächst in den zentralen Funktionen der Logistik *Merkmale* wie z. B. den Robotertyp, die Eigenschaften usw. definieren (Transaktion CT04). Dabei spezifizieren Sie unter anderem das Eingabeformat, mögliche Merkmalswerte und bei Bedarf bereits einen Vorschlagswert für die jeweiligen Merkmalswerte. Indem Sie Merkmale zu einer *Klasse* (Transaktion

CL02) zusammenfassen, entscheiden Sie, welche Merkmale später bei der Merkmalsbewertung angeboten werden sollen. Die Klasse muss dabei zu einer Klassenart gehören, die eine Variantenkonfiguration erlaubt (standardmäßig: Klassenart 300).

Beziehungswissen

Das benötigte Beziehungswissen können Sie entweder direkt bei der Pflege der Standardnetzvorgänge (*lokales Beziehungswissen*) definieren oder zentral mithilfe von Transaktion CU01 (*globales Beziehungswissen*). Globales Beziehungswissen können Sie mehrfach in unterschiedlichen Standardnetzen oder Stücklisten verwenden; es kann dort jedoch nicht lokal geändert werden.

Als Entscheidungskriterium für das Kopieren oder Nichtkopieren eines Objekts verwenden Sie die Beziehungswissensart **Auswahlbedingung**. Für die Definition der Bedingung (z. B. »Soll der Roboter einen oder zwei Arme haben?«) steht ein eigener Editor mit einer speziellen Syntax (siehe SAP-Dokumentation) zur Verfügung. Ist die von Ihnen definierte Bedingung, die Sie als Beziehungswissen einer Stücklistenposition oder einem Standardnetzvorgang zugeordnet haben, aufgrund der Merkmalsbewertung erfüllt, wird das Objekt kopiert. Mithilfe der Beziehungswissensart **Prozedur** können Sie auch Feldwerte von Materialkomponenten oder Vorgängen aus der Merkmalsbewertung ableiten (z. B. die geplante Arbeit eines Vorgangs).

Standardstrukturen und Konfigurationsprofil

Schließlich müssen Sie noch die Standardstrukturen definieren, die als Kopiervorlage verwendet werden sollen (siehe Abschnitt 1.2.3, »Standardprojektstrukturpläne«, und Abschnitt 1.3.3, »Standardnetze«), und mit der Klasse der Merkmale verknüpfen. Die Standardstrukturen müssen Vorgänge, Anordnungsbeziehungen, Materialkomponenten und gegebenenfalls PSP-Elemente für alle möglichen Varianten enthalten. Den relevanten Standardnetzvorgängen und Stücklistenpositionen ordnen Sie dabei das benötigte Beziehungswissen zu. Die Verknüpfung der Standardstrukturen, genauer gesagt, des Standardnetzes, mit der Klasse der Merkmale erfolgt mithilfe eines *Konfigurationsprofils*, das Sie in Transaktion CU41 im Projektsystem erstellen können.

Änderungsprofil

Sollen nach der Freigabe des konfigurierten, operativen Netzplans noch Änderungen an der Merkmalsbewertung möglich sein, müssen Sie im Customizing der Netzpläne zusätzlich ein *Änderungsprofil* definieren und es der entsprechenden Netzplanart zuordnen. Mithilfe des Änderungsprofils steuern Sie statusabhängig, ob z. B. die für die neue Variante notwendigen Änderungen von Objekten zu Fehlermeldungen oder Warnmeldungen führen sollen oder ob Einzeländerungen überhaupt zulässig sind. Zusätzlich stehen Ihnen bei der Variantenkonfiguration Standard-Workflows zur

Verfügung, mit denen z. B. der Disponent des Netzplans über nachträgliche Änderungen informiert wird bzw. über die Änderungen entscheiden kann.

Verwenden Sie zur Strukturierung konfigurierbare Teilnetze, wird die Merkmalsbewertung vom übergeordneten Netzplan automatisch an die Teilnetze weitergegeben, wenn deren Kopiervorlagen der gleichen Klasse zugeordnet sind. Schließlich können Sie die Variantenkonfiguration mit Projektstrukturen auch mit der Montageabwicklung kombinieren. In diesem Fall nehmen Sie die Merkmalsbewertung direkt im entsprechenden Verkaufsbeleg vor.

[!]

Erweiterte Variantenkonfiguration

Bitte beachten Sie, dass die erweiterte Variantenkonfiguration, die z. B. in Integrationsszenarien mit SAP Commerce Cloud verwendet werden kann, aktuell im Projektsystem nicht unterstützt wird.

1.8.7 Montageabwicklung

Der Begriff *Montageabwicklung* bezeichnet einen Ablauf, bei dem beim Erstellen einer Vertriebsbelegposition gleichzeitig ein operativer Netzplan und bei Bedarf auch ein operativer Projektstrukturplan erstellt werden. Dabei werden automatisch auch Termin-, Mengen- und Controlling-Daten zwischen der Verkaufsbelegposition und dem Projekt ausgetauscht.

Datenaustausch

Direkt im Verkaufsbeleg findet bereits eine Terminierung des Netzplans anhand des Wunschlieferdatums des Kunden und der Menge, die als Ausführungsfaktor an den Netzplan übergeben wird, statt. Der berechnete Endtermin des Netzplans wird als Termin zur Volllieferung der Position im Verkaufsbeleg vorgeschlagen. Das System kalkuliert auch gleichzeitig den Netzplan und übergibt die kalkulierten Kosten sofort an die Verkaufsbelegposition, wo sie – je nach Konditionsschema – zur Preisfindung verwendet werden können.

Befinden sich in dem Projekt Meilensteine, die als für die Verkaufsbelege relevant gekennzeichnet sind, können deren Termine und gegebenenfalls Daten zur Fakturierung ebenfalls automatisch in den Fakturierungsplan der Position übernommen werden.

Wird beim Sichern des Verkaufsbelegs auch ein operativer Projektstrukturplan erzeugt, kann die Verkaufsbelegposition automatisch auf ein PSP-Element kontiert werden.

Die Verknüpfung zwischen der Verkaufsbelegposition und dem Netzplan erlaubt es Ihnen, über die Einteilungen der Position direkt in die Anzeige des Netzplans – oder umgekehrt auch über den Kopf des Netzplans direkt in die Anzeige der Verkaufsbelegposition – zu verzweigen. Darüber hinaus können nachträgliche Änderungen des Verkaufsbelegs direkt an das Projekt weitergegeben werden und umgekehrt.

Für Verkaufsbelege mit mehreren Positionen können Sie pro Position über die Montageabwicklung einen operativen Netzplan erzeugen. Waren dabei die entsprechenden Standardnetze bereits durch Anordnungsbeziehungen miteinander verknüpft, können diese externen Anordnungsbeziehungen auch automatisch für die operativen Netzpläne erstellt werden. Die Terminierung aller Netzpläne des Verkaufsbelegs findet mithilfe der Gesamtnetzterminierung (siehe Abschnitt 2.1.2, »Terminierung mit Netzplänen«) gleichzeitig statt.

SD/PS-Zuordnung

Pro Verkaufsbeleg kann maximal nur ein Projektstrukturplan mithilfe der Montageabwicklung angelegt werden. Wenn Sie in der Projektdefinition des Standardprojektstrukturplans das Kennzeichen **SD/PS-Zuordnung** setzen, legt das System für jede Verkaufsbelegposition einen eigenen Teilast innerhalb des Projekts an, mit einem eigenen PSP-Element auf Stufe 1. Beachten Sie, dass Sie für die Verwendung der SD/PS-Zuordnung Editionsmasken benötigen und im Projektprofil das Kennzeichen **Nur eine Wurzel** nicht gesetzt sein darf.

Projektidentifikation bei der Montageabwicklung

Die Identifikation des im Rahmen der Montageabwicklung erstellten Projekts wird automatisch aus der Verkaufsbelegidentifikation abgeleitet. Haben Sie eine Editionsmaske für die Identifikation des Standardprojektstrukturplans definiert, setzt sich die Identifikation des operativen Projekts zusammen aus dem Schlüssel der Maske und der Verkaufsbelegnummer, die in den ersten Abschnitt der Projektidentifikation übernommen wird. Ist der erste Abschnitt der Editionsmaske kürzer als die Verkaufsbelegidentifikation, übernimmt das System nur die letzten Stellen der Identifikation. Insbesondere sollten Sie also darauf achten, den ersten Abschnitt der relevanten Editionsmasken lang genug zu wählen. Bei der SD/PS-Zuordnung wird zusätzlich die Positionsnummer in den zweiten Abschnitt der PSP-Element-Identifikation übernommen. Verwenden Sie keine Editionsmasken, besitzt das Projekt die gleiche Identifikation wie der Verkaufsbeleg.

Die Verwendung der Montageabwicklung ist dann sinnvoll, wenn Sie Kundenprojekte abwickeln möchten, die immer die gleichen Strukturen besitzen und erst dann erstellt werden sollen, wenn ein Bedarf aus dem Vertrieb erzeugt wurde (durch eine Anfrage, ein Angebot oder einen Kundenauftrag) und Sie die Erstellung der Projektstrukturen und den Datenaustausch zwischen Projektsystem und Vertrieb möglichst automatisieren möchten.

Voraussetzungen für die Montageabwicklung

Die Voraussetzungen für die Verwendung der Montageabwicklung sind:

- **Standardstrukturen**

  Sie müssen ein Standardnetz und – wenn auch ein Projektstrukturplan erstellt werden soll – einen Standardprojektstrukturplan erstellen, die als Kopiervorlagen für die operativen Projektstrukturen dienen.

- **Materialstammsatz-Einstellungen**

  Sie benötigen einen Materialstammsatz, dessen **Positionstypengruppe** (Vertriebssicht: **VerkOrg 2**) oder **Strategiegruppe** (**Dispositionssicht 3**) auf eine Bedarfsklasse für die Montageabwicklung mit Netzplänen verweisen.

- **Zuordnung zwischen Material und Standardnetz**

  Optional können Sie eine Zuordnung zwischen Material und Standardnetz vornehmen. Wird diese Zuordnung nicht vorgenommen, kann sie auch beim Anlegen der Verkaufsbelegposition noch erstellt werden.

- **Customizing-Einstellungen**

  Im Customizing nehmen Sie Einstellungen vor, sodass das System anhand der Verkaufsbelegart und der Materialstammsatzdaten eine geeignete Bedarfsklasse ermitteln kann.

Bedarfsartenfindung

Diese Voraussetzungen werden im Folgenden näher erläutert: Wenn Sie einen Verkaufsbeleg anlegen und dabei eine Materialnummer in eine Position eintragen, findet im Hintergrund immer eine sogenannte *Bedarfsartenfindung* statt. Die Ermittlung einer Bedarfsart kann dabei auf zwei unterschiedliche Arten erfolgen.

Zum einen kann das System über die *Strategiegruppe* im Materialstammsatz eine Hauptstrategie ermitteln und darüber eine Bedarfsart. Fehlt die Strategiegruppe im Materialstammsatz, versucht das System, eine Strategiegruppe über die Dispositionsgruppe des Materials zu ermitteln. Fehlt auch die Dispositionsgruppe im Materialstammsatz, versucht das System, die Dispositionsgruppe aus der Materialart abzuleiten.

Zum anderen ermittelt das System unter anderem über die *Positionstypengruppe* des Materials und die *Belegart* des Verkaufsbelegs einen Positionstyp, der die wesentlichen Eigenschaften der Verkaufsbelegposition steuert und der ebenfalls auf eine Bedarfsart verweist. Die Einstellung der Customizing-Aktivität **Steuerung der Bedarfsartenfindung** zur Kombination aus Positionstypengruppe und gegebenenfalls Dispositionsmerkmal des Materials (**Dispositionssicht** 1) entscheidet schließlich, welche der beiden Bedarfsarten verwendet werden soll.

Bedarfsklasse für die Montageabwicklung

Die Bedarfsart ist wiederum einer Bedarfsklasse eindeutig zugeordnet. Die Bedarfsklasse (Transaktion OVZG) steuert letztlich die Beschaffung des Materials (siehe Abbildung 1.44).

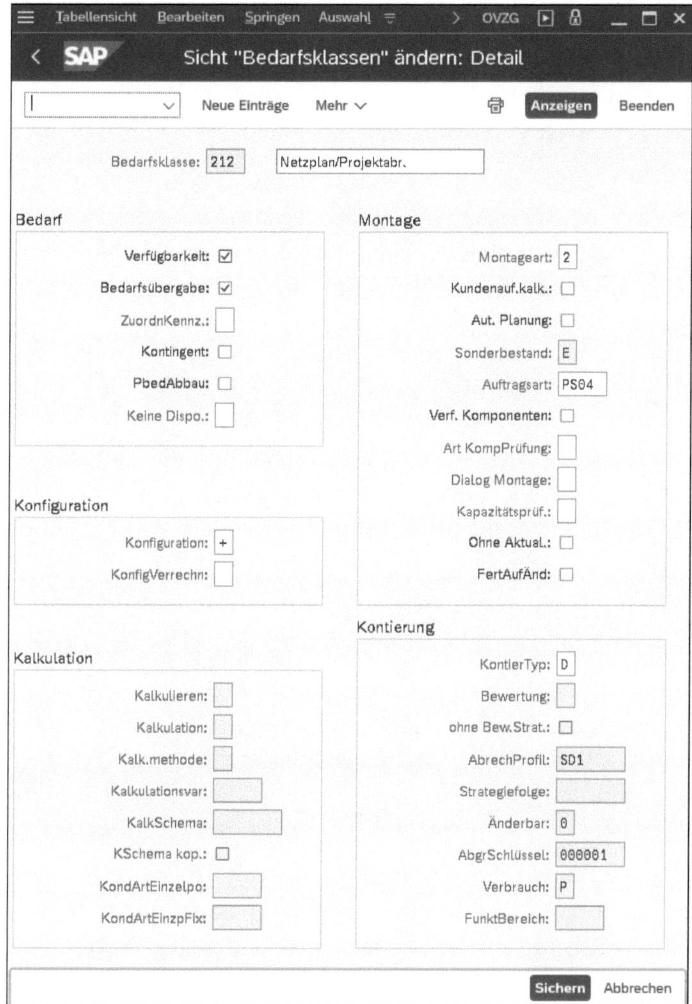

Abbildung 1.44 Standardbedarfsklasse 212 für die Montageabwicklung mit Netzplänen

Für die Montageabwicklung sind dabei die folgenden Felder relevant:

- **Montageart und Auftragsart**

  Über die **Montageart** steuern Sie, ob überhaupt eine Montageabwicklung mit Netzplänen ausgeführt werden soll. Die **Auftragsart** bestimmt die Netzplanart des automatisch erstellten, operativen Netzplans.

- **Bedarfsübergabe und Verfügbarkeit**

  Diese Kennzeichen sind notwendig für einen Austausch von Termin- und Mengeninformationen zwischen Verkaufsbelegposition und Netzplan.

- **Kontierungstyp**

  Der Kontierungstyp steuert über die Kennzeichen **Verbrauchsbuchung** und **Sonderbestand** die Werteflüsse bei der Montageabwicklung und die Bestandsführung des fertigen Materials.

- **Keine Disposition**

  Da typischerweise der Netzplan bei der Montageabwicklung für die Beschaffung des fertigen Materials verwendet wird, können Sie über dieses Kennzeichen steuern, dass keine Disposition für das Material durchgeführt werden soll.

Alle notwendigen Customizing-Einstellungen zu Kontierungstypen, Bedarfsklassen und insbesondere zur Bedarfsartenfindung finden Sie gesammelt im Material-Customizing des Projektsystems unter **Steuerung der Kundenauftragsfertigung**. Standardmäßig können Sie bereits die Bedarfsart KMPN und die Bedarfsklasse 212 für die Montageabwicklung verwenden.

Bedarfsklasse 212 und die Dispositionsrelevanz

Beachten Sie, dass die Bedarfsklasse 212 keine Disposition des Materials verbietet. Um eine Disposition zu verhindern, müssen Sie entweder die Bedarfsklasse anpassen bzw. eine neue Bedarfsklasse definieren, oder Sie verbieten die Disposition über den Materialstammsatz des entsprechenden Materials.

Mögliche Kontierungstypen

Wenn Sie die Montageabwicklung ohne Projektstrukturpläne einsetzen, können Sie standardmäßig den Kontierungstyp **E** verwenden, der eine Werte- und Bestandsführung auf der Ebene der Verkaufsbelegposition vorsieht. Wird neben einem Netzplan auch ein Projektstrukturplan bei der Montageabwicklung erzeugt, muss die Werteführung auf der Ebene des Projekts durchgeführt werden. Je nachdem, welchen Bestand Sie für das fertige Material verwenden möchten (siehe Abschnitt 2.3.2, »Projektbestand«), stehen Ihnen dafür standardmäßig die Kontierungstypen **Q** (Projektbestand) oder **D** (Kundenauftragsbestand) zur Verfügung.

Netzplanparameter aus Kundenauftrag

Damit das System bei der Montageabwicklung automatisch für ein Material eine geeignete Kopiervorlage für die operativen Projektstrukturen ermitteln kann, ordnen Sie die Materialnummer einem Standardnetz zu. Durch die Zuordnung des Standardnetzes zu einem Standardprojektstrukturplan kann das System dann auch automatisch die Kopiervorlage für den operativen Projektstrukturplan ermitteln.

Die Zuordnung zwischen Materialnummer und Standardnetz nehmen Sie im Projektsystem in Transaktion CN08 vor (siehe Abbildung 1.45). Bei

Bedarf können Sie diese Zuordnung in Abhängigkeit von der Netzplanart definieren.

Zusätzlich können Sie bei der Zuordnung unter anderem spezifizieren, ob automatisch auch externe Anordnungsbeziehungen erstellt werden sollen, welcher Disponent für den operativen Netzplan verantwortlich ist und auf welches PSP-Element die Verkaufsbelegposition kontiert werden soll.

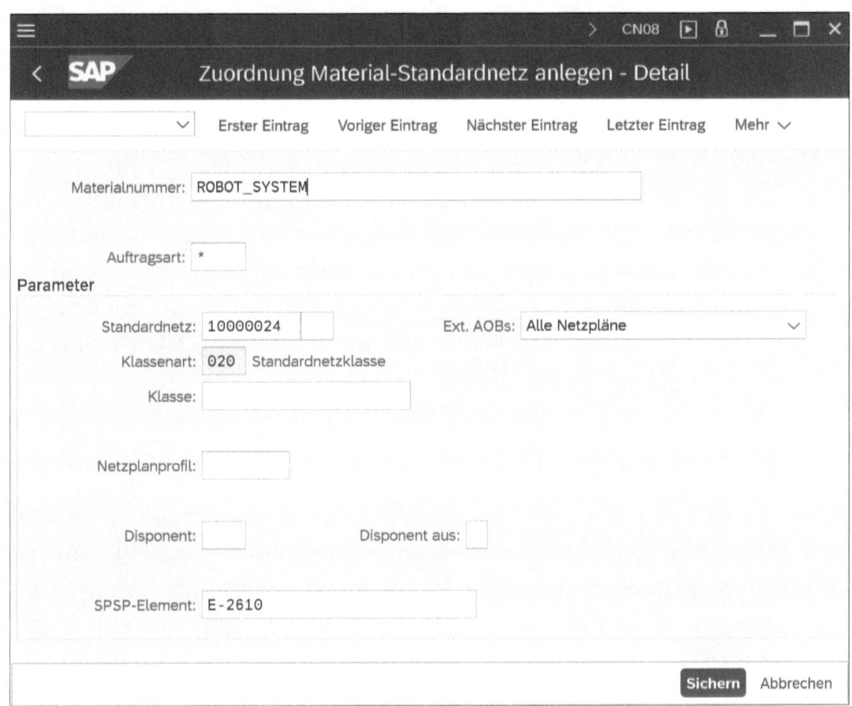

Abbildung 1.45 Beispiel der Zuordnung einer Materialnummer zu einem Standardnetz in Transaktion CN08

1.9 Versionen

Versionsarten

Im Projektsystem unterscheidet man drei verschiedene Arten von Versionen, die für jeweils unterschiedliche Verwendungszwecke eingesetzt werden:

- **CO-Versionen**

  CO-Versionen können Sie im Rahmen der Projektplanung verwenden, um für ein Objekt mehrere unterschiedliche Kosten- oder Erlöspläne zu speichern und diese separat auszuwerten oder miteinander zu vergleichen. Im Ist können CO-Versionen für unterschiedliche Bewertungen im Rechnungswesen eingesetzt werden. CO-Versionen werden auch für spezielle Verwendungszwecke wie z. B. die Kostenprognose oder die

Fortschrittsanalyse im Projektsystem eingesetzt (siehe Abschnitt 5.8, »Kostenprognose«, und Abschnitt 4.7.2, »Fortschrittsanalyse«). Anstelle des Begriffs *CO-Version* wird oft auch der Begriff *Planversion* oder nur *Version* verwendet.

- **Projektversionen**

  Projektversionen dienen dazu, den Stand eines Projekts zu einem bestimmten Zeitpunkt oder zu einem bestimmten Status im System festzuhalten und so den Projektverlauf zu dokumentieren. Projektversionen sind Voraussetzung für eine Meilensteintrendanalyse (siehe Abschnitt 4.7.1, »Meilensteintrendanalyse«).

- **Simulationsversionen**

  Sie können Simulationsversionen verwenden, um unterschiedliche Projektstrukturen, Planungstätigkeiten oder auch Struktur- und Planänderungen von Projekten zu testen, ohne direkt Änderungen an den operativen Strukturen vornehmen zu müssen. Simulationsversionen können anschließend verwendet werden, um operative Projekte zu erstellen oder bestehende Projekte zu aktualisieren.

1.9.1 Projektversionen

Projektversionen stellen eine Art »Schnappschuss« von Projektdaten dar. Sie können Projektversionen zu bestimmten Zeitpunkten erstellen und so den chronologischen Verlauf Ihrer Projekte dokumentieren, oder Sie können automatisch bei bestimmten Statusänderungen Versionen von Objekten erzeugen.

Versionsschlüssel

Beim Erstellen von Projektversionen spezifizieren Sie immer einen *Versionsschlüssel*. Die Objekte in den Projektversionen werden also anhand der Kombination aus ihrer operativen Identifikation und dem Versionsschlüssel identifiziert. In *Versionsgruppen* können Versionen mit gleichartigen Objekten zusammengefasst werden.

[!]

Projektversionen und Meilensteintrendanalyse

Nur wenn Sie eine Projektversion als relevant für die Meilensteintrendanalyse kennzeichnen, können Sie deren Daten auch später für diese Funktion einsetzen.

Zeitpunktabhängige Projektversionen

Die zeitpunktabhängige Erstellung von Projektversionen können Sie über das Strukturinfosystem (Transaktion CN41) vornehmen oder direkt über Transaktion CN72. Dabei legen Sie über das jeweilige Selektionsbild und das Datenbankprofil fest, welche Objekte und welche Daten dieser Objekte in die Projektversion kopiert werden sollen. Mithilfe von Transaktion CN72 können Sie auch einen Hintergrundjob zum automatischen Erstellen neuer Projektversionen in regelmäßigen Abständen einplanen.

Sie können zeitpunktabhängige Projektversionen für einzelne Projektstrukturpläne oder Netzpläne auch mithilfe der speziellen Pflegetransaktionen CJ02 bzw. CN22 erstellen. Dabei steuert das *Versionsprofil* (siehe Abbildung 1.46), welche Daten der Objekte in die Projektversion kopiert werden sollen.

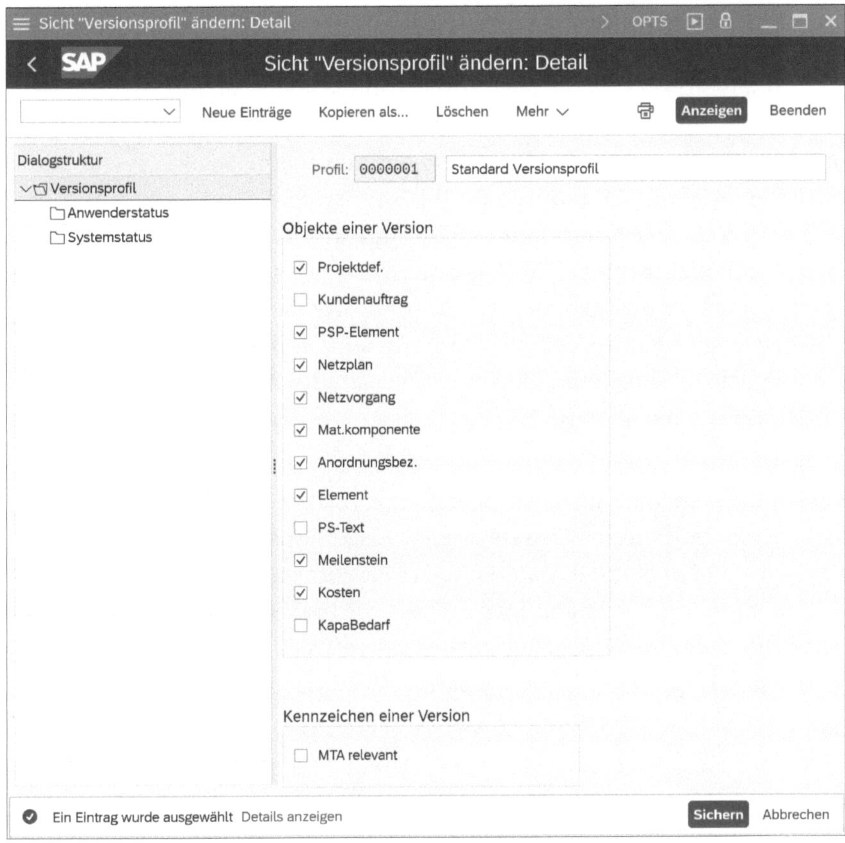

Abbildung 1.46 Beispiel der Definition eines Versionsprofils

Statusabhängige Projektversionen

Zum automatischen Erstellen von Projektversionen in Abhängigkeit vom Status der Objekte müssen Sie im Customizing des Projektsystems zunächst ein Versionsprofil erstellen (Transaktion OPTS) und dem Projekt- bzw. Netzplanprofil zuordnen. Das Versionsprofil steuert einerseits die Relevanz hinsichtlich der Meilensteintrendanalyse und welche Daten in die Projektversion kopiert werden sollen, und andererseits legt das Versionsprofil fest, bei welcher Statusänderung eine Projektversion erzeugt werden und wie die entsprechende Versionsnummer lauten soll. Die Statusänderung kann sich dabei auf Systemstatus oder auch auf Anwenderstatus beziehen.

Legen Sie z. B. fest, dass bei der Freigabe eines Objekts die Projektversion mit der Versionsnummer **Freigegeben** verwendet werden soll, wird das System bei jeder Freigabe eines Objekts eine Kopie dieses Objekts in die Projektversion schreiben. Geben Sie Projektteile zu unterschiedlichen Zeitpunkten frei, würde also auch die Projektversion sukzessive um die jeweils neu freigegebenen Objekte ergänzt. Das heißt insbesondere, dass statusabhängige Projektversionen nicht den Stand eines Projekts zu einem einzigen bestimmten Zeitpunkt widerspiegeln müssen.

Auswertung von Projektversionen

Sie können Projektversionen im Strukturinfosystem und mit Hierarchieberichten des Infosystems Controlling im Projektsystem auswerten, sofern das Datenbankprofil bzw. die Berichtsdefinition eine Selektion von Versionsdaten erlaubt (siehe Abschnitt 6.1, »Infosystem Strukturen und Übersichts-Apps«). Außerdem können Sie Projektversionen mittels der SAP-Fiori-App **Projektzeitplan für Versionen** anzeigen. Die Funktionen der App entsprechen weitestgehend denen der SAP-Fiori-App **Projektzeitplan** (F5611) (siehe Abschnitt 1.7.3, »Projektzeitplan«), es besteht hier jedoch nicht die Möglichkeit aus dem Sidepanel in verwandte Apps und Bearbeitungsfunktionen zu navigieren.

Im Strukturinfosystem können Sie z. B. auch Daten mehrerer Projektversionen und gegebenenfalls auch operativer Projekte zeilenweise gegenüberstellen oder mithilfe versionsabhängiger Exceptions Unterschiede zwischen Versions- und operativen Daten farblich hervorheben. Im Infosystem Controlling können Sie z. B. den Standardbericht **Projektversionsvergleich Plan** verwenden, um Versionsdaten mit den operativen Daten zu vergleichen.

Löschen von Projektversionen

Automatisch, in Abhängigkeit vom Status erstellte Projektversionen werden gleichzeitig mit den operativen Projektstrukturen archiviert und können so auch gleichzeitig von der Datenbank gelöscht werden (siehe Abschnitt 1.10, »Archivierung von Projektstrukturen«). Für zeitpunktabhängige Projektversionen können Sie eigene Archivierungs- und Löschläufe durchführen. Sie können Projektversionen jedoch auch jederzeit manuell über die Strukturübersicht (Transaktion CN41) löschen.

1.9.2 Simulationsversionen

Mithilfe von Simulationsversionen können Sie Was-wäre-wenn-Analysen für Projektstrukturen durchführen. Sie können Simulationsversionen erstellen, ohne dass bereits ein operatives Projekt existiert (z. B. im Rahmen einer Angebotsphase), oder Sie können Simulationsversionen durch die *Übertragung* operativer Projekte oder anderer Simulationsversionen erzeugen.

Eine Simulationsversion wird anhand der Kombination aus der Projektidentifikation und einem Versionsschlüssel identifiziert. Zu einer Projektidentifikation können Sie bei Bedarf also zeitgleich mehrere Simulationsversionen unabhängig voneinander erstellen, bearbeiten und miteinander vergleichen. Im Customizing des Projektsystems können Sie mithilfe von *Eingabemasken* festlegen, welche Versionsschlüssel für Simulationsversionen vergeben werden können (Transaktion OPUS).

Bearbeitungsmöglichkeiten

Für die manuelle Erstellung von Simulationsversionen und ihre Bearbeitung können Sie entweder den Project Builder (dazu müssen Simulationsversionen als änderbare Objekte in den Optionen gekennzeichnet sein) oder Transaktion CJV2 verwenden, die im Wesentlichen die Bearbeitungsmöglichkeiten der Projektplantafel bietet. Zur Anzeige von Simulationsversionen können Sie die SAP-Fiori-App **Projektzeitplan für Versionen** verwenden (siehe Abschnitt 1.9.1, »Projektversionen«).

Für die Kostenplanung von Simulationsversionen stehen Ihnen das Easy Cost Planning (siehe Abschnitt 2.4.4, »Easy Cost Planning«) und die Netzplankalkulation (siehe Abschnitt 2.4.5, »Netzplankalkulation«) zur Verfügung. Eine Erlösplanung für Simulationsversionen können Sie nur mithilfe von Fakturierungsplänen (siehe Abschnitt 2.5.3, »Fakturierungsplan«) durchführen.

Übertragung von Simulationsversionen

Das Erstellen von Simulationsversionen durch die Übertragung operativer Projekte oder anderer Simulationsversionen sowie die Rückübertragung in die operativen Projekte nehmen Sie in Transaktion CJV4 vor. Diese Transaktion erlaubt Ihnen auch das Testen von Übertragungen. Bei der Übertragung werden sämtliche Stamm- und Plandaten der Projektstrukturpläne und Netzpläne und deren zugeordnete Meilensteine und Materialkomponenten übergeben. Zu Informationszwecken werden auch Ist-Daten der operativen Strukturen in die Simulationsversionen übertragen, jedoch nicht wieder zurück in das operative Projekt.

Mithilfe eines *Simulationsprofils*, das Sie im Customizing des Projektsystems definieren und anschließend im Projektprofil bzw. in der Projektdefinition hinterlegen können, steuern Sie, ob Langtexte, PS-Texte oder die Zuordnung zu Dokumenten der Dokumentenverwaltung ebenfalls übertragen werden sollen. Mithilfe von Transaktion CJV5 können Sie Simulationsversionen jederzeit löschen.

Verwaltungsdaten

Bei jedem Erstellen einer Simulationsversion legt das System Verwaltungsdaten für die entsprechende Version an, die mithilfe von Transaktion CJV6 analysiert werden können (siehe Abbildung 1.47). Neben Informationen zum Anlegen und Ändern finden Sie hier auch die beiden Kennzeichen **Inaktiv** und **Übernommen**.

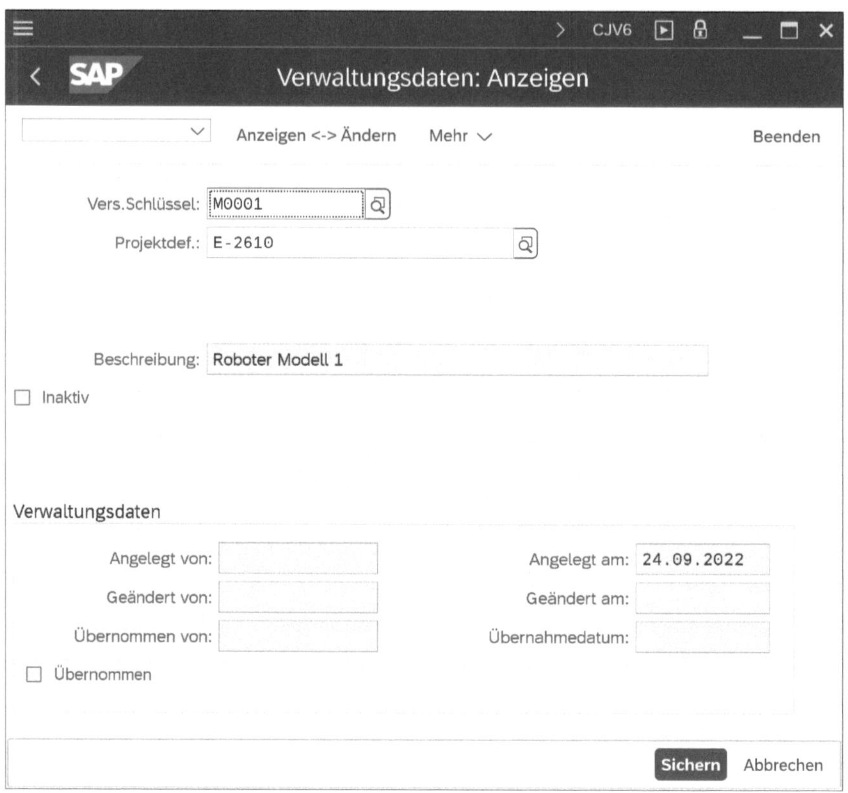

Abbildung 1.47 Beispiel für die Verwaltungsdaten einer Simulationsversion

Kennzeichen »Inaktiv«

Ist eine Simulationsversion aktiv, d. h., das Kennzeichen **Inaktiv** ist nicht gesetzt, gibt das System eine Warnmeldung aus, wenn Sie versuchen, die Struktur oder die Plan- oder Stammdaten des operativen Projekts zu ändern, da diese Änderungen gegebenenfalls eine Rückübertragung der Simulationsversion verhindern.

Wenn Sie eine Simulationsversion zurück in das operative Projekt übertragen, wird automatisch das Kennzeichen **Inaktiv** für alle Simulationsversionen zu diesem Projekt gesetzt. Diese Simulationsversionen können anschließend nicht mehr bearbeitet werden. Sie können zwar das Kennzeichen **Inaktiv** manuell wieder entfernen, in der Praxis ist jedoch eine Übertragung des operativen Projekts in eine neue Simulationsversion sinnvoller.

Die Simulationsversion, die zurückübertragen wurde, wird zusätzlich automatisch als übernommen gekennzeichnet, sodass Sie anhand der Verwaltungsdaten erkennen können, welche Version für die Aktualisierung verwendet wurde. Sie können Simulationsversionen genauso auswerten wie Projektversionen (siehe Abschnitt 1.9.1). Insbesondere können Sie den *Ver-*

sionsvergleich im Infosystem Strukturen nutzen, um z. B. Abweichungen zwischen der Simulationsversion und dem operativen Projekt farblich hervorzuheben.

Kapazitätsbericht für Simulationsversionen

Zusätzlich steht Ihnen auch ein spezieller Kapazitätsbericht für Simulationsversionen zur Verfügung. Dieser liest die Arbeitsplätze der Vorgänge der Simulationsversion und ermittelt alle Bedarfe an den Kapazitäten dieser Arbeitsplätze. Anstelle der Bedarfe des operativen Projekts verwendet der Bericht jedoch die Bedarfe der Simulationsversion. So können Sie mithilfe von Simulationsversionen analysieren, wie sich eventuelle Termin- und Strukturänderungen auf die Kapazitätsauslastung der Arbeitsplätze Ihres Unternehmens auswirken würden.

Einschränkungen für Simulationsversionen

Neben den eingeschränkten Kosten- und Erlösplanungsmöglichkeiten gibt es weitere Einschränkungen für Simulationsversionen: Die Integration mit anderen Komponenten des SAP-Systems wird von Simulationsversionen nicht unterstützt. Objekte mit Bezug zu operativen Objekten können hier nicht gelöscht werden, es kann jedoch der Status **Löschvormerkung** (siehe Abschnitt 1.6, »Status«) gesetzt werden. Andere Statusänderungen (System- oder Anwenderstatus) sind für Simulationsversionen jedoch nicht möglich. Darüber hinaus können Simulationsversionen nicht archiviert werden.

1.10 Archivierung von Projektstrukturen

Sie können in jeder Bearbeitungstransaktion operative Projektstrukturpläne und Vorgänge löschen, die sich im Status **Eröffnet** oder **Freigegeben** befinden und auf denen noch keine Belege kontiert worden sind. Sobald jedoch ein Beleg auf einem Projektstrukturplan oder Netzplan kontiert wurde, müssen Sie die Projektstruktur zunächst archivieren, bevor die Daten von der Datenbank gelöscht werden können.

Schritte zum Löschen von Projektstrukturen

Standardstrukturen, Projekt- und Simulationsversionen können Sie jederzeit löschen, ohne dass dazu bestimmte Voraussetzungen erfüllt sein müssen. Wenn Sie Projektdaten archivieren möchten, ohne dass diese anschließend von der Datenbank gelöscht werden sollen, ist dies ebenfalls ohne weitere Voraussetzungen möglich. Wenn Sie jedoch operative, bereits bebuchte Projekte archivieren und löschen möchten, müssen Sie bestimmte Schritte durchführen, wobei für jeden Schritt verschiedene Bedingungen erfüllt sein müssen.

1. Der erste Schritt zum Löschen operativer Projektstrukturen ist das Setzen des Status **Löschvormerkung**. Voraussetzung für das Setzen dieses Status ist, dass zugeordnete Aufträge ebenfalls bereits zum Löschen vor-

gemerkt sind. Darüber hinaus dürfen z. B. keine offenen Bestellanforderungen oder Bestellungen mehr zum Projekt existieren, und der Saldo auf dem Projekt muss entweder null sein, oder das Projekt darf nicht abrechnungsrelevant sein (siehe Abschnitt 5.9, »Abrechnung«).

Für zum Löschen vorgemerkte Projekte sind praktisch alle betriebswirtschaftlichen Vorgänge verboten. Sie können den Status **Löschvormerkung** bei Bedarf jedoch auch wieder zurücknehmen.

2. Der zweite Schritt ist das Setzen eines *Löschkennzeichens* für die Projektstrukturen mithilfe von Archivierungstransaktionen. Voraussetzung für das Setzen dieses Kennzeichens ist, dass zugeordnete Aufträge ebenfalls bereits ein Löschkennzeichen tragen. Um ein vorschnelles Löschen zu verhindern, muss für Netzpläne zwischen dem ersten und dem zweiten Schritt zusätzlich eine bestimmte Anzahl an Monaten verstreichen. Diese sogenannte **Residenzzeit** 1 legen Sie im Customizing der Netzplanart fest.

   Sie können Projekte mit Löschkennzeichen noch in allen Bearbeitungs- und Reporting-Transaktionen anzeigen bzw. auswerten, jedoch keine betriebswirtschaftlichen Vorgänge mehr für diese Projekte ausführen.

[!]

Keine Rücknahme von Löschkennzeichen

Beachten Sie, dass Sie das Löschkennzeichen nicht mehr zurücknehmen können.

3. Im letzten Schritt archivieren Sie schließlich die Projektstrukturen und löschen die Projektdaten von der SAP-Datenbank. Dies gelingt jedoch nur für Projekte, die bereits ein Löschkennzeichen tragen. Für Netzpläne muss zusätzlich zwischen dem Setzen des Löschkennzeichens und dem Löschen die **Residenzzeit** 2 verstrichen sein, die Sie in der Netzplanart, gerechnet in Monaten, hinterlegt haben.

Archivierungsobjekt

Sie können alle notwendigen Schritte zur Archivierung von Projekten mithilfe der allgemeinen Archivierungstransaktion SARA mit Bezug zum Archivierungsobjekt `PS_PROJECT` vornehmen. Mithilfe des Archivierungsobjekts `PS_PROJECT` können Sie die Stamm-, Plan- und Ist-Daten von operativen Projektstruktur- und Netzplänen sowie von Projektversionen archivieren. Dabei sind alle notwendigen Informationen und Programme, die zum Schreiben und Auswerten der Archivdateien benötigt werden, mit diesem Archivierungsobjekt verknüpft.

In Transaktion SARA können Sie die verschiedenen Schritte zum Archivieren und Löschen von Projektstrukturen nacheinander durchführen. Mithilfe von Selektionsvarianten können Sie dabei mehrere Projekte gleichzeitig auswählen und bei Bedarf die Durchführung der einzelnen Schritte im Hintergrund einplanen. In der Selektionsvariante zur Archivierung der Strukturen können Sie darüber hinaus z. B. einen beschreibenden Text für den Archivierungslauf hinterlegen.

Jobübersicht

Mithilfe der Jobübersicht können Sie analysieren, welche Jobs zum Setzen von Löschvormerkungen oder Löschkennzeichen und zum Archivieren oder Löschen von Projekten erfolgreich durchgeführt wurden, welche gegebenenfalls noch aktiv sind oder welche aufgrund von Fehlern abgebrochen wurden. Protokolle zu den einzelnen Jobs zeigen Ihnen weitere Details. Im Protokoll zum Schreiben der Archivdateien können Sie unter anderem den technischen Namen der Archivdateien, deren Größe oder auch die relevanten Datenbanktabellen ablesen.

Verwaltungsdaten

In den Verwaltungsdaten von Transaktion SARA können Sie analysieren, welche Archivierungsläufe durchgeführt wurden. Ampeln zeigen Ihnen dabei, welche Läufe erfolgreich beendet wurden und bei welchen es zu Problemen kam. Per Doppelklick können Sie in die Details eines Archivierungslaufs abspringen. Aus der Übersicht können Sie auch alle relevanten Customizing-Aktivitäten zur Archivierung von Projekten aufrufen.

Lesen aus dem Archiv

Über die Funktion **Lesen** von Transaktion SARA – aber auch mit den Berichten der Infosysteme Strukturen und Controlling (sofern das Datenbankprofil eine Selektion von Archivdateien erlaubt) – können Sie die archivierten Daten jederzeit wieder auswerten. Sie können sich archivierte Projekte auch im Project Builder anzeigen lassen. Eine Übernahme archivierter Projektdaten als operative Daten oder eine Verwendung archivierter Projektstrukturen als Kopiervorlage für neue Projekte ist im Projektsystem jedoch nicht möglich.

Weitere Archivierungsobjekte im Projektsystem sind z. B. `PS_PLAN` für Standardnetze und `CM_QMEL` für Claims. Darüber hinaus existieren diverse andere Archivierungsobjekte in anderen Applikationen für Belege und Objekte, die mit Projekten verknüpft werden können. Mithilfe einer Kundenerweiterung können Sie im Rahmen der Archivierung z. B. Einkaufsbelege oder Instandhaltungsaufträge explizit über Ihren Projektbezug selektieren bzw. explizit von einer Selektion ausschließen. Auf diese Weise können Sie erreichen, dass projektbezogene Objekte zeitnah mit Projekten archiviert werden bzw. von einer Archivierung ausgeschlossen werden, solange die Projekte noch operativ genutzt werden. Nicht archiviert werden können im Projektsystem z. B. Simulationsversionen, Entwürfe oder Standardprojektstrukturpläne.

Zusätzliche Archivierungsfunktionen

Mithilfe des Programms PSARCHPRECHECK können Sie sich für selektierte Projekte eine Liste von Objekten, die das Setzen von Löschkennzeichen oder Löschvormerkungen verhindern, inklusive Meldungsdetails anzeigen lassen (siehe Abbildung 1.48). Bei Bedarf können Sie aus der Liste auch direkt in die entsprechenden Objekte abspringen, um z. B. weitere Details zu analysieren. So können Sie frühzeitig eventuelle Probleme bei der Archivierung von Projekten erkennen und deren Ursachen beseitigen. Informationen zum Freischalten dieses Programms finden Sie in SAP-Hinweis 1631113.

Vorteile der Datenarchivierung

Die Archivierung von Projekten und das anschließende Löschen der Daten von der SAP-Datenbank haben verschiedene Vorteile: Da Archivdateien komprimiert und insbesondere auf eigenen Servern abgelegt werden können, erfolgt nach dem Löschen der operativen Daten eine Entlastung der SAP-Datenbank, wodurch die Performance verbessert und die Administration des Systems vereinfacht werden kann. Des Weiteren taucht die Identifikation gelöschter Projektstrukturen nicht mehr in den Suchhilfen auf und kann bei Bedarf auch für neue Projekte vergeben werden.

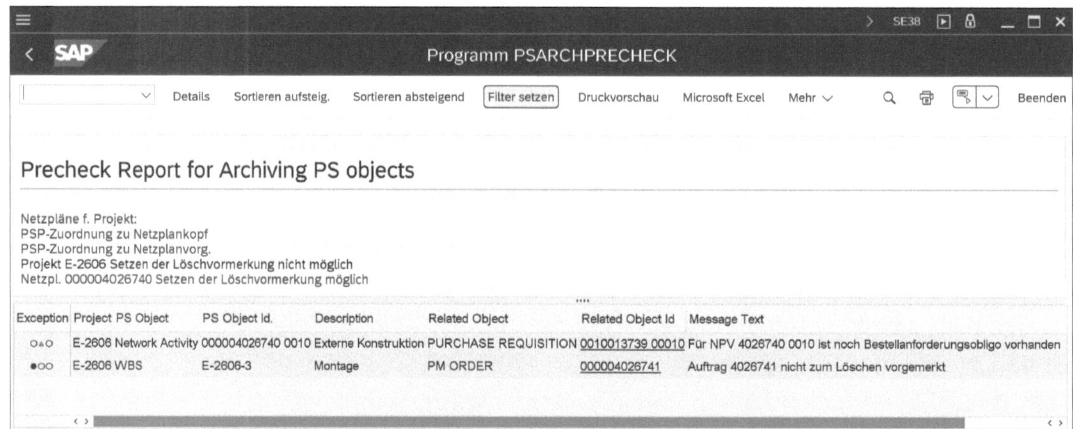

Abbildung 1.48 Beispiel von Meldungsdetails im Programm PSARCHPRECHECK

Insbesondere wenn Sie sehr viele Projekte oder sehr große Projektstrukturen verwenden und somit im Laufe der Zeit mit sehr großen Datenmengen rechnen müssen, empfiehlt es sich, bereits im Vorfeld Überlegungen zur späteren Archivierung der Projekte anzustellen. Aufgrund der unterschiedlichen Voraussetzungen, die für das Archivieren und Löschen von Projekten erfüllt sein müssen, sollte dies in Abstimmung mit den anderen betroffenen Abteilungen Ihres Unternehmens geschehen.

1.11 Zusammenfassung

In diesem Kapitel wurden die beiden Strukturen Projektstrukturplan und Netzplan behandelt, die Sie zur Abbildung von Projekten im SAP-System verwenden können. Neben den Stammdaten dieser Strukturen und verschiedenen Detaillierungsmöglichkeiten, z. B. mithilfe von Meilensteinen oder Dokumenten, wurden dabei auch die notwendigen Customizing-Aktivitäten zum Erstellen der Strukturen erläutert sowie Transaktionen und Werkzeuge zum Anlegen, Bearbeiten und schließlich auch zum Archivieren bzw. Löschen dieser Strukturen. Das folgende Kapitel erörtert nun, wie Sie auf der Basis dieser Strukturen Projektplanungen durchführen können.

Kapitel 2
Planungsfunktionen

Die Projektplanung ermöglicht die Vorausschau der zeitlichen Abläufe, der benötigten Ressourcen, Fremdleistungen und Materialien sowie der zu erwartenden Kosten und Erlöse der einzelnen Projektteile. Sie ist somit ein wichtiger Bestandteil des Projektmanagements.

Nachdem Sie ein Projekt mithilfe der Strukturen *Projektstrukturplan* und *Netzplan* geeignet abgebildet haben, können Sie verschiedene Funktionen des Projektsystems nutzen, um im Vorfeld Ihres Projekts die Termine der einzelnen Arbeitspakete zu planen, die voraussichtlichen Kosten und gegebenenfalls Erlöse abzuschätzen oder auch eigene und fremde Ressourcen sowie Materialien termingerecht zur Verfügung zu stellen.

Grob- und Detailplanung

Je nach Ihren Anforderungen stehen Ihnen zur Planung Funktionen mit unterschiedlichen Detaillierungsgraden zur Verfügung. So können Sie z. B. im Rahmen einer Angebots- oder Genehmigungsphase mit wenig Aufwand eine Grobplanung von Terminen und Kosten vornehmen und diese später bei Bedarf mithilfe anderer Planungsfunktionen oder zusätzlicher Strukturen weiter detaillieren.

Den Plandaten stehen in der Realisierungsphase eines Projekts Ist-Daten gegenüber, die durch unterschiedliche Geschäftsvorfälle auf die Projektstrukturen gebucht werden (siehe Kapitel 4, »Prozesse der Projektdurchführung«). In den Bearbeitungstransaktionen, insbesondere jedoch im Reporting des Projektsystems, können Sie so später einen Plan-Ist-Vergleich durchführen und den Projektfortschritt überwachen.

In diesem Kapitel werden nun zunächst unterschiedliche Möglichkeiten zur Terminplanung im Projektsystem behandelt, die die Grundlage verschiedener anderer Planungstätigkeiten bilden. Anschließend wird erläutert, wie Sie mithilfe von Netzplänen interne und externe Ressourcen sowie Material für Projekte planen können. Schließlich werden die Möglichkeiten behandelt, die Ihnen zur Planung von Kosten und Erlösen für Ihre Projekte im Projektsystem zur Verfügung stehen.

2.1 Terminplanung

Die Planung der Termine eines Projekts bzw. von Projektteilen ist ein wesentlicher Aspekt Ihrer Projektplanung. So setzt z. B. die Planung von Kapazitätsbedarfen (siehe Abschnitt 2.2.1, »Kapazitätsplanung mit Arbeitsplätzen«) eine vorherige Terminierung voraus. Die Kostenplanung mit Easy Cost Planning (siehe Abschnitt 2.4.4, »Easy Cost Planning«) oder mithilfe der Netzplankalkulation (siehe Abschnitt 2.4.5, »Netzplankalkulation«) orientiert sich ebenfalls automatisch an den Planterminen des Projekts.

Je nachdem, ob Sie Projektstrukturpläne oder Netzpläne für die Strukturierung Ihrer Projekte einsetzen, stehen Ihnen unterschiedliche Funktionen zur Planung von Terminen zur Verfügung. Diese werden separat in Abschnitt 2.1.1, »Terminplanung mit PSP-Elementen«, bzw. Abschnitt 2.1.2, »Terminierung mit Netzplänen«, behandelt. Setzen Sie sowohl einen Projektstrukturplan als auch Netzpläne ein, können Termindaten zwischen den PSP-Elementen und den Vorgängen ausgetauscht werden. Diese Thematik wird ebenfalls in Abschnitt 2.1.2 erörtert.

Terminkreise

Unabhängig davon, welche Struktur – Projektstrukturplan oder Netzplan – Sie zur Abbildung Ihrer Projekte einsetzen, stehen Ihnen im Projektsystem zwei getrennte Terminkreise zur Terminplanung zur Verfügung: *Ecktermine* und *Prognosetermine*. Sie können Termine in den beiden Terminkreisen unabhängig voneinander planen. Es besteht jedoch auch die Möglichkeit, beliebig oft Termine des einen Terminkreises in den anderen Terminkreis zu kopieren. Ein dritter Terminkreis steht für die Erfassung von Ist-Terminen zur Verfügung. Abbildung 2.1 zeigt die verschiedenen Terminkreise im Detailbild **Termine** eines PSP-Elements.

Abbildung 2.1 Detailbild »Termine« eines PSP-Elements

Verwendung des Prognoseterminkreises

Typischerweise wird der Prognoseterminkreis für ein *Baselining*, also zum Fixieren von Planterminen zu einem bestimmten Planungsstand verwendet. Dazu kopieren Sie die Termine des Eckterminkreises einmalig in den Prognoseterminkreis. Nachträglich notwendig gewordene Terminänderungen führen Sie im Eckterminkreis durch, während Sie die Termine des Prognoseterminkreises unverändert lassen. Im Eckterminkreis können Sie so jeweils den aktuellen Stand der Terminplanung ablesen, während der Prognoseterminkreis Ihre ursprüngliche Terminplanung widerspiegelt. Möchten Sie mehrere Terminplanungsstände festhalten, können Sie Projektversionen (siehe Abschnitt 1.9.1, »Projektversionen«) verwenden.

Die Darstellung der Prognosetermine ist abhängig von der jeweiligen Transaktion: In der tabellarischen Darstellung der Strukturplanung existieren z. B. separate Registerkarten für die jeweiligen Terminkreise (siehe Abschnitt 1.7.4, »Spezielle Pflegefunktionen«). Im Project Builder werden im Detailbild der PSP-Elemente alle Terminkreise angezeigt, während für Netzpläne, in Abhängigkeit von den Einstellungen, entweder der Eck- oder der Prognoseterminkreis ausgewiesen wird. In der Projektplantafel- oder der Projektzeitplan-App entscheiden Sie über die Feldauswahl und die Optionen, welche Termine aufgelistet bzw. grafisch dargestellt werden sollen. Abbildung 2.2 zeigt die gleichzeitige Darstellung von Eck- und Prognoseterminen in der Projektplantafel.

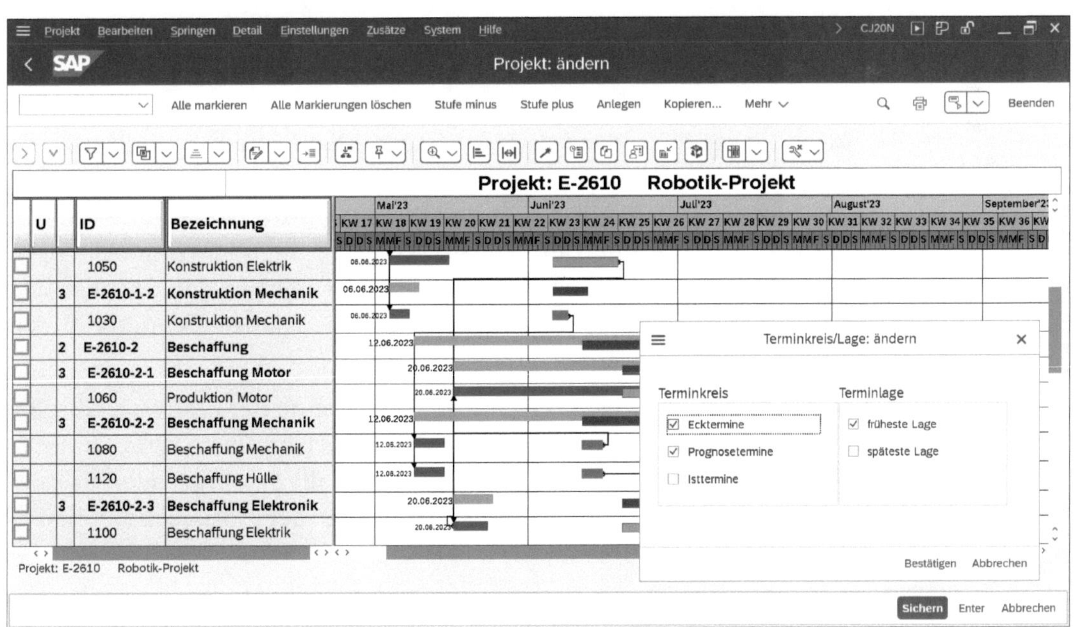

Abbildung 2.2 Eck- und Prognosetermine in der Projektplantafel

Exklusive Funktionen von Eckterminen

Die Berechnung von Kapazitätsbedarfen, der Bedarfstermin von Materialkomponenten oder z. B. das Easy Cost Planning und die Berechnung der Plankosten mittels der Netzplankalkulation orientieren sich ausschließlich an den Terminen des Eckterminkreises.

2.1.1 Terminplanung mit PSP-Elementen

Bereits beim Anlegen eines Projekts können Sie in der Projektdefinition einen geplanten Start- und Endtermin für das Projekt eintragen. Planen Sie später Termine auf der Ebene der PSP-Elemente, weist das System Sie darauf hin, wenn die PSP-Element-Termine außerhalb des Terminrahmens der Projektdefinition liegen. Bei Bedarf können Start- und Endtermin der Projektdefinition jedoch auch automatisch an die Termine der PSP-Elemente angepasst werden.

Termine für PSP-Elemente können Sie im Project Builder im Detailbild der PSP-Elemente, in der Projektplantafel oder in den speziellen Pflegefunktionen tabellarisch oder in der Projektplantafel bei Bedarf auch grafisch planen. Wahlweise können Sie Planstart- und Planendtermine angeben oder nur einen der beiden Termine und eine geplante Dauer für das PSP-Element. Das System berechnet dann den jeweils anderen Termin automatisch.

Fabrikkalender

Das System berücksichtigt bei dieser Terminplanung jeweils den Fabrikkalender des PSP-Elements, der zwischen Arbeits- und Nichtarbeitstagen (Feiertage, Wochenenden, Werksferien usw.) unterscheidet. Die eingegebene Dauer in Tagen wird z. B. als Anzahl von Arbeitstagen interpretiert, Start- oder Endtermine an Nichtarbeitstagen führen zu Warnmeldungen des Systems. In der Projektplantafel werden Handhabung und Darstellung von Nichtarbeitszeiten durch das Kennzeichen **Arbeitsfreie Zeit** in den Optionen bzw. im Plantafelprofil gesteuert.

Im Standard gibt es bereits eine Vielzahl vordefinierter Fabrikkalender. Bei Bedarf können Sie auch eigene Fabrikkalender im Customizing mithilfe von Transaktion SCAL definieren. Sie können die Fabrikkalender für jedes PSP-Element separat oder als Vorschlagswert in der Projektdefinition wählen oder sie bereits im Projektprofil eintragen.

Neben der rein manuellen Pflege von Planterminen für PSP-Elemente stehen Ihnen – in Abhängigkeit von der verwendeten Transaktion – verschiedene Funktionen zur Verfügung, die Sie bei der Terminplanung unterstützen. Am Beispiel der Projektplantafel sollen nun einige Funktionen zur

Terminplanung auf PSP-Elementen ohne zugeordnete Vorgänge näher erläutert werden.

Verschieben von Terminen

Mithilfe der Funktion **Verschieben** können Sie die Plantermine einzelner PSP-Elemente, ganzer Teiläste oder auch Ihres gesamten Projekts zeitlich verschieben. Selektieren Sie z. B. ein PSP-Element, und wählen Sie die Funktion **Verschieben Teilast**, erhalten Sie ein Dialogfenster, in dem Sie – in Abhängigkeit von den PSP-Terminierungsparametern (siehe Abschnitt 2.1.2, »Terminierung mit Netzplänen«) – entweder einen neuen Start- oder einen neuen Endtermin eingeben können. Das System verschiebt anschließend sowohl das PSP-Element als auch alle untergeordneten PSP-Elemente entsprechend.

[+]

Zeitliche Verschiebung von PSP-Elementen der gleichen Stufe

Da PSP-Elemente *keine* Anordnungsbeziehungen besitzen, führt die Terminverschiebung eines PSP-Elements *nicht* automatisch zu einer Verschiebung der Plantermine von PSP-Elementen, die sich auf der gleichen Stufe befinden.

Termine vererben

Mithilfe der Funktion **Termine vererben** können Sie die Start- und Endtermine eines PSP-Elements auf alle hierarchisch untergeordneten PSP-Elemente sowie bei Bedarf auf die zugeordneten Vorgänge kopieren. Bereits vorhandene Plantermine werden dabei überschrieben.

Termine hochrechnen

Anstatt Termine top-down zu vererben, können Sie umgekehrt auch Termine innerhalb der Projektstrukturplanhierarchie mithilfe der Funktion **Termine hochrechnen** aggregieren. Dabei unterscheidet man zwischen dem *Bottom-up-Hochrechnen* und dem *strikten Bottom-up-Hochrechnen*.

Bottom-up-Hochrechnen

Wenn Sie die Funktion **Termine hochrechnen** für Ihr Projekt ausführen und für Ihr Projekt die Planungsform **freie Planung** oder **Bottom-Up** eingestellt ist, werden die Terminrahmen der Projektdefinition und aller PSP-Elemente so angepasst, dass diese die Termine der jeweils untergeordneten PSP-Elemente umfassen. Die Terminrahmen hierarchisch übergeordneter Objekte werden also gegebenenfalls vergrößert, jedoch nicht verkleinert. Das heißt, der Terminrahmen eines übergeordneten Objekts kann durchaus größer sein als der der untergeordneten Objekte.

Abbildung 2.3 zeigt ein Beispiel des Bottom-up-Hochrechnens von PSP-Element-Terminen. Die Termine der PSP-Elemente **Konstruktion Elektrik** und **Konstruktion Mechanik** wurden zeitlich verschoben und auf das übergeordnete PSP-Element **Konstruktion** hochgerechnet. Die oberen Terminbalken (Prognosetermine) entsprechen den Terminen vor und die unteren Terminbalken (Ecktermine) den Terminen nach der Verschiebung und dem Hochrechnen.

Bezeichnung		Januar'23				Februar'23				März'23				
	52	KW 01	KW 02	KW 03	KW 04	KW 05	KW 06	KW 07	KW 08	KW 09	KW 10	KW 11	KW 12	KW 1
Konstruktion														
Konstruktion Elektrik														
Konstruktion Mechanik														

Abbildung 2.3 Bottom-up-Hochrechnen

Striktes Bottom-up-Hochrechnen

Wenn Sie die Funktion **Termine hochrechnen** für ein Projekt ausführen und für dieses Projekt die Planungsform **striktes Bottom-Up** eingestellt ist, werden die Terminrahmen der Projektdefinition und aller PSP-Elemente exakt an die Terminrahmen der untergeordneten Projektstrukturplanelemente angepasst (siehe Abbildung 2.4). Die Terminrahmen hierarchisch übergeordneter Objekte werden also gegebenenfalls sowohl vergrößert als auch verkleinert.

Bezeichnung		Januar'23				Februar'23				März'23				
	52	KW 01	KW 02	KW 03	KW 04	KW 05	KW 06	KW 07	KW 08	KW 09	KW 10	KW 11	KW 12	KW 1
Konstruktion														
Konstruktion Elektrik														
Konstruktion Mechanik														

Abbildung 2.4 Striktes Bottom-up-Hochrechnen

Termine prüfen

Eine weitere Funktion, die Sie bei der Terminplanung mit PSP-Elementen einsetzen können, ist die Funktion **Termine innerhalb der Projektstruktur prüfen**. Dabei hebt das System PSP-Elemente farblich hervor, bei denen Plantermine der untergeordneten PSP-Elemente außerhalb des Terminrahmens des PSP-Elements selbst liegen. So können Sie hierarchisch inkonsistente Terminplanungen für Projekte vermeiden.

Planungsformen

Verschiedene der gerade erörterten Funktionen können mithilfe von Planungsformen automatisch beim Sichern, unabhängig von der jeweiligen Bearbeitungstransaktion, ausgeführt werden. Die folgenden Planungsformen stehen Ihnen zur Verfügung:

- **Top-down**

  Das System prüft beim Sichern automatisch die Termine innerhalb der Projektstruktur. Ist die Terminplanung nicht konsistent, kann das Projekt nicht gesichert werden. Es werden jedoch keine Termine automatisch geändert.

- **Bottom-up**

  Das System ändert beim Sichern automatisch die Termine von PSP-Elementen und Projektdefinition durch ein Bottom-up-Hochrechnen.

- **Striktes Bottom-up**

  Das System ändert beim Sichern automatisch die Termine von PSP-Elementen und Projektdefinition mittels eines strikten Bottom-up-Hochrechnens.
- **Freie Planung**

  Das System nimmt weder eine Prüfung noch eine Änderung von Terminen automatisch vor. Sie können die Funktionen **Termine prüfen** oder **Termine hochrechnen** jedoch manuell anstoßen.

Sie legen die zu verwendende Planungsform separat für den Eck- und den Prognoseterminkreis in der Projektdefinition fest. Im Projektprofil können Sie Vorschlagswerte für die Planungsformen der beiden Terminkreise hinterlegen.

Wenn Sie mit Projektstrukturplänen ohne zugeordnete Netzpläne arbeiten, spielen die *terminierten Termine* von PSP-Elementen, d. h. deren früheste und späteste Start- und Endtermine (siehe Abbildung 2.1), nur eine Rolle, wenn Sie Meilensteine verwenden, deren Termine aus den PSP-Element-Terminen abgeleitet werden. Da die Termine von Meilensteinen nur aus den terminierten Terminen abgeleitet werden, müssen Sie in diesem Fall mindestens einmal die Funktion **PSP-Terminierung** ausführen. Bei Projektstrukturplänen ohne zugeordnete Netzpläne führt die PSP-Terminierung lediglich dazu, dass die Plantermine als terminierte Termine übernommen werden.

2.1.2 Terminierung mit Netzplänen

Plantermine

Während Sie die Plantermine von PSP-Elementen manuell oder gegebenenfalls durch das Hochrechnen oder Vererben erfassen, werden die Plantermine von Vorgängen automatisch vom System berechnet. Diese Ermittlung der Plantermine von Netzplänen wird als *Terminierung* bezeichnet. Je nachdem, aus welcher Transaktion heraus Sie die Terminierung anstoßen, verwenden Sie die *Netzplanterminierung*, *Gesamtnetzterminierung* oder *PSP-Terminierung*.

Bei der Netzplanterminierung wird genau ein Netzplan terminiert. Dabei werden also alle Vorgänge des Netzplans ausgewählt und deren Termine berechnet. Wenn Sie die Gesamtnetzterminierung verwenden, werden mehrere Netzpläne gleichzeitig terminiert, sofern sie durch Anordnungsbeziehungen oder in Form von Teilnetzen miteinander verknüpft sind. Dabei werden wiederum alle Vorgänge dieser Netzpläne terminiert. Bei der PSP-Terminierung selektieren Sie ein oder mehrere PSP-Elemente oder auch das ganze Projekt und stoßen die Terminierung an. Das System wählt dann nur die Vorgänge für die Terminierung aus, die den selektierten PSP-Elementen zugeordnet sind, und berechnet deren Termine. Bevor weitere Unterschiede zwischen den verschiedenen Terminierungsmöglichkeiten erläutert werden, wird zunächst das Prinzip der Terminierung, das für alle drei Möglichkeiten dasselbe ist, dargestellt.

Vorwärts- und Rückwärtsterminierung

Im Projektsystem findet bei einer Terminierung immer sowohl eine Vorwärts- als auch eine Rückwärtsterminierung statt.

Vorwärtsterminierung

Bei der *Vorwärtsterminierung* ermittelt das System zunächst die Vorgänge, die aufgrund ihrer Anordnungsbeziehungen keine Vorgänger mehr unter den ausgewählten Vorgängen besitzen. Ausgehend von einem Starttermin berechnet das System nun für diese Vorgänge deren frühestmöglichen Startzeitpunkt. Der Starttermin der Vorwärtsterminierung kann dabei, je nach Einstellungen der Terminierung, aus dem Kopf des Netzplans oder aus den zugeordneten PSP-Elementen stammen (der Projektstrukturplan ist terminbestimmend) oder auch das aktuelle Tagesdatum sein.

Nach der Ermittlung des frühesten Starts dieser Vorgänge berechnet das System anhand der terminierungsrelevanten Dauer deren frühestmöglichen Endzeitpunkt. Anschließend selektiert das System die direkten Nachfolger dieser Vorgänge und berechnet für diese deren frühesten Start- und Endzeitpunkt. Dabei entscheidet jeweils die Art der Anordnungsbeziehungen (siehe Abschnitt 1.3.1, »Aufbau und Stammdaten«), ob der früheste Start nach dem Ende der Vorgänger (Normalfolge) oder nach deren Start (Anfangsfolge) liegen muss usw.

Früheste Lage

Die Terminierung durchläuft nun alle ausgewählten Vorgänge in Vorwärtsrichtung und berechnet analog deren frühestmögliche Start- und Endzeitpunkte. Das Ergebnis der Vorwärtsterminierung ist also die *früheste Lage* von Vorgängen.

Rückwärtsterminierung

Bei der *Rückwärtsterminierung* ermittelt das System zunächst die Vorgänge, die aufgrund ihrer Anordnungsbeziehungen keine weiteren Nachfolger mehr unter den ausgewählten Vorgängen besitzen. Ausgehend von einem Endtermin – je nach Einstellungen aus dem Netzplankopf oder den zugeordneten PSP-Elementen – berechnet das System nun den spätestmöglichen Endzeitpunkt dieser Vorgänge. Auf der Basis der terminierungsrelevanten Dauer der Vorgänge werden dann die spätesten Startzeitpunkte dieser Vorgänge berechnet.

Späteste Lage

Anschließend durchläuft das System, den Anordnungsbeziehungen folgend, den Netzplan in Rückwärtsrichtung und berechnet so sukzessiv, unter Berücksichtigung der Art der Anordnungsbeziehungen und der Vorgangsdauern, für alle ausgewählten Vorgänge die spätestmöglichen Start- und Endzeitpunkte. Die Rückwärtsterminierung ermittelt die *späteste Lage* von Vorgängen.

Der zeitlich früheste Start und das zeitlich späteste Ende der Vorgänge eines Netzplans werden als terminierte Termine an den Kopf des Netzplans weitergegeben. Bei der PSP-Terminierung werden die Vorgangstermine zusätzlich als terminierte Termine auf der Ebene der zugeordneten PSP-Elemente aggregiert ausgewiesen.

Die soeben erläuterte Logik der Vorwärts- und Rückwärtsterminierung erfordert noch eine Reihe von ergänzenden Bemerkungen zu den verschiedenen Einflussfaktoren, die bei der Terminierung eine Rolle spielen.

Anordnungsbeziehungen in der Terminierung

Ohne Anordnungsbeziehungen wäre das Ergebnis der Terminierung im Projektsystem keine zeitliche Abfolge der Vorgänge. Die Art der Anordnungsbeziehungen entscheidet darüber, wie sich zwei Vorgänge zeitlich zueinander verhalten sollen. Haben Sie in einer Anordnungsbeziehung einen Zeitabstand spezifiziert, wird dieser bei der Terminierung berücksichtigt. Dieser Zeitabstand wird jedoch nur als minimaler Zeitabstand interpretiert, d. h., der terminierte zeitliche Abstand zwischen Vorgänger und Nachfolger kann durchaus größer sein als der Zeitabstand in der Anordnungsbeziehung.

Besitzen die für die Terminierung ausgewählten Vorgänge Anordnungsbeziehungen zu Vorgängen, die nicht gleichzeitig terminiert werden, werden auch diese Anordnungsbeziehungen berücksichtigt. Können Anordnungsbeziehungen nicht eingehalten werden, gibt das System Warnmeldungen aus, die Sie in einem Terminierungsprotokoll analysieren können.

Terminierungsrelevante Dauer

Die Berechnung der terminierungsrelevanten Dauer und die Berücksichtigung von Nichtarbeitszeiten sind abhängig vom jeweiligen Vorgangstyp. Für alle Vorgangstypen gilt jedoch, dass der Steuerschlüssel der Vorgänge eine Terminierung erlauben muss, damit überhaupt eine Dauer ungleich null bei der Terminberechnung verwendet wird.

Für Eigenbearbeitungsvorgänge ergibt sich die terminierungsrelevante Dauer – solange noch keine Ist-Termine erfasst wurden (siehe Abschnitt 4.1.2, »Ist-Termine von Vorgängen«) – aus dem Wert des Felds **Dauer** oder, wenn ein Arbeitsplatz in dem betreffenden Vorgang hinterlegt wurde, aus einer entsprechenden *Formel* in den Terminierungsdetails des Arbeitsplatzes. Typischerweise wird man jedoch die Standardformel SAP004 im Arbeitsplatz hinterlegen, die wiederum auf den Wert des Felds **Dauer** im Vorgang verweist.

Die von Ihnen verwendete Einheit des Felds **Dauer** ist ebenfalls relevant. Geben Sie z. B. eine Dauer von 24 Stunden ein, werden diese als Arbeitsstunden interpretiert. Verwendet die terminierungsrelevante Kapazität des Arbeitsplatzes z. B. eine Einsatzzeit von acht Stunden pro Tag, führt dies zu einer terminierungsrelevanten Dauer von drei (Arbeits-)Tagen. Würden Sie als Dauer einen Tag eingeben, würde das System auch nur einen (Arbeits-)Tag als terminierungsrelevante Dauer verwenden.

Nichtarbeitszeiten

Die Terminierung von Eigenbearbeitungsvorgängen berücksichtigt darüber hinaus Nichtarbeitszeiten. Wenn Sie einen Arbeitsplatz im Vorgang gepflegt haben, verwendet das System nur die Arbeitszeiten der terminierungsrelevanten Kapazität des Arbeitsplatzes für die Terminierung; Start- und Endtermine werden dabei nur auf die Arbeitstage terminiert. Die Unterscheidung zwischen Arbeits- und Nichtarbeitstagen stammt wiederum aus einem Fabrikkalender, der gemäß der folgenden Priorität ermittelt wird:

1. Fabrikkalender im Vorgang
2. Fabrikkalender im Arbeitsplatz
3. Fabrikkalender des Werks im Vorgang

Für Fremdbearbeitungs- und Dienstleistungsvorgänge verwendet das System standardmäßig die **Planlieferzeit** als terminierungsrelevante Dauer ohne Unterscheidung von Arbeits- und Nichtarbeitstagen. Wenn Sie eine abweichende Dauer für die Terminierung verwenden möchten, können Sie einen Steuerschlüssel mit dem Kennzeichen **Terminieren Fremdvorgang** definieren und die terminierungsrelevante Dauer im Feld **Dauer** der Registerkarte **Eigen** eingeben.

Für Kostenvorgänge können Sie manuell die terminierungsrelevante Dauer über das Feld **Dauer** spezifizieren. Mithilfe von Fabrikkalendern in den Kostenvorgängen können Sie die Terminplanung auf Arbeitstage beschränken.

Reduzierung

Bei Bedarf kann das System die Dauer von Vorgängen auch selbstständig verringern, wenn die terminierten Termine außerhalb der Eck- bzw. Prognosetermine des Netzplankopfs liegen. So kann das System also automatisch die Dauer der Vorgänge so anpassen, dass sie eine Durchführung des Netzplans in einem vorgegebenen Zeitrahmen erlauben. Diese automatische Anpassung von Vorgangsdauern wird als *Reduzierung* bezeichnet. Durch die Angabe einer minimalen Dauer in einem Vorgang können Sie sicherstellen, dass bei der Reduzierung eine Zeitspanne, die mindestens für die Durchführung des Vorgangs benötigt wird, nicht unterschritten wird.

Die Reduzierung der Vorgangsdauern vollzieht sich sukzessive in mehreren Stufen. In der ersten Stufe könnten z. B. die Dauern um 10 % verringert werden. Reicht diese Reduzierung noch nicht aus, könnten in einer zweiten Stufe die ursprünglich geplanten Dauern um 15 % reduziert werden usw. Maximal können bis zu sechs Stufen durchlaufen werden. Im Netzplankopf finden Sie nach einer Terminierung die Angabe der tatsächlich benötigten Anzahl an Reduzierungsstufen.

Reduzierungsstufen

Damit das System die Dauer eines Vorgangs automatisch reduziert, müssen Sie im betreffenden Vorgang eine *Reduzierungsstrategie* hinterlegen. In der Definition einer Reduzierungsstrategie legen Sie für die Reduzierungsstufen jeweils fest, um wie viel Prozent die geplante Dauer eines Vorgangs bei einer Stufe reduziert werden soll. Abbildung 2.5 zeigt ein Beispiel der Definition einer Reduzierungsstrategie im Customizing des Projektsystems.

Reduzierungsstrategie

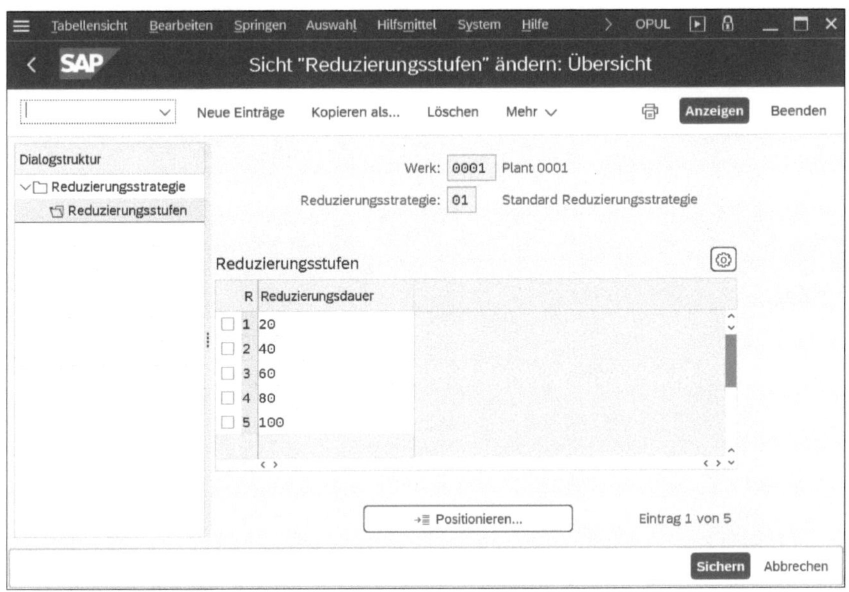

Abbildung 2.5 Beispiel einer Reduzierungsstrategie

Schließlich müssen Sie noch in den *Terminierungsparametern* angeben, dass eine Reduzierung durchgeführt werden soll. Dazu geben Sie die Anzahl der Stufen an, die maximal durchlaufen werden sollen. Zusätzlich können Sie in den Terminierungsparametern spezifizieren, ob alle Vorgänge, die eine Reduzierungsstrategie besitzen, reduziert werden sollen oder ob die Reduzierung nur bei den *zeitkritischen Vorgängen* erfolgen soll.

Übernahme von Wiederbeschaffungszeiten

Sie können die Dauer eines Vorgangs auch an die Wiederbeschaffungszeiten von zugeordneten Materialkomponenten anpassen. Dazu rufen Sie die Funktion **Übernehmen Lieferzeit • Dauer** für einen Vorgang auf. Das System ermittelt dann die längste Wiederbeschaffungszeit der zugeordneten Komponenten und übernimmt diese als Vorgangsdauer.

Mithilfe der Terminierung werden die Plantermine von Vorgängen in der frühesten und spätesten Lage sowie die terminierten Termine der Netzplanköpfe und PSP-Elemente berechnet. Die entsprechenden Felder können nicht manuell geändert werden.

Terminliche Einschränkungen

Gegebenenfalls möchten Sie jedoch auch manuell in die Terminplanung von Vorgängen eingreifen, um z. B. fest vereinbarte Termine zu fixieren oder um Randbedingungen zu berücksichtigen, die dazu führen, dass Vorgänge nur in bestimmten Zeiträumen durchgeführt werden können. Zu diesem Zweck können Sie *terminliche Einschränkungen* für Vorgänge festlegen (siehe Abbildung 2.6).

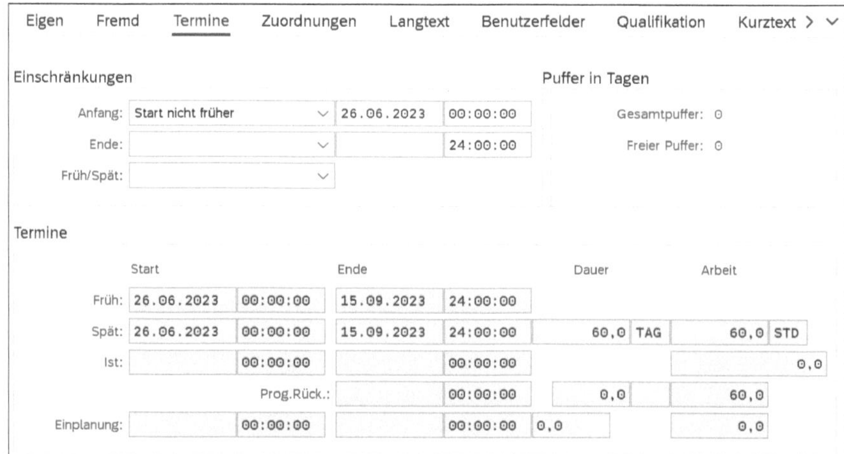

Abbildung 2.6 Beispiel für die zeitliche Einschränkung eines Vorgangs

Mithilfe von terminlichen Einschränkungen können Sie den Start oder das Ende von Vorgängen in der frühesten oder spätesten Lage entweder fest fixieren (**Muss starten/enden am**) oder durch Grenzwerte beschränken (**Start/Ende nicht früher/später als**). Sie können terminliche Einschränkungen manuell eingeben oder sie in der Projektplantafel in Abhängigkeit von den Optionen bzw. dem Plantafelprofil auch grafisch bestimmen (siehe Abschnitt 1.7.2, »Projektplantafel«).

Bei der Terminierung werden die verschiedenen Einflussfaktoren gemäß der folgenden Priorisierung berücksichtigt:

1. Ist-Termine (siehe Abschnitt 4.1.2, »Ist-Termine von Vorgängen«)
2. terminliche Einschränkungen
3. Anordnungsbeziehungen
4. Start- und Endtermine des Netzplankopfs bzw. der zugeordneten PSP-Elemente, wenn der Projektstrukturplan terminbestimmend ist

Pufferzeiten

Aus den terminierten Terminen der Vorgänge ermittelt das System für jeden Vorgang zusätzlich sogenannte *Pufferzeiten*, die im Detailbild der Vorgänge und der Netzplangrafik angezeigt werden bzw. in der Projektplantafel auch grafisch dargestellt werden können. Bei den Pufferzeiten wird zwischen einem *Gesamtpuffer* und einem *freien Puffer* unterschieden.

Gesamtpuffer

Der Gesamtpuffer eines Vorgangs ergibt sich aus der Differenz seiner spätesten und frühesten Lage und gibt somit die Zeitspanne an, um die Sie einen Vorgang aus seiner frühesten Lage verschieben können, ohne den vorgegebenen Endtermin des Netzplankopfs oder – sofern terminbestimmend – des zugeordneten PSP-Elements zu überschreiten. Vorgänge mit einem Gesamtpuffer kleiner oder gleich null werden als *zeitkritisch* bezeichnet und in der Netzplangrafik und dem Diagrammbereich der Projektplantafel farblich hervorgehoben. In der Projektplantafel können Sie in den Optionen oder bereits im Plantafelprofil steuern, ab welchem Gesamtpuffer Vorgänge farblich hervorgehoben werden sollen.

Freier Puffer

Der freie Puffer eines Vorgangs ist die Zeitspanne, um die Sie den Vorgang aus der frühesten Lage zeitlich nach hinten verschieben können, ohne Einfluss auf die früheste Lage der nachfolgenden Vorgänge zu nehmen. Bei zwei Vorgängen, die durch eine Normalfolge (ohne Zeitabstand) miteinander verknüpft sind, ergibt sich der freie Puffer des Vorgängers z. B. aus der Differenz zwischen dem frühesten Start des Nachfolgers und dem frühesten Ende des Vorgangs selbst.

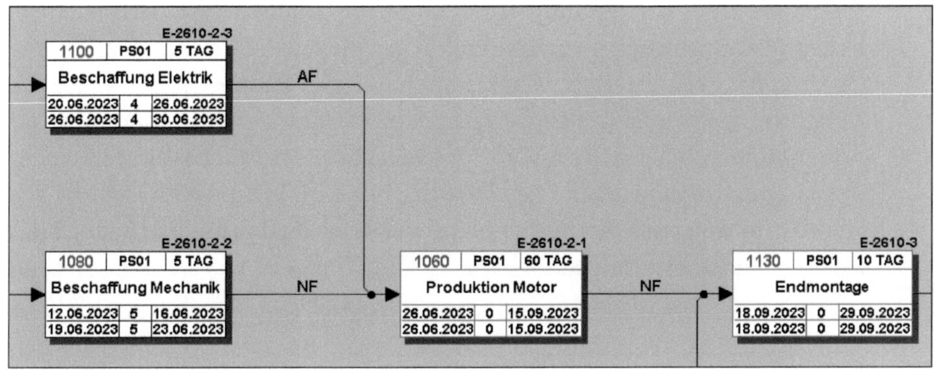

Abbildung 2.7 Zeitkritische Vorgänge und Pufferzeiten in der Netzplangrafik

Kennzeichen »Dehnbar«

Freie Puffer ergeben sich typischerweise aufgrund terminlicher Einschränkungen der nachfolgenden Vorgänge oder bei parallelen Pfaden innerhalb eines Netzplans, bei dem ein Pfad mehr Zeit in Anspruch nimmt als der andere (siehe Abbildung 2.7). Da der freie Puffer für die Durchführung von Vorgängen verwendet werden kann, ohne dass dies irgendwelche terminlichen Auswirkungen auf nachfolgende Vorgänge hätte, können Sie durch das Setzen des Kennzeichens **Dehnbar** in einem Vorgang erreichen, dass für die Berechnung der frühesten Lage des Vorgangs die Dauer zuzüglich des freien Puffers als terminierungsrelevante Dauer herangezogen wird. Den Kapazitäten steht so also mehr Zeit für die Durchführung des Vorgangs zur Verfügung.

Termine von Vorgangselementen

Sie können Vorgänge durch Vorgangselemente ergänzen bzw. detaillieren (siehe Abschnitt 1.3.1, »Aufbau und Stammdaten«). Da Vorgangselemente über keine eigene Dauer oder Anordnungsbeziehungen verfügen, haben sie keinen Einfluss auf das Ergebnis der Terminierung. Vorgangselemente haben jedoch genau wie Vorgänge früheste und späteste Start- und Endtermine. Diese werden abgeleitet aus den terminierten Terminen des Vorgangs, dem die Vorgangselemente zugeordnet sind, und gegebenenfalls aus den Zeitabständen, die Sie in den Vorgangselementen eingetragen haben.

Terminbezug von Vorgangselementen

Die Plantermine der Vorgangselemente liegen immer innerhalb der Vorgangstermine. Zeitliche Einschränkungen können nur auf der Vorgangsebene, nicht jedoch für Vorgangselemente definiert werden.

Termine von Vorgangsmeilensteinen

Für Meilensteine, die Sie Vorgängen zugeordnet haben, können Sie entweder *Fixtermine* manuell eintragen oder aber einen *Zeitbezug zum Vorgang* herstellen. Bei Verwendung eines Zeitbezugs können Sie durch entsprechende Kennzeichen spezifizieren, ob der Meilensteintermin aus der frühesten oder spätesten Lage, aus dem Start- oder Endtermin des Vorgangs übernommen werden soll. Zusätzlich können Sie einen Zeitabstand entweder absolut, z. B. in einer Anzahl von Tagen, oder prozentual, auf Basis der Dauer des Vorgangs errechnet, spezifizieren. Jede Terminverschiebung des Vorgangs wirkt sich bei der Verwendung eines Zeitbezugs direkt auch auf den Meilensteintermin aus.

Bedarfstermin von Materialkomponenten

Auch wenn Sie Materialkomponenten einem Vorgang zuordnen (siehe Abschnitt 2.3.1, »Zuordnung von Materialkomponenten«), können Sie zwischen einem fixen Bedarfstermin für das Material oder einem Bedarfstermin wählen, der aus dem Start oder Ende des Vorgangs abgeleitet wird. Die

Terminierungsparameter steuern dabei, ob sich der Terminbezug auf die früheste oder späteste Lage des Vorgangs beziehen soll. Bei Bedarf können Sie auch einen absoluten Zeitabstand angeben, der bei der Ableitung des Bedarfstermins aus dem Vorgangstermin berücksichtigt wird.

Netzplanterminierung

Bei der Netzplanterminierung werden alle Vorgänge eines einzelnen Netzplans terminiert. Immer wenn Sie die Terminierung aus der speziellen Pflegefunktion CN22 heraus aufrufen oder aus dem Project Builder, sofern Sie einen Netzplankopf oder Netzplanvorgang im Strukturbaum selektiert haben, stoßen Sie die Netzplanterminierung an.

Parameter zur Netzplanterminierung

Bei der Netzplanterminierung werden die Einstellungen zur Terminierung aus den Parametern zur Netzplanterminierung ermittelt, können jedoch auch temporär geändert werden. Bevor Sie einen Netzplan anlegen können, müssen Sie im Customizing des Projektsystems zur Kombination aus Werk und Netzplanart des Netzplankopfs die Parameter zur Netzplanterminierung definiert haben (Transaktion OPU6). Abbildung 2.8 zeigt ein Beispiel für die Definition von Parametern zur Netzplanterminierung.

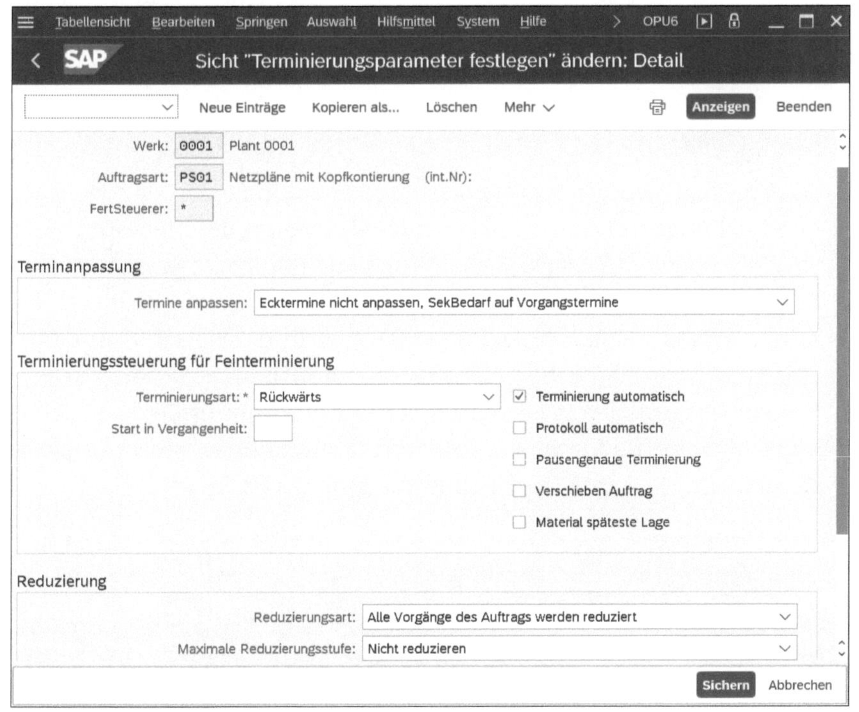

Abbildung 2.8 Parameter zur Netzplanterminierung

Terminierungsarten

In den Terminierungsparametern hinterlegen Sie zunächst die Terminierungsart; diese wird auf der Ebene des Netzplankopfs angezeigt und kann dort bei Bedarf geändert werden. Die folgenden Terminierungsarten stehen Ihnen im Projektsystem zur Verfügung:

- **Vorwärts**

  Das System führt erst eine Vorwärtsterminierung durch und anschließend die Rückwärtsterminierung. Sie verwenden die Vorwärtsterminierung, wenn Sie den Start der Durchführung, aber gegebenenfalls nicht den Endtermin kennen.

- **Rückwärts**

  Das System führt erst die Rückwärtsterminierung durch und anschließend die Vorwärtsterminierung. Sie verwenden die Rückwärtsterminierung, wenn Sie das Ende der Durchführung (z. B. ein vereinbartes Lieferdatum), aber gegebenenfalls nicht den Starttermin kennen.

- **Tagesdatum**

  Das System verwendet für die Vorwärtsterminierung anstelle von Startterminen, die bereits in der Vergangenheit liegen, das aktuelle Tagesdatum. So können Sie erkennen, ob der vorgesehene Zeitraum für die Durchführung noch ausreicht und welche Puffer dafür gegebenenfalls noch zur Verfügung stehen. Es findet jedoch auch hier eine Vorwärts- und Rückwärtsterminierung statt.

- **Nur KapaBedarfe**

  Die Vorgänge übernehmen die Start- und Endtermine des Netzplankopfs (bzw. der zugeordneten PSP-Elemente, wenn diese terminbestimmend sind) als früheste und späteste Start- und Endtermine. Anordnungsbeziehungen oder auch die Dauer der einzelnen Vorgänge werden bei dieser Terminierungsart nicht berücksichtigt. Sie können diese Terminierungsart einsetzen, wenn Sie (noch) keine Details zu Ablauf und Dauer der einzelnen Vorgänge spezifizieren, jedoch bereits eine Berechnung der benötigten Kapazitätsbedarfe für die Gesamtlaufzeit durchführen möchten (siehe Abschnitt 2.2.1, »Kapazitätsplanung mit Arbeitsplätzen«).

Einschränkung der Terminierungsarten

Im Projektsystem können Start- und Endtermine für die Terminierung im Netzplankopf oder in den PSP-Elementen nur tagesgenau angegeben werden. Terminierungsarten mit Bezug zu Uhrzeiten können daher im Projektsystem nicht eingesetzt werden.

Kennzeichen »Ecktermine anpassen«

Mithilfe des Kennzeichens **Ecktermine anpassen** in den Terminierungsparametern steuern Sie, ob das System auf der Ebene des Netzplankopfs die terminierten Termine auch als Eck- bzw. Prognosetermine übernehmen soll. Gibt es z. B. einen fest vorgegebenen Zeitrahmen für die Durchführung, tragen Sie Start- und Endtermin manuell im Netzplankopf ein und setzen das Kennzeichen **Ecktermine nicht anpassen**. Ihre Termine bleiben bei einer Terminierung fix, und anhand eines Vergleichs mit den terminierten Terminen erkennen Sie, ob der Zeitrahmen für die Durchführung ausreicht oder nicht. Liegen die terminierten Termine außerhalb der vorgegebenen Termine, werden im Terminierungsprotokoll zusätzlich entsprechende Warnmeldungen ausgegeben.

Kennen Sie jedoch z. B. nur den Starttermin, und möchten Sie, dass das System den Endtermin berechnet und ihn gegebenenfalls bei nachträglichen Änderungen anpasst, wählen Sie die Terminierungsart **Vorwärts**, setzen das Kennzeichen **Ecktermine anpassen** und tragen manuell einen Startermin im Netzplankopf ein. Das System berechnet, ausgehend von Ihrem Starttermin, zunächst das terminierte Ende des Netzplans, übernimmt dieses als Endtermin und führt anschließend, ausgehend von diesem Datum, die Rückwärtsterminierung durch.

Startterminverzug

Die Anzahl an Tagen, die Sie im Feld **Startterminverzug (Start in Vergangenheit)** in den Terminierungsparametern hinterlegen, steuert die Art und Weise, wie Starttermine gehandhabt werden, die bereits in der Vergangenheit liegen. Ermittelt das System im Rahmen der Terminierung einen Starttermin, der weiter in der Vergangenheit liegt, als Sie über das Feld **Startterminverzug** erlaubt haben, gibt Ihnen das System eine Warnmeldung aus und verwendet automatisch das aktuelle Tagesdatum für die Vorwärtsterminierung (die sogenannte *Heute-Terminierung*).

[+]

Beliebige Starttermine in der Vergangenheit

Wenn Sie »999« ins Feld **Startterminverzug** eintragen, erlaubt das System Starttermine, die beliebig weit in der Vergangenheit liegen können, ohne eine Heute-Terminierung durchzuführen.

Automatische Terminierung

Durch das Setzen des Kennzeichens **Terminierung automatisch** in den Terminierungsparametern erreichen Sie, dass beim Sichern des Netzplans automatisch immer dann eine Terminierung durchgeführt wird, wenn es eine terminierungsrelevante Änderung im Netzplan gab. Das Kennzeichen wird als Vorschlagswert an den Kopf eines Netzplans weitergegeben und kann dort geändert werden. Spätestens in der Realisierungsphase eines

Netzplans empfiehlt es sich in der Regel, dieses Kennzeichen aus dem Netzplankopf zu entfernen, um zu verhindern, dass unkontrolliert Änderungen an Kapazitätsbedarfen, Bestellanforderungen oder Materialreservierungen aufgrund automatischer Terminierungen durchgeführt werden.

Weitere Kennzeichen in den Terminierungsparametern steuern die Ausgabe von Terminierungsprotokollen in Transaktion CN22, die Handhabung von Pausenzeiten im Rahmen der Terminierung, den Terminbezug von Materialkomponenten, die Berücksichtigung von Ist-Terminen aus Teilrückmeldungen (siehe Abschnitt 4.3, »Rückmeldungen«) und wie sich nachträgliche Terminänderungen auf eine Arbeitsverteilung auf Personalressourcen auswirken sollen (siehe Abschnitt 2.2.2, »Arbeitsverteilung auf Personalressourcen«).

Gesamtnetzterminierung

Bei der Gesamtnetzterminierung werden alle Netzpläne bzw. Aufträge gleichzeitig terminiert, die mittels externer Anordnungsbeziehungen oder in Form von Teilnetzen miteinander verknüpft sind. Die Gesamtnetzterminierung wird im Rahmen der Montageabwicklung (siehe Abschnitt 1.8.7, »Montageabwicklung«) automatisch durchlaufen oder aus einem Verkaufsbeleg heraus gestartet. Sie können die Gesamtnetzterminierungen im Projektsystem über Transaktion CN24 oder Transaktion CN24N anstoßen.

Bei der Gesamtnetzterminierung werden die Einstellungen der Terminierung, genau wie bei der Netzplanterminierung, aus den Terminierungsparametern zur Netzplanart ermittelt.

CN24 (Gesamtnetzterminierung)

Wenn Sie Transaktion CN24 für die Gesamtnetzterminierung nutzen, geben Sie zunächst die Identifikation eines Netzplans und den Terminkreis für die Terminierung an. Anschließend können Sie bei Bedarf noch temporäre Änderungen an den Terminierungseinstellungen vornehmen oder neue Start- und Endtermine für die Terminierung eingeben (siehe Abbildung 2.9).

Wenn Sie mit Instandhaltungs- oder Serviceaufträgen als zugeordneten Teilnetzen arbeiten, können Sie mithilfe des Felds **zu terminieren** bestimmen, ob nur diese Aufträge terminiert werden sollen, nur die Netzpläne oder sowohl die Netzpläne als auch die zugeordneten Instandhaltungs- bzw. Serviceaufträge.

Nachdem Sie die Terminierung ausgeführt haben, können Sie mithilfe der Funktion **Termine alt/neu** die alten Termine mit den neu berechneten Terminen vergleichen. Anschließend können Sie die Terminänderungen der Netzpläne bzw. Aufträge sichern.

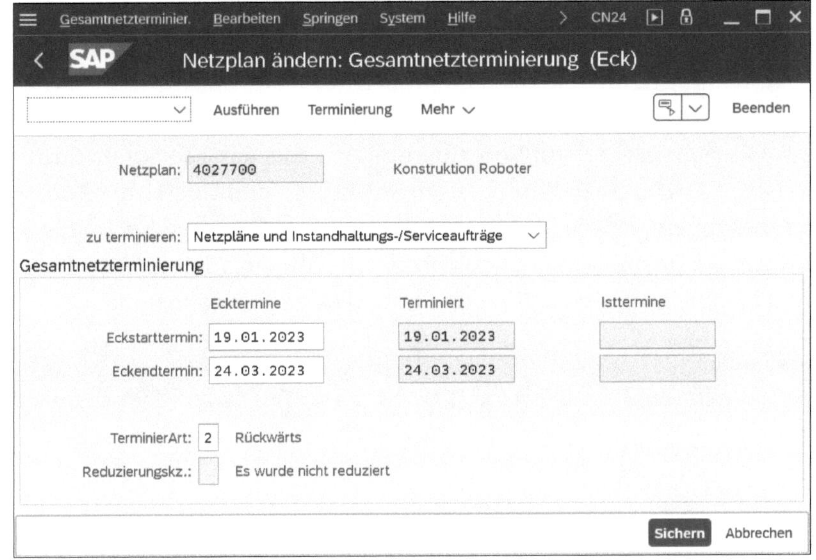

Abbildung 2.9 Gesamtnetzterminierung mithilfe von Transaktion CN24

Transaktion CN24N

Bei der Gesamtnetzterminierung mit Selektionsmöglichkeiten (Transaktion CN24N) können Sie im Gegensatz zu Transaktion CN24 die Auswahl der zu terminierenden Netzpläne und Teilnetzpläne noch vor der Terminierung beeinflussen (siehe Abbildung 2.10) und zusätzlich einen Monitor für die Überwachung der Termine von Teilnetzen nutzen.

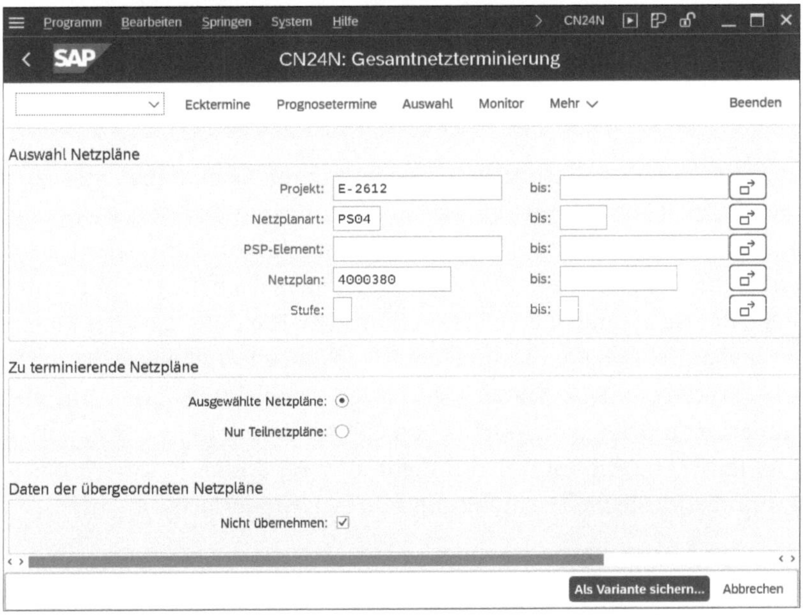

Programm Bearbeiten Springen System Hilfe
CN24N
CN24N: Gesamtnetzterminierung
Ecktermine Prognosetermine Auswahl Monitor Mehr
Beenden
Auswahl Netzpläne
Projekt: E-2612 bis:
Netzplanart: PS04 bis:
PSP-Element: bis:
Netzplan: 4000380 bis:
Stufe: bis:
Zu terminierende Netzpläne
Ausgewählte Netzpläne: (•)
Nur Teilnetzpläne: ( )
Daten der übergeordneten Netzpläne
Nicht übernehmen: [x]
Als Variante sichern...
Abbrechen

Abbildung 2.10 Gesamtnetzterminierung mit Selektionsmöglichkeiten

Teilnetzmonitor Im *Teilnetzmonitor* werden sowohl die Daten der ausgewählten Netzpläne als auch die Daten der zugeordneten Teilnetze tabellarisch dargestellt (siehe Abbildung 2.11). Per Mausklick können Sie in die Anzeige von Vorgängen oder Netzplanköpfen abspringen. Zusätzlich können Sie im Teilnetzmonitor Rückmeldungen für Vorgänge erfassen oder das Infosystem Strukturen (siehe Abschnitt 6.1, »Infosystem Strukturen und Übersichts-Apps«) aufrufen. Ampeln weisen Sie darauf hin, wenn die Termine der Teilnetze außerhalb der Termine des übergeordneten Vorgangs liegen (**Konflikte**) oder nicht exakt mit diesen übereinstimmen (**Aktualisierung nötig**).

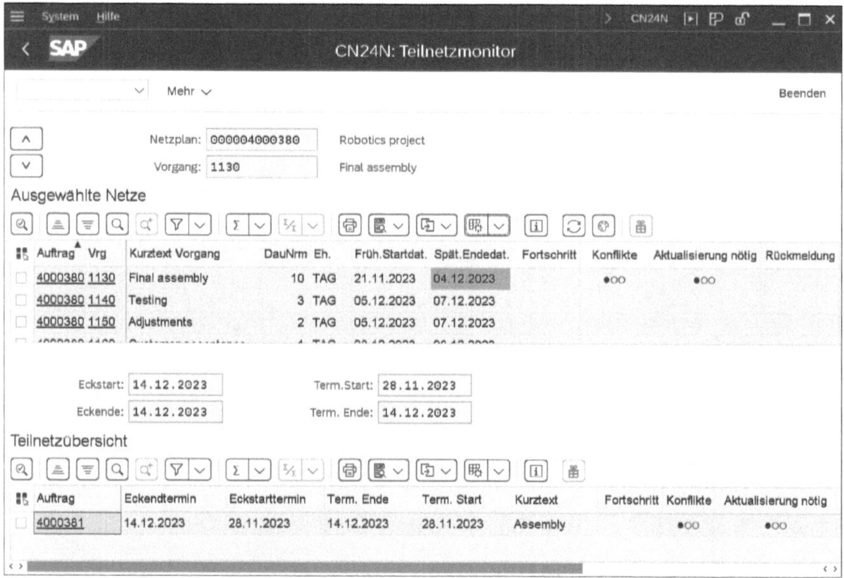

Abbildung 2.11 Teilnetzmonitor

Stufen Um die Funktion der Gesamtnetzterminierung mit Selektionsmöglichkeiten nutzen zu können, müssen Sie im Customizing des Projektsystems neben der Definition der Terminierungsparameter zur Netzplanart auch *Stufen* definieren und diese manuell den Netzplanarten und Nummernintervallen der Netzpläne und Teilnetze zuordnen. Die Definition der Stufen muss die hierarchische Anordnung der Netzpläne und Teilnetze widerspiegeln. Die Stufen dienen in Transaktion CN24N als Selektionskriterium. Eine Terminierung mithilfe von Transaktion CN24N kann jeweils nur maximal zwei Stufen umfassen. Im Fall von mehr als zwei Stufen in Ihrer Projektstruktur müssen Sie die Terminierung sukzessive mehrfach ausführen.

Transaktion CN24N ist insbesondere für Unternehmen gedacht, die mit sehr vielen, gegebenenfalls mehrstufigen Teilnetzstrukturen arbeiten und die bei der Terminierung nicht immer alle Netzpläne und Teilnetze gleichzeitig terminieren möchten.

PSP-Terminierung

Bei einer PSP-Terminierung wird die Terminierung ausgehend von einem oder mehreren PSP-Elementen gestartet. Bei der PSP-Terminierung werden genau die Vorgänge terminiert, die diesen PSP-Elementen zugeordnet sind. So können Sie also eine Terminierung für einzelne Teile eines Projekts durchführen, ohne dass dabei alle Vorgänge eines Netzplans terminiert werden. Sie können eine PSP-Terminierung in den speziellen Pflegefunktionen CJ20 oder CJ02 starten, mithilfe der Projektterminierung (Transaktion CJ29) oder in der Projektplantafel. Im Project Builder können Sie eine PSP-Terminierung durchführen, wenn Sie die Projektdefinition oder ein PSP-Element im Strukturbaum selektiert haben.

Parameter für PSP-Terminierung

Bei der PSP-Terminierung werden die Einstellungen zur Terminierung aus den Steuerungsparametern für die PSP-Terminierung ermittelt, können jedoch auch temporär geändert werden. Diese Steuerungsparameter werden in einem Profil zusammengefasst, das Sie im Customizing des Projektsystems definieren (siehe Abbildung 2.12) und als Vorschlagswert für die Projektdefinition im Projektprofil eintragen können.

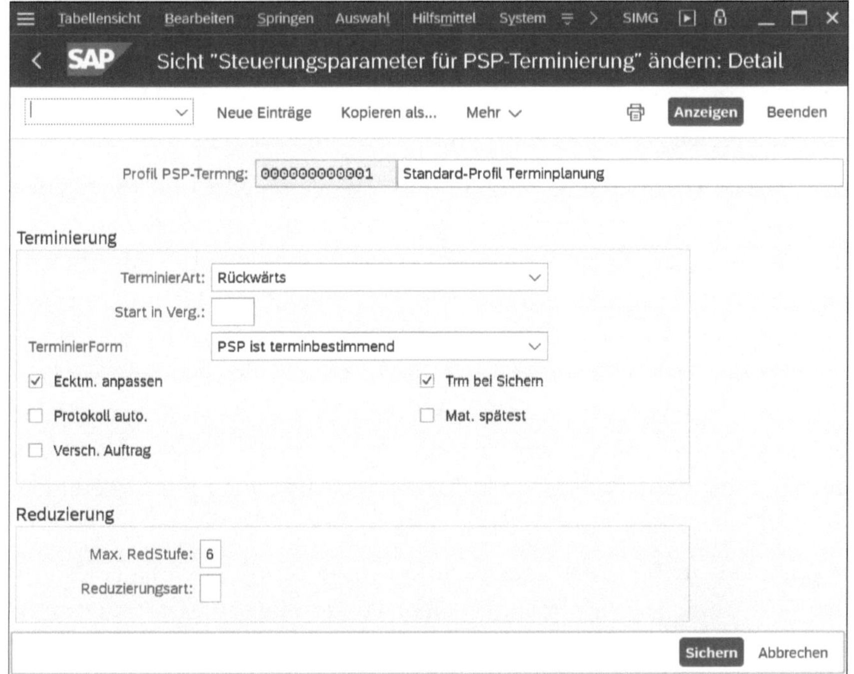

Abbildung 2.12 Steuerungsparameter für die PSP-Terminierung

Die Steuerungsparameter für die PSP-Terminierung enthalten im Wesentlichen die gleichen Einstellungsmöglichkeiten wie die Parameter der Netzplanterminierung, also insbesondere die Terminierungsart, ein Kennzeichen zum automatischen Terminieren beim Sichern oder auch Einstellungen zur Reduzierung. Setzen Sie das Kennzeichen **Ecktermine anpassen** bei der PSP-Terminierung, werden nicht nur die Termine des Netzplankopfs an die terminierten Termine angepasst, sondern es werden auch die Plantermine der PSP-Elemente aus den terminierten Terminen der zugeordneten Vorgänge abgeleitet. So können die Plantermine von Vorgängen und PSP-Elementen gleichzeitig im Rahmen der PSP-Terminierung ermittelt werden.

Terminierungsformen

Zusätzlich gibt es in den Parametern zur PSP-Terminierung das Feld **Terminierungsform** mit den folgenden beiden möglichen Ausprägungen:

- **Netzplan ist terminbestimmend**

  Der Netzplankopf bestimmt den Start- und den Endtermin der Terminierung.

- **PSP ist terminbestimmend**

  Die Plantermine des PSP-Elements bestimmen den Start- und Endtermin für die Terminierung der zugeordneten Vorgänge.

Die Idee der Terminierungsform **PSP ist terminbestimmend** ist es also, zunächst eine manuelle Terminplanung auf der Ebene der PSP-Elemente vorzunehmen und anschließend eine Terminierung der zugeordneten Vorgänge durchzuführen. Die Terminierung der Vorgänge orientiert sich dann an den manuell geplanten Start- und Endterminen der PSP-Elemente.

Bei einer Terminplanung mithilfe von PSP-Elementen und Netzplänen spielen zum einen die Terminierungsparameter eine entscheidende Rolle, die die Terminierung der Vorgänge und den Datenaustausch mit den PSP-Elementen steuern, und zum anderen gegebenenfalls die Planungsformen, die den hierarchischen Austausch von Planterminen zwischen PSP-Elementen unterschiedlicher Stufen steuern. Sie können die PSP-Terminierungsparameter selbst im Customizing definieren und zusammen mit den Planungsformen für Ihr Projekt festlegen. Alternativ können Sie jedoch auch auf fest vordefinierte *Szenarien zur Terminplanung* mit PSP-Elementen und Netzplänen zurückgreifen.

Terminierungsszenarien

Wählen Sie ein Terminierungsszenario für die Terminplanung eines Projekts aus, werden alle Einstellungen über das Terminierungsszenario ermittelt. Es gibt die folgenden Terminierungsszenarien:

2

- **Bottom-up-Szenario**

  Ausgehend vom Eckstarttermin des Netzplankopfs (der beliebig weit in der Vergangenheit liegen darf), findet erst eine Vorwärtsterminierung und anschließend eine Rückwärtsterminierung statt. Die terminierten Termine werden als Plantermine auf der Ebene des Netzplankopfs und der zugeordneten PSP-Elemente übernommen, und die Plantermine der PSP-Elemente werden schließlich bottom-up hochgerechnet.
- **Top-down-Szenario**

  Bei diesem Szenario müssen Sie zunächst eine manuelle Terminplanung auf der Ebene der PSP-Elemente vornehmen. Das System überprüft dabei beim Terminieren oder Sichern die hierarchische Konsistenz dieser Terminplanung. Die Terminierung der zugeordneten Vorgänge richtet sich nach den Planterminen der PSP-Elemente (diese dürfen beliebig weit in der Vergangenheit liegen).

Bei beiden Terminierungsszenarien werden Bedarfstermine für Material aus der spätesten Lage der Vorgänge abgeleitet; Reduzierungen werden nicht durchgeführt. Die Einstellungen der beiden Terminierungsszenarien **Bottom-Up** und **Top-Down** sind fest vorgegeben und können nicht geändert werden.

Wenn Sie eines der beiden Terminierungsszenarien verwenden möchten, können Sie das Szenario in der Projektdefinition hinterlegen oder es bereits als Vorschlagswert im Projektprofil eintragen. Möchten Sie jedoch abweichende Einstellungen verwenden, müssen Sie das Feld **Terminierungsszenario** auf den Wert **Terminierungsparameter frei wählbar** setzen und manuell die entsprechenden Einstellungen vornehmen.

Terminplanung

Mithilfe der Terminierung können Sie automatisch die Plantermine von Vorgängen und zugeordneten Objekten vom System berechnen lassen sowie zeitkritische Vorgänge identifizieren. Sind die Vorgänge PSP-Elementen zugeordnet, können Termininformationen zwischen den Vorgängen und den PSP-Elementen ausgetauscht werden. Bei Bedarf können Sie auch manuell Termine auf der Ebene von PSP-Elementen planen. Dabei werden Sie durch verschiedene Funktionen, wie z. B. das Hochrechnen von Terminen oder hierarchische Konsistenzprüfungen, unterstützt. Je nach Ihren Anforderungen können Sie unterschiedliche Transaktionen zur Terminplanung einsetzen.

2.2 Ressourcenplanung

Ressourcenplanung ohne Netzpläne

Wenn Sie ein Projekt nur mithilfe eines Projektstrukturplans abgebildet haben, können Sie Kosten für interne oder externe Ressourcen planen (siehe Abschnitt 2.4, »Planung von Kosten und statistischen Kennzahlen«) und später z. B. Leistungsverrechnungen, Bestellanforderungen, Bestellungen, Wareneingänge und Abnahmen auf PSP-Elemente kontieren und somit Kosten für den Verbrauch der Ressourcen auf das Projekt buchen (siehe Abschnitt 4.2, »Kontierung von Belegen«). Eine logistische Ressourcenplanung im Sinne einer Kapazitätsplanung oder eines automatischen Datenaustauschs zwischen Projektstruktur und Einkaufsbelegen ist im Projektsystem jedoch nur möglich, wenn Sie auch Netzpläne einsetzen. Eine manuelle Kostenplanung für die benötigten Ressourcen und eine manuelle Kontierung von Einkaufsbelegen auf der Ebene der PSP-Elemente sind bei der Verwendung von Netzplänen nicht notwendig.

Die folgenden Abschnitte behandeln die Funktionen, die Ihnen für die Planung von Ressourcen mittels Netzplanvorgängen zur Verfügung stehen.

2.2.1 Kapazitätsplanung mit Arbeitsplätzen

Bei der Strukturierung Ihrer Projekte haben Sie mithilfe von Eigenbearbeitungsvorgängen bzw. Eigenbearbeitungsvorgangselementen Leistungen spezifiziert, die von eigenen Ressourcen, z. B. Maschinen- oder Personalressourcen, erbracht werden sollen. Im Rahmen der Terminierung hat dann das System berechnet, wann diese Leistungen durchgeführt werden sollen. Die Terminierung überprüft dabei jedoch nicht, ob zum geplanten Termin überhaupt ausreichend eigene Ressourcen zur Verfügung stehen. Um Aussagen über die Verfügbarkeit Ihrer Ressourcen und somit zur kapazitiven Durchführbarkeit Ihrer Projekte treffen zu können, können Sie die *Kapazitätsplanung* im Projektsystem nutzen.

Kapazitätsplanung

Aufgabe der Kapazitätsplanung ist es, Bedarfe an Kapazitäten zu ermitteln und diese dem Angebot an Kapazitäten mithilfe geeigneter Berichte (siehe Abschnitt 6.3.3, »Kapazitätsberichte«) periodenweise, z. B. wochenweise oder auch tagesgenau, gegenüberzustellen. Das Angebot an Kapazitäten wird mithilfe von Arbeitsplätzen definiert, während der Kapazitätsbedarf aus den Vorgangsdaten von Netzplänen oder z. B. auch aus Fertigungs- oder Instandhaltungsaufträgen abgeleitet wird. Stellen Sie in einer Periode fest, dass der Kapazitätsbedarf größer als das Kapazitätsangebot ist, führen Sie zunächst einen *Kapazitätsabgleich* durch, um Ihre Planung an die kapazitiven Gegebenheiten anzupassen.

Definition von Arbeitsplätzen und Kapazitätsangeboten

Arbeitsplätze sind Organisationseinheiten im SAP-System, die festlegen, wo und von wem ein Vorgang ausgeführt werden kann. Haben Sie Arbeitsplätze bereits für Fertigung oder Instandhaltung definiert, können Sie diese Arbeitsplätze auch in Netzplänen einsetzen, sofern die Verwendung der Arbeitsplätze dies erlaubt. Haben Sie noch keine Arbeitsplätze im SAP-System definiert oder möchten Sie für Projekte eigene Arbeitsplätze einsetzen, können Sie im Projektsystem neue Arbeitsplätze anlegen (Transaktion CNR1). Die Definition und Verwendung von Arbeitsplätzen ist in jedem Fall Voraussetzung für die Kapazitätsplanung mit Netzplänen.

Arbeitsplatzart

Beim Anlegen eines neuen Arbeitsplatzes spezifizieren Sie neben der Identifikation und dem Werk des Arbeitsplatzes auch die **Arbeitsplatzart** (siehe Abbildung 2.13). Sie legt unter anderem fest, welche Felder (**Feldausw.**) und Registerkarten (**Bildfolge**) im Stammsatz des Arbeitsplatzes dargestellt werden sollen. Standardmäßig können Sie im Projektsystem die Arbeitsplatzart **0006** (**Projektmanagement**) verwenden. Bei Bedarf können Sie auch zusätzliche Arbeitsplatzarten definieren (Customizing-Transaktion OP40).

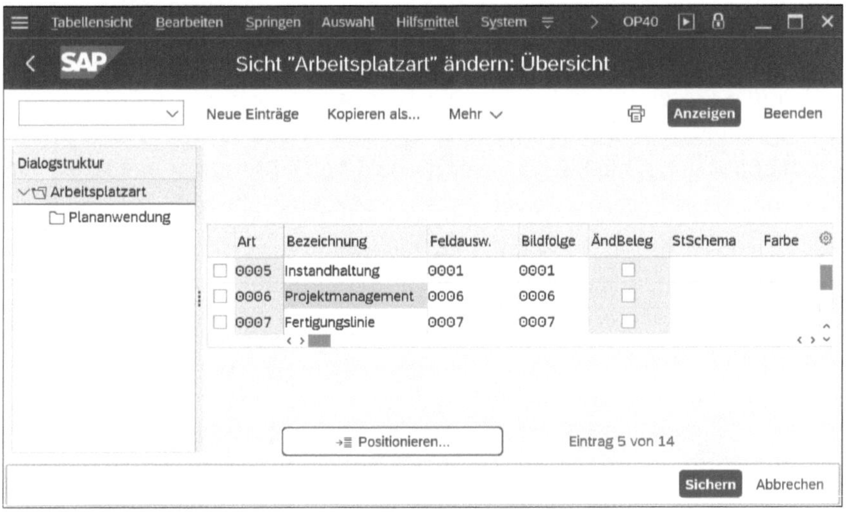

Abbildung 2.13 Definition von Arbeitsplatzarten

Plananwendung

Über das Feld **Plananwendung** in den Grunddaten des Arbeitsplatzes legen Sie fest, in welchen Plan- und Auftragstypen der Arbeitsplatz verwendet werden kann. Damit ein Arbeitsplatz in Standardnetzen und insbesondere in operativen Netzplänen eingesetzt werden kann, muss er eine Planverwendung besitzen, die dem Plantyp **0** (**Standardnetz**) zugeordnet ist. Soll der Arbeitsplatz exklusiv für Netzpläne verwendet werden, können Sie standardmäßig z. B. die Planverwendung **003** (**nur Netzpläne**) im Stammsatz des Arbeitsplatzes eintragen. Bei Bedarf können Sie mithilfe der Customizing-Transaktion OP45 auch eigene Planverwendungen definieren und den relevanten Plantypen zuordnen.

In den Stammdaten können Sie in Abhängigkeit von der Arbeitsplatzart eine Reihe von Einstellungen für die Terminplanung (siehe Abschnitt 2.1.2, »Terminierung mit Netzplänen«) und Kalkulation (siehe Abschnitt 2.4.5, »Netzplankalkulation«) von Vorgängen vornehmen. Für die Kapazitätsplanung sind jedoch insbesondere die Einstellungen der Registerkarte **Kapazitäten** relevant.

Kapazitätsarten

Auf dieser Registerkarte hinterlegen Sie zunächst eine oder auch mehrere Kapazitätsarten, wie z. B. für Personen oder Maschinen, und definieren anschließend das jeweilige Kapazitätsangebot. Kapazitätsarten werden im Customizing definiert und legen unter anderem fest, ob das Kapazitätsangebot in Zeiteinheiten oder in Mengen- bzw. Volumeneinheiten definiert werden muss oder ob z. B. eine Zuordnung von Personen aus dem Personalwesen möglich ist.

Kapazitätsangebot

Die Definition eines Kapazitätsangebots besteht im einfachsten Fall aus der Spezifikation eines Fabrikkalenders zur Unterscheidung von Arbeits- und Nichtarbeitstagen, Angaben zu Beginn, Ende und Pausendauer eines Arbeitstags, der Festlegung eines Nutzungsgrads und der Anzahl der zur Verfügung stehenden Einzelkapazitäten. Der Nutzungsgrad beschreibt, welcher Anteil der täglichen Arbeitszeit tatsächlich produktiv nutzbar ist. Das Kapazitätsangebot ergibt sich schließlich aus der produktiven Einsatzzeit einer Kapazität, multipliziert mit der Anzahl der Einzelkapazitäten (siehe Abbildung 2.14).

Neben der Definition des Standardangebots gibt es verschiedene detailliertere Möglichkeiten, Kapazitätsangebote zu definieren. Zum einen können Sie Zeitintervalle spezifizieren und für jedes Intervall ein eigenes Kapazitätsangebot festlegen.

So können Sie z. B. saisonal abhängige Beschäftigungsverhältnisse abbilden. Zum anderen können Sie im Customizing Schichtprogramme definieren (Transaktion OP4A) und der Kapazitätsart im Arbeitsplatz zuordnen. Mithilfe von Schichtprogrammen können dann auch Pausenzeiten exakt festgelegt und bei der Terminierung und der Kapazitätsplanung berücksichtigt werden.

Schließlich können Sie auch *Einzelkapazitäten* definieren und der Kapazitätsart im Arbeitsplatz zuordnen. Durch geeignete Berichtseinstellungen können Sie dann auch anstelle des Standardangebots das verdichtete Angebot der zugeordneten Einzelkapazitäten für Kapazitätsauswertungen verwenden. Bei Personalressourcen wird dabei das Angebot der Einzelkapazitäten aus der Soll-Arbeitszeit (Infotyp 0007) abgeleitet, die im Personalwesen für die Mitarbeitenden gepflegt wird.

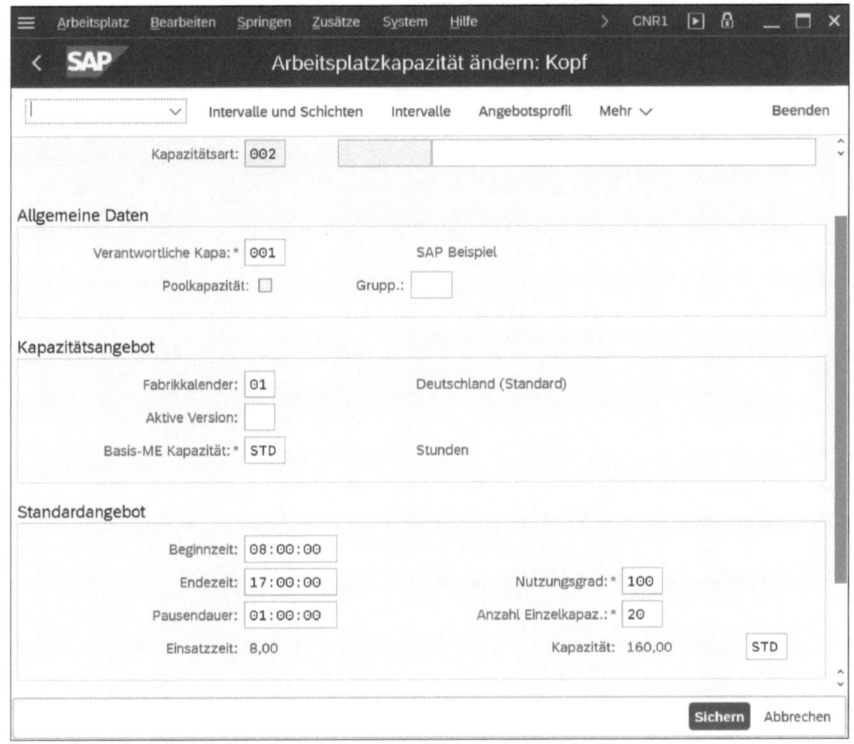

Abbildung 2.14 Beispiel einer Arbeitsplatzkapazität

Formel »Bedarf Eigenbearbeitung«

Nach der Definition des Kapazitätsangebots geben Sie im Arbeitsplatz eine Formel im Feld **Formel Bedarf Eigenbearbeitung** für die Kapazitätsart ein. Diese Formel legt fest, wie der Kapazitätsbedarf aus den Vorgangsdaten berechnet werden soll. In der Regel wird hier die Standardformel SAP008 eingetragen. Abbildung 2.15 zeigt die Definition dieser Formel. Der Parameter SAP_07 in der Formel SAP008 ist verknüpft mit dem Feld **Arbeit** in den Vorgängen bzw. Vorgangselementen.

Im Customizing können Sie jedoch auch eigene Formeln definieren (Transaktion OP21), um Werte anderer Vorgangsfelder bei der Berechnung von Kapazitätsbedarfen zu berücksichtigen. Auf diese Weise können Sie z. B. auch Benutzerfelder in Formeln einbeziehen. Zu diesem Zweck müssen Sie für das entsprechende Benutzerfeld einen eigenen Parameter definieren und in der Definition des Feldschlüssels dem Benutzerfeld zuordnen. Diesen Parameter können Sie dann bei der Definition einer Formel verwenden. Im Arbeitsplatz können Sie die Berechnung von Kapazitätsbedarfen zunächst mithilfe einer Formel testen, bevor Sie den Arbeitsplatz sichern. Beachten Sie jedoch bei der Definition eigener Formeln, dass die Berechnung der Kapazitätsbedarfe im Reporting jederzeit nachvollziehbar sein sollte.

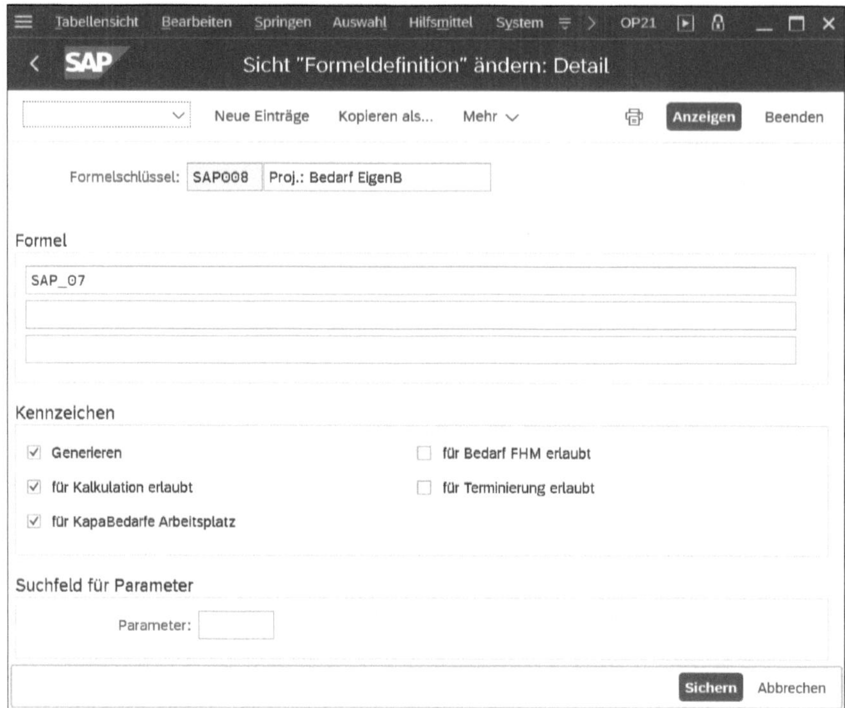

Abbildung 2.15 Definition der Formel »SAP008«

Verteilungsschlüssel Mithilfe eines Verteilungsschlüssels im Arbeitsplatz können Sie festlegen, wie der Kapazitätsbedarf eines Vorgangs über die Vorgangsdauer verteilt werden soll. Ein Verteilungsschlüssel besteht aus einer Verteilungsstrategie und einer Verteilungsfunktion (siehe Abbildung 2.16).

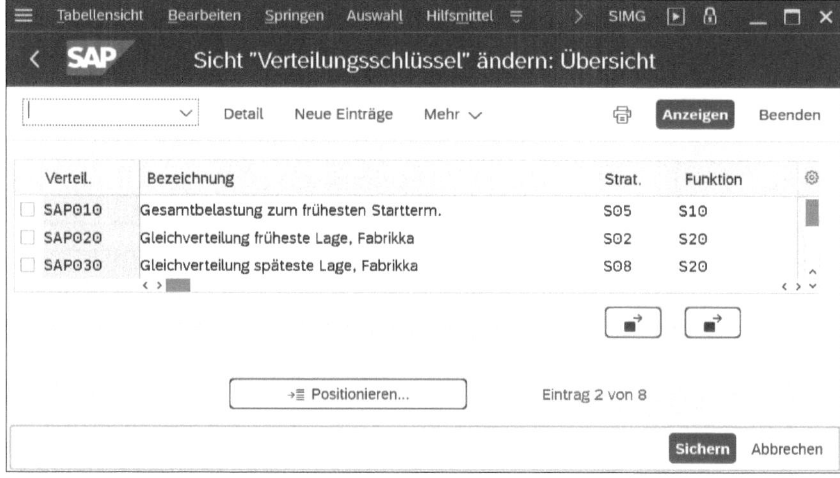

Abbildung 2.16 Definition von Verteilungsschlüsseln

Die Verteilungsfunktion legt fest, nach wie viel Prozent der Vorgangsdauer wie viel Prozent des Gesamtkapazitätsbedarfs benötigt werden (siehe Abbildung 2.17).

Die Verteilungsstrategie bestimmt unter anderem, ob die Verteilung über die früheste oder die späteste Lage des Vorgangs vorgenommen werden soll (siehe Abbildung 2.18).

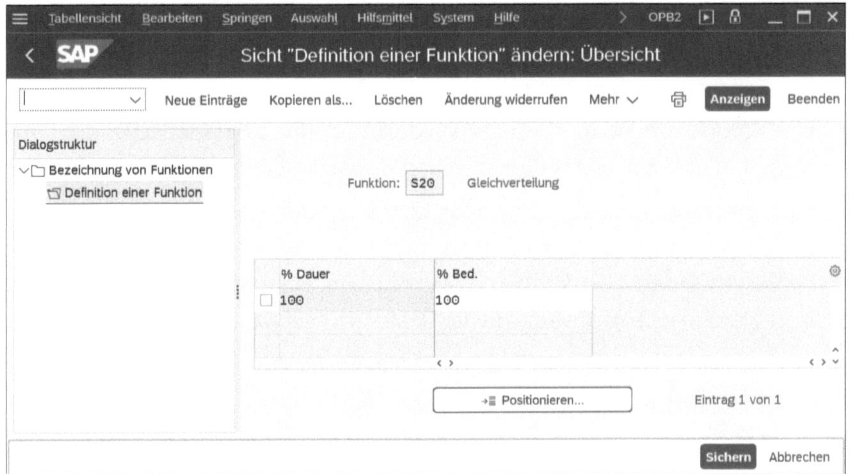

Abbildung 2.17 Definition einer Verteilungsfunktion

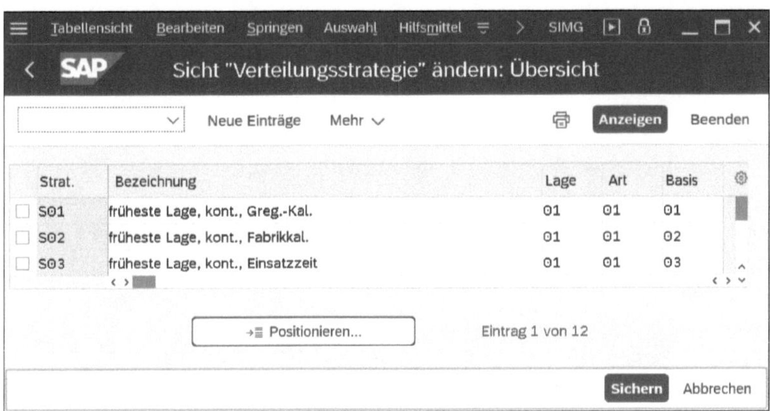

Abbildung 2.18 Definition einer Verteilungsstrategie

Im Standard sind bereits verschiedene Verteilungsschlüssel definiert, wie z. B. SAP030 (**Gleichverteilung über die späteste Lage**) oder SAP020 (**Gleichverteilung über die früheste Lage**). Bei Bedarf können Sie auch zusätzliche Verteilungsschlüssel, -funktionen oder -strategien im Customizing des Projektsystems definieren.

Voraussetzungen für die Ermittlung von Kapazitätsbedarfen

Damit Sie in den Kapazitätsberichten dem Kapazitätsangebot auch den Bedarf Ihrer Projekte an den jeweiligen Kapazitäten gegenüberstellen können, müssen im Netzplan verschiedene Voraussetzungen erfüllt sein:

- In den Netzplanvorgängen müssen die Arbeitsplätze und die geplante Arbeit eingetragen sein.
- Der Steuerschlüssel der Vorgänge muss als relevant für die Ermittlung von Kapazitätsbedarfen gekennzeichnet sein (siehe Abschnitt 1.3.2, »Strukturen-Customizing des Netzplans«).
- Die Berechnung von Kapazitätsbedarfen muss aktiviert sein, d. h., im Netzplankopf muss das Kennzeichen **Kapazitätsbedarf** gesetzt sein.

  Sie können das Kennzeichen **Kapazitätsbedarf** auch jederzeit aus dem Netzplankopf entfernen, wenn keine Kapazitätsbedarfe mehr für einen Netzplan benötigt werden. Dies kann z. B. relevant sein, wenn ein Projekt nicht realisiert werden soll oder während der Realisierungsphase gestoppt wird.
- Nach der Aktivierung der Kapazitätsbedarfe muss eine Terminierung durchgeführt worden sein.

Beachten Sie auch, dass eine Endrückmeldung oder das Setzen des Status **Technisch abgeschlossen (TABG)** den (Rest-)Kapazitätsbedarf eines Vorgangs auf null setzt.

Kapazitätsplanung für Lieferanten

Bei Bedarf können Sie auch für Lieferanten, also mithilfe von Fremdbearbeitungs- oder Dienstleistungsvorgängen, eine Kapazitätsplanung durchführen, sofern der Steuerschlüssel dies erlaubt. Dazu müssen Sie für den Lieferanten einen eigenen Arbeitsplatz mit einem geeigneten Kapazitätsangebot definieren und den Arbeitsplatz auf der Registerkarte **Eigen** des Vorgangs eintragen.

Ermittlung der Bedarfsverteilung

Sie können in den Vorgängen, ebenso wie im Arbeitsplatz, einen Verteilungsschlüssel eintragen. Sofern der Bericht, den Sie zur Kapazitätsauswertung verwenden, keinen eigenen Verteilungsschlüssel vorsieht, ermittelt das System die Verteilung der Kapazitätsbedarfe gemäß folgender Strategie:

1. Verteilungsschlüssel des Vorgangs
2. Verteilungsschlüssel des Arbeitsplatzes
3. Gleichverteilung über die späteste Lage des Vorgangs

Nachdem Sie die Kapazitätsbedarfe für einen Netzplan erzeugt haben, können Sie verschiedene Berichte verwenden, um den Kapazitätsbedarf des

Netzplans zusammen mit den Bedarfen anderer Projekte oder Aufträge mit dem Angebot der jeweiligen Arbeitsplätze bzw. Kapazitäten zu vergleichen. Abbildung 2.19 zeigt die Kapazitätsübersicht der Projektplantafel, in der das Kapazitätsangebot der Arbeitsplätze und der jeweilige (Gesamt-)Kapazitätsbedarf in Form von Balken oder Histogrammen grafisch dargestellt werden. Kapazitätsüberlasten, also Bedarfe, die das Angebot in einer Periode überschreiten, werden farblich hervorgehoben. Weitere detaillierte Kapazitätsberichte werden in Abschnitt 6.3.3, »Kapazitätsberichte«, erörtert.

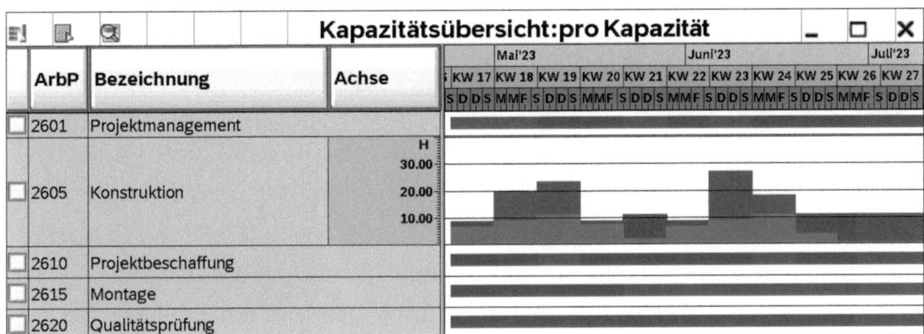

Abbildung 2.19 Kapazitätsübersicht der Projektplantafel

Soll-, Rest- und Ist-Kapazitätsbedarfe

In der Realisierungsphase von Projekten werden die Kapazitätsbedarfe aufgrund der geleisteten Arbeit und Prognosedaten aus Rückmeldungen angepasst. In Kapazitätsberichten wird daher zwischen drei unterschiedlichen Kapazitätsbedarfen unterschieden:

- **Soll-Kapazitätsbedarf**

  Der Soll-Kapazitätsbedarf bezeichnet den Kapazitätsbedarf, der sich aus den Plandaten der Vorgänge ergibt

- **Restkapazitätsbedarf**

  Hier wird der aktuelle Kapazitätsbedarf bezeichnet, der sich aus dem ursprünglich geplanten Bedarf, den bereits rückgemeldeten Leistungen und gegebenenfalls der prognostizierten Restarbeit ergibt

- **Ist-Kapazitätsbedarf**

  Der Ist-Kapazitätsbedarf ist die tatsächlich in Anspruch genommene und bereits rückgemeldete Leistung

Voraussetzung für Ist-Kapazitätsbedarfe

Die Analyse von Ist-Kapazitätsbedarfen setzt neben den entsprechenden Einstellungen der erweiterten Kapazitätsberichte zusätzlich voraus, dass die relevanten Arbeitsplätze eine Ermittlung von Ist-Kapazitätsbedarfen vorsehen.

2.2.2 Arbeitsverteilung auf Personalressourcen

Ein Arbeitsplatz kann durchaus das Angebot mehrerer Einzelkapazitäten umfassen. Führen Sie die Kapazitätsplanung nur auf der Arbeitsplatzebene durch, spezifizieren Sie dabei jedoch nicht, welche Einzelkapazität des Arbeitsplatzes die jeweilige Leistung erbringen soll. Aussagekräftige Kapazitätsauswertungen für die Einzelkapazitäten sind somit nicht möglich.

Kapazitätssplits

Bei manchen Projekten ist eine Planung auf Einzelkapazitäten – insbesondere bei Personalressourcen – notwendig, um z. B. eine Überlastung einzelner Personen zu vermeiden oder die Qualifikationen der Mitarbeitenden bei der Projektplanung zu berücksichtigen. Zu diesem Zweck können Sie für Projekte eine Arbeitsverteilung auf Kapazitätssplits durchführen, d. h. die geplante Arbeit eines Vorgangs auf Einzelkapazitäten aufsplitten. Kapazitätssplits können dabei z. B. einzelne Maschinen, Organisationseinheiten oder Planstellen sein. In der Regel wird im Projektsystem jedoch die Arbeitsverteilung auf *Personalressourcen* durchgeführt, also eine Verteilung mit einem direkten Bezug zu den Personalnummern. Die auf eine Person verteilte Arbeit kann dann insbesondere später als Vorschlagswert für die Zeitdatenerfassung mithilfe des Arbeitszeitblattes CATS (siehe Abschnitt 4.3.3, »Arbeitszeitblatt«) übernommen werden.

Voraussetzungen für die Arbeitsverteilung auf Personalressourcen

Personalstammdaten

Voraussetzung für die Arbeitsverteilung auf Personalressourcen ist, dass dem Projektsystem einige Personalstammdaten zur Verfügung gestellt werden. Diese können entweder in Form von eigenen HR-Ministammsätzen im System gepflegt werden oder aus einem HR-System stammen. Mindestens benötigt werden Personalstammdaten der beiden Infotypen 0001 (**Organisatorische Zuordnung**) und 0002 (**Daten zur Person**). Möchten Sie die Verfügbarkeit der Personen oder deren Qualifikationen bei Ihrer Planung berücksichtigen, benötigen Sie zusätzlich die Infotypen 0007 (**Soll-Arbeitszeit**) bzw. 0024 (**Qualifikationen**). Für eine spätere Verwendung der Daten im Arbeitszeitblatt ist zusätzlich der Infotyp 0315 (**Vorschlagswerte Arbeitszeitblatt**) notwendig.

Voraussetzung für die Arbeitsverteilung auf Personalressourcen

Bevor Sie die Arbeit eines Vorgangs auf einzelne Personen verteilen können, müssen für den Vorgang Kapazitätsbedarfe ermittelt worden sein. Das heißt, auch für eine Arbeitsverteilung auf Personalressourcen benötigen Sie mindestens einen Arbeitsplatz.

Die Personen, für die Sie Arbeit verteilen möchten, müssen jedoch nicht unbedingt dem Arbeitsplatz zugeordnet sein. Je nach den Systemeinstellungen können Sie die folgenden Personen zur Arbeitsverteilung auf Personalressourcen einsetzen:

- Personen, die dem Arbeitsplatz des Vorgangs zugeordnet sind
- Personen einer Projektorganisation
- beliebige Personalressourcen

Personenzuordnung zu Arbeitsplätzen

Sie können Personen auf zwei unterschiedliche Arten einem Arbeitsplatz zuordnen: Zum einen können Sie dem Arbeitsplatz eine Organisationseinheit oder einen HR-Arbeitsplatz zuordnen und somit indirekt Personen, und zum anderen können Sie der Arbeitsplatzkapazität direkt Planstellen oder Personen zuordnen. Die zweite Möglichkeit hat den Vorteil, dass Sie die Summe der Verfügbarkeiten der zugeordneten Personen in den Kapazitätsberichten, anstelle des Standardangebots als Kapazitätsangebot des Arbeitsplatzes, verwenden können.

Projektorganisation

Als *Projektorganisation* werden Personen, Planstellen oder Organisationseinheiten bezeichnet, die Sie PSP-Elementen als Vorschlagsmenge für eine spätere Arbeitsverteilung zuordnen. Verwenden Sie Transaktion CMP2 (Arbeitsverteilung aus Projektsicht), schlägt Ihnen das System zunächst immer die Personen, Planstellen oder Organisationseinheiten der Projektorganisation für die Arbeitsverteilung vor. Haben Sie einem PSP-Element keine Projektorganisation zugeordnet, bietet Ihnen das System in Transaktion CMP2 die Projektorganisation des hierarchisch übergeordneten PSP-Elements für die Arbeitsverteilung an usw. Möchten Sie nur eine Projektorganisation für das gesamte Projekt hinterlegen, reicht also eine Zuordnung auf der obersten Stufe des Projekts aus. Sie können PSP-Elementen Projektorganisationen in Transaktion CMP2 oder in den meisten Bearbeitungstransaktionen für Projektstrukturpläne zuordnen. Abbildung 2.20 zeigt exemplarisch die Zuordnung einer Projektorganisation zu einem PSP-Element.

Bei Bedarf können Sie jedoch auch Personalressourcen für eine Arbeitsverteilung vorsehen, die weder dem Arbeitsplatz noch Ihrer Projektorganisation zugeordnet sind. Je nachdem, welche Transaktion Sie für eine Arbeitsverteilung verwenden, müssen Sie dies jedoch explizit im Vorgang oder im Profil für die Arbeitsverteilung erlauben.

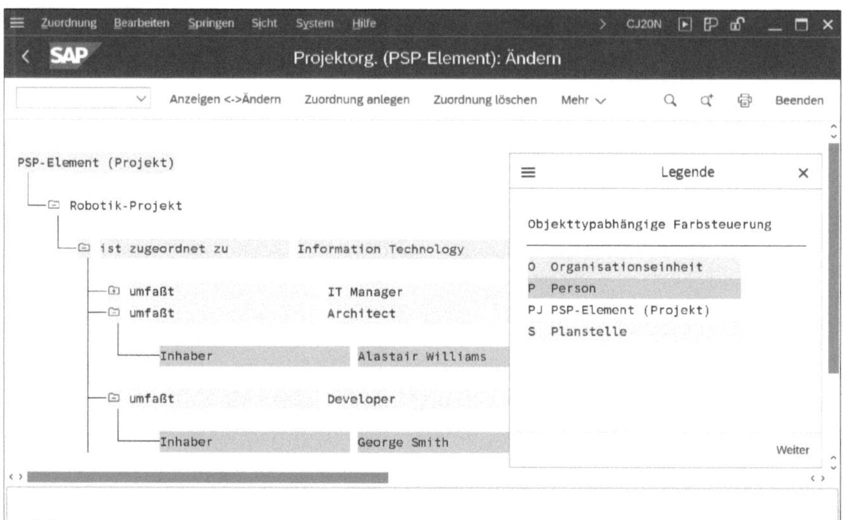

Abbildung 2.20 Beispiel einer Projektorganisation

Hitlisten

Möchten Sie bei der Arbeitsverteilung auf Personalressourcen die Qualifikationen der Personen berücksichtigen (z. B. Sprachkenntnisse, Ausbildung usw.), können Sie in den einzelnen Vorgängen ein Anforderungsprofil hinterlegen, das beschreibt, welche Qualifikationen für die Durchführung eines Vorgangs notwendig sind. Haben Sie auch für die einzelnen Personalressourcen deren Qualifikationen definiert (Transaktion PPPM), kann Ihnen das System bei der Arbeitsverteilung eine Hitliste derjenigen Personen erstellen, die aufgrund der Anforderungen des Vorgangs und der Qualifikationen der Personen am besten für die Durchführung geeignet sind.

Durchführung der Arbeitsverteilung auf Personalressourcen

Zur Durchführung einer Arbeitsverteilung auf Personalressourcen stehen Ihnen unterschiedliche Möglichkeiten zur Verfügung. Sie können Personen einem Vorgang auf der Registerkarte **Personenzuordnung** zuordnen und dabei für jeden Split das Datum, die geplante Arbeit und die zur Verfügung stehende Dauer festlegen; das System verteilt dann die Bedarfe automatisch über die angegebene Dauer (siehe Abbildung 2.21). Sie können Transaktion CMP2 (Projektsicht) oder Transaktion CMP3 (Arbeitsplatzsicht) für eine Arbeitsverteilung auf Personen, Planstellen oder Organisationseinheiten verwenden. Hierbei können Sie manuell die Arbeit auf unterschiedliche Tage oder z. B. Wochen verteilen. Sie können auch die grafische oder tabellarische Plantafel der Kapazitätsplanung für die Einplanung von Kapazitätssplits einsetzen (siehe Abschnitt 2.2.3, »Kapazitätsabgleich«).

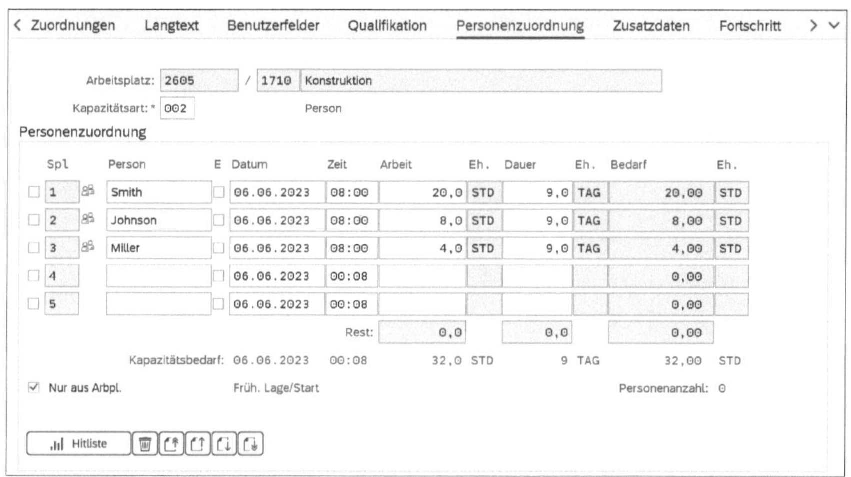

Abbildung 2.21 Detailbild der Personenzuordnung eines Eigenbearbeitungsvorgangs

Profil für Arbeitsverteilung auf Personalressourcen

Um die Transaktionen CMP2 und CMP3 im Projektsystem nutzen zu können, müssen Sie zunächst im Customizing ein Profil für die Arbeitsverteilung definieren (Transaktion CMPC) (siehe Abbildung 2.22).

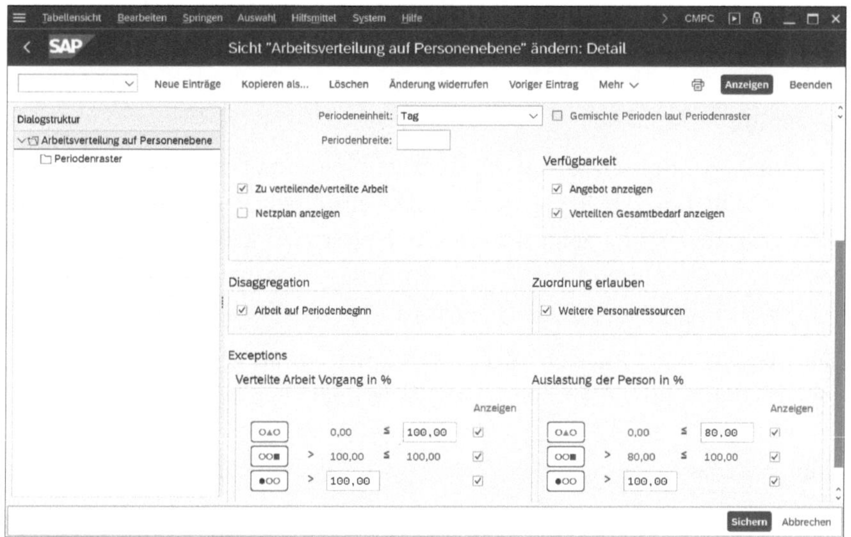

Abbildung 2.22 Beispiel eines Profils für die Arbeitsverteilung auf Personalressourcen

Das Profil legt unter anderem fest, ob auch eine Planung auf Ressourcen zulässig ist, die weder dem Arbeitsplatz noch der Projektorganisation angehören, und welche Perioden (z. B. Tage, Wochen oder Monate) für die Planung verwendet werden sollen. Dabei können Sie auch gemischte Periodenraster definieren, um z. B. für den nächsten Zeitraum eine tagesgenaue Planung bzw. für Vorgänge, die weiter in der Zukunft liegen, lediglich eine wochengenaue Planung vorzunehmen. Verwenden Sie Transaktion CMP9 für die Auswertung der Arbeitsverteilung, können Sie mithilfe des Profils Ampelfunktionen (*Exceptions*) definieren, die z. B. auf nicht verteilte Arbeit oder Überlastungen von Mitarbeitenden hinweisen.

Transaktion CMP2 (Projektsicht)

Bei einer Arbeitsverteilung mithilfe von Transaktion CMP2 (Projektsicht) selektieren Sie die Vorgänge für die Arbeitsverteilung über die Angabe eines oder mehrerer Projekte, PSP-Elemente oder Netzpläne. Sie erhalten eine Liste der Vorgänge, für die Kapazitätsbedarfe existieren, und können nun eine Zuordnung zu Organisationseinheiten, Planstellen oder natürlich auch Personalressourcen vornehmen. Existiert eine Projektorganisation, wird Ihnen diese zunächst für die Zuordnung vorgeschlagen. Sie können jedoch auch auf die Ressourcen des Arbeitsplatzes und – sofern das Profil es erlaubt – auf beliebige andere Personalressourcen zurückgreifen.

Angaben zur Bearbeitungsperiode

Die Zuordnung einer Ressource allein ist jedoch für die Arbeitsverteilung noch nicht ausreichend, sondern Sie müssen zusätzlich angeben, in welcher Periode die Ressource wie viel geplante Arbeit des Vorgangs übernehmen soll. Dabei bietet Ihnen das System zunächst nur den Zeitraum für eine Verteilung an, in dem auch die Kapazitätsbedarfe des Vorgangs liegen. Bei Bedarf können Sie jedoch auch abweichende Zeiträume für die Arbeitsverteilung verwenden.

Zusätzlich können Sie die Verfügbarkeit (Soll-Arbeitszeit) oder auch die Gesamtbelastung der Ressourcen in den einzelnen Perioden einblenden. Die Gesamtbelastung zeigt für eine Ressource periodenweise die Summe der Arbeitsverteilung auf Netzplanvorgänge an. Arbeitsverteilungen auf andere Auftragstypen werden dabei nicht berücksichtigt.

Bei Bedarf können Sie sich auch Vorgangsdetails anzeigen lassen und die geplante Verteilung der Kapazitätsbedarfe oder auch die bereits zurückgemeldete Arbeit der Vorgänge darstellen. Abbildung 2.23 zeigt ein Beispiel einer Arbeitsverteilung auf Personalressourcen mithilfe von Transaktion CMP2.

Transaktion CMP3 (Arbeitsplatzsicht)

In manchen Unternehmen nehmen nicht die Projektverantwortlichen mithilfe von Transaktion CMP2 die Arbeitsverteilung auf Personalressourcen vor, sondern die jeweiligen Arbeitsplatzverantwortlichen. Dazu steht diesen Verantwortlichen Transaktion CMP3 (Arbeitsplatzsicht) für die Verteilung von Arbeit auf die Ressourcen ihres Arbeitsplatzes zur Verfügung (siehe Abbildung 2.24). Die Selektion der Ressourcen und Vorgänge erfolgt dabei durch die Angabe eines oder mehrerer Arbeitsplätze.

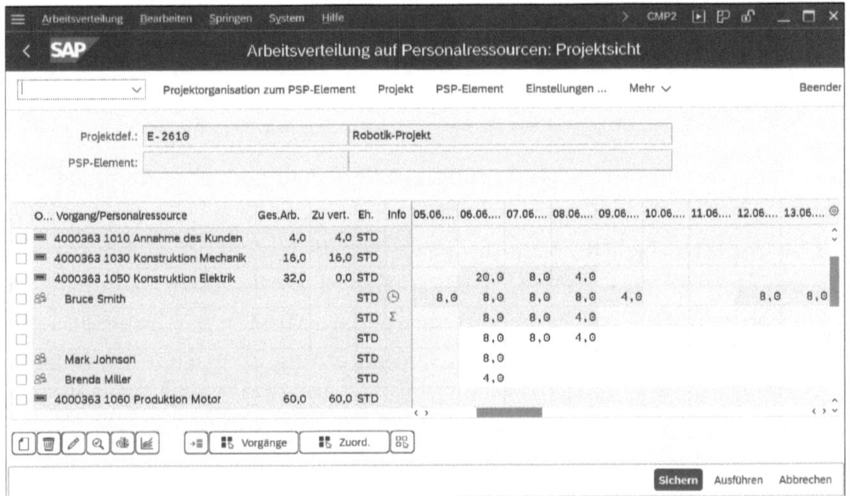

Abbildung 2.23 Beispiel einer Arbeitsverteilung auf Personalressourcen aus Projektsicht

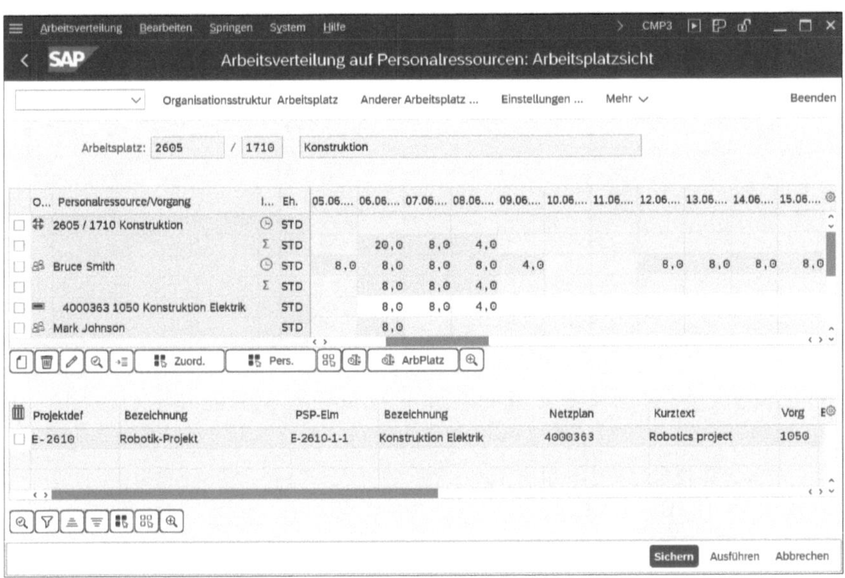

Abbildung 2.24 Beispiel einer Arbeitsverteilung auf Personalressourcen aus Arbeitsplatzsicht

[!]

Netzplansperrung bei der Arbeitsverteilung aus Arbeitsplatzsicht

Beachten Sie, dass bei der Arbeitsverteilung aus Arbeitsplatzsicht alle Vorgänge gelesen werden, die Kapazitätsbedarfe an den selektierten Arbeitsplätzen im angegebenen Zeitraum besitzen, und somit die zugehörigen

Netzpläne gesperrt werden. Daher empfiehlt es sich, in Transaktion CMP3 explizit die Netzpläne als Filter zu spezifizieren, für die Sie eine Arbeitsverteilung vornehmen möchten.

Transaktion CMP9 (Auswertung)

Nachdem Sie eine Arbeitsverteilung auf Personalressourcen durchgeführt haben, können Sie die Einzelkapazitätsberichte oder auch Transaktion CMP9 für die Auswertung Ihrer Planung verwenden. In Transaktion CMP9 können Sie die Angaben zu Projekten, Arbeitsplätzen oder Personalressourcen zur Selektion von Arbeitsverteilungen verwenden. Mithilfe der im Profil definierten Exceptions können Sie in der Auswertung überlastete Ressourcen oder Vorgänge mit noch nicht vollständig verteilter Arbeit hervorheben (siehe Abbildung 2.25).

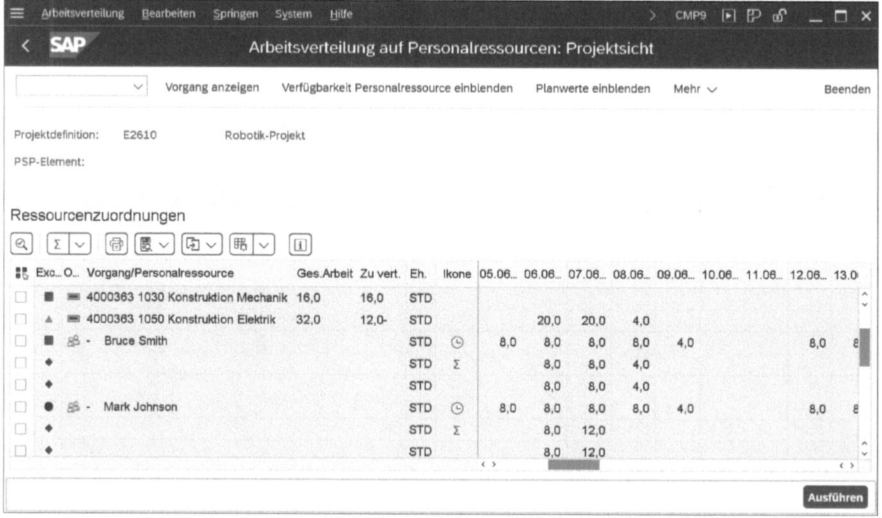

Abbildung 2.25 Beispiel einer Auswertung der Arbeitsverteilung auf Personalressourcen

Kommt es im Anschluss an die Arbeitsverteilung zu einer Terminverschiebung der Vorgänge, entscheidet das Kennzeichen **Umterminierung** in den Terminierungsparametern zur Netzplanart (siehe Abschnitt 2.1.2, »Terminierung mit Netzplänen«) darüber, ob die Arbeitsverteilung zeitlich mitverschoben werden soll oder z. B. verteilte Arbeit außerhalb der neuen Vorgangstermine gelöscht werden soll.

Neben der gerade vorgestellten Möglichkeit des Projektsystems zur Arbeitsverteilung auf Personalressourcen stehen Ihnen mit SAP Multiresource Scheduling oder SAP Project and Resource Management (siehe Abschnitt

7.3.2, »Ressourcenmanagement«) noch weitere Möglichkeiten zur Verfügung, einzelne Personalressourcen für Projekte zu managen. Diese Möglichkeiten sind insbesondere dann relevant, wenn Sie erweiterte oder projektsystemübergreifende Funktionen zur Personaleinsatzplanung benötigen.

2.2.3 Kapazitätsabgleich

Umterminierung

Wenn Sie im Rahmen Ihrer Kapazitätsplanung feststellen, dass benötigte Ressourcen überlastet sind, müssen Sie Ihre Planung anpassen. Hierzu führen Sie einen *Kapazitätsabgleich* durch, z. B. eine Anpassung der Terminplanung, also die zeitliche Verschiebung von Vorgängen oder eine Erhöhung der Dauer. Ein Kapazitätsabgleich kann auch aus dem Erstellen neuer Vorgänge/Vorgangselemente mit zusätzlichen Arbeitsplätzen bzw. Ressourcen bestehen. Gegebenenfalls können Sie auch den Steuerschlüssel eines Eigenbearbeitungsvorgangs und somit den Vorgangstyp ändern, um die geplante Arbeit nun fremdzubeschaffen (siehe Abschnitt 2.2.4, »Fremdbearbeitung«, und Abschnitt 2.2.5, »Dienstleistung«).

Kapazitätsplantafel

Im engeren Sinne versteht man unter dem Begriff *Kapazitätsabgleich* jedoch die Verwendung grafischer oder tabellarischer *Kapazitätsplantafeln*, d. h. spezieller Werkzeuge der Kapazitätsplanung zur festen zeitlichen Einplanung von Kapazitätsbedarfen. Diese Werkzeuge werden jedoch hauptsächlich in der Fertigung für die Planung von z. B. Engpassarbeitsplätzen eingesetzt und finden bei der Projektplanung in Unternehmen eher selten Verwendung.

Bei einem Kapazitätsabgleich mithilfe einer Kapazitätsplantafel selektieren Sie zunächst Kapazitäten und Vorgänge, die Bedarfe an diesen Kapazitäten haben. Anschließend können Sie die Bedarfe fest für die Durchführung durch die geplante oder auch eine andere Kapazität einplanen. Die Einplanung kann dabei manuell erfolgen (wobei Sie die Termine, zu denen die Einplanung vorgenommen werden soll, selbst festlegen) oder auch automatisch durchgeführt werden (z. B. zur frühesten oder spätesten Lage eines Vorgangs).

Status »Eingeplant«

Vorgänge, deren Bedarf Sie mithilfe einer Kapazitätsplantafel eingeplant haben, erhalten automatisch den Status **EIGP** (**Eingeplant**). Alle für die Kapazitätsplanung relevanten Felder der Vorgänge, wie z. B. die geplante Arbeit und Dauer, der Arbeitsplatz oder auch die Termine der Vorgänge, sind aufgrund dieses Status gegen Änderungen gesperrt. Erst wenn Sie die Einplanung eines Vorgangs in einer Kapazitätsplantafel wieder zurücknehmen, können Sie den Vorgang wieder zeitlich verschieben oder andere kapazitätsrelevante Daten ändern.

Sie können die Kapazitätsplantafeln sowohl für einen Kapazitätsabgleich von Arbeitsplatzkapazitäten als auch für die Einplanung von Einzelkapazitäten der Arbeitsplätze, z. B. also auch für Personalressourcen, nutzen.

Grafische Plantafeln

Grafische Plantafeln (siehe Abbildung 2.26) basieren auf Gantt-Chart-Darstellungen. Im grafischen Bereich werden zum einen Kapazitätsbedarfe und deren zeitliche Lage und zum anderen bereits eingeplante Bedarfe an Kapazitäten auf einer Zeitachse grafisch in Form von einzelnen Balken dargestellt. Im tabellarischen Bereich werden Informationen zu den Kapazitäten und Bedarfsverursachern angezeigt. Manuelle Einplanungen von Bedarfen auf Kapazitäten können Sie per Drag-and-Drop vornehmen.

Würde eine Kapazität aufgrund einer Einplanung mehr, als es in der Definition des Kapazitätsangebots erlaubt ist, überlastet, informieren Sie Fehlermeldungen in einem Planungsprotokoll darüber, dass die Einplanung nicht durchgeführt werden kann.

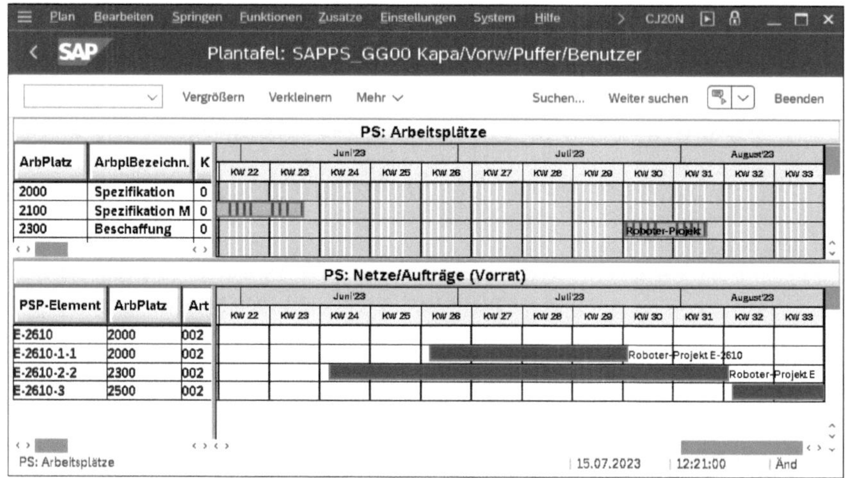

Abbildung 2.26 Grafische Kapazitätsplantafel

Tabellarische Plantafeln

Bei tabellarischen Plantafeln werden die Kapazitätsdaten und die Bedarfe von Vorgängen sowie weitere Daten der Bedarfsverursacher tabellarisch dargestellt (siehe Abbildung 2.27).

Im Gegensatz zu den grafischen Plantafeln kann hier das noch freie Angebot der Kapazitäten in den einzelnen Perioden angezeigt werden. So können Sie bereits vor der Einplanung erkennen, ob es zu einer Überlastung der Kapazität kommt oder nicht.

Abbildung 2.27 Tabellarische Kapazitätsplantafel

2.2.4 Fremdbearbeitung

Oft können nicht alle Leistungen, die für die Durchführung eines Projekts notwendig sind, allein von Ressourcen des eigenen Unternehmens erbracht werden. Mithilfe von Fremdbearbeitungsvorgängen (bzw. Fremdbearbeitungselementen, siehe Abschnitt 1.3.1, »Aufbau und Stammdaten«) können Sie daher Leistungen planen, beschaffen und überwachen, die von Lieferanten erbracht werden sollen.

Angaben zu Fremdleistungen

Für eine manuelle Spezifikation von Fremdleistungen können Sie beschreibende Langtexte, Dokumente oder PS-Texte verwenden und eine Planmenge und Mengeneinheit in einem Vorgang eingeben. Für die Kostenplanung der Fremdbeschaffung können Sie zusätzlich z. B. einen Preis pro Mengeneinheit, die entsprechende Währung und eine Kostenart angeben (siehe Abschnitt 2.4.5, »Netzplankalkulation«). Um den Zeitraum für die spätere Beschaffung der Leistung bei der Terminierung zu berücksichtigen, können Sie eine Planlieferzeit oder Dauer (siehe Abschnitt 2.1.2, »Terminierung mit Netzplänen«) im Vorgang hinterlegen. Bei Bedarf können Sie auch einen Wunschlieferanten angeben.

Damit später automatisch Bestellanforderungen aus den Vorgangsdaten erzeugt werden können, müssen Sie eine Einkaufsorganisation, eine Einkäufergruppe und die Warengruppe der Fremdleistung im Vorgang hinterlegen. Diese organisatorischen Daten sowie die Kostenart, Währung und

Mengeneinheit können Sie bereits im Netzplanprofil (Transaktion OPUU) als Vorschlagswerte eintragen (siehe Abschnitt 1.3.2, »Strukturen-Customizing des Netzplans«).

Einkaufsinfosätze Rahmenverträge

Anstatt, wie gerade beschrieben, Spezifikationen der Fremdleistung, Preis, Planlieferzeit, Warengruppe usw. manuell im Vorgang einzutragen, können Sie auch Bezug auf *Einkaufsinfosätze* oder *Rahmenverträge* aus dem Einkauf nehmen. Wenn Sie einen Infosatz für die Fremdbearbeitung oder einen Rahmenvertrag in einem Fremdbearbeitungsvorgang hinterlegen, übernimmt der Vorgang automatisch alle notwendigen Einkaufsdaten aus diesen Informationsquellen des Einkaufs. Die übernommenen Daten – mit Ausnahme der Menge – können im Vorgang nicht mehr manuell geändert werden.

Automatische Bestellanforderungen

Aus den Vorgangsdaten kann das System automatisch eine Bestellanforderung erzeugen. Dies kann in Abhängigkeit von der Einstellung des Felds **Res./BAnf** noch vor der Freigabe des Vorgangs (**sofort**), automatisch durch das Setzen des Status **Freigegeben (ab Freigabe)** oder zu einem späteren Zeitpunkt geschehen. Für die letzte Möglichkeit setzen Sie das Kennzeichen zunächst auf den Wert **Nie** und ändern die Einstellung später auf **Sofort**. Der Wert des Felds **Res./BAnf** kann über das Netzplanprofil vorbelegt werden.

Die Bestellanforderung wird automatisch mit allen für den Einkauf relevanten Daten des Vorgangs gefüllt. Den spätesten Endtermin des Vorgangs übernimmt das System als Lieferdatum in die Bestellanforderung. Bei Bedarf können Sie mithilfe einer Kundenerweiterung das Erstellen einer Bestellanforderung aus den Vorgangsdaten beeinflussen. Kommt es später zu Änderungen relevanter Daten, wird automatisch die Bestellanforderung angepasst. In der Bestellanforderung ist eine manuelle Änderung der aus dem Vorgang übernommenen Menge, Waren- und Einkäufergruppe und des Lieferdatums nicht möglich.

Anzeige von Bestellanforderungen

Sie können aus einem Fremdbearbeitungsvorgang jederzeit in die Anzeige der erzeugten Bestellanforderung abspringen. Zusätzlich steht Ihnen im Projektsystem z. B. der Bericht **Bestellanforderungen zum Projekt** zur Verfügung, um tabellarisch Bestellanforderungen eines oder auch mehrerer Projekte gleichzeitig zu analysieren oder bei Bedarf weiterzubearbeiten (siehe Abbildung 2.28). Auch mithilfe der *projektorientierten Beschaffung* (ProMan), (siehe Abschnitt 4.5.3, »ProMan«) können Sie z. B. Mengen- oder Termininformationen von Bestellanforderungen auswerten und mithilfe von Ampelfunktionen Abweichungen von Ihrer Planung hervorheben.

Lieferantenauswahl

Die automatisch erstellten Bestellanforderungen sind direkt auch im Einkauf sichtbar und können dort von einer verantwortlichen Person weiterbearbeitet werden. Sofern Sie im Vorgang nicht Bezug auf einen Einkaufsinfosatz oder einen Rahmenvertrag genommen haben, nimmt diese Person auch eine Lieferantenauswahl vor. Dies kann im Einkauf z. B. mithilfe eines Ausschreibungsverfahrens oder auch einer automatischen Bezugsquellenfindung geschehen.

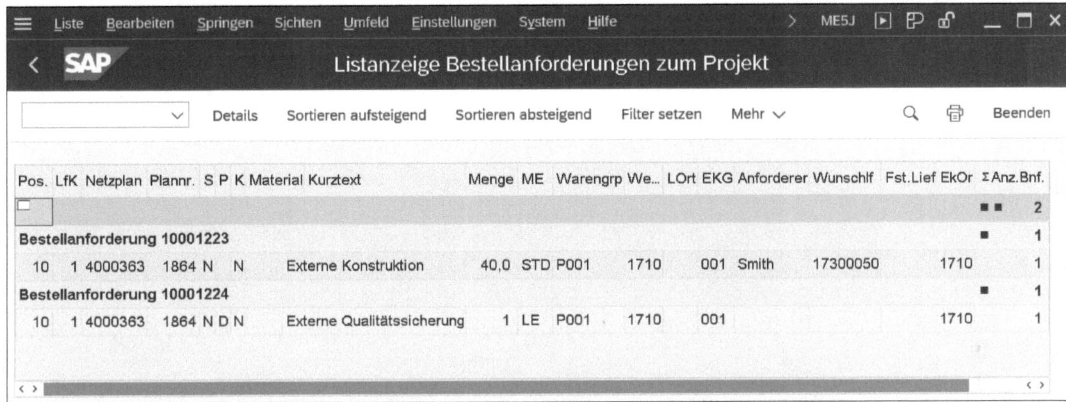

Abbildung 2.28 Tabellarische Darstellung von Bestellanforderungen zu einem Projekt

Obligos

Wurde ein Lieferant ausgewählt und der Bestellanforderung zugeordnet, können die Daten der Bestellanforderung in eine Bestellung übernommen werden. Die Bestellung ermächtigt den Lieferanten dazu, die bestellten Leistungen für Ihr Projekt zu erbringen.

Erbrachte Fremdleistungen können später durch Waren- bzw. Rechnungseingänge dokumentiert werden. Alle Einkaufsbelege sind dabei auf den Vorgang kontiert, sodass nicht nur die Plankosten, sondern auch die Verpflichtungen aufgrund der Bestellanforderung und Bestellung (Obligos) sowie die entstandenen Ist-Kosten der Fremdleistungen auf dem Vorgang bzw. Netzplan analysiert werden können. Der Einkaufsprozess und die entsprechenden Werteflüsse werden in Kapitel 4, »Prozesse der Projektdurchführung«, näher erläutert.

Belegart und Kontierungstyp

Im Customizing des Projektsystems (Transaktion OPTT, siehe Abbildung 2.29) definieren Sie für Netzpläne die *Belegart*, mit der Bestellanforderungen erstellt werden sollen, und im Feld **KontTyp allgemein** den *Kontierungstyp*, der die Wertführung der Bestellanforderung und aller nachfolgenden Einkaufsbelege steuert. Diese Einstellungen werden für alle Netzpläne einheitlich und unabhängig von Werk oder Netzplanart vorgenommen.

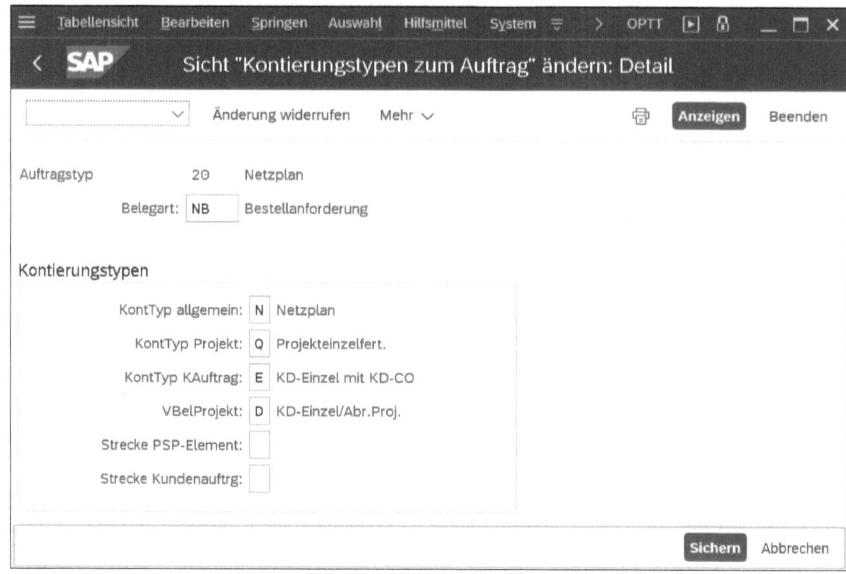

Abbildung 2.29 Festlegung der Kontierungstypen für Netzpläne

In den Parametern zur Netzplanart (Transaktion OPUV) können Sie werks- und netzplanartabhängig festlegen, ob für jeden Fremdbearbeitungsvorgang – und jeden Dienstleistungsvorgang und jedes Kaufteil (siehe Abschnitt 2.3.1, »Zuordnung von Materialkomponenten«) – eine eigene Bestellanforderung erstellt werden soll oder ob nur eine Bestellanforderung pro Netzplan erzeugt wird, die dann jeweils eine Position für jede Fremdbeschaffung hat (Sammelbestellanforderung).

Sie können innerhalb eines Projekts aber auch flexibel entscheiden, wie bestellrelevante Positionen, gegebenenfalls netzplanübergreifend, in Bestellanforderungen zusammengefasst werden sollen. Dazu hinterlegen Sie in allen Fremdbearbeitungs- und Dienstleistungsvorgängen sowie Kaufteilen, die in einer Bestellanforderung gebündelt werden sollen, dasselbe Gruppierungskennzeichen im Feld **BANF Sammelkennzeichen**. Mögliche Gruppierungskennzeichen müssen zuvor auf der Ebene der Projektdefinition definiert werden.

Externe Einkaufssysteme

Haben Sie ein externes Einkaufssystem im Einsatz, können Sie für Kombinationen aus Einkäufer- und Warengruppe steuern, dass Bestellanforderungen direkt an das externe Einkaufssystem übertragen und dort die weiteren Einkaufsprozesse abgewickelt werden. Bei Bedarf können Sie mithilfe einer Kundenerweiterung zusätzlich Kriterien für die Auswahl der zu übertragenden Bestellanforderungen festlegen.

2.2.5 Dienstleistung

Wenn der Einkauf Ihres Unternehmens auch die Beschaffung von Dienstleistungen mithilfe von Leistungsverzeichnissen, Leistungserfassungen und Leistungsabnahmen unterstützt, stehen Ihnen im Projektsystem Dienstleistungsvorgänge und -vorgangselemente für die Planung und Beschaffung solcher Dienstleistungen zur Verfügung. Ähnlich wie bei Fremdbearbeitungsvorgängen planen Sie mithilfe von Dienstleistungsvorgängen – gegebenenfalls durch die Angabe von Einkaufsinfosätzen oder Rahmenverträgen – Leistungen, die von externen Lieferanten erbracht werden sollen. Auch für Dienstleistungsvorgänge können dann Bestellanforderungen aus den Vorgangsdaten erstellt und somit automatisch Einkaufsprozesse angestoßen werden.

Leistungsverzeichnis

Im Gegensatz zu einem Fremdbearbeitungsvorgang, über den Sie lediglich eine einzelne Fremdleistung planen und beschaffen, können Sie mithilfe eines Dienstleistungsvorgangs gleich mehrere Leistungen eines Lieferanten planen sowie zusätzliche Angaben zu noch nicht näher spezifizierbaren Dienstleistungen vornehmen. Beim Anlegen eines Dienstleistungsvorgangs fordert das System Sie zu diesem Zweck auf, ein sogenanntes *Leistungsverzeichnis* zu erstellen (siehe Abbildung 2.30).

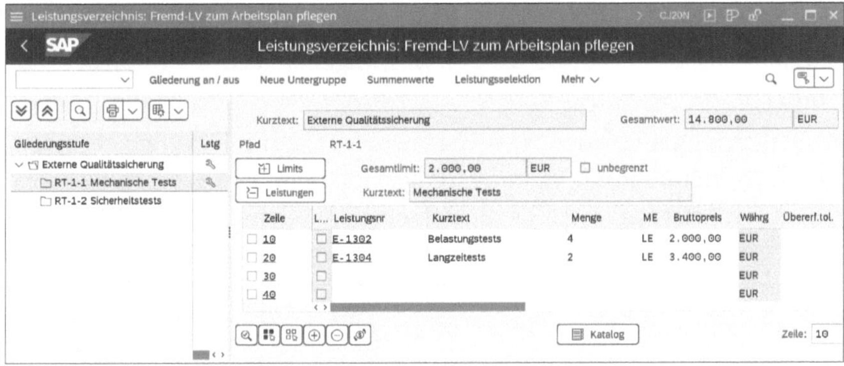

Abbildung 2.30 Beispiel eines Leistungsverzeichnisses

In einem Leistungsverzeichnis können Sie – bei Bedarf auch hierarchisch strukturiert – eine Liste mit geplanten Dienstleistungen erstellen. Dabei können Sie auf die *Leistungsstammsätze* des Einkaufs zurückgreifen, in denen bereits verschiedene Daten zu einer Dienstleistung hinterlegt werden können. Über die Konditionstechnik des Einkaufs können dann automatisch die Preise für die Leistungsstammsätze ermittelt und für die Kalkulation des Vorgangs übernommen werden. Sie können auch Leistungen aus anderen Leistungsverzeichnissen, z. B. aus existierenden Einkaufsbelegen oder anderen Netzplänen oder Aufträgen, selektieren und in ein Leistungsverzeichnis kopieren.

Muster- und Standardleistungsverzeichnisse

Im Einkauf können auch sogenannte *Musterleistungsverzeichnisse* definiert werden, die Ihnen dann als Kopiervorlage zum Erstellen eines Leistungsverzeichnisses im Netzplanvorgang dienen können. In manchen Branchen ist es üblich, Dienstleistungen mithilfe standardisierter Textbausteine zu spezifizieren. Dies kann im Einkauf mithilfe von *Standardleistungsverzeichnissen* abgebildet werden. Wenn Sie in einem Leistungsverzeichnis Bezug auf ein Standardleistungsverzeichnis nehmen, können Sie anschließend durch die Auswahl einzelner Textbausteine Dienstleistungen planen.

Kataloge

Sie können in Leistungsverzeichnissen auch Intranet- oder externe Internetkataloge aufrufen, um in diesen Katalogen Dienstleistungen zu selektieren und in das Leistungsverzeichnis zu übernehmen. Dies geschieht mithilfe der OCI-Schnittstelle (*Open Catalogue Interface*, siehe Abschnitt 2.3.1, »Zuordnung von Materialkomponenten«).

Ungeplante Leistungen

Oft können im Vorfeld eines Projekts jedoch nicht alle Dienstleistungen im Detail geplant werden, da z. B. die tatsächlich benötigten Leistungen vom Verlauf des Projekts abhängig sein können. Neben geplanten Leistungen können Sie daher in einem Leistungsverzeichnis auch Angaben zu ungeplanten Dienstleistungen vornehmen. Für die Kalkulation eines Dienstleistungsvorgangs können Sie z. B. einen erwarteten Wert für ungeplante Leistungen im Leistungsverzeichnis hinterlegen. Dieser Wert fließt zusammen mit dem Gesamtwert der geplanten Leistungen in die Plankosten des Vorgangs ein.

Wertelimit

Zusätzlich können Sie den Wert ungeplanter Leistungen begrenzen, indem Sie ein Wertelimit in das Leistungsverzeichnis eintragen. Erbringt der Lieferant später Leistungen, die Sie nicht explizit im Leistungsverzeichnis spezifiziert haben, wird der Wert dieser ungeplanten Leistung gegen das Wertelimit verprobt. Ist der Wert der ungeplanten Leistungen größer als das von Ihnen angegebene Limit, kann die Erfassung der Leistungen nicht gesichert werden.

Dienstleistungsabwicklung

Ein weiterer Unterschied zwischen Fremdbearbeitungsvorgängen und Dienstleistungsvorgängen besteht auch in der weiteren Einkaufsabwicklung. Zunächst werden auch für eine Bestellanforderung eines Dienstleistungsvorgangs im Einkauf eine Lieferantenauswahl und die Umsetzung in eine Bestellung durchgeführt. Während für Fremdbearbeitungsvorgänge in Abhängigkeit vom Kontierungstyp jedoch ein Wareneingang für die Erfassung von Leistungen gebucht werden kann, finden für die Dienstleistungsvorgänge immer eine Leistungserfassung und eine Leistungsabnahme statt. Weitere Details der Einkaufsabwicklung für Dienstleistungsvorgänge werden in Abschnitt 4.4.2, »Dienstleistung«, erörtert.

Bestellanforderungen aufgrund von Dienstleistungsvorgängen verwenden dieselbe Belegart und denselben Kontierungstyp wie die Fremdbearbeitungsvorgänge (Transaktion OPTT). Abhängig von der Waren- und Einkäufergruppe der Bestellanforderung kann ebenfalls eine Übertragung an ein externes Einkaufssystem durchgeführt werden. Im Netzplanprofil (Transaktion OPUU) können Sie für Dienstleistungsvorgänge Vorschlagswerte für die Kostenart der geplanten Leistungen, für die Waren- und Einkäufergruppe sowie für die Mengeneinheit im Vorgang hinterlegen.

Planung interner und externer Ressourcen mit Netzplänen

Mithilfe von Netzplänen können Sie interne und externe Ressourcen für die Durchführung Ihrer Projekte planen. Die Planung von internen Ressourcen (Kapazitätsplanung) nehmen Sie auf der Ebene von Arbeitsplätzen vor. Bei Bedarf kann die Planung jedoch weiter detailliert werden, bis hin zur Arbeitsverteilung auf Personalressourcen. Mithilfe von Fremdbearbeitungs- und Dienstleistungsvorgängen bzw. Dienstleistungsvorgangselementen können Sie den Einsatz externer Ressourcen planen und deren Beschaffung über den Einkauf anstoßen.

2.3 Materialplanung

Bei vielen Projekten wird für die Durchführung Material benötigt. Im Rahmen Ihrer Projektplanung mit dem Projektsystem können Sie bereits benötigtes Material, dessen Beschaffung, Verbrauch und Lieferung planen. Im Beispiel des Roboterprojekts müssen z. B. unterschiedliche Baugruppen wie Motoren-, Hüllen- oder Elektronikteile für die Endmontage des Roboters zur Verfügung gestellt werden. Ist das Material nicht am Lager vorrätig, müssen Einkaufsprozesse oder die Eigenfertigung des Materials angestoßen werden. Gegebenenfalls muss eine Lieferung des benötigten Materials zum Ort der Endmontage bzw. zum Kunden erfolgen.

Mithilfe von PSP-Elementen können Sie die Kosten für die Beschaffung von Material planen sowie diverse Belege wie Materialreservierungen, Bestellanforderungen, Bestellungen und Wareneingänge und -ausgänge auf PSP-Elemente kontieren. Eine integrierte Materialplanung, bei der automatisch Daten zwischen einem Projekt und dem Einkauf oder der Produktion ausgetauscht werden, steht Ihnen jedoch nur zur Verfügung, wenn Sie Netzpläne einsetzen. In diesem Fall sind eine manuelle Kostenplanung und die manuelle Kontierung von Belegen auf PSP-Elementen nicht mehr notwendig.

2.3.1 Zuordnung von Materialkomponenten

Materialkomponenten

Um Material mithilfe von Netzplänen zu planen, müssen Sie den Vorgängen der Netzpläne sogenannte *Materialkomponenten* zuordnen. Materialkomponenten sind Zusammenfassungen bestimmter Informationen, wie die Spezifikation des Materials (z. B. über die Angabe einer Materialnummer), die benötigte Menge und die Mengeneinheit, der Bedarfstermin, der Preis pro Mengeneinheit oder bei Kaufteilen auch die Waren- und Einkäufergruppe usw. (siehe Abbildung 2.31). Sie können für Materialkomponenten auch kundeneigene Felder auf einer eigenen Registerkarte mithilfe des BAdIs `BADI_MAT_CUST_SCR` oder auch über das SAP-Fiori-Felderweiterungskonzept realisieren sowie eine Feldauswahl im Customizing des Projektsystems definieren. Der Bedarfstermin einer Materialkomponente kann entweder manuell als Fixtermin eingegeben oder aus den Terminen des Vorgangs abgeleitet werden, dem die Komponente zugeordnet ist (siehe Abschnitt 2.1.2, »Terminierung mit Netzplänen«).

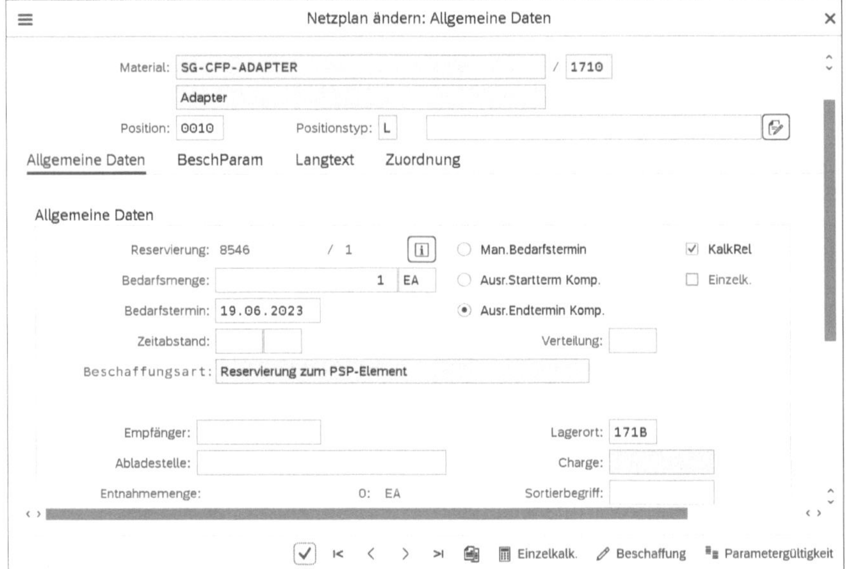

Abbildung 2.31 Beispiel für das Detailbild einer Materialkomponente

Positionstypen

Insbesondere beinhaltet eine Materialkomponente einen *Positionstyp*, der die Art der Beschaffung sowie die Bestandsführung des Materials entscheidend mitbestimmt. Im Projektsystem werden hauptsächlich die beiden Positionstypen **N** (Nichtlagerposition) und **L** (Lagerposition) verwendet.

Nichtlagerposition

Mithilfe des Positionstyps **N** planen Sie die Direktbeschaffung eines Materials über den Einkauf. Analog zur Fremdbeschaffung von Leistungen über einen Fremdbearbeitungsvorgang (siehe Abschnitt 2.2.4, »Fremdbearbeitung«) erzeugt das System auch für eine Nichtlagerposition in Abhängigkeit vom Kennzeichen **Res./BAnf** automatisch eine Bestellanforderung anhand der Komponentendaten und stößt somit die Einkaufsabwicklung an. Wenn Sie in der Materialkomponente eine Materialnummer zur Spezifikation des Materials angeben, können gegebenenfalls weitere, für die Erstellung der Bestellanforderung benötigte Einkaufsdaten aus den Stammdaten des Materials übernommen werden. Sie können eine Nichtlagerposition jedoch auch planen und beschaffen, ohne dass ein Material- bzw. Produktstammsatz für dieses Material existiert.

Wird eine Nichtlagerposition im Rahmen der Realisierungsphase eines Projekts vom Lieferanten geliefert, wird dies typischerweise durch einen *Wareneingang* dokumentiert. Beim Wareneingang wird eine Nichtlagerposition jedoch nicht in einen Lagerort eingebucht, also kein Bestand aufgebaut, sondern es findet direkt eine Verbrauchsbuchung durch den Netzplanvorgang statt. Eine Bestandsführung für Nichtlagerpositionen ist nicht möglich; Materialkomponenten mit dem Positionstyp **N** können also weder im Werksbestand noch in einem Einzelbestand geführt werden.

Sämtliche Belege, also die Bestellanforderung, die Bestellung sowie der Waren- und Rechnungseingang einer Nichtlagerposition sind auf dem Vorgang kontiert. Bei einem vorgangskontierten Netzplan können Sie so die Plan-, Obligo- und Ist-Kosten für die Beschaffung und den Verbrauch des Materials auf der Vorgangsebene analysieren (siehe Abschnitt 4.5.1, »Prozesse der Materialbeschaffung«).

Lagerposition

Anders als bei Nichtlagerpositionen ist für Lagerpositionen (Positionstyp **L**) eine Bestandsführung vorgesehen. Darüber hinaus erfolgt die Beschaffung von Lagerpositionen nicht direkt über den Einkauf, sondern über die Materialdisposition eines Unternehmens. Wenn Sie eine Materialkomponente mit dem Positionstyp **L** einem Vorgang zuordnen, müssen Sie immer auch eine Materialnummer angeben, damit das System aus dem Materialstammsatz die für die Disposition benötigten Steuerungsdaten ableiten kann. Lagerpositionen können im Werksbestand oder in Einzelbeständen geführt werden.

Die einfachste Beschaffungsart für eine Lagerposition ist das Erstellen einer Reservierung. Dies kann in Abhängigkeit von der Einstellung des Felds **Res./BAnf** entweder **sofort**, **ab Freigabe** oder auch **nie**, also nie automatisch, sondern nur manuell nach der Freigabe erfolgen. Die Reservierung ist unter einer eindeutigen Reservierungsnummer in der Disposition als Anforderung sichtbar, um das Material mit der geplanten Menge zum geplanten Bedarfstermin zur Verfügung zu stellen.

Reservierungsnummern für Netzpläne

Das System vergibt pro Netzplan eine Reservierungsnummer. Die Reservierungen der einzelnen Materialkomponenten eines Netzplans werden durch eine bis zu vierstellige Positionsnummer innerhalb der Reservierungsnummer des Netzplans unterschieden. Pro Netzplan können daher nur 9.999 Materialkomponenten geplant werden.

Nach der Erstellung einer Reservierung ist es Aufgabe einer verantwortlichen Person in der Disposition – sofern das Material zum Bedarfstermin nicht im Lager vorrätig ist –, die Beschaffung des Materials anzustoßen. Für Kaufteile kann die Beschaffung über den Einkauf und für eigengefertigtes Material über die Produktion des eigenen Unternehmens abgewickelt werden. Nach der Beschaffung des Materials kann es in einen Bestand eingebucht werden. Im letzten Schritt kann schließlich der *Warenausgang* mit Bezug zur ursprünglichen Reservierung gebucht werden. Der Warenausgang dokumentiert, dass das Material aus dem Lager entnommen und durch den Netzplanvorgang verbraucht wurde.

Bereits in der Planungsphase Ihres Projekts können Sie mithilfe der Verfügbarkeitsprüfung für Lagerpositionen überprüfen, ob das Material zum Bedarfstermin zur Verfügung gestellt werden kann oder nicht (siehe Abschnitt 2.3.4, »Verfügbarkeitsprüfung«).

Montagebaugruppen

Lagerpositionen, die Sie mit einer negativen Bedarfsmenge einem Vorgang zuordnen, werden als *Montagebaugruppen* bezeichnet. Während eine positive Menge einen Bedarf an Material repräsentiert, dokumentiert die negative Menge einer Montagebaugruppe umgekehrt, dass Material durch den Netzplan zur Verfügung gestellt wird. Aus Sicht der Disposition stellen Montagebaugruppen geplante Zugänge zu einem Bestand dar. Sie können Montagebaugruppen einsetzen, wenn Sie für die Produktion einzelner Materialien Netzpläne anstelle von Fertigungsaufträgen verwenden, dabei gegebenenfalls mehrstufige Fertigungsprozesse notwendig sind und Sie die entsprechenden Materialbewegungen in der Disposition möglichst transparent gestalten möchten.

Integration mit der Produktions- und Feinplanung (PP/DS)

Für erweiterte Szenarien zur Produktions- und Beschaffungsplanung unter Berücksichtigung von Materialbedarfen aus Projekten kann eine Integration mit der Produktions- und Feinplanung (PP/DS) in SAP S/4HANA genutzt werden. Dabei werden Netzpläne automatisch in Form von Projektaufträgen in den PP/DS-Produktionsdatenstrukturen (PDS) abgebildet. Materialbedarfe aus den Netzplänen können so als Bedarfe an die Produktions- und Beschaffungsplanung in PP/DS weitergegeben werden.

Die Planung in PP/DS kann dabei im Gegensatz zur normalen Produktionsplanung gleichzeitig Kapazitäts- und Materialverfügbarkeiten berücksichtigen. Terminliche Änderungen an den Projektaufträgen als Ergebnis der Planung und Optimierung in PP/DS werden schließlich automatisch zurück in die Netzpläne übertragen[1].

Andere Positionstypen

Andere Positionstypen, die Sie im Projektsystem neben den beiden Positionstypen **N** und **L** einsetzen können, sind **T** (Textposition), **R** (Rohmaßposition) oder **C** (Planungselement). Materialkomponenten zum Positionstyp **T** dienen rein informativen Zwecken und finden z. B. Verwendung nach einer Stücklistenauflösung. Materialkomponenten mit dem Positionstyp **R** bieten ähnliche Beschaffungs- und Bestandsführungsmöglichkeiten wie Lagerpositionen. Die Bedarfsmenge von Rohmaßpositionen, die sogenannte *Rohmaßmenge*, wird aus Rohmaßen, wie z. B. der Länge, Breite und Höhe eines Materials, abgeleitet. Anstatt also manuell direkt eine einzelne Bedarfsmenge anzugeben, müssen Sie Rohmaße für Materialkomponenten zum Positionstyp **R** spezifizieren. Der Positionstyp **C** wird bei Komponenten, die aus Katalogen übernommen wurden, verwendet, um ein nachträgliches Kopieren dieser Komponenten in den Bearbeitungstransaktionen des Projektsystems zu verhindern.

Sammel- und Einzelbestände

Prinzipiell stehen im SAP-System unterschiedliche Möglichkeiten für die Bestandsführung von Material zur Verfügung. Eine Möglichkeit ist die Verwendung des *Sammelbestands*, eines anonymen Werksbestands. Alle Projekte und Aufträge mit einem Bedarf an einem sammelbestandsgeführten Material können dieses Material aus dem Werksbestand entnehmen. Eine vorherige Zuordnung der Bestände und Bestandskosten zu den Verbrauchern ist für einen Sammelbestand nicht möglich.

Eine andere Möglichkeit der Bestandsführung von Material ist der Einsatz von *Einzelbeständen*. In diesem Fall führen Sie Materialbestände explizit mit Bezug zu einer Kundenauftragsposition (Kundenauftragsbestand) oder einem PSP-Element (Projektbestand). Material, das in einem Einzelbestand geführt wird, kann ohne die vorherige Umbuchung nur für die entsprechende Kundenauftragsposition bzw. das PSP-Element oder für ihnen zugeordnete Objekte entnommen werden. Je nach Systemeinstellungen kann der Wert eines in einem Einzelbestand vorrätigen Materials als Bestandskosten auf dem bestandsführenden Objekt ausgewiesen werden (siehe Abschnitt 2.3.2, »Projektbestand«).

1 Informationen zu Restriktionen der Integration mit Projektaufträgen finden Sie in SAP-Hinweis 708517.

Beschaffungsarten für Nichtlagerpositionen

Nachdem Sie eine Materialkomponente einem Vorgang zugeordnet haben, müssen Sie die *Beschaffungsart* spezifizieren. Für Lager- und Nichtlagerpositionen stehen unterschiedliche Beschaffungsarten zur Verfügung. Für Nichtlagerpositionen können Sie zwischen den folgenden beiden Möglichkeiten der Beschaffung wählen (siehe Abbildung 2.32):

- **BANF zum Netzplan**

  Es wird eine Direktbeschaffung des Materials angestoßen. Das Material wird vom Lieferanten für den Verbrauch durch den Vorgang in das eigene Unternehmen geliefert.

- **Streckenbestellanforderung**

  Es wird ebenfalls eine Direktbeschaffung ausgelöst. Das Material wird vom Lieferanten jedoch nicht in das eigene Unternehmen, sondern direkt zu einem Kunden, zu einem anderen Lieferanten oder zu einer beliebigen anderen Anlieferadresse geliefert.

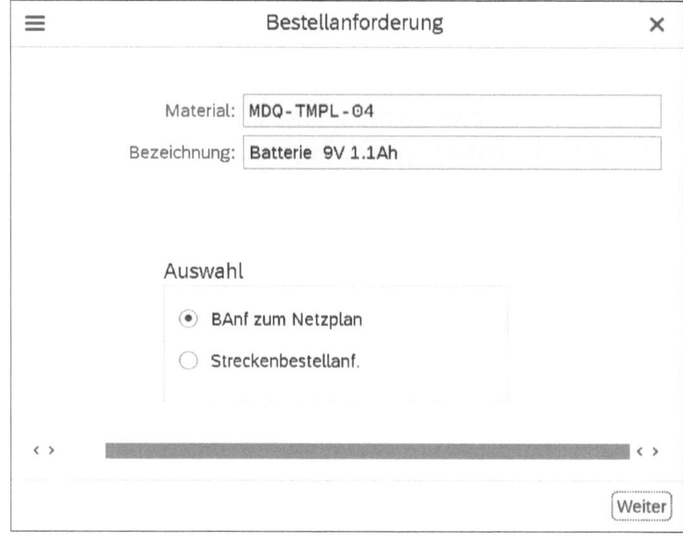

Abbildung 2.32 Auswahl der Beschaffungsart für eine Nichtlagerposition

Anlieferadresse

Wenn Sie die Beschaffungsart **Streckenbestellanforderung** für eine Nichtlagerposition auswählen, müssen Sie eine *Anlieferadresse* angeben, die zusammen mit den anderen relevanten Daten der Materialkomponente in die Bestellanforderung und später auch in die Bestellung übernommen wird. Sie können die benötigten Adressdaten entweder manuell in einer Anlieferadresse eingeben oder Bezug auf eine Adress-, Kunden- oder Lieferantennummer nehmen (siehe Abbildung 2.33).

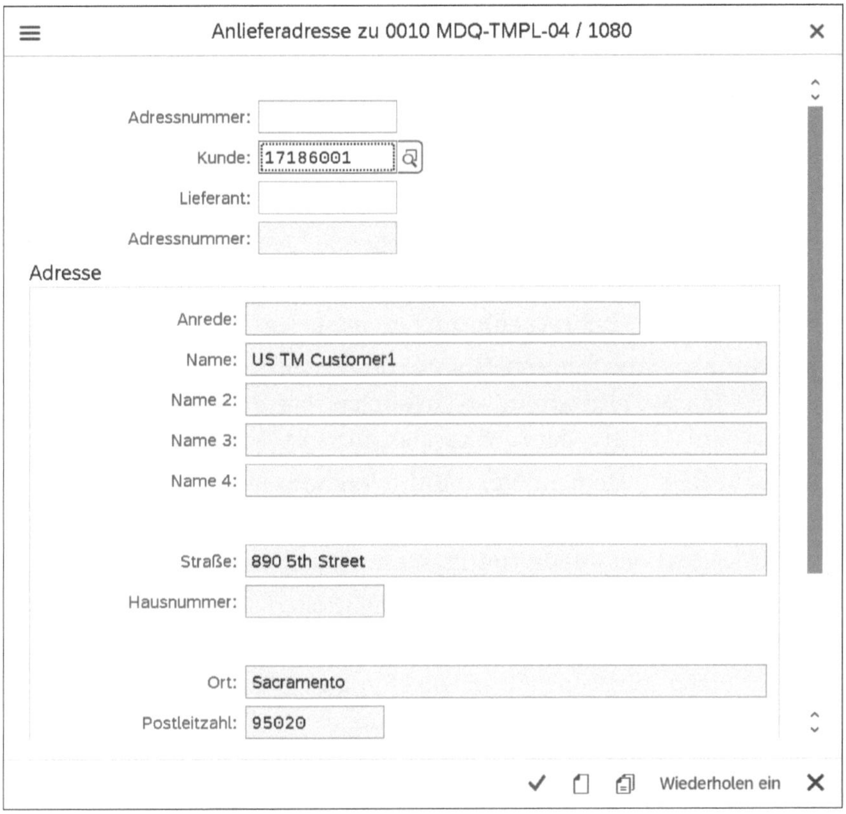

Anlieferadresse zu 0010 MDQ-TMPL-04 / 1080

Adressnummer:
Kunde: 17186001
Lieferant:
Adressnummer:

Adresse

Anrede:
Name: US TM Customer1
Name 2:
Name 3:
Name 4:
Straße: 890 5th Street
Hausnummer:
Ort: Sacramento
Postleitzahl: 95020

Wiederholen ein

Abbildung 2.33 Beispiel einer Anlieferadresse

Dabei übernimmt das System die Adressdaten aus der zentralen Adressverwaltung, aus dem Kundenstammsatz des Vertriebs oder aus den Lieferantenstammdaten des Einkaufs. Soll immer wieder die gleiche Anlieferadresse für die Streckenbestellanforderungen eines Projekts verwendet werden, können Sie beim Erstellen der ersten Anlieferadresse das Kennzeichen **Wiederholen ein** setzen. Sie können bei Bedarf jedoch auch Materialkomponenten, die nicht explizit die Beschaffungsart **Streckenbestellanforderung** besitzen, Anlieferadressen zuordnen.

Beschaffungsarten für Lagerpositionen

Die folgenden Beschaffungsarten können generell für Lagerpositionen verwendet werden; Beschaffungsarten, die sich nur durch die Bestandsführung unterscheiden, werden im Folgenden gemeinsam aufgelistet:

- **Reservierung zum Netzplan/Reservierung PSP-Element/ Reservierung Verkaufsbeleg**

  Bei diesen drei Möglichkeiten wird lediglich eine Reservierung erzeugt. Bei der ersten Möglichkeit wird die Materialkomponente im Sammelbestand geführt. Bei den anderen beiden Beschaffungsarten hat die Reservierung Bezug zum Projekt- bzw. zum Kundenauftragsbestand.

- **BAnf + Reservierung PSP-Element/BAnf + Reservierung Verkaufsbeleg**

  Bei diesen beiden Möglichkeiten wird zusätzlich zu einer Reservierung gleichzeitig eine Bestellanforderung erzeugt, unabhängig davon, ob bereits ein Bestand vorhanden ist oder nicht. Die Materialkomponente kann entweder im Projekt- oder Kundenauftragsbestand geführt werden. Die Bestellanforderung ist auf das bestandsführende Objekt kontiert.

- **StreckenBAnf PSP/StreckenBAnf Verkaufsbeleg**

  Es wird eine Streckenbestellanforderung erzeugt. Je nachdem, welche der beiden Möglichkeiten Sie auswählen, hat die Bestellanforderung Bezug zum Projekt- oder zum Kundenauftragsbestand.

- **VorabBAnf PSP-Element/VorabBAnf Verkaufsbeleg**

  Eine Vorabbeschaffung von Kaufteilen über den Einkauf wird mit Bezug zum Projekt- oder Kundenauftragsbestand angestoßen.

- **PlanPrimärBedarf Netzplan/PlanPrimärBedarf PSP-Element/PlanPrimärBedarf Verkaufsbeleg**

  Eine Vorabbeschaffung für eigengefertigtes Material wird mit Bezug zum Werks-, Projekt- oder Kundenauftragsbestand angestoßen.

Vorabbeschaffung

Die oben aufgelisteten Vorabbeschaffungsmöglichkeiten bedürfen zusätzlicher Erläuterungen. Für Material mit sehr langen Wiederbeschaffungszeiten kann es im Rahmen der Projektdurchführung notwendig sein, dessen Beschaffung anzustoßen, obwohl der eigentliche Verbraucher, also ein entsprechender Netzplanvorgang oder Fertigungsauftrag noch gar nicht existiert. Zu diesem Zweck ordnen Sie das benötigte Material als Materialkomponente mit einer Vorabbeschaffungsart dem Projekt zu. Existieren später auch die tatsächlichen Verbraucher, ordnen Sie diesen nun das Material noch einmal zu; diesmal mit einer einfachen Reservierung als Beschaffungsart. Das vorab beschaffte Material kann so schließlich mit Bezug zur Reservierung aus dem Bestand entnommen und verbraucht werden. Nähere Details zum Ablauf von Vorabbeschaffungen finden Sie in Abschnitt 4.5.1, »Prozesse der Materialbeschaffung«.

Abhängigkeiten der Beschaffungsarten

Nicht alle der oben für die Lagerpositionen aufgelisteten Beschaffungsarten stehen Ihnen jedoch auch immer zur Verfügung (siehe Abbildung 2.34). Ihre Nutzbarkeit ist von den folgenden Voraussetzungen abhängig:

- Damit Sie für eine Materialkomponente neben der Reservierung auch eine Bestellanforderung erstellen können, muss das Material eine Fremdbeschaffung erlauben (siehe Feld **Beschaffungsart** der Sicht **Disposition 2** im Materialstamm).

- Damit Sie die Beschaffungsarten mit Bezug zum Werksbestand verwenden können, muss das Material eine Sammelbestandsführung erlauben.
- Damit eine Beschaffung mit Bezug zu einem Projekt- oder Kundenauftragsbestand durchgeführt werden kann, muss das Material eine Einzelbestandsführung erlauben.

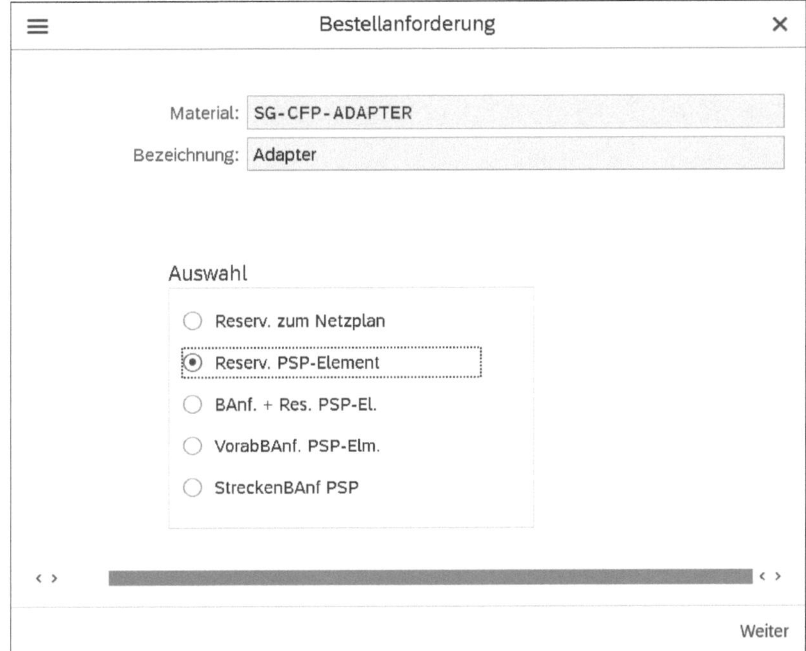

Abbildung 2.34 Auswahl der Beschaffungsart für eine Lagerposition

Die Bestandsführungsmöglichkeiten eines Materials werden durch das Feld **Einzel/Sammel** der Sicht **Disposition** 4 im Materialstamm gesteuert. Für Materialkomponenten, die Sie aus einer Stückliste übernommen haben, können die Materialstammeinstellungen zur Beschaffung und Bestandsführung bei Bedarf jedoch auch in der Stückliste übersteuert werden.

- Beschaffungsarten mit Bezug zum Projektbestand stehen Ihnen nur dann zur Verfügung, wenn die Projektdefinition eine Projektbestandsführung erlaubt (siehe Abschnitt 1.2.1, »Aufbau und Stammdaten«, und Abschnitt 2.3.2, »Projektbestand«).
- Damit Sie eine Beschaffungsart mit Bezug zu einem Kundenauftragsbestand auswählen können, muss der Netzplankopf einer Kundenauftragsposition zugeordnet sein. Zusätzlich muss der Positionstyp der Kundenauftragsposition eine Bestandsführung erlauben.

Sie können die Beschaffungsart einer Materialkomponente entweder manuell vornehmen – dabei bietet Ihnen das System nur die Beschaffungsarten an, die auch aufgrund der Einstellungen im Materialstamm bzw. in der Stücklistenposition, Projektdefinition oder Kundenauftragsposition möglich sind –, oder Sie können mit einem sogenannten *Beschaffungskennzeichen* arbeiten.

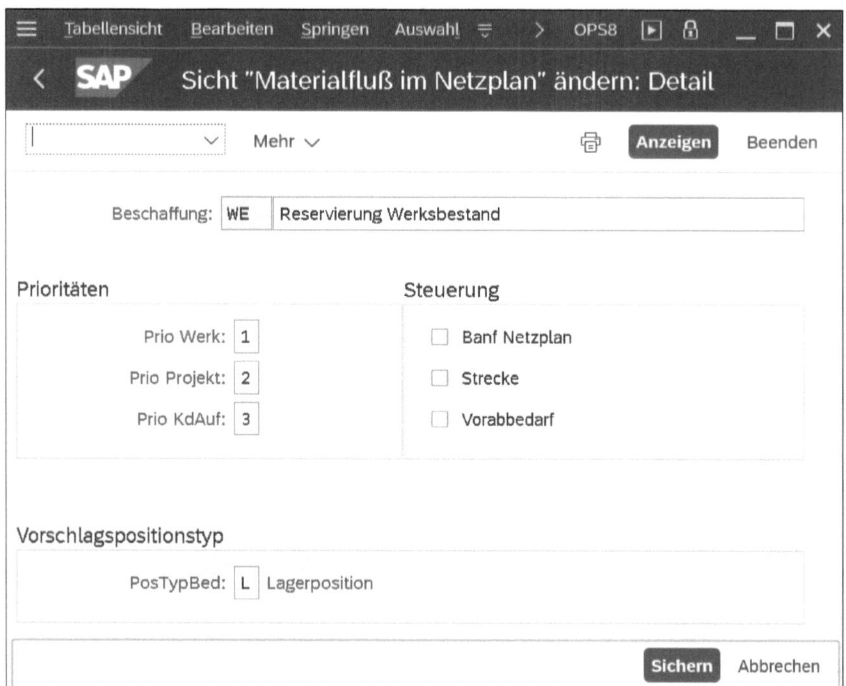

Abbildung 2.35 Beispiel für die Definition eines Beschaffungskennzeichens

Beschaffungskennzeichen

Beschaffungskennzeichen werden im Customizing des Projektsystems mithilfe von Transaktion OPS8 definiert (siehe Abbildung 2.35).

In einem Beschaffungskennzeichen können Sie einerseits bereits den Positionstyp festlegen. Andererseits können Sie mithilfe der Kennzeichen **BAnf Netzplan**, **Strecke** und **Vorabbedarf** sowie einer Priorisierung der Bestandsführung auch die Beschaffungsart über ein Beschaffungskennzeichen vorschlagen. Das Kennzeichen **BAnf Netzplan** bewirkt dabei, dass bei einzelbestandsgeführten Materialkomponenten gleichzeitig eine Reservierung und eine Bestellanforderung erzeugt werden. Indem Sie ein Beschaffungskennzeichen im Netzplanprofil eintragen, wird dieses Kennzeichen bei jeder Zuordnung einer Materialkomponente als Vorschlagswert übernommen.

Eine manuelle Auswahl des Positionstyps und der Beschaffungsart für eine Materialkomponente ist bei der Verwendung von Beschaffungskennzeichen nicht notwendig. Sofern noch erlaubt, können Sie eine vorgeschlagene Beschaffungsart jedoch im Nachhinein auch manuell ändern.

Für die Zuordnung von Materialkomponenten zu Netzplanvorgängen stehen Ihnen unterschiedliche Möglichkeiten zur Verfügung, die nun nacheinander erörtert werden.

Manuelle Zuordnung

In jeder Bearbeitungstransaktion für Netzpläne können Sie Vorgängen – unabhängig vom Vorgangstyp – Materialkomponenten manuell zuordnen. Je nach Transaktion können Sie die Zuordnung einzeln, z. B. per Drag-and-Drop aus einem Vorlagenbereich, oder auch tabellarisch vornehmen (siehe Abbildung 2.36).

Wenn Sie nicht mit Beschaffungskennzeichen arbeiten, müssen Sie manuell den Positionstyp und die Beschaffungsart bei der Zuordnung auswählen. Bei Lagerpositionen müssen Sie zusätzlich noch vor der Auswahl der Beschaffungsart eine Materialnummer angeben. Soll später eine Streckenbestellanforderung für die Materialkomponente erzeugt werden, erhalten Sie ein Dialogfenster, in dem Sie die Anlieferadresse spezifizieren können.

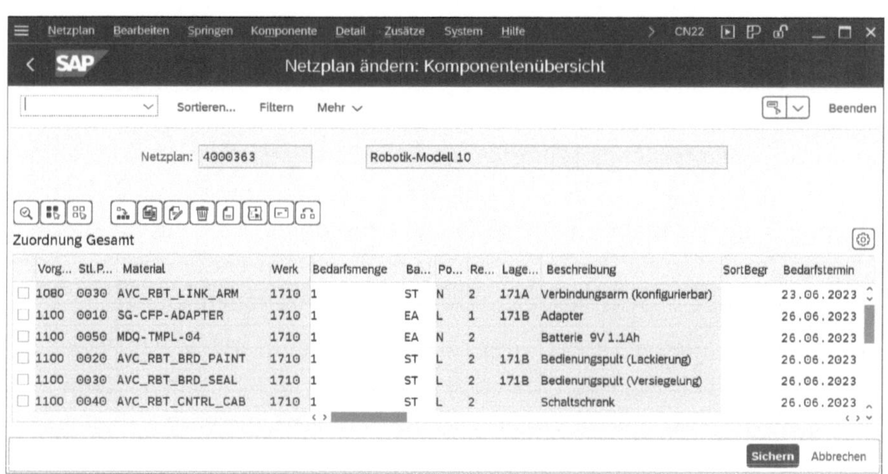

Abbildung 2.36 Beispiel für eine tabellarische Übersicht von Materialkomponenten

Beschaffungsparameter

Für jede Materialkomponente geben Sie schließlich die für die Planung und spätere Beschaffung notwendigen Daten ein, sofern diese nicht automatisch aus dem Materialstammsatz oder den Einkaufsinfosätzen übernommen werden. Im Detailbild einer Materialkomponente finden Sie auf der Registerkarte **Beschaffungsparameter** auch die relevanten Materialstammdaten, wie z. B. das Einzel-/Sammelbestands- oder Beschaffungskennzeichen. Darüber hinaus werden auf dieser Registerkarte unter anderem auch der Kontierungstyp, das Verbrauchsbuchungskennzeichen und das Sonderbestandskennzeichen sowie die vorgesehene Bewegungsart ausgewiesen. Bei Bedarf können Sie aus der tabellarischen Übersicht der Materialkomponenten direkt in die Anzeige der Materialstammdaten abspringen.

OCI-Schnittstelle

Falls erforderlich, können Sie auch die OCI-Schnittstelle für eine manuelle Zuordnung von Materialkomponenten nutzen. Mithilfe dieser Schnittstelle können Sie über die tabellarische Übersicht von Materialkomponenten eines Vorgangs einen externen Katalog zur Auswahl von Material aufrufen. Der externe Katalog kann dabei ein unternehmenseigener Intranetkatalog oder auch ein über das Internet zugänglicher Katalog eines festen Lieferanten sein.

Nachdem Sie einen Katalog aufgerufen und das Material im Katalog ausgewählt haben, können Sie die Daten zum ausgewählten Material mithilfe der Schnittstelle in das SAP-System übernehmen und so Materialkomponenten zu einem Vorgang hinzufügen. Kann für das Katalogmaterial eine entsprechende Materialnummer im SAP-System mithilfe eines geeigneten Mappings ermittelt werden, kann die Materialkomponente als Lagerposition zugeordnet werden; andernfalls findet eine Zuordnung als Nichtlagerposition statt. Zusätzlich steht auch der Positionstyp **C** für übernommene Komponenten zur Verfügung. Dieser Positionstyp verhindert ein Kopieren der Komponente.

Voraussetzung für die Verwendung der OCI-Schnittstelle ist, dass Sie im Customizing den externen Katalog und seine Aufrufstruktur, also die URL und die entsprechenden Parameter, z. B. zu Benutzer und Passwort, definieren und anschließend den Katalog der Netzplanart zuordnen. Sie können einer Netzplanart auch mehrere Kataloge zuordnen. In diesem Fall erhalten Sie beim Aufruf der Katalogschnittstelle in der Anwendung zunächst ein Dialogfenster, in dem Sie die Katalogauswahl vornehmen können.

Zusätzlich müssen Sie im Customizing die Abbildung der HTML-Felder des Katalogs auf die Felder der Materialkomponente im SAP-System definieren. Gegebenenfalls müssen Sie auch Umrechnungen zwischen den Katalogdaten und den Feldwerten im SAP-System festlegen. Bei Bedarf können Sie zusätzlich Konvertierungsbausteine, z. B. zur Ermittlung von Materialnummern, definieren.

Materialstücklisten

Komplexe Produktstrukturen können im SAP-System mithilfe von Stücklisten abgebildet werden. Eine Stückliste enthält in Abhängigkeit von ihrer Verwendung eine Auflistung aller, z. B. für die Konstruktion, Fertigung oder den Vertrieb eines Produkts benötigten Materialien. Eine *Materialstückliste* wird dabei im Wesentlichen anhand der Materialnummer des Produkts identifiziert. Die einzelnen Listenelemente für Material in einer Stückliste werden als *Stücklistenpositionen* bezeichnet und beinhalten neben der jeweiligen Materialnummer auch Angaben zur benötigten Menge, den Positionstyp sowie verschiedene Zusatzinformationen. Abbildung 2.37 zeigt exemplarisch die Materialstückliste für den Bau des Roboters.

Zum Material einer Stücklistenposition kann ebenfalls eine Stückliste existieren (*Baugruppe*); Stücklisten können also mehrstufig definiert werden. Im Projektsystem können Sie Stücklisten nutzen, um Stücklistenpositionen Netzplanvorgängen als Materialkomponenten zuzuordnen. Diese Zuordnung können Sie entweder manuell vornehmen oder mithilfe der *Stücklistenübernahmen* automatisieren.

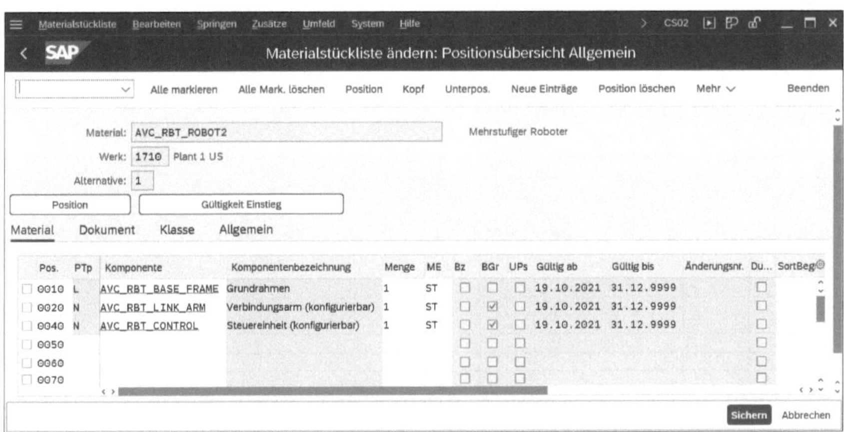

Abbildung 2.37 Beispiel einer Materialstückliste

Stücklistenauflösung

Für eine manuelle Zuordnung von Stücklistenpositionen rufen Sie die Funktion **Stückliste auflösen** in der Komponentenübersicht eines Vorgangs auf. Daraufhin erhalten Sie ein Dialogfenster, in dem Sie die Stückliste und die benötigte Menge spezifizieren und zusätzlich angeben können, ob die Stückliste einstufig oder mehrstufig aufgelöst werden soll. Anschließend erhalten Sie eine Liste aller Stücklistenpositionen und können hier die Positionen auswählen, die dem Vorgang zugeordnet werden sollen. Bei der Zuordnung übernimmt das System schließlich z. B. die Materialnummer, die Menge und den Positionstyp aus den Stücklistenpositionen.

Stücklistenauflösung und Textpositionen

Sie können einem Vorgang auch zunächst das Kopfmaterial der Stückliste zuordnen. Nach der Stücklistenauflösung dieser Komponente setzt das System automatisch den Positionstyp T (Textposition) für diese Komponente. Die Materialkomponente ist damit nicht mehr relevant für die Beschaffung; die Information, aus welcher Stückliste Positionen zugeordnet wurden, ist jedoch sichtbar.

Projektstücklisten

Eine typische Eigenschaft vieler Projekte ist ihre Einmaligkeit. So kann z. B. die Liste der benötigten Materialkomponenten bei Vertriebsprojekten aufgrund der kundenspezifischen Anforderungen von Projekt zu Projekt variieren. Anstatt nun für jedes Projekt eine neue Materialstückliste und damit gegebenenfalls auch einen neuen Materialstamm zu erstellen, können Sie *Projektstücklisten* definieren. Eine Projektstückliste ist eine Stückliste, die zusätzlich zur Materialnummer des Kopfmaterials anhand einer PSP-Element-Identifikation identifiziert wird. So können Sie zu ein und derselben Materialnummer unterschiedliche Stücklisten erstellen, die anhand unterschiedlicher PSP-Element-Identifikationen unterschieden werden können.

Bei der Erstellung von Projektstücklisten können Sie andere Stücklisten, z. B. Material- oder Projektstücklisten, als Kopiervorlage verwenden (siehe Abbildung 2.38).

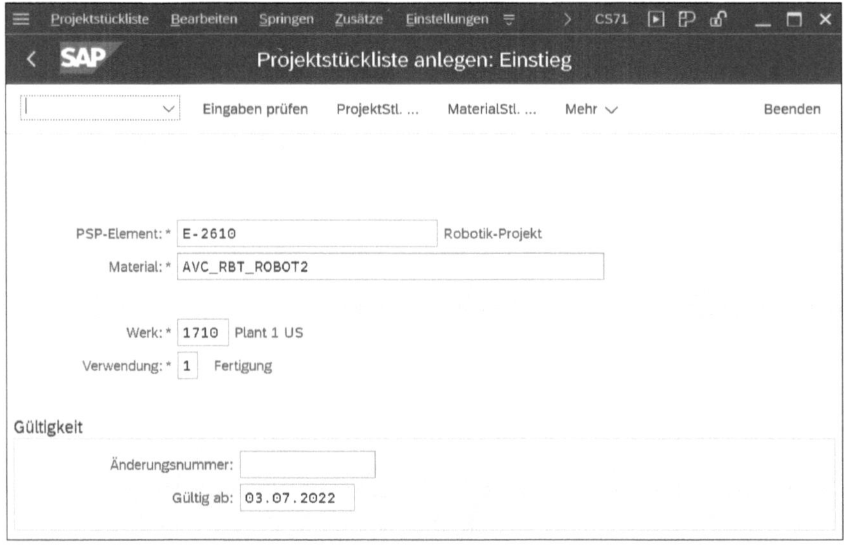

Abbildung 2.38 Anlegen einer Projektstückliste

Anschließend können Sie die Projektstückliste an die Anforderungen des jeweiligen Projekts anpassen, indem Sie Positionen löschen, neue Stücklistenpositionen hinzufügen oder Positionsdaten, z. B. die Menge, ändern. Sie können Projektstücklisten nicht nur für die oberste Stufe einer Stücklistenstruktur verwenden, sondern Sie können bei Bedarf auch für untergeordnete Stufen Projektstücklisten definieren. Ebenso wie bei den Materialstücklisten können Sie auch Positionen aus Projektstücklisten manuell Vorgängen über die Stücklistenauflösung oder automatisch mithilfe der Stücklistenübernahme zuordnen.

Stücklistenübernahme

Mithilfe der Stücklistenübernahme (Transaktion CN33) können Sie die Zuordnung von Stücklistenpositionen zu Netzplanvorgängen automatisieren. Die Verwendung der Stücklistenübernahme ist insbesondere dann sinnvoll, wenn Sie sehr viele Materialkomponenten unterschiedlichen Vorgängen zuordnen müssen oder sich die Stücklistenstruktur im Verlauf der Projektplanung ändern kann und Sie eine doppelte Pflege der Änderungen (zum einen in der Stückliste, zum anderen im Projekt) vermeiden möchten.

Voraussetzungen für die Stücklistenübernahme

Die automatisierte Zuordnung von Stücklistenpositionen zu Netzplanvorgängen erfolgt typischerweise durch das Feld **Bezugsort**, das Sie in den Eigenbearbeitungsvorgängen auf der Registerkarte **Zuordnungen** und in den Stücklistenpositionen im Detailbild **Grunddaten** finden. Ist der Wert des Felds in der Stücklistenposition mit dem Wert des Vorgangs identisch, kann die Stücklistenübernahme automatisch die Position dem Vorgang zuordnen.

Bezugsorte

Die möglichen Werte des Felds **Bezugsort** müssen Sie zunächst im Customizing des Projektsystems definieren. Dazu legen Sie einen maximal 20-stelligen alphanumerischen Schlüssel an und vergeben zu jedem Schlüssel einen beschreibenden Text, der später bei der Pflege der Bezugsorte in der Stückliste bzw. im Netzplan über die F4-Hilfe als Information abgerufen werden kann. In den Vorgängen können Sie auch einen Bezugsort eintragen, der stellvertretend für mehrere Bezugsorte von Stücklistenpositionen steht. Dazu definieren Sie einen Schlüssel, der mit einem Stern endet. Der in Abbildung 2.39 dargestellte Bezugsort **130*** steht z. B. stellvertretend für die Bezugsorte **1301** und **1302**.

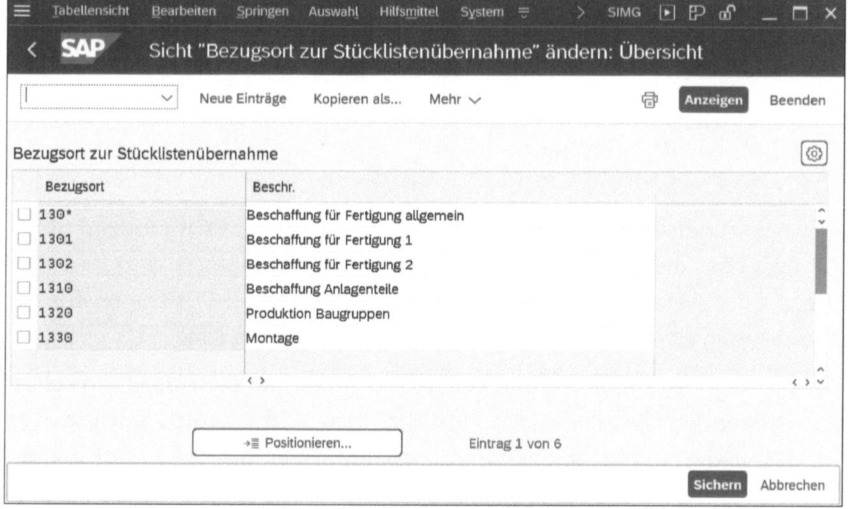

Abbildung 2.39 Beispiel für die Definition von Bezugsorten

Schließlich müssen Sie noch festlegen, dass die Werte des Felds **Bezugsort** von Stücklistenpositionen und Vorgängen bei einer Stücklistenübernahme miteinander verglichen werden sollen. Hierzu tragen Sie in der Customizing-Transaktion CN38 den technischen Namen des Felds **Bezugsort** für die Objekte Stücklistenpositionen und Netzplanvorgänge ein (siehe Abbildung 2.40).

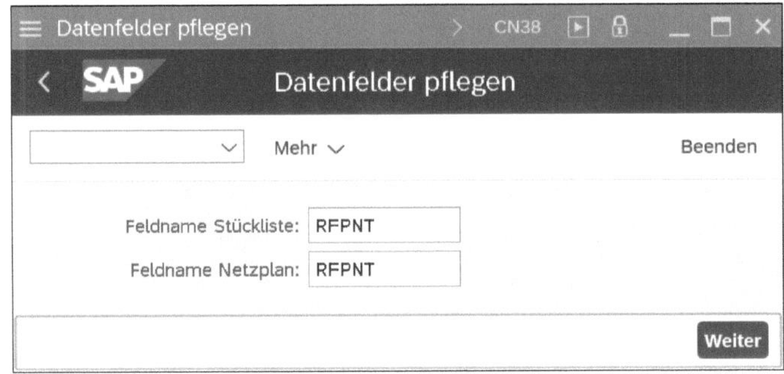

Abbildung 2.40 Festlegung des Felds »Bezugsort« als relevant für die Stücklistenübernahme

Nachdem Sie die Bezugsorte im Customizing definiert haben, müssen diese in die Detaildaten der relevanten Stücklistenpositionen und Vorgänge eingetragen werden. Wenn Sie mit Standardnetzen als Kopiervorlage arbeiten, können Sie die Bezugsorte bereits in den Vorgängen der Standardnetze eintragen.

Verwendung alternativer Felder zur Steuerung der Stücklistenübernahme

Bei Bedarf können Sie auch andere Felder aus Vorgängen und Stücklistenpositionen als Kriterium für eine Übernahme festlegen, sofern diese die gleiche Datenstruktur besitzen. Vor der Einführung des Felds **Bezugsort** wurden z. B. oft das Feld **Sortierbegriff** der Stücklistenpositionen und ein Benutzerfeld der Vorgänge verwendet.

Ablauf der Stücklistenübernahme

Wenn Sie Transaktion CN33 (Stücklistenübernahme) aufrufen, selektieren Sie zunächst die Projekte bzw. Netzpläne, denen Materialkomponenten zugeordnet werden sollen, und die Stücklisten, deren Positionen für die Zuordnung verwendet werden sollen (siehe Abbildung 2.41).

Für die Stücklistenübernahme können Sie Material- oder Projektstücklisten verwenden. Bei Bedarf können Sie auch Kundenauftragsstücklisten zuordnen, die zusätzlich zu einer Materialnummer anhand einer Kundenauftragsposition identifiziert werden. Über die Angabe von Parametern zur Stücklistenübernahme können Sie unter anderem steuern, ob die Stückliste mehrstufig aufgelöst werden soll, in welchen Beständen die Materialkomponenten geführt werden sollen oder auch zusätzliche Filterkriterien für die Auswahl der Stücklistenpositionen festlegen (siehe Abbildung 2.42).

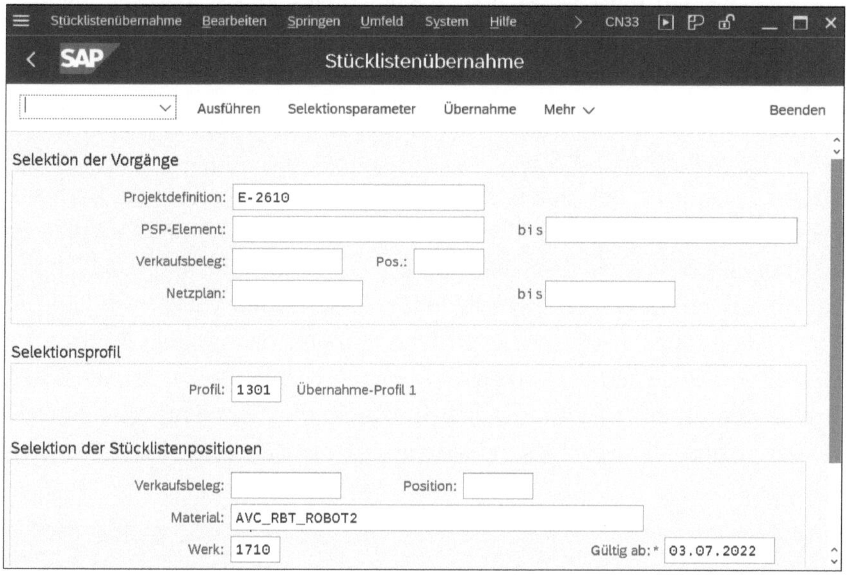

Abbildung 2.41 Einstiegsbild der Stücklistenübernahme

Abbildung 2.42 Parameter der Stücklistenübernahme

Wenn Sie die manuelle Eingabe der Parameter vermeiden möchten, können Sie im Customizing des Projektsystems *Profile für die Stücklistenübernahme* definieren, die (mit Ausnahme der Angaben zur Bestandsführung, die über Beschaffungskennzeichen abgeleitet werden können) alle steuernden Parameter enthalten. Das Profil können Sie dann im Einstiegsbild der Stücklistenübernahme auswählen.

Ausführung

Wenn Sie anschließend die Stücklistenübernahme durchführen, ordnet das System automatisch alle Stücklistenpositionen den Vorgängen zu, die den gleichen Bezugsort besitzen (siehe Abbildung 2.43). Haben Sie das Kennzeichen **Alle Positionen** in den Parametern der Stücklistenübernahme gesetzt, erhalten Sie zusätzlich eine Übersicht der Positionen, die aufgrund fehlender Bezugsorte nicht automatisch zugeordnet werden konnten. In diesem Fall können Sie bei Bedarf vor dem Sichern noch eine manuelle Zuordnung dieser Positionen zu den Netzplanvorgängen vornehmen. Ist eine eindeutige automatische Zuordnung nicht möglich, da z. B. mehrere selektierte Vorgänge denselben Bezugsort besitzen, gibt das System eine Fehlermeldung aus.

Aktion	Material	Netzplan	Vorg...	Bedarfsmenge	Basis-ME	V	Bezugsort
	AVC_RBT_CONTROL	4000363	1100	1	ST	☐	1320
	AVC_RBT_BASE_FRAME	4000363	1060	1	ST	☐	1301
	AVC_RBT_LINK_ARM	4000363	1100	1	ST	☐	1320
	AVC_RBT_CNTRL_CAB	4000363	1100	1	ST	☐	1320
	AVC_RBT_BRD_PAINT	4000363	1100	1	ST	☐	1320
	AVC_RBT_BRD_SEAL	4000363	1100	1	ST	☐	1320

Abbildung 2.43 Beispiel für das Ergebnis einer Stücklistenübernahme

Ein wesentlicher Vorteil der Stücklistenübernahme besteht darin, dass Sie die Materialplanung Ihrer Projekte sehr effizient an nachträgliche Stücklistenänderungen anpassen können. Haben Sie Positionen einer Stückliste mithilfe der Stücklistenübernahme Netzplanvorgängen zugeordnet und kommt es im Nachhinein zu einer Änderung der Stückliste (Positionen werden gelöscht, neue Positionen kommen hinzu oder Positionsdaten ändern sich), können Sie die Stücklistenübernahme für die geänderte Stückliste und die relevanten Netzpläne erneut durchführen. Das System nimmt dabei keine doppelte Zuordnung vor, sondern ermittelt lediglich die Stücklistenänderungen und schlägt Ihnen entsprechende Anpassungen der Materialkomponenten vor.

Weitere Materialzuordnungsmöglichkeiten

Neben den zuvor vorgestellten Funktionen der Materialzuordnung gibt es noch eine Reihe von weiteren Möglichkeiten, um Materialkomponenten in Netzplänen zu planen. So können Sie z. B. im Rahmen der Konstruktionsphase im Product Lifecycle Management (PLM) das integrierte Produkt- und Prozess-Engineering (iPPE) oder den Visual Enterprise Manufacturing Planner nutzen, um Materialkomponenten aus Produktstrukturen Vorgängen eines Netzplans manuell oder automatisiert zuzuordnen.

2.3.2 Projektbestand

Der Projektbestand ist eine Form der Einzelbestandsführung, bei der Materialbestände mit Bezug zu den PSP-Elementen als Einzelbestandssegmente geführt werden können. Mithilfe der Einstellungsmöglichkeiten **Unbewerteter Projektbestand**, **Bewerteter Projektbestand** oder **Kein Projektbestand** in den Grunddaten der Projektdefinition entscheiden Sie für ein Projekt, ob eine unbewertete oder eine bewertete Projektbestandsführung von Material möglich sein soll oder aber keine Projekteinzelbestände genutzt werden können (siehe Abschnitt 1.2.1, »Aufbau und Stammdaten«).

Unbewerteter Projektbestand

Bei der Verwendung des unbewerteten Projektbestands stellt jedes PSP-Element des Projekts aus Sicht der Logistik ein eigenes Bestandssegment dar. Materialbewegungen mit Bezug zum unbewerteten Projektbestand erfolgen unbewertet. So führt z. B. der Verbrauch eines projektbestandsgeführten Materials durch einen Netzplanvorgang (Warenausgang zur Reservierung) nicht zu Ist-Kosten auf dem Vorgang, und es finden hierfür keine Buchungen in der Finanzbuchhaltung statt.

Die Kalkulation dispositiver Netzpläne ermittelt entsprechend für Materialkomponenten, die im unbewerteten Projektbestand geführt werden sollen, keine Plankosten. Lediglich bei der Waren- bzw. Rechnungseingangsbuchung von Kaufteilen zum Projektbestand wird das bestandsführende PSP-Element mit den Ist-Kosten für den Fremdbezug belastet. Die Kostenflüsse im Rahmen von Materialbeschaffungen (Eigenfertigung und Fremdbeschaffung) mit Bezug zum unbewerteten Projektbestand werden in Abschnitt 4.5.1, »Prozesse der Materialbeschaffung«, näher erörtert.

[!]

Projekt-Controlling mit unbewertetem Projektbestand

Bei der Verwendung eines unbewerteten Projektbestands werden auf den Netzplanvorgängen oder den zugeordneten Fertigungsaufträgen nicht die vollständigen Plan- und Ist-Kosten für den Verbrauch von Material ausgewiesen.

Wenn Sie den unbewerteten Projektbestand einsetzen, ist nur auf der Ebene der bestandsführenden PSP-Elemente bzw. des Gesamtprojekts nach der Durchführung des Periodenabschlusses eine aussagefähige Kostenträgerrechnung möglich.

Indem Sie Vorplanungsnetze (siehe Abschnitt 1.3.2, »Strukturen-Customizing des Netzplans«) einsetzen, können Sie auch Plankosten für Materialkomponenten ermitteln, die im unbewerteten Bestand geführt werden. Da diese Plankosten nicht dispositiv wirksam sind, werden so doppelte Verfügtwerte aufgrund der Plankosten des Materials auf dem Vorgang und der Ist-Kosten auf dem PSP-Element bzw. dem Fertigungsauftrag verhindert.

Bewerteter Projektbestand

Als Alternative zum unbewerteten Projektbestand steht der bewertete Projektbestand zur Verfügung. Bei der Verwendung des bewerteten Projektbestands wird bei jeder Materialbewegung mit Bezug zum Projektbestand ein Rechnungswesenbeleg erstellt, der den entsprechenden Werteflus widerspiegelt. Die Netzplankalkulation kann für Materialkomponenten, die im bewerteten Projektbestand geführt werden sollen, Plankosten ermitteln. Der spätere Verbrauch des Materials durch den Vorgang führt zu Ist-Kosten auf dem Vorgang und zu den entsprechenden Buchungen in der Finanzbuchhaltung. Einkaufsbelege und Fertigungsaufträge, die im Rahmen der Materialbeschaffung für den Projektbestand erstellt werden, führen zu Obligo-, Bestands- und Ist-Kosten auf dem bestandsführenden PSP-Element. Die Werteflüsse für Materialbeschaffungen mit Bezug zu den bewerteten Projektbeständen werden in Abschnitt 4.5.1, »Prozesse der Materialbeschaffung«, näher erläutert.

Entscheidungshilfen zum Arbeiten mit bewerteten und unbewerteten Projektbeständen finden Sie auch in der SAP-Bibliothek.

Bedarfszusammenfassung

Prinzipiell ist ein Projektbestand ein Einzelbestand pro PSP-Element. Sie können also bei Bedarf für jeden Teilast eines Projekts einen eigenen Materialbestand führen und separat die Beschaffungs- und Bestandskosten auf den bestandsführenden PSP-Elementen auswerten. Während dies aus Sicht des Controllings durchaus vorteilhaft ist, birgt eine Bestandsführung pro PSP-Element aus logistischer Sicht jedoch auch Nachteile. Da die Einzelbestandssegmente aus dispositiver Sicht getrennt verwaltet werden, erstellt ein Materialbedarfsplanungslauf (siehe Abschnitt 4.5.1, »Prozesse der Materialbeschaffung«) für jedes Bestandssegment eigene Bestellanforderungen oder Planaufträge, unabhängig davon, ob in einem anderen Bestandssegment noch ausreichend Material zur Verfügung steht oder nicht. Wird das gleiche Material auch für andere Bestandssegmente benötigt, kann es jedoch sinnvoller sein, eine einzelne Bestellanforderung bzw. nur einen Planauftrag über die gesamte Bedarfsmenge zu erstellen, anstatt für jedes Bestandssegment eigene Beschaffungsprozesse auszulösen. So können Sie z. B. bessere Konditionen mit dem Lieferanten aushandeln oder die Fertigung des Materials optimieren. Um die logistischen Nachteile einer Einzelbestandsführung zu vermeiden, können Sie die *Bedarfszusammenfassung* im Projektsystem nutzen.

Automatische Bedarfszusammenfassung

Im einfachsten Fall verwenden Sie eine Bedarfszusammenfassung, indem Sie in der Projektdefinition das Kennzeichen **automatische Bedarfszusammenfassung** noch vor dem ersten Sichern setzen oder es bereits im Projektprofil als Vorschlagswert hinterlegen. Das oberste PSP-Element wird dadurch automatisch in den Grunddaten als sogenanntes *Dispo-PSP-Element* gekennzeichnet. Soll die Bedarfszusammenfassung nicht auf dem obersten PSP-Element erfolgen, können Sie vor dem Sichern auch ein beliebiges anderes PSP-Element als Dispo-PSP-Element kennzeichnen. Anstatt für jedes PSP-Element einen eigenen Bestand zu führen, werden bei der automatischen Bedarfszusammenfassung alle Bedarfe und Bestände des Projekts mit Bezug zum Projektbestand ausschließlich auf der Ebene dieses Dispo-PSP-Elements geführt. Das heißt, dass in der Disposition nur noch ein PSP-Element des Projekts als Einzelbestandssegment verwendet wird, auf das alle Bestellanforderungen, Bestellungen oder Fertigungsaufträge mit Bezug zum Projektbestand auf dieses PSP-Element kontiert sind.

Manuelle Bedarfszusammenfassung

Wenn Sie mehrere PSP-Elemente eines Projekts für eine Bedarfszusammenfassung verwenden möchten oder eine projektübergreifende Bedarfszusammenfassung durchführen wollen, müssen Sie die manuelle Bedarfszusammenfassung einsetzen. Bei einer manuellen Bedarfszusammenfassung kennzeichnen Sie die PSP-Elemente, auf denen Bedarfe zusammengefasst werden sollen, auf der Registerkarte **Grunddaten** als Dispo-PSP-Elemente. Anschließend ordnen Sie die PSP-Elemente, deren Bestände zusammengefasst werden sollen, den verschiedenen Dispo-PSP-Elementen zu. Diese Zuordnung können Sie einzeln (Transaktion GRM4) oder mithilfe geeigneter Selektionsbedingungen auch für mehrere PSP-Elemente gleichzeitig vornehmen (Transaktion GRM3).

Dispo-PSP-Elemente vom Typ 2

Bei Bedarf können Sie die manuelle Bedarfszusammenfassung auch von der Dispositionsgruppe des Materials (siehe Sicht **Disposition** 1 im Materialstamm) abhängig machen. Dazu wählen Sie zunächst im Feld **Dispo-PSP-Element** der PSP-Elemente, auf denen der Bedarf und die Bestände zusammengefasst werden sollen, die Ausprägung 2 (**Dispo-PSP-Element für ausgewählte Dispogruppen**). Anschließend ordnen Sie diesen Dispo-PSP-Elementen vom Typ 2 die Dispositionsgruppen zu, deren Materialien zusammengefasst werden sollen (Transaktion GRM5). Schließlich ordnen Sie noch die relevanten PSP-Elemente den Dispo-PSP-Elementen mithilfe der Transaktionen GRM3 oder GRM4 zu. Transaktion GRM8 kombiniert die Funktionen von Transaktion GRM4 und Transaktion GRM5 und bietet somit eine verbesserte Benutzerfreundlichkeit.

Voraussetzungen für die Bedarfszusammenfassung

Damit die Bedarfe und Bestände eines Materials manuell oder automatisch zusammengefasst werden können, müssen verschiedene Bedingungen erfüllt sein:

- Das Material muss im Einzelbestand geführt werden können.
- Sie müssen im Customizing des Projektsystems die Dispositionsgruppe des Materials als relevant für eine Bedarfszusammenfassung kennzeichnen.
- Das Projekt muss einen bewerteten Projektbestand erlauben (Ausnahme: die Verwendung erweiterter Fertigungsszenarien, siehe Abschnitt 2.3.3, »Management und Optimierung der Projektfertigung«).
- Damit schließlich auch tatsächlich Bedarfe bei einem Materialplanungslauf zusammengefasst werden können, die nicht exakt am gleichen Tag benötigt werden, sollte das Material ein periodisches Losgrößenverfahren erlauben (Feld **Dispolosgröße** in der Sicht **Disposition** 1 im Materialstamm).

Beispiel für Materialplanung

Abbildung 2.44 zeigt noch einmal den Unterschied zwischen einer Materialplanung ohne und mit Bedarfszusammenfassung. Für das Beispielprojekt E-2810 wird keine Bedarfszusammenfassung verwendet. Bedarfe am Material SG-CFP-ADAPTER aus unterschiedlichen Projektteilen werden in separaten Beständen (E-2810-2-2 und E-2810-2-3) verwaltet. Obwohl das Material in beiden Projektteilen sogar zum selben Bedarfstermin benötigt wird, hat die Bedarfsplanung separate Bestellanforderungen als planerische Beschaffungselemente erzeugt. In Projekt E-2910 ist eine Bedarfszusammenfassung auf der Ebene des PSP-Elements E-2910 eingestellt. Die Bedarfe am Material SG-CFP-ADAPTER aus unterschiedlichen Projektteilen werden nun in einem gemeinsamen Bestand verwaltet. Das Material sieht ein periodisches Losgrößenverfahren vor.

Die Bedarfsplanung hat daher für beide Bedarfe – obwohl deren Bedarfstermine sogar zeitlich verschieden sind – nur ein Beschaffungselement über die Gesamtmenge erzeugt.

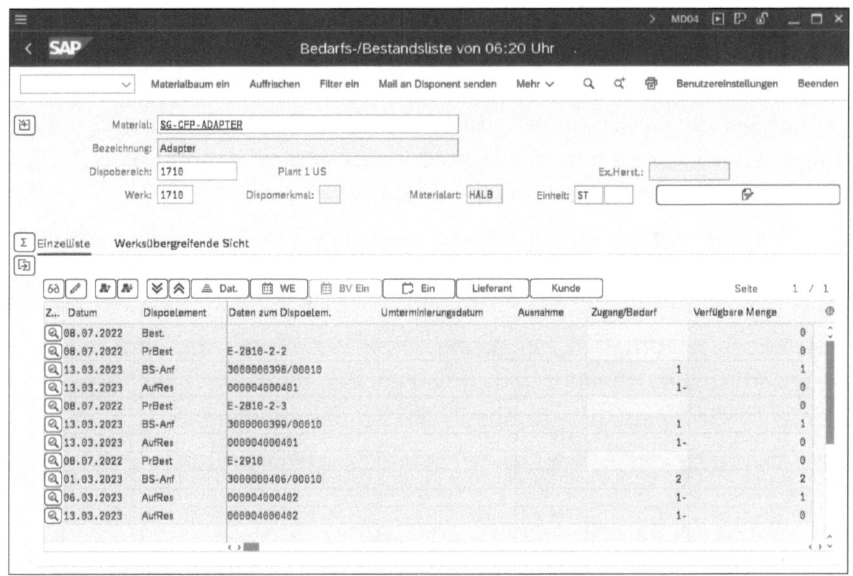

Abbildung 2.44 Beispiel für eine Materialplanung ohne und mit Bedarfszusammenfassung

2.3.3 Management und Optimierung der Projektfertigung

Die Komponente *Management und Optimierung der Projektfertigung* (PMMO) stellt eine Erweiterung der Standardfunktionen im Umfeld projektbasierter Fertigungsverfahren dar. Mithilfe von PMMO können Sie die Vorteile einer optimierten Materialbeschaffung auf Basis der projektübergreifenden Bedarfszusammenfassung mit den Vorteilen eines detaillierten Controllings von Beschaffungskosten auf einzelnen PSP-Elementen kombinieren. PMMO ist dabei der Nachfolger der Komponente *Grouping, Pegging, Distribution* (GPD, Deutsch: Bedarfszusammenfassung, Bedarfsverursachernachweis, Kostenverteilung) und bietet im Vergleich zu GPD einen erweiterten Funktionsumfang. Informationen zum Unterschied zwischen GPD und PMMO sowie zur Migration zwischen den beiden Lösungen finden Sie in SAP-Hinweis 2933435 und in SAP-Hinweis 2928343.

PMMO beruht auf den drei Schritten:

1. Bedarfszusammenfassung
2. Pegging (Bedarfsverursachernachweis)
3. Verteilung

Die Bedarfszusammenfassung wurde bereits im vorherigen Abschnitt erläutert und dient dazu, Materialbedarfe aus mehreren Projektstrukturplanelementen (PSP-Elementen) (projekt- oder werksübergreifend) in einem oder mehreren Dispo-PSP-Elementen für die gemeinsame Bestandsführung und Materialbedarfsplanung (Material Requirements Planning, MRP) zusammenzufassen und somit eine höhere Effizienz und Kosteneinsparungen bei der Materialbeschaffung zu erzielen. PMMO verwendet allerdings den unbewerteten Projektbestand, für den im Rahmen von PMMO eine Bedarfszusammenfassung möglich wird.

Pegging Mit Pegging wird eine Beziehung zwischen den zusammengefassten Bedarfsdeckern, also Planaufträgen, Bestellanforderungen, Fertigungsaufträgen sowie Bestellungen und denjenigen PSP-Elementen, die die ursprünglichen Bedarfe enthalten, hergestellt. Diese Beziehung wird dann im Rahmen der (Kosten-)Verteilung dazu verwendet, die Kosten der Dispo-PSP-Elemente wieder auf die einzelnen PSP-Elemente zu verteilen.

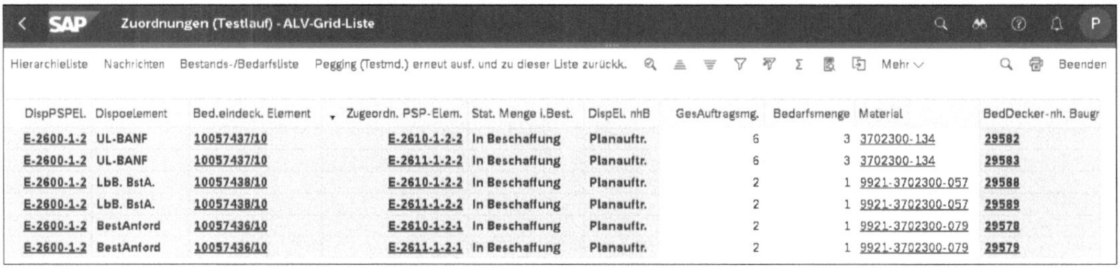
SAP
Zuordnungen (Testlauf) - ALV-Grid-Liste
Hierarchieliste
Nachrichten
Bestands-/Bedarfsliste
Pegging (Testmd.) erneut ausf. und zu dieser Liste zurückk.
Mehr
Beenden
DispPSPEL. Dispoelement Bed.eindeck. Element Zugeordn. PSP-Elem. Stat. Menge i.Best. DispEL nhB GesAuftragsmg. Bedarfsmenge Material BedDecker-nh. Baugr
E-2600-1-2 UL-BANF 10057437/10 E-2610-1-2-2 In Beschaffung Planauftr. 6 3 3702300-134 29582
E-2600-1-2 UL-BANF 10057437/10 E-2611-1-2-2 In Beschaffung Planauftr. 6 3 3702300-134 29583
E-2600-1-2 LbB. BstA. 10057438/10 E-2610-1-2-2 In Beschaffung Planauftr. 2 1 9921-3702300-057 29588
E-2600-1-2 LbB. BstA. 10057438/10 E-2611-1-2-2 In Beschaffung Planauftr. 2 1 9921-3702300-057 29589
E-2600-1-2 BestAnford 10057436/10 E-2610-1-2-1 In Beschaffung Planauftr. 2 1 9921-3702300-079 29578
E-2600-1-2 BestAnford 10057436/10 E-2611-1-2-1 In Beschaffung Planauftr. 2 1 9921-3702300-079 29579

Abbildung 2.45 Ergebnisliste eines Pegging-Laufs

Zur Ausführung bzw. Einplanung eines Pegging-Laufs steht Ihnen Transaktion PMMO_PEGGING zur Verfügung. Abbildung 2.45 zeigt Ihnen das Beispiel eines Ergebnisses eines Pegging-Laufs.

Verteilung Im Anschluss an das Pegging können Sie nun mithilfe der Verteilung (Transaktion PMMO_DISTRIBUTION) die Ist- und Obligokosten sowie Lieferantenanzahlungen der Bedarfsdecker den PSP-Elementen zuordnen, die die ursprünglichen Bedarfe ausgelöst haben. Das Ergebnis eines Verteilungslaufs ist exemplarisch in Abbildung 2.46 dargestellt.

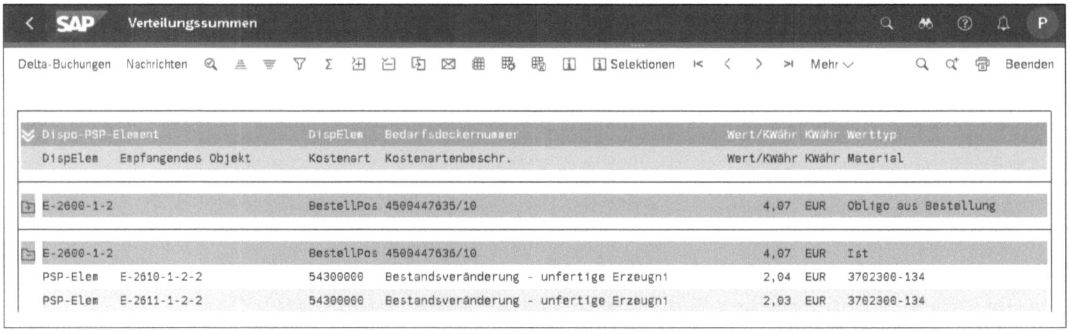
SAP
Verteilungssummen
Delta-Buchungen
Nachrichten
Selektionen
Mehr
Beenden
Dispo-PSP-Element DispElem Bedarfsdeckernummer Wert/KWähr KWähr Werttyp
DispElem Empfangendes Objekt Kostenart Kostenartenbeschr. Wert/KWähr KWähr Material
E-2600-1-2 BestellPos 4500447635/10 4,07 EUR Obligo aus Bestellung
E-2600-1-2 BestellPos 4500447636/10 4,07 EUR Ist
PSP-Elem E-2610-1-2-2 54300000 Bestandsveränderung - unfertige Erzeugni 2,04 EUR 3702300-134
PSP-Elem E-2611-1-2-2 54300000 Bestandsveränderung - unfertige Erzeugni 2,03 EUR 3702300-134

Abbildung 2.46 Beispiel eines Verteilungslaufs

Mithilfe der SAP-Fiori-App **Pegging-Zuordnungen mit Kosten** (F5486) können Sie sich auch das Ergebnis von PMMO-Pegging-Zuordnungen zusammen mit den PMMO-Kostenverteilungen anzeigen lassen (siehe Abbildung 2.47).

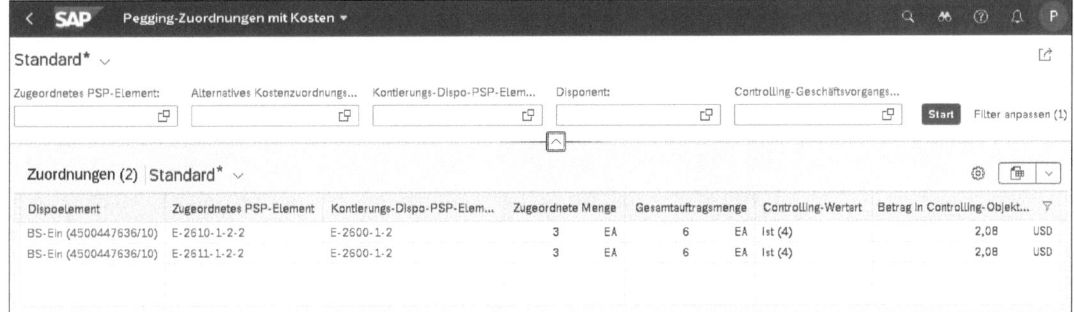

Abbildung 2.47 SAP-Fiori-App »Pegging-Zuordnungen mit Kosten«

Voraussetzungen

Um PMMO nutzen zu können, müssen Sie es zunächst im Customizing aktivieren. Eine weitere Voraussetzung ist, dass Sie im Customizing festlegen, welche Materialbewegungsarten für PMMO relevant sind. Schließlich müssen Sie noch Profile zur Steuerung der Pegging- und Verteilungsläufe im Einführungsleitfaden von PMMO definieren sowie einige technische Einstellungen vornehmen.

Bitte beachten Sie, dass PMMO noch eine Vielzahl weiterer Funktionen zur Steuerung und Auswertung sowie für kundenspezifische Erweiterungen bietet. Für Details zu PMMO lesen Sie daher bitte auch die SAP-Dokumentation.

2.3.4 Verfügbarkeitsprüfung

Die Bedarfstermine von Materialkomponenten können entweder manuell angegeben oder aus den Vorgangsterminen abgeleitet werden. Mithilfe der Verfügbarkeitsprüfung können Sie bei Ihrer Materialplanung überprüfen, ob die Materialkomponenten mit dem Positionstyp L zu den geplanten Bedarfsterminen voraussichtlich auch zur Verfügung stehen oder ob es, z. B. aufgrund fehlender Bestände und langer Wiederbeschaffungszeiten, zu fehlenden Materialverfügbarkeiten im Projekt kommen wird.

Sie können eine Verfügbarkeitsprüfung für einzelne Materialkomponenten oder für den gesamten Netzplan aus jeder Bearbeitungstransaktion für Netzpläne heraus manuell anstoßen. Im Infosystem Strukturen (siehe Abschnitt 6.1, »Infosystem Strukturen und Übersichts-Apps«) können Sie eine Verfügbarkeitsprüfung auch für mehrere Netzpläne gleichzeitig ausführen. Je nach den Einstellungen der *Prüfungssteuerung* kann eine Verfügbarkeitsprüfung auch automatisch beim Sichern nach der Eröffnung, nach der Freigabe oder nach jeder relevanten Änderung durchgeführt werden.

Fehlteile Stellt die Verfügbarkeitsprüfung fest, dass Material zum geplanten Bedarfstermin voraussichtlich nicht zur Verfügung gestellt werden kann, werden die entsprechenden Materialkomponenten als *Fehlteile* gekennzeichnet. Zusätzlich setzt das System den Status **FMAT (Fehlende Materialverfügbarkeit)** auf der Ebene des Netzplankopfs.

Prüfungsumfang Die Verfügbarkeitsprüfung für Materialkomponenten wird durch einen sogenannten *Prüfungsumfang* gesteuert, den Sie mithilfe von Transaktion OPJJ im Customizing des Projektsystems definieren können (siehe Abbildung 2.48). Der Prüfungsumfang legt z. B. fest, ob die Prüfung auf Werks- oder Lagerortebene durchgeführt und welche Sonderbestände (Qualitätsprüfbestand, Sicherheitsbestände usw.) dabei berücksichtigt werden sollen. Mithilfe des Kennzeichens **Ohne Wiederbeschaffungszeit** im Prüfungsumfang steuern Sie, ob die Wiederbeschaffungszeit, die Sie im Materialstammsatz eines Materials hinterlegen können, bei der Verfügbarkeitsprüfung mit einbezogen werden soll oder nicht. Ist das Kennzeichen nicht gesetzt, kann die Verfügbarkeitsprüfung für Fehlteile darüber hinaus Termine vorschlagen, zu denen das Material zur Verfügung gestellt werden kann.

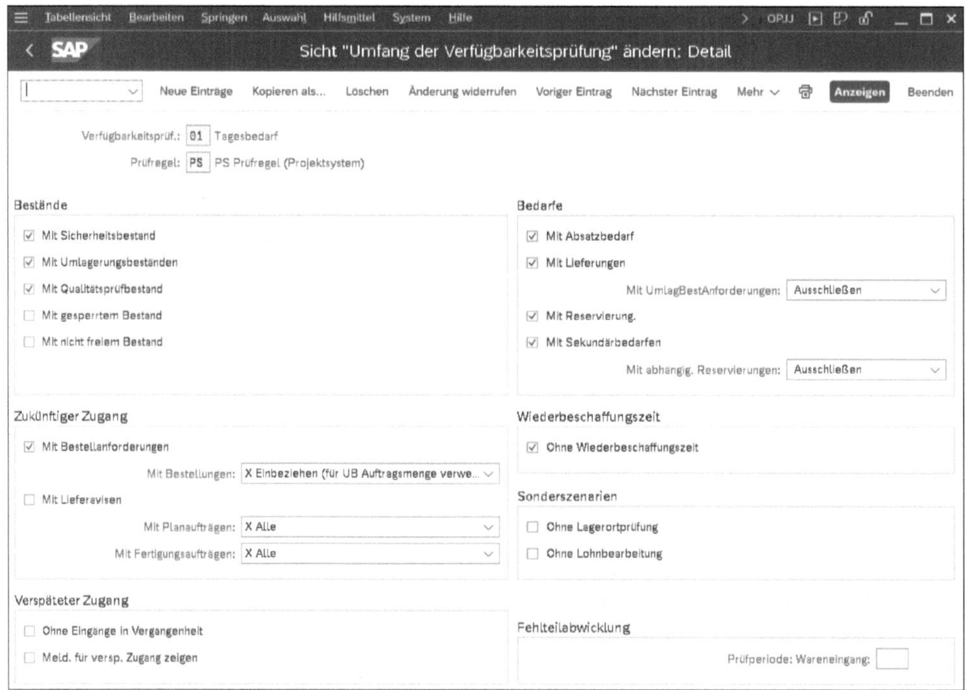

Abbildung 2.48 Beispiel für den Prüfungsumfang einer Verfügbarkeitsprüfung

Geplante Zu- und Abgänge

Im Prüfungsumfang können Sie auch definieren, welche geplanten Zu- und Abgänge bei der Verfügbarkeitsprüfung Berücksichtigung finden sollen. Geplante Zugänge können z. B. Bestellanforderungen, Bestellungen, Plan- oder Fertigungsaufträge sein, die voraussichtlich zu einem Wareneingang vor dem Bedarfstermin der Materialkomponente führen. Geplante Abgänge stellen umgekehrt z. B. Reservierungen oder Planprimärbedarfe vor dem Bedarfstermin der Komponente dar.

Prüfungssteuerung

Der Prüfungsumfang wird bei der Verfügbarkeitsprüfung für jede Materialkomponente aus einer Kombination aus dem Wert des Felds **Verfügbarkeitsprüfung** im Materialstammsatz (Sicht **Disposition** 3) und einer *Prüfregel* ermittelt. Die Prüfregel hinterlegen Sie wiederum in der *Prüfungssteuerung* (siehe Abbildung 2.49).

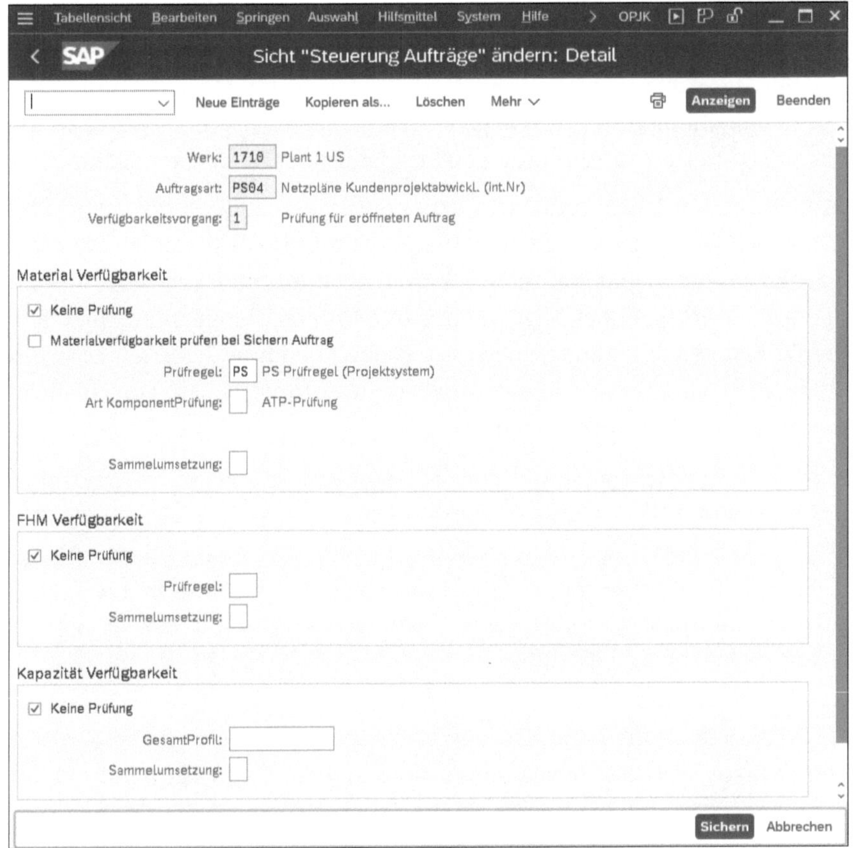

Abbildung 2.49 Beispiel für die Definition einer Prüfungssteuerung

Mithilfe des Felds **Proj.übergreif.** (Sicht **Disposition** 3) im Materialstammsatz können Sie für einzelbestandsgeführte Komponenten zusätzlich steuern, ob die Verfügbarkeitsprüfung nur im jeweiligen Einzelbestandssegment durchgeführt wird oder alle Einzelbestandssegmente und zusätzlich der Werksbestand in die Prüfung eingehen sollen.

Prüfregeln und die Prüfungssteuerung erstellen Sie im Customizing des Projektsystems. Die Prüfungssteuerung (Transaktion OPJK) wird dabei abhängig von Werk, Netzplanart und den beiden Status **Eröffnet** und **Freigegeben** definiert. Neben der Prüfregel enthält die Prüfungssteuerung Einstellungen zur automatischen Ausführung der Verfügbarkeitsprüfung und steuert z. B., ob eine Freigabe von Vorgängen trotz fehlender Materialverfügbarkeit möglich sein soll, einen Benutzerentscheid erfordert oder sogar verboten ist.

Materialkomponenten

Wenn Sie mit Standardnetzen als Kopiervorlage für operative Netzpläne arbeiten (siehe Abschnitt 1.3.3, »Standardnetze«) und in den operativen Netzplänen immer wieder das gleiche Material benötigt wird, können Sie die benötigten Materialkomponenten bereits den entsprechenden Vorgängen der Standardnetze zuordnen. Die Zuordnung von Materialkomponenten zu den Standardnetzvorgängen erfolgt jedoch auf andere Weise als die oben diskutierte Zuordnung zu den Vorgängen operativer Netzpläne.

In einem ersten Schritt ordnen Sie dem Kopf eines Standardnetzes eine oder mehrere Materialstücklisten zu. In einem zweiten Schritt wählen Sie dann aus den zugeordneten Materialstücklisten die Positionen aus, die später im operativen Netzplan benötigt werden, und ordnen diese den entsprechenden Vorgängen des Standardnetzes zu (siehe Abbildung 2.50). Material, das Sie keinem Vorgang des Standardnetzes zugeordnet haben, wird nicht in einen operativen Netzplan kopiert.

[+]

Stücklistenauflösung in Standardnetzen

Enthält eine Materialstückliste Dummy-Baugruppen, werden diese aufgelöst, damit deren Positionen Standardnetzvorgängen zugeordnet werden können. Ansonsten erfolgt die Auflösung der Materialstückliste im Standardnetz jedoch nur einstufig.

Standardstückliste

Wenn Sie Materialien Standardnetzvorgängen zuordnen möchten, die in keiner Materialstückliste verwendet werden, können Sie für den Kopf des Standardnetzes zunächst eine eigene Stückliste anlegen. In diese sogenannte *Standardstückliste* nehmen Sie dann die benötigten Materialien als Positionen auf und ordnen sie anschließend den Vorgängen des Standardnetzes zu. Eine Standardstückliste kann nur in dem Standardnetz verwendet werden, in dem sie erstellt wurde.

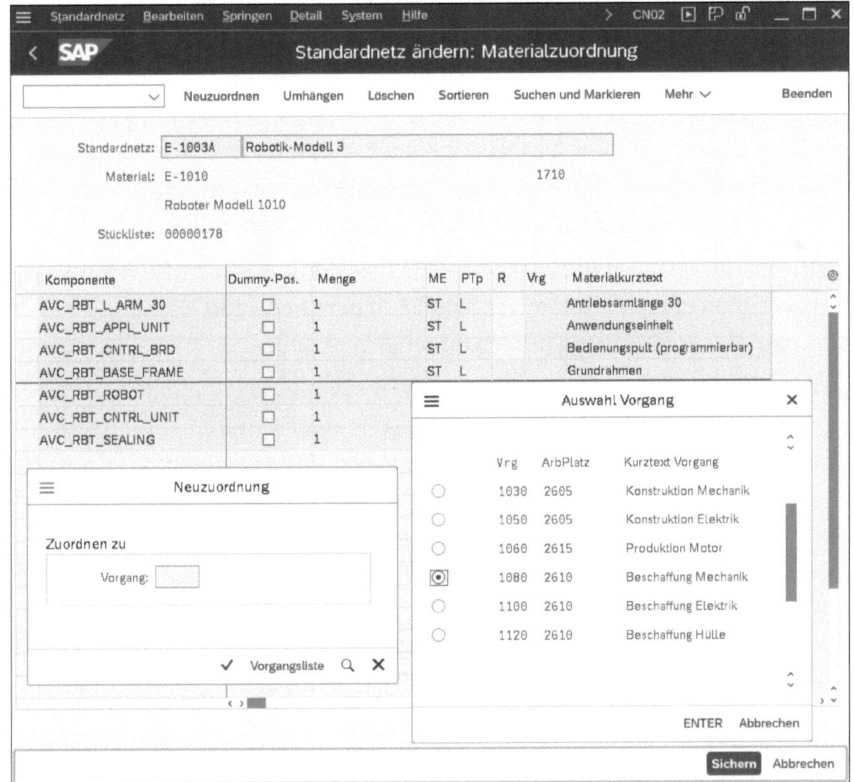

Abbildung 2.50 Beispiel für die Zuordnung von Materialkomponenten zu Vorgängen eines Standardnetzes

Materialplanung

Die Planung von Material für Projekte erfolgt durch die Zuordnung des Materials in Form von Materialkomponenten zu Netzplanvorgängen. Bei der Zuordnung legen Sie fest, wie das Material später zu beschaffen ist und – im Falle von Lagerpositionen – in welchen Beständen es geführt werden soll. Mit dem Projektbestand haben Sie die Möglichkeit, Einzelbestände für Material mit Bezug zu PSP-Elementen als Einzelbestandssegmenten zu führen.

Für die Zuordnung von Materialkomponenten stehen Ihnen unterschiedliche Möglichkeiten zur Verfügung. Eine Zuordnung von Materialkomponenten zu Vorgängen in Standardnetzen ist ebenfalls möglich.

2.4 Planung von Kosten und statistischen Kennzahlen

Auf der Basis der zuvor geschilderten Ressourcen- und Materialplanung mithilfe von Netzplänen kann das System automatisch die Plankosten für die Beschaffung und den Verbrauch von Ressourcen und Material berechnen. Diese Form der Kostenplanung wird als *Netzplankalkulation* bezeichnet und in Abschnitt 2.4.5, »Netzplankalkulation«, näher erläutert.

Wenn Sie nur Projektstrukturpläne für die Abbildung von Projekten verwenden, planen Sie die Kosten manuell auf der Ebene der PSP-Elemente für die spätere Durchführung der einzelnen Projektteile.

Eine manuelle Kostenplanung mithilfe von PSP-Elementen kann auch bei einer zusätzlichen Verwendung von Netzplänen sinnvoll sein, wenn Sie Netzpläne ausschließlich für eine Terminplanung einsetzen oder z. B. die Kostenplanung auf der Ebene der PSP-Elemente nur für eine erste Grobplanung nutzen und diese später durch eine Netzplankalkulation detaillieren möchten. Zur Kostenplanung auf PSP-Elementen stehen Ihnen unterschiedliche Möglichkeiten zur Verfügung, die in Abschnitt 2.4.1, »Hierarchische Kostenplanung«, bis Abschnitt 2.4.4, »Easy Cost Planning«, erörtert werden. Ein wesentliches Unterscheidungsmerkmal zwischen diesen verschiedenen Möglichkeiten ist der Detaillierungsgrad der Planung. Zwei wesentliche Kriterien für den Detaillierungsgrad einer Kostenplanung sind die Eigenschaften **kostenartengerecht** und **periodengerecht**.

Kostenartengerechte Kostenplanung

Wenn eine Kostenplanung einen Bezug zu einer bzw. mehreren Kostenarten besitzt, wird diese Form der Kostenplanung als *kostenartengerecht* bezeichnet. Kostenarten werden in der Kostenartenrechnung des Controllings definiert und entsprechen den kostenrelevanten Kontenplanpositionen. Mithilfe von Kostenarten gliedern und klassifizieren Sie so den betriebszweckbezogenen bewerteten Verbrauch von Produktionsfaktoren. Mithilfe von Kostenartenberichten (siehe Abschnitt 6.2.2, »Kostenartenberichte«), Hierarchieberichten (siehe Abschnitt 6.2.1, »Hierarchieberichte«) oder auch verschiedenen SAP-Fiori-Apps (siehe Abschnitt 6.2.4, »SAP-Fiori-basierte Berichte und analytische Apps«) des Reportings können Sie daher kostenartengerecht geplante Kosten hinsichtlich ihrer betriebszweckbezogenen Verwendung analysieren.

Kostenartengerechte Kostenplanungsmöglichkeiten

Für eine kostenartengerechte Kostenplanung auf PSP-Elementen können Sie im Projektsystem Einzelkalkulationen (siehe Abschnitt 2.4.2, »Einzelkalkulation«), die Detailplanung (siehe Abschnitt 2.4.3, »Detailplanung«), ACDOCP-basierte Planungsformen (siehe Abschnitt 2.4.8, »ACDOCP-basierte

Planungsformen«) und das Easy Cost Planning (siehe Abschnitt 2.4.4, »Easy Cost Planning«) verwenden. Kalkulationen mithilfe von Netzplänen (siehe Abschnitt 2.4.5, »Netzplankalkulation«) sind ebenfalls immer kostenartengerecht.

Periodengerechte Kostenplanung

Wenn eine Kostenplanung einen Bezug zur Periode des voraussichtlichen Kostenanfalls hat, wird diese Form der Kostenplanung als periodengerecht bezeichnet. Periodengerechte Kostenplanungen erlauben es Ihnen, im Reporting Plankosten periodengenau, also z. B. monatsweise zu analysieren und später mit den in einer Periode tatsächlich angefallenen Ist-Kosten zu vergleichen.

[+]

Periodengerechte Kostenplanungsmöglichkeiten

Periodengerechte Möglichkeiten der Kostenplanung im Projektsystem sind die Detailplanung (siehe Abschnitt 2.4.3, »Detailplanung«), ACDOCP-basierte Planungsformen (siehe Abschnitt 2.4.8, »ACDOCP-basierte Planungsformen«) und die Netzplankalkulation (siehe Abschnitt 2.4.5, »Netzplankalkulation«). Das Easy Cost Planning ist nur bedingt periodengerecht (siehe Abschnitt 2.4.4, »Easy Cost Planning«), und die anderen Formen der Kostenplanung im Projektsystem sind periodenunabhängig bzw. haben lediglich Bezug zu den Geschäftsjahren, nicht jedoch zu einzelnen Perioden eines Geschäftsjahres.

CO-Versionen

Wenn Sie Kosten auf PSP-Elementen planen, nehmen Sie dabei Bezug auf eine CO-Version. Bei der Verwendung von Planungsfunktionen, die die Datenbanktabelle ACDOCP nutzen, wird keine CO-Version benötigt. Hier werden die Planwerte mit Bezug zu Plankategorien abgelegt (siehe Abschnitt 2.4.8, »ACDOCP-basierte Planungsformen«). CO-Versionen können im Customizing definiert werden und enthalten eine Reihe von Steuerungsparametern für ihre Verwendungen im Controlling und im Projektsystem (siehe Abbildung 2.51).

Je nachdem, welche Form der Kostenplanung Sie verwenden, ist die CO-Version entweder im Customizing voreingestellt, oder Sie wählen sie manuell beim Einstieg in die Kostenplanung aus.

CO-Versionen erlauben es Ihnen, für ein und dasselbe PSP-Element mehrere unterschiedliche Kosten zu planen. So können Sie z. B. in einer frühen Planungsphase Ihres Projekts eine grobe Form der Kostenplanung wählen und die entsprechenden Plankosten z. B. in der CO-Version 1 sichern. Später, im Rahmen der Detailplanung, können Sie eine detailliertere Kostenplanungsform nutzen, um die Planwerte in der CO-Version 0 abzulegen. Im

Reporting können Sie dann Ihre Grobplanungswerte mit denen der Detailplanung vergleichen. Die detailliertesten Planwerte eines Projekts sollten Sie in der CO-Version 0 sichern, da auch die Ist-Kosten in dieser Version abgelegt werden. Die Plankosten der Netzplankalkulation werden im Standard in der Version 0 gespeichert.

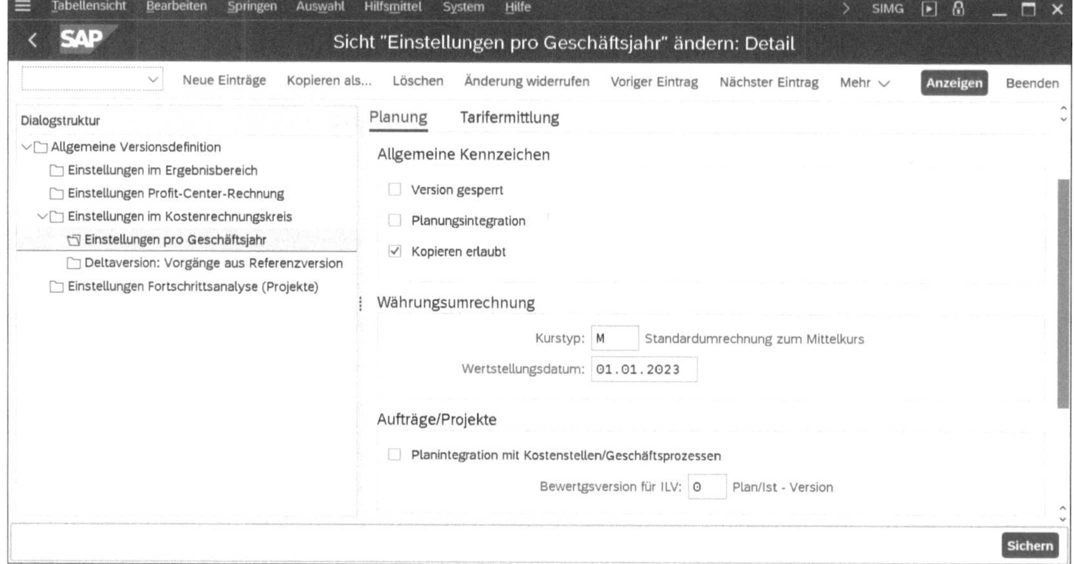

Abbildung 2.51 Geschäftsjahres- und kostenrechnungskreisabhängige Einstellungen einer CO-Version

Mithilfe von Kopierfunktionen (Transaktionen CJ9BS, CJ9B, CJ9FS und CJ9F) können Sie die Planwerte einer CO-Version in eine andere CO-Version kopieren und dort unabhängig von der ursprünglichen CO-Version weiterbearbeiten. Mithilfe der Transaktionen CJ9CS und CJ9C können Sie bei Bedarf auch die Ist-Kosten von PSP-Elementen aus Version 0 als Plankosten in eine CO-Version übernehmen.

Planprofil

Die manuelle Kostenplanung auf PSP-Elementen setzt die Definition eines *Planprofils* im Customizing des Projektsystems (siehe Abbildung 2.52) voraus. Ein Planprofil enthält Steuerungsparameter für die unterschiedlichen Möglichkeiten zur Kostenplanung auf PSP-Elementen. Mithilfe des Planprofils legen Sie z. B. fest, ob eine manuelle Kostenplanung nur auf PSP-Elementen mit dem operativen Kennzeichen **Planungselement** (siehe Abschnitt 1.2.1, »Aufbau und Stammdaten«) möglich sein soll oder auf allen PSP-Elementen. Das zu verwendende Planprofil tragen Sie in die Projektdefinition eines Projekts ein. Im Projektprofil können Sie bereits einen Vorschlagswert für das Planprofil von Projekten hinterlegen.

Abbildung 2.52 Beispiel für die Definition eines Planprofils

Je nach verwendeter Form der Kostenplanung sind weitere Einstellungen im Customizing notwendig. Diese Einstellungen sowie die jeweils relevanten Steuerungsparameter des Planprofils werden im Folgenden in den Abschnitten zu den verschiedenen Kostenplanungsformen behandelt.

Möchten Sie für Projekte neben Kosten auch andere Größen mit z. B. Mengen- oder Zeiteinheiten planen, können Sie die Planung statistischer Kennzahlen im Projektsystem nutzen, die in Abschnitt 2.4.7, »Planung statistischer Kennzahlen«, näher erläutert wird.

2.4.1 Hierarchische Kostenplanung

Gesamt-/ Strukturplanung

Die hierarchische Kostenplanung auf der Ebene von PSP-Elementen, die teilweise auch als *Gesamtplanung* oder *Strukturplanung* bezeichnet wird, ist die gröbste Form der Kostenplanung. Sie ist weder kostenarten- noch periodengerecht. Dafür erfordert eine hierarchische Kostenplanung von allen Planungsformen den geringsten Planungsaufwand. Je nach den Einstellungen des Planprofils können Sie mithilfe der hierarchischen Kostenplanung *Gesamtwerte* (Planwerte ohne Bezug zu Geschäftsjahren) oder Planwerte für einzelne Geschäftsjahre planen. Das Planprofil steuert dann zusätzlich den Zeithorizont, der für die Geschäftsjahresplanung zur Verfügung stehen soll. Bei Bedarf können Sie mithilfe der hierarchischen Kostenplanung sowohl Gesamtwerte als auch Werte mit Bezug zu Geschäftsjahren planen.

[+]

Einschränkungen der hierarchischen Kostenplanung

Eine Verteilung von Plankosten auf die Perioden eines Geschäftsjahres ist mithilfe der hierarchischen Kostenplanung nicht möglich. Sie bestimmen bei der hierarchischen Kostenplanung die Geschäftsjahre, für die Sie die Kosten planen möchten, manuell; diese werden also nicht aus den Planterminen der Projekte abgeleitet. Die Werte der hierarchischen Kostenplanung haben darüber hinaus keinen Bezug zu den Kostenarten; diese Form der Kostenplanung ist also nicht kostenartengerecht.

Die Kostenplanung selbst nehmen Sie vor, indem Sie tabellarisch in Transaktion CJ40 für PSP-Elemente, die eine Kostenplanung erlauben, Gesamt- bzw. Geschäftsjahreswerte in die Spalte **Kostenplan** eintragen (siehe Abbildung 2.53). Weitere Spalten (Sichten) informieren Sie über die hierarchische Verteilung der Planwerte, die Plankosten, die mithilfe anderer Kostenplanungsformen geplant wurden, oder die Planwerte des vorangegangenen Geschäftsjahres bzw. die Summe aller Geschäftsjahreswerte.

Plansumme

In der Sicht **Plansumme** wird die Summe aller Plankosten eines PSP-Elements in der jeweiligen CO-Version und dem entsprechenden Geschäftsjahr ausgewiesen, unabhängig davon, in welcher Form der Kostenplanung diese erfasst wurden. Insbesondere beinhaltet die Plansumme auch die Plankosten additiver Aufträge (siehe Abschnitt 2.4.6, »Plankosten zugeordneter Aufträge«) und Netzpläne bzw. Netzplanvorgänge (siehe Abschnitt 2.4.5, »Netzplankalkulation«), die dem PSP-Element zugeordnet sind.

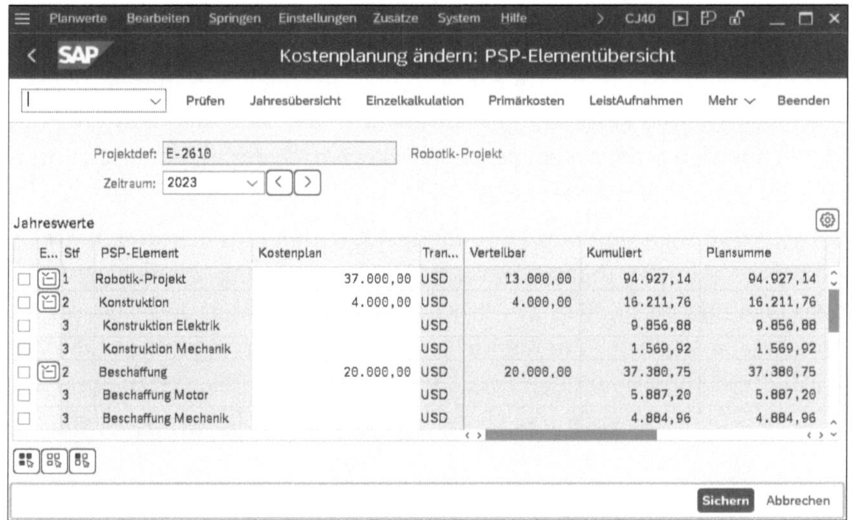

Abbildung 2.53 Beispiel für eine hierarchische Kostenplanung

Funktionen »Kopieren Sicht« und »Umwerten«

Bei Bedarf können Sie Werte von Sichten mithilfe der Funktion **Kopieren Sicht** als hierarchische Planwerte für selektierte PSP-Elemente übernehmen. Dabei können Sie entscheiden, zu wie viel Prozent diese Werte kopiert werden sollen, ob sie zu den ursprünglichen Werten hinzuaddiert oder als neue Werte übernommen werden sollen. Die Funktion **Umwerten** dient dazu, Planwerte von selektierten PSP-Elementen um einen bestimmten Prozentsatz oder Betrag zu erhöhen oder zu verringern.

Funktion »Hochsummieren«

Mithilfe der Funktion **Hochsummieren** können Sie die hierarchischen Planwerte von PSP-Elementen aus der Summe der Planwerte der untergeordneten PSP-Elemente ableiten. Durch das Setzen des Kennzeichens **Bottom-up Planung** im Planprofil kann diese Funktion auch automatisch beim Sichern der hierarchischen Kostenplanung ausgeführt werden.

Währungen bei der hierarchischen Kostenplanung

Je nach den Einstellungen des Planprofils können Sie mithilfe der hierarchischen Kostenplanung Werte in der Kostenrechnungskreiswährung des Projekts, der Objektwährung der einzelnen PSP-Elemente oder in einer frei wählbaren Währung (Transaktionswährung) planen. Im letzten Fall können Sie im Einstiegsbild bereits einen Vorschlagswert für diese Währung hinterlegen. Die Planwerte werden beim Sichern automatisch auch in die Kostenrechnungskreis- und jeweilige Objektwährung umgerechnet und in allen drei Währungen auf der Datenbank gespeichert, sofern im Kostenrechnungskreis das Kennzeichen **Alle Währungen** gesetzt ist. Für die Gesamtwerte werden Details der Umrechnung, wie z. B. der Kurstyp, über das Planprofil gesteuert. Für Jahreswerte wird der Kurstyp aus den geschäftsjahresabhängigen Einstellungen der CO-Version ermittelt.

Prüfung der Planwerte

Sie können die Planwerte einer hierarchischen Kostenplanung ohne Prüfung speichern oder zuvor eine Prüfung durchführen. Die Prüfung stellt sicher, dass die Gesamtwerte der einzelnen PSP-Elemente mindestens so groß sind wie die Summe ihrer Jahreswerte und dass die Planwerte von PSP-Elementen größer oder gleich den Planwerten der hierarchisch untergeordneten PSP-Elemente sind.

Planeinzelposten

Bei Bedarf können Sie einen Anwenderstatus definieren (siehe Abschnitt 1.6, »Status«), der den betriebswirtschaftlichen Vorgang **Planeinzelposten schreiben** erlaubt. In diesem Fall wird nach dem Setzen dieses Status im Projekt jede Änderung der hierarchischen Kostenplanung mit Angaben zu Datum und änderndem Benutzer in einem eigenen Beleg (Planeinzelposten) festgehalten und kann so später jederzeit nachvollzogen werden.

2.4.2 Einzelkalkulation

In Transaktion CJ40 können Sie für PSP-Elemente auch Einzelkalkulationen für die Planung von Kosten anlegen. Mithilfe von Einzelkalkulationen können Sie für die Kostenplanung Ihrer Projekte unter anderem auf die Preise für Material, Fremd- oder Dienstleistungen aus Materialwirtschaft bzw. Einkauf zurückgreifen oder auch Tarife aus dem Controlling für die Planung von Kosten für Eigenleistungen heranziehen. Einzelkalkulationen für PSP-Elemente sind kostenarten-, jedoch nicht periodengerecht.

Ebenso wie bei der hierarchischen Kostenplanung können die Planwerte der Einzelkalkulation in Abhängigkeit von den Einstellungen des Planprofils mit Bezug zu einzelnen Geschäftsjahren und/oder unabhängig von Geschäftsjahren als Gesamtwerte erfasst werden.

Einschränkungen der Einzelkalkulation

Auch bei der Verwendung von Einzelkalkulationen zur Kostenplanung auf PSP-Elementen ist eine Verteilung der Werte auf unterjährige Perioden nicht möglich. Bei geschäftsjahresabhängigen Einzelkalkulationen werden die Geschäftsjahre nicht aus den Planterminen der Projekte abgeleitet, sondern müssen manuell ausgewählt werden.

Positionstypen

Wenn Sie eine Einzelkalkulation für ein PSP-Element in Transaktion CJ40 anlegen, erhalten Sie zunächst eine leere Liste, in der Sie zeilenweise Kalkulationspositionen erfassen können (siehe Abbildung 2.54). Beim Anlegen einer Kalkulationsposition spezifizieren Sie zunächst einen *Positionstyp*. Dieser Positionstyp bestimmt nun, welche Daten Sie zur Kostenplanung eingeben müssen und welche Daten vom System automatisch ermittelt werden. Nachfolgend werden nun einige der wichtigsten Positionstypen erläutert.

Der Positionstyp **E (Eigenleistung)** dient der Planung von Kosten für Leistungen, die die Kostenstellen für ein PSP-Element erbringen sollen. In einer Kalkulationsposition zum Positionstyp **E** geben Sie eine Kostenstelle, die entsprechende Leistungsart und die Menge der geplanten Leistungsaufnahme an.

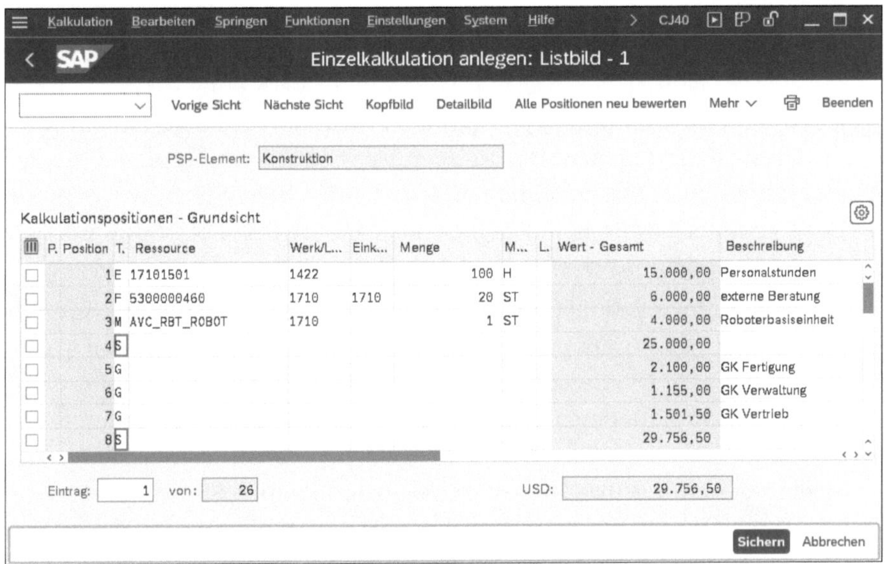

Abbildung 2.54 Beispiel für die Einzelkalkulation eines PSP-Elements

Tarifermittlung

Das System ermittelt dann automatisch aus der Kostenstellenrechnung des Controllings den *Tarif* zu der Kombination aus Leistungsart und Kostenstelle und bewertet damit die geplante Menge. Aus dem Stammsatz der Leistungsart übernimmt das System die Kostenart, zu der die Planwerte ausgewiesen werden, sowie den Text und die Mengeneinheit der Leistung.

Mithilfe von Kalkulationspositionen zu den Positionstypen **F (Fremdleistung)** oder **L (Lohnbearbeitung)** können Sie Kosten für externe Fremdleistungen bzw. Lohnbearbeitungen planen. Hierzu geben Sie einen Einkaufsinfosatz, ein Werk, eine Einkaufsorganisation, die geplante Menge und die Kostenart an. Das System ermittelt aus diesen Daten automatisch einen Preis, die Mengeneinheit, den Text und berechnet den entsprechenden Positionswert.

Für die Planung von Kosten für Dienstleistungen steht Ihnen der Positionstyp **N (Dienstleistung)** zur Verfügung. Über die von Ihnen angegebene Menge und Dienstleistung ermittelt das System den Preis, die Mengeneinheit sowie den Text und berechnet so den Positionswert. Die Kostenart wird dabei aus dem Stammsatz der Dienstleistung übernommen.

Materialkosten können Sie in einer Einzelkalkulation mithilfe des Positionstyps **M (Material)** planen. Dazu spezifizieren Sie die Materialnummer, das Werk und die geplante Menge, und das System ermittelt anhand dieser Daten den Preis, die Mengeneinheit und den Text des Materials. Die Kostenart zum Positionswert wird dabei über die automatische Kontenfindung abgeleitet.

Sollten Ihnen die Daten, wie z. B. Leistungsarten und Tarife, Einkaufsinfosätze oder Materialstammsätze usw., nicht zur Verfügung stehen, können Sie mithilfe des Positionstyps **V (Variable Position)** die Kosten frei in einer Einzelkalkulation planen. Dazu tragen Sie manuell eine geplante Menge, einen Preis, die Kostenart und bei Bedarf einen beschreibenden Text ein. Das System ermittelt dann lediglich aus dem Produkt des Preises und der Menge den Positionswert.

Gemeinkosten

Da die einzelnen Kalkulationspositionen immer Bezug zu einer Kostenart haben, kann das System auch Gemeinkostenzuschläge für Einzelkalkulationen berechnen. Die Berechnung der Gemeinkostenzuschläge wird dabei durch das Kalkulationsschema der jeweiligen PSP-Elemente gesteuert (siehe Abschnitt 5.3, »Gemeinkostenzuschläge«) und findet automatisch beim Sichern der Einzelkalkulation statt. Bei Bedarf können Sie die Berechnung der Gemeinkosten jedoch schon beim Erstellen einer Einzelkalkulation anstoßen. In Einzelkalkulationen werden die Gemeinkostenzuschläge als Positionen zum Positionstyp **G** (**Gemeinkostenzuschlag**) ausgewiesen.

Setzen Sie auch die Prozesskostenrechnung bzw. die Template-Verrechnung (siehe Abschnitt 5.4, »Template-Verrechnungen«) für die Verrechnung von Gemeinkosten ein, stehen Ihnen zusätzlich die Positionstypen **X** (**Prozesskosten manuell**) und **P** (**Prozesskosten ermittelt**) in den Einzelkalkulationen zur Verfügung.

Wenn Sie die Einzelkalkulation zu einem PSP-Element sichern, wird der Gesamtbetrag der Einzelkalkulation in Transaktion CJ40 in der Sicht **Einzelkalkulation** angezeigt und fließt in den Wert der Sicht **Plansumme** zum entsprechenden PSP-Element ein. Planeinzelposten können für Einzelkalkulationen nicht gespeichert werden.

Kalkulationsvariante

Einzelkalkulationen für PSP-Elemente werden durch die *Kalkulationsvariante*, die Sie im Planprofil festlegen, gesteuert. Kalkulationsvarianten für Einzelkalkulationen zu PSP-Elementen können Sie mithilfe von Transaktion OKKT im Customizing des Projektsystems definieren. Eine Kalkulationsvariante verweist auf eine *Kalkulationsart* und eine *Bewertungsvariante*. Die Kalkulationsart bestimmt die technischen Eigenschaften der Kalkulation und bedarf in der Regel keiner weiteren Einstellungen im Projektsystem.

Bewertungsvariante

Die Bewertungsvariante einer Kalkulationsvariante steuert mithilfe von Strategien, welche Tarife und Preise für die Ermittlung der Plankosten von Eigenleistungen, Fremdleistungen, Material usw. in Einzelkalkulationen herangezogen werden sollen. Abbildung 2.55 zeigt exemplarisch eine mögliche Strategie zur Ermittlung von Tarifen für Eigenleistungen. Mithilfe des Felds **CO-Version Plan/Ist** steuern Sie, aus welcher CO-Version die Tarife entnommen werden sollen.

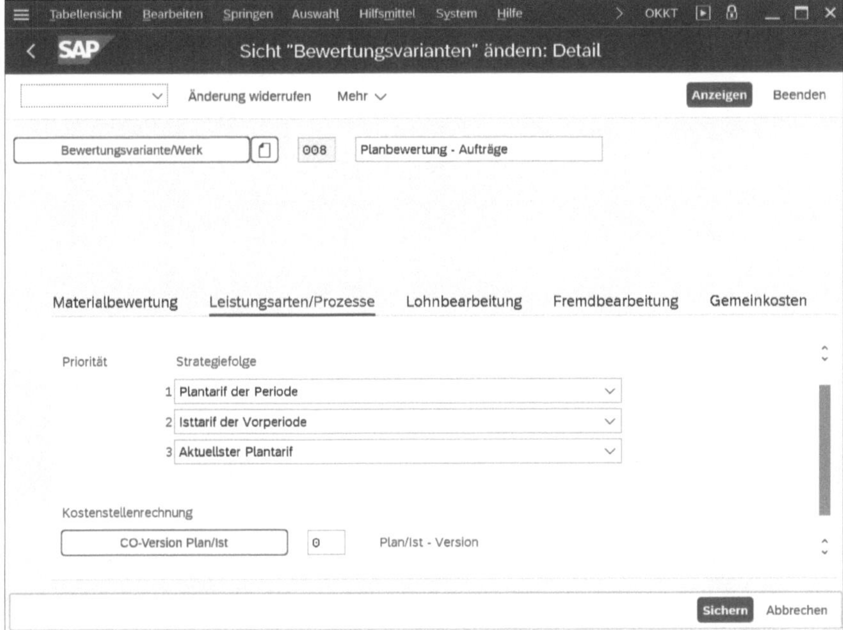

Abbildung 2.55 Beispiel für die Definition einer Strategie zur Ermittlung von Tarifen in einer Bewertungsvariante

Zur Berechnung der Gemeinkostenzuschläge verwendet das System bei PSP-Elementen immer das Kalkulationsschema in den Stammdaten der jeweiligen PSP-Elemente. Das Kalkulationsschema, das Sie in einer Bewertungsvariante angeben können, findet daher bei den Einzelkalkulationen für PSP-Elemente keine Verwendung.

2.4.3 Detailplanung

Die Detailplanung für PSP-Elemente ist eine kostenarten- und periodengerechte Form der Kostenplanung. Bei einer Detailplanung für Kosten auf der Ebene von PSP-Elementen wird zwischen der *Kostenarten*- und der *Leis*-

tungsaufnahmeplanung unterschieden. Sie können die Detailplanung (Kostenarten- und Leistungsaufnahmeplanung) über Transaktion CJ40 oder direkt über Transaktion CJR2 aufrufen. Analog zur Kostenarten- und Leistungsaufnahmeplanung kann man die Detailplanung auch zur Planung von Ressourcen aus dem Controlling sowie zur Zahlungsplanung verwenden.

Kostenartenplanung

Bei der Kostenartenplanung wählen Sie aus einer Liste von Kostenarten (typischerweise Primärkostenarten) die Kostenarten aus, zu denen Sie Kosten planen möchten, und geben einen geplanten Betrag für ein Geschäftsjahr oder ein bestimmtes Periodenintervall ein (siehe Abbildung 2.56).

Abbildung 2.56 Beispiel für eine Kostenartenplanung im Übersichtsbild

Diesen Betrag können Sie im Periodenbild der Kostenartenplanung auf einzelne Perioden aufteilen. Erlaubt eine Kostenart das Führen von Mengeninformationen, können Sie neben dem geplanten Betrag auch eine Planmenge in die Kostenartenplanung eintragen; diese kann später z. B. für eine mengenabhängige Gemeinkostenbezuschlagung verwendet werden.

Verteilungsschlüssel

Mithilfe von Verteilungsschlüsseln kann das System auch automatisch eine Aufteilung auf die einzelnen Perioden vornehmen. Der Standardverteilungsschlüssel 1 nimmt z. B. eine gleichmäßige Verteilung auf alle Perioden vor, während der Schlüssel 7 zu einer Verteilung auf der Basis der Kalendertage der jeweiligen Perioden führt. Im Standard ist bereits eine Reihe von Verteilungsschlüsseln vorhanden. Über die [F1]-Hilfe zum Feld **VS** (Verteilungsschlüssel) können Sie sich Beispiele für die verschiedenen

Verteilungsschlüssel anzeigen lassen. Bei Bedarf können Sie in der Customizing-Transaktion KP80 auch eigene Verteilungsschlüssel definieren, indem Sie für jede Periode einen Faktor hinterlegen, der die Aufteilung der Werte bestimmt.

Leistungsaufnahmeplanung

Bei der Leistungsaufnahmeplanung planen Sie Leistungen, die Sie im Verlauf des Projekts von Kostenstellen in Anspruch nehmen wollen. Dazu geben Sie die Kostenstellen, die jeweiligen Leistungsarten und die geplanten Mengen ein (siehe Abbildung 2.57).

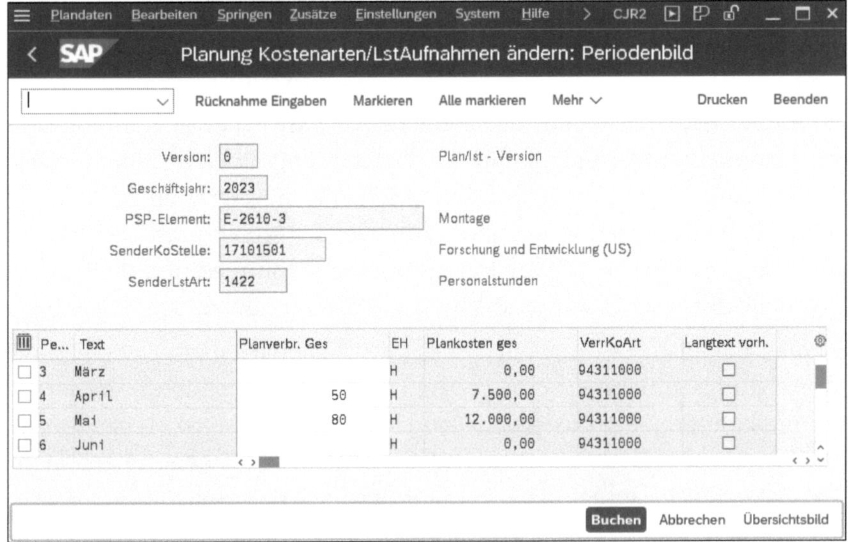

Abbildung 2.57 Beispiel für eine Leistungsaufnahmeplanung im Periodenbild

Aus der Kostenstellenrechnung des Controllings ermittelt das System dann automatisch die Tarife zu den einzelnen Kombinationen aus Kostenstellen und Leistungsarten in den jeweiligen Perioden und berechnet so die Plankosten. Dabei übernimmt das System die Tarife aus der CO-Version, die Sie in den geschäftsjahresabhängigen Daten der CO-Version Ihrer Kostenplanung eingetragen haben. Die jeweiligen Kostenarten werden automatisch aus dem Stammsatz der Leistungsarten übernommen. Ebenso wie bei der Kostenartenplanung können Sie eine Aufteilung auf verschiedene Perioden manuell vornehmen oder mithilfe von Verteilungsschlüsseln automatisieren.

[+]

Einschränkungen der Detailplanung

Bei der Detailplanung bestimmen Sie selbst die Perioden der Kostenplanung; die Perioden der Kostenarten- und Leistungsaufnahmeplanung werden also nicht aus den Planterminen der PSP-Elemente abgeleitet. Terminverschiebungen von Projekten oder Projektteilen wirken sich daher auch nicht automatisch auf die Kostenverteilung einer Detailplanung aus.

Planintegration

Eine besondere Funktion, die Ihnen bei der Verwendung der Leistungsaufnahmeplanung zur Verfügung steht, ist die sogenannte *Planintegration*. Bei einer planintegrierten Planung von Leistungsaufnahmen werden nicht nur die Plankosten für die PSP-Elemente ermittelt, sondern Ihre geplanten Leistungsaufnahmen werden unmittelbar in der Kostenstellenrechnung als **disponierte Leistungen** für die betroffenen Kostenstellen ausgewiesen und können im Rahmen der Kostenstellenplanung Ihres Unternehmens berücksichtigt werden. Zusätzlich steht Ihnen die Möglichkeit einer Planabrechnung an Kostenstellen oder Geschäftsprozesse bei einer planintegrierten Planung zur Verfügung. Für die Verwendung einer planintegrierten Kostenplanung müssen Sie das Kennzeichen **Planintegration** in den relevanten PSP-Elementen setzen (dies kann über das Projektprofil vorgeschlagen werden), und die CO-Version muss eine Planintegration explizit im Detailbild der geschäftsjahresabhängigen Daten erlauben.

Gemeinkostenzuschläge

Da die Detailplanung – sowohl in Form der Kostenarten- als auch in Form der Leistungsaufnahmeplanung – stets einen Bezug zu den Kostenarten besitzt, können Sie anhand der Plandaten auch Gemeinkostenzuschläge planen. Anders als bei der Einzelkalkulation für PSP-Elemente geschieht dies jedoch nicht automatisch beim Sichern der Kostenplanung, sondern muss manuell über Transaktion CJ46 oder über Transaktion CJ47 angestoßen werden. Die Berechnung der Gemeinkostenzuschläge wird dabei über die Kalkulationsschemata der einzelnen PSP-Elemente gesteuert.

Planeinzelposten

Genau wie bei der hierarchischen Kostenplanung werden auch bei der Detailplanung Planeinzelposten geschrieben, wenn der Status der jeweiligen PSP-Elemente dies explizit erlaubt. Mithilfe dieser Planeinzelposten können Sie jede Änderung der Detailplanung später separat analysieren. Bei einer planintegrierten Planung werden automatisch Planeinzelposten geschrieben, unabhängig davon, ob ein Status diesen betriebswirtschaftlichen Vorgang erlaubt oder nicht.

Planungslayouts

Die einzelnen Erfassungsmasken der Detailplanung werden durch sogenannte *Planungslayouts* bestimmt. Es werden diverse Planungslayouts von SAP ausgeliefert. Bei Bedarf können Sie jedoch auch eigene Planungslayouts im Customizing definieren. Als Werkzeug zum Erstellen von Planungslayouts steht Ihnen der Report Painter zur Verfügung (siehe Abschnitt 6.2, »Infosystem Controlling«).

Die Planungslayouts für die verschiedenen Masken der Kostenarten- und Leistungsaufnahmeplanung werden in einem *Planerprofil* zusammengefasst (siehe Abbildung 2.58). Sie können auf vordefinierte Planerprofile zurückgreifen oder auch eigene Planerprofile im Customizing anlegen. Über das Planerprofil wird unter anderem zusätzlich gesteuert, ob eine Integration mit Microsoft Excel möglich ist.

Abbildung 2.58 Definition des Planerprofils SAPALL

Planerprofil

Wenn Sie die Detailplanung aus Transaktion CJ40 heraus starten, werden automatisch das Planerprofil **SAP101** und die darin enthaltenen Planungslayouts für die Kostenarten- und Leistungsaufnahmeplanung verwendet. Welche Kostenarten, Kostenstellen und Leistungsarten Ihnen bei der Detailplanung über Transaktion CJ40 zur Verfügung stehen, können Sie über das Planprofil der Projektdefinition steuern. Dazu hinterlegen Sie im Planprofil die entsprechenden Kostenarten-, Kostenstellen- und Leistungsartengruppen, die Sie zuvor mithilfe der Transaktionen KAH1, KSH1 und KLH1 definieren können.

Wenn Sie Transaktion CJR2 für die Detailplanung verwenden, können Sie das Planerprofil manuell über die Einstellungen auswählen. Mithilfe des Parameters **PPP** können Sie das Planerprofil, das in Transaktion CJR2 verwendet werden soll, jedoch auch bereits in den SAP-Benutzerdaten hinterlegen. Im Einstiegsbild von Transaktion CJR2 können Sie nun das Planungslayout auswählen, das Sie für die Planung verwenden möchten. Wenn Sie im Planerprofil keine Vorparametrisierung vorgenommen haben, müssen Sie anschließend manuell Angaben zur CO-Version, zu den Perioden, zu den Kostenarten oder zu den Kostenstellen und Leistungsarten der Kostenplanung vornehmen. Darüber hinaus müssen Sie die PSP-Elemente spezifizieren, auf denen Sie Kosten planen möchten. Anstatt zu diesem Zweck einzelne PSP-Elemente oder Intervalle von PSP-Elementen anzugeben, können Sie auch eine PSP-Element-Gruppe eingeben, wenn Sie diese zuvor in Transaktion CJSG definiert haben.

Für die Verwendung der Gesamtkostenplanung und der Detailplanung in SAP S/4HANA beachten Sie bitte auch SAP-Hinweis 2270407.

2.4.4 Easy Cost Planning

Kostenplanung für PSP-Elemente und Netzpläne

Der Begriff *Easy Cost Planning* bezeichnet eine weitere Funktion, mit deren Hilfe Sie Kosten auf PSP-Elementen oder Netzplanvorgängen planen können. Ähnlich wie bei der Einzelkalkulation greift auch das Easy Cost Planning in Form von Kalkulationspositionen auf vorhandene Daten des Controllings, des Einkaufs oder der Materialwirtschaft zurück. Wenn Sie jedoch immer wieder ähnliche Kosten kalkulieren möchten, haben Sie beim Easy Cost Planning die Möglichkeit, im Vorfeld sogenannte *Kalkulationsmodelle* (Planungsvorlagen) zu definieren und somit die Erfassung der benötigten Kalkulationsdaten stark zu vereinfachen. Die Kostenplanung mithilfe des Easy Cost Plannings ist kostenartengerecht.

[+]

Easy Cost Planning und Planungsperioden

Die Periode der Plankosten eines Projektelements wird beim Easy Cost Planning aus dem Eckstarttermin des Elements ermittelt. Erstreckt sich der geplante Zeitraum eines Elements über mehrere Perioden, findet keine automatische Verteilung der Plankosten statt. Die Plankosten werden in der Periode ausgewiesen, in der auch der Eckstarttermin des Elements liegt. Verschiebt sich der Eckstarttermin des Elements, reicht ein erneuter Aufruf des Easy Cost Plannings aus, um automatisch die Periode der Plankosten an die Periode des neuen Eckstarttermins anzupassen. Möchten Sie eine Verteilung der Kosten über mehrere Perioden erreichen, müssen Sie manuell ein spätestes Enddatum für die Positionen im Easy Cost Planning hinterlegen und bei nachträglichen Terminänderungen anpassen.

Sie können das Easy Cost Planning für ein Projekt im Project Builder starten oder durch die Verwendung von Transaktion CJ9ECP. Im linken Bereich der Sicht des Easy Cost Plannings finden Sie die Kalkulationsstruktur, d. h. die hierarchische Struktur des Projektstrukturplans. Je nach Einstellung des Strukturbaums im Project Builder werden dabei im Easy Cost Planning entweder die Identifikationen oder die Bezeichnungen der Projektelemente angezeigt. Wenn Sie in der Kalkulationsstruktur ein Element selektieren, das eine Kostenplanung erlaubt, können Sie nun im rechten Bereich Kosten für dieses Projektelement kalkulieren.

Positionssicht

Die Kalkulation kann auf zwei unterschiedliche Arten erfolgen. Eine Möglichkeit besteht darin, dass Sie eine *Positionssicht* einblenden und analog zur Einzelkalkulation für PSP-Elemente eine Liste von Kalkulationspositionen erstellen (siehe Abschnitt 2.4.2, »Einzelkalkulation«). Dabei müssen Sie in Abhängigkeit vom jeweiligen Positionstyp manuell Angaben zu den Kostenstellen, Leistungsarten, Materialnummern, Einkaufsinfosätzen, Kostenarten usw. machen. Bei der Übernahme der Daten berechnet das System automatisch anhand der Kalkulationsschemata in den jeweiligen Projektelementen zusätzlich auch die Gemeinkostenzuschläge und zeigt die Plankosten in der Kalkulationsstruktur an.

Verwendung von Planungsvorlagen

Sind immer wieder die gleichen Daten für die Kalkulationspositionen relevant, können Sie diese vorher in den Planungsvorlagen hinterlegen. Anstatt nun manuell die Kalkulationspositionen anzulegen und dabei Mengen, Kostenarten, Kostenstellen, Leistungsarten usw. zu spezifizieren, können Sie im Easy Cost Planning einfach Bezug auf diese Planungsvorlagen nehmen und darüber automatisch alle benötigten Kalkulationsdaten ableiten. Die Ableitung der Kalkulationsdaten erfolgt dabei jedoch nicht statisch, sondern dynamisch anhand von Formeln und Aktivierungsbedingungen, die Sie in der Planungsvorlage selbst definieren können. Wenn Sie eine Planungsvorlage einem PSP-Element im Easy Cost Planning zugeordnet haben, müssen Sie daher zunächst alle Parameter spezifizieren, die in den Formeln und Bedingungen der Planungsvorlage verwendet werden, um die relevanten Kalkulationspositionen und die darin enthaltenen Mengen abzuleiten. Diese Spezifikation der Parameter wird als *Merkmalsbewertung* bezeichnet. Bei Bedarf können Sie auch einen beschreibenden Text zur Bewertung der Merkmale eingeben. Abbildung 2.59 zeigt ein Beispiel für die Verwendung einer Planungsvorlage im Easy Cost Planning.

Die Bewertung des Merkmals **Komponentenmenge** mit dem Wert 1 führt in diesem Beispiel aufgrund der Einstellungen der Planungsvorlage dazu, dass automatisch die Kosten für die Beschaffung der vierfachen Menge an Steuereinheiten geplant wurden. Der angegebene Wert zum Merkmal **Preis Zusatzmaterial** wird als Preis für eine variable Position übernommen. In der Planungsvorlage waren dabei alle anderen notwendigen Daten der variablen Position, wie z. B. die Kostenart, hinterlegt.

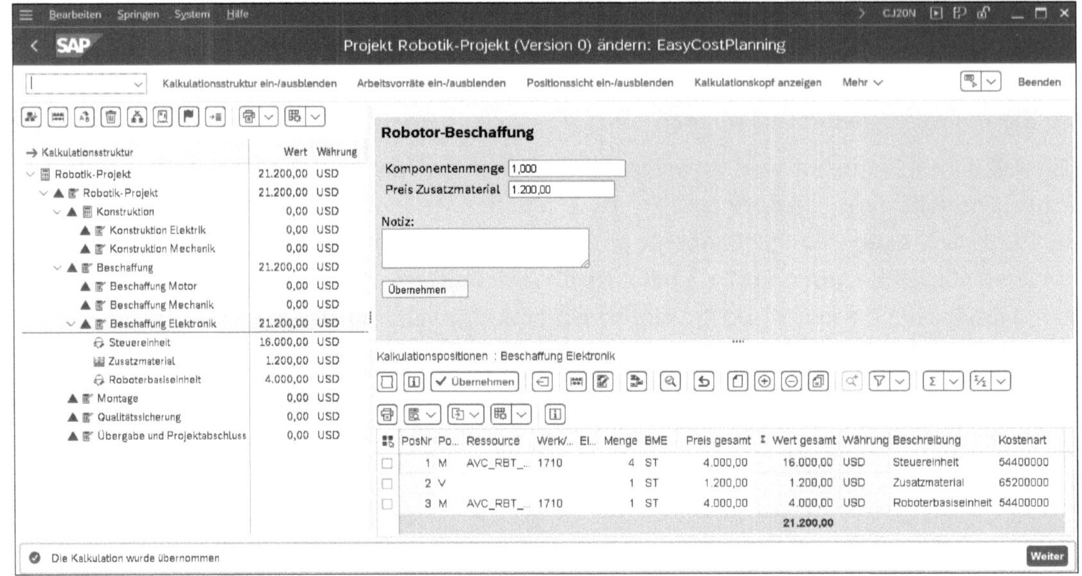

Abbildung 2.59 Beispiel für eine Kostenplanung mithilfe des Easy Cost Plannings

Mehrere Planungsvorlagen zuordnen

Mithilfe der Funktion **Kalkulation untergliedern** können Sie einem Projektelement auch mehrere Planungsvorlagen zuordnen. Bei Bedarf können Sie die aus den Planungsvorlagen abgeleiteten Kalkulationspositionen in der Positionssicht auch manuell um neue Positionen ergänzen. In einem Arbeitsvorrat des Easy Cost Plannings können Sie häufig verwendete Planungsvorlagen als Vorschlagsmenge ablegen und somit die Kostenplanung weiter vereinfachen.

Definition von Planungsvorlagen

Die Definition von Planungsvorlagen bzw. Kalkulationsmodellen erfolgt mithilfe von Transaktion CKCM und besteht aus drei Arbeitsschritten (siehe Abbildung 2.60):

1. In einem ersten Schritt definieren Sie die Merkmale und deren mögliche Merkmalsausprägungen, die Sie bei der Merkmalsbewertung und der Definition von Formeln und Bedingungen verwenden möchten.
2. Anhand dieser Merkmale erstellt das System automatisch ein Eingabebild, das später im Easy Cost Planning zur Merkmalsbewertung verwendet werden kann. Bei Bedarf können Sie dieses HTML-basierte Eingabebild in einem zweiten Arbeitsschritt an Ihre eigenen Anforderungen anpassen.
3. In einem dritten Arbeitsschritt definieren Sie die *Ableitungsregeln*, die festlegen, wie aus den Merkmalswerten automatisch Kalkulationspositionen ermittelt werden (siehe Abbildung 2.61).

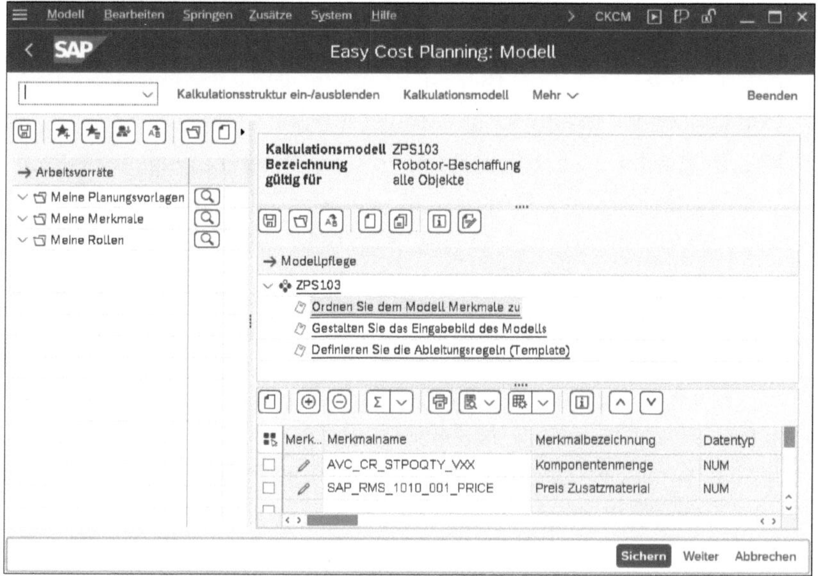

Abbildung 2.60 Definition von Planungsvorlagen für das Easy Cost Planning

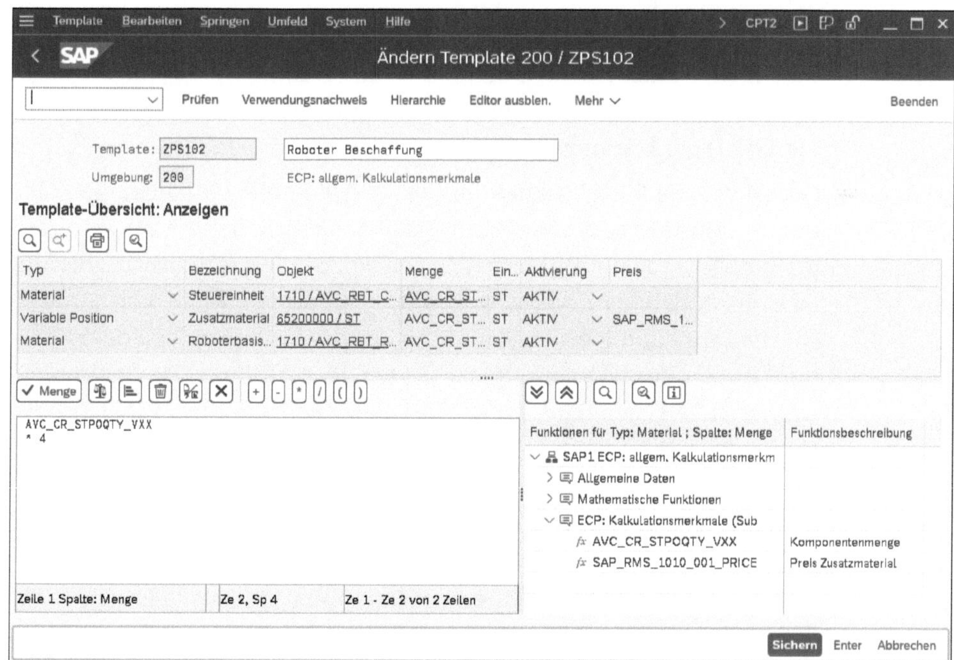

Abbildung 2.61 Beispiel für die Definition einer Ableitungsregel

In diesem Arbeitsschritt legen Sie zunächst alle Kalkulationspositionen an, die in der Kalkulation auftauchen können, und bestimmen für jede Position über das Feld **Aktivierung**, unter welchen Bedingungen die Position tatsächlich in eine Kalkulation einfließen soll.

Für die Definition der Bedingungen steht Ihnen ein eigener Editor zur Verfügung; insbesondere können Sie für die Definition der Bedingungen auch auf die Merkmale der Planungsvorlage zurückgreifen.

[+]

Verwendung von Merkmalen in Planungsvorlagen

Wenn Sie geeignete Merkmale bereits in den zentralen Funktionen der Logistik z. B. für Klassifizierungszwecke definiert haben, können Sie bei der Definition von Planungsvorlagen darauf zurückgreifen. Sollen Merkmale nur für Planungsvorlagen verwendet werden, können Sie die Klasse 051 als Einschränkung in diesen Merkmalen hinterlegen.

Für die einzelnen Kalkulationspositionen spezifizieren Sie darüber hinaus den Positionstyp und – in Abhängigkeit vom Positionstyp – die benötigten Kalkulationsdaten wie Kostenstelle, Leistungsart, Materialnummer usw. Für die Felder **Menge** und **Preis** können Sie dabei entweder feste Werte eintragen oder auch Formeln definieren. Die Definition der Formeln erfolgt mithilfe eines Formel-Editors, in dem Sie insbesondere wieder auf die Merkmale der Planungsvorlage zurückgreifen können.

Customizing des Easy Cost Plannings

Genau wie die Einzelkalkulation für PSP-Elemente wird auch die Kalkulation mithilfe des Easy Cost Plannings über die Kalkulationsvariante gesteuert, die Sie im Planprofil hinterlegt haben. Die Bewertungsvariante innerhalb der Kalkulationsvariante regelt wiederum mithilfe von Strategien, welche Tarife und Preise z. B. für Eigen- und Fremdleistungen oder Material im Rahmen der Berechnung der einzelnen Positionswerte herangezogen werden sollen (siehe Abschnitt 2.4.2, »Einzelkalkulation«). Zusätzlich legen Sie im Customizing in Abhängigkeit vom Kostenrechnungskreis die CO-Version fest, in der die Planwerte des Easy Cost Plannings abgespeichert werden sollen. Bei Bedarf können Sie im Customizing auch eine Erlösplanung mithilfe des Easy Cost Plannings erlauben. Für die Fakturierungselemente können Sie dann im Easy Cost Planning variable Positionen zu den Erlösarten erfassen. Die Verwendung des Easy Costs Plannings für Netzplanvorgänge muss explizit im Customizing des Projektsystems mit der entsprechenden Customizing-Aktivität aktiviert werden.

Easy Cost Planning in mehreren CO-Versionen

Sie können das Easy Cost Planning auch für die Kostenplanung in mehreren CO-Versionen einsetzen. Dazu hinterlegen Sie im Customizing nicht nur die Standard-CO-Version für das Easy Cost Planning, sondern auch die CO-Versionen, in denen Sie eine zusätzliche Kostenplanung mit dem Easy Cost Planning erlauben möchten (siehe Abbildung 2.62).

Nachdem Sie die alternativen CO-Versionen für das Easy Cost Planning festgelegt haben, aktivieren Sie das Easy Cost Planning in mehreren CO-Versionen mithilfe von Transaktion RCNPRECP. Wenn Sie nun das Easy Cost Planning für ein Projekt starten, erhalten Sie zunächst ein Dialogfenster, in dem Sie die CO-Version auswählen können, in der Sie die Kosten planen möchten. Bei Bedarf können Sie in diesem Dialogfenster auch die Plandaten des Easy Cost Plannings von einer CO-Version in eine andere CO-Version kopieren.

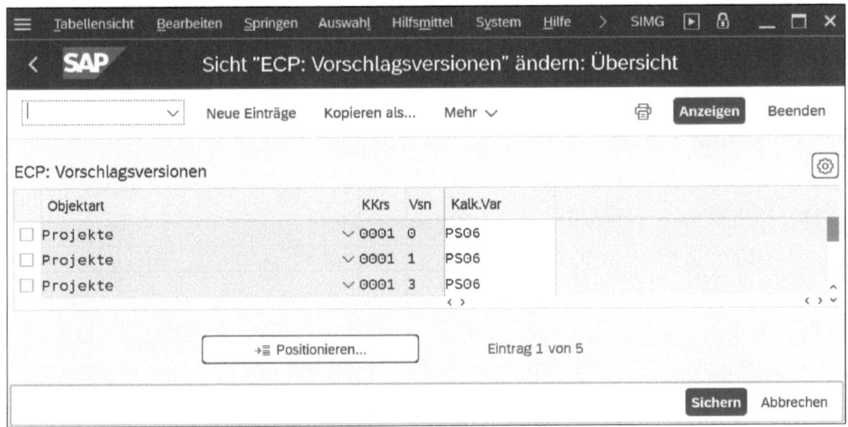

Abbildung 2.62 Beispiel für die Definition alternativer CO-Versionen für das Easy Cost Planning

Zusätzliche Funktionen

Weitere Funktionen des Easy Cost Plannings, die für die anderen Formen der Kostenplanung auf PSP-Elementen nicht zur Verfügung stehen, sind:

- **Verwendung in Simulationsversionen**

  Das Easy Cost Planning kann auch zur Kostenplanung in Simulationsversionen eingesetzt werden.

- **Kopierbarkeit**

  Beim Anlegen eines Projekts mit der Vorlage eines anderen operativen Projekts können die Plandaten des Easy Cost Plannings bei Bedarf mitkopiert werden.

- **Execution Services**

  In der Realisierungsphase von Projekten können Sie für PSP-Elemente direkt im Easy Cost Planning mithilfe sogenannter *Execution Services* z. B. Leistungsverrechnungen, Bestellanforderungen oder Warenausgänge buchen. Das System schlägt Ihnen dabei die Plandaten des Easy Cost Plannings zum Erstellen der jeweiligen Belege vor (siehe Abschnitt 4.2.3, »Execution Services«).

2.4.5 Netzplankalkulation

Wenn Sie Netzpläne zur Strukturierung Ihrer Projekte einsetzen, können Sie die Netzplankalkulation nutzen, um automatisch die Plankosten anhand der Daten der Vorgänge, Vorgangselemente und Materialkomponenten zu ermitteln. Ähnlich wie die Einzelkalkulation für PSP-Elemente oder das Easy Cost Planning greift auch die Netzplankalkulation auf vorhandene Daten aus Controlling, Einkauf oder Materialwirtschaft für die Berechnung der Plankosten zurück. Die Plankosten haben dabei immer einen Bezug zu den Kostenarten und Perioden, d. h., dass die Netzplankalkulation eine kostenarten- und periodengerechte Möglichkeit der Kostenplanung ist.

Netzplankalkulation und Planungsperioden

Bei der Netzplankalkulation können die Perioden der Plankosten automatisch aus den Eckterminen der Vorgänge, den Vorgangselementen und den Bedarfsterminen von Materialkomponenten abgeleitet werden. Erstrecken sich Vorgänge bzw. Vorgangselemente über mehrere Perioden, kann das System auch die Plankosten über diese Perioden verteilen. Verschieben sich die Termine von Netzplanobjekten, können automatisch auch die Verteilungen der jeweiligen Plankosten angepasst werden.

Sie können eine Netzplankalkulation manuell in verschiedenen Bearbeitungstransaktionen für Netzpläne anstoßen. Je nach den Einstellungen des Netzplankopfs kann eine Netzplankalkulation nach der Netzplaneröffnung oder der Netzplanfreigabe auch automatisch bei jedem Sichern durchgeführt werden, wenn es eine relevante Änderung im Netzplan gab. Dabei kann die Netzplankalkulation entweder vollständig für alle Objekte des Netzplans durchlaufen werden, oder es werden nur die Objekte neu kalkuliert, bei denen es zu Änderungen gekommen ist (*Aktualisierung*).

Asynchrone Netzplankalkulation

Zur gleichzeitigen Kalkulation mehrerer Netzpläne steht Ihnen im Projektsystem Transaktion CJ9K zur Verfügung. Im Einstiegsbild dieser Transaktion können Sie eine Mehrfachselektion von Netzplänen durchführen und anschließend die Berechnung der Plankosten direkt oder auch in Form eines Hintergrundjobs anstoßen. Sollen immer die gleichen Netzpläne kalkuliert werden, können Sie Ihre Selektion auch in Form von Varianten abspeichern. Die Verwendung der asynchronen Netzplankalkulation ist insbesondere dann notwendig, wenn Sie nicht nur Kosten, sondern auch Zahlungen mithilfe von Netzplänen planen möchten.

Kalkulationsrelevanz

Die Berechnung der Plankosten wird nun für die verschiedenen Netzplanobjekte erläutert. Für Vorgänge und Vorgangselemente gilt jedoch allgemein, dass das System nur dann Plankosten für diese Objekte berechnet, wenn der Steuerschlüssel dies explizit erlaubt, d. h. das Kennzeichen **kalkulieren** im jeweiligen Steuerschlüssel der Vorgänge und Vorgangselemente gesetzt ist. Ein analoges Kennzeichen finden Sie auch im Detailbild von Materialkomponenten. Nur wenn dieses Kennzeichen gesetzt ist, ermittelt das System im Rahmen der Netzplankalkulation die Plankosten für die entsprechende Komponente.

Eigenbearbeitungsvorgänge

Für die Planung von Kosten für Eigenleistungen müssen Sie in einem Eigenbearbeitungsvorgang (bzw. einem Eigenbearbeitungselement) einen Arbeitsplatz, eine Leistungsart und die geplante Arbeit hinterlegen. Für die Kombination aus der Leistungsart im Vorgang und der Kostenstelle, die in den Kalkulationsdaten des Arbeitsplatzes festgelegt wird (siehe Abschnitt 2.2.1, »Kapazitätsplanung mit Arbeitsplätzen«), ermittelt das System für jede relevante Periode einen Tarif und aus dem Stammsatz der Leistungsart eine Kostenart. Mithilfe einer Kundenerweiterung können Sie auch abweichende Tarife für die Kalkulation der Plankosten verwenden. Die Formel in den Kalkulationsdaten des Arbeitsplatzes steuert, mit welcher Menge der Tarif für die Berechnung der Plankosten multipliziert werden soll. In der Regel verwendet man die Standardformel SAP008 in den Arbeitsplätzen, die die geplante Arbeit im Vorgang für diese Berechnung heranzieht. Die zeitliche Verteilung der Kosten wird über den Verteilungsschlüssel im Vorgang bzw. im Arbeitsplatz festgelegt (siehe ebenfalls Abschnitt 2.2.1). Haben Sie weder im Vorgang noch im Arbeitsplatz einen Verteilungsschlüssel hinterlegt, nimmt das System eine Gleichverteilung der Plankosten über die früheste Lage des Vorgangs vor.

Materialvorplanungswerte

In Eigenbearbeitungsvorgängen finden Sie auf der Registerkarte **Zuordnungen** das Feld **Materialvorplanung**. In dieses Feld können Sie im Rahmen einer frühen Planungsphase von Projekten einen Schätz- bzw. Erfahrungswert für den späteren Verbrauch von Material eintragen. Die Kostenart zu diesem Materialplanungswert müssen Sie im Netzplanprofil des Netzplans eingetragen haben. In einer späteren Planungsphase reduziert das System den Materialvorplanungswert im Reporting automatisch um den Wert der Materialkomponenten, die Sie dem Vorgang zuordnen.

Fremdbearbeitungsvorgänge

Wenn Sie in einem Fremdbearbeitungsvorgang (bzw. Fremdbearbeitungselement) Einkaufsinfosätze zur Spezifikation der zu beschaffenden Leistung verwenden, ermittelt das System automatisch einen Preis pro Mengeneinheit für diese Leistung und schlägt Ihnen auch eine geplante Menge vor. Die Plankosten für die Beschaffung der Fremdleistung ermittelt die Netzplankalkulation aus dem Produkt des Preises und der geplanten Menge. Wenn Sie keinen Einkaufsinfosatz angegeben haben, müssen Sie manuell einen Preis zur Berechnung der Plankosten in den Vorgang eintragen. Die entsprechende Kostenart können Sie als Vorschlagswert im Netzplanprofil hinterlegen, gegebenenfalls jedoch auch im Vorgang ändern. Die Periode der Plankosten ermittelt die Netzplankalkulation aus dem spätesten Endtermin des Vorgangs.

Rechnungspläne

Eine detailliertere Form der Kostenplanung für Fremdbearbeitungsvorgänge ist die Verwendung von *Rechnungsplänen*. Wenn Sie einen Rechnungsplan zu einem Fremdbearbeitungsvorgang anlegen, können Sie die Plankosten für die Beschaffung der Fremdleistung auf unterschiedliche Termine und somit auf unterschiedliche Perioden aufteilen (siehe Abbildung 2.63).

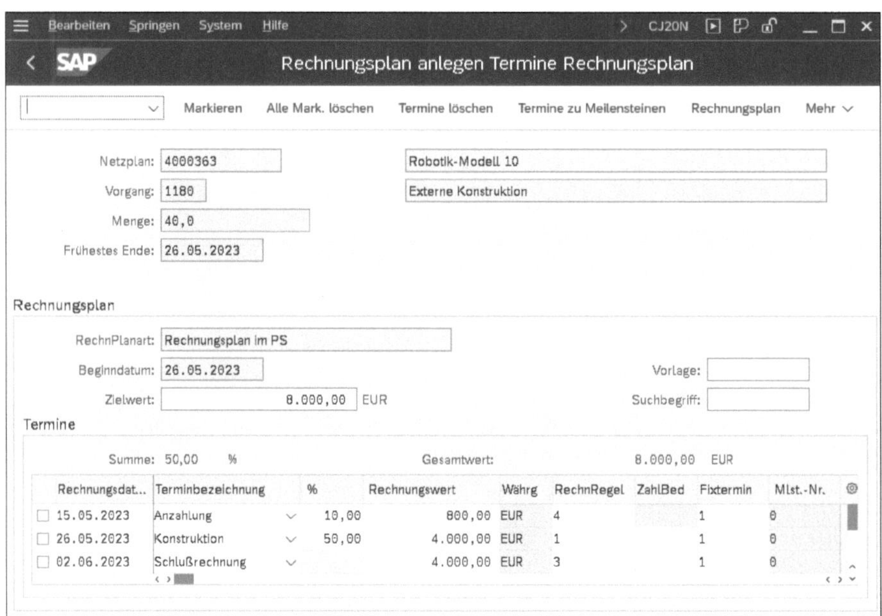

Abbildung 2.63 Beispiel eines Rechnungsplans

Insbesondere können Sie in Rechnungsplänen auch Zahlungsausgänge, z. B. Anzahlungen, mithilfe der dafür vorgesehenen *Rechnungsregeln* planen. Zahlungsdaten sind zwar nicht kostenrelevant, werden aber bei einer asynchronen Netzplankalkulation tagesgenau an das PS-Cash-Management weitergeleitet und dienen hier einer detaillierten Zahlungsplanung (siehe Abschnitt 6.2.5, »PS-Cash-Management«). Die einzelnen Termine innerhalb eines Rechnungsplans, die Aufteilung der Kosten bzw. Zahlungen auf die verschiedenen Termine und die zu verwendenden Rechnungsregeln können Sie entweder manuell angeben, über Meilensteine ableiten oder aus einer Rechnungsplanvorlage übernehmen.

Für eine Ableitung der Rechnungsplandaten aus Meilensteinen müssen die Meilensteine das Kennzeichen **Termin Verkaufsbeleg** tragen. Bei der Übernahme kopiert das System den geplanten Meilensteintermin und den Prozentsatz, den Sie im Meilenstein eingetragen haben, in den Rechnungsplan. Bei jeder Änderung der Meilensteintermine werden automatisch auch die entsprechenden Termine in den Rechnungsplänen angepasst. Sofern Sie im Meilenstein eine Verwendung angegeben haben, kann das System zusätzlich eine Rechnungsregel ermitteln. Voraussetzung für die automatische Ermittlung der Rechnungsregel aus der Meilensteinverwendung ist, dass in der Definition der Verwendung die Rechnungsplanart und ein entsprechender Termintyp hinterlegt sind. Im Customizing der Rechnungspläne können Sie dann festlegen, welche Rechnungsregel für die Kombination aus Rechnungsplanart und Termintyp verwendet werden soll.

Verwendung von Vorlagen

Sie können Rechnungspläne auch mithilfe einer Vorlage anlegen. Als Vorlage können Ihnen entweder Rechnungspläne aus anderen Vorgängen oder Materialkomponenten dienen oder eigens im Customizing definierte Vorschlagrechnungspläne, die das System über die Rechnungsplanart zum Netzplanprofil ableiten kann. Ausgehend vom frühesten Endtermin des Vorgangs berechnet das System dabei aus dem Beginndatum und den Terminabständen der Vorlage die einzelnen Termine des Rechnungsplans. Verschiebt sich der Endtermin des Vorgangs, werden automatisch auch die Termine des Rechnungsplans zeitlich verschoben.

[+]

Fixe Termine im Rechnungsplan

Sollen die Termine eines Rechnungsplans fix sein, also unabhängig von den Terminverschiebungen des Projekts, dürfen Sie nicht mit Vorlagen arbeiten oder die Termine aus Meilensteinen ableiten, sondern müssen die Termine manuell in den Rechnungsplan eintragen. Die Daten in den Rechnungsplänen werden bei der Netzplankalkulation vorrangig vor den Daten des Vorgangs selbst berücksichtigt.

Dienstleistungsvorgänge

Die Plankosten für die Dienstleistungsvorgänge (bzw. Dienstleistungselemente) setzen sich typischerweise aus den Plankosten der geplanten Dienstleistungen und dem erwarteten Wert der ungeplanten Leistungen im Leistungsverzeichnis der Vorgänge zusammen. Der Wert der geplanten Leistungen wird dabei aus den Leistungskonditionen der spezifizierten Leistungen und der

geplanten Menge im Leistungsverzeichnis berechnet. Die Kostenart für die geplanten Leistungen legen Sie in den Vorgängen fest bzw. hinterlegen sie als Vorschlagswert im Netzplanprofil. Die Perioden der Plankosten ermittelt das System aus den spätesten Endterminen der Dienstleistungsvorgänge. Genau wie bei den Fremdbearbeitungsvorgängen können Sie die Rechnungspläne für eine detaillierte Kosten- bzw. Zahlungsplanung einsetzen.

Kostenvorgänge

Mithilfe von Kostenvorgängen (bzw. Kostenelementen) können Sie zusätzliche Kosten planen, die nicht aus den Daten anderer Vorgangstypen oder zugeordneter Materialkomponenten berechnet werden können, wie z. B. Reisekosten oder Primärkosten für Leistungen, die nicht über den Einkauf beschafft werden. Im einfachsten Fall tragen Sie einen Betrag und eine Kostenart in einen Kostenvorgang als Planwert ein. Die Kostenart können Sie auch bereits als Vorschlagswert im Netzplanprofil hinterlegen.

Einzelkalkulation

Wenn Sie die Kosten zu unterschiedlichen Kostenarten mithilfe eines Kostenvorgangs planen möchten, können Sie eine Einzelkalkulation zum Vorgang anlegen. Genau wie bei den Einzelkalkulationen für PSP-Elemente (siehe Abschnitt 2.4.2, »Einzelkalkulation«) können Sie tabellarisch verschiedene Kalkulationspositionen in einer Einzelkalkulation zu einem Kostenvorgang anlegen. Insbesondere können Sie den Positionstyp **V (Variable Position)** nutzen, um manuell Kostenarten und entsprechende Plankosten (Preise und Mengen) zu erfassen. Die Plankosten einer Einzelkalkulation haben Vorrang vor den manuell im Detailbild eines Kostenvorgangs geplanten Kosten.

Die Perioden der manuell oder mittels einer Einzelkalkulation geplanten Kosten ermittelt das System automatisch aus den Eckterminen des Kostenvorgangs. Haben Sie einen Verteilungsschlüssel im Vorgang hinterlegt, bestimmt dieser die zeitliche Lage und die Verteilung der Plankosten über die Dauer des Vorgangs. Haben Sie keinen Verteilungsschlüssel im Vorgang eingetragen, nimmt das System eine Gleichverteilung der Plankosten über die früheste Lage des Vorgangs vor. Für eine detaillierte Terminplanung der Kosten- oder auch der Zahlungsflüsse können Sie auch für die Kostenvorgänge Rechnungspläne einsetzen. Beachten Sie jedoch, dass eine gleichzeitige Verwendung eines Rechnungsplans und einer Einzelkalkulation bei einem Kostenvorgang ausgeschlossen ist.

Materialkomponenten

Haben Sie Vorgängen Materialkomponenten zugeordnet, kann das System im Rahmen der Netzplankalkulation auch automatisch anhand der Komponentendaten Plankosten für den späteren Verbrauch von Material berechnen. Die Kalkulation der Materialkosten ist dabei wiederum abhängig vom Positionstyp und der Art der Bestandsführung der Materialkomponenten (siehe Abschnitt 2.3, »Materialplanung«).

Nichtlagerpositionen

Für Nichtlagerpositionen ohne Bezug zu einem Materialstammsatz oder einem Einkaufsinfosatz können Sie manuell einen Preis pro Mengeneinheit angeben. Das System berechnet dann die Plankosten aus dem Produkt des Preises und der geplanten Menge. Haben Sie eine Materialnummer für die Nichtlagerposition eingegeben, kann das System den Preis aus dem Materialstammsatz entnehmen. Haben Sie einen Einkaufsinfosatz in der Komponente angegeben, wird der Preis über diesen Einkaufsinfosatz ermittelt. Bei Bedarf können Sie zu einer Nichtlagerposition auch einen Rechnungsplan für eine detailliertere Planung anlegen. Die Daten aus den Rechnungsplänen haben dabei Vorrang vor den anderen Daten der Materialkomponenten.

Lagerpositionen

Für Lagerpositionen berechnet die Netzplankalkulation die Plankosten aus der geplanten Menge und einem Preis pro Mengeneinheit, der aus dem Materialstamm des Materials ermittelt wird. Für Materialkomponenten, die im unbewerteten Projektbestand geführt werden, weist das System jedoch nur dann Plankosten aus, wenn Sie ein Vorplanungsnetz verwenden. Für die Lagerpositionen eines bewerteten Projektbestands können Sie auch eine Einzelkalkulation zu einer Komponente anlegen und so z. B. für eigengefertigtes Material die Herstellkosten kalkulieren, wenn für dieses Material im System kein geeigneter Preis vorhanden ist.

Die Periode der Plankosten von Materialkomponenten ermittelt das System jeweils aus dem Bedarfstermin der Komponenten bzw. aus den Rechnungsplänen, die Sie den Materialkomponenten zugeordnet haben. Die Kostenarten werden typischerweise über die Kontenfindung automatisch ermittelt bzw. aus den Einzelkalkulationen der Materialkomponenten übernommen.

[+]

Netzplankalkulation und CO-Versionen

Die Plankosten der Netzplankalkulation werden standardmäßig immer in der CO-Version 0 gespeichert. Bei Bedarf können Sie jedoch die Plandaten mithilfe von Transaktion CJ9F oder Transaktion CJ9FS auch in eine andere CO-Version kopieren. Mit dem BAdI `BADI_NW_CO_VERS_CK` können Sie die Daten der Netzplankalkulation auch direkt in eine von 0 verschiedene CO-Version speichern.

Kalkulationsvarianten

Bei der Netzplankalkulation findet automatisch auch eine Berechnung der Gemeinkostenzuschläge im Plan statt. Die Berechnung wird dabei durch die Kalkulationsschemata in den Vorgängen gesteuert (siehe Abschnitt 5.3, »Gemeinkostenzuschläge«). Ähnlich wie Einzelkalkulationen oder das Easy Cost Planning wird auch die Netzplankalkulation durch eine Kalkulationsvariante gesteuert. Die in der Kalkulationsvariante enthaltene Bewertungsvariante legt mittels Strategien fest, wie die zur Kalkulation benötigten Tarife für Eigenleistungen und Preise für Fremdleistungen und Material ermittelt werden sollen. Welche Kalkulationsvarianten für die Kalkulation eines Netzplans im Plan und im Ist verwendet werden sollen, legen Sie im Kopf des Netzplans fest bzw. hinterlegen Sie als Vorschlagswerte in den **Parametern zur Netzplanart**.

Kopf- und Vorgangskontierung

Mithilfe des Kennzeichens **Vorgangskontierung** in den Parametern zur Netzplanart entscheiden Sie, ob die Plankosten – sowie die späteren Ist-Kosten – separat auf jedem einzelnen Vorgang bzw. Vorgangselement geführt werden oder ob die Plankosten eines Netzplans lediglich auf der Ebene des Netzplankopfs summarisch ausgewiesen werden sollen. In der Regel ist die Verwendung vorgangskontierter Netzpläne sinnvoll, da diese eine detailliertere Analyse der Plan- und Ist-Kosten erlauben. Sie können darüber hinaus die Vorgänge vorgangskontierter Netzpläne unterschiedlichen PSP-Elementen zuordnen und somit auf der Ebene der PSP-Elemente die Kosten der zugeordneten Vorgänge aggregiert auswerten. Kopfkontierte Netzpläne finden typischerweise Verwendung bei Vertriebsprojekten, bei denen das Controlling auf der Ebene von Kundenauftragspositionen durchgeführt wird. Die Kostenintegration zu den Netzplänen erfolgt dabei durch eine Kontierung der Positionen auf Netzplanköpfe. Eine Zuordnung von Vorgängen eines kopfkontierten Netzplans zu verschiedenen PSP-Elementen ist hingegen nicht sinnvoll.

Planintegration von Netzplänen

Für Plandaten aus Netzplankalkulationen können keine Planeinzelposten erstellt werden. Daher ist auch eine direkte Planintegration oder Planabrechnung für Netzpläne nicht möglich. Es ist dagegen möglich, eine indirekte Planintegration und Planabrechnung für Netzpläne zu erreichen, die den planintegrierten PSP-Elementen (siehe Abschnitt 2.5.2, »Detailplanung«) zugeordnet sind. Diese indirekte Planintegration erfolgt, indem Sie die Plankosten von Netzplänen bzw. Netzplanvorgängen mithilfe der Transaktionen CJ9Q oder CJ9QS auf die PSP-Elemente hochrollen, denen sie zugeordnet sind. Sind die PSP-Elemente planintegriert, schreibt das System beim Hochrollen Planeinzelposten für die PSP-Elemente und gibt automatisch die geplanten Daten für die Eigenleistungen an die entsprechenden Kostenstellen als disponierte Leistungen weiter. Zusätzlich können die Planeinzelposten für eine Planabrechnung auf der Ebene der PSP-Elemente verwendet werden.

Beachten Sie jedoch die folgenden Einschränkungen bei der Planintegration von Netzplänen:

- Das Hochrollen der Plandaten der Netzpläne kann nicht in der CO-Version 0 erfolgen, da ansonsten auf der Ebene der PSP-Elemente doppelte Plankosten ausgewiesen würden (siehe Abschnitt 2.4.6, »Plankosten zugeordneter Aufträge«).
- Gemeinkostenzuschläge werden nicht auf die PSP-Elemente hochgerollt. Bei Bedarf müssen Sie also manuell eine Gemeinkostenbezuschlagung für die PSP-Elemente in der verwendeten CO-Version mithilfe der Transaktionen CJ46 und CJ47 durchführen.
- Ändern sich die Planwerte der Netzpläne, müssen Sie erneut die Transaktionen CJ9Q oder CJ9QS verwenden, wenn Sie die Plandaten auf der Ebene der PSP-Elemente anpassen möchten.

Vorteile der Netzplankalkulation

Die Verwendung der Netzplankalkulation bietet Ihnen viele Vorteile im Vergleich zu den manuellen Kostenplanungsformen für PSP-Elemente:

- Die Netzplankalkulation ist immer kostenartengerecht. Das System kann daher im Rahmen der Netzplankalkulation automatisch Gemeinkostenzuschläge im Plan berechnen.
- Die Netzplankalkulation ist auch periodengerecht, wobei die Perioden der Plankosten direkt aus den Terminen der Netzplanobjekte abgeleitet werden. Terminverschiebungen wirken sich somit direkt auf die Perioden der Kostenplanung aus.
- Mit Rechnungsplänen und Einzelkalkulationen stehen Ihnen unterschiedliche Möglichkeiten zur Detaillierung der Kostenplanung zur Verfügung. Rechnungspläne erlauben Ihnen dabei sogar eine tagesgenaue Zahlungsplanung. Wenn Sie Vorgänge oder Netzpläne kopieren, werden dabei auch alle für die Berechnung der Plankosten benötigten Daten mitkopiert. Sie müssen für die neuen Objekte lediglich eine Netzplankalkulation vornehmen, um die Plankosten zu ermitteln. In diesem Sinne ist die Netzplankalkulation eine kopierbare Form der Kostenplanung.
- Sie können die Netzplankalkulation auch für Simulationsversionen einsetzen.

2.4.6 Plankosten zugeordneter Aufträge

Zuordnung von Aufträgen

PSP-Elementen, die Sie als Kontierungselemente gekennzeichnet haben, können Sie nicht nur Vorgänge bzw. ganze Netzpläne zuordnen, sondern auch andere Auftragstypen des SAP-Systems, wie z. B. Innenaufträge, Service- und Instandhaltungsaufträge oder auch Fertigungsaufträge. Die

Zuordnung kann dabei manuell in den jeweiligen Aufträgen hinterlegt oder gegebenenfalls auch automatisch hergestellt werden. Innenaufträge können z. B. automatisch im Rahmen des Claim-Managements erstellt und einem PSP-Element zugeordnet werden (siehe Abschnitt 4.8, »Claim-Management«). Instandhaltungsaufträge können die Zuordnung zu PSP-Elementen aus technischen Plätzen ableiten, sofern Sie dort bereits PSP-Elemente hinterlegt haben. Alternativ können Sie z. B. auch die Auftragszuordnung zum Projekt nutzen, um Instandhaltungsaufträge PSP-Elementen zuzuordnen. Fertigungsaufträge mit Bezug zu Projektbeständen sind automatisch den bestandsführenden PSP-Elementen zugeordnet.

Kostenplanung auf Aufträgen

Je nach Auftragstyp stehen Ihnen zur Kostenplanung auf Aufträgen unterschiedliche Möglichkeiten zur Verfügung. Für Innenaufträge können Sie z. B. ähnliche Formen der Kostenplanung nutzen wie für PSP-Elemente. Die Plankosten von Service-, Instandhaltungs- und Fertigungsaufträgen werden hingegen ähnlich kalkuliert wie die Plankosten von Netzplänen. Im Gegensatz zu Netzplänen werden die Plankosten für Fertigungsaufträge jedoch immer auf der Ebene der jeweiligen Auftragsköpfe geführt. Eine Auswertung auf der Ebene der einzelnen Vorgänge innerhalb dieser Aufträge ist also nicht möglich. Für Service- und Instandhaltungsaufträge besteht, ähnlich wie für Netzpläne, auch die Möglichkeit, vorgangskontierte Aufträge zu nutzen. Ob ein Auftrag kopf- oder vorgangskontiert ist, legen Sie im Customizing in Abhängigkeit von verwendetem Werk und Auftragsart fest. Bei der Verwendung von vorgangskontierten Aufträgen können Sie die Zuordnung zu PSP-Elementen separat auf der Ebene der einzelnen Vorgänge der Service- und Instandhaltungsaufträge definieren.

Auftragswertfortschreibung zum Projekt

Im Customizing des Projektsystems steuern Sie mithilfe von Transaktion OPSV, wie die Plankosten zugeordneter Aufträge auf der Ebene der PSP-Elemente gehandhabt werden sollen (siehe Abbildung 2.64). Mithilfe des Kennzeichens **Additiv** legen Sie in dieser Tabelle fest, ob die Plankosten von Aufträgen zu den Plankosten der Projektstrukturplanelemente hinzuaddiert werden sollen oder nicht.

Additive Aufträge

Ist das Kennzeichen **Additiv** für eine bestimmte Kombination von Auftragstyp, Auftragsart und Kostenrechnungskreis gesetzt, spricht man von *additiven Aufträgen*. Die Plankosten dieser Aufträge werden additiv auf die zugeordneten PSP-Elemente hochgerollt und erhöhen so die Plansumme dieser PSP-Elemente. Diese Einstellung ist insbesondere dann relevant, wenn Sie eine Budgetierung der PSP-Elemente vornehmen möchten und Ihnen dabei die Plansumme als Anhaltspunkt für die Vergabe von Budgets dienen soll (siehe Abschnitt 3.1, »Funktionen der Budgetierung im Projektsystem«).

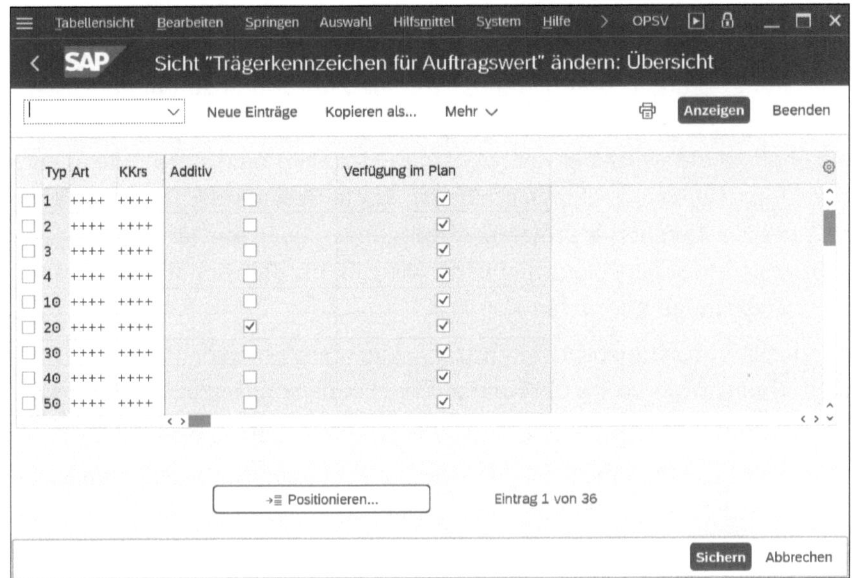

Abbildung 2.64 Definition der Auftragswertfortschreibung zum Projekt

Nichtadditive Aufträge

Aufträge, für die das Kennzeichen **Additiv** nicht gesetzt ist, werden als *nichtadditive Aufträge* bezeichnet. Ihre Planwerte werden nicht auf die zugeordneten PSP-Elemente hochgerollt und erhöhen somit auch nicht deren Plansumme. Wenn Sie mit der Budgetierung im Projektsystem arbeiten, müssen Sie gegebenenfalls die Plankosten nichtadditiver Aufträge manuell bei der Vergabe von Budgets berücksichtigen. Für Fertigungsaufträge ist z. B. eine Verwendung in Form von nichtadditiven Aufträgen sinnvoll, wenn die Plankosten für die Fertigung bereits auf der Ebene der PSP-Elemente aufgrund von Materialkomponenten an zugeordneten Vorgängen ausgewiesen werden.

Das Kennzeichen **Dispositiv** in der Tabelle zur Auftragswertfortschreibung zum Projekt steuert, ab wann die Werte auf zugeordneten Aufträgen Verfügungen gegen das Budget von PSP-Elementen darstellen sollen. Das Kennzeichen wird ausführlich in Abschnitt 3.1.5, »Verfügbarkeitskontrolle«, behandelt.

2.4.7 Planung statistischer Kennzahlen

Erstellung statistischer Kennzahlen

Mithilfe statistischer Kennzahlen können Sie für Projekte Größen wie z. B. gefahrene Kilometer, Anzahl der Projektteammitglieder usw. planen und überwachen. Für die Erstellung und Bearbeitung von statistischen Kennzahlen stehen Ihnen die Transaktionen KK01, KK02 (Einzelbearbeitung)

und KAK2 (Listpflege) zur Verfügung. Die Stammdaten einer statistischen Kennzahl umfassen lediglich eine Identifikation und Bezeichnung, die Einheit, in der die Kennzahl geführt wird, die Zuordnung zu einem Kostenrechnungskreis sowie den Kennzahlentyp. Der Kennzahlentyp entscheidet darüber, ob die Werte der Kennzahl vom Eingabemonat an für alle folgenden Monate des laufenden Geschäftsjahres gleich sein sollen (Festwert), wie z. B. bei der Anzahl der Projektteammitglieder, oder nur für den Eingabemonat gelten sollen (Summenwert), wie z. B. für die monatliche Planung der zu fahrenden Kilometer.

Planung statistischer Kennzahlen

Für die Planung statistischer Kennzahlen auf der Ebene von PSP-Elementen steht Ihnen Transaktion CJS2 und auf der Ebene von Netzplänen bzw. Vorgängen und Vorgangselementen Transaktion CJK2 zur Verfügung.

Die eigentliche Planung erfolgt analog zur Detailplanung von Kosten (siehe Abschnitt 2.4.3, »Detailplanung«). In einem Einstiegsbild bestimmen Sie die CO-Version und den Zeitraum der Planung sowie die zu beplanenden Projektelemente und statistischen Kennzahlen. In einem Übersichtsbild können Sie anschließend für den gesamten Zeitraum einen laufenden Planwert sowie bei Bedarf auch einen maximalen Planwert hinterlegen. Der Verteilungsschlüssel und der Kennzahlentyp entscheiden dann über die Verteilung der Planwerte über den Planungszeitraum. Durch den Aufruf eines Periodenbilds haben Sie jedoch auch die Möglichkeit, die Verteilung auf einzelne Perioden zu ändern. Genau wie bei der Detailplanung bestimmen auch bei der Planung statistischer Kennzahlen das Planerprofil und die Planungslayouts das Aussehen und den Funktionsumfang der verschiedenen Erfassungsmasken.

Verwendung statistischer Kennzahlen

Zusätzlich zur Planung statistischer Kennzahlen können Sie mithilfe von Transaktion KB31N auch die Ist-Daten statistischer Kennzahlen für freigegebene Projektelemente erfassen und sie im Reporting den Planwerten gegenüberstellen.

Bei Bedarf können Sie statistische Kennzahlen auch für Berechnungen im Rahmen des Periodenabschlusses heranziehen. So können Sie z. B. die Werte von statistischen Kennzahlen für die Ermittlung von periodischen Umbuchungen oder Template-Verrechnungen nutzen (siehe Abschnitt 5.4, »Template-Verrechnungen«).

2.4.8 ACDOCP-basierte Planungsformen

Die zuvor beschriebenen Kostenplanungsformen speichern die Plandaten in spezielle CO-Datenbanktabellen. Analog zur zentralen Datenbanktabelle für

Ist-Daten, Tabelle ACDOCA (siehe Kapitel 4, »Prozesse der Projektdurchführung«), gibt es in SAP S/4HANA jedoch auch eine zentrale Plandatentabelle, Datenbanktabelle ACDOCP. Diese SAP-HANA-optimierte Tabelle erlaubt im Vergleich zu den klassischen Datenbanktabellen auch das Speichern diverser zusätzlicher Informationen, wie z. B. weitere organisatorische Einheiten, Profitabilitätsmerkmale oder Werte in parallelen Währungen. Basierend auf Tabelle ACDOCP gibt es auch neue SAP-Fiori- oder auch SAP-Analytics-Cloud-Berichte sowie zusätzliche Projektplanungsmöglichkeiten, die in diesem Abschnitt vorgestellt werden.

Auch die Planwerte aus dem Easy Cost Planning für Projekte und der Netzplankalkulation können – zusätzlich zum Speichern in den CO-Tabellen – auch in Tabelle ACDOCP abgelegt werden. Für die Werte aus Kostenarten- und Leistungsartenplanungen gibt es ein Kopierprogramm, mit dem Sie die Daten aus den CO-Tabellen in Tabelle ACDOCP übertragen können, das Programm R_FINS_PLAN_TRANS_CO_ERP_2_S4H (CO-Plandaten aus CO-Tabellen in Tabelle ACDOCP übertragen). Umgekehrt können Sie auch Projektplandaten aus Tabelle ACDOCP mithilfe des Programms R_FINS_PLAN_TRANS_CO_S4H_2_ERP (CO-Plandaten aus Tabelle ACDOCP in CO-Tabellen übertragen) in die Kostenarten-/Leistungsaufnahmeplanung von PSP-Elementen übertragen. Dies kann dann notwendig sein, wenn Sie die Daten in Nachfolgeprozessen verwenden möchten, die rein auf den CO-Tabellen beruhen.

Plandaten werden in Tabelle ACDOCP immer mit Bezug zu Kostenarten bzw. Sachkonten und Perioden gespeichert. Planungen basierend auf Tabelle ACDOCP sind also immer kostenarten- und periodengerecht.

Plankategorien

Anders als bei den zuvor beschriebenen Planungsmöglichkeiten, bei denen die Planwerte immer mit Bezug zu CO-Versionen abgelegt werden, verwenden ACDOCP-basierte Planungsfunktionen sogenannte Plankategorien, um unterschiedliche Planungsformen und -stände zu unterscheiden. Plankategorien erstellen Sie im Customizing des Controllings mithilfe von Transaktion **Kategorie für Planung pflegen** (siehe Abbildung 2.65). Beim Anlegen einer Plankategorie geben Sie neben der Identifikation und der Beschreibung auch einen Anwendungstyp und gegebenenfalls eine Verwendung an. Der Anwendungstyp und die Verwendung steuern weitere Funktionen einer Plankategorie, z. B., ob Werte zu dieser Kategorie nur über bestimmte Anwendungen gefüllt werden können oder ob ein Import oder ein Kopieren der Daten möglich ist. Um eine Umrechnung in parallele Währungen zu nutzen, geben Sie einen Kurstyp ein.

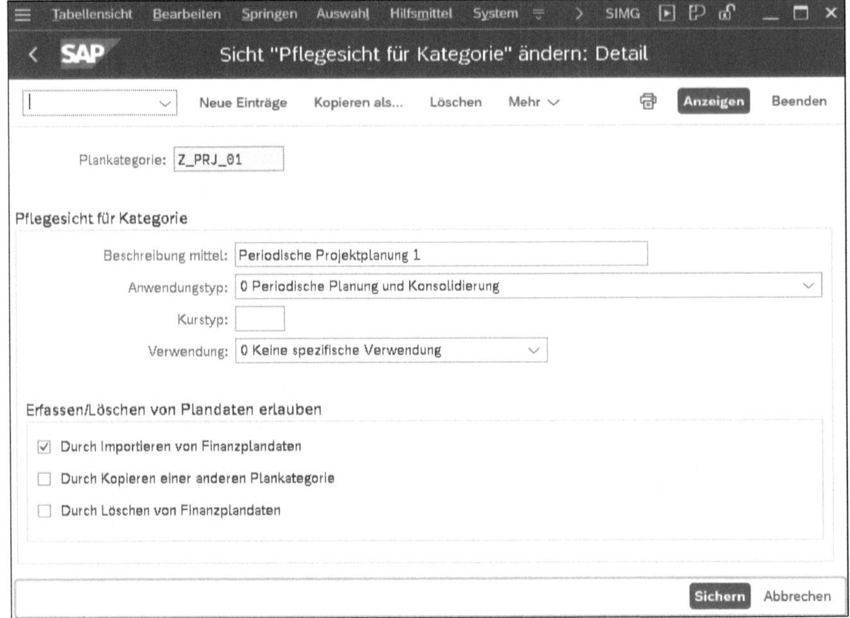

Abbildung 2.65 Beispiel für die Definition einer Plankategorie

Um die Plandaten aus dem Easy Cost Planning in Tabelle ACDOCP zu speichern, legen Sie Plankategorien zum Anwendungstyp **Projektmanagement** und der Verwendung **Easy Cost Planning für Projekte** an. Im Customizing des Easy Costs Plannings können Sie dann diesen Kategorien Kombinationen aus Kostenrechnungskreisen und CO-Versionen zuweisen und somit bestimmen, für welche Kombinationen die Planwerte zusätzlich in Tabelle ACDOCP geschrieben werden sollen (siehe Abbildung 2.66).

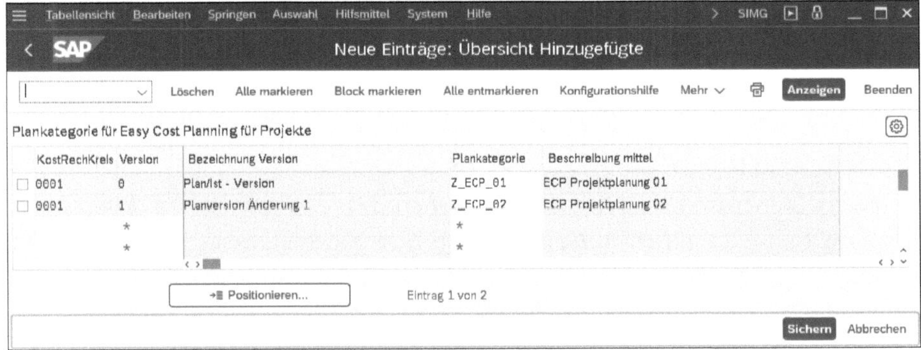

Abbildung 2.66 Zuordnung von Plankategorien zu CO-Versionen des Easy Cost Plannings

Für die Verwendung von Tabelle ACDOCP im Rahmen von Netzplankalkulationen müssen Sie zunächst eine Plankategorie zum Anwendungstyp **Projektmanagement** und der Verwendung **Netzplankalkulation** anlegen. Im applikationsspezifischen Customizing der CO-Planung, in der IMG-Aktivität **Kategorien für Projektmanagement – Netzplankalkulation pflegen**, markieren Sie anschließend diese Plankategorie als relevant für die laufenden Plankosten (siehe Abbildung 2.67)

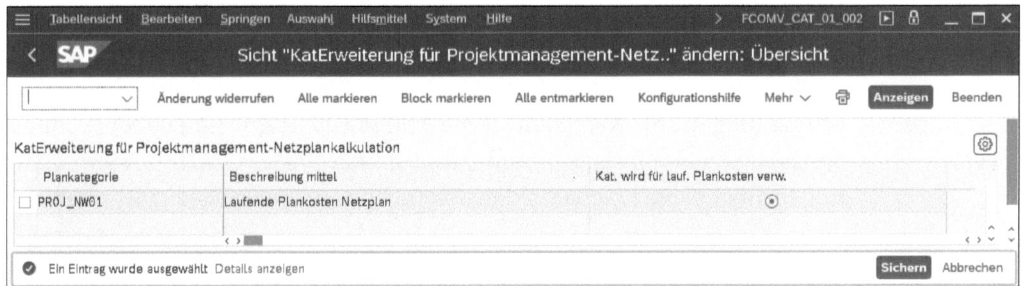

Abbildung 2.67 Plankategorie für Netzplankalkulation festlegen

Für die Verwendung von Tabelle ACDOCP für die unten vorgestellten Möglichkeiten der Planung in SAP Analytics Cloud und des Datenimports legen Sie Plankategorien zum Anwendungstyp **Periodische Planung und Konsolidierung** ohne eine spezifische Verwendung an.

Virtuelle Plankategorien

Ein spezieller Anwendungstyp ist der Typ **Virtuelle Plankategorie**. Dieser Anwendungstyp kann selbst nicht für eine direkte Planung verwendet werden, sondern dient dazu, mehrere Plankategorien für Auswertungszwecke logisch zusammenzufassen. In der Customizing-Transaktion FCOMV_CAT_ASSGMT können Sie dazu virtuellen Plankategorien mehrere Quellkategorien zuweisen. Die Definition von virtuellen Plankategorien ist insbesondere im Projektsystem sinnvoll, wenn Sie z. B. manuell geplante Kosten auf PSP-Elementen gemeinsam mit den kalkulierten Kosten zugeordneter Aufträge in Tabelle ACDOCP über die Selektion einer einzelnen Plankategorie auswerten möchten.

SAP Analytics Cloud

Für eine ACDOCP-basierte Kostenplanung auf PSP-Elementen können Sie Funktionen und speziellen Content in SAP Analytics Cloud (SAC) verwenden. Die Projektplanung ist dabei Teil des SAP Business Contents *Integrated Financial Planning for SAP S/4HANA*. Die exemplarisch ausgelieferte Planungs-Story **SAP_FI_IFP_IM_OPEX_ProjExpenses** ermöglicht Ihnen die Planung von Leistungsaufnahmen und Ausgaben auf PSP-Elementen basierend auf den Ist-Werten vorheriger Perioden. Die Planung der Leistungsaufnahmen ist dabei auch integriert in die Kostenstellenplanung, die Sie in SAC ausführen können. Natürlich können Sie auch eigenen Content konfigurieren und so die Planungsfunktionen an Ihre eigenen Anforderungen anpassen.

Zur Planung selbst importieren Sie zunächst die PSP-Elemente und andere Stammdaten, die Sie für die Planung benötigen. Mithilfe tabellarischer Sichten, die auf Planungsmodellen basieren, können Sie anschließend Planwerte für PSP-Elemente erfassen. Je nach Definition des Planungsmodells können Sie dabei Funktionen, wie z. B. das Kopieren, eine Aggregation oder Disaggregation von Daten, Formeln oder auch die Verwendung unterschiedlicher Versionen, nutzen. Abbildung 2.68 zeigt das Beispiel eine Projektplanung in SAC. Nachdem Sie die Planung abgeschlossen haben, können Sie die Plandaten freigeben und zurück in das SAP-S/4HANA-System übertragen, in dem die Plandaten dann in Tabelle ACDOCP abgelegt werden.

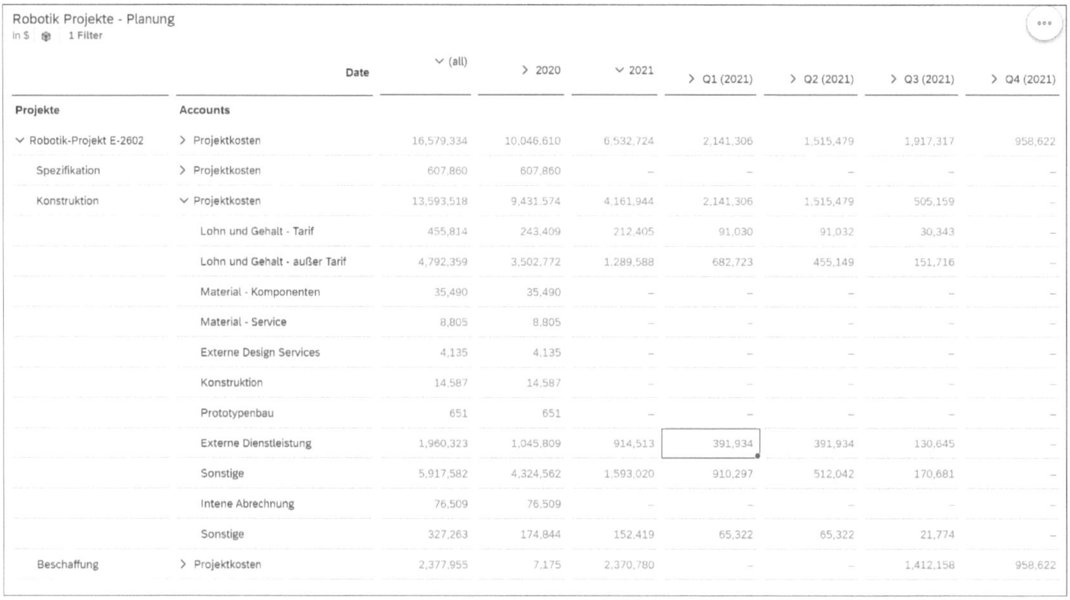

Robotik Projekte - Planung
in $ | 1 Filter

	Date	˅ (all)	> 2020	˅ 2021	> Q1 (2021)	> Q2 (2021)	> Q3 (2021)	> Q4 (2021)
Projekte	**Accounts**							
˅ Robotik-Projekt E-2602	> Projektkosten	16,579,334	10,046,610	6,532,724	2,141,306	1,515,479	1,917,317	958,622
Spezifikation	> Projektkosten	607,860	607,860	–	–	–	–	–
Konstruktion	˅ Projektkosten	13,593,518	9,431,574	4,161,944	2,141,306	1,515,479	505,159	–
	Lohn und Gehalt - Tarif	455,814	243,409	212,405	91,030	91,032	30,343	–
	Lohn und Gehalt - außer Tarif	4,792,359	3,502,772	1,289,588	682,723	455,149	151,716	–
	Material - Komponenten	35,490	35,490	–	–	–	–	–
	Material - Service	8,805	8,805	–	–	–	–	–
	Externe Design Services	4,135	4,135	–	–	–	–	–
	Konstruktion	14,587	14,587	–	–	–	–	–
	Prototypenbau	651	651	–	–	–	–	–
	Externe Dienstleistung	1,960,323	1,045,809	914,513	391,934	391,934	130,645	–
	Sonstige	5,917,582	4,324,562	1,593,020	910,297	512,042	170,681	–
	Intene Abrechnung	76,509	76,509	–	–	–	–	–
	Sonstige	327,263	174,844	152,419	65,322	65,322	21,774	–
Beschaffung	> Projektkosten	2,377,955	7,175	2,370,780	–	–	1,412,158	958,622

Abbildung 2.68 Beispiel einer Projektplanung in SAP Analytics Cloud

SAP-Fiori-App »Finanzplandaten Importieren«

Eine andere Möglichkeit, Plankosten für PSP-Elemente in Tabelle ACDOCP zu speichern, ist der Import von CSV-Dateien mithilfe der SAP-Fiori-App **Finanzplandaten Importieren** (F1711, siehe Abbildung 2.69). In dieser App können Sie sich zunächst eine Vorlage für die Planung auf PSP-Elementen herunterladen und dann z. B. mithilfe von Microsoft Excel für Ihre Planung nutzen. Wenn Sie nun die CSV-Datei mit Ihren Plandaten in der App eingeben, überprüft die App zunächst die Konsistenz und Vollständigkeit der

Daten und informiert Sie über die Anzahl der neuen bzw. geänderten Datensätze. Im Rahmen der Konsistenzprüfung findet jedoch keine Prüfung gegen den Status oder z. B. das Stammdatenkennzeichen **Planungselement** der PSP-Elemente statt. Nach erfolgreicher Prüfung können Sie schließlich den Import anstoßen und bei Bedarf das Ergebnis direkt analysieren. Beim Import der Plandaten ermittelt das System automatisch weitere Felder, wie z. B. Profit-Center oder den Kontenplan, und nimmt Umrechnungen in weitere Währungen vor.

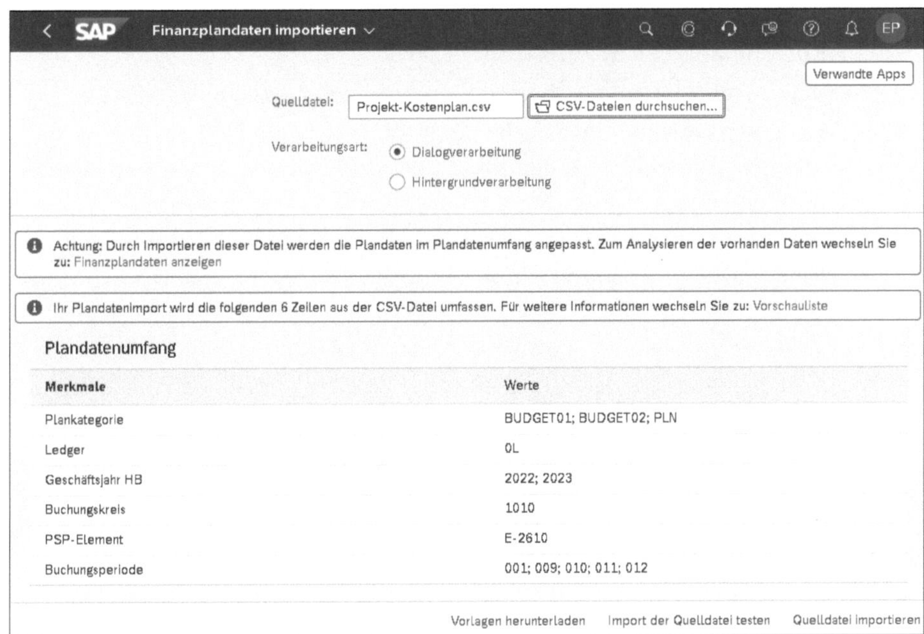

Abbildung 2.69 SAP-Fiori-App zum Import von Projektplandaten

[!]

ACDOCP-Planwerte in Nachfolgeprozessen

Bitte beachten Sie, dass die Planwerte von Tabelle ACDOCP nicht mithilfe von Hierarchie-/Kostenartenberichten, den klassischen Planeinzelpostenberichten oder der Struktur-/Projektstrukturübersicht ausgewertet werden können. Stattdessen stehen für ACDOCP-basierte Plandaten z. B. neue SAP-Fiori-basierte Berichte oder Standard-Content in SAC für Analysezwecke zur Verfügung (siehe Kapitel 6, »Reporting«).

Auch können nicht alle Nachfolgeprozesse Planwerte von Tabelle ACDOCP nutzen. So können Sie z. B. diese Planwerte nicht in das Investitionsmanagement hochrollen oder als Budgetwerte übernehmen (siehe Kapitel 3, »Budget«). Diverse Periodenabschlusstätigkeiten, wie z. B. die Berechnung von Plangemeinkostenzuschlägen basierend auf Kalkulationsschemata, die Verzinsung, Ergebnisermittlung, Auftragseingangsermittlung, Kostenprognose oder Planabrechnung (siehe Kapitel 5, »Periodenabschluss«) von Projekten, unterstützen aktuell keine Plandaten von Tabelle ACDOCP. Allerdings können Sie die Planwerte von Tabelle ACDOCP wie oben beschrieben in die Kostenarten-/Leistungsaufnahmeplanung von PSP-Elementen übertragen und so die Plandaten auch in den klassischen Berichten und Nachfolgeprozessen verwenden.

Kostenplanung von Projekten

Je nach Bedarf können Sie unterschiedliche Möglichkeiten zur Kostenplanung von Projekten im Projektsystem nutzen. Wenn Sie mit Netzplänen arbeiten, kann das System automatisch die Plankosten anhand der Daten der Vorgänge, Vorgangselemente und Materialkomponenten kalkulieren und gegebenenfalls separat pro Vorgang bzw. Vorgangselement ausweisen.

Wenn Sie nur mit PSP-Elementen arbeiten, stehen Ihnen mit der hierarchischen Kostenplanung, der Einzelkalkulation, der Detailplanung, dem Easy Cost Planning oder der Verwendung von SAP Analytics Cloud verschiedene manuelle Formen der Kostenplanung zur Verfügung. Mithilfe der Planung statistischer Kennzahlen können Sie neben den Kosten auch andere Kennzahlen für Projekte planen.

2.5 Erlösplanung

Für einige Projekttypen, insbesondere für Vertriebsprojekte, ist neben der Planung von Kosten auch die Erlösplanung wichtig, um im Rahmen der Planungsphase bereits Aussagen über den späteren Gewinn oder die Profitabilität eines Projekts treffen zu können. Für Projekte können Sie Erlöse auf der Ebene von PSP-Elementen planen oder, wenn Sie die Integration in den Vertrieb nutzen, mithilfe von Verkaufsbelegen, die mit Projekten verknüpft sind. PSP-Elemente, auf denen Sie Erlöse planen möchten, müssen als Fakturierungselemente gekennzeichnet sein (siehe Abschnitt 1.2.1, »Aufbau und Stammdaten«). Eine Erlösplanung auf der Ebene von Netzplänen ist nicht möglich.

Ähnlich wie bei der Kostenplanung mittels PSP-Elementen stehen Ihnen auch zur Erlösplanung mehrere Möglichkeiten mit unterschiedlichen

Detaillierungsgraden zur Verfügung. Bei Bedarf können Sie auch mehrere Erlösplanungen für ein Fakturierungselement vornehmen und in unterschiedlichen CO-Versionen speichern.

2.5.1 Hierarchische Planung

Funktionen zur Erlösplanung

Mithilfe von Transaktion CJ42 können Sie eine hierarchische Erlösplanung für Fakturierungselemente eines Projekts durchführen. Dabei stehen Ihnen ähnliche Funktionen zur Verfügung wie bei der hierarchischen Kostenplanung (siehe Abschnitt 2.4.1, »Hierarchische Kostenplanung«). Diese Form der Erlösplanung hat keinen Bezug zu einer Erlösart, ist also nicht erlösartengerecht. Je nach den Einstellungen des Planprofils des Projekts können Sie die Erlöse als Gesamtwerte oder mit Bezug zu einzelnen Geschäftsjahren oder sowohl als Gesamtwerte als auch als Geschäftsjahreswerte planen. Eine Verteilung der Erlöse auf einzelne Perioden eines Geschäftsjahres ist bei der hierarchischen Erlösplanung nicht möglich.

2.5.2 Detailplanung

Die Detailplanung von Erlösen erlaubt es Ihnen, Werte zu verschiedenen Erlösarten zu planen und diese Werte entweder manuell oder mithilfe von Verteilungsschlüsseln automatisch auf einzelne Perioden eines Geschäftsjahres aufzuteilen. Diese Form der Erlösplanung ist also sowohl erlösarten- als auch periodengerecht. Die Perioden der Planerlöse können jedoch nicht aus den Planterminen der Fakturierungselemente abgeleitet werden, sondern müssen manuell spezifiziert werden.

Für die Detailplanung von Erlösen stehen Ihnen die gleichen Funktionen zur Verfügung wie für die Kostenartenplanung (siehe Abschnitt 2.4.3, »Detailplanung«). Insbesondere wird diese Form der Erlösplanung wiederum durch Planungslayouts und Planerprofile gesteuert. Die Detailplanung von Erlösen können Sie über Transaktion CJ42 erreichen oder durch Aufruf von Transaktion CJR2 ausführen. Im Planprofil bestimmen Sie die Erlösartengruppe, die Ihnen bei der Detailplanung über Transaktion CJ42 zur Verfügung stehen soll. Damit Sie die Erlöse mithilfe von Transaktion CJR2 planen können, muss Ihrem Benutzer ein Planerprofil mit einem für die Erlösplanung geeigneten Planungslayout zugeordnet sein.

Ferner können Sie auch die in Abschnitt 2.4.8, »ACDOCP-basierte Planungsformen« erläuterten Funktionen für eine Erlösarten- und Periodengerechte Planung von Erlösen auf PSP-Elementen nutzen.

2.5.3 Fakturierungsplan

Mithilfe eines Fakturierungsplans können Sie – analog zu den Rechnungsplänen – eine sehr detaillierte Planung vornehmen. Ein Fakturierungsplan hat dabei immer Bezug zu einer Erlösart, die Sie im Planprofil des Projekts hinterlegen müssen. Bei Bedarf können Sie mithilfe von Fakturierungsplänen auch Einzahlungen tagesgenau planen. Die Fortschreibung der Plandaten erfolgt dabei immer mit Bezug zur CO-Version 0. Sie können Fakturierungspläne, anders als die hierarchische oder Detailplanung, auch für die Erlösplanung in Simulationsversionen nutzen.

Erstellen von Positionen eines Fakturierungsplans

In einem Fakturierungsplan nehmen Sie die Aufteilung eines Zielwerts, d. h. des geplanten Gesamterlöses, auf verschiedene Termine vor. Dazu erstellen Sie verschiedene Positionen innerhalb eines Fakturierungsplans, jeweils mit Angaben zum geplanten Termin, zum Betrag bzw. Prozentsatz des Zielwerts und zu der zu verwendenden *Fakturierungsregel*. Mithilfe der Fakturierungsregel steuern Sie insbesondere, ob eine Position erlösrelevant ist, also im Erlösplan fortgeschrieben wird, oder ob sie lediglich anzahlungsrelevant ist. Anzahlungsrelevante Positionen werden zusammen mit den anderen Positionen tagesgenau im Finanzplan eines Projekts im PS-Cash-Management fortgeschrieben (siehe Abschnitt 6.2.5, »PS-Cash-Management«).

Sie können die Positionen eines Fakturierungsplans manuell erstellen. Die Termine der manuell erstellten Positionen werden als Fixtermine gehandhabt, d. h., dass Terminänderungen hinsichtlich des Projekts in diesem Fall keinen Einfluss auf die Termine des Fakturierungsplans nehmen. Sie können die Positionen jedoch auch automatisch durch die Übernahme von Meilensteindaten oder über den Bezug zu einer Vorlage erzeugen.

Übernahme von Meilensteinterminen

Bei der Übernahme von Meilensteindaten kopiert das System die Meilensteintermine und den im Meilenstein hinterlegten Fakturierungsprozentsatz in den Fakturierungsplan und schlägt Ihnen gegebenenfalls auch eine Fakturierungsregel vor. Die Fakturierungsregel wird dabei über die in der Verwendung des Meilensteins hinterlegte Kombination aus Fakturierungsplanart und Termintyp ermittelt. Ändern sich die Meilensteintermine, werden beim Sichern des Projekts auch automatisch die Termine des Fakturierungsplans angepasst. Voraussetzung für die Übernahme von Meilensteindaten ist, dass das Kennzeichen **Termin Verkaufsbeleg** in den relevanten Meilensteinen gesetzt ist (siehe Abschnitt 1.4, »Meilensteine«).

Verwendung von Vorlagen

Wenn Sie einen Fakturierungsplan mit Bezug zu einer Vorlage anlegen, ermittelt das System die Termine und die prozentuale Aufteilung der Beträge für den Fakturierungsplan aus den Positionsdaten der Vorlage. Das System passt dabei die Termine dem Beginndatum und die prozentuale Aufteilung der Beträge dem Zielwert an. Bei einer Terminänderung des Fakturierungselements werden nach einer Terminierung automatisch auch die Termine im Fakturierungsplan angepasst, wenn Sie mit einer Vorlage gearbeitet haben. Sie können andere eigene Fakturierungspläne als Vorlage verwenden oder auch im Customizing des Projektsystems Vorschlagsfakturierungspläne definieren.

Fakturierungspläne an PSP-Elementen

Sie können Fakturierungspläne in fast jeder Bearbeitungstransaktion von Projektstrukturplänen, also z. B. dem Project Builder, Fakturierungselementen eines Projekts zuordnen. Bei Bedarf können Sie Fakturierungspläne auch in Simulationsversionen für eine Erlösplanung einsetzen. Eine spezielle Möglichkeit, um Fakturierungspläne für PSP-Elemente anzulegen, ist die Verwendung der Verkaufspreiskalkulation, die in Abschnitt 2.5.4, »Verkaufspreiskalkulation«, behandelt wird. Fakturierungspläne, die Sie PSP-Elementen zuordnen, dienen allein der Planung von Erlösen und gegebenenfalls Auszahlungen; sie können nicht für eine automatische Rechnungserstellung verwendet werden.

Fakturierungspläne in Verkaufsbelegen

Sie können Fakturierungspläne jedoch auch im Vertrieb zu Positionen in Kundenangeboten oder Kundenaufträgen anlegen, sofern der jeweilige Positionstyp dies erlaubt (siehe Abbildung 2.70).

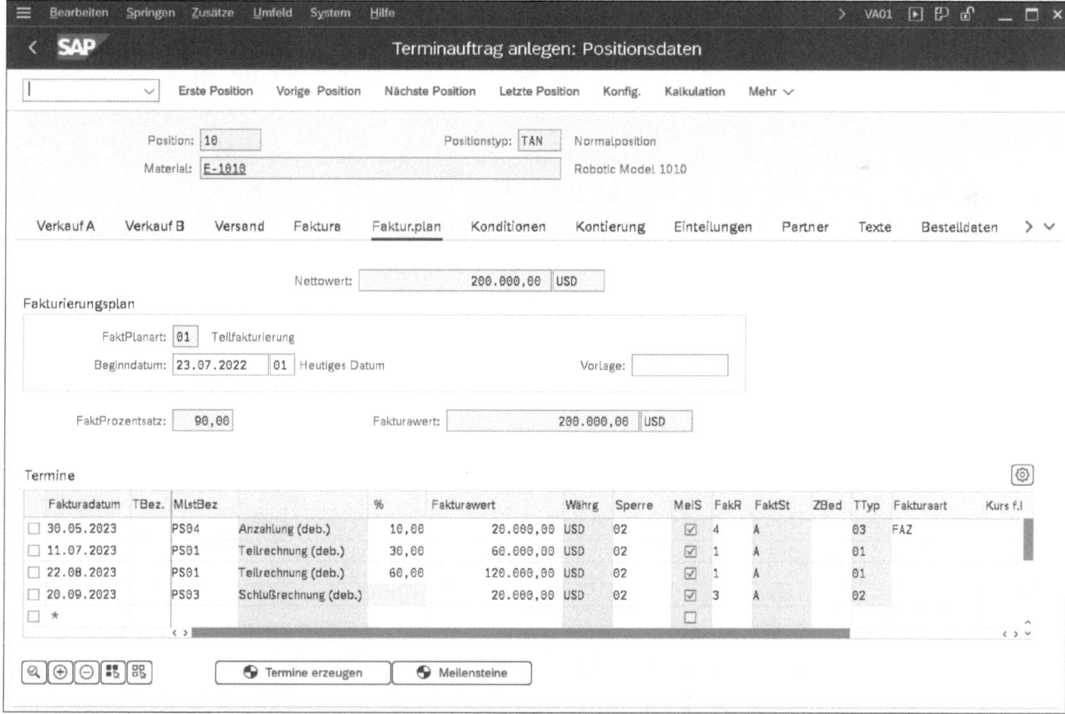

Fakturadatum	TBez.	MlstBez		%	Fakturawert	Währg	Sperre	MeIS	FakR	FaktSt	ZBed	TTyp	Fakturaart	Kurs f.I
30.05.2023		PS04	Anzahlung (deb.)	10,00	20.000,00	USD	02	☑	4	A		03	FAZ	
11.07.2023		PS01	Teilrechnung (deb.)	30,00	60.000,00	USD	02	☑	1	A		01		
22.08.2023		PS01	Teilrechnung (deb.)	60,00	120.000,00	USD	02	☑	1	A		01		
20.09.2023		PS03	Schlußrechnung (deb.)		20.000,00	USD	02	☑	3	A		02		
*								☐						

Abbildung 2.70 Beispiel für einen Fakturierungsplan einer Kundenauftragsposition

Ist die Verkaufsbelegposition auf ein Fakturierungselement kontiert, werden die Plandaten des Fakturierungsplans automatisch in die Erlös- bzw. Finanzplanung des Fakturierungselements fortgeschrieben und können somit auf der Ebene des PSP-Elements analysiert werden. Voraussetzung dafür ist, dass Sie im Planprofil des Projekts die Fortschreibung der Daten aus Angeboten oder Aufträgen aktiviert haben.

Meilensteinfakturierung

Im Gegensatz zu den Fakturierungsplänen an PSP-Elementen können die Positionen eines Fakturierungsplans einer Kundenauftragsposition im Rahmen der Projektdurchführung auch für die Fakturierung eingesetzt werden. Dabei werden die Ist-Erlöse automatisch an das Fakturierungselement weitergereicht. Wenn Sie Positionen eines Fakturierungsplans mithilfe von Meilensteindaten erstellt haben, steht Ihnen dabei insbesondere die Funktion der Meilensteinfakturierung zur Verfügung (siehe Abschnitt 4.6.1, »Meilensteinfakturierung«).

[!]

Priorisierung von Fakturierungsplänen

Beachten Sie, dass die Werte aus Fakturierungsplänen an PSP-Elementen Vorrang vor den Werten aus Verkaufsbelegen haben. Wenn Sie Fakturierungspläne an PSP-Elementen nur für eine Vorplanung oder als Kopiervorlage für Fakturierungspläne in Verkaufsbelegen nutzen wollen, sollten Sie diese daher nach Erstellen der entsprechenden Verkaufsbelege löschen.

Auch wenn Sie keine Fakturierungspläne in einer Verkaufsbelegposition erstellt haben, können Planerlöse aus den Verkaufsbelegpositionen in der Erlösplanung der Fakturierungselemente, auf denen die Positionen kontiert sind, fortgeschrieben werden. Dabei ermittelt das System den Wert und die Erlösart über die Konditionen der Positionen und die Fakturatermine aus den jeweiligen Einteilungsdaten.

2.5.4 Verkaufspreiskalkulation

Mithilfe von Verkaufspreiskalkulationen können Sie für Vertriebsprojekte die Preise für deren Leistungen oder für projektgefertigtes Material aus den Plandaten dieser Projekte ableiten und abspeichern. Typischerweise werden die Daten einer Verkaufspreiskalkulation insbesondere für die Angebotserstellung und Erlösplanung von Vertriebsprojekten verwendet, für die eine Ermittlung von Verkaufspreisen auf der Basis von Standardpreisen nicht möglich ist. Können Sie für Vertriebsprojekte auf vorhandene Standardpreise und feststehende Konditionen zurückgreifen, ist eine Verkaufspreiskalkulation in der Regel jedoch nicht notwendig. In diesem Fall findet die Angebotserstellung nicht über eine Verkaufspreiskalkulation, sondern direkt im Vertrieb statt.

Für die Erstellung von Verkaufspreiskalkulationen haben Sie im Projektsystem zwei Möglichkeiten: Zum einen können Sie mithilfe von Transaktion DP81 Verkaufspreiskalkulationen für Projekte anlegen, die aufgrund einer Kundenanfrage erstellt wurden und mit dieser verknüpft sind; zum anderen können Sie für Projekte ohne Bezug zu einer Kundenanfrage im Project Builder oder mithilfe von Transaktion DP82 Verkaufspreiskalkulationen erzeugen. Diese beiden Möglichkeiten werden nun erläutert.

Projektkontierte Kundenanfragen

Im Rahmen einer Vorverkaufsphase können im Vertrieb spezielle Belege erstellt werden, in denen Anfragen von Kunden zum Preis oder zur Verfügbarkeit von Leistungen oder Material gespeichert werden können. Diese Belege werden als *Kundenanfragen* bezeichnet und stellen Aufforderungen dar, den Kunden Verkaufsangebote zu unterbreiten.

Wenn Sie im Projektsystem ein Projekt für die Angebotserstellung angelegt haben, können Sie Anfragepositionen auf PSP-Elemente dieses Projekts kontieren und somit eine Verknüpfung zwischen den Anfragepositionen und dem Projekt herstellen. Wenn Sie nun eine Verkaufspreiskalkulation für das Projekt oder eine Anfrageposition über Transaktion DP81 anlegen, kann das System sowohl auf die Vertriebsdaten in der Anfrage als auch auf die Plandaten des Projekts zurückgreifen.

Bei einer Verkaufspreiskalkulation findet eine zweistufige Verdichtung der Plandaten des Projekts (Plankosten, statistische Kennzahlen, geplantes Material und Leistungen usw.) statt. Welche Plandaten bei der Verkaufspreiskalkulation berücksichtigt werden und wie und nach welchen Kriterien die Verdichtung der Daten durchgeführt wird, wird über ein sogenanntes *DPP-Profil* (Dynamische-Posten-Prozessorprofil) gesteuert, das in den Detaildaten der Anfragepositionen hinterlegt sein muss.

Verkaufspreisbasis

Das Ergebnis der ersten Verdichtungsstufe wird in der *Verkaufspreisbasissicht* dargestellt. Abbildung 2.71 zeigt ein Beispiel für eine Verkaufspreisbasissicht. In diesem Beispiel wurden die Plankosten eines Projekts gemäß ihren Kostenarten verdichtet. Das DPP-Profil steuert neben der Verdichtung selbst zusätzlich auch, wie die verdichteten Werte (dynamischen Posten) im oberen Bereich dieser Sicht dargestellt werden sollen. Im unteren Bereich der Verkaufspreisbasissicht werden weitere Details zu den verdichteten Posten dargestellt. Insbesondere erlaubt der untere Bereich noch eine manuelle betrags-, mengenmäßige oder prozentuale Änderung von Posten. Nehmen Sie eine Änderung von Posten vor, weicht der in der Verkaufspreiskalkulation übernommene Betrag vom Originalbetrag ab.

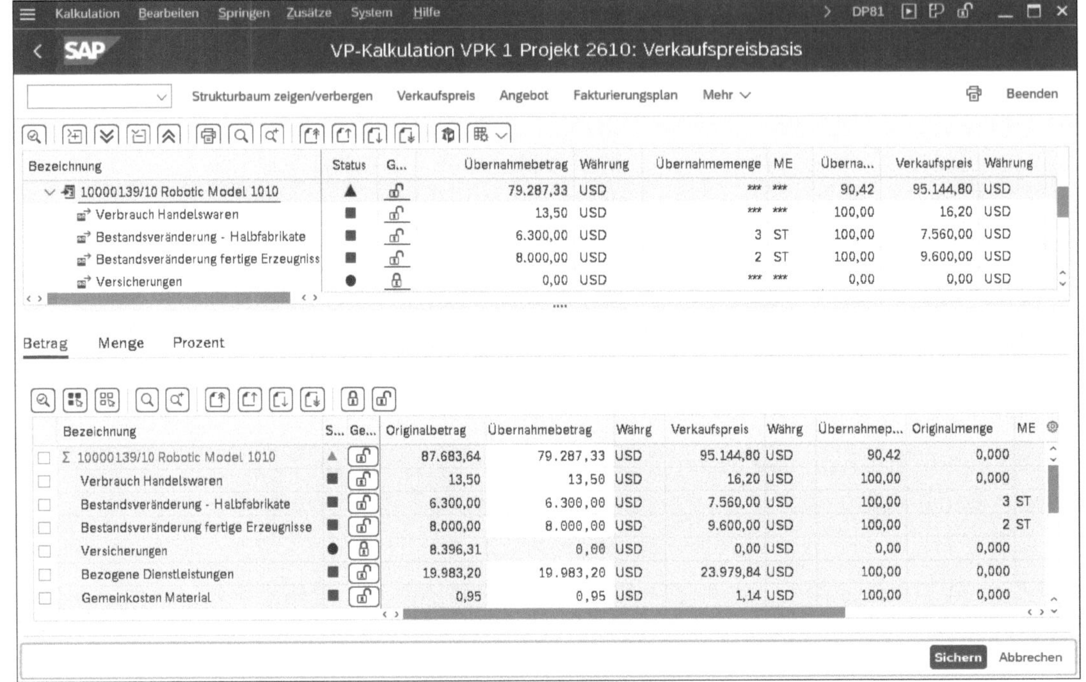

Abbildung 2.71 Beispiel für die Verkaufspreisbasissicht einer Verkaufspreiskalkulation

Verkaufspreissicht

Im Rahmen der zweiten Verdichtungsstufe werden die verdichteten und gegebenenfalls noch manuell geänderten Posten der Verkaufspreisbasis automatisch mit Materialnummern verknüpft. Je nach den Einstellungen des DPP-Profils können dies z. B. Materialnummern von Materialkomponenten des Projekts oder auch fest im DPP-Profil hinterlegte Materialnummern für Projektleistungen oder für das im Rahmen des Projekts zu fertigende Material sein. Die Materialnummern werden sortiert und zu Verkaufsbelegpositionen zusammengefasst. Mit der Funktion der *Preisfindung* des Vertriebs kann das System nun anhand der Materialnummern und Vertriebsdaten der Anfrage (Kundennummer, Verkaufsorganisation usw.) einen Verkaufspreis für die einzelnen Positionen ermitteln. Die Verkaufsbelegpositionen und die entsprechenden Verkaufspreise werden in der *Verkaufspreissicht* dargestellt. Die Verkaufspreissicht entspricht einer Kundensicht auf die Verkaufspreiskalkulation.

Abbildung 2.72 zeigt ein Beispiel einer Verkaufspreissicht. Im oberen Bereich ist die Hierarchie aller Verkaufsbelegpositionen dargestellt.

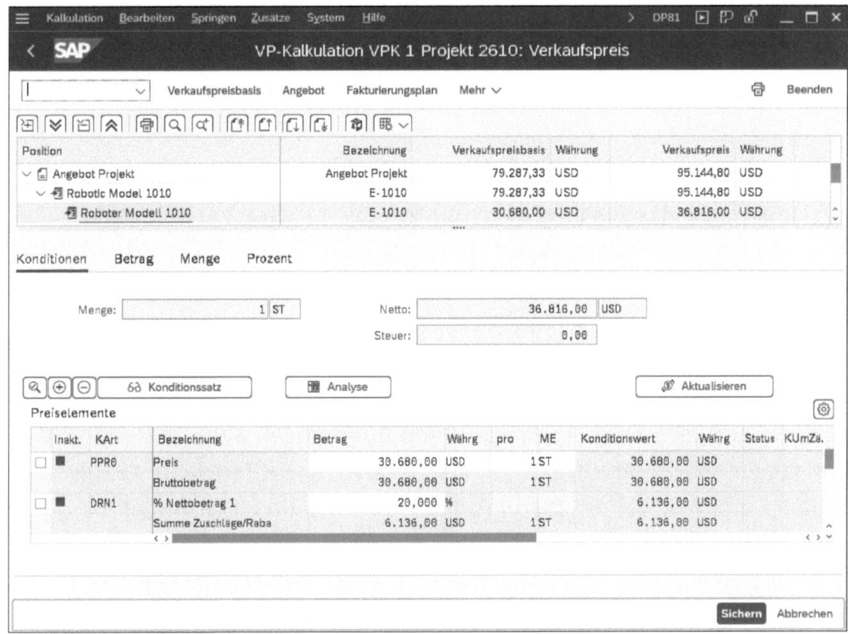

Abbildung 2.72 Beispiel für die Verkaufspreissicht einer Verkaufspreiskalkulation

Im unteren Bereich werden Details zu den Verkaufspreisen der Positionen aufgelistet, nämlich die Konditionen, die das System im Rahmen der Preisfindung ermittelt hat. Bei Bedarf können Sie den Verkaufspreis einer Position anpassen, indem Sie weitere Konditionen hinzufügen. Sie können in einer Verkaufspreiskalkulation jederzeit zwischen der Verkaufspreis- und der Verkaufspreisbasissicht hin- und herwechseln, um Änderungen vorzunehmen.

Fakturierungsplan und Angebotserstellung

Die Daten einer Verkaufspreiskalkulation können Sie für verschiedene Zwecke verwenden:

- Sie können die Daten in einem Beleg sichern und dabei mit einem beschreibenden Belegtext versehen. So können Sie mehrere unterschiedliche Verkaufspreiskalkulationen für ein Projekt anlegen und miteinander vergleichen.
- Sie können einen Fakturierungsplan anlegen; dieser ist automatisch dem Fakturierungselement der in der Verkaufspreiskalkulation verwendeten Fakturierungsstruktur zugeordnet. Als Zielwert dieses Fakturierungsplans schlägt Ihnen das System den Gesamtwert der Verkaufspreise vor.
- Sie können ein Kundenangebot erstellen. Dabei übernimmt das System automatisch die Verknüpfung zur Anfrage, die Kontierung auf das Pro-

jekt und insbesondere die mithilfe der Verkaufspreiskalkulation ermittelten Positionen und Verkaufspreise. Das Angebot kann im Vertrieb weiterverarbeitet werden und später als Grundlage zur Erstellung eines Kundenauftrags dienen.

Projekte ohne Kundenanfrage

Für Projekte, für die keine Anfrage vorliegt, können Sie bei Bedarf ebenfalls Verkaufspreiskalkulationen durchführen. Die für eine Verkaufspreiskalkulation benötigten Vertriebsdaten müssen Sie dazu in der Projektdefinition hinterlegen. Die Verkaufsorganisation, den Vertriebsweg, die Sparte und das DPP-Profil können Sie bereits im Projektprofil als Vorschlagswerte eintragen oder bei Bedarf in den Steuerungsdaten der Projektdefinition manuell erfassen. Für die Angabe des Kunden muss auf der Ebene der Projektdefinition ein geeignetes Partnerschema eingetragen sein, das Ihnen den Eintrag einer Kundennummer auf der Registerkarte **Partner** der Projektdefinition erlaubt (siehe Abschnitt 1.2.1, »Aufbau und Stammdaten«). Verkaufspreiskalkulationen für Projekte ohne Bezug zu Anfragen können Sie über den Project Builder oder direkt über Transaktion DP82 erstellen.

Simulationsversionen

Im Rahmen der Angebotsphase von Vertriebsprojekten können Sie Simulationsversionen (siehe Abschnitt 1.9.2, »Simulationsversionen«) nutzen, um für ein Projekt zunächst mehrere unterschiedliche Strukturen zu erstellen, unterschiedliche Termine, Kapazitätsbedarfe und Kosten für die spätere Durchführung zu planen und diese untereinander zu vergleichen. Insbesondere können Sie dabei die Daten der Simulationsversionen auch für Verkaufspreiskalkulationen und die Erstellung von Angeboten verwenden. Voraussetzung dafür ist, dass die Projektdefinition und das Fakturierungselement bereits als operative Objekte existieren.

Definition von DPP-Profilen

Verkaufspreiskalkulationen werden im Wesentlichen durch das DPP-Profil der Anfragepositionen bzw. der Projektdefinition gesteuert. Sie erstellen DPP-Profile im Customizing des Projektsystems mithilfe von Transaktion ODP1. DPP-Profile können nicht nur für die Erstellung von Verkaufspreiskalkulationen verwendet werden, sondern auch für eine aufwandsbezogene Fakturierung (siehe Abschnitt 4.6.2, »Aufwandsbezogene Fakturierung«) oder eine Ergebnisermittlung (siehe Abschnitt 5.6, »Ergebnisermittlung«). Sie nehmen daher die Einstellungen des DPP-Profils jeweils mit Bezug zu einer dieser Verwendungen vor (siehe Abbildung 2.73).

Steuerung der Verkaufspreiskalkulation

Für die Verwendung zur Steuerung der Verkaufspreiskalkulation hinterlegen Sie zunächst die Belegart, mit der Angebote aus der Verkaufspreiskalkulation heraus erstellt werden können. Anschließend entscheiden Sie, welche Merkmale für die Ermittlung der dynamischen Posten und Materialnummern relevant sind. Dabei legen Sie zusätzlich fest, wie die erste Verdichtungsstufe anhand dieser Merkmale durchgeführt und in der Verkaufspreissicht dargestellt werden soll. Mögliche Merkmale sind Kostenart, Objektnummer, Kostenstelle, Leistungsart usw. Bei Bedarf können Sie mithilfe einer Kundenerweiterung jedoch auch zusätzliche Merkmale berücksichtigen.

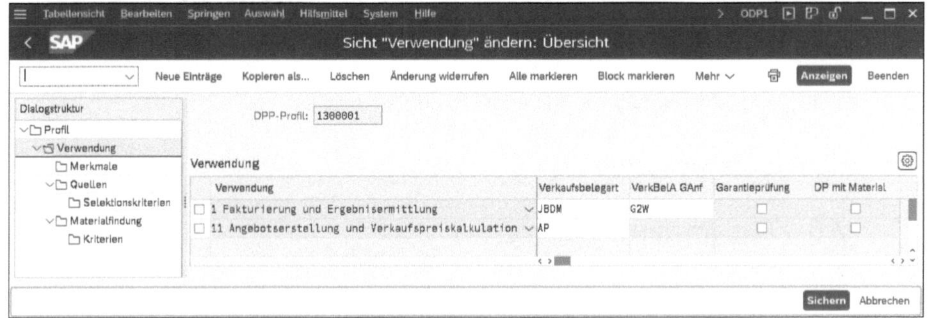

Abbildung 2.73 Definition von DPP-Profilen

Als Nächstes legen Sie die Quellen fest, aus denen sich die Verkaufspreiskalkulation bedienen kann. Für jede Quelle können Sie bei Bedarf zusätzlich Selektionskriterien definieren oder pauschale Prozentsätze festlegen. Mögliche Quellen sind beispielsweise das Easy Cost Planning, Plankosten, Summensätze und statistische Kennzahlen. Mithilfe einer Kundenerweiterung können Sie auch zusätzliche Quellen definieren.

[+]

Erweiterte Dokumentation zu DPP-Profilen

Eine sehr ausführliche (englischsprachige) Dokumentation zur Definition von DPP-Profilen, deren verschiedenen Verwendungsmöglichkeiten und den zur Verfügung stehenden Kundenerweiterungen finden Sie als Anlage in SAP-Hinweis 301117.

Materialnummern

Über die Materialfindung eines DPP-Profils steuern Sie die Verdichtung der dynamischen Posten zu Materialnummern. Sie können die Materialnummern manuell in die Tabelle zur Materialfindung eintragen; es können jedoch auch Materialnummern aus Materialkomponenten der Projekte übernommen werden. Welche Materialnummern tatsächlich bei der Verkaufspreiskalkulation ermittelt werden sollen, steuern Sie mithilfe von Selektionskriterien, die Sie für die einzelnen Materialnummern definieren.

Erlösplanung von Projekten

Ähnlich wie bei der Kostenplanung stehen Ihnen auch zur Planung von Erlösen auf PSP-Elementen unterschiedliche Möglichkeiten im Projektsystem zur Verfügung. Durch die Verknüpfung von Verkaufsbelegpositionen mit PSP-Elementen können auch im Vertrieb Erlöse geplant werden und als Planerlöse auf Projekten fortgeschrieben werden. Mithilfe von Verkaufspreiskalkulationen können Sie anhand der Plandaten von Projekten direkt im Projektsystem Kundenangebote erstellen.

2.6 Zusammenfassung

Dieses Kapitel hat die verschiedenen Funktionen des Projektsystems zur Projektplanung behandelt. Für PSP-Elemente stehen Ihnen Funktionen zur Termin-, Kosten- und Erlösplanung zur Verfügung. Netzpläne bieten Funktionen zur Terminierung, Ressourcen- und Materialplanung sowie zur Netzplankalkulation. Verwenden Sie sowohl PSP-Elemente als auch Netzpläne zur Strukturierung von Projekten, können Plandaten zwischen den PSP-Elementen und den zugeordneten Netzplänen bzw. Netzplanvorgängen ausgetauscht werden.

Kapitel 3
Budget

Mithilfe der Budgetierung werden im Rahmen einer Genehmigungsphase Mittel für die Durchführung von Projekten zur Verfügung gestellt. Die Budgetverwaltung des Projektsystems erlaubt es Ihnen, Verfügungen über das Budget zu überwachen und zu hohe Verfügungen frühzeitig zu verhindern.

Der Begriff *Budget* wird von Unternehmen oft sehr unterschiedlich verwendet. Es ist daher sinnvoll, zunächst den Begriff des Budgets so, wie er im Projektsystem verwendet wird, zu klären und ihn insbesondere von den Begriffen *Plan-* und *Ist-Kosten* abzugrenzen.

Begriffsabgrenzung

Im Rahmen der Planungsphase eines Projekts können Sie die Kosten für dessen spätere Durchführung schätzen bzw. kalkulieren und in Form von *Plankosten* für die verschiedenen Projektobjekte sichern. Je nachdem, welche Form der Kostenplanung Sie dazu verwenden, werden die Plankosten als Gesamtwerte, mit Bezug zu Geschäftsjahren oder einzelnen Perioden, kostenartengerecht oder ohne Bezug zu einer Kostenart abgespeichert. Bei Bedarf können auch mehrere unterschiedliche Plankosten für ein und dasselbe Objekt erfasst und in unterschiedlichen CO-Versionen oder Plankategorien abgelegt werden.

Den Plankosten können in der Realisierungsphase eines Projekts die *Ist-Kosten* gegenübergestellt werden. Die Ist-Kosten entsprechen den tatsächlich benötigten Mitteln für die Durchführung der einzelnen Projektteile. Diese entstehen aufgrund von Leistungen, die von den Kostenstellen des eigenen Unternehmens oder von den Lieferanten in Anspruch genommen wurden, sowie aufgrund von verbrauchtem Material, Verrechnungen von Gemeinkosten usw. Die Ist-Kosten werden durch die Kontierung der entsprechenden Belege auf Objekte des Projekts im Projektsystem fortgeschrieben und besitzen immer Bezug zu Kostenarten.

Budgetverteilung

Mithilfe der Verteilung von Budget auf die PSP-Elemente eines Projekts dokumentieren Sie einen genehmigten Kostenrahmen für die Durchführung der verschiedenen Projektteile. Die Budgetierung eines Projekts erfolgt typischerweise in dessen Genehmigungsphase, also noch vor Beginn der Realisierung des Projekts. Ein Budget hat im Projektsystem keinen Bezug zu den einzelnen Kostenarten. Es stellt daher den genehmigten Rahmen für alle Kosten des Projekts, also sowohl für Primär- als auch für Sekundärkosten dar (eine Ausnahme bilden dabei die sogenannten *Ausnahmekostenarten*, siehe Abschnitt 3.1.5, »Verfügbarkeitskontrolle«). Sie können zwar die Budgetwerte eines Projekts im Nachhinein noch ändern; zu jedem Zeitpunkt gibt es jedoch immer nur einen relevanten Budgetwert zu einem Objekt – anders als bei der Verwendung von CO-Versionen oder Plankategorien bei der Kostenplanung.

Im Reporting können Sie die Budgetwerte, Plan- und Ist-Kosten zusammen auswerten. In der Regel verwendet man nach der Budgetierung eines Projekts die sogenannte *Verfügbarkeitskontrolle*, um automatisch alle *Verfügungen* über das Budget eines PSP-Elements zu ermitteln und Budgetüberschreitungen zu verhindern. In diesem Sinn stellt ein Budget nicht nur einen genehmigten, sondern auch einen verbindlichen Kostenrahmen für die Durchführung eines Projekts dar.

Integration mit Investitionsmanagement

Sie können die Budgetierung und Budgetüberwachung allein mithilfe von Funktionen des Projektsystems durchführen; Sie können jedoch auch eine Integration des Projektsystems mit dem Investitionsmanagement Ihres Unternehmens nutzen, um eine projektübergreifende Verwaltung von Budgets zu realisieren. Diese beiden Möglichkeiten werden nacheinander in Abschnitt 3.1, »Funktionen der Budgetierung im Projektsystem«, und Abschnitt 3.2, »Integration mit dem Investitionsmanagement«, erörtert.

Eine weitere Möglichkeit zur projektübergreifenden Budgetierung stellt die Integration mit Portfolio and Project Management in SAP S/4HANA (PPM) dar. PPM sowie die Integrationsszenarien zum Projektsystem werden in Kapitel 7, »Integrationsszenarien mit anderen Projektmanagement-Werkzeugen«, behandelt.

Budget und Netzpläne

Beachten Sie, dass im Projektsystem nur PSP-Elementen ein Budget zugeordnet werden kann; Netzpläne können nicht budgetiert werden.

Die Kosten von Netzplänen bzw. Netzplanvorgängen, die PSP-Elementen zugeordnet sind, fließen jedoch in die Verfügungen über das Budget der PSP-Elemente ein und werden bei der Verfügbarkeitskontrolle berücksichtigt.

3.1 Funktionen der Budgetierung im Projektsystem

Budgetprofil

Abhängig von Ihren Anforderungen können Sie im Projektsystem verschiedene Funktionen für die Budgetverwaltung von Projekten einsetzen. Die

Budgetverwaltung der einzelnen Projekte wird dabei durch das Budgetprofil in der Projektdefinition der Projekte gesteuert. Abbildung 3.1 zeigt ein Beispiel für die Definition eines Budgetprofils.

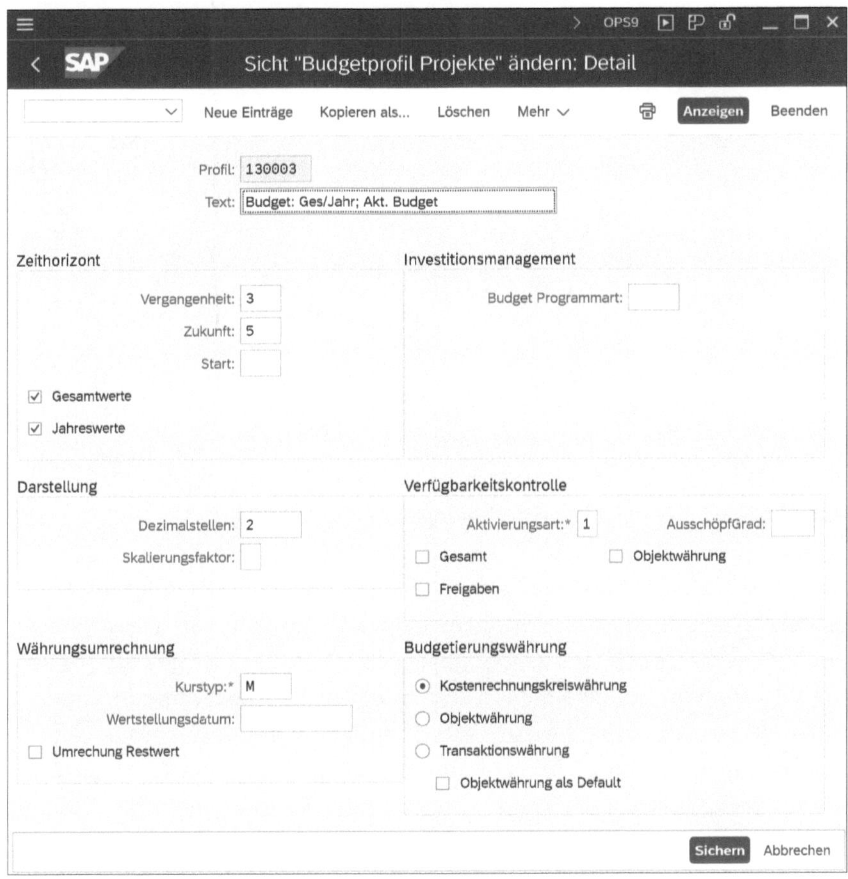

Abbildung 3.1 Beispiel für die Definition eines Budgetprofils

Budgetprofile werden im Customizing des Projektsystems mithilfe von Transaktion OPS9 definiert und können als Vorschlagswerte bereits in den Projektprofilen hinterlegt werden. Die einzelnen Einstellungsmöglichkeiten eines Budgetprofils werden in den folgenden Abschnitten zusammen mit den verschiedenen Funktionen der Budgetverwaltung erläutert.

3.1.1 Originalbudget

Transaktion CJ30

Der erste Schritt bei der Budgetverwaltung eines Projekts ist die Vergabe eines sogenannten *Originalbudgets* mithilfe von Transaktion CJ30 (siehe Abbildung 3.2). In dieser Transaktion werden alle PSP-Elemente eines Projekts tabellarisch aufgeführt.

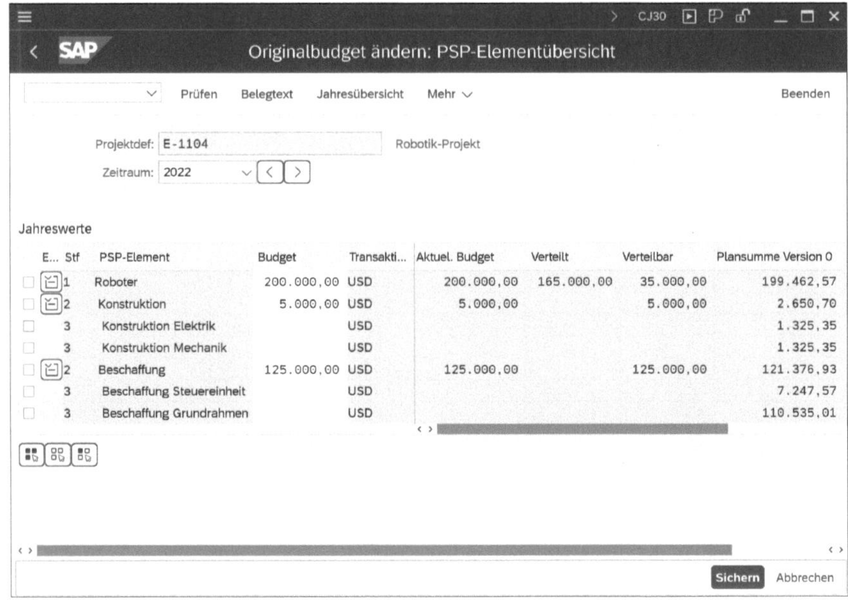

Abbildung 3.2 Beispiel für die Verteilung des Originalbudgets

In der Spalte (Sicht) **Budget** können Sie Werte für das Originalbudget der einzelnen PSP-Elemente eintragen. In der Regel geht der Budgetierung eines Projekts jedoch eine Kostenplanung voraus, die als Anhaltspunkt für die Vergabe von Budgets dienen soll. In der Sicht **Plansumme** in Transaktion CJ30 werden daher die Plankosten der PSP-Elemente der ausgewählten CO-Version ausgewiesen und können mithilfe der Funktion **Kopieren Sicht**, die Sie über das Menü der Transaktion aufrufen können, als Originalbudget übernommen werden. Dabei können Sie über den Prozentsatz spezifizieren, ob die Plankosten ganz, teilweise oder auch zu mehr als 100 % kopiert werden sollen. In den Einstellungen der Transaktion legen Sie fest, welche CO-Version für die Darstellung der Plansumme verwendet werden soll. Mithilfe der Funktion **Umwerten** können Sie die Budgetwerte markierter PSP-Elemente um einen bestimmten Prozentsatz oder Betrag erhöhen oder herabsetzen.

[+]

Plansumme eines PSP-Elements

Die Plansumme eines PSP-Elements ergibt sich aus der Summe der Werte aus der hierarchischen Kostenplanung, der Detailplanung, den Einzelkalkulationen, dem Easy Cost Planning und den Werten aller zugeordneten, additiven Aufträge und Netzpläne bzw. Vorgänge einer CO-Version.

Hierarchische Konsistenz

Die Budgetierung eines Projekts muss spätestens zum Zeitpunkt der Aktivierung der Verfügbarkeitskontrolle hierarchisch konsistent sein. Das heißt, das System überprüft innerhalb einer Projektstruktur, ob die Budgetwerte von PSP-Elementen einer untergeordneten Stufe den Budgetwert des PSP-Elements der nächsthöheren Stufe überschreiten.

Sie können die hierarchische Verteilung der Budgetwerte innerhalb der Projektstruktur mithilfe der Sichten **Verteilt** und **Verteilbar** manuell analysieren oder eine automatische Prüfung in Transaktion CJ30 anstoßen. Typischerweise erfolgt die Budgetierung eines Projekts top-down, d. h., eine budgetverantwortliche Person verteilt das Originalbudget des obersten PSP-Elements sukzessive auf die PSP-Elemente untergeordneter Stufen. Mithilfe der Funktion **Hochsummieren** können Sie jedoch umgekehrt das Originalbudget von PSP-Elementen auch aus den bereits auf PSP-Elementen untergeordneter Stufen verteilten Budgetwerten ableiten und auf diese Weise die hierarchische Konsistenz sicherstellen.

[+]

Top-down-Verteilung eines Budgets

Sie müssen das Budget eines PSP-Elements *nicht* vollständig auf untergeordnete PSP-Elemente aufteilen, sondern können auch nur Teile des Budgets weiterverteilen oder gar keine Aufteilung vornehmen. Das heißt insbesondere, dass Sie die Budgetierung nicht unbedingt bis zur untersten Stufe eines Projekts durchführen müssen.

Je nachdem, welche Einstellungen Sie im Budgetprofil eines Projekts gewählt haben, können Sie das Originalbudget des Projekts in Form von Gesamtwerten oder geschäftsjahresabhängigen Werten erfassen oder sowohl Gesamtbudgets als auch Originalbudgets mit Bezug zu Geschäftsjahren für PSP-Elemente eintragen. Bei einer geschäftsjahresabhängigen Budgetierung steuert das Budgetprofil zusätzlich den Zeitraum, der für eine Budgetierung möglich sein soll. Mithilfe der Funktion **Kopieren Sicht** können Sie bei Bedarf Budgetwerte des Vorjahres (Sicht **Vorjahr**) als Kopiervorlage für die Budgetwerte eines Geschäftsjahres nutzen.

Gesamt- und Geschäftsjahresbudgets

Erlauben Sie für die Verteilung von Originalbudgets sowohl Gesamtwerte als auch geschäftsjahresabhängige Werte, muss spätestens ab der Aktivierung der Verfügbarkeitskontrolle das Gesamtbudget eines PSP-Elements größer oder gleich der Summe seiner einzelnen Geschäftsjahresbudgets sein. Sie können dies mithilfe der Sichten **Kumuliert** (Summe der Geschäftsjahreswerte) und **Rest** (Differenz aus Gesamtwert und Summe der Geschäftsjahreswerte) für jedes PSP-Element manuell überprüfen oder eine automatische Prüfung anstoßen.

Abbildung 3.3 zeigt das Ergebnis einer Prüfung bei einer inkonsistenten Verteilung des Originalbudgets. Die erste Fehlermeldung bezieht sich auf eine hierarchisch inkonsistente Verteilung: Hier wurde ein größeres Budget als das vorhandene Budget in dem Geschäftsjahr verteilt. Die anderen Fehlermeldungen verweisen darauf, dass in Summe mehr Geschäftsjahresbudgets als Gesamtbudgets verteilt wurden.

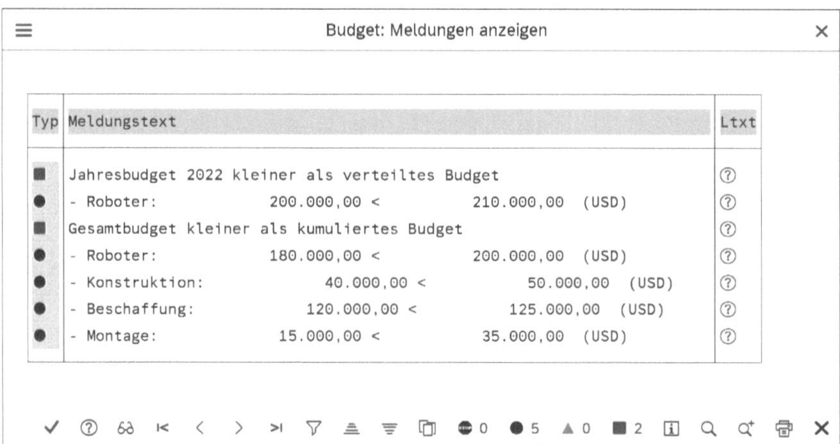

Abbildung 3.3 Beispiel für Fehlermeldungen bei einer inkonsistenten Budgetverteilung

Budgetierungswährungen

Über das Budgetprofil steuern Sie auch, in welchen Währungen eine Budgetierung der PSP-Elemente durchgeführt werden kann. Sie können die im Projekt einheitliche Kostenrechnungskreiswährung, die Objektwährung der einzelnen PSP-Elemente oder auch eine frei wählbare Transaktionswährung für eine Budgetierung zulassen. Die erfassten Budgetwerte werden jedoch immer auch in die Objekt- und Kostenrechnungskreiswährung der PSP-Elemente umgerechnet. Die Umrechnung der Jahreswerte erfolgt dabei anhand des Kurstyps, der in den geschäftsjahresabhängigen Werten der CO-Version 0 festgelegt wurde. Die Umrechnung der Gesamtwerte erfolgt auf der Basis der Einstellungen des Budgetprofils.

Die hierarchische Konsistenzprüfung und die Prüfung der kumulierten Jahreswerte gegen das Gesamtbudget eines PSP-Elements können abhängig von den Einstellungen des Budgetprofils entweder in der Kostenrechnungskreis- oder in der Objektwährung der PSP-Elemente vorgenommen werden. Beachten Sie jedoch, dass Konsistenzprüfungen in der Objektwährung nur für Projekte durchgeführt werden können, in denen die Objektwährung innerhalb der Projektstruktur einheitlich ist.

Budgeteinzelposten

Beim Sichern der Verteilung des Originalbudgets erstellt das System einen eindeutigen Beleg (*Budgeteinzelposten*) mit zusätzlichen Angaben zu Belegdatum und der Person, die die Daten erfasst. Insbesondere können Sie vor dem Sichern noch erläuternde Belegtexte für die gesamte Budgetverteilung oder auch für einzelne PSP-Elemente erfassen, die Sie dann später jederzeit und zusammen mit den anderen Daten des Budgeteinzelpostens im Reporting oder in Transaktion CJ30 auswerten können.

Status BUDG

Sofern Sie nicht die spezielle Funktion **Sichern ohne Prüfen** für das Speichern der Budgetwerte verwenden, nimmt das System automatisch auch die Prüfungen zur hierarchischen Konsistenz und zur Konsistenz der Gesamt- und Geschäftsjahreswerte beim Sichern vor und verhindert so das Speichern von inkonsistenten Budgetwerten. Nach dem Sichern der Verteilung des Originalbudgets erhalten automatisch alle budgetierten PSP-Elemente den Status **BUDG** (budgetiert). Dieser Status verhindert ein direktes Löschen der budgetierten PSP-Elemente sowie hierarchische Änderungen dieser PSP-Elemente und aller untergeordneten Objekte.

3.1.2 Budgetaktualisierungen

Im Verlauf eines Projekts kann es notwendig sein, das Budget des Projekts oder einzelner PSP-Elemente zu ändern. Hierzu können Sie wiederum Transaktion CJ30 verwenden und das Originalbudget entsprechend anpassen. Beim Sichern wird dann ein neuer Budgeteinzelposten erzeugt, der eine Analyse der nachträglichen Änderungen erlaubt. In der Regel ist es jedoch sinnvoller, mit sogenannten *Budgetaktualisierungen* zu arbeiten, anstatt eine Änderung des Originalbudgets vorzunehmen. Dabei unterscheidet man zwischen *Budgetnachträgen*, *Budgetrückgaben* und *Budgetumbuchungen*. Anhand der Budgetaktualisierungen und des Originalbudgets der PSP-Elemente berechnet das System dann ein aktuelles Budget für jedes PSP-Element.

Vorteile von Budgetaktualisierungen

Wenn Sie mit Budgetaktualisierungen anstelle von Änderungen des Originalbudgets arbeiten, bleibt das ursprüngliche Originalbudget unverändert. Im Reporting können Sie so das Originalbudget jederzeit mit dem aktuellen Budget vergleichen. Insbesondere können Sie in geeigneten Budgetberichten analysieren, wie das aktuelle Budget aufgrund von Nachträgen, Rückgaben oder Umbuchungen zustande gekommen ist. Da in den Einzelpostenbelegen der Budgetaktualisierungen immer auch Angaben zu Sender und Empfänger von Budgetwerten enthalten sind, können Sie auch den Fluss von Budgetwerten im Nachhinein noch nachvollziehen. Um eine Änderung von Originalbudgetwerten zu verhindern und somit die Verwendung von Budgetaktualisierungen zu erzwingen, können Sie einen Anwenderstatus definieren, der den betriebswirtschaftlichen Vorgang **Budgetierung** verbietet, aber die betriebswirtschaftlichen Vorgänge zur Budgetaktualisierung erlaubt (siehe Abschnitt 1.6, »Status«).

Budgetnachträge

Für die Erfassung von Budgetnachträgen stehen Ihnen im Projektsystem die beiden Transaktionen CJ36 (auf Projekt) und CJ37 (im Projekt) zur Verfügung. In beiden Transaktionen können Sie die Beträge für die PSP-Elemente eintragen, um die das aktuelle Budget dieser PSP-Elemente erhöht werden soll. Sie können Nachträge für einzelne Geschäftsjahre oder Gesamtwerte buchen. Beim Sichern führt das System – genau wie bei der Verteilung des Originalbudgets – entsprechende Konsistenzprüfungen durch. Sie können außerdem Belegtexte erfassen, die dann zusammen mit den anderen Daten des Budgetnachtrags in einem Budgeteinzelposten gespeichert werden.

Nachtrag im Projekt

Der Unterschied zwischen den Transaktionen CJ36 und CJ37 ist, dass bei einem Nachtrag im Projekt (Transaktion CJ37, siehe Abbildung 3.4) die Erhöhung des aktuellen Budgets eines PSP-Elements dazu führt, dass das verteilbare Budget des übergeordneten PSP-Elements entsprechend reduziert wird. Steht auf dem übergeordneten PSP-Element kein verteilbares Budget mehr zur Verfügung, können Sie aufgrund der hierarchischen Konsistenzprüfung auch keinen Nachtrag im Projekt auf das direkt untergeordnete PSP-Element buchen. Bei Nachträgen im Projekt kann also nur so viel Budget nachgetragen werden, wie noch verteilbares Budget auf der übergeordneten Stufe vorhanden ist.

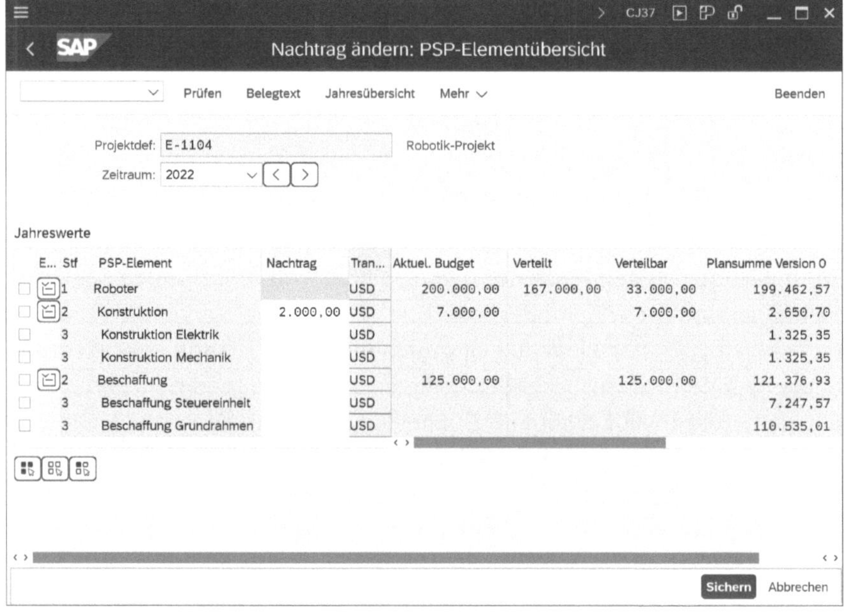

Abbildung 3.4 Beispiel für einen Nachtrag im Projekt

Nachtrag auf Projekt

Bei einem Nachtrag auf Projekt (Transaktion CJ36) führt dagegen die Erhöhung des aktuellen Budgets eines PSP-Elements automatisch dazu, dass auch das aktuelle Budget der hierarchisch übergeordneten PSP-Elemente um denselben Betrag erhöht wird. Dies geschieht unabhängig davon, ob noch ein verteilbares Budget auf diesen PSP-Elementen vorhanden war oder nicht. Das verteilbare Budget der übergeordneten PSP-Elemente bleibt also konstant. Ein Nachtrag auf Projekt führt also dazu, dass einem Projekt von »außen« zusätzliches Budget zur Verfügung gestellt wird.

Budgetrückgaben

Analog zu den Budgetnachträgen können Sie auch Budgetrückgaben mithilfe der Transaktionen CJ35 (von Projekt) und CJ38 (im Projekt) erfassen. Mithilfe von Budgetrückgaben reduzieren Sie das aktuelle Budget von PSP-Elementen um einen bestimmten Betrag. Eine Budgetrückgabe darf die Konsistenz der Budgetwerte jedoch nicht verletzen. Wenn Sie eine Rückgabe im Projekt für ein PSP-Element buchen, erhöht sich damit automatisch das verteilbare Budget des übergeordneten PSP-Elements. Wenn Sie eine Rückgabe vom Projekt für ein PSP-Element erfassen, werden automatisch auch die aktuellen Budgets der übergeordneten PSP-Elemente reduziert, d. h., Sie entziehen dem gesamten Projekt Budget.

Budgetumbuchungen

Sie können Budgetumbuchungen für unterschiedliche Zwecke verwenden, z. B., um das Budget von einem PSP-Element auf ein anderes PSP-Element zu transferieren (siehe Abbildung 3.5).

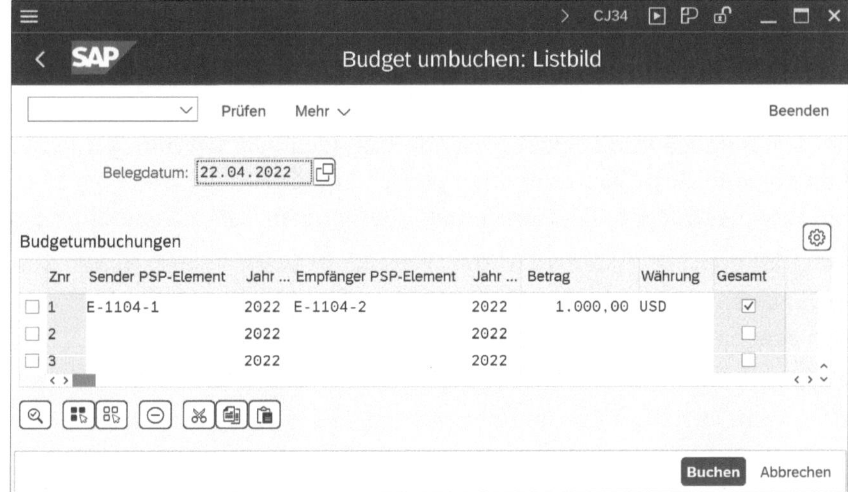

Abbildung 3.5 Beispiel für eine Budgetumbuchung

Die PSP-Elemente können dabei durchaus verschiedenen Projekten angehören. Gehören die PSP-Elemente zu einem Projekt, dürfen sie jedoch nicht innerhalb desselben Hierarchiezweigs liegen. Umbuchungen zwischen PSP-

Elementen der unteren Hierarchiestufen werden vom System automatisch auch auf den PSP-Elementen der höheren Hierarchiestufen vorgenommen.

Sie können Umbuchungen für Gesamtwerte oder einzelne Geschäftsjahre vornehmen. Sie können bei Bedarf jedoch auch Budget eines PSP-Elements eines Geschäftsjahres an ein anderes PSP-Element und ein anderes Geschäftsjahr transferieren. Schließlich können Sie auch für ein PSP-Element Umbuchungen von Budgetwerten eines Geschäftsjahres in ein anderes Geschäftsjahr vornehmen (*Rückgriff* bzw. *Vortrag*). Für jede Umbuchung können Sie wiederum einen Belegtext erfassen, der zusammen mit den relevanten Daten der Umbuchung beim Sichern in einem Budgeteinzelposten gespeichert wird.

3.1.3 Budgetfreigabe

In manchen Fällen ist es sinnvoll, die Verteilung von Budgetwerten von der tatsächlichen Freigabe von Budgets für die Durchführung von Projekten oder einzelnen Projektteilen zu trennen. Dies ist oft auch dann notwendig, wenn eine Budgetierung mit Bezug zu den Geschäftsjahren nicht detailliert genug ist und die Budgets sukzessive innerhalb eines Geschäftsjahres zur Verfügung gestellt werden sollen. Beachten Sie jedoch, dass die Freigabe von Budgets einen zusätzlichen Arbeitsschritt bei der Budgetverwaltung von Projekten erfordert.

Freigegebene Budgetwerte

Im Projektsystem können Sie mithilfe von Transaktion CJ32 freigegebene Budgetwerte für PSP-Elemente eines Projekts erfassen. Analog zur Verteilung von Originalbudgets können Sie – je nach den Einstellungen des Budgetprofils – Gesamt- und/oder Geschäftsjahreswerte freigeben. Sie können Beträge manuell in die Spalte **Freigabe** eintragen oder mithilfe der Funktion **Kopieren Sicht** Werte aus anderen Sichten, wie z. B. die Werte der Sichten **aktuelles Budget** oder **Plansumme**, übernehmen (siehe Abbildung 3.6).

Dabei können Sie wählen, zu wie viel Prozent die Werte kopiert werden sollen und ob die Werte zu bereits vorhandenen Freigaben hinzuaddiert werden oder ob sie vorhandene Werte überschreiben sollen.

Konsistenzprüfungen

Auch für Freigaben kann eine Prüfung manuell angestoßen oder automatisch beim Sichern vorgenommen werden. Die Prüfung stellt sicher, dass die Freigaben von PSP-Elementen nicht die Freigaben der übergeordneten PSP-Elemente überschreiten (hierarchische Konsistenz). Für jedes PSP-Element wird dabei zusätzlich geprüft, ob das freigegebene Budget nicht das aktuelle Budget überschreitet. Arbeiten Sie sowohl mit Gesamt- als auch mit Geschäftsjahreswerten, muss schließlich die Freigabe der Gesamtwerte größer oder gleich der Summe der Jahresfreigaben sein. Jede Budgetfreigabe wird durch einen Budgeteinzelposten dokumentiert, zu dem Sie vor dem Sichern einen beschreibenden Belegtext erfassen können.

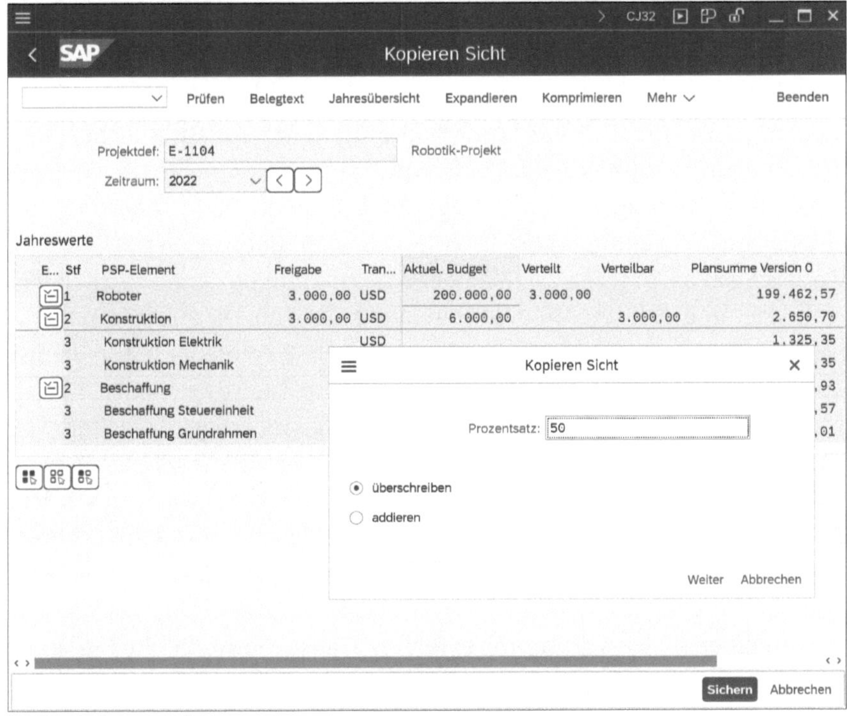

Abbildung 3.6 Beispiel für die Budgetfreigabe mithilfe der Funktion »Kopieren Sicht«

Massenfreigabe von Budgets

Mithilfe von Transaktion IMCBR3 können Sie auch Freigaben für mehrere Projekte gleichzeitig erfassen. Dabei können Sie die Budget- oder Planwerte in voller Höhe bzw. mit einem Freigabeprozentsatz gewichtet als freigegebenes Budget übernehmen. Bei Bedarf können Sie diese Massenfreigabe für die Gesamt- und alle Geschäftsjahreswerte gleichzeitig ausführen oder auf ein einzelnes Geschäftsjahr beschränken.

Für eine kundenindividuelle Budgetierungslösung können Sie auch den von SAP freigegebenen Funktionsbaustein KBPP_EXTERN_UPDATE_CO nutzen. Nähere Informationen dazu finden Sie in den SAP-Hinweisen 2249740 und 625613.

Budgetwerte im Projektsystem

Im Projektsystem wird zwischen einem Originalbudget, dem aktuellen Budget und gegebenenfalls Budgetfreigaben unterschieden. Alle Budgetwerte werden neben der Währung, in der sie erfasst wurden, auch in der Objektwährung der einzelnen PSP-Elemente und in der Kostenrechnungskreiswährung des Projekts auf der Datenbank gespeichert.

3.1.4 Budgetübertrag

Ein Budget, das für ein Projekt innerhalb eines Geschäftsjahres nicht aufgebraucht wurde, können Sie mithilfe von Transaktion CJCO in das Folgegeschäftsjahr übertragen. Den Betrag, der bei einem Budgetübertrag von einem Geschäftsjahr in das nächste Geschäftsjahr übertragen wird, berechnet das System für jedes PSP-Element aus der Differenz von Geschäftsjahresbudget und den verteilten Werten und Ist-Kosten. Diese Ist-Kosten enthalten dabei die Kosten des budgettragenden PSP-Elements selbst, die Ist-Kosten aller zugeordneten Aufträge und Netzpläne sowie die Ist-Kosten von untergeordneten PSP-Elementen ohne eigenes Budget. Beachten Sie, dass die Plankosten dispositiver Aufträge und Netzpläne bei der Berechnung des Übertrags nicht vom Geschäftsjahresbudget abgezogen werden. Typischerweise werden Budgetüberträge im Rahmen des Geschäftsjahresabschlusses eines Unternehmens durchgeführt. Da Obligos bei der Berechnung der zu übertragenden Budgetwerte nicht berücksichtigt werden, sollten Sie einen Obligovortrag mithilfe von Transaktion CJCF durchgeführt haben, bevor Sie Budgetüberträge ausführen.

Mehrfachausführung

Sie können einen Budgetübertrag für ein Projekt auch mehrfach ausführen. Falls im alten Geschäftsjahr nachträglich Ist-Kosten auf das Projekt gebucht wurden, führt ein erneuter Budgetübertrag dazu, dass das bereits in das Folgejahr übertragene Budget zurückgebucht wird. Dabei kann jedoch maximal nur so viel Budget zurückgebucht werden, wie es zuvor insgesamt in das Folgejahr übertragen wurde. Bei Bedarf können Sie einen Budgetübertrag auch in Form eines Testlaufs durchführen und dabei mithilfe von Detaillisten zunächst die geplanten Überträge analysieren, bevor Sie einen Echtlauf starten.

Zusätzliche Werkzeuge der Budgetierung

Weitere Werkzeuge, die Ihnen für die Budgetverwaltung von Projekten im Projektsystem zur Verfügung stehen, sind unter anderem folgende:

- **Konsistenzprüfung Plan/Budget** für Projekte (Transaktion IMCOC3)
- **Übernahme Plan nach Budget** für Projekte (Transaktion IMCCP3)
- **Anpassen Plan/Budget an Verfügt** (Transaktion IMPBA3)
- **Währungsneurechnen Plan/Budget** für Projekte (Transaktion IMCRC3)

[+]

Einschränkungen der Transaktion IMPBA3

Beachten Sie, dass die Funktion **Anpassen Plan/Budget an Verfügt** Status ignoriert, die eine Änderung der Planung bzw. Budgetierung verbieten. Die Transaktion **Anpassen Plan/Budget an Verfügt** ist daher nicht im SAP-Menü vorhanden, sondern kann nur durch einen direkten Aufruf des Transaktionscodes IMPBA3 gestartet werden.

Nähere Informationen zur Funktionsweise der oben aufgelisteten Transaktionen und zu den jeweils ausgeführten Konsistenzprüfungen finden Sie in der Programmdokumentation, die Sie aus den Transaktionen heraus aufrufen können.

3.1.5 Verfügbarkeitskontrolle

Eine Hauptaufgabe der Budgetverwaltung von Projekten ist es, in der Realisierungsphase der Projekte das Budget der einzelnen Projektteile, also deren genehmigten Kostenrahmen, den Plan-, Obligo- und Ist-Kosten aufgrund von Bestellungen, Leistungsaufnahmen oder z. B. Materialentnahmen gegenüberzustellen. Zu diesem Zweck stehen Ihnen verschiedene Standardberichte im Reporting des Projektsystems zur Verfügung.

Mithilfe der Verfügbarkeitskontrolle kann das System jedoch auch automatisch im Hintergrund relevante Verfügungen ermitteln und mit den entsprechenden Budgetwerten vergleichen. So kann die Verfügbarkeitskontrolle Sie frühzeitig vor drohenden Budgetüberschreitungen warnen oder sogar zu hohe Verfügungen auf PSP-Elementen bereits zum Zeitpunkt ihrer Entstehung verhindern.

Ablauf der Verfügbarkeitskontrolle

Sobald die Verfügbarkeitskontrolle für ein Projekt aktiv ist, führt das System bei den Buchungen auf ein PSP-Element des Projekts bzw. bei den Buchungen auf zugeordnete dispositive Aufträge oder Netzpläne oder Netzplanvorgänge verschiedene Schritte durch. Zunächst ermittelt das System die relevanten budgettragenden PSP-Elemente des Projekts. Findet z. B. eine Buchung auf ein PSP-Element statt, das über kein eigenes Budget verfügt, sucht das System sukzessive auf den übergeordneten Stufen nach einem budgettragenden PSP-Element.

Verfügtwerte

Für die budgettragenden PSP-Elemente ermittelt das System anschließend die zugehörigen Verfügungen. Der Verfügtwert eines budgettragenden PSP-Elements setzt sich wie folgt zusammen:

- Ist-Kosten oder statistische Ist-Kosten sowie Obligos auf dem budgettragenden PSP-Element
- Ist-Kosten und statistische Ist-Kosten sowie Obligos von untergeordneten PSP-Elementen, die kein eigenes Budget tragen
- Maximum aus Plan- und Ist-Kosten sowie Obligos von zugeordneten dispositiven Netzplänen und Aufträgen

Die einzelnen Beiträge zum Verfügtwert eines budgettragenden PSP-Elements bedürfen noch einiger zusätzlicher Erläuterungen. Zu den Ist-Kosten, die in die Berechnung der Verfügungen einfließen, gehören z. B. die aus Warenentnahmen sowie aus den Belegen der Finanzbuchhaltung oder des Controllings resultierenden Ist-Kosten. Insbesondere gehen auch Belastungen aufgrund von Abrechnungen in die Berechnung des Verfügtwerts ein. Entlastungen durch Abrechnungen werden nur berücksichtigt, wenn die Abrechnung an ein budgetkontrolliertes Objekt erfolgt ist. Obligos entstehen aufgrund von Bestellanforderungen, Bestellungen oder Mittelreservierungen.

Dispositive Aufträge

Werte zugeordneter Aufträge bzw. Netzpläne fließen entweder bereits im Status **Eröffnet** oder erst ab der Freigabe der Aufträge in die Berechnung der Verfügtwerte ein. Ab welchem der beiden Status die Werte dispositiv wirksam sein sollen, entscheiden Sie mithilfe des Kennzeichens **Verfügung im Plan** in der Tabelle **Auftragswertfortschreibung für Projekt festlegen** (Transaktion OPSV) im Customizing des Projektsystems. Dabei können Sie diese Einstellung abhängig von Auftragstyp, Auftragsart und Kostenrechnungskreis der Aufträge vornehmen.

Verfügtwerte von Netzplänen und Aufträgen

Mit Ausnahme von Vorplanungsnetzen gehen spätestens ab dem Status **Freigegeben** die Werte von zugeordneten Aufträgen bzw. Netzplänen in die Berechnung von Verfügtwerten ein. Insbesondere stellen bereits die Planwerte aus der CO-Version 0 von zugeordneten dispositiven Aufträgen Verfügungen gegen das Budget von PSP-Elementen dar. Die Planwerte von Materialkomponenten zu einem bewerteten Einzelbestand fließen jedoch nicht in die Summe der Verfügtwerte ein.

Ausnahmekostenarten

Wenn Sie bestimmte Kosten, wie z. B. die Gemeinkosten, als Verfügtwerte ausschließen möchten, können Sie im Customizing des Projektsystems die entsprechenden Kostenarten in Transaktion OPTK in Abhängigkeit vom Kostenrechnungskreis als *Ausnahmekostenarten* eintragen. Diese Ausnahmekostenarten werden also nicht als Verfügungen gegen das Budget von

PSP-Elementen verprobt. Erlöse werden generell nicht bei der Ermittlung von Verfügtwerten berücksichtigt.

Zusätzlich können Sie mithilfe des BAdIs BADI_AVC_EXCL verschiedene Buchungen, wie z. B. bestimmte Abrechnungen, von der Berechnung der Verfügtwerte ausschließen. Nähere Informationen zu dieser Möglichkeit finden Sie in SAP-Hinweis 2239872.

Nachdem das System die relevanten, budgettragenden PSP-Elemente ermittelt und die zugehörigen Verfügtwerte aufgrund einer Buchung auf ein Projekt berechnet hat, findet im letzten Schritt der Verfügbarkeitskontrolle eine Prüfung statt. Diese Prüfung vergleicht das zur Verfügung stehende Budget der budgettragenden PSP-Elemente mit deren Verfügungen.

Aktionen der Verfügbarkeitskontrolle

Stellt die Verfügbarkeitskontrolle dabei fest, dass bestimmte, von Ihnen definierte Toleranzgrenzen durch Verfügtwerte überschritten werden, führt das System eine der drei folgenden Aktionen aus:

- **Warnung**

  Die Person, die die Buchung auf das Projekt vorgenommen hat, erhält beim Sichern eine Warnmeldung, die sie auf das Überschreiten der Toleranzgrenze hinweist. Sie kann nun entweder den entsprechenden Beleg trotzdem sichern oder gegebenenfalls den Beleg vorerst zurückstellen, um z. B. zunächst Rücksprache mit der projektverantwortlichen Person zu halten.

- **Warnung und Mail an die projektverantwortliche Person**

  Die Person, die die Buchung vornimmt, erhält eine Warnmeldung und entscheidet, ob der Buchungsbeleg gesichert werden soll oder nicht. Beim Sichern des Belegs erzeugt das System eine E-Mail an die verantwortliche Person des budgettragenden PSP-Elements, bei dem es zur Überschreitung kam, und an die Person, die in der Projektdefinition als verantwortlich hinterlegt ist. Die E-Mail enthält Angaben zum betroffenen PSP-Element, zur Höhe der Überschreitung, zum Geschäftsvorfall, der die Aktion ausgelöst hat, und dessen Belegnummer.

- **Fehlermeldung**

  Bei dieser Aktion können die Belege, die zu einer Überschreitung der vorgegebenen Toleranzgrenzen führen würden, nicht gesichert werden. Die Anwenderinnen und Anwender erhalten eine Fehlermeldung.

Überlegen Sie sich im Vorfeld, welche innerbetrieblichen Auswirkungen die Verwendung der Aktion **Fehlermeldung** haben könnte (z. B. beim Erfassen von Rechnungen in der Finanzbuchhaltung). In der Regel wird die Aktion **Fehlermeldung** nur für ausgewählte betriebswirtschaftliche Vorgänge eingesetzt.

Vorgangsgruppen

Die Festlegung der Toleranzgrenzen und der jeweiligen Aktion, die das System bei Überschreiten der Toleranzgrenzen ausführen soll, nehmen Sie in der Customizing-Transaktion **Toleranzgrenzen festlegen** in Abhängigkeit vom Budgetprofil und den sogenannten *Vorgangsgruppen* vor (siehe Abbildung 3.7). Vorgangsgruppen stellen dabei Gruppierungen betriebswirtschaftlicher Vorgänge dar.

Die Vorgangsgruppe **Beleg Finanzbuchhaltung** umfasst also z. B. Buchungen in der Finanzbuchhaltung, die Vorgangsgruppe **Budgetierung** nachträgliche Budgetveränderungen usw. Die Vorgangsgruppe **Aufträge zum Projekt** umfasst die Änderung von Plankosten zugeordneter, dispositiver Aufträge und auch das Zuordnen von Aufträgen mit Verfügtwerten. Buchungen auf zugeordnete Aufträge (z. B. die Kontierung einer Bestellung) werden jedoch in der für die Buchung vorgesehenen Vorgangsgruppe (**Bestellung**) geprüft.

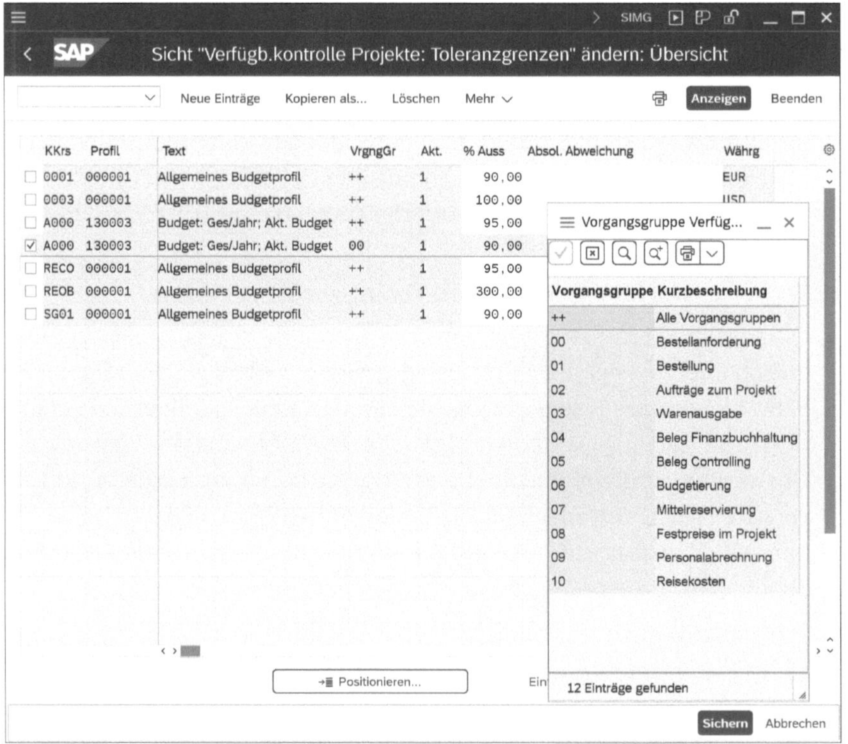

Abbildung 3.7 Festlegung der Toleranzgrenzen der Verfügbarkeitskontrolle abhängig von Vorgangsgruppen

Die Vorgangsgruppe **Alle Vorgangsgruppen** dient dazu, zu einer Toleranzgrenze für alle Vorgangsgruppen Aktionen festzulegen, für die Sie nicht explizit andere Einstellungen vornehmen möchten. Nehmen Sie jedoch für eine Vorgangsgruppe zu einer Toleranzgrenze Einstellungen vor, haben diese Vorrang vor den Einstellungen der Vorgangsgruppe **Alle Vorgangsgruppen**. Es werden nur die betriebswirtschaftlichen Vorgänge bei der Prüfung der Verfügbarkeitskontrolle berücksichtigt, für deren Vorgangsgruppen Sie Toleranzgrenzen und Aktionen in der Tabelle **Toleranzgrenzen festlegen** definiert haben.

[+]

Verfügtwerte von Wareneingängen

Beachten Sie, dass der betriebswirtschaftliche Vorgang des Wareneingangs zwar Verfügtwerte erzeugt, jedoch bei der Prüfung der Verfügbarkeitskontrolle nicht berücksichtigt wird. Verwenden Sie daher bereits die Vorgangsgruppe **Bestellung** für die Prüfung, und verbieten Sie gegebenenfalls Kontierungsänderungen bei der Wareneingangsbuchung.

Beispiel für die Definition von Toleranzgrenzen

Die in Abbildung 3.7 exemplarisch dargestellten Einstellungen der Toleranzgrenzen für Projekte mit dem Budgetprofil 130003 führen bei jeder Buchung einer Bestellanforderung (Vorgangsgruppe 00), die zu einer Ausschöpfung des zur Verfügung stehenden Budgets von mehr als 90 % führt, zu einer Warnmeldung (Aktion 1). Führen Bestellanforderungen dazu, dass das zur Verfügung stehende Budget überschritten wird, reagiert das System mit einer Fehlermeldung und verhindert so das Buchen der Bestellanforderungen (Aktion 3). Alle anderen betriebswirtschaftlichen Vorgänge führen lediglich zu einer Warnmeldung und zu einer E-Mail an die entsprechende projektverantwortliche Person (Aktion 2), wenn es zu einer Budgetüberschreitung kommt. Mithilfe des BAdIs `BADI_AVC_TOL_LIMIT` können Sie das Systemverhalten definieren. Dazu geben Sie sowohl prozentuale als auch absolute Toleranzgrenzen an. Nähere Informationen dazu finden Sie in den SAP-Hinweisen 2249403 und 2241745.

Einstellungen im Budgetprofil

Im Budgetprofil eines Projekts legen Sie für die Verfügbarkeitskontrolle fest, welches Budget als Basis für die Prüfung dient, in welcher Währung die Verfügbarkeitskontrolle durchgeführt wird und ab wann die Verfügbarkeitskontrolle überhaupt aktiviert werden soll. Die Prüfung der Verfügbarkeitskontrolle kann, abhängig von den Einstellungen des Budgetprofils, gegen das aktuelle, noch verteilbare Gesamt- oder Jahresbudget durchgeführt werden oder – wenn Sie mit Budgetfreigaben arbeiten – natürlich auch gegen das freigegebene, noch verteilbare Gesamt- oder Jahresbudget.

Währung der Verfügbarkeitskontrolle

Genau wie die Konsistenzprüfungen bei der Budgetierung kann auch die Verfügbarkeitskontrolle entweder in der Kostenrechnungskreiswährung des Projekts oder in der Objektwährung der PSP-Elemente vorgenommen werden. Letzteres gelingt jedoch nur, wenn die Objektwährung innerhalb des Projekts einheitlich, also für alle PSP-Elemente eines Projekts identisch ist. Die Verwendung der Objektwährung für die Verfügbarkeitskontrolle ist insbesondere in den folgenden Fällen relevant:

- wenn Sie auch die Budgetierung in der Objektwährung vorgenommen haben
- wenn die Buchungen auf das Projekt später hauptsächlich in der Objekt- oder auch in Fremdwährungen erfasst werden
- wenn Sie mit stark wechselnden Umrechnungskursen zwischen Objekt-, Fremd- und Kostenrechnungskreiswährung rechnen müssen

Aktivierung der Verfügbarkeitskontrolle

Es gibt zwei Möglichkeiten, wie die Verfügbarkeitskontrolle für ein Projekt aktiviert werden kann: Wählen Sie die Einstellung 1 (**Aktivierung mit Budgetvergabe**) im Feld **Aktivierungsart** des Budgetprofils (siehe auch Abbildung 3.1), wird die Verfügbarkeitskontrolle für ein Projekt automatisch aktiviert, wenn ein relevantes Budget erfasst wird. Soll die Verfügbarkeitskontrolle Verfügungen gegen das aktuelle Budget prüfen, findet die Aktivierung bereits bei der Verteilung des Originalbudgets statt. Soll die Prüfung mit Bezug zum freigegebenen Budget erfolgen, wird die Verfügbarkeitskontrolle erst dann automatisch aktiviert, wenn Sie eine Budgetfreigabe vorgenommen haben.

Aktivierung mit Budgetvergabe für PSP-Elemente ohne Budget

Gegebenenfalls verwenden Sie die Aktivierungsart 1, wollen jedoch die Verfügbarkeitskontrolle bereits aktivieren, obwohl Sie noch kein Budget zuteilen bzw. freigeben möchten. In diesem Fall führen Sie eine Budgetierung bzw. Freigabe durch (die Verfügbarkeitskontrolle wird aktiviert) und geben das Budget anschließend sofort wieder zurück (die Verfügbarkeitskontrolle bleibt aktiv).

Alternativ können Sie mithilfe einer Kundenerweiterung die Verfügbarkeitskontrolle auf Projekten bereits vor der ersten Budgetierung aktivieren. Details hierzu finden Sie in den SAP-Hinweisen 2249464 und 599813.

Wenn Sie die Aktivierungsart 2 (**Hintergrundaktivierung**) im Budgetprofil wählen, kann die Verfügbarkeitskontrolle entweder manuell von Ihnen oder automatisch vom System im Hintergrund aktiviert werden. Die manuelle Aktivierung der Verfügbarkeitskontrolle eines Projekts können Sie mithilfe von Transaktion CJBV vornehmen. Für eine automatische Aktivierung definieren Sie mithilfe von Transaktion CJBV für alle relevanten Projekte einen Job, der in regelmäßigen Abständen im Hintergrund überprüft, ob die Verfügungen der Projekte den im Budgetprofil festgelegten Ausschöpfungsgrad überschreiten. Ist dies der Fall, wird automatisch die Verfügbarkeitskontrolle für die entsprechenden Projekte aktiviert.

Deaktivierung der Verfügbarkeitskontrolle

Wenn Sie die Funktion der Verfügbarkeitskontrolle für die Budgetverwaltung von Projekten nicht nutzen möchten, können Sie die Aktivierungsart 0 (**Nicht aktivierbar**) im Budgetprofil wählen. Bei dieser Einstellung kann die Verfügbarkeitskontrolle weder manuell noch automatisch aktiviert werden. Gegebenenfalls kann es jedoch auch notwendig sein, eine bereits aktive Verfügbarkeitskontrolle wieder zu deaktivieren. Hierzu steht Ihnen Transaktion CJBW im Menü des Projektsystems zur Verfügung. Möchten Sie nur einzelne PSP-Elemente eines Projekts von der Verfügbarkeitskontrolle ausschließen, können Sie einen Anwenderstatus definieren, der den betriebswirtschaftlichen Vorgang **Verfügbarkeitskontrolle** verbietet (siehe Abschnitt 1.6, »Status«), und diesen Status in den entsprechenden PSP-Elementen setzen.

Analyse der Verfügbarkeitskontrolle

In den Transaktionen CJ30 oder CJ31 können Sie Informationen zur Verfügbarkeitskontrolle aufrufen und eine ausführliche Analyse der bereits verfügten bzw. der noch verteilbaren Budgetwerte und aller relevanten Customizing-Einstellungen vornehmen (siehe Abbildung 3.8).

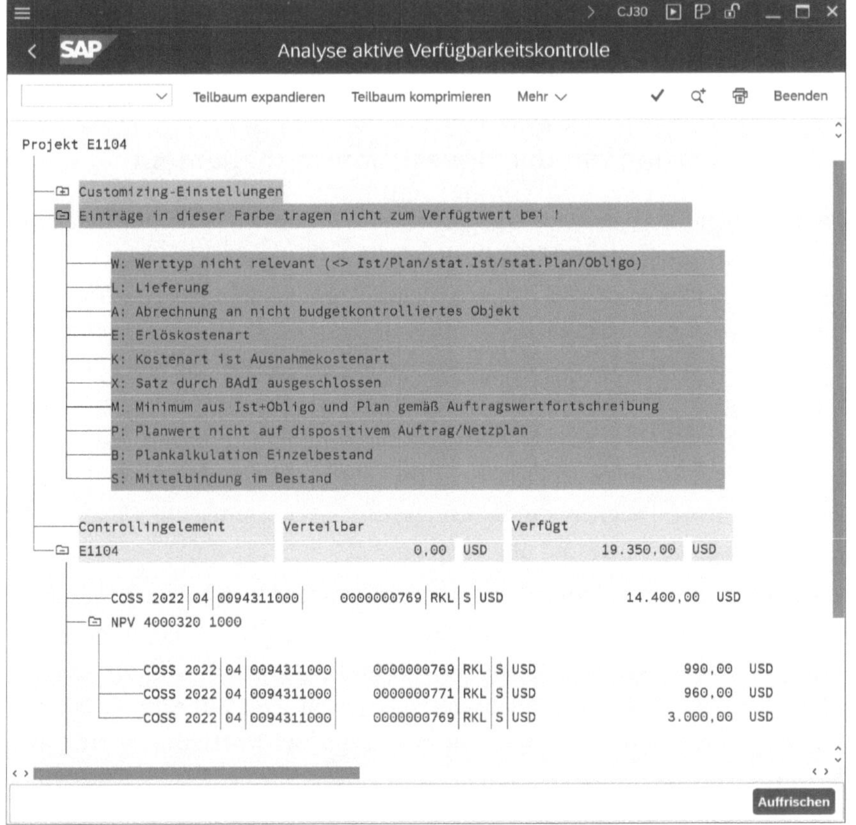

Abbildung 3.8 Analyse der Verfügbarkeitskontrolle in Transaktion CJ30

Nehmen Sie bei einer aktiven Verfügbarkeitskontrolle im Nachhinein Änderungen an den relevanten Customizing-Einstellungen des Budgetprofils, der Toleranzgrenzen, der Ausnahmenkostenarten oder auch der Auftragswertfortschreibung zum Projekt vor, sollten Sie mithilfe von Transaktion CJBN einen Neuaufbau der Verfügbarkeitskontrolle für alle betroffenen Projekte durchführen. Weitere nützliche Informationen zur Verfügbarkeitskontrolle finden Sie auch in den SAP-Hinweisen 178837, 165085 und 33091.

Funktionen der Budgetierung im Projektsystem

Im Projektsystem können Sie Budgetwerte hierarchisch auf die PSP-Elemente Ihrer Projekte verteilen. Je nach Bedarf können Sie die Budgetverteilung in Form von Gesamtbudgets, Geschäftsjahresbudgets oder unterjährigen Freigaben vornehmen. Mithilfe von Budgetaktualisierungen können Sie Ihre Budgetierung nachträglich ändern. Die Verfügbarkeitskontrolle stellt sicher, dass das System automatisch bei Überschreiten bestimmter Toleranzgrenzen der Budgetwerte Warnmeldungen oder Fehlermeldungen ausgibt bzw. E-Mails an die projektverantwortliche Person versendet.

3.2 Integration mit dem Investitionsmanagement

Wenn sich mehrere Projekte Budgets teilen oder andere, nicht mithilfe von Projekten abgebildete Vorhaben bei der Vergabe von Budgets berücksichtigt werden sollen, ist eine isolierte Betrachtung einzelner Projektbudgets nicht ausreichend. Mithilfe der soeben erläuterten Werkzeuge des Projektsystems allein ist eine projektübergreifende Budgetverwaltung allerdings nicht möglich. Indem Sie die Integration des Projektsystems mit dem Investitionsmanagement des SAP-Systems nutzen, können Sie jedoch nicht nur die Budgets von Projekten, sondern gleichzeitig auch die Budgetwerte für Innen- oder Instandhaltungsaufträge auf einer übergeordneten Stufe planen, verteilen und überwachen.

Investitionsprogramme

Die Grundlage für eine übergreifende Planung und Budgetierung von Kosten für Vorhaben bzw. Investitionen eines Unternehmens bilden im Investitionsmanagement sogenannte *Investitionsprogramme*. Beim Anlegen von Investitionsprogrammen nehmen Sie jeweils eine Zuordnung zu einer *Programmart* vor, über die das System automatisch Vorschlagswerte sowie Steuerungsparameter ableitet. Investitionsprogramme bestehen aus einer *Investitionsprogrammdefinition* mit allgemeinen Angaben und Vorschlagswerten für das gesamte Programm und hierarchisch angeordneten *Investitionsprogrammpositionen*.

Sie können Investitionsprogramme nach beliebigen Kriterien strukturieren, z. B. nach geografischen Gesichtspunkten, nach der Größenordnung der Vorhaben oder auch entsprechend dem organisatorischen Aufbau Ihres Unternehmens. Nach dem Erstellen der Struktur eines Investitionsprogramms können Sie diese dann für die hierarchische Planung von Kosten und für die Vergabe von Budgets nutzen. Abbildung 3.9 zeigt ein Beispiel für die Struktur eines Investitionsprogramms und Budgetwerte, die auf der Ebene der verschiedenen Programmpositionen verteilt wurden.

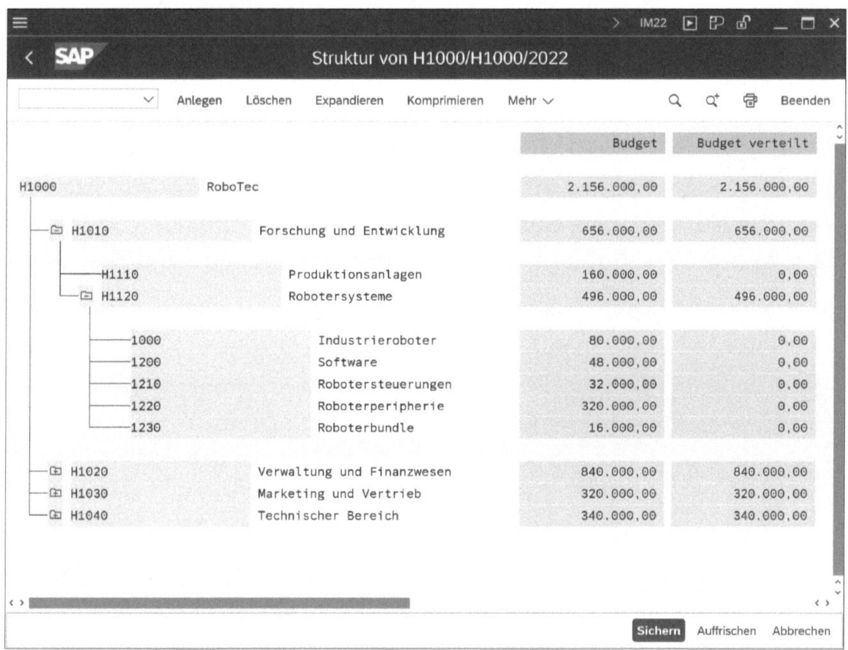

Abbildung 3.9 Beispiel für ein Investitionsprogramm

Investitionsmaßnahmen

Instandhaltungsaufträge, Innenaufträge und Projekte, die Sie Investitionsprogrammpositionen zuordnen, werden als *Investitionsmaßnahmen* bezeichnet. Investitionsmaßnahmen dienen der detaillierten Planung von Vorhaben bzw. Investitionen, aber insbesondere auch deren operativer Durchführung.

Verschiedene Controlling-Daten von Investitionsmaßnahmen können im Reporting des Investitionsmanagements aggregiert auf der Ebene der Investitionsprogrammpositionen ausgewertet werden. Investitionsmaßnahmen werden in den entsprechenden Applikationen erstellt und bearbeitet: Instandhaltungsaufträge in der Instandhaltung, Innenaufträge im Controlling und Projekte im Projektsystem.

Maßnahmenanforderungen Noch bevor Sie Investitionsmaßnahmen in den jeweiligen Applikationen erstellen, können Sie im Investitionsmanagement sogenannte *Maßnahmenanforderungen* anlegen, um z. B. Projektvorschläge, Investitionswünsche, Entwicklungsideen oder sonstige Vorhaben im Stadium vor ihrer etwaigen Realisierung im System abzubilden. In einer Maßnahmenanforderung können Sie diverse investitionsrelevante Informationen und Dokumente hinterlegen. Insbesondere können Sie innerhalb einer Maßnahmenanforderung mehrere Varianten anlegen, um unterschiedliche Realisierungsmöglichkeiten abzubilden und z. B. deren Kosten zu planen. Genau wie Investitionsmaßnahmen können auch Maßnahmenanforderungen Positionen von Investitionsprogrammen zugeordnet werden.

Mithilfe von Status und Workflows können Sie mehrstufige Genehmigungsprozesse für Maßnahmenanforderungen im Investitionsmanagement abbilden. Nach der Genehmigung einer Maßnahmenanforderung können Sie diese in eine Investitionsmaßnahme überleiten. Für Projekte können Sie also Maßnahmenanforderungen dazu nutzen, Projektvorschläge zu erfassen, deren Kosten zu planen, Genehmigungsprozesse anzustoßen und schließlich operative Projekte aus den Maßnahmenanforderungen zu erzeugen.

[+]

Anlage von Projekten aus Maßnahmenanforderungen

Beim Anlegen von Projekten aus Maßnahmenanforderungen können Sie operative und Standardprojektstrukturpläne als Kopiervorlage verwenden. Netzpläne, die Kopiervorlagen zugeordnet sind, werden dabei jedoch nicht mitkopiert. Bei der Überleitung einer Maßnahmenanforderung in ein Projekt übernimmt das Projekt diverse Stammdaten, die Zuordnung zu Investitionsprogrammpositionen sowie die Plankosten der Maßnahmenanforderung.

Hochrollen von Planwerten Nachdem Sie Maßnahmenanforderungen und Investitionsmaßnahmen den Positionen eines Investitionsprogramms zugeordnet haben, können Sie deren Plankosten aus CO-Versionen mithilfe von Transaktion IM34 im Investitionsmanagement auf die jeweiligen Investitionsprogrammpositionen hochrollen. Eine doppelte Planung von Kosten – zum einen auf der Ebene der Maßnahmenanforderungen und Investitionsmaßnahmen und zum anderen auf der Ebene der Investitionsprogrammpositionen – ist also nicht notwendig. Bei Bedarf können Sie jedoch auch direkt auf den Programmpositionen Kosten planen oder hochgeladene Plankosten ändern (Transaktion IM35).

Budgetierungsprozess Die Kostenplanung von Investitionsprogrammen dient in der Regel als Basis für einen Budgetierungsprozess im Investitionsmanagement. Dabei findet in einem ersten Schritt die Vergabe von Budgetwerten auf der Ebene der verschiedenen Positionen eines Investitionsprogramms statt. In einem zweiten Schritt können dann die Budgetwerte einer Programmposition im Investitionsmanagement auf die zugeordneten Investitionsmaßnahmen verteilt werden.

Die Budgetierung von Programmpositionen erfolgt mithilfe von Transaktion IM32 des Investitionsmanagements, ähnlich wie die Budgetierung von Projekten im Projektsystem. Im Investitionsmanagement besteht im Gegensatz zum Projektsystem die Möglichkeit, Budgets nach unterschiedlichen Budgetarten (z. B. nach aktivierungsfähigen Kosten oder nichtaktivierbaren Nebenkosten) zu differenzieren. Da die getrennte Verwaltung von Budgets mithilfe von Budgetarten jedoch eine Verteilung von Budgetwerten von Programmpositionen auf zugeordnete Investitionsmaßnahmen verhindert, wird auf die Verwendung von Budgetarten im Folgenden nicht weiter eingegangen.

Abhängig von den Einstellungen des Investitionsprogramms können Sie Gesamtwerte und/oder Budgetwerte mit Bezug zu den Geschäftsjahren manuell oder durch das Kopieren von Planwerten verteilen. Das System stellt dabei die hierarchische Konsistenz der Budgetverteilung sicher. Notwendige Budgetänderungen eines Investitionsprogramms können in Form von Budgetnachträgen (Transaktion IM30) oder -rückgaben (Transaktion IM38) erfolgen (siehe Abschnitt 3.1.2, »Budgetaktualisierungen«).

Im Anschluss an die Budgetierung der Programmpositionen können die Budgetwerte der Positionen nun an die jeweils zugeordneten Investitionsmaßnahmen weiterverteilt werden. Dies geschieht mithilfe von Transaktion IM52 im Investitionsmanagement. Sie können die Verteilung manuell vornehmen oder auch die Planwerte der einzelnen Investitionsmaßnahmen als Kopiervorlage verwenden. Bei Bedarf können Sie Transaktion IM52 auch verwenden, um Nachträge oder Rückgaben zwischen Investitionsprogrammpositionen und den zugeordneten Investitionsmaßnahmen zu buchen. Im Projektsystem kann das so einem Projekt zugeteilte Budget verwendet werden, um es innerhalb der Projektstruktur auf untergeordnete PSP-Elemente weiterzuverteilen (siehe Abschnitt 3.1.1, »Originalbudget«).

Steuerung der Budgetverteilung

Die Kopplung der Budgetwerte einer Investitionsprogrammposition und der Budgetwerte der zugeordneten Investitionsmaßnahmen wird durch die Kennzeichen **Budgetverteilung Gesamt** und **Budgetverteilung Jahre** in den Stammdaten der Investitionsprogrammposition gesteuert. Die beiden Kennzeichen haben die folgenden Bedeutungen:

- Sind die Kennzeichen **Budgetverteilung Gesamt** und **Budgetverteilung Jahre** in einer Investitionsprogrammposition gesetzt, können die zugeordneten Investitionsmaßnahmen sowohl ihr Gesamtbudget als auch ihr Geschäftsjahresbudget nur über die Verteilung von Budgetwerten der Programmposition erhalten. Für die Projekte kann anschließend eine Weiterverteilung der Budgetwerte innerhalb der hierarchischen Projektstruktur erfolgen.
- Ist nur das Kennzeichen **Budgetverteilung Gesamt** gesetzt, können die zugeordneten Investitionsmaßnahmen ihr Gesamtbudget nur von der übergeordneten Programmposition erhalten. Die Jahresbudgets können jedoch auf der Ebene der Investitionsmaßnahmen – unabhängig von den geschäftsjahresabhängigen Werten der Programmposition – verteilt werden. Nur das Setzen des Kennzeichens **Budgetverteilung Jahre**, also eine Verteilung von Jahresbudgets ohne eine gleichzeitige Verteilung von Gesamtbudgets, ist nicht möglich.
- Ist keines der beiden Kennzeichen in einer Investitionsprogrammposition gesetzt, können die zugeordneten Investitionsmaßnahmen separat budgetiert werden. Im Reporting des Investitionsmanagements können die Budgetwerte der Programmposition und der zugeordneten Maßnahmen zwar miteinander verglichen werden, es findet jedoch z. B. keine automatische Prüfung statt, ob die Budgetwerte der Maßnahmen das Budget der Programmposition überschreiten.

Die operative Abwicklung von Investitionen bzw. Vorhaben – und damit auch die entsprechenden Buchungen – werden auf der Ebene der Investitionsmaßnahmen durchgeführt und können dort mithilfe einer aktiven Verfügbarkeitskontrolle überwacht werden. Deswegen ist im Investitionsmanagement eine aktive Verfügbarkeitskontrolle für Investitionsprogrammpositionen nicht möglich. Durch das Setzen des Kennzeichens **Budgetverteilung Gesamt** in den Stammdaten einer Programmposition können Sie jedoch sicherstellen, dass die Budgetwerte der zugeordneten Maßnahmen in der Summe nicht das Budget der Programmposition überschreiten können. Dies entspricht im Prinzip also einer Art Verfügbarkeitskontrolle für Investitionsprogramme hinsichtlich der zugeordneten Investitionsmaßnahmen.

Zuordnung von Projekten

Damit die Daten zwischen den Instandhaltungsaufträgen, Innenaufträgen und Projekten einerseits und den Investitionsprogrammen andererseits ausgetauscht werden können (Hochrollen von Plankosten, Budgetverteilung, aggregierte Auswertungen im Investitionsmanagement usw.), müssen Sie entsprechende Zuordnungen anlegen. Die Zuordnung zu den Investitionsprogrammpositionen erfolgt für Projekte auf der Ebene von PSP-Elementen. Sie können die Zuordnungen zwischen den PSP-Elementen und Programmpositionen sowohl im Investitionsmanagement als auch im Projektsystem (in den Bearbeitungstransaktionen für Projektstrukturpläne) vornehmen (siehe Abbildung 3.10).

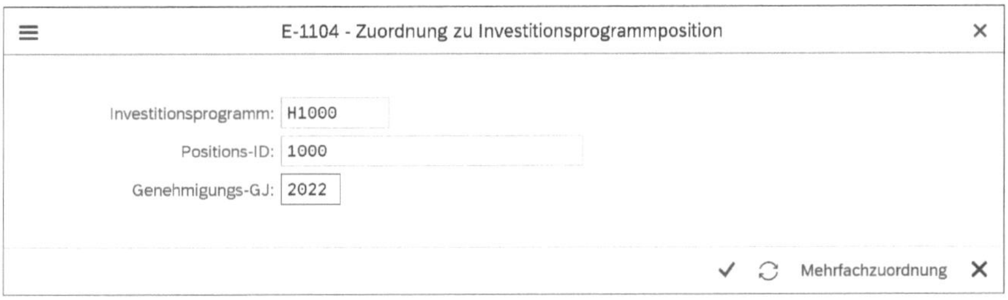

E-1104 - Zuordnung zu Investitionsprogrammposition	
Investitionsprogramm:	H1000
Positions-ID:	1000
Genehmigungs-GJ:	2022
	Mehrfachzuordnung

Abbildung 3.10 Beispiel für die Zuordnung eines PSP-Elements zu einer Investitionsprogrammposition

Zum Erstellen von Zuordnungen müssen verschiedene Voraussetzungen erfüllt sein. Programmpositionen müssen eine Zuordnung erlauben. Sie können in den Stammdaten einer Programmposition separat entscheiden, ob Zuordnungen zu Maßnahmenanforderungen, Aufträgen oder Projekten möglich sein sollen. Generell können Investitionsmaßnahmen jedoch nur sogenannten *Blattpositionen* zugeordnet werden, also Programmpositionen, denen keine weiteren Programmpositionen untergeordnet sind.

Typischerweise wird ein Projekt eindeutig einer Investitionsprogrammposition zugeordnet. In diesem Fall nimmt man die Zuordnung auf der Ebene des Top-PSP-Elements des Projekts vor. Im Rahmen der Budgetverteilung im Investitionsmanagement erhält dieses PSP-Element dann ein Budget aus der übergeordneten Programmposition. Die projektverantwortliche Person kann dieses Budget anschließend auf die untergeordneten PSP-Elemente des Projekts weiterverteilen (siehe Abschnitt 3.1.1, »Originalbudget«).

Mehrere Investitionsprogrammpositionen

Gegebenenfalls soll ein Projekt jedoch sein Budget aus unterschiedlichen »Budgettöpfen« erhalten, also mehreren Investitionsprogrammpositionen zugeordnet sein. In diesem Fall stehen Ihnen zwei Möglichkeiten der Zuordnung zur Verfügung:

- **Mehrfachzuordnung**

  Sie können ein PSP-Element, z. B. auch das Top-PSP-Element, in den Bearbeitungstransaktionen des Projektsystems mehreren unterschiedlichen Programmpositionen zuordnen und dabei jede Zuordnung durch die Angabe einer Prozentzahl gewichten.

  Solche Mehrfachzuordnungen dienen jedoch ausschließlich dazu, dass im Reporting des Investitionsmanagements die Plan-, Ist- und Budgetwerte des Projekts unter Berücksichtigung der Gewichtungsprozentsätze zusammen mit den Werten anderer zugeordneter Investitionsmaßnahmen auf den verschiedenen Programmpositionen ausgewertet werden können. Die Verwendung einer Mehrfachzuordnung schließt allerdings eine spätere Budgetverteilung aus den zugeordneten Investitionsprogrammpositionen aus.

- **Zuordnung mehrerer PSP-Elemente eines Projekts**

  Wenn Sie eine Verteilung von Budgetwerten der verschiedenen Programmpositionen auf das Projekt durchführen möchten, können Sie als zweite Möglichkeit unterschiedliche PSP-Elemente eines Projekts jeweils einer Programmposition zuordnen. Diese PSP-Elemente müssen nicht unbedingt PSP-Elemente der obersten Stufe des Projekts sein, und sie müssen sich auch nicht auf der gleichen Stufe innerhalb der Projektstruktur befinden. Es gilt jedoch, dass Sie ein PSP-Element nur dann einer Investitionsprogrammposition zuordnen können, wenn noch kein über- oder untergeordnetes PSP-Element eine Zuordnung zu einer Programmposition besitzt.

  Führen Sie eine Budgetverteilung der verschiedenen Investitionsprogrammpositionen auf die jeweils zugeordneten PSP-Elemente durch, rollt das System die Budgetwerte automatisch auf die übergeordneten PSP-Elemente hoch. So bleibt die hierarchische Konsistenz der Budgetwerte innerhalb der Projektstruktur gewahrt. Die projektverantwortliche Person kann anschließend bei Bedarf eine Weiterverteilung der Budgets auf untergeordnete PSP-Elemente vornehmen.

Erzwungene Zuordnungen

Wenn in einer Investitionsprogrammposition das Kennzeichen **Budgetverteilung Gesamt** bzw. zusätzlich das Kennzeichen **Budgetverteilung Jahre** gesetzt ist, können die zugeordneten PSP-Elemente ihr Budget nur über die Budgetverteilung der Programmposition erhalten. Nach der Zuordnung der PSP-Elemente ist eine separate Zuteilung von Budgets im Projektsystem also nicht mehr möglich. Solange die PSP-Elemente noch kein Budget von der Programmposition erhalten haben, können auch die untergeordneten PSP-Elemente noch kein Budget in einer hierarchisch konsistenten Form erhalten. Um zu verhindern, dass ein PSP-Element bereits vor seiner Zuordnung zu einer Investitionsprogrammposition Budget im Projektsystem erhält, können Sie die Zuordnung zu einer Investitionsprogrammposition für PSP-Elemente vor der ersten Budgetierung erzwingen.

Die Zuordnung zu einer Investitionsprogrammposition können Sie für ein PSP-Element auf zwei unterschiedliche Arten erzwingen:

- Eine Möglichkeit besteht darin, mithilfe der Feldauswahl für PSP-Elemente (siehe Abschnitt 1.8.1, »Feldauswahl«) die für eine Zuordnung relevanten Felder als Muss-Felder auszusteuern. Da nicht alle PSP-Elemente Programmpositionen zugeordnet werden sollen, müssen Sie bei der Definition der Feldauswahl geeignete beeinflussende Felder und Werte spezifizieren.

  In der Regel wird die Zuordnung auf der Ebene des Top-PSP-Elements eines Projekts getroffen. Zu diesem Zweck kennzeichnen Sie also in der Feldauswahl, abhängig vom beeinflussenden Feld **Stufe** und dem Wert 1, das Feld **Investitionsprogramm** als Muss-Feld.
- Eine weitere Möglichkeit, für PSP-Elemente eine Zuordnung zu einer Investitionsprogrammposition zu erzwingen, besteht darin, im Budgetprofil eines Projekts eine Programmart einzutragen (siehe Abbildung 3.1). Dieser Eintrag bewirkt, dass das Projekt erst dann budgetiert werden kann, wenn ein PSP-Element des Projekts einem Investitionsprogramm zu dieser Programmart zugeordnet wurde.

[+]

Anzeige der Zuordnungsfelder

Standardmäßig werden die Felder zur Zuordnung von Investitionsprogrammpositionen nicht im Detailbild der PSP-Elemente angezeigt. Bei der Definition eigener Registerkarten (siehe Abschnitt 1.8.2, »Flexible Detailbilder und Table Controls«) können Sie jedoch diese Felder zusätzlich mit in das Detailbild von PSP-Elementen aufnehmen.

Investitionsprojekte

Die Integration des Projektsystems mit dem Investitionsmanagement kann nicht nur für den reinen Austausch von Daten zwischen Projekten und Investitionsprogrammen verwendet werden, sondern auch im Rahmen der Projektabrechnung. Ziel ist es hierbei, die auf einem Projekt gesammelten Kosten an *Anlagen im Bau* (AiB) und *Fertige Anlagen* der Anlagenbuchhaltung weiterzuverrechnen. Zu diesem Zweck können Sie im Customizing des Investitionsmanagements sogenannte *Investitionsprofile* definieren und sie in die Stammdaten von PSP-Elementen eintragen. PSP-Elemente bzw. Projekte, in denen Investitionsprofile hinterlegt sind, werden auch als *Investitionsprojekte* bezeichnet. Die Definition von Investitionsprofilen, deren Funktion und die Prozesse der Projektabrechnung, die speziell für Investitionsprojekte zur Verfügung stehen, werden ausführlich in Abschnitt 5.9, »Abrechnung«, erläutert.

Projektübergreifende Budgetverwaltung im Investitionsmanagement

Mithilfe der Funktionen des Investitionsmanagements können Sie Budgets projektübergreifend auf der Ebene von Investitionsprogrammen verwalten. Durch die Zuordnung von Projekten zu Investitionsprogrammen können die Plankosten der Projekte aus CO-Versionen in das Investitionsmanagement hochgerollt und umgekehrt die Budgets aus dem Investitionsmanagement auf die Projekte verteilt werden.

3.3 Zusammenfassung

Durch die Verteilung von Budgets in Projekten haben Sie die Möglichkeit, neben den Plankosten der Projekte auch einen genehmigten Kostenrahmen für Ihre Projekte zu führen und die Verfügungen gegen diesen Kostenrahmen mithilfe der Verfügbarkeitskontrolle zu überwachen. Zusätzlich zu den Funktionen des Projektsystems zur Verwaltung von Budgets können Sie auch die Integration mit dem Investitionsmanagement für eine projektübergreifende Budgetverwaltung nutzen.

Kapitel 4
Prozesse der Projektdurchführung

Den zuvor geplanten Terminen, Ressourcen- und Materialbedarfen, Kosten und Erlösen können Sie in der Realisierungsphase die entsprechenden Ist-Daten gegenüberstellen und so die Durchführung und den Fortschritt Ihrer Projekte überwachen.

Realisierungsphase

Im Rahmen der Realisierungsphase von Projekten werden – je nach Projekttyp – Leistungen von Kapazitäten des eigenen Unternehmens in Anspruch genommen, externe Ressourcen an der Durchführung beteiligt, Material eingekauft, eigengefertigt, verbraucht und geliefert, Rechnungen von Lieferanten erfasst und Rechnungen an Kunden versendet, diverse innerbetriebliche Kostenverrechnungen durchgeführt usw. Viele dieser Prozesse werden dabei zwar in Projekten angestoßen, jedoch abteilungsübergreifend abgewickelt.

Aufgrund der Integration des Projektsystems in andere Applikationen des SAP-Systems können praktisch alle projektbezogenen Daten automatisch auf den relevanten Projekten fortgeschrieben oder im Reporting der Projekte ausgewertet werden, unabhängig davon, ob die entsprechenden Belege z. B. in Einkauf, Produktion, Vertrieb oder externem und internem Rechnungswesen erstellt werden. Eine Mehrfacherfassung dieser Daten ist daher nicht notwendig. Insbesondere können Sie auf der Ebene der Projekte die Ist-Daten der Projektdurchführung den jeweiligen Plandaten gegenüberstellen. Im Reporting, der Fortschrittsanalyse oder mithilfe spezieller Werkzeuge, wie z. B. ProMan oder Progress Tracking, können Sie so Abweichungen von der Projektplanung frühzeitig erkennen.

In SAP S/4HANA sind das interne und das externe Rechnungswesen in einem Einkreissystem zusammengefasst worden und verwenden ein umfassendes Journal, was eine Abstimmung wie bei dem Zweikreissystem in SAP ERP überflüssig macht. Zu diesem Zweck sind die Kostenarten nun Bestandteil des Kontenplans und werden zusammen mit Sachkonten gepflegt (siehe SAP-Hinweis 2270419). Ferner werden alle Ist-Kosten zu den Werttypen 4 und 11 in einer gemeinsamen, SAP-HANA-optimierten Datenbanktabelle ACDOCA abgelegt (siehe SAP-Hinweis 2270404). Auch das Hauptbuch in SAP S/4HANA basiert auf dem umfassenden Journal, und die

Belegpositionen werden in die neue Datenbanktabelle ACDOCA gespeichert (siehe SAP-Hinweis 2270339).

In diesem Kapitel werden verschiedene Aspekte und Prozesse der Projektdurchführung erläutert. Die einzelnen Abschnitte stehen dabei nicht in chronologischer Reihenfolge, sondern sind rein thematisch sortiert, da in der Realisierungsphase von Projekten unterschiedliche Prozesse typischerweise parallel ausgeführt werden. Zeitgleich zur Konstruktion des Roboters, können z. B. erste Montagetätigkeiten beginnen, dabei Material verbraucht und Zeitdaten zurückgemeldet werden, während im Einkauf noch fehlendes Material beschafft wird und im Rechnungswesen Rechnungen von Lieferanten für bereits geliefertes Material erfasst werden.

4.1 Ist-Termine

Mithilfe von Ist-Terminen dokumentieren Sie in Projekten den tatsächlich für die Durchführung eines Arbeitspakets benötigten Zeitraum. Je nachdem, ob Sie zur Strukturierung von Projekten Projektstrukturpläne oder Netzpläne einsetzen, stehen Ihnen dabei unterschiedliche Funktionen zur Erfassung von Ist-Terminen zur Verfügung.

4.1.1 Ist-Termine von PSP-Elementen

In Projektstrukturplänen können Sie Ist-Termine für PSP-Elemente erfassen. Dabei wird zwischen dem Ist-Start und dem Ist-Ende eines PSP-Elements unterschieden. Der Ist-Start dokumentiert den zeitlichen Beginn der Ausführung des PSP-Elements und der Ist-Endtermin den zeitlichen Abschluss. Das Setzen eines Ist-Starttermins für ein PSP-Element wird automatisch durch den Systemstatus **TRÜC** (**Teilrückgemeldet**) auf der Ebene des PSP-Elements dokumentiert. Setzen Sie zusätzlich auch einen Ist-Endtermin, erhält das PSP-Element automatisch den Status **RÜCK** (**Rückgemeldet**). Ist der Status **RÜCK** in einem PSP-Element aktiv, warnt er Sie bei jeder nachträglichen Änderung der Ist-Termine dieses PSP-Elements. Vorläufige Ist-Termine für PSP-Elemente entstehen nur durch Ist-Termine zugeordneter Vorgänge, können also nicht manuell für PSP-Elemente eingetragen werden.

Voraussetzungen für Ist-Termine von PSP-Elementen

Für das Erfassen von Ist-Terminen für PSP-Elemente müssen verschiedene Voraussetzungen erfüllt sein. Damit Sie einen Ist-Starttermin in einem PSP-Element hinterlegen können, muss sich das PSP-Element im Systemstatus **TFRE** (**Teilfreigegeben**) oder **FREI** (**Freigegeben**) befinden, und es darf kein anderer Status das Setzen des Ist-Termins verbieten. Das Setzen eines Ist-Endtermins für ein PSP-Element setzt zum einen den Status **FREI** voraus, und zum anderen müssen alle untergeordneten PSP-Elemente und gegebenenfalls die zugeordneten Vorgänge den Status **RÜCK** besitzen.

Erfassung von Ist-Terminen

Es gibt drei Möglichkeiten, wie Ist-Termine auf der Ebene von PSP-Elementen entstehen können:

- **Manuelle Erfassung**

  Sie erfassen manuell Ist-Termine für PSP-Elemente. Dies erfolgt analog zur manuellen Planung von Terminen, abhängig von der jeweiligen Bearbeitungstransaktion im Detailbild der PSP-Elemente, tabellarisch oder bei Bedarf auch grafisch.

- **Hochrechnen**

  Sie ermitteln Ist-Termine mithilfe der Funktion **Termine hochrechnen** aus den Ist-Terminen untergeordneter PSP-Elemente.

- **Ermittlung aus Vorgangsterminen**

  Sie verwenden die Funktion **Isttermine ermitteln**, um die Ist-Termine von PSP-Elementen aus den Ist-Terminen der zugeordneten Vorgänge abzuleiten.

Eine automatische Ableitung der Ist-Termine von PSP-Elementen, z. B. aus Finanzbuchhaltungs-, Controlling- oder Einkaufsbelegen, ist nicht möglich. Es ist vielmehr Aufgabe der jeweiligen Projektverantwortlichen, die Erfassung von Ist-Terminen für PSP-Elemente vorzunehmen.

4.1.2 Ist-Termine von Vorgängen

Rückmeldungen

Ist-Termine von Vorgängen (bzw. Vorgangselementen) werden typischerweise mithilfe von Rückmeldungen erfasst (siehe Abschnitt 4.3, »Rückmeldungen«). Dabei unterscheidet man zwischen den Ist-Terminen aus Teilrückmeldungen, die praktisch als vorläufige Ist-Start- und Ist-Endtermine interpretiert werden, und den Ist-Terminen aus Endrückmeldungen, die den tatsächlichen Durchführungszeitraum repräsentieren. Die Ist-Termine von Rückmeldungen eines Vorgangs werden automatisch auf den Vorgang fortgeschrieben, sofern Sie dies nicht explizit in der Rückmeldung verboten haben. Dabei ergeben sich der Ist-Starttermin eines Vorgangs aus dem frühesten Ist-Starttermin aller Rückmeldungen des Vorgangs und der Ist-Endtermin analog aus dem spätesten Ist-Endtermin aller Rückmeldungen. Bei Bedarf können Sie die Ist-Termine auf der Vorgangsebene auch noch manuell ändern. Eine automatische Ableitung der Ist-Termine von Vorgängen,

z. B. aus Materialbelegen oder kreditorischen Rechnungen, ist nicht möglich. Das Erstellen von Rückmeldungen zu einem Vorgang und somit auch die Erfassung von Ist-Terminen setzen den Status **FREI** (**Freigegeben**) für den Vorgang voraus.

Beachten Sie, dass die Ist-Termine von Netzplanvorgängen Auswirkungen auf die nachfolgenden Terminierungen des Netzplans haben können. Besitzt ein Vorgang den Systemstatus **RÜCK** aufgrund einer Endrückmeldung, setzt das System automatisch die Plantermine der frühesten und spätesten Lage des Vorgangs auf die Ist-Termine des Vorgangs. Besitzt der Vorgang Anordnungsbeziehungen zu anderen Vorgängen, würden bei einer Neuterminierung auch die Plantermine dieser Vorgänge entsprechend der Terminierungslogik (siehe Abschnitt 2.1.2, »Terminierung mit Netzplänen«) angepasst.

Kennzeichen »Verschieben Auftrag«

Besitzt ein Vorgang den Status **TRÜC** aufgrund von Teilrückmeldungen, entscheidet das Kennzeichen **Verschieben Auftrag** in den Terminierungsparametern darüber, wie die Ist-Termine des Vorgangs bei einer nachfolgenden Terminierung gehandhabt werden sollen. Ist das Kennzeichen **Verschieben Auftrag** gesetzt, berechnet das System die früheste und späteste Lage gemäß der normalen Terminierungslogik, verwendet dabei jedoch als terminierungsrelevante Dauer die geplante Dauer abzüglich der bereits zurückgemeldeten Dauer. Diese Einstellung kann z. B. sinnvoll sein, wenn Sie bereits vor dem ursprünglich geplanten Zeitraum Arbeit geleistet haben, Sie jedoch verhindern möchten, dass alle folgenden Vorgänge nun ebenfalls sehr viel früher terminiert werden.

Terminierungsbeispiel 1

Abbildung 4.1 zeigt ein entsprechendes Beispiel. Dem PSP-Element **Konstruktion Elektrik** ist ein gleichnamiger teilrückgemeldeter Vorgang zugeordnet. In der Teilrückmeldung wurde dokumentiert, dass bereits drei Tage gearbeitet wurde (siehe Ist-Terminbalken des Vorgangs in Abbildung 4.1 (unterster Terminbalken)), diese Arbeit jedoch eine Woche früher als ursprünglich geplant begonnen wurde (siehe zum Vergleich den Prognoseterminbalken (oberster Terminbalken in der unteren Bildhälfte in Abbildung 4.1) des Vorgangs). Eine nachträgliche Terminierung, bei der das Kennzeichen **Verschieben Auftrag** gesetzt war, hat den neuen Starttermin des Vorgangs (siehe die Eckterminbalken (mittlere Terminbalken in der unteren Bildhälfte) des Vorgangs) gemäß der normalen Terminierungslogik berechnet. Als Dauer wurde bei der Terminierung jedoch die ursprüngliche Dauer abzüglich der bereits gearbeiteten Dauer verwendet. Auf der Ebene des PSP-Elements wird der Ist-Termin des Vorgangs als vorläufiger Ist-Termin (dünner, heller Terminbalken in der oberen Bildhälfte) ausgewiesen.

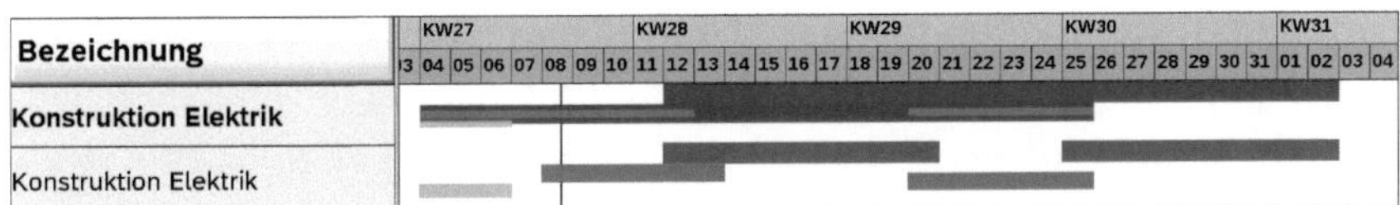

Abbildung 4.1 Beispiel für die Terminierung eines teilrückgemeldeten Vorgangs; das Kennzeichen »Verschieben Auftrag« ist gesetzt

Terminierungsbeispiel 2

Ist das Kennzeichen **Verschieben Auftrag** bei einer Neuterminierung nicht gesetzt, setzt das System den frühesten Start eines teilrückgemeldeten Vorgangs automatisch auf den Ist-Starttermin des Vorgangs. Als Dauer verwendet das System für die Terminierung des frühesten Endtermins die geplante Dauer und für die Terminierung der spätesten Lage die um die bereits zurückgemeldete Dauer reduzierte Plandauer. Abbildung 4.2 zeigt wiederum das Beispiel des teilrückgemeldeten Vorgangs **Konstruktion Elektrik**. Die in Abbildung 4.2 dargestellten Ecktermine (mittlere Terminbalken in der unteren Bildhälfte) ergeben sich nun aus einer Terminierung, bei der das Kennzeichen **Verschieben Auftrag** nicht gesetzt war. Vergleichen Sie die Ecktermine mit dem in Abbildung 4.1 dargestellten Terminierungsergebnis.

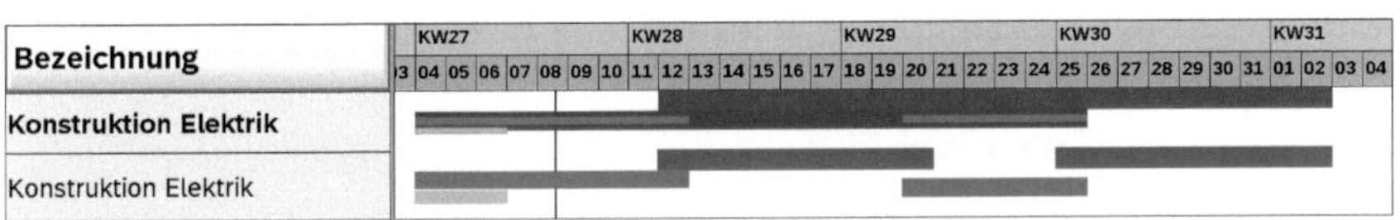

Abbildung 4.2 Beispiel für die Terminierung eines teilrückgemeldeten Vorgangs; das Kennzeichen »Verschieben Auftrag« ist nicht gesetzt

Prognosetermine in Rückmeldungen

In einer Teilrückmeldung haben Sie die Möglichkeit, neben der Erfassung von Ist-Daten auch Prognosedaten anzugeben. So können Sie z. B. neben Ist-Start- und Ist-Endtermin auch eine prognostizierte Restdauer oder ein prognostiziertes Ende für die Durchführung des Vorgangs spezifizieren. Diese Prognosedaten werden bei den nachfolgenden Terminierungen automatisch berücksichtigt. Haben Sie eine Prognoserestdauer angegeben, wird diese Dauer bei der Neuterminierung verwendet. Haben Sie einen prognostizierten Endtermin bei der Teilrückmeldung eines Vorgangs eingegeben, setzt das System die Endtermine des Vorgangs bei einer Neuterminierung automatisch auf dieses Datum.

Wenn Ist-Termine aus Rückmeldungen keinen Einfluss auf nachfolgende Terminierungen haben sollen, können Sie durch das Setzen des Kennzeichens **Kein Terminupdate** in den Rückmeldungen bzw. in den Rückmeldeparametern verhindern, dass die Ist-Termine der Rückmeldungen auf den Vorgängen fortgeschrieben werden. Mithilfe einer entsprechenden Feldauswahl können Sie bei Bedarf auch verhindern, dass eine Prognoserestdauer oder ein Prognoseendtermin in den Rückmeldungen eingegeben werden kann.

4.1.3 Ist-Termine von Meilensteinen

Fertigstellungsgrad

Um zu dokumentieren, dass Meilensteine eines Projekts erreicht wurden, können Sie einen Ist-Termin für diese Meilensteine erfassen. Bei Meilensteinen, die PSP-Elementen zugeordnet sind, müssen Sie dies manuell erledigen. Ist-Termine für Meilensteine an Vorgängen können Sie manuell eintragen oder aus den Rückmeldungen der Vorgänge ableiten. Voraussetzung für die Übernahme des Ist-Endtermins einer Rückmeldung als Ist-Termin eines Meilensteins ist, dass die Rückmeldeparameter diese Übernahme gestatten (Kennzeichen **Meilensteintermin autom.**, siehe Abschnitt 4.3, »Rückmeldungen«) und dass der Abarbeitungsgrad der Rückmeldung größer oder gleich dem Fertigstellungsgrad ist, den der Meilenstein repräsentiert (Feld **Fertigstellung** im Meilenstein). Ist-Termine von Vorgangsmeilensteinen können genutzt werden, um z. B. im Rahmen der Meilensteinfakturierung Fakturierungspositionen zu entsperren und so die Erstellung von Rechnungen zu steuern, siehe Abschnitt 4.6.1, »Meilensteinfakturierung«).

SAP Fiori – Projektmeilenstein rückmelden

Eine weitere Möglichkeit zur manuellen Erfassung eines Meilenstein-Ist-Termins ist die SAP-Fiori-App **Projektmeilenstein rückmelden** (siehe Abbildung 4.3). Mithilfe dieser App können Sie auch von unterwegs, z. B. mithilfe eines Tablets oder Smartphones, Ist-Termine für Meilensteine zurückmelden. Der Aufruf der App geschieht dabei entweder direkt aus dem SAP Fiori Launchpad, aus der App **Meilenstein-Übersicht** oder der Meilenstein-Objektseite. Im Gegensatz zur manuellen Erfassung von Ist-Terminen von Meilensteinen in ERP-Transaktionen müssen Sie in dieser App nicht über die Projektstruktur in die Meilensteinrückmeldung einsteigen, sondern gelangen gezielt durch die Suche eines Meilensteins direkt in dessen Rückmeldung.

Beziehung zwischen Plan- und Ist-Terminen

Beachten Sie, dass die Plantermine von Meilensteinen automatisch auf die Ist-Termine der Meilensteine gesetzt werden. Wenn Sie einen Plan-Ist-Vergleich der Meilensteintermine vornehmen möchten, müssen Sie mit Projektversionen oder dem Prognoseterminkreis arbeiten (siehe Abschnitt 2.1, »Terminplanung«).

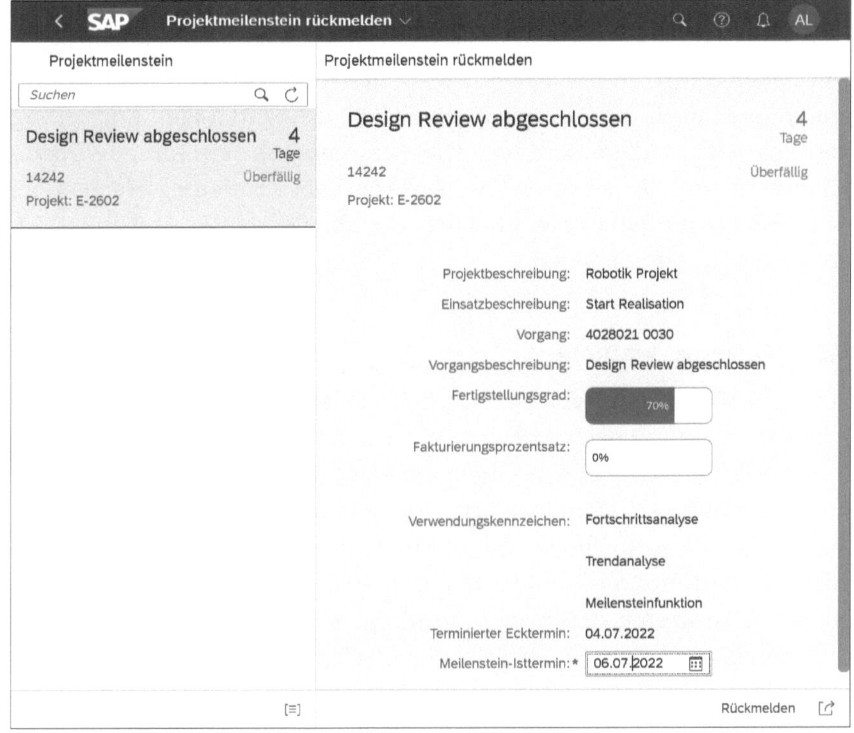

Abbildung 4.3 SAP-Fiori-App zum Erfassen von Ist-Terminen von Meilensteinen

4.2 Kontierung von Belegen

Die Fortschreibung von Kosten, Erlösen oder gegebenenfalls auch von Zahlungen auf Projekten erfolgt durch die Kontierung entsprechender Belege (Leistungsverrechnungen, Rechnungen, Warenein- und -ausgänge, Fakturen, Anzahlungen usw.) auf PSP-Elemente und Netzplanvorgänge bzw. Vorgangselemente. Wenn Sie Projekten Aufträge zugeordnet haben, wie z. B. Instandhaltungs-, Fertigungs- oder Innenaufträge, können auch auf diese Aufträge Belege kontiert werden. Die entsprechenden Kosten der zugeordneten Aufträge können im Reporting des Projektsystems auf der Ebene des Projekts aggregiert ausgewertet werden; es findet jedoch keine automatische Fortschreibung auf das Projekt statt. Bei Bedarf können die Kosten der zugeordneten Aufträge jedoch im Rahmen des Periodenabschlusses auf das Projekt abgerechnet werden (siehe Abschnitt 5.9, »Abrechnung«).

Voraussetzungen

Voraussetzung für die Kontierung von Belegen auf PSP-Elemente oder Netzplanvorgänge ist, dass der Status der Objekte eine entsprechende Kontierung erlaubt. Standardmäßig können Sie im Systemstatus **EROF (Eröffnet)** zwar Bestellanforderungen oder Bestellungen auf Projekte kontieren, jedoch keinen Waren- bzw. Rechnungseingang buchen. Die Kontierung von Belegen, die zu Ist-Kosten führen, setzt den Status **FREI** (**Freigegeben**) in den jeweiligen Kontierungsobjekten des Projektsystems voraus. Darüber hinaus müssen auch die Stammdaten von PSP-Elementen eine Kontierung von Belegen erlauben. Ob eine Kontierung möglich sein soll oder nicht, können Sie mithilfe des operativen Kennzeichens **Kontierungselement** bei Bedarf für jedes PSP-Element separat entscheiden (siehe Abschnitt 1.2.1, »Aufbau und Stammdaten«).

4.2.1 Obligoverwaltung

Bei der Fortschreibung von Daten auf Projekten aufgrund der Kontierung von Belegen unterscheidet man zwischen Ist-Kosten und Obligos. Während Ist-Kosten den tatsächlichen Verbrauch von Gütern und Leistungen beziffern, entsprechen Obligos lediglich Verpflichtungen aufgrund von Bestellanforderungen, Bestellungen oder Mittelbindungen. Mithilfe von Obligos können Sie frühzeitig Verbindlichkeiten analysieren, die voraussichtlich später zu Ist-Kosten führen werden. Obligos werden jedoch noch nicht buchhalterisch erfasst. Wenn Sie die Verfügbarkeitskontrolle aktiviert haben (siehe Abschnitt 3.1.5, »Verfügbarkeitskontrolle«), werden Obligos als Verfügungen über das Budget von PSP-Elementen berücksichtigt, d. h., Obligos binden im Vorfeld bereits Mittel für die späteren Ist-Kosten.

Aktivierung der Obligoverwaltung

Damit das System Obligos auf Projekte des Projektsystems fortschreibt, müssen Sie die Obligoverwaltung für Projekte aktivieren. Dies können Sie im Customizing mithilfe von Transaktion OKKP für die jeweiligen Kostenrechnungskreise vornehmen (siehe Abbildung 4.4). Im Reporting des Projektsystems können Sie – je nach Einstellung der Berichte – Obligos getrennt nach Bestellanforderungsobligos, Bestellobligos oder auch Mittelbindungsobligos analysieren (siehe Abschnitt 6.2, »Infosystem Controlling«).

Bestellanforderungsobligos

Sobald die Obligoverwaltung aktiv ist, berechnet das System für jede Bestellanforderung, die Sie auf ein Projekt kontieren, aus der (Rest-)Menge und dem Preis pro Mengeneinheit ein Bestellanforderungsobligo zum geplanten Liefertermin und schreibt dieses auf das Projekt fort. Die Bestellanforderungen können dabei manuell im Einkauf erstellt und z. B. auf ein PSP-Element kontiert oder automatisch erzeugt werden – ausgehend von Fremd- und Dienstleistungsvorgängen oder fremdzubeschaffenden Materialkomponenten eines Netzplans. Das Bestellanforderungsobligo wird – entsprechend der jeweiligen Kontierung – separat auf den PSP-Elementen, Netzplanköpfen bzw. Vorgängen ausgewiesen. Eine Ausnahme bilden Bestellanforderungen, die automatisch im Rahmen von Materialbedarfsplanungsläufen erstellt werden. Diese führen nicht zu entsprechenden Bestellanforderungsobligos; erst die Bestellungen zu diesen Bestellanforderungen führen zum Ausweis von Obligos.

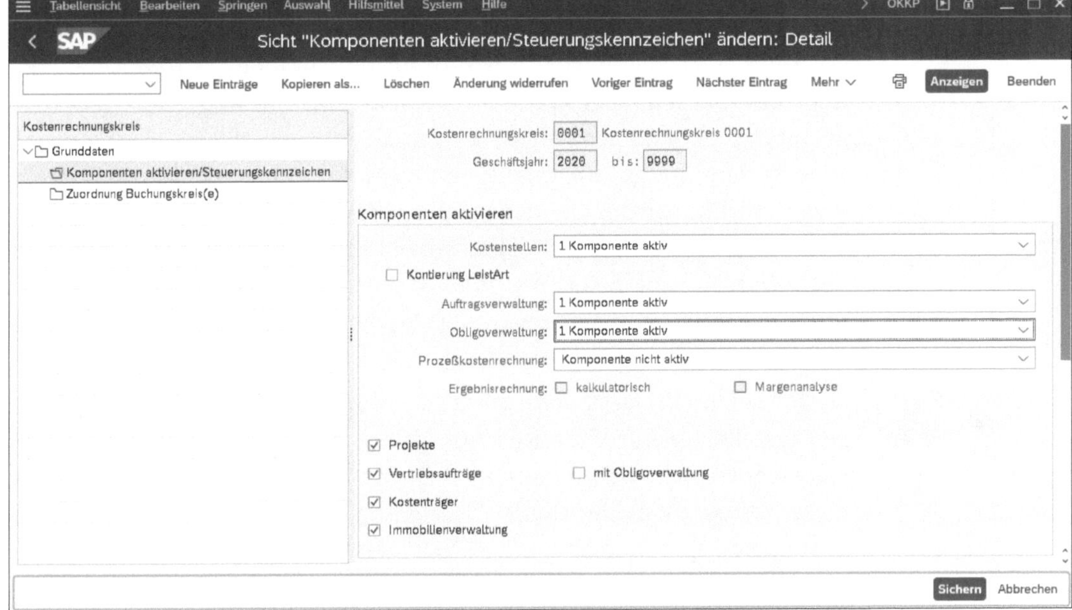

Abbildung 4.4 Aktivierung der Obligoverwaltung

Ausweis von Obligos

Der Ausweis von Obligos erfolgt für kopfkontierte Netzpläne jeweils auf dem Netzplankopf und für vorgangskontierte Netzpläne auf der Ebene der einzelnen Vorgänge. Obligos für Materialkomponenten werden für Nichtlagerpositionen auf den entsprechenden Netzplanköpfen bzw. Vorgängen fortgeschrieben. Obligos für Lagerpositionen können im Projekt nur ausgewiesen werden, wenn sie im Einzelbestand geführt werden. Die Fortschreibung der Obligos erfolgt dann auf die jeweiligen Einzelbestandssegmente.

Bestellobligos

Wird im Einkauf eine Bestellung mit Bezug zu einer Bestellanforderung angelegt, die auf ein Projekt kontiert ist, wird das Bestellanforderungsobligo entsprechend der in der Bestellung übernommenen Menge reduziert. Wird die komplette Menge der Bestellanforderung in die Bestellung übernommen, wird das Bestellanforderungsobligo also auch komplett abgebaut. Gleichzeitig ermittelt das System anhand des Werts der Bestellung ein Bestellobligo und schreibt es wiederum auf die entsprechenden Kontierungsobjekte fort, wo es in der Periode des Lieferdatums der Bestellung ausgewertet werden kann.

Abhängig vom Wareneingangskennzeichen der Bestellung erfolgt der Abbau des Bestellobligos und damit die Fortschreibung der entsprechenden Ist-Kosten entweder mit dem Buchen eines Wareneingangs oder beim Buchen des Rechnungseingangs mit Bezug zur Bestellung. Wird dabei nur ein Teil der Menge bzw. der Werte der Bestellung gebucht, wird auch nur ein Teil des Bestellobligos in Ist-Kosten umgewandelt. Ein vollständiger Abbau des Bestellobligos findet statt, wenn ein vollständiger Waren- bzw. Rechnungseingang gebucht wird oder Sie manuell ein Endlieferkennzeichen setzen, um zu dokumentieren, dass keine weitere Lieferung mehr erwartet wird, obwohl die Menge oder der Wert der Bestellung noch nicht erreicht ist. Solange für die Position einer Bestellung noch kein Waren- oder Rechnungseingang gebucht wurde, können Sie die Position sperren oder unter bestimmten Bedingungen auch löschen. In diesen beiden Fällen wird ebenfalls das Bestellobligo der Position vollständig abgebaut.

Mittelbindungsobligos

Sie können im Projektsystem mithilfe von Transaktion FMZ1 *Mittelbindungen* erstellen, wenn Sie Mittel für spätere Kosten reservieren möchten, jedoch noch nicht klar ist, durch welche betriebswirtschaftlichen Vorgänge diese Kosten entstehen werden. Der Betrag einer Mittelbindung wird als Mittelbindungsobligo auf dem PSP-Element oder dem Netzplan bzw. Vorgang ausgewiesen, auf dem Sie die Mittelbindung kontiert haben. Darüber hinaus wird der Mittelbindungsbetrag bei der Berechnung der Verfügtwerte berücksichtigt und nimmt somit an der Verfügbarkeitskontrolle von Projekten teil. Der Abbau von Mittelbindungsobligos kann entweder manuell vorgenommen werden, indem Sie entsprechende Abbaubeträge mithilfe von Transaktion FMZ6 erfassen, oder automatisch bei der Erfassung von Kreditorenrechnungen im Finanzwesen, wenn die entsprechende Mittelbindung im Kontierungsblock der Rechnung angegeben wird.

Predictive Accounting

Für bestimme Prozesse – und aktuell im Projektsystem rein für PSP-Elemente – steht mit dem *Predictive Accounting* eine alternative Möglichkeit zur Erfassung voraussichtlicher Ist-Kosten zur Verfügung. Anders als bei der Obligoverwaltung, bei denen die Obligowerte in eigene Tabellen geschrieben werden, nutzt das Predictive Accounting analog zu den Ist-Kosten die Datenbanktabelle ACDOCA, schreibt die Werte jedoch in ein spezielles Erweiterungs-Ledger, dem Prediction-Ledger. Das Predictive Accounting bucht also Vorschaubelege für die späteren Ist-Kostenbelege, um so vorherzusagen, wie die tatsächlichen Buchungsbelege und somit die daraus resultierenden Ist-Kosten für die Folgeprozesse aussehen werden.

Mehr Informationen zum Predictive Accounting und dessen aktuellen Einschränkungen finden Sie in SAP-Hinweis 2778793.

4.2.2 Manuelle Kontierung

Für Projektstrukturpläne können – anders als z. B. bei Fremdbearbeitungs- und Dienstleistungsvorgängen oder Materialkomponenten in Netzplänen – Einkaufsbelege oder Belege zur Verrechnung von Kosten nicht automatisch erstellt werden. Die Belege werden manuell im Projektsystem, im Einkauf, im Controlling oder z. B. in der Finanzbuchhaltung angelegt und auf PSP-Elemente kontiert. Für statistische PSP-Elemente (siehe Abschnitt 1.2.1, »Aufbau und Stammdaten«) muss in diesen Belegen neben dem PSP-Element immer auch noch ein weiteres Kontierungsobjekt spezifiziert werden, da die Fortschreibung auf statistische PSP-Elemente nicht kostenwirksam, sondern nur zu Informationszwecken erfolgt.

Beispiele für Belegerfassung

Die folgende Liste enthält exemplarisch einige Transaktionen aus unterschiedlichen Applikationen des SAP-Systems, die im Rahmen der Realisierungsphase von Projekten relevant sein können und mit denen Sie Belege erfassen und auf PSP-Elemente kontieren können:

- Bestellanforderung anlegen (ME51N)
- Bestellung anlegen (ME21N)
- Leistungsverrechnung (KB21N)
- Warenbewegungen (MIGO)
- Kreditorische Rechnungen (FB60)

In der Finanzbuchhaltung stehen zusätzliche Funktionen zur Verfügung, um Belege mit Bezug zu einem Projekt übersichtlich in Form sogenannter *debitorischer und kreditorischer Anzahlungsketten* zu verwalten. Diese Funktionen werden typischerweise für lang laufende Bauprojekte genutzt, bei denen diverse Abschlagsrechnungen, Schlussrechnungen und Einbehalte erfasst und überwacht werden sollen. Mitarbeitende können auch im Arbeitszeitblatt (siehe Abschnitt 4.3.3, »Arbeitszeitblatt«) Zeiten mit Bezug zu PSP-Elementen erfassen. Die Überleitung dieser Zeitdaten in das Controlling erzeugt dann eine Leistungsverrechnung zwischen der Kostenstelle der Mitarbeitenden und den entsprechenden PSP-Elementen.

Neben der Erstellung dieser Belege direkt in SAP S/4HANA gibt es mittlerweile auch eine Vielzahl von Integrationsszenarien, bei denen die Belege aus anderen Systemen erstellt und dabei auf Projektelemente kontiert werden. So können Sie z. B. Reisekostenbelege in SAP Concur mit Bezug zu PSP-Elementen erfassen, die Belege automatisiert nach SAP S/4HANA übertragen und hier die entsprechenden Kosten auf dem Projekt überwachen. Analog können projektrelevante Bestellungen auch über SAP Ariba angelegt werden oder die Leistungen von Dienstleistern für Projekte in SAP Fieldglass erfasst werden.

Für die Verteilung der Stammdaten der kontierungsrelevanten Projektelemente, also von PSP-Elementen, Netzplänen bzw. Netzplanvorgängen und Vorgangselementen in andere Systeme stehen spezielle SAP Master Data Integration (MDI) Services zur Verfügung.

4.2.3 Execution Services

Belegbuchung im Easy Cost Planning

Wenn Sie das Easy Cost Planning für die Kostenplanung auf der Ebene von PSP-Elementen verwendet haben (siehe Abschnitt 2.4.4, »Easy Cost Planning«), können Sie nach der Freigabe der PSP-Elemente direkt im Easy Cost Planning verschiedene Belege, wie z. B. interne Leistungsverrechnungen, Bestellanforderungen oder Warenausgänge, buchen. Die wesentlichen Vorteile dieser Möglichkeit sind, dass Sie zum einen nicht die Handhabung mehrerer unterschiedlicher Transaktionen zum Erstellen dieser Belege kennen müssen und zum anderen auf die Plandaten der verschiedenen Kalkulationspositionen als Vorlage zurückgreifen können und so insgesamt der Aufwand zum Erstellen dieser Belege reduziert und Fehler bei der Erfassung der notwendigen Daten vermieden werden können. Das Buchen eines Belegs im Easy Cost Planning wird als *Execution Service* bezeichnet.

Je nachdem, welchen Execution Service Sie im Easy Cost Planning aus der Liste der verfügbaren Execution Services auswählen, schlägt Ihnen das System nur die Daten von jeweils relevanten Positionen der Kalkulation vor. Wenn Sie z. B. den Execution Service **Warenausgang** wählen, werden Ihnen nur Daten von Positionen zum Positionstyp **M (Material)** angeboten usw. Von den vorgeschlagenen Positionen können Sie nun die Positionen selektieren, für die Sie den Execution Service durchführen möchten. Gegebenenfalls können Sie die vorgeschlagenen Daten noch ändern bzw. fehlende Daten nachtragen, bevor Sie eine Buchung vornehmen.

Wenn Sie eine Buchung vornehmen, wird ein entsprechender Beleg erstellt, der automatisch auf das ausgewählte PSP-Element kontiert ist. Kommt es beim Buchen eines Belegs zu Warnungen oder Fehlern, können Sie die entsprechenden Meldungen in einem Protokoll analysieren. Mithilfe einer Belegübersicht können Sie sich eine Liste der bereits mithilfe des Execution Services gebuchten Belege anzeigen lassen und bei Bedarf in die Anzeige der Belege selbst abspringen oder auch Stornierungen durchführen. Abbildung 4.5 zeigt die Verwendung des Execution Services **Interne Leistungsverrechnung** am Beispiel des PSP-Elements **Konstruktion** des Roboterprojekts. In der Belegübersicht werden bereits zwei gebuchte Leistungsverrechnungen angezeigt.

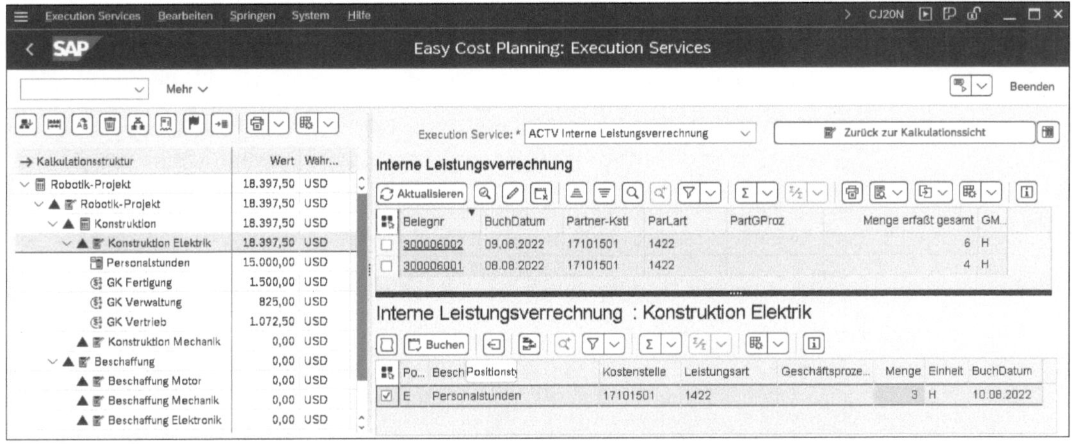

Abbildung 4.5 Beispiel für den Execution Service »Interne Leistungsverrechnung«

Execution-Service-Profil

Um Execution Services nutzen zu können, müssen Sie im Customizing des Projektsystems zunächst ein Execution-Service-Profil definieren und den relevanten Projektprofilen zuordnen (siehe Abbildung 4.6). Im Execution-Service-Profil legen Sie zunächst fest, welche Execution Services bei der Verwendung des Profils möglich sein sollen. Die folgenden Execution Services stehen dabei zur Auswahl:

- Interne Leistungsverrechnung
- Bestellanforderung
- Bestellung
- Reservierung
- Warenausgang

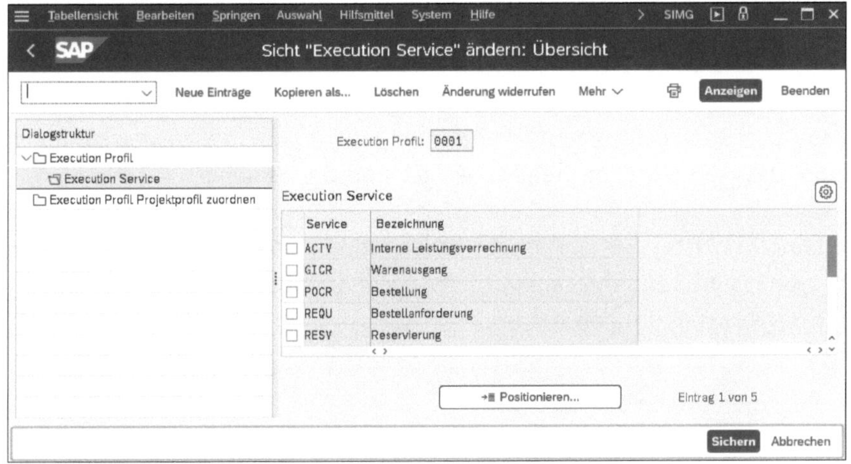

Abbildung 4.6 Definition eines Execution-Service-Profils

Zu den ausgewählten Execution Services nehmen Sie anschließend weitere Detaileinstellungen vor (siehe Abbildung 4.7). Für den Execution Service **Bestellanforderung** legen Sie z. B. die Belegart fest, mit der Bestellanforderungen mit Bezug zu PSP-Elementen erstellt werden sollen, und für den Execution Service **Warenausgang** geben Sie die Bewegungsart an, die verwendet werden soll, usw.

Abbildung 4.7 Definition der Einstellungen für Execution Services

4.3 Rückmeldungen

Mithilfe von Rückmeldungen können Sie den Bearbeitungsstand von Vorgängen oder Vorgangselementen dokumentieren und bei Bedarf auch die Prognosedaten für deren weiteren Verlauf angeben. Da Rückmeldungen Auswirkungen auf Ist- und gegebenenfalls Plantermine von Projekten, auf Kapazitätsbedarfe, Ist-Kosten, Status und Meilensteinfunktionen, gegebenenfalls sogar auf Warenbewegungen oder Fakturierungen haben können, spielen Rückmeldungen eine entscheidende Rolle in der Realisierungsphase von Projekten mit Netzplänen. Die Voraussetzungen für die Erfassung von Rückmeldungen für einen Vorgang (bzw. ein Vorgangselement) sind, dass der Vorgang freigegeben ist und der Steuerschlüssel des Vorgangs eine Rückmeldung erlaubt (siehe Abschnitt 1.3.2, »Strukturen-Customizing des Netzplans«). Darüber hinaus müssen Sie im Customizing des Projektsystems *Rückmeldeparameter* definiert haben, die die Eigenschaften der Rückmeldungen steuern.

[+]

Rückmeldungen und Sperren

Rückmeldungen haben unmittelbar Auswirkung auf die Daten eines Netzplans. Beachten Sie, dass daher bei der Erfassung einer Rückmeldung zu einem Vorgang oder einem Vorgangselement immer der gesamte Netzplan automatisch gesperrt wird.

Teilrückmeldungen und Endrückmeldungen

Prinzipiell unterscheidet man bei Rückmeldungen zwischen *Teilrückmeldungen* und *Endrückmeldungen*. Wenn Sie dokumentieren möchten, dass bereits ein Teil der geplanten Leistungen eines Vorgangs erbracht wurde, später voraussichtlich jedoch noch weitere Rückmeldungen zu diesem Vorgang folgen werden, erfassen Sie eine Teilrückmeldung zu diesem Vorgang. Eine Teilrückmeldung ist eine Rückmeldung, in der das Kennzeichen **Endrückmeldung** nicht gesetzt ist (siehe Abbildung 4.8). Teilrückmeldungen setzen in dem rückgemeldeten Vorgang den Status **TRÜC** (**Teilrückgemeldet**).

Abbildung 4.8 Beispiel für das Detailbild einer (Teil-)Rückmeldung

Abarbeitungsgrad

Der *Abarbeitungsgrad* einer Teilrückmeldung belegt, zu wie viel Prozent die Bearbeitung eines Vorgangs bereits ausgeführt wurde, und kann im Rahmen einer Fortschrittsanalyse für die Ermittlung von Ist-Fertigstellungsgraden verwendet werden (siehe Abschnitt 4.7.2, »Fortschrittsanalyse«). Der Abarbeitungsgrad wird automatisch vom System aus dem Verhältnis der bereits insgesamt zurückgemeldeten Ist-Arbeit eines Vorgangs zu dessen geplanter bzw. prognostizierter Gesamtarbeit berechnet. Bei Bedarf können Sie jedoch auch manuell einen abweichenden Abarbeitungsgrad in der Rückmeldung hinterlegen. In dem in Abbildung 4.8 dargestellten Beispiel ergibt sich der Abarbeitungsgrad des Vorgangs **Konstruktion Mechanik** aus dem Quotienten der Ist-Arbeit (10 STD + 5 STD) und der prognostizierten Gesamtarbeit (10 STD + 5 STD + 1 STD).

Restarbeit

Mithilfe der Felder **Arbeitsplatz**, **Ist-** und **Restarbeit** können Sie in einer Teilrückmeldung dokumentieren, welcher Arbeitsplatz wie viel Arbeit geleistet hat, und prognostizieren, wie viel Arbeit voraussichtlich noch geleistet werden muss. Das System kann Ihnen anhand der insgesamt bereits zurückgemeldeten Arbeit und der geplanten bzw. prognostizierten Gesamtarbeit einen Vorschlag für die noch verbleibende Restarbeit machen. Haben Sie die Berechnung von Kapazitätsbedarfen aktiviert, wird die Restarbeit als (Rest-)Kapazitätsbedarf in der Kapazitätsplanung berücksichtigt. Durch das Setzen des Kennzeichens **Fertig** in einer Teilrückmeldung können Sie anzeigen, dass keine weitere Restarbeit mehr benötigt wird.

[+]

Abhängigkeit von Feldern in Rückmeldungen

Die Felder zum Abarbeitungsgrad, zur Ist-Arbeit und Restarbeit sowie die insgesamt geplante bzw. prognostizierte Arbeit hängen zusammen. Je nachdem, welches Feld bzw. welche Felder Sie bei einer Rückmeldung angeben, berechnet Ihnen das System automatisch den Wert der anderen Felder. Bei Bedarf können Sie auch Werte für alle drei Felder manuell eingeben. Weicht der Abarbeitungsgrad dann von dem vom System berechneten Wert ab, gibt das System eine Warnmeldung aus.

Ist- und Prognosetermine

In den Feldern **Iststart** und **-ende** einer Teilrückmeldung spezifizieren Sie den Durchführungszeitraum der jeweiligen Teilleistungen. Möchten Sie dabei dokumentieren, dass Leistungen nicht nur an den Arbeitstagen erbracht wurden, können Sie zusätzlich auch eine **Istdauer** angeben. Ist in einer Rückmeldung das Kennzeichen **kein Terminupdate** nicht gesetzt, werden die Ist-Termine an den Vorgang weitergereicht. Ist der Vorgang einem PSP-Element zugeordnet, fließen die Ist-Termine in die vorläufigen Ist-Termine des PSP-Elements ein (siehe Abschnitt 4.1.1, »Ist-Termine von PSP-Elementen«). Sind dem Vorgang Meilensteine zugeordnet, können die Meilensteine den Ist-Endtermin der Rückmeldung als Ist-Termin übernehmen (siehe Abschnitt 4.1.3, »Ist-Termine von Meilensteinen«) und somit Fakturierungspositionen in Kundenaufträgen entsperrt werden (siehe Abschnitt 4.6.1, »Meilensteinfakturierung«).

Die Ist-Termine des Vorgangs ergeben sich aus dem frühesten Ist-Starttermin und dem spätesten Ist-Endtermin sämtlicher Rückmeldungen zu diesem Vorgang. Je nach den Einstellungen in den Terminierungsparametern können die Ist-Termine teilrückgemeldeter Vorgänge dann unterschiedliche Auswirkungen auf die nachfolgenden Terminierungen haben (siehe Abschnitt 4.1.2, »Ist-Termine von Vorgängen«). Bei Bedarf können Sie in einer Teilrückmeldung auch einen Endtermin für die Durchführung oder eine verbleibende Restdauer prognostizieren. Die Prognosedaten werden dann bei der nächsten Terminierung des Netzplans berücksichtigt.

Endrückmeldung

Durch das Setzen des Kennzeichens **Endrückmeldung** in einer Rückmeldung dokumentieren Sie, dass ein Vorgang vollständig bearbeitet wurde (Abarbeitungsgrad = 100 %) und keine weiteren Rückmeldungen mehr zu erwarten sind. Wird dennoch eine weitere Rückmeldung zu einem endrückgemeldeten Vorgang erfasst, gibt das System eine Warnmeldung aus. Dies wird durch den Status **RÜCK** (**Rückgemeldet**) gesteuert, den das System automatisch bei einer Endrückmeldung im Vorgang setzt.

Genau wie bei der Teilrückmeldung können Sie auch in einer Endrückmeldung Ist-Arbeit und Ist-Termine erfassen. Da eine Endrückmeldung jedoch die vollständige Abarbeitung eines Vorgangs repräsentiert, können Sie in einer Endrückmeldung – anders als in Teilrückmeldungen – keine Prognosedaten zum weiteren zeitlichen Verlauf des Vorgangs oder zu einer verbleibenden Restarbeit eingeben. Die Endrückmeldung eines Vorgangs führt dazu, dass automatisch die terminierten Termine des Vorgangs an die Ist-Termine angepasst werden (siehe Abschnitt 4.1.2, »Ist-Termine von Vorgängen«). Sind dem Vorgang ein PSP-Element oder Meilensteine zugeordnet, können die Ist-Termine der Endrückmeldung auch an diese Objekte weitergegeben werden. Darüber hinaus setzt das System automatisch den Restkapazitätsbedarf eines endrückgemeldeten Vorgangs auf null, auch wenn möglicherweise die ursprünglich geplante oder prognostizierte Arbeit nicht vollständig zurückgemeldet wurde.

Abweichungsursachen

In Teil- und Endrückmeldungen können Sie mithilfe von Kurz- und Langtexten nähere Beschreibungen der rückgemeldeten Leistungen erfassen. Kam es bei der Durchführung eines Vorgangs zu einer Abweichung von der geplanten Durchführung, können Sie zusätzlich zu einer entsprechenden Beschreibung auch eine Abweichungsursache, z. B. Maschinenschaden, Bedienungsfehler usw., angeben. Die Abweichungsursache einer Rückmeldung kann einerseits zu Auswertungszwecken verwendet werden, und andererseits kann durch die Angabe einer Abweichungsursache automatisch der Anwenderstatus des Vorgangs geändert werden und auf diese Weise gegebenenfalls Meilensteinfunktionen von zugeordneten Meilensteinen ausgelöst werden. Voraussetzung für die Verwendung von Abweichungsursachen ist, dass Sie diese zuvor im Customizing des Projektsystems mithilfe von Transaktion OPK5 definiert haben. Soll eine Abweichungsursache eine Statusänderung im Vorgang hervorrufen, müssen Sie bei der Definition der Abweichungsursache spezifizieren, welcher System- oder Anwenderstatus gesetzt werden soll. Sie können den Status eines Vorgangs in einer Rückmeldung jedoch auch manuell und ohne Bezug zu einer Abweichungsursache ändern, indem Sie aus der Rückmeldung in die Statusverwaltung des Vorgangs verzweigen und den gewünschten Status setzen.

Ist-Kostenermittlung aufgrund von Rückmeldungen

Aufgrund von Rückmeldungen eines Vorgangs werden jedoch nicht nur Ist- bzw. Prognosetermine an den Vorgang weitergereicht, gegebenenfalls dessen Status geändert und der Restkapazitätsbedarf angepasst, sondern es werden auch automatisch die Ist-Kosten der geleisteten Arbeit auf dem Vorgang fortgeschrieben. Damit das System die Ist-Kosten für rückgemeldete Arbeit berechnen kann, müssen Sie in der Rückmeldung einen Arbeitsplatz, eine Leistungsart und die entsprechende Ist-Arbeit angeben, sofern diese Daten nicht bereits anhand der Plandaten vorgeschlagen worden sind. Beim Sichern der Rückmeldung ermittelt das System dann automatisch aus der Kombination der angegebenen Leistungsart und der Kostenstelle des Arbeitsplatzes einen Tarif, mit dem die rückgemeldete Arbeit bewertet wird. Die Ist-Kalkulationsvariante des Netzplans steuert dabei, nach welcher Strategie der Tarif ermittelt werden soll (siehe Abschnitt 2.4.5, »Netzplankalkulation«). Nach dem Sichern der Rückmeldung schreibt das System einen auf den Vorgang kontierten Rechnungswesenbeleg, der dazu führt, dass der Vorgang mit den Ist-Kosten der rückgemeldeten Arbeit (Tarif multipliziert mit der Ist-Arbeit) belastet und gleichzeitig die Kostenstelle des Arbeitsplatzes um denselben Betrag entlastet wird.

Warenbewegungen bei Rückmeldungen

Sind einem Vorgang Materialkomponenten zugeordnet, können Sie aus einer Rückmeldung dieses Vorgangs in eine Liste der zugeordneten Materialkomponenten (Lagerpositionen) verzweigen und Warenausgangsbuchungen vornehmen, um den Verbrauch von Komponenten zu dokumentieren. Das System schreibt beim Sichern der Rückmeldung einen entsprechenden, auf den Vorgang kontierten Materialbeleg, der zu Ist-Kosten auf dem Vorgang führt. Eine Ausnahme bildet der Warenausgang zum unbewerteten Projektbestand (siehe Abschnitt 4.5.1, »Prozesse der Materialbeschaffung«). Die Höhe der Ist-Kosten ergibt sich dabei aus der entnommenen

Menge und dem Preis des jeweiligen Materials. Die Ist-Kalkulationsvariante des Netzplans steuert, nach welcher Strategie der Preis ermittelt werden soll (siehe Abschnitt 2.4.5, »Netzplankalkulation«). Für Materialkomponenten, die für eine *retrograde Entnahme* gekennzeichnet wurden, bucht das System automatisch Warenausgänge in Höhe der geplanten Mengen bei einer Endrückmeldung. Erfassen Sie eine Endrückmeldung, und es wurden noch nicht alle zugeordneten Materialkomponenten entnommen, kann das System automatisch die noch offenen Reservierungen ausbuchen, wenn Sie das Kennzeichen **Ausbuchen Reserv.** in der Rückmeldung setzen.

Prozesssteuerung

Die Rechnungswesenbelege zum Buchen der Ist-Kosten aufgrund der rückgemeldeten Arbeit und die Materialbelege aufgrund von Materialentnahmen werden zusammen mit dem jeweiligen Rückmeldebeleg gebucht. Kommt es dabei zu Fehlern, können Sie die Fehlerursache beheben oder die Erfassung der Rückmeldung abbrechen. Aus Performancegründen können Sie jedoch auch die Ist-Kostenermittlung und das Verbuchen retrograder Entnahmen vom Buchen des Rückmeldebelegs entkoppeln und später im Hintergrund ausführen lassen. Kommt es dabei zu Problemen, müssen Sie die fehlerhaften Datensätze nachbearbeiten. Die Entkopplung von Rückmeldeprozessen steuern Sie mithilfe von Prozesssteuerungen, die Sie im Customizing des Projektsystems definieren und anschließend in den Rückmeldeparametern eintragen können.

Sie können bei einer Rückmeldung auch eine Personalnummer und gegebenenfalls zusätzlich eine Lohnart angeben. Ihre Rückmeldedaten können dann in die Personalzeitwirtschaft übergeleitet und anschließend dort zu Auswertungszwecken oder zur Berechnung von Leistungslohn verwendet werden. Durch das Setzen des Kennzeichens **Kein HR-Update** können Sie bei Bedarf jedoch auch verhindern, dass Rückmeldedaten an die Personalzeitwirtschaft weitergereicht werden.

Splitrückmeldungen

Wenn Sie im Rahmen der Kapazitätsplanung die Arbeit eines Vorgangs nicht nur auf der Ebene des Arbeitsplatzes des Vorgangs geplant, sondern zusätzlich eine Verteilung auf Kapazitätssplits, z. B. auf einzelne Personalressourcen, durchgeführt haben (siehe Abschnitt 2.2.2, »Arbeitsverteilung auf Personalressourcen«), können Sie auch die einzelnen Kapazitätssplits separat zurückmelden. Die Auswirkungen von Splitrückmeldungen und gegebenenfalls zusätzlichen Vorgangsrückmeldungen auf die Daten des Vorgangs werden ausführlich in SAP-Hinweis 543362 erörtert.

Storno von Rückmeldungen

Falls notwendig, können Sie eine erfasste Rückmeldung mithilfe von Transaktion CN29 auch wieder stornieren. Wurden bereits mehrere Rückmeldungen erfasst, erhalten Sie eine Liste der Rückmeldungen, aus der Sie die zu stornierende Rückmeldung auswählen können. Beim Stornieren einer Rückmeldung können Sie einen Langtext mit Angaben zum Grund der Stornierung erfassen. Durch das Stornieren einer Rückmeldung werden – mit Ausnahme gesetzter Anwenderstatus – alle rückgemeldeten Daten auf der Ebene des Vorgangs wieder rückgängig gemacht. Aus Performancegründen können Sie jedoch auch einen sogenannten *unscharfen Storno* von Rückmeldungen durchführen. Dabei wird zwar die Verbuchung von Ist-Kosten, Ist-Arbeit, Kapazitätsbedarfen und Materialbewegungen wieder konsistent rückgängig gemacht, es findet jedoch keine Anpassung von z. B. Prognosedaten oder Status statt. Nähere Informationen zu unscharfen Stornos finden Sie in SAP-Hinweis 304989.

Rückmeldeparameter

Bevor Sie Rückmeldungen für Vorgänge, Vorgangselemente oder Kapazitätssplits erfassen können, müssen Sie im Customizing des Projektsystems in Transaktion OPST *Rückmeldeparameter* für die Kombination aus Netzplanart und Werk der relevanten Netzpläne definieren (siehe Abbildung 4.9).

Mithilfe der Rückmeldeparameter steuern Sie z. B., welche Daten und steuernden Kennzeichen das System beim Erstellen einer Rückmeldung vorschlagen soll, ob Rückmeldeprozesse im Dialog oder im Hintergrund ausgeführt werden und wie Fehler beim Buchen von Ist-Kosten und Warenbewegungen gehandhabt werden sollen. Zusätzlich steuern Sie mithilfe der Rückmeldeparameter verschiedene Prüfungen der Rückmeldedaten.

Abweichungen rückgemeldeter Arbeit/Dauer

Mithilfe des Kennzeichens **zukünftige Termine** in den Rückmeldeparametern legen Sie fest, ob auch zukünftige Termine bereits zurückgemeldet werden können oder nur Termine bis zum jeweils aktuellen Tagesdatum. Wenn Sie das Kennzeichen **AbwArbeitAktiv** (zulässige Abweichung der Arbeit berücksichtigen) in den Rückmeldeparametern setzen, gibt das System jedes Mal eine Warnmeldung aus, wenn Sie eine Rückmeldung sichern möchten, deren Summe aus Ist- und Restarbeit die geplante Arbeit überschreitet.

Soll eine begrenzte Überschreitung der geplanten Arbeit ohne Warnung möglich sein, können Sie in das Feld **Abweichung Arbeit** der Rückmeldeparameter einen Prozentsatz eingeben, um den die geplante Arbeit auch ohne Warnmeldung überschritten werden darf. Wenn eine Rückmeldung trotz Überschreitung der vorgesehenen Toleranzgrenze und trotz Warnmeldung gesichert wird, kann das System – abhängig vom Kennzeichen **Workflow Arbeit** in den Rückmeldeparametern – automatisch einen Workflow auslösen, der z. B. den Netzplanverantwortlichen über diese Abweichung informiert. Analog können auch Warnmeldungen und Workflows bei Abweichungen der erfassten Ist- und Restdauer von der ursprünglichen Plandauer eines Vorgangs erzeugt werden.

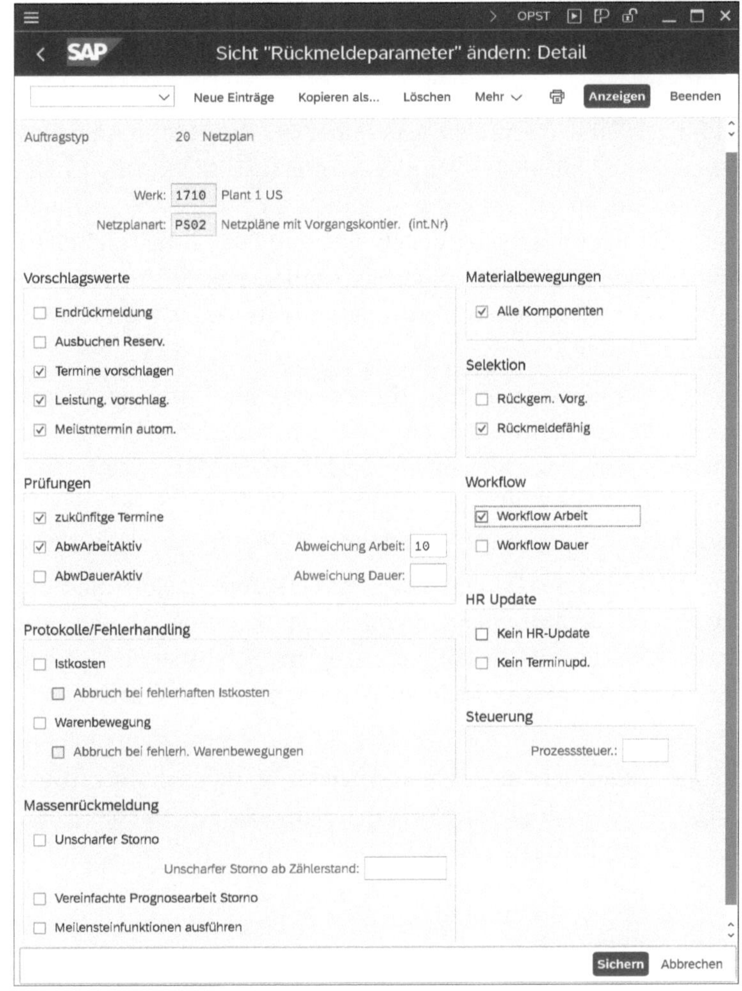

Abbildung 4.9 Beispiel für die Definition von Rückmeldeparametern

Feldauswahl

Im Customizing der Rückmeldungen im Projektsystem können Sie auch eine *Feldauswahl* für Rückmeldungen definieren. Mithilfe der Feldauswahl können Sie Folgendes steuern:

- welche Felder bei einer Rückmeldung komplett ausgeblendet werden sollen
- welche Felder nur angezeigt werden sollen, jedoch nicht von den Anwenderinnen und Anwendern geändert werden können sollen
- welche Felder eingabebereit sind
- gegebenenfalls welche Felder auf jeden Fall vor dem Sichern der Rückmeldung gefüllt werden müssen

Bei Bedarf können Sie die Einstellungen der Feldauswahl z. B. von der jeweiligen Netzplanart, dem Netzplanprofil, dem Arbeitsplatz oder dem Steuerschlüssel des Vorgangs abhängig machen.

Da Rückmeldungen einen zentralen Aspekt bei der Projektdurchführung mit Netzplänen darstellen, gibt es sehr viele unterschiedliche Möglichkeiten, wie Rückmeldungen erfasst werden können. Neben Einzel-, Sammel- und Summenrückmeldungen oder der Verwendung des Arbeitszeitblatts CATS, die im Folgenden im Detail vorgestellt werden, stehen Ihnen für die Rückmeldung von Vorgängen bzw. Vorgangselementen noch weitere Möglichkeiten zur Verfügung.

Betriebsdatenerfassung (BDE)

Mithilfe der Standardschnittstelle KK4 können externe *Betriebsdatenerfassungssysteme* (BDE-Systeme) an das Projektsystem angeschlossen und so Daten aus Fremdsystemen zu Rückmeldezwecken in das SAP-System übernommen werden. Für Plausibilitätsprüfungen können dem BDE-System mithilfe dieser Schnittstelle auch Vorgangsdaten zur Verfügung gestellt werden.

BAPI

Zum Import von Rückmeldedaten in das Projektsystem steht Ihnen das *Business Application Programming Interface* (BAPI) `AddConfirmation` zur Verfügung. Mithilfe dieses BAPIs können Sie eigene Schnittstellen für den Datenaustausch mit beliebigen anderen Systemen oder z. B. Internetanwendungen entwickeln.

Schließlich können Sie auch die Progress-Analysis-Workbench nutzen, um Rückmeldungen für Vorgänge und Vorgangselemente zu erfassen (siehe Abschnitt 4.7.2, »Fortschrittsanalyse«).

4.3.1 Einzelrückmeldungen

Mithilfe von Einzelrückmeldungen können Sie Teil- oder Endrückmeldungen für einzelne Vorgänge, Vorgangselemente oder Kapazitätssplits eines Netzplans erstellen. Die Erfassung erfolgt in einem Detailbild (siehe Abbildung 4.8). Sie können Einzelrückmeldungen mithilfe von Transaktion CN25 erstellen. Wenn Sie im Einstiegsbild dieser Transaktion nur eine Netzplannummer angeben, erhalten Sie zunächst eine Auswahlliste von Vorgängen bzw. Vorgangselementen des Netzplans. In den Rückmeldeparametern können Sie festlegen, ob in dieser Liste auch bereits endrückgemeldete Vorgänge und rückmeldefähige Vorgänge aufgeführt werden sollen. Als *rückmeldefähige Vorgänge* werden dabei Vorgänge bezeichnet, deren Steuerschlüssel Rückmeldungen erlauben, jedoch nicht als notwendig vorsehen (siehe Abschnitt 1.3.2, »Strukturen-Customizing des Netzplans«).

Als verantwortliche Person für Netzpläne können Sie Einzelrückmeldungen auch in verschiedenen Bearbeitungstransaktionen für Netzpläne anlegen, also z. B. im Project Builder oder in der Projektplantafel. Zusätzlich können Einzelrückmeldungen über das Infosystem Strukturen des Projektsystems (siehe Abschnitt 6.1, »Infosystem Strukturen und Übersichts-Apps«) oder in Kapazitätsberichten (siehe Abschnitt 6.3.3, »Kapazitätsberichte«) erstellt werden.

Mithilfe der SAP-Fiori-App **Netzplanvorgang rückmelden** (F0296) steht Ihnen eine mobile Rückmeldemöglichkeit für Vorgänge zur Verfügung. Der Aufruf der App geschieht dabei entweder direkt aus dem SAP Fiori Launchpad sowie aus den SAP-Fiori-Apps **Übersicht Netzplanvorgang** (F1970) und **Netzplanvorgang**. Abbildung 4.10 zeigt das Beispiel einer Vorgangsrückmeldung mithilfe dieser SAP-Fiori-App. Beachten Sie, dass hier nicht alle Felder und Funktionen der Rückmeldung zur Verfügung stehen.

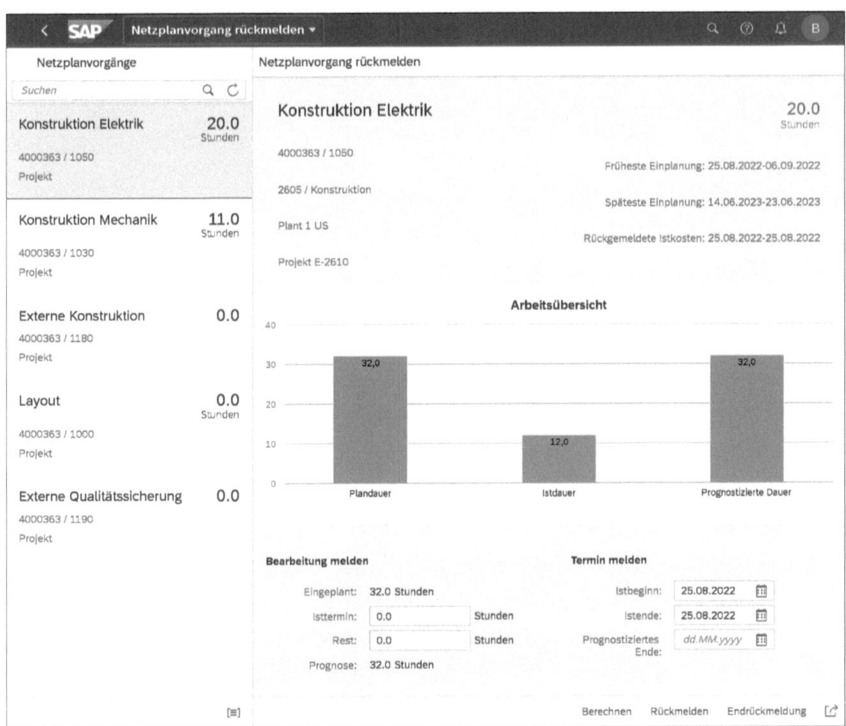

Abbildung 4.10 SAP-Fiori-App »Netzplanvorgang rückmelden«

4.3.2 Sammel- und Summenrückmeldungen

Sammelrückmeldung

Sollen Rückmeldungen für mehrere Vorgänge gegebenenfalls unterschiedlicher Netzpläne gleichzeitig erfasst werden – z. B. von einer zentralen Stelle –, stehen Ihnen im Projektsystem Sammelrückmeldungen zur Verfügung. Die Erfassung von Rückmeldedaten erfolgt bei der Verwendung von Sammelrückmeldungen tabellarisch (siehe Abbildung 4.11); bei Bedarf können

Sie jedoch auch immer in das Detailbild einer Rückmeldung verzweigen. Im Vorschlagsbereich einer Sammelrückmeldung können Sie Werte zu den einzelnen Spalten der Sammelrückmeldung eintragen, die das System als Vorschlagswerte für alle Vorgänge im Erfassungsteil übernimmt.

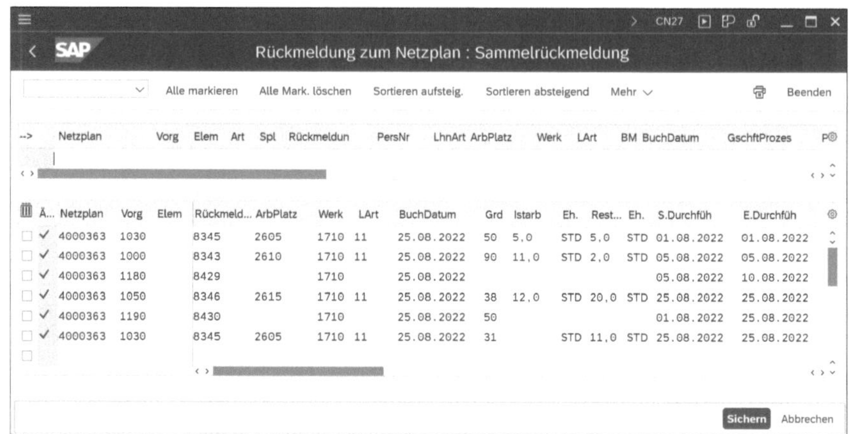

Abbildung 4.11 Beispiel für eine Sammelrückmeldung von Vorgängen

Rückmeldevorrat

Wenn Sie Vorgänge bzw. Vorgangselemente tabellarisch in einer Sammelrückmeldung eingetragen haben, können Sie die Liste dieser Objekte als *Rückmeldevorrat* sichern. Bei späteren Sammelrückmeldungen können Sie dann immer wieder Bezug auf diesen Rückmeldevorrat nehmen und so eine erneute, manuelle Eingabe der Vorgänge und Vorgangselemente vermeiden. Sie können Sammelrückmeldungen mithilfe von Transaktion CN27 oder auch im Infosystem Strukturen (siehe Abschnitt 6.1, »Infosystem Strukturen und Übersichts-Apps«) erfassen.

Rückmelde-Workflow

Im Infosystem Strukturen können Sie auch sogenannte *Rückmelde-Workflows* versenden. Dazu selektieren Sie in einem Bericht die Vorgänge oder Vorgangselemente, die zurückgemeldet werden sollen, und senden diese Liste in Form eines Rückmeldevorrats an die verantwortliche Person. Daraufhin erhält die verantwortliche Person ein Workitem zur Ist-Datenerfassung, über das sie direkt in die Sammelrückmeldung des Rückmeldevorrats verzweigen kann.

Summenrückmeldung

Mithilfe einer *Summenrückmeldung* können Sie gleichzeitig alle Vorgangselemente eines Vorgangs zurückmelden, die noch nicht manuell zurückgemeldet wurden. Dazu selektieren Sie in Transaktion CN25 den entsprechenden Vorgang, springen in die Summenrückmeldung und geben einen Abarbeitungsgrad ein. Der Abarbeitungsgrad wird an die zugeordneten Vorgangselemente weitergereicht und dort zur Berechnung der Rückmeldedaten verwendet. Der Vorgang selbst wird durch eine Summenrückmeldung jedoch nicht zurückgemeldet.

4.3.3 Arbeitszeitblatt

Viele Unternehmen setzen das Arbeitszeitblatt CATS (*Cross Application Time Sheet*) als zentrale Transaktion für die Zeitdatenerfassung ihrer Beschäftigten ein. Mithilfe des Arbeitszeitblatts können Beschäftigte selbst Arbeitszeiten erfassen. Es ist jedoch auch möglich, dass z. B. Kostenstellen-, Arbeitsplatzverantwortliche oder eigens dafür vorgesehene Sachbearbeitende für eine Gruppe von Personen Arbeitszeiten eingeben. Die mithilfe von CATS erfassten Zeitdaten können anschließend in andere Applikationen, wie z. B. das Controlling oder das Projektsystem, übergeleitet werden und dabei automatisch Leistungsverrechnungen oder Rückmeldungen erzeugen. Um zu dokumentieren, welche Arbeit wann wofür geleistet wurde, müssen die Arbeitszeiten im Arbeitszeitblatt mit sogenannten *Arbeitszeitattributen*, insbesondere Kontierungsobjekten versehen werden, die über die Weiterverarbeitung der Daten im SAP-System entscheiden.

Rückmeldung von Vorgängen über CATS

Wenn Sie z. B. Arbeit für einen Netzplanvorgang erbracht haben, tragen Sie im Arbeitszeitblatt ein, wie viele Arbeitsstunden Sie an welchen Tagen geleistet haben und wie die Identifikation des entsprechenden Vorgangs lautet (siehe Abbildung 4.12). Bei Bedarf ergänzen Sie Ihre Angaben um beschreibende Texte oder Prognosen zur noch verbleibenden Restarbeit. Sie können außerdem dokumentieren, dass der Vorgang endrückgemeldet werden soll. Je nach den Einstellungen des Arbeitszeitblatts kann das System Ihre Angaben automatisch um weitere Angaben, wie z. B. die Leistungsart oder die Anwesenheitsart, ergänzen.

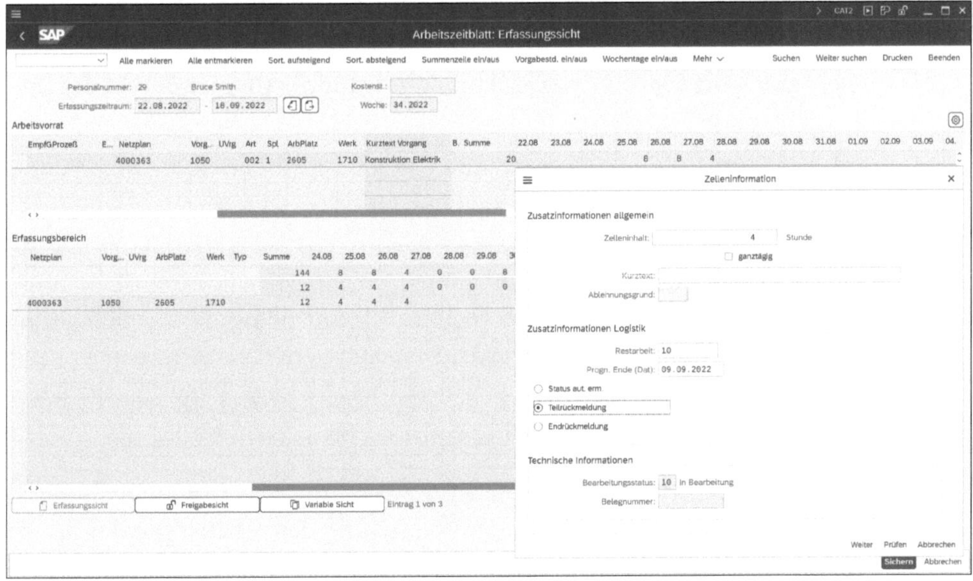

Abbildung 4.12 Beispiel für die Zeitdatenerfassung mit CATS classic

Die erfassten Zeitdaten zum Netzplanvorgang werden zunächst in eine eigene Datenbanktabelle von CATS gespeichert und sind noch nicht im Projekt sichtbar. Erst die Überleitung in das Projektsystem erzeugt aus den Daten des Arbeitszeitblatts Einzelrückmeldungen mit Bezug zum Netzplanvorgang. Die Einzelrückmeldungen führen wiederum dazu, dass ein entsprechender Rechnungswesenbeleg erstellt und der Vorgang mit den Ist-Kosten der Arbeit belastet wird.

Überleitung in andere Zielapplikationen

Analog können in CATS auch Arbeitszeiten für Instandhaltungs- oder Serviceaufträge erfasst werden. Die Überleitung in die entsprechenden Zielapplikationen führt zu Rückmeldungen dieser Aufträge. Auch können zur Erfassung von An- und Abwesenheiten, Reisetätigkeiten oder zur Erstellung von Entgeltbelegen Überleitungen von Zeitdaten in die Personalwirtschaft durchgeführt werden. Sie können auch Zeitdaten oder statistische Kennzahlen mit Bezug zu Kostenstellen, Kostenträgern, Geschäftsprozessen, Innen- oder Kundenaufträgen und insbesondere PSP-Elementen in das Arbeitszeitblatt eintragen. In diesen Fällen werden die Arbeitszeitdaten in das Controlling übergeleitet und dabei entsprechende Leistungsverrechnungen erstellt. Auch kann das Arbeitszeitblatt für die Erfassung von Dienstleistungen von Lieferanten eingesetzt werden. Diese Daten werden anschließend in den Dienstleistungsbereich der Materialwirtschaft übergeleitet und dabei Leistungserfassungsblätter erzeugt (siehe Abschnitt 4.4.2, »Dienstleistung«).

Die Überleitung in die jeweiligen Zielkomponenten erfolgt mithilfe von Überleitungsreports. Beispielsweise stehen Ihnen die folgenden Überleitungsreports zur Verfügung:

- der Report RCATSTPS (Transaktion CAT5) für die Überleitung in das Projektsystem
- der Report RCATSTCO (Transaktion CAT7) für die Überleitung in das Controlling
- der komponentenübergreifende Report RCATSTAL (Transaktion CATA), den Sie insbesondere nutzen können, um eine gemeinsame Überleitung von Daten in die Personalwirtschaft, das Controlling, die Instandhaltung bzw. den Kundenservice und das Projektsystem vorzunehmen

  Die Überleitung von Daten in die Materialwirtschaft kann jedoch immer nur separat mithilfe von Transaktion CATM ausgeführt werden.

Typischerweise werden die Überleitungsreports als Hintergrundjobs eingeplant – auf diese Weise wird die Überleitung der Arbeitszeitdaten in die jeweiligen Zielkomponenten automatisch in regelmäßigen Abständen ausgeführt.

Freigabe und Genehmigung von Arbeitszeitdaten

Je nach den Einstellungen des Arbeitszeitblatts können zwischen der Zeitdatenerfassung und der Überleitung zwei weitere Arbeitsschritte liegen: eine explizite Freigabe der Zeitdaten durch die erfassende Person und die Genehmigung der Zeitdaten, z. B. durch Projektverantwortliche. Das Genehmigungsverfahren kann dabei durch einen Genehmigungs-Workflow des Arbeitszeitblatts unterstützt werden.

CATS – Anwendungsoberflächen

Für die Zeitdatenerfassung mit dem Arbeitszeitblatt CATS stehen Ihnen verschiedene Anwendungsoberflächen zur Verfügung:

- Direkt im SAP-System können Sie z. B. CATS classic (Transaktion CAT2) oder CATS für Service Provider (Transaktionen CATSXT und CATSXT_ADMIN) nutzen.
- CATS regular/Record Working Time (Web-Dynpro) oder SAP-Fiori-App **Zeiterfassung** kann für eine browserbasierte Zeitdatenerfassung verwendet werden.

Mithilfe von Kundenerweiterungen können Sie diverse Anpassungen der verschiedenen Anwendungsoberflächen vornehmen.

Arbeitsvorrat

Durch den Einsatz von *Arbeitsvorräten* können Sie Mitarbeitenden die Zeitdatenerfassung im Arbeitszeitblatt erleichtern. Ein Arbeitsvorrat ist ein Vorschlagsbereich im Arbeitszeitblatt, in dem automatisch Zeitdaten und Arbeitszeitattribute eingespielt werden und durch eine Kopierfunktion in den Erfassungsteil des Arbeitszeitblatts übernommen werden können.

Der Arbeitsvorrat kann durch bereits früher erfasste Kontierungsobjekte bzw. Arbeitszeitattribute, durch Rückmeldevorräte, die Sie im Projektsystem erstellt haben, oder durch Kapazitätsbedarfe an dem Arbeitsplatz, dem der Mitarbeiter oder die Mitarbeiterin zugeordnet ist, gefüllt werden. Insbesondere können auch die Daten einer Arbeitsverteilung auf Personalressourcen (siehe Abschnitt 2.2.2, »Arbeitsverteilung auf Personalressourcen«) automatisch in den Arbeitsvorrat des Arbeitszeitblatts der entsprechenden Personen übernommen werden. Bei Bedarf können Sie auch eine Kundenerweiterung oder ein Business Add-In (BAdI) für die Zusammenstellung von Arbeitsvorräten einsetzen.

Voraussetzungen für CATS

Die Erfassung von Zeitdaten mit CATS erfolgt immer mit Bezug zu einer Personalnummer. Eine Voraussetzung für die Verwendung des Arbeitszeitblatts ist daher, dass entsprechende Personalnummern für interne oder externe Mitarbeiter und Mitarbeiterinnen, die Arbeitszeiten über CATS erfassen sollen, im SAP-System vorhanden sind. Externe Personen, die Dienstleistungen über das Arbeitszeitblatt erfassen sollen, werden typischerweise unter einer bzw. wenigen Personalnummern zusammengefasst.

Sie können die Personalnummern manuell im SAP-System in Form eines sogenannten *HR-Ministammsatzes* erstellen. Dazu werden mindestens die Infotypen 0001 (**Organisatorische Zuordnung**) und 0002 (**Daten zur Person**) benötigt; zusätzlich empfiehlt sich der Einsatz des Infotyps 0315 (**Vorschlagswerte**). Wenn Sie das Personalwesen von SAP im Einsatz haben, können die benötigten Daten auch direkt aus dem Personalwesen übernommen werden. Dabei können auch zusätzliche Daten, wie z. B. die Soll-Arbeitszeit (Infotyp 0007) der Mitarbeitenden im Arbeitszeitblatt zu Informationszwecken bzw. für Prüfungen verwendet werden.

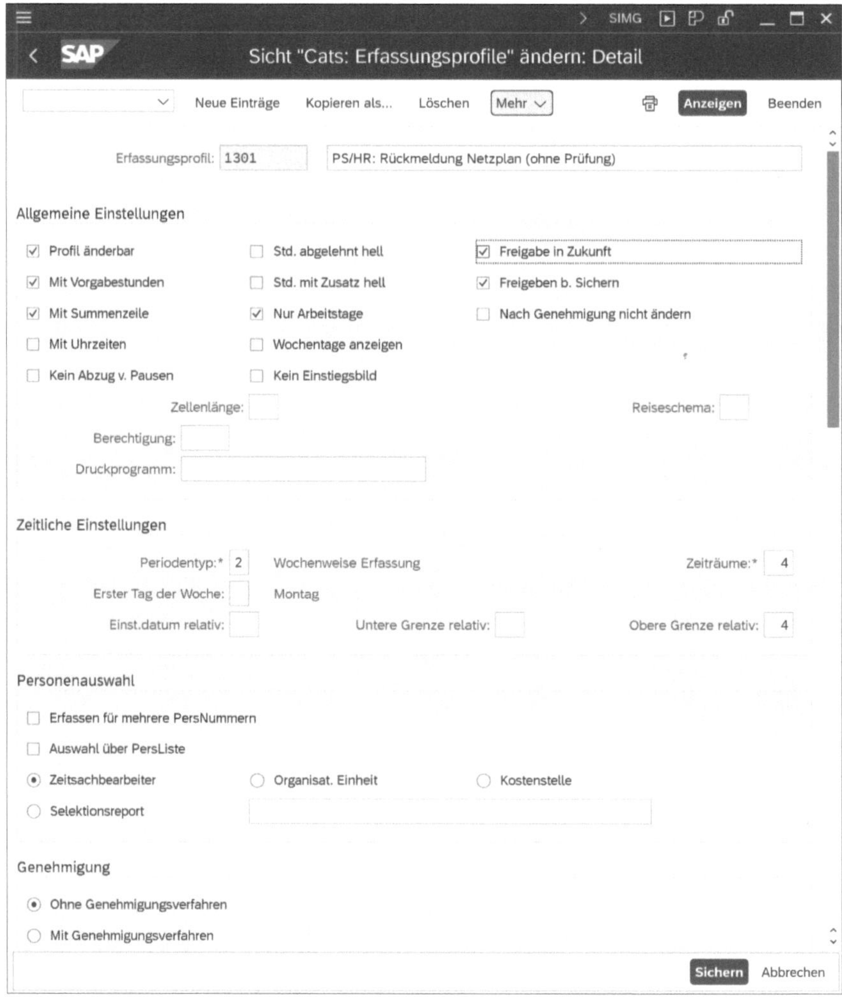

Abbildung 4.13 Beispiel für die Definition eines Erfassungsprofils

Erfassungsprofil

Bevor Sie CATS nutzen können, müssen Sie im Customizing der anwendungsübergreifenden Komponenten Erfassungsprofile definiert haben, die die Oberfläche und die Funktionen des Arbeitszeitblatts steuern (siehe Abbildung 4.13). Das Erfassungsprofil kann beim Einstieg in das Arbeitszeitblatt zusammen mit der Personalnummer manuell angegeben werden. Typischerweise wird jedoch das Einstiegsbild übersprungen und mithilfe der Benutzerparameter PER und CVR den SAP-Benutzern und -Benutzerinnen direkt eine Personalnummer und ein Erfassungsprofil fest zugeordnet.

Abhängig vom Erfassungsprofil definieren Sie im Customizing auch eine Feldauswahl, z. B. für den Erfassungsteil oder den Arbeitsvorrat des Arbeitszeitblatts. Mithilfe der Feldauswahl steuern Sie, welche Arbeitszeitattribute die Mitarbeitenden erfassen können bzw. müssen. Um die Oberfläche und die Funktionen des Arbeitszeitblatts an Ihre eigenen Anforderungen anzupassen, stehen Ihnen diverse Kundenerweiterungen und BAdIs zur Verfügung. Eine ausführliche Beschreibung dieser Erweiterungsmöglichkeiten finden Sie im Customizing des Arbeitszeitblatts.

4.4 Fremdbeschaffung von Leistungen

Dieser Abschnitt behandelt Einkaufsprozesse, die automatisch aufgrund von Bestellanforderungen von Fremd- und Dienstleistungsvorgängen bzw. -elementen ausgelöst wurden. Analoge Prozesse können im Einkauf für PSP-Elemente durchlaufen werden, wenn Sie manuell Einkaufsbelege auf PSP-Elemente kontieren (siehe Abschnitt 4.2, »Kontierung von Belegen«).

4.4.1 Fremdbearbeitung

Für einen Fremdbearbeitungsvorgang (analog auch für ein Fremdbearbeitungselement) kann automatisch, abhängig von der Einstellung des Kennzeichens **Res./Banf.**, eine Bestellanforderung oder eine neue Position innerhalb einer Bestellanforderung erzeugt werden. Dabei überprüft das System, ob alle für die Erstellung der Bestellanforderung bzw. Bestellanforderungsposition benötigten Daten, wie z. B. Warengruppe, Einkäufergruppe, Mengeneinheit usw., aus den Vorgangsdaten übernommen werden können. Ist dies nicht der Fall, gibt das System eine Fehlermeldung aus, und Sie müssen die fehlenden Daten im Vorgang nachtragen.

Mithilfe einer Kundenerweiterung können beim Sichern noch automatisch Anpassungen an verschiedenen Daten der Bestellanforderung vorgenommen werden. Nachträgliche Änderungen des Vorgangs wirken sich auch direkt auf die Bestellanforderung aus. Aufgrund der Bestellanforderung werden Obligos auf dem Vorgang (bzw. im Fall eines kopfkontierten Netzplans auf dem Netzplankopf) ausgewiesen.

Ermittlung der Bezugsquelle

Die Bestellanforderung kann direkt im Einkauf weiterverarbeitet werden. Sofern Sie nicht bereits im Vorgang Bezug zu einem Einkaufsinfosatz oder einem Rahmenvertrag genommen haben und somit der Lieferant bekannt ist, findet zunächst eine Lieferantenauswahl statt. Dies kann z. B. mithilfe einer automatischen Bezugsquellenfindung erfolgen, wobei das System z. B. nach geeigneten Orderbucheinträgen, Quotierungen, Infosätzen oder Rahmenverträgen für die Fremdleistung sucht und darüber einen oder auch mehrere Lieferanten vorschlägt. Bei Bedarf können auch Ausschreibungen durchgeführt werden. Dazu werden im Einkauf Anfragen an unterschiedliche Lieferanten versendet, deren Angebote erfasst und miteinander verglichen werden, und schließlich wird eine Lieferantenauswahl getroffen. Falls erforderlich, können Sie der Bestellanforderung auch manuell einen festen Lieferanten zuordnen.

Bestellabwicklung

Die Daten der Bestellanforderung können anschließend vom Einkauf verwendet werden, um eine Bestellung zu erzeugen. Die Bestellung ist ebenfalls auf dem Vorgang kontiert und führt dazu, dass das Bestellanforderungsobligo auf dem Vorgang abgebaut und gleichzeitig ein entsprechendes Bestellobligo aufgebaut wird (siehe Abschnitt 4.2.1, »Obligoverwaltung«). Zusätzlich wird automatisch im Vorgang das Kennzeichen **Bestellung vorhanden** gesetzt. Im Gegensatz zur Bestellanforderung, die nur einen internen Beleg ohne Verwendung außerhalb des Unternehmens darstellt, entspricht die Bestellung der Aufforderung an den externen Lieferanten, die Fremdleistung zum vorgesehenen Liefertermin zu erbringen, und besitzt somit auch Außenwirkung. Die Weiterverarbeitung der Bestellanforderung und das Anlegen der Bestellung können im Einkauf an *Freigabeverfahren*, d. h. an automatisierte Genehmigungsprozesse, geknüpft werden.

Workflow bei bestellrelevanten Änderungen

Existiert eine Bestellung zu einem Fremdbearbeitungsvorgang und kommt es im Nachhinein zu einer bestellrelevanten Änderung des Vorgangs, d. h., dass Sie z. B. das Lieferdatum, die Vorgangsmenge oder den Vorgangstyp ändern, findet keine automatische Anpassung der Bestellung statt. Sie können in den Parametern zur Netzplanart (siehe Abschnitt 1.3.2, »Strukturen-Customizing des Netzplans«) jedoch einen Workflow aktivieren, der dazu genutzt werden kann, bei jeder bestellrelevanten Änderung den verantwortlichen Einkäufer über diese Änderung zu informieren und ihm direkt eine Änderung der Bestellung zu ermöglichen (siehe Abbildung 4.14).

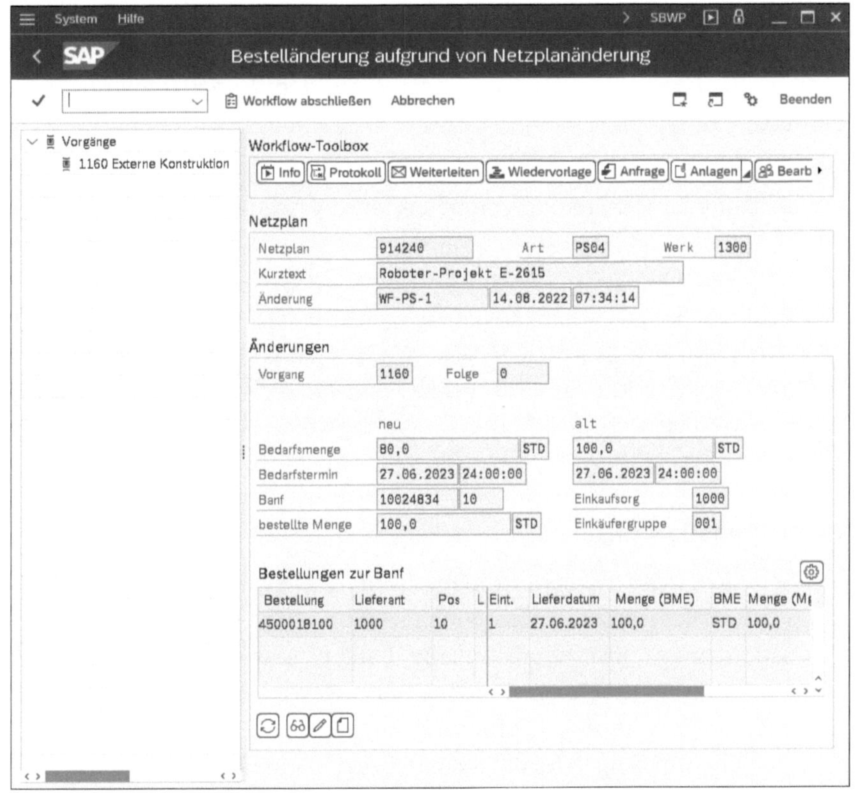

Abbildung 4.14 Beispiel für einen Workflow nach einer bestellrelevanten Änderung eines Fremdbearbeitungsvorgangs

Überwachung der Bestellabwicklung

Im Einkauf stehen spezielle Funktionen für die weitere Überwachung der Bestellabwicklung zur Verfügung. Insbesondere können Sie auch das Progress Tracking für die Überwachung von bestellrelevanten Ereignissen verwenden (siehe Abschnitt 4.7.3, »Progress Tracking«). Je nachdem, welchen Kontierungstyp Sie für die Fremdbeschaffung von Leistungen für Netzpläne im Customizing des Projektsystems festgelegt haben, kann die Erbringung der Leistung durch den Lieferanten durch einen Wareneingang und/oder einen Rechnungseingang dokumentiert werden. Sieht der Kontierungstyp einen bewerteten Wareneingang vor, führt bereits das Buchen des Wareneingangs (mit Bezug zur Bestellung) zu Ist-Kosten auf der Basis des Bestellnettopreises auf dem Vorgang; andernfalls werden erst beim Rechnungseingang Ist-Kosten auf dem Vorgang fortgeschrieben. Das Bestellobligo des Vorgangs wird dabei jeweils entsprechend abgebaut (siehe

Abschnitt 4.2.1, »Obligoverwaltung«). Kommt es beim Rechnungseingang bzw. bei der Rechnungsprüfung zu Preisdifferenzen zum Bestellnettopreis, können die daraus resultierenden Kosten auf dem Vorgang ausgewiesen werden.

Vorteil und Einschränkung von bewerteten Wareneingängen

Die Verwendung eines bewerteten Wareneingangs hat den Vorteil, dass die Ist-Kosten bereits zum Zeitpunkt der Leistungserbringung ausgewiesen werden können, unabhängig davon, wann der Lieferant Ihnen eine Rechnung schickt. Beachten Sie jedoch, dass die Kosten aufgrund einer Wareneingangsbuchung nicht gegen das Budget von PSP-Elementen geprüft werden (siehe Abschnitt 3.1.5, »Verfügbarkeitskontrolle«).

4.4.2 Dienstleistung

Eine Bestellanforderung, die automatisch aufgrund eines Dienstleistungsvorgangs (bzw. Dienstleistungselements) erstellt wurde (siehe Abschnitt 2.2.5, »Dienstleistung«), löst eine ähnliche Einkaufsabwicklung aus wie die Bestellanforderungen eines Fremdbearbeitungsvorgangs: Lieferanten können manuell der Bestellanforderung zugeordnet werden, mithilfe der Bezugsquellenfindung kann das System gegebenenfalls automatisch einen Lieferanten ermitteln, oder es können Ausschreibungsverfahren durchgeführt werden. Anhand der Daten der Bestellanforderung kann eine Bestellung erzeugt werden, und es können somit die Dienstleistungen bei den Lieferanten in Auftrag gegeben werden. Bestellanforderung und Bestellung sind jeweils auf dem Vorgang kontiert und führen zum entsprechenden Auf- und Abbau von Obligos.

Nachträgliche Änderungen des Vorgangs wirken sich direkt auf die Bestellanforderung, jedoch nicht auf die Bestellung aus. Ändert sich der Vorgangstermin, die Vorgangsmenge oder der Typ des Vorgangs, kann jedoch wieder eine verantwortliche Person im Einkauf automatisch über diese bestellrelevanten Änderungen informiert werden. Beachten Sie jedoch, dass nachträgliche Änderungen am Leistungsverzeichnis eines Dienstleistungsvorgangs nicht ausreichen, um den Standard-Workflow bei bestellrelevanten Änderungen anzustoßen.

Leistungserfassung

Anders als bei der Einkaufsabwicklung für einen Fremdbearbeitungsvorgang finden für Dienstleistungsvorgänge jedoch immer eine *Leistungserfassung* und eine *Leistungsabnahme* statt. Bei der Leistungserfassung wird mit Bezug zur Bestellung von eigenen Mitarbeitenden oder dem Lieferanten selbst dokumentiert, welche geplanten und ungeplanten Dienstleistungen erbracht wurden. Überschreitet dabei der Wert der ungeplanten Leistungen das von Ihnen im Vorgang vorgesehene Limit (siehe Abschnitt 2.2.5, »Dienstleistung«), gibt das System eine Fehlermeldung bei der Leistungserfassung aus. Leistungserfassungen werden mithilfe von Leistungserfassungsblättern ausgeführt (siehe Abbildung 4.15). Diese können direkt in Transaktion ML81N oder auch mithilfe des Arbeitszeitblatts CATS und einer anschließenden Überleitung der Daten in die Materialwirtschaft erstellt werden (siehe Abschnitt 4.3.3, »Arbeitszeitblatt«).

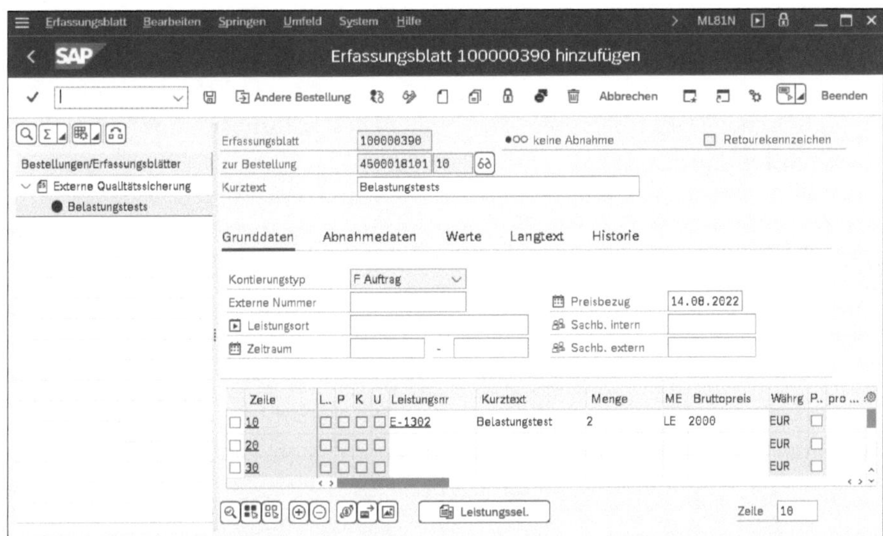

Abbildung 4.15 Beispiel für eine Leistungserfassung

Leistungsabnahme

Nachdem die erbrachten Leistungen im Leistungserfassungsblatt festgehalten worden sind, müssen diese, je nach Systemeinstellung, von einem oder mehreren Verantwortlichen geprüft und abgenommen werden. Erst bei dieser Leistungsabnahme erstellt das System einen Materialbeleg (analog zur Wareneingangsbuchung bei Fremdbearbeitungsvorgängen), der zu Ist-Kosten und einem Abbau des Bestellobligos auf dem Vorgang führt. Eine anschließende Rechnungsprüfung kann gegebenenfalls zu weiteren Korrekturbuchungen auf dem Vorgang führen.

4.5 Materialbeschaffung und -lieferung

In Abschnitt 2.3.1, »Zuordnung von Materialkomponenten«, wurde erläutert, wie Materialkomponenten Netzplanvorgängen zugeordnet werden können, um die Beschaffung und den späteren Verbrauch von Material im Projekt zu planen. Bei der Zuordnung wurde mithilfe des Positionstyps und der Beschaffungsart spezifiziert, wie ein Material zu beschaffen ist und in welchem Bestand Lagerpositionen geführt werden sollen. Im folgenden Abschnitt werden nun die Ausführung der verschiedenen Beschaffungsarten und insbesondere die damit verbundenen Werteflüsse für das Projekt erläutert.

Lieferscheine

Muss im Rahmen der Projektdurchführung Material zum Kunden oder z. B. zur Baustelle geliefert werden, können im Projektsystem Lieferscheine für die notwendigen Versandaufgaben erstellt werden. Diese als *Lieferung aus Projekt* bezeichnete Möglichkeit wird in Abschnitt 4.5.2, »Lieferung aus Projekt«, behandelt. Schließlich wird in Abschnitt 4.5.3, »ProMan«, die projektorientierte Beschaffung (ProMan) vorgestellt, ein Werkzeug, mit dem die logistischen Daten aller projektbezogenen Beschaffungsmaßnahmen überwacht werden können.

4.5.1 Prozesse der Materialbeschaffung

Ausgangspunkt für die Materialbeschaffung für Netzplanvorgänge ist die Zuordnung des benötigten Materials zu den Vorgängen in Form von Materialkomponenten. Abhängig von der Einstellung des Kennzeichens **Res./Banf.** einer Materialkomponente kann die Beschaffung des Materials automatisch bereits im Status **Eröffnet**, bei der Freigabe oder manuell zu einem späteren Zeitpunkt angestoßen werden.

Nichtlagerpositionen

Lieferantenauswahl

Für Nichtlagerpositionen wird eine Einkaufsabwicklung analog zur Fremdbearbeitung (siehe Abschnitt 4.4.1, »Fremdbearbeitung«) angestoßen. Das heißt, ausgehend von der Bestellanforderung für die Materialkomponente, findet im Einkauf, falls notwendig, eine Lieferantenauswahl statt. Anschließend wird eine Bestellung erzeugt und später ein Waren- und/oder Rechnungseingang erfasst. Nichtlagerpositionen und Fremdbearbeitungsvorgänge verwenden insbesondere denselben Kontierungstyp, sodass auch der Wertefluss analog verläuft. Bestellanforderungen und Bestellungen sind also auf dem Vorgang kontiert, dem die Nichtlagerposition zugeordnet ist, und führen zu entsprechenden Obligos auf dem Vorgang (bzw. im Fall von kopfkontierten Netzplänen auf dem Netzplankopf). Der Warenbzw. der Rechnungseingang sind ebenfalls auf dem Vorgang kontiert und führen dort zu Ist-Kosten und einem gleichzeitigen Abbau des Obligos. Die Beschaffung von Nichtlagerpositionen erfolgt nicht über die Disposition, sondern direkt über den Einkauf (Direktbeschaffung).

Nichtlagerpositionen werden nicht in einem Bestand geführt, weder im Werksbestand noch in einem Einzelbestand. Es entstehen daher keine Bestandskosten. Der Waren- bzw. Rechnungseingang einer Nichtlagerposition entspricht direkt einer Verbrauchsbuchung des Materials durch den Vorgang.

Lagerpositionen

Reservierung

Für Lagerpositionen stehen, abhängig von den Materialstammdaten, den Einstellungen des Projekts usw. (siehe Abschnitt 2.3.1, »Zuordnung von Materialkomponenten«) sehr viele unterschiedliche Beschaffungsarten zur Verfügung. Im einfachsten Fall wird im Projektsystem lediglich eine Reservierung für eine Lagerposition erzeugt, die eine Aufforderung an die Disposition darstellt, das Material in der gewünschten Menge zum geplanten Bedarfstermin zu beschaffen. Je nachdem, ob die Beschaffungsart **Reservierung zum Netzplan**, **Reservierung zum Projekt** oder **Reservierung zum Verkaufsbeleg** gewählt wurde, hat die Reservierung Bezug zum Werksbestand (Sammelbestand), zu einem bestandsführenden PSP-Element oder zu einer Kundenauftragsposition als Einzelbestandssegment. Aufgabe der Disposition ist es nun, die Verfügbarkeit des Materials sicherzustellen.

Bedarfsplanung

Mithilfe eines *Materialbedarfsplanungslaufs* kann ein Disponent Unterdeckungen von Bedarfen ermitteln und sich automatisch Beschaffungsvorschläge vom System generieren lassen, falls Bedarfe nicht durch den verfügbaren Bestand und die fest eingeplanten Zugänge des Einkaufs oder der Fertigung abgedeckt sind. Je nach den Einstellungen des Materials und des Planungslaufs können Beschaffungsvorschläge Bestellanforderungen oder Planaufträge sein (planerische Beschaffungselemente). Abhängig vom gewählten Losgrößenverfahren können die Mengen und Termine der Beschaffungselemente so berechnet werden, dass Bedarfe zu unterschiedlichen Terminen zusammengefasst werden, um z. B. die Eigenfertigungskosten zu optimieren oder aufgrund größerer Bestellmengen bessere Einkaufskonditionen zu erzielen. Diese Beschaffungsmengenberechnung wird dabei separat pro Bestandssegment durchgeführt (siehe Abschnitt 2.3.2, »Projektbestand«).

Wenn Sie die Beschaffungsart **Banf + Reservierung** für eine Materialkomponente gewählt haben, erzeugt das System neben der Reservierung gleichzeitig auch eine Bestellanforderung für das Material (unabhängig davon, ob ein ausreichender Bestand vorhanden ist oder nicht). Ein Materialbedarfsplanungslauf ist bei dieser Beschaffungsart in der Regel also nicht notwendig.

Sekundärbedarfe

Existiert zu einem Material eine gültige Stückliste (Baugruppe), wird diese im Rahmen eines mehrstufigen Planungslaufs aufgelöst, und es werden bei Bedarf auch für die Stücklistenpositionen (Sekundärbedarfe) Beschaffungsvorschläge erzeugt – somit wird deren Beschaffung angestoßen. Wird die Baugruppe im Projektbestand geführt, werden – falls durch die Einstellungen im Materialstamm und den Stücklistenpositionen erlaubt – auch die Sekundärbedarfe im Projektbestand geführt. Existiert eine gültige Projektstückliste für die Baugruppe, wird diese anstelle der Materialstückliste bei der Stücklistenauflösung verwendet.

Planungsläufe können für alle Bestandssegmente gleichzeitig, aber auch separat für Einzelbestandssegmente, also z. B. für einzelne bestandsführende PSP-Elemente, ausgeführt werden (Transaktion MD51, siehe Abbildung 4.16).

Erkennt ein Planungslauf kritische Situationen, z. B., dass der Starttermin eines Planauftrags in die Vergangenheit terminiert wurde, erstellt das System Ausnahmemeldungen, die Verantwortliche für die Disposition auf diesen Sachverhalt hinweisen. Diese können daraufhin eine manuelle Nachbearbeitung durchführen. Eine automatische Anpassung von Projektdaten, z. B. des Bedarfstermins einer Materialkomponente, findet jedoch weder beim Planungslauf noch im Rahmen der weiteren Abwicklung statt.

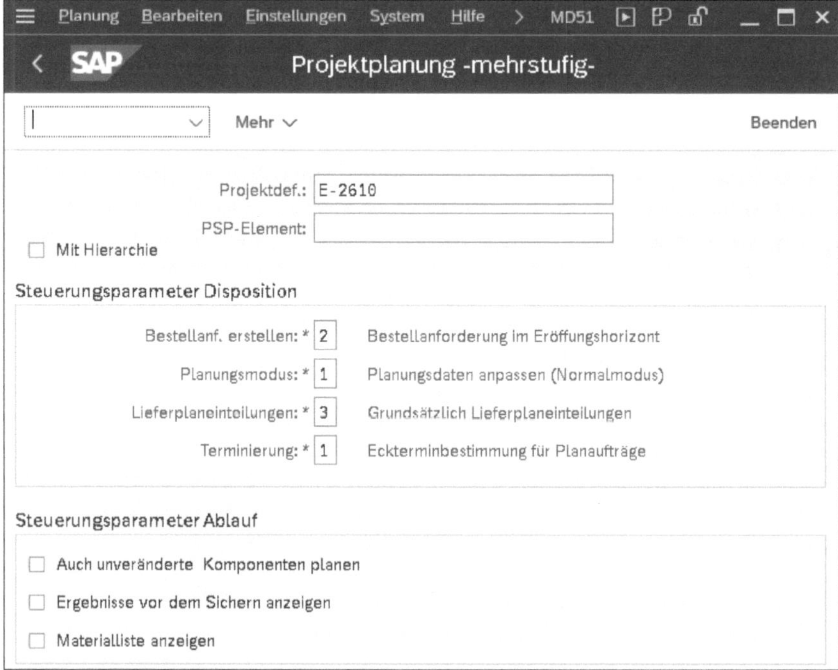

Abbildung 4.16 Einstiegsbild der Bedarfsplanung für Projektbestände

Exakte Beschaffungselemente

Die durch einen Planungslauf erzeugten planerischen Beschaffungselemente können anschließend in exakte Beschaffungselemente umgesetzt werden. Für Bestellanforderungen findet im Einkauf die Umsetzung in Bestellungen statt, und Planaufträge werden in der Produktion in Fertigungsaufträge umgesetzt. Hat der Planauftrag dabei einen Bezug zu einem PSP-Element als Einzelbestandssegment und existiert für das Material und das PSP-Element ein eigener Projektarbeitsplan, wird dieser zum Erstellen des Fertigungsauftrags herangezogen. Die exakten Beschaffungselemente haben dabei Bezug zu denselben Bestandssegmenten wie die planerischen Beschaffungselemente. Die weitere Abwicklung der Materialbeschaffung erfolgt nun zunächst im Einkauf bzw. in der Produktion. Wenn das benötigte Material schließlich geliefert wird oder im Falle der Eigenfertigung produziert wurde, wird das Material in den vorgesehenen Bestand eingebucht und steht nun für den Verbrauch zur Verfügung. Im letzten Schritt dieses Prozesses kann schließlich die Entnahme des Materials durch den Vorgang durchgeführt und mithilfe eines Warenausgangs mit Bezug zur Reservierungsnummer der Materialkomponente dokumentiert werden.

Wertefluss bei der Eigenfertigung

Der Wertefluss des gerade geschilderten Beschaffungsprozesses soll nun zunächst am Beispiel der Beschaffung eines eigengefertigten Materials unter der Verwendung des bewerteten Projektbestands erläutert werden. Aufgrund der Zuordnung einer Lagerposition zu einem Vorgang mit Bezug zum bewerteten Projektbestand weist das System die Plankosten für den späteren Verbrauch des Materials auf dem Vorgang aus. Die Plankosten werden im Rahmen der Netzplankalkulation anhand der Kalkulationsvariante im Netzplankopf auf Basis der geplanten Menge und des Bedarfstermins der Komponente bestimmt (siehe Abschnitt 2.4.5, »Netzplankalkulation«). Die Erzeugung der Reservierung für die Materialkomponente und auch der anschließende Planungslauf ändern nichts an den Kosten des Projekts.

Für ein eigenzufertigendes Material erzeugt der Planungslauf einen Planauftrag, der in einen Fertigungsauftrag umgesetzt werden kann. Der Fertigungsauftrag ist dem bestandsführenden PSP-Element zugeordnet und kann somit im Reporting des Projektsystems zusammen mit dem Projekt ausgewertet werden. Der Fertigungsauftrag enthält Plankosten für die Fertigung des Materials und eine geplante Entlastung in derselben Höhe, sodass sich in der Summe keine Veränderung der Plankosten auf dem bestandsführenden PSP-Element ergibt. Rückmeldungen von geleisteter Arbeit auf dem Fertigungsauftrag führen zu Ist-Kosten auf dem Auftrag, die aggregiert auch auf dem bestandsführenden PSP-Element analysiert werden können.

Bestandskosten Wurde die Fertigung des Materials beendet und eine Wareneingangsbuchung des Materials in den Projektbestand durchgeführt, wird das bestandsführende PSP-Element mit den Kosten für den Materialbestand in Form von statistischen Ist-Kosten (Werttyp 11) belastet und der Fertigungsauftrag um denselben Betrag entlastet. Die Bewertung des Materials im Bestand und somit die Berechnung der Bestandskosten erfolgt anhand der folgenden Strategie:

1. Wenn bereits eine Wareneingangsbuchung für das Material in den Projektbestand durchgeführt wurde, wird der Standardpreis des Einzelbestandssegments verwendet. Bei Bedarf können Sie den Standardpreis des Materials zum Einzelbestandssegment mithilfe von Transaktion MR21 manuell ändern.
2. Es wird die Bewertung verwendet, die Sie über die Kundenerweiterung COPCP002 zur Verfügung stellen.
3. Das System übernimmt die Bewertung aus einer vorgemerkten Kalkulation einer auf das PSP-Element kontierten Kundenauftragsposition, einer aktivierten SEIBAN-Kalkulation oder einer Einzelkalkulation, die Sie zur Materialkomponente im Netzplan erstellt haben.
4. Die Kalkulation des Fertigungsauftrags wird zur Ermittlung der Bewertung herangezogen.
5. Der Preis im Materialstamm bestimmt die Bewertung.

Periodenabschluss Verbleiben nach der Lieferung des Materials in den Projektbestand und der entsprechenden Entlastung des Fertigungsauftrags noch Abweichungen auf dem Auftrag, können diese im Rahmen des Periodenabschlusses, z. B. auf das bestandsführende PSP-Element oder auch direkt an die Ergebnisrechnung, abgerechnet werden.

Der Verbrauch des Materials durch den Netzplanvorgang, der Warenausgang zur Reservierung, führt schließlich dazu, dass der Vorgang mit Ist-Kosten entsprechend der Bewertung des Materials belastet wird und gleichzeitig die Bestandskosten auf der Ebene des PSP-Elements abgebaut werden.

Voraussetzung für den Ausweis von Bestandskosten

Damit die Bestandskosten als statistische Ist-Kosten auf dem bestandsführenden PSP-Element ausgewiesen werden können, muss das relevante Bestandskonto der Finanzbuchhaltung auch als Kostenart zum Typ 90 angelegt werden. Die Sachkontenfindung kann dabei durch eigene Bewertungsklassen für den Projektbestand in den Materialstammdaten, getrennt vom Sammelbestand, gesteuert werden.

Wertefluss bei der Fremdbeschaffung

Bei der Fremdbeschaffung einer Lagerposition mit Bezug zum bewerteten Projektbestand sind Bestellanforderung, Bestellung und Wareneingang des Materials auf dem bestandsführenden PSP-Element kontiert und führen zu Obligos und Bestandskosten auf dem PSP-Element. Je nach Preissteuerung werden die Bestandskosten dabei anhand des Standardpreises oder des gleitenden Durchschnittspreises ermittelt. Entstehen dabei Differenzen zum Bestellwert, können diese bei einer entsprechenden Kontensteuerung als Preisdifferenzen auf dem bestandsführenden PSP-Element ausgewiesen werden. Der abschließende Verbrauch des gelieferten Materials durch den Vorgang führt zu Ist-Kosten auf dem Vorgang und reduziert entsprechend die Bestandskosten auf der Ebene des PSP-Elements. Wurde die Bestellanforderung durch einen Planungslauf erzeugt, wird aus Performancegründen kein Bestellanforderungsobligo erzeugt. Erst die Bestellung führt in diesem Fall zu einem Obligo auf dem bestandsführenden PSP-Element.

Bewerteter Projektbestand – Sekundärbedarfe

Werden für die Eigenfertigung eines Materials, das im bewerteten Projektbestand geführt wird, Sekundärbedarfe benötigt, werden diese, sofern sie eine Einzelbestandsführung erlauben, ebenfalls im Projektbestand geführt. Die geplanten Kosten für den Verbrauch der Sekundärbedarfe werden als Plankosten auf der Ebene des Fertigungsauftrags ausgewiesen. Im Rahmen der Beschaffung der einzelbestandsgeführten Sekundärbedarfe entstehende Bestellanforderungen, Bestellungen, Fertigungsaufträge und Wareneingänge nehmen automatisch Bezug zum bestandsführenden PSP-Element und führen zu Obligos und insbesondere Bestandskosten auf dem PSP-Element, wie oben erläutert. Der Verbrauch der Sekundärbedarfe durch den Fertigungsauftrag führt zu Ist-Kosten auf dem Auftrag. Gleichzeitig werden die Bestandskosten für die Sekundärbedarfe auf der Ebene des bestandsführenden PSP-Elements abgebaut.

Wertefluss beim bewerteten Projektbestand

Bei der Verwendung des bewerteten Projektbestands werden Materialbewegungen mit Bezug zum Einzelbestand sowohl mengen- als auch wertmäßig geführt. Auf dem Verbraucher (Netzplanvorgang bzw. Fertigungsauftrag) werden Plan- und Ist-Kosten für den Verbrauch des Materials ausgewiesen. Auf dem Bestandselement (PSP-Element) werden die Bestandskosten des Materials und gegebenenfalls Obligos für dessen Fremdbeschaffung gebucht.

Unbewerteter Projektbestand – Werteflüsse

Der logistische Ablauf der Beschaffung von Material mit Bezug zum unbewerteten Projektbestand (Fremdbeschaffung und Eigenfertigung) erfolgt analog zur Verwendung des bewerteten Projektbestands. Im Gegensatz zum bewerteten Projektbestand werden Materialbewegungen beim unbewerteten Bestand jedoch nur mengen-, aber nicht wertmäßig erfasst. Das heißt, dass auf der Ebene des Verbrauchers (Vorgang oder Fertigungsauftrag) keine Plan- und Ist-Kosten für den Verbrauch von einzelbestandsgeführtem Material ausgewiesen werden. Lediglich auf Vorplanungsnetzen können Plankosten für Material, das im unbewerteten Projektbestand geführt wird, ausgewiesen werden, da Vorplanungsnetze nicht dispositiv wirksam sind und somit der doppelte Ausweis von Verfügtwerten verhindert wird.

Auf der Ebene des Bestandselements, hier des PSP-Elements, werden gegebenenfalls Obligos aufgrund von Bestellungen gebucht. Der Wareneingang eines fremdbeschafften Materials bzw. eines Sekundärbedarfs in den unbewerteten Projektbestand führt jedoch nicht zu Bestandskosten, sondern – analog zu einer Direktbeschaffung von Material für das PSP-Element – sofort zu Ist-Kosten auf dem bestandsführenden PSP-Element. Der Wareneingang eines eigengefertigten Materials in den unbewerteten Projektbestand führt zu keinem Wertefluss und somit zu keinerlei Kostenveränderungen, weder auf dem bestandsführenden PSP-Element noch auf dem liefernden Fertigungsauftrag. Im Rahmen des Periodenabschlusses werden die Ist-Kosten des Fertigungsauftrags aufgrund von Eigenleistungen und Materialentnahmen aus dem anonymen Werksbestand schließlich an das PSP-Element abgerechnet.

Sammelbestand – Werteflüsse

Genau wie bei der Verwendung des bewerteten Projektbestands findet für Lagerpositionen, die im Sammelbestand geführt werden (Beschaffungsart **Reservierung zum Netzplan**), bei jeder Materialbewegung sowohl ein Mengen- als auch ein Wertefluss statt. Auf der Ebene des Verbrauchers (Netzplanvorgang oder Fertigungsauftrag) können daher Plan- und Ist-Kosten für den Verbrauch von sammelbestandsgeführtem Material ermittelt werden. Da die Beschaffung sammelbestandsgeführten Materials jedoch für einen anonymen Bestand, also z. B. ohne Bezug zu einem PSP-Element als Einzelbestandssegment erfolgt, können die Kosten, die im Rahmen der Beschaffung entstehen, und insbesondere die Bestandskosten keinem Projekt direkt zugeordnet und somit auch nicht auf der Ebene des Projekts ausgewiesen werden.

Vorabbeschaffung

Verwendung der Vorabbeschaffung

Für eigengefertigtes Material mit einer sehr langen Eigenfertigungszeit oder für Kaufteile, für die im Rahmen der Einkaufsabwicklung Ausschreibungsverfahren durchlaufen werden müssen, kann es notwendig sein, die Beschaffung des Materials für Projekte anzustoßen, obwohl die eigentlichen Verbraucher, also entsprechende Netzplanvorgänge oder Fertigungsaufträge, noch nicht im SAP-System angelegt wurden. Diese werden gegebenenfalls erst später, z. B. im Rahmen der Detaillierung des Projekts, mithilfe von Teilnetzen oder aufgrund von Planungsläufen in der Disposition erstellt. Wenn jedoch die Vorgänge oder Aufträge, für deren Durchführung Material benötigt wird, noch nicht existieren, können Sie ihnen auch keine Materialkomponenten zuordnen und somit auch noch nicht den Verbrauch des benötigten Materials planen. Mithilfe der Vorabbeschaffung können Sie jedoch bereits die Beschaffung von Material anstoßen, ohne dass Sie zuvor den Verbrauch des Materials planen müssen.

Vorabbeschaffungsarten

Um die Vorabbeschaffung eines Materials durchzuführen, ordnen Sie einem bereits existierenden Vorgang der Projektstruktur das Material als Lagerposition zu und wählen für Kaufteile die Beschaffungsart **VorabBAnf** und für eigengefertigtes Material die Beschaffungsart **PlanPrimäfBedarf** aus. Da zu diesem Zeitpunkt noch nicht feststeht, wo der eigentliche Verbrauch des Materials erfolgt, werden auch keine Plankosten für diese Materialkomponenten ausgewiesen.

Aufgrund einer Vorabbestellanforderung wird ein Einkaufsprozess ausgelöst. Die Vorabbestellanforderung ist dabei aus dispositiver Sicht fixiert und wird nicht durch Materialplanungsläufe gelöscht. Der Planprimärbedarf für die Vorabbeschaffung von eigengefertigtem Material führt dazu, dass beim nächsten Materialplanungslauf des Materials die Fertigung des Materials angestoßen wird. Das gelieferte bzw. eigengefertigte Material kann dann später in einen Bestand eingebucht werden.

Sobald Sie die Vorgänge bzw. Aufträge für Ihr Projekt erstellt haben, die das vorab beschaffte Material tatsächlich verbrauchen sollen, ordnen Sie diesen Objekten das Material noch einmal zu. Dieses Mal verwenden Sie als Beschaffungsart jedoch eine einfache Reservierung mit Bezug zu demselben Bestandssegment, in dem auch das vorabbeschaffte Material geführt wird. Mit Bezug zu dieser Reservierung können Sie schließlich das vorabbeschaffte Material aus dem Bestand entnehmen. Bei Verwendung des Sammelbestands oder eines bewerteten Einzelbestands können die Plan- und Ist-Kosten für den Verbrauch auf dem Verbraucher, also auf dem Netzplanvorgang bzw. Fertigungsauftrag ausgewiesen werden.

4.5.2 Lieferung aus Projekt

Werden Teile des Projekts nicht im eigenen Unternehmen, sondern an anderen Standorten, z. B. beim Kunden vor Ort, ausgeführt und wird dazu Material benötigt, müssen gegebenenfalls entsprechende Lieferungen des

Materials geplant und durchgeführt werden. Das SAP-System unterstützt Sie dabei mit diversen Versandfunktionen, z. B. zur Kommissionierung, Verpackung und für den Transport des Materials. Damit im Versand jedoch entsprechende Tätigkeiten ausgeführt werden können, müssen Lieferscheine erzeugt werden, in denen das zu liefernde Material aufgelistet wird. Die Erstellung solcher Lieferscheine im Projektsystem für Material in Projekten bzw. zugeordneten Fertigungsaufträgen wird als *Lieferung aus Projekt* bezeichnet.

Lieferinformationen

Zum Anlegen einer Lieferung benötigt das System Angaben zur Versandstelle, zum Warenempfänger, zum geplanten Warenausgangstermin sowie zum Vertriebsbereich. Sie müssen diese *allgemeinen Daten* manuell angeben, wenn das System sie nicht aus zugeordneten Kundenauftragspositionen oder *Lieferinformationen* ableiten kann. Lieferinformationen (siehe Abbildung 4.17) können PSP-Elementen, Vorgängen bzw. Netzplanköpfen (bei kopfkontierten Netzplänen) und Materialkomponenten zugeordnet werden und direkt in Bearbeitungstransaktionen für Projekte oder auch zentral mithilfe von Transaktion CNL1 erstellt werden.

Abbildung 4.17 Beispiel für die Lieferinformationen eines Netzplanvorgangs

Wenn Sie eine Lieferung aus einem Projekt anlegen (Transaktion CNSO), selektieren Sie zunächst durch die Angabe eines Projekts, eines PSP-Elements, eines Netzplans oder eines zugeordneten Kundenauftrags und geeigneter Filterkriterien die Materialkomponenten, die geliefert werden sollen. Dabei können alle Lagerpositionen, ausgenommen der Montagebaugruppen (siehe Abschnitt 2.3.1, »Zuordnung von Materialkomponenten«), selektiert werden, die einem Netzplanvorgang des Projekts oder auch einem Fertigungsauftrag zum Projekt zugeordnet sind. Die Komponenten können eigengefertigt oder fremdbeschafft und sie können im Sammel-, Kundeneinzel- oder auch im Projektbestand geführt werden.

Berechnung der Liefermenge

Anhand des geplanten Warenausgangstermins in den allgemeinen Daten der Lieferung berechnet das System die Verfügbarkeit der selektierten Materialkomponenten und schlägt Ihnen eine Liefermenge für jede Komponente vor (siehe Abbildung 4.18).

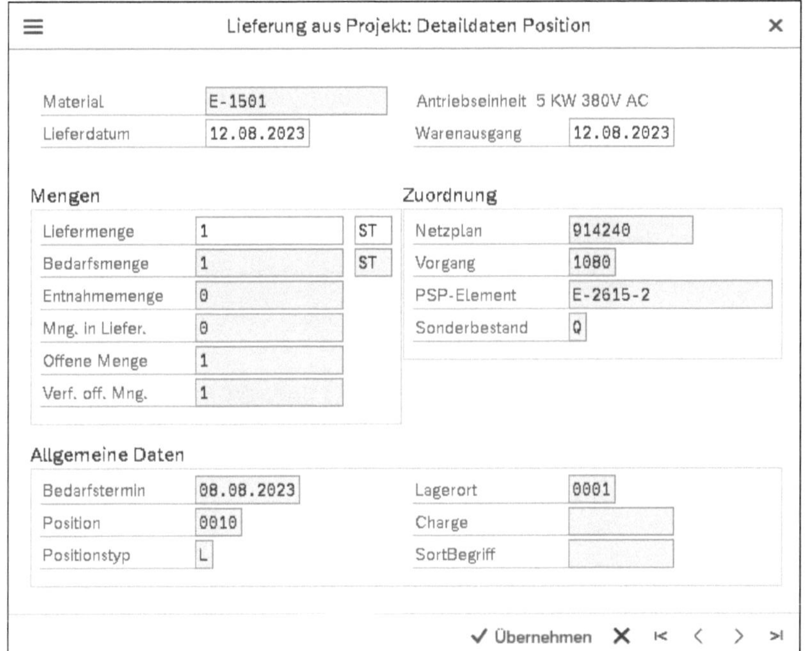

Abbildung 4.18 Beispiel für die Berechnung der Liefermenge einer Materialkomponente

Die vorgeschlagene Liefermenge ist die jeweils verfügbare, noch offene Menge einer Komponente, wobei sich die offene Menge aus der Differenz der Bedarfsmenge und der bereits entnommenen oder in einer Lieferung befindlichen Menge ergibt. Die verschiedenen Mengeninformationen können im Detailbild einer Materialkomponente der Lieferung überprüft werden. Sobald Sie eine Lieferung zu einem Projekt gesichert haben, kann der Beleg direkt im Versand für alle weiteren Folgeaktivitäten verwendet werden. Im Projektsystem können Sie Lieferungen zu einem Projekt, z. B. mithilfe von Transaktion CNS0 oder auch in ProMan analysieren.

4.5.3 ProMan

Projektorientierte Beschaffung

Bei den soeben erörterten Beschaffungsprozessen für Material oder Fremd- bzw. Dienstleistungen für ein Projekt entsteht eine Vielzahl logistischer Daten im Projektsystem, in Einkauf, Produktion, Versand usw. Mithilfe von ProMan (Transaktion CNMM) können Sie diese Daten zentral in einer Transaktion auswerten. Ampeln weisen Sie in ProMan auf Ausnahmesituationen, z. B. überfällige Bestellungen oder fehlende Materialbestände, hin. Bei Bedarf können Sie verschiedene Beschaffungstätigkeiten auch direkt in ProMan ausführen.

Wenn Sie ProMan aufrufen, können Sie zunächst das Projekt spezifizieren, dessen Beschaffungsmaßnahmen Sie analysieren möchten. Durch die Angabe zusätzlicher Filterkriterien im Einstiegsbild von ProMan können Sie die Selektion der Daten weiter einschränken. Im Hauptbild von ProMan sehen Sie anschließend im linken Bereich die Projektstruktur und im rechten Bereich verschiedene Registerkarten (Sichten), auf denen tabellarisch Daten zu den in der Projektstruktur selektierten Objekten dargestellt werden (siehe Abbildung 4.19). In der Projektstruktur können Sie entweder nur ein Objekt selektieren oder mehrere gleichartige Objekte gleichzeitig, z. B. alle Materialkomponenten eines Netzplans.

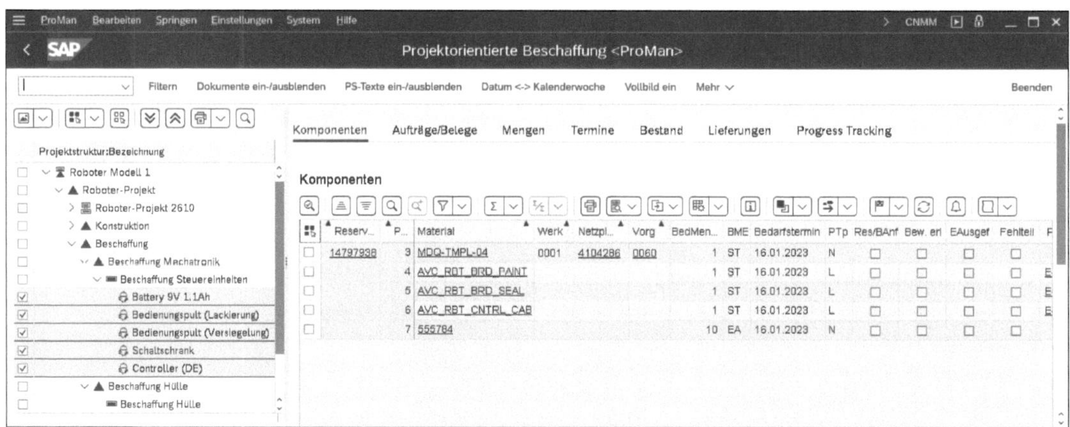

Abbildung 4.19 Projektstruktur und Komponentensicht in ProMan

Sichten in ProMan

Damit Daten von Belegen und Aufträgen in ProMan ausgewertet werden können, müssen diese Objekte eine Verknüpfung zum selektierten Projekt besitzen. Dies kann durch eine automatische oder insbesondere auch manuelle Kontierung auf das Projekt erfolgen oder z. B. durch eine Zuordnung zu einem bestandsführenden PSP-Element. So können also z. B. Daten zu Sekundärbedarfen in Fertigungsaufträgen in ProMan analysiert werden, wenn diese im Projektbestand geführt werden. Sind die Sekundärbedarfe jedoch sammelbestandsgeführt, besteht keine direkte Verknüpfung mehr zum Projekt, und daher werden deren Daten nicht auf den Sichten in ProMan angezeigt.

Die folgende Liste enthält die verschiedenen Sichten in ProMan, jeweils mit einigen ausgewählten Daten dieser Sichten:

- **Komponenten**

  Reservierungsnummer, Materialnummer, Netzplanvorgang, Bedarfsmenge und -termin
- **Vorgänge/Elemente**

  Netzplanvorgang bzw. Vorgangselement, Vorgangsmenge, Infosatz, Lieferant, Kennzeichen **Bestellanforderung vorhanden**
- **Aufträge/Belege**

  Bestellanforderung, Bestellung, Plan- und Fertigungsauftrag, Materialbelege, Kennzeichen **Erledigt**, **Abgesagt**, **Endgeliefert** usw.
- **Mengen**

  Mengen in Bestellanforderung, Bestellung, Plan- und Fertigungsauftrag sowie in den Materialbelegen
- **Termine**

  Bedarfstermin, Lieferdatum in Bestellanforderung und Bestellung, Buchungsdatum von Materialbelegen, terminierte Termine von Plan- und Fertigungsauftrag
- **Bestand**

  frei verwendbarer Bestand, Qualitätsprüf- und Sperrbestand von Material
- **Lieferungen**

  Reservierungsnummer, Lieferung, Liefermenge, Materialbereitstellungsdatum
- **Progress Tracking**

  Progress-Tracking-Informationen (siehe Abschnitt 4.7.3, »Progress Tracking«)
- **Kundenerweiterungen**

  kundeneigene Felder (BAdI `BADI_CNMM_CUST_ENH_SCR`)

Die tabellarische Darstellung der Sichten erlaubt diverse Funktionen und Anpassungen, wie z. B. das Bilden von Summen oder Zwischensummen, das Ausdrucken von Daten, Filter- und Sortierkriterien usw. Anpassungen der Oberfläche können Sie anschließend in Form eigener Layouts abspeichern.

Hotspots

Unterstrichene Daten in den verschiedenen Sichten werden als *Hotspots* bezeichnet und erlauben es Ihnen, per Mausklick in die Details der Daten abzuspringen. Beispiele für Hotspots in ProMan sind Reservierungen, Bestellanforderungen, Bestellungen, Materialbelege, Lieferungen, Plan- und Fertigungsaufträge, Materialstämme sowie Projektstrukturdaten. Für weitere Detailanalysen können Sie aus ProMan zusätzlich in die Bedarfs-/Bestandsliste von Material oder in die Auftragsberichte verzweigen.

Ausführbare Funktionen

Außer zur Auswertung können Sie ProMan auch für die Ausführung verschiedener Beschaffungsaufgaben verwenden. Die folgenden Funktionen können Sie in ProMan ausführen (die möglichen Funktionen hängen dabei davon ab, welches Objekt Sie in der Projektstruktur selektiert haben und in welcher Sicht Sie sich befinden):

- Bestellanforderungen oder Reservierungen generieren
- Planungsläufe durchführen
- Bestellanforderungen gruppieren
- Bestellungen erzeugen
- Warenein- und -ausgänge buchen
- Umbuchungen zwischen Bestandsarten vornehmen
- Lieferungen generieren

Nachdem Sie eine Funktion in ProMan ausgeführt haben, können Sie Sichten auffrischen und so direkt das Ergebnis der Funktion in ProMan analysieren. Zusätzlich können Sie auch die Zuordnung von Materialkomponenten per Drag-and-Drop im Strukturbaum analog zum Project Builder ändern.

ProMan-Customizing

Sie können ProMan völlig ohne vorherige Customizing-Aktivitäten nutzen. Bei Bedarf können Sie jedoch im Customizing ProMan-Profile und Ausnahmeprofile definieren. Mithilfe eines ProMan-Profils, das Sie im Einstiegsbild von ProMan auswählen können, steuern Sie, welche Belege und Aufträge von der Datenbank gelesen und welche Sichten in ProMan angezeigt werden sollen (siehe Abbildung 4.20).

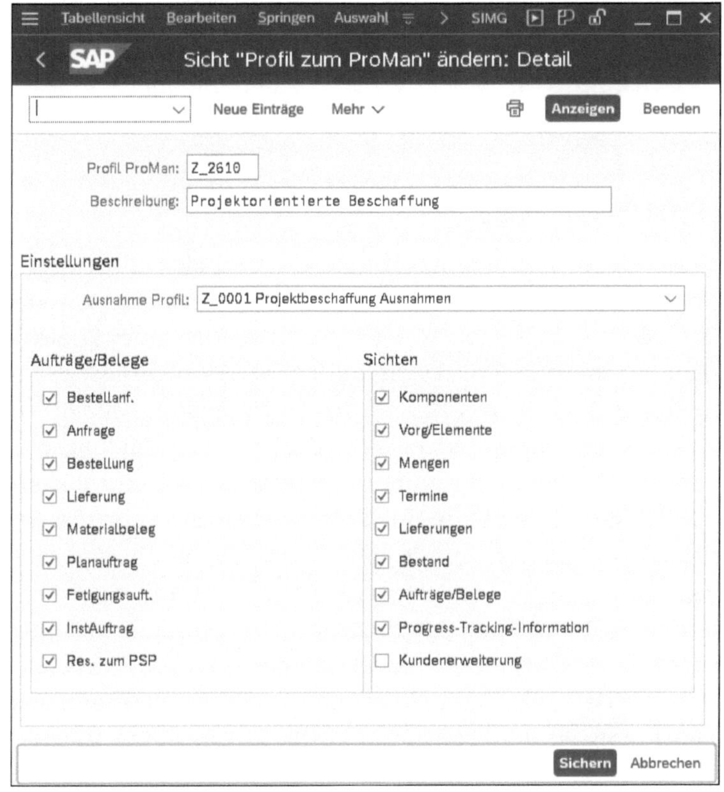

Abbildung 4.20 Beispiel für die Definition eines ProMan-Profils

Das ProMan-Profil verweist darüber hinaus auf ein Ausnahmeprofil. Ausnahmeprofile legen fest, wann Sie welche Ampeln in ProMan auf Ausnahmesituationen aufmerksam machen sollen. Sie können die Bedingungen für die Anzeige der Ampeln selbst definieren; dazu stehen Ihnen ähnliche Funktionen zur Verfügung wie für die Definition von Substitutionen oder Validierungen (siehe Abschnitt 1.8.4, »Substitution«, und Abschnitt 1.8.5, »Validierung«).

4.6 Fakturierung

Die Fakturierung eines Projekts erfolgt mithilfe entsprechender Funktionen des Vertriebs anhand von Kundenauftragspositionen, die auf PSP-Elemente des Projekts kontiert sind. Aufgrund dieser Kontierung werden die resultierenden Zahlungsflüsse und Ist-Erlöse von Fakturen auf den Fakturierungselementen des Projekts fortgeschrieben und können somit den geplanten Erlösen gegenübergestellt werden (siehe Abschnitt 2.5, »Erlösplanung«). Im Folgenden werden zwei Funktionen erläutert, mit denen Fakturierungsprozesse im Vertrieb durch die Projektdaten gesteuert werden können: die sogenannte *Meilensteinfakturierung* und die *aufwandsbezogene Fakturierung* von Projekten.

4.6.1 Meilensteinfakturierung

Bei der Erstellung eines Fakturierungsplans zu einer Kundenauftragsposition besteht die Möglichkeit, die Fakturatermine, die Fakturierungsprozentsätze sowie die Fakturierungsregeln aus den Meilensteinen eines Projekts abzuleiten (siehe Abschnitt 2.5.3, »Fakturierungsplan«). Solange die Meilensteine des Projekts noch nicht erreicht sind, dienen die entsprechenden Positionen des Fakturierungsplans ausschließlich der Erlös- bzw. Zahlungsplanung, d. h., dass sie für eine Fakturierung gesperrt sind. Eine Sperre kann jedoch automatisch gelöst werden, wenn der Meilenstein des entsprechenden Rechnungstermins einen Ist-Termin erhält. Dieser Ist-Termin kann entweder manuell im Meilenstein gesetzt werden oder – im Fall eines Vorgangsmeilensteins – automatisch aufgrund einer Vorgangsrückmeldung (siehe Abschnitt 4.1.3, »Ist-Termine von Meilensteinen«). Ein Fakturierungslauf im Vertrieb generiert dann automatisch die Anzahlungsanforderungen oder Rechnungen anhand der entsperrten Positionen im Fakturierungsplan. Ist die Kundenauftragsposition auf ein PSP-Element kontiert, werden die resultierenden Ist-Erlöse oder Anzahlungsanforderungen auf dem Projekt fortgeschrieben. Dieser Prozess wird als *Meilensteinfakturierung* bezeichnet und im Folgenden noch einmal anhand des Beispiels des Roboterprojekts verdeutlicht.

Mit dem Kunden wurden eine Anzahlung in Höhe von 10 % des Zielwerts von 200.000 EUR bei Projektbeginn, eine Teilrechnung in Höhe von 30 % bei Erreichen eines vereinbarten Projektziels und eine Schlussrechnung bei Abschluss des Projekts vereinbart. Entsprechende Meilensteine mit den Bezeichnungen **Anzahlung**, **Teilrechnung** und **Schlussrechnung** wurden im Projekt definiert und in den Fakturierungsplan des Kundenauftrags übernommen. Im Projektsystem werden in Erlösberichten Planerlöse in Höhe von 60.000 EUR zum Plantermin des Meilensteins **Teilrechnung** und weitere Planerlöse in Höhe von 140.000 EUR zum Plantermin des Meilensteins **Schlussrechnung** ausgewiesen. In den Zahlungsberichten des PS-Cash-Managements (siehe Abschnitt 6.2.5, »PS-Cash-Management«) kann zusätzlich die geplante Anzahlung (Fakturierungsregel 4) in Höhe von 20.000 EUR unter Berücksichtigung der Zahlungsbedingungen zum Plantermin des Meilensteins **Anzahlung** ausgewertet werden.

Anzahlungen

Eine Vorgangsrückmeldung erzeugt einen Ist-Termin im Meilenstein **Anzahlung** und dokumentiert somit das Erreichen des Meilensteins. Der Ist-Termin wird automatisch an den Fakturierungsplan des Kundenauftrags weitergereicht und entsperrt die Anzahlungsposition. Die Fakturierung des Kundenauftrags im Vertrieb führt dazu, dass automatisch eine Anzahlungsanforderung (Belegart FAZ) in Höhe des vereinbarten Betrags für die entsperrte Position erstellt wird (siehe Abbildung 4.21).

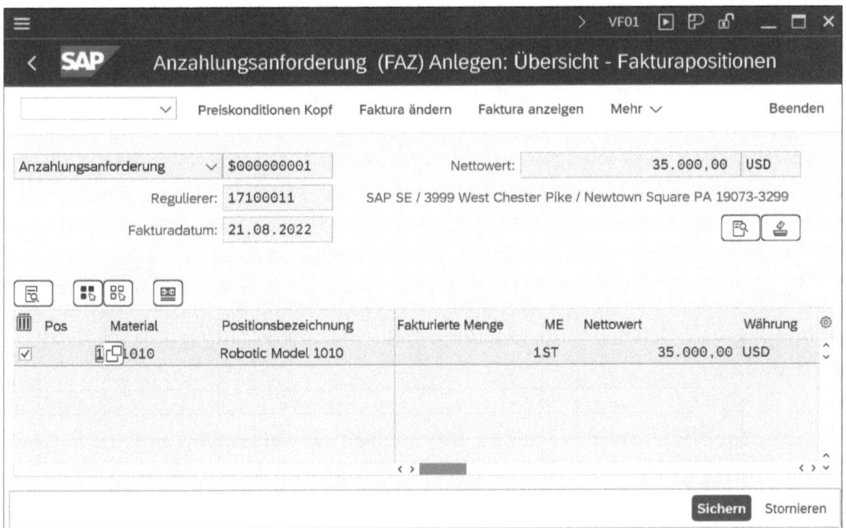

Abbildung 4.21 Beispiel für die Erstellung einer Anzahlungsanforderung

In den Zahlungsberichten des Projektsystems wird der Betrag als Anzahlungsanforderung ausgewiesen. Wird die Anzahlung des Kunden mit Bezug zur Anzahlungsanforderung in der Finanzbuchhaltung erfasst, kann diese ebenfalls mithilfe der Zahlungsberichte des Projektsystems ausgewertet werden. Der Betrag der Anzahlungsanforderung wird entsprechend abgebaut.

Teilrechnungen

Wird im Verlauf des Projekts auch der Meilenstein **Teilrechnung** erreicht, wird automatisch die zweite Position des Fakturierungsplans aufgrund des Ist-Termins des Meilensteins entsperrt. Die Fakturierung des Kundenauftrags erzeugt nun – gesteuert durch die Fakturierungsregel 1 der Position – eine Teilrechnung. Dabei kann die geleistete Anzahlung des Kunden anteilig oder auch vollständig verrechnet werden (siehe Abbildung 4.22). In den Erlösberichten des Projektsystems werden nun Ist-Erlöse in Höhe der Teilrechnung auf dem Fakturierungselement des Projekts ausgewiesen. Die in der Finanzbuchhaltung mit Bezug zur Rechnung erfasste Zahlung des Kunden kann im Projektsystem mithilfe von Zahlungsberichten verfolgt werden.

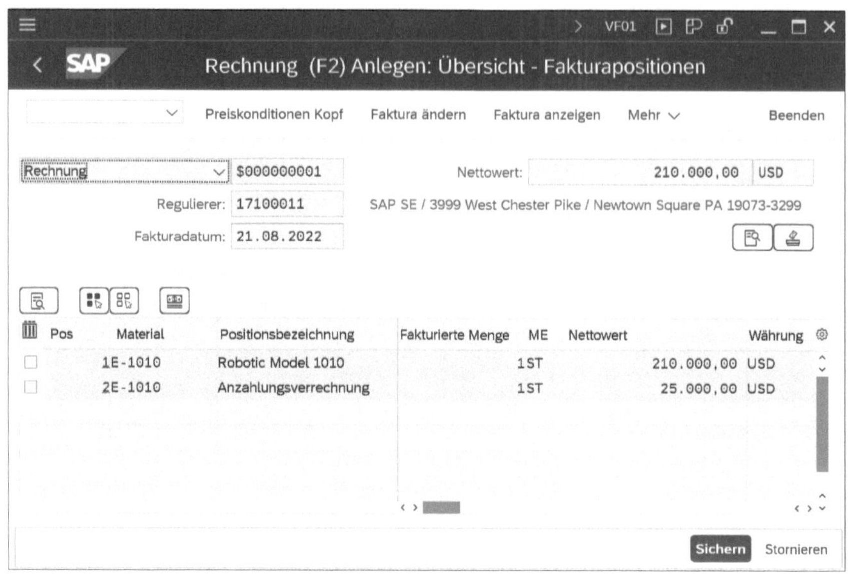

Abbildung 4.22 Beispiel für die Erstellung einer (Teil-)Rechnung mit Anzahlungsverrechnung

Schlussrechnung

Wird schließlich auch der letzte Meilenstein **Schlussrechnung** im Projekt erreicht und somit die entsprechende Position im Fakturierungsplan entsperrt, erzeugt die Fakturierung des Kundenauftrags eine Rechnung, in der alle gegebenenfalls noch nicht verrechneten Anzahlungen des Kunden von den Forderungen abgezogen werden. Aufgrund dieser Schlussrechnung werden die restlichen Ist-Erlöse auf das Projekt gebucht und können im Reporting ausgewertet werden. Der tatsächliche Zahlungseingang wird später zusätzlich in den Zahlungsberichten des Projektsystems ausgewiesen.

4.6.2 Aufwandsbezogene Fakturierung

Wenn im Vorfeld eines Projekts die benötigten Leistungen und Materialien für die Durchführung des Projekts noch nicht feststehen, können Sie noch keine festen Preise für die Projektabwicklung mit dem Kunden vereinbaren. Eine Fakturierung fester Beträge, wie sie im soeben geschilderten Beispiel durchgeführt wurde, ist in diesen Fällen nicht möglich. Stattdessen können Sie eine Fakturierung auf der Basis der tatsächlichen Aufwände des Projekts vornehmen. Die Fakturierung erfolgt dabei mithilfe von Fakturaanforderungen, in denen Sie dem Kunden die erbrachten Leistungen, das verbrauchte Material und die entstandenen Zusatzkosten nachweisen können. Diese Form der Fakturierung wird als *aufwandsbezogene Fakturierung* bezeichnet.

Ähnlich wie die Verkaufspreiskalkulation (siehe Abschnitt 2.5.4, »Verkaufspreiskalkulation«) wird auch die aufwandsbezogene Fakturierung durch ein Dynamische-Posten-Prozessorprofil (DPP-Profil) gesteuert, das in der auf das Projekt kontierten Kundenauftragsposition hinterlegt wird. Das DPP-Profil steuert, wie die Ist-Daten des Projekts bzw. der relevanten Fakturierungsstruktur zu einzelnen Positionen einer Fakturaanforderung verdichtet werden sollen. Mit SAP S/4HANA können Sie auch Ist-Kosten aus dem umfassenden Journal als Quelle im DPP-Profil der aufwandsbezogenen Fakturierung verwenden. Details zur Definition von DPP-Profilen finden Sie in Abschnitt 2.5.4, »Verkaufspreiskalkulation«, und insbesondere in SAP-Hinweis 301117. Wenn Sie die aufwandsbezogene Fakturierung für die Kundenauftragsposition starten (Transaktion DP91), können Sie die zweistufige Verdichtung der Ist-Daten in der *Aufwandssicht* und der *Verkaufspreissicht* analysieren und gegebenenfalls noch ändern.

Aufwandssicht

In der Aufwandssicht finden Sie die Ist-Daten, z. B. die Ist-Kosten oder die in der Projektdurchführung erfassten statistischen Kennzahlen, entsprechend den Einstellungen des DPP-Profils, zu dynamischen Posten verdichtet und hierarchisch strukturiert dargestellt. Sie können nun in der Aufwandssicht entscheiden, welche der dynamischen Posten fakturiert, vorübergehend zurückgestellt oder auch überhaupt nicht in die Fakturaanforderung einfließen sollen (siehe Abbildung 4.23).

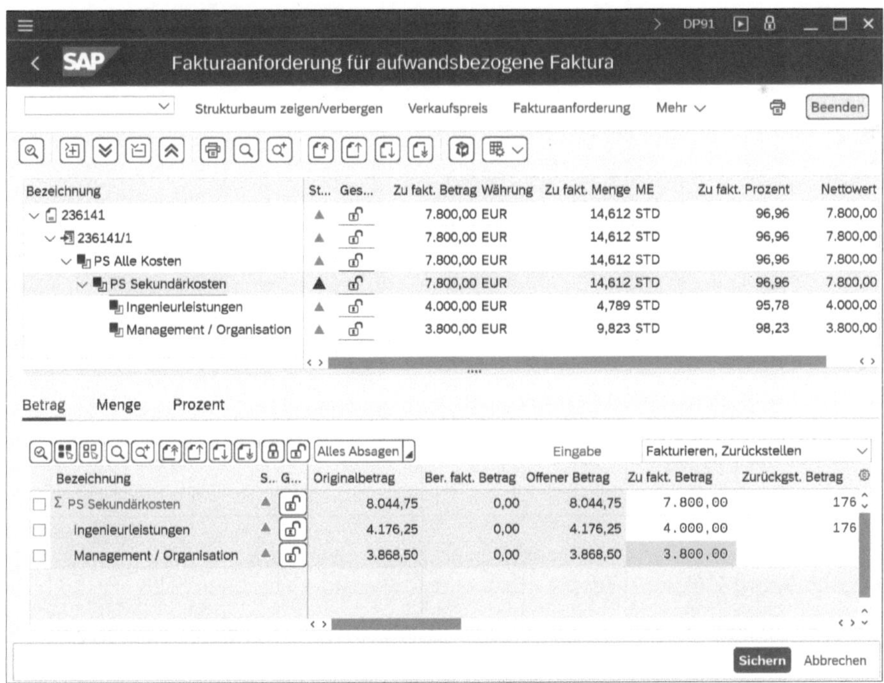

Abbildung 4.23 Aufwandssicht einer aufwandsbezogenen Fakturierung

Verkaufspreissicht

In einer zweiten Verdichtungsstufe nimmt das DPP-Profil eine Umschlüsselung der dynamischen Posten zu Materialnummern vor. Dies können z. B. Materialnummern von verbrauchten Materialkomponenten des Projekts oder Materialnummern zu eigens zum Zwecke des Leistungsnachweises definierten Materialstammsätzen sein. Anhand dieser Materialnummern und gegebenenfalls Daten des Kundenauftrags, wie z. B. Kundennummer, Verkaufsorganisation usw., findet automatisch eine Preisfindung statt. Die Verkaufspreissicht zeigt Ihnen die zu einzelnen Vertriebsbelegpositionen zusammengefassten Materialnummern hierarchisch strukturiert an. Darüber hinaus können Sie in der Verkaufspreissicht die über die Preisfindung ermittelten Konditionen der verschiedenen Vertriebsbelegpositionen analysieren, sie bei Bedarf ändern oder um weitere Konditionen ergänzen (siehe Abbildung 4.24). Sie können nun eine Fakturaanforderung erstellen, die die verdichteten und gegebenenfalls noch von Ihnen angepassten Positionen umfasst. Die Fakturierung der Anforderung im Vertrieb bucht schließlich die entsprechenden Ist-Erlöse auf das Projekt.

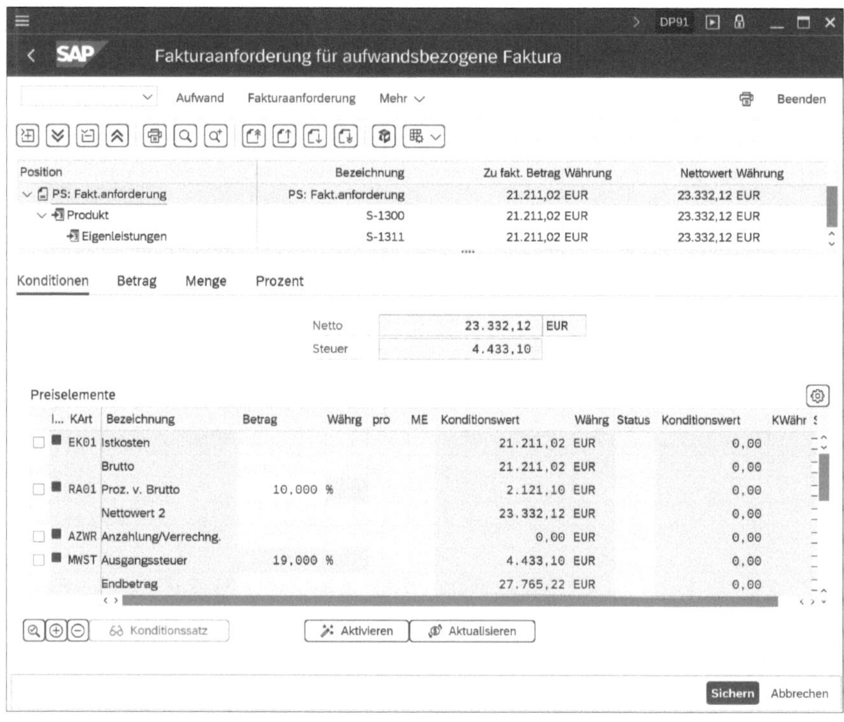

Abbildung 4.24 Verkaufspreissicht einer aufwandsbezogenen Fakturierung

Aufwandsbezogene Fakturierung

Sie können die Meilensteinfakturierung, basierend auf einem Fakturierungsplan im Kundenauftrag, und die aufwandsbezogene Fakturierung des Kundenauftrags auch miteinander kombinieren. So können Sie mithilfe von Meilensteinen im Projekt steuern, wann aufwandsbezogene Fakturierungen möglich sind und ob dabei aufwandsbezogene Anzahlungsanforderungen (Fakturierungsregel 4) oder Fakturaanforderungen (Fakturierungsregel 1) erstellt werden. Dabei sind alle Kombinationen aus fixen Anzahlungen, fixen Fakturen, aufwandsbezogenen Anzahlungen und aufwandsbezogenen Fakturen möglich.

Fakturierung zwischen Buchungskreisen

In internationalen Unternehmen sind in der Projektdurchführung häufig Mitarbeitende unterschiedlicher Buchungskreise involviert. Die Verrechnung der Kosten zwischen den Buchungskreisen erfolgt dabei in der Regel aufwandsbezogen. Das Beispiel einer buchungskreisübergreifenden Abwicklung des Roboterprojekts soll dies veranschaulichen.

Bau und Verkauf des Roboters sollen in Deutschland stattfinden, Teile der Konstruktion jedoch auch von Mitarbeitenden in Amerika ausgeführt werden. In der Projektstruktur sind daher sowohl Teiläste für den Buchungskreis *Deutschland* als auch für den Buchungskreis *Amerika* enthalten. Im Buchungskreis *Deutschland*, dem anfordernden Buchungskreis, wird eine Bestellung für die Konstruktion erstellt und auf den entsprechenden Teil des Projekts kontiert. Im amerikanischen Buchungskreis, dem liefernden Buchungskreis, wird aufgrund der Bestellung ein Kundenauftrag erzeugt und auf den Teilast des Projekts zum Buchungskreis *Amerika* kontiert.

Im Rahmen der Projektdurchführung buchen die amerikanischen Mitarbeitenden ihre Leistungen auf den dafür vorgesehenen Teilast des Projekts. Die dadurch entstandenen Ist-Kosten können nun mit Bezug zum Kundenauftrag aufwandsbezogen fakturiert werden. Die Fakturierung führt zu Ist-Erlösen auf dem Teilast zum Buchungskreis *Amerika*. Der entsprechende Rechnungseingang im Buchungskreis *Deutschland* führt hingegen zu Ist-Kosten auf dem Objekt, auf dem auch die Bestellung kontiert wurde.

DPP-Profil

Mithilfe der Quelle **Fakturierung zwischen Buchungskreisen – Einzelposten** für die Definition von DPP-Profilen (siehe Abschnitt 2.5.4, »Verkaufspreiskalkulation«) können Sie alternativ zum gerade erläuterten Prozess eine andere Möglichkeit nutzen, um die aufwandsbezogene Fakturierung von Projektleistungen zwischen den Buchungskreisen abzubilden. Dabei wird nicht für jedes einzelne Projekt, sondern nur einmalig oder z. B. einmal pro Geschäftsjahr ein Kundenauftrag im liefernden Buchungskreis mit dem anfordernden Buchungskreis als Kunden angelegt. Innerhalb der Projekte selbst werden in diesem Szenario nur Strukturen für den anfordernden Buchungskreis benötigt, in denen auch Mitarbeitende des liefernden Buchungskreises direkt ihre erbrachten Leistungen buchen. Diese buchungskreisübergreifenden Leistungen werden automatisch in der neuen Quelle gesammelt. Eine aufwandsbezogene Fakturierung mithilfe von Transaktion DP93, basierend auf den buchungskreisübergreifenden Leistungen, führt schließlich alle notwendigen Korrekturbuchungen im Rechnungswesen durch und bucht die Erlöse für den liefernden Buchungskreis. Detailliertere Informationen zur aufwandsbezogenen Fakturierung zwischen Buchungskreisen sowie den notwendigen Einstellungen im Customizing finden Sie Anhang von SAP-Hinweis 1461090.

4.7 Projektfortschritt

Gerade bei sehr komplexen Projekten ist es wichtig, den Projekt- und Teilprojektleitungen Werkzeuge zur Verfügung zu stellen, mit denen sie effizient den Fortschritt des Projekts überwachen und gegebenenfalls rechtzeitig Abweichungen von der Projektplanung erkennen können. Neben den diversen Berichten des Reportings (siehe Kapitel 6, »Reporting«) stehen im Projektsystem zu diesem Zweck eigene Funktionen zur Verfügung: die Meilensteintrendanalyse, die Fortschrittsanalyse und das Progress Tracking. Diese Funktionen werden in den folgenden Abschnitten erläutert.

4.7.1 Meilensteintrendanalyse

Darstellung des Projektstands

Die Meilensteintrendanalyse dient zur einfachen und übersichtlichen Darstellung der Terminsituation wichtiger Projektereignisse und erlaubt Ihnen so, Abweichungen von Ihrer Planung und Trends dieser Abweichungen sofort zu erkennen. Dazu werden in der Meilensteintrendanalyse die Plan- und gegebenenfalls auch Ist-Termine der für den Verlauf eines Projekts relevanten Meilensteine zu unterschiedlichen Zeitpunkten grafisch oder tabellarisch gegenübergestellt.

Abbildung 4.25 zeigt ein Beispiel für die grafische Darstellung einer Meilensteintrendanalyse. Auf der vertikalen Zeitachse können die Termine der verschiedenen Meilensteine abgelesen werden und auf der horizontalen Zeitachse der Zeitpunkt, zu dem die Meilensteine diese Termine besaßen. Eine waagerecht verlaufende Linie für einen Meilenstein bedeutet also, dass sich dessen Termine im Laufe der Zeit nicht geändert haben; der Verlauf erfolgt planmäßig. Eine ansteigende Linie weist hingegen auf einen Terminverzug und eine abfallende Linie auf ein im Vergleich zur ursprünglichen Planung vorzeitiges Erreichen eines Meilensteins hin. Sie können Meilensteintrendanalysen mithilfe von Transaktion CNMT oder auch in der Projektplantafel (CJ2B) vornehmen.

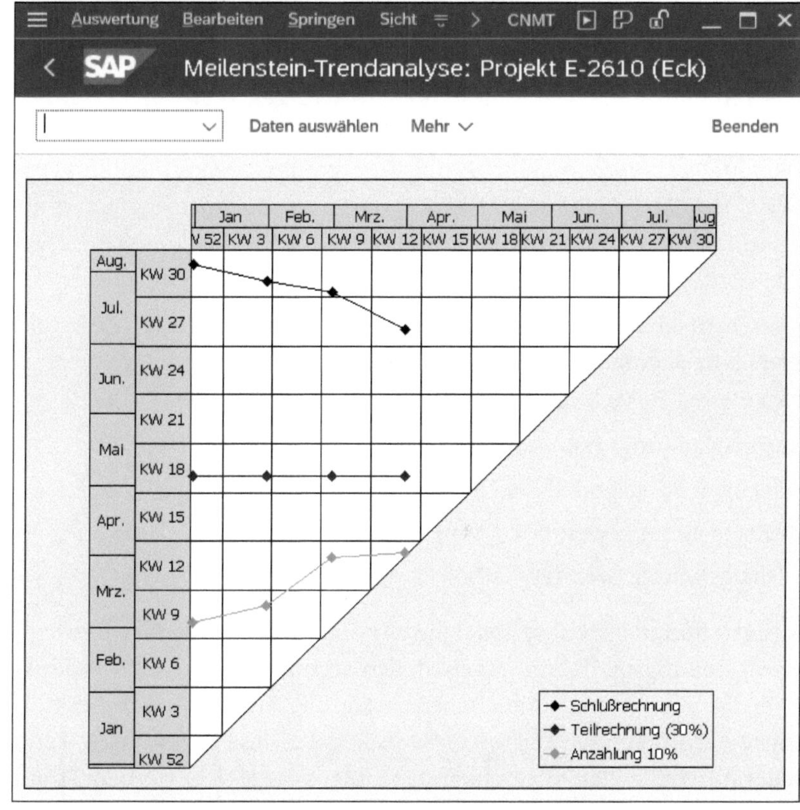

Abbildung 4.25 Beispiel für eine Meilensteintrendanalyse

Voraussetzungen der Meilenstein-trendanalyse

Eine wichtige Voraussetzung für die Verwendung der Meilensteintrendanalyse ist, dass die Projekte, die Sie analysieren möchten, Meilensteine beinhalten, in denen das Kennzeichen **Trendanalyse** gesetzt ist bzw. zu einem früheren Zeitpunkt gesetzt war (siehe Abschnitt 1.4, »Meilensteine«). Die Sicht **historischer Kurvenverlauf** der Meilensteintrendanalyse zeigt Ihnen den zeitlichen Verlauf der Termine von Meilensteinen, in denen aktuell das Kennzeichen **Trendanalyse** gesetzt ist; die Sicht **historische Meilensteine** zeigt Ihnen auch Termine von Meilensteinen, in denen das Kennzeichen aktuell nicht gesetzt ist, jedoch zu einem früheren Zeitpunkt einmal gesetzt war.

Die zweite Voraussetzung für die Meilensteintrendanalyse ist die Erstellung von Projektversionen (siehe Abschnitt 1.9.1, »Projektversionen«), um die Termine der Meilensteine zu den unterschiedlichen Zeitpunkten im System festzuhalten. Beachten Sie dabei, dass die Projektversionen mit dem Kennzeichen **MTA-relevant** versehen sein müssen, damit sie für eine Meilensteintrendanalyse verwendet werden können.

4.7.2 Fortschrittsanalyse

Mithilfe der *Fortschrittsanalyse* können Sie den tatsächlichen Stand eines Projekts mit dem geplanten Projektfortschritt vergleichen, um so frühzeitig eventuelle Termin- und Kostenabweichungen ermitteln zu können und gegebenenfalls steuernde Maßnahmen zu ergreifen. Sie können den Projektfortschritt dabei für einzelne Teile analysieren oder auch aggregiert für das gesamte Projekt, wobei die verschiedenen Projektteile unterschiedlich stark gewichtet werden können.

Fertigstellungsgrad, Fertigstellungswert

Die Fortschrittsanalyse ermittelt zu diesem Zweck die folgenden Kennzahlen jeweils in aggregierter und nicht aggregierter Form und stellt sie in einer speziellen Fortschrittsversion zur Verfügung:

- Planfertigstellungsgrad (FG(Plan))
- Ist-Fertigstellungsgrad (FG(Ist))
- Planfertigstellungswert (FW(Plan))
- Ist-Fertigstellungswert (FW(Ist))

Die Fertigstellungswerte sind dabei jeweils Ausdruck des Werts des jeweiligen Fertigstellungsgrads und ergeben sich rechnerisch aus dem Produkt eines Fertigstellungsgrads und einer Bezugsgröße K(Ges), die den Gesamtwert der zu erbringenden Leistung widerspiegelt. Diese Bezugsgröße kann entweder durch die Plankosten oder das Budget dargestellt werden. Es gilt also:

$$FW(Plan) = FG(Plan) \times K(Ges)$$
$$FW(Ist) = FG(Ist) \times K(Ges)$$

BCWS, BCWP, ACWP

In der betriebswirtschaftlichen Literatur werden die Plan- und Ist-Fertigstellungswerte in der Regel als BCWS- und BCWP-Werte bezeichnet. BCWS ist dabei die Abkürzung für *Budgeted Cost of Work Scheduled*, und BCWP steht stellvertretend für *Budgeted Cost of Work Performed*.

Um Aussagen über die Kostenabweichungen treffen zu können, wird eine weitere Kennzahl herangezogen, nämlich die tatsächlich angefallenen Ist-Kosten, die im Rahmen der Fortschrittsanalyse in der Literatur oft als ACWP-Wert (*Actual Cost of Work Performed*) bezeichnet werden.

SV, CV

Aus diesen Kennzahlen lassen sich nun die Terminabweichungen SV (Schedule Variance) und die Kostenabweichungen CV (Cost Variance) wie folgt berechnen:

$$SV = BCWP - BCWS$$
$$CV = BCWP - ACWP$$

SV ist ein Maß für die Terminabweichungen in Ihrem Projekt. Ist SV positiv, bedeutet dies, dass der Wert des aktuellen Fortschritts den geplanten Wert überschreitet; Ihr Projekt verläuft also »schneller« als geplant. Ist SV jedoch negativ, gibt es einen Terminverzug in Ihrem Projekt; Sie haben noch nicht den Fortschritt erreicht, der für diesen Zeitpunkt eigentlich geplant war.

Der CV-Wert spiegelt die Kostenabweichungen wider. Ist der CV-Wert positiv, bedeutet dies, dass der Wert des aktuellen Projektfortschritts größer ist als die entstandenen Ist-Kosten, die dafür aufgewendet wurden. Ist CV hingegen negativ, sind in Ihrem Projekt mehr Ist-Kosten entstanden, als es aufgrund des tatsächlichen Projektfortschritts der Fall sein sollte.

CPI, ECV

Die Kostenabweichung kann auch durch den Wertindex CPI (Cost Performance Index) ausgedrückt werden, wobei hier die folgende Relation gilt:

CPI = BCWP ÷ ACWP

Der CPI-Index gibt also wieder, wie sich der Wert Ihres tatsächlichen Projektfortschritts zu den Ist-Kosten verhält. Nimmt man eine kontinuierliche Entwicklung eines Projekts entsprechend dem CPI-Wert an, lassen sich auch die Prognosen zu den zu erwartenden Gesamtkosten ECV (Expected Costs Value) vornehmen:

ECV = Gesamte Plankosten ÷ CPI

Bei Bedarf können die Kosten- und Terminabweichungen auch separat für die unterschiedlichen Kostenarten analysiert werden. Dies ist z. B. sinnvoll, wenn Sie die Entwicklung für Eigen- und Fremdleistungen oder den Einsatz von Material getrennt betrachten möchten.

Messmethoden

Ausgangspunkt für die Berechnung von Kosten- und Terminabweichungen sind die Plan- und Ist-Fertigstellungsgrade. Die Ermittlung dieser Fertigstellungsgrade erfolgt in Abhängigkeit von den sogenannten *Messmethoden*. Die folgenden Messmethoden stehen Ihnen standardmäßig zur Verfügung:

- **0-100-Methode**

  Der Fertigstellungsgrad beträgt so lange 0 %, bis der Endtermin des Objekts erreicht ist. Der Wert wechselt dann von 0 % auf 100 %. Für den Planfertigstellungsgrad wird der Planendtermin und für den Ist-Fertigstellungsgrad der Ist-Endtermin herangezogen. Diese Methode ist nur für Objekte sinnvoll, deren Dauer nicht länger als der Zeitraum zwischen zwei Fortschrittsanalysen ist und für die keine genauere Methode infrage kommt.

- **20-80-Methode**

  Bei Erreichen des Plan- bzw. Ist-Starttermins wird der Plan- bzw. Ist-Fertigstellungsgrad auf 20 % gesetzt. Bei Erreichen des Endtermins wird der

Fertigstellungsgrad auf 100 % erhöht. Durch die Verwendung von 20 % als Startwert wird – über mehrere Auswertungszeiträume betrachtet – eine Mittelung erreicht. Diese Methode sollte dennoch nur verwendet werden, wenn die Dauer des Objekts nicht allzu lang ist und keine genauere Methode infrage kommt.

- **Zeitproportionale Methode**

  Bei dieser Methode steigt der Fertigstellungsgrad proportional zur Dauer des Objekts, unter der Berücksichtigung des jeweiligen Fabrikkalenders. Für den Planfertigstellungsgrad verwendet das System den geplanten Start- und Endtermin und für den Ist-Fertigstellungsgrad den Ist-Start- und Ist-Endtermin oder im Status **Teilrückgemeldet** den Ist-Starttermin und die geplante Dauer des Objekts. Diese Methode ist sinnvoll, wenn Sie von einem linearen Anstieg des Projektfortschritts ausgehen können.

- **Meilensteintechnik**

  Der Fertigstellungsgrad für PSP-Elemente und Vorgänge wird aus dem entsprechenden Feld von zugeordneten Meilensteinen übernommen, die als relevant für die Fortschrittsanalyse gekennzeichnet sind (siehe Abschnitt 1.4, »Meilensteine«). Für den Planfertigstellungsgrad berücksichtigt das System den Plantermin des Meilensteins und für den Ist-Fertigstellungsgrad den Ist-Termin. Die Meilensteintechnik kann sinnvoll eingesetzt werden, wenn Sie objektive Kriterien für das Erreichen von Meilensteinen definieren können.

Weitere Standardmethoden

Bei den oben aufgeführten Methoden entscheidet die Fortschrittsversion jeweils darüber, ob die Prognose- oder Ecktermine für die Ermittlung der Planfertigstellungsgrade herangezogen werden. Weitere Standardmethoden sind:

- **Kostenproportionale Methode**

  Der Planfertigstellungsgrad eines Objekts wird bei dieser Methode aus dem Verhältnis der kumulierten Plankosten bis zur Periode der Fortschrittsanalyse und den gesamten Plankosten des Objekts berechnet; der Ist-Fertigstellungsgrad ergibt sich aus dem Verhältnis der Ist-Kosten zu den gesamten Plankosten. Welche CO-Version der Plankosten verwendet werden soll, wird in der Fortschrittsversion festgelegt. Diese Methode können Sie im Plan nur einsetzen, wenn Sie eine periodengerechte Kostenplanung durchgeführt haben. Sinnvoll ist diese Methode für Objekte, deren Fortschritt aus der Kostenentwicklung abgeleitet werden kann; dies können typischerweise z. B. Kostenvorgänge, Fremdbearbeitungsvorgänge oder auch zugeordnete Fertigungsaufträge sein.

- **Mengenproportionale Methode**

  Die Ermittlung der Fertigstellungsgrade erfolgt bei dieser Methode analog zur kostenproportionalen Methode. Anstelle der Kosteninformationen wird hier jedoch eine statistische Kennzahl zur Berechnung der Fertigstellungsgrade herangezogen. Voraussetzung für die Verwendung dieser Methode ist, dass Sie eine geeignete statistische Kennzahl vom Typ **Summenwerte** definiert und der Methode zugeordnet haben. Darüber hinaus müssen Sie eine periodengerechte Planung der Kennzahl vornehmen und im Rahmen der Realisierungsphase Ist-Werte für diese Kennzahl buchen. Diese Methode ist sinnvoll, wenn sich der Fortschritt eines Objekts am besten anhand von Mengen, wie z. B. der Anzahl erbrachter Leistungen oder gefertigter Produkte, ableiten lässt.

- **Sekundärleistungsproportionale Methode**

  Bei dieser Methode wird der Fertigstellungsgrad eines Objekts aus dem Fertigstellungsgrad eines anderen Bezugsobjekts übernommen. Voraussetzung für die Verwendung dieser Methode ist es also, dass eine feste Beziehung zwischen dem Fortschritt des Objekts und dem im Objekt hinterlegten Bezugsobjekt angenommen werden kann (z. B. Qualitätsprüfung und Fertigung).

- **Abarbeitungsgrad**

  Der Ist-Fertigstellungsgrad wird bei dieser Methode aus dem Abarbeitungsgrad von rückgemeldeten Vorgängen bzw. Vorgangselementen übernommen (siehe Abschnitt 4.3, »Rückmeldungen«). Diese Methode ist nur bei der Verwendung von Netzplänen und zur Ermittlung von Ist-Fertigstellungsgraden verwendbar. Da die Abarbeitungsgrade typischerweise aus der rückgemeldeten Leistung abgeleitet werden, ist diese Methode sinnvoll, wenn Sie den Fortschritt des Objekts an der erbrachten Eigenleistung messen können, wie dies oft bei Eigenbearbeitungsvorgängen der Fall ist.

- **Schätzen**

  Bei dieser Methode geben Sie den Fertigstellungsgrad manuell für die einzelnen Perioden des Objekts an. Um eine vorzeitige Überbewertung des Ist-Fortschritts beim Schätzen zu verhindern, können Sie in dieser Messmethode einen maximalen Fertigstellungsgrad hinterlegen (in der Regel 80 %), der erst bei der Erfassung eines Ist-Endtermins überschritten werden darf. Diese Methode findet oft Verwendung bei PSP-Elementen, deren Fertigstellungsgrad nicht linear ansteigt und auch nicht aus zugeordneten Vorgängen oder Meilensteinen abgeleitet werden kann.

- **Ist = Plan**

  Bei dieser Methode, die nur für den Ist-Fertigstellungsgrad verwendet werden kann, wird der Planfertigstellungsgrad als Ist-Fertigstellungsgrad übernommen.

Für die Ermittlung von Plan- und Ist-Fertigstellungsgraden können unterschiedliche Methoden verwendet werden. In der Regel (eine Ausnahme bildet hier die Methode **Abarbeitungsgrad**) ist es jedoch sinnvoll, im Plan und Ist dieselbe Methode zu verwenden, um die Fortschrittsdaten besser miteinander vergleichen zu können.

Für PSP-Elemente mit zugeordneten Vorgängen bietet es sich an, die Fertigstellungsgrade auf der Ebene der Vorgänge zu ermitteln und durch geeignete Gewichtungsfaktoren, z. B. den Plankosten der Vorgänge, auf die PSP-Elemente zu aggregieren.

Messmethodenermittlung

Wenn Sie eine Fortschrittsanalyse durchführen, ermittelt das System die zu verwendenden Messmethoden für die einzelnen Objekte nach der folgenden Strategie:

1. Die Methode wird über ein BAdI ermittelt. (Nähere Informationen zu diesem BAdI und eine Beispielimplementierung finden Sie in SAP-Hinweis 549097.)
2. In dem Objekt wurden explizit eine Messmethode und eine Fortschrittsversion hinterlegt.
3. Die Fortschrittsversion sieht eine Übernahme der Planmethode als Ist-Methode bzw. umgekehrt vor (dies ist für die Methoden **Schätzen** und **Sekundärleistungsproportional** nicht möglich).
4. Sie haben im Customizing für den Objekttyp eine Messmethode als Vorschlagswert eingetragen.
5. Das System verwendet die 0-100-Methode.

Zugeordneten Aufträgen können Sie nicht manuell Messmethoden zuweisen, sondern lediglich einen Vorschlagswert im Customizing hinterlegen.

Einstellungen im Customizing der Fortschrittsanalyse

Definition von Messmethoden

Für die im vorherigen Abschnitt erläuterten Methoden zur Ermittlung von Fertigstellungsgraden sind im Standard bereits entsprechende Messmethoden im Customizing des Projektsystems definiert. Bei Bedarf können Sie zusätzliche Messmethoden definieren. Abbildung 4.26 zeigt ein Beispiel für die Definition einer eigenen Messmethode. Als Messtechnik wird dabei die Start-Ende-Regel verwendet. Anders als bei der 20-80-Methode wird hier jedoch ein Startfertigstellungsgrad von 50 % verwendet.

Mithilfe des Felds **Max.FG** (maximaler Fertigstellungsgrad) können Sie einen Fertigstellungsgrad festlegen, der nicht überschritten werden darf, solange noch kein Ist-Endtermin gesetzt ist. Ein maximaler Fertigstellungsgrad ist relevant für die Methoden **Abarbeitungsgrad**, **Zeit-**, **Kosten-**, **Mengen-**, **Sekundärleistungsproportional** und insbesondere bei der Methode **Schätzen**.

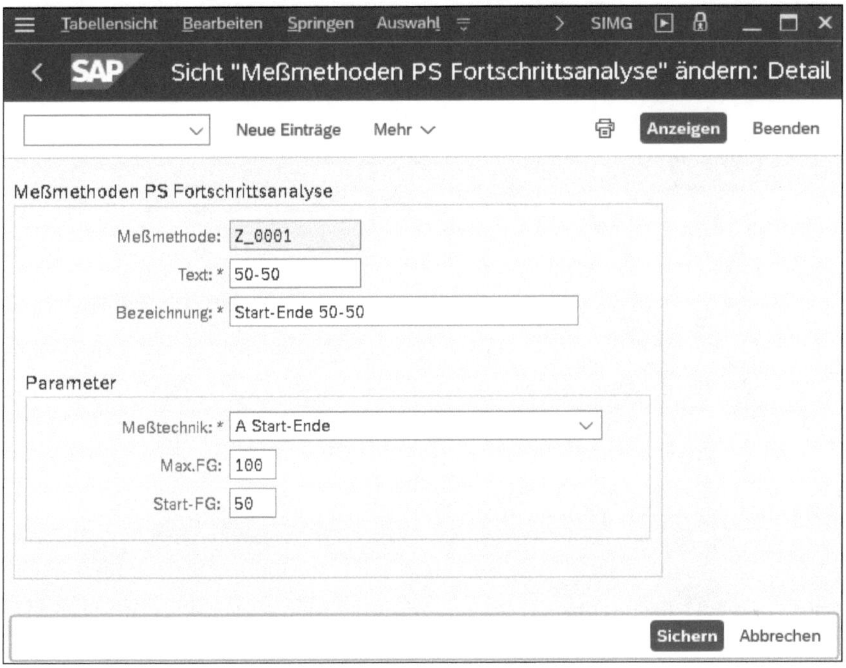

Abbildung 4.26 Beispiel für die Definition einer Messmethode

Die Messtechniken sind fest im SAP-System vorgegeben. Mithilfe der Messtechnik **Individuell (User-Exit)** und der Kundenerweiterung CNEX0031 haben Sie jedoch auch die Möglichkeit, kundeneigene Ermittlungen von Fertigstellungsgraden zu realisieren.

Vorschlagswerte für Messmethoden

Abhängig von Kostenrechnungskreis, Fortschrittsversion und Objekttyp bzw. von der Auftragsart können Sie im Customizing des Projektsystems Vorschlagswerte für die Messmethoden hinterlegen, die für die Ermittlung von Plan- und Ist-Fertigstellungsgraden verwendet werden sollen (siehe Abbildung 4.27).

Statistische Fortschrittskennzahlen

Wenn Sie eine Fortschrittsanalyse durchführen, werden die ermittelten Fertigstellungsgrade in Form statistischer Kennzahlen in einer Fortschrittsversion fortgeschrieben. Standardmäßig werden bereits Fortschrittskennzahlen für aggregierte, nicht aggregierte und für die Ergebnisermittlung relevante Fertigstellungsgrade ausgeliefert. Bei Bedarf können Sie auch eigene Fortschrittskennzahlen definieren. Im Customizing des Projektsystems müssen Sie die Fortschrittskennzahlen Kostenrechnungskreisen und den jeweiligen Verwendungen zuordnen.

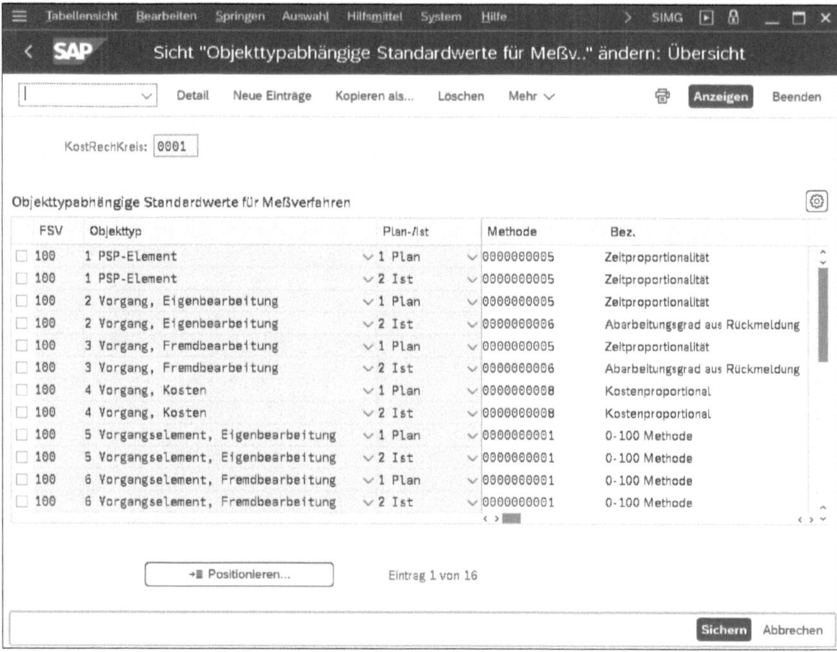

Abbildung 4.27 Festlegung der Vorschlagswerte für die Messmethoden unterschiedlicher Objekttypen

Fortschrittsversion

Eine Fortschrittsversion ist eine CO-Version mit der exklusiven Verwendung **Fortschrittsanalyse**. Abbildung 4.28 zeigt die Definition einer Fortschrittsversion im Customizing des Projektsystems. Wenn Sie eine Fortschrittsanalyse vornehmen, geben Sie die Fortschrittsversion an, in der die Fortschrittsdaten abgespeichert werden sollen. Wenn Sie die Messmethoden von Objekten nicht über ein BAdI ableiten, müssen Sie darüber hinaus in den Objekten selbst eine Fortschrittsversion hinterlegen, um entweder manuell eine Messmethode eingeben zu können oder die Messmethode über Vorschlagswerte des Customizings ableiten zu lassen.

In der Fortschrittsversion werden darüber hinaus die folgenden Steuerungsdaten festgelegt:

- **FW-Basis**

  Bezugsgröße für die Berechnung der Fertigstellungswerte aus den Fertigstellungsgraden (Plankosten oder Budgetwerte)

- **FG-Gewichtung**
  Wert zur Gewichtung der Fertigstellungsgrade bei der Aggregation auf die nächsthöhere Ebene (z. B. Plankosten)
- **Planungsart und Früh/Spät**
  zu verwendender Terminkreis für Methoden, die auf Planterminen beruhen
- **Referenz**
  Steuerung, ob eine Übernahme der Planmethode in die Ist-Methode und umgekehrt vorgenommen werden soll, wenn die jeweils andere Methode nicht explizit eingetragen wurde

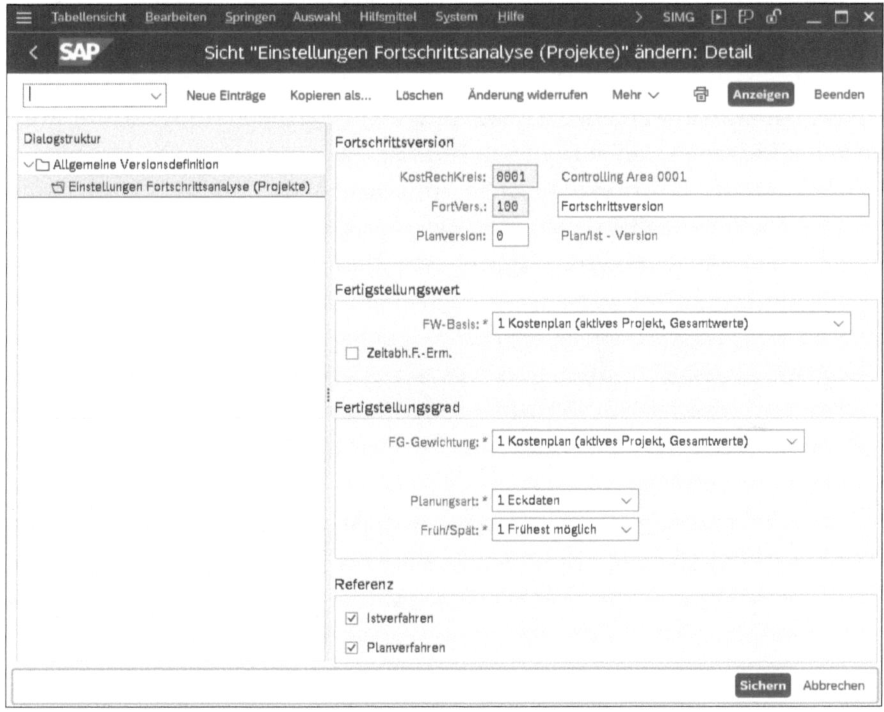

Abbildung 4.28 Beispiel für die Definition einer Fortschrittsversion

Durchführung und Auswertung der Fortschrittsanalyse

Für die Durchführung der Fortschrittsanalyse stehen Ihnen die beiden Transaktionen CNE1 (Einzelverarbeitung) und CNE2 (Sammelverarbeitung) zur Verfügung. Wenn Sie die Fortschrittsanalyse in der Einzel- oder Sammelverarbeitung starten, geben Sie im Einstiegsbild neben der Selektion der Objekte, der Ablaufsteuerung und der Fortschrittsversion auch die Periode an, bis zu der die Ist-Werte berücksichtigt werden sollen. Bei der Verwendung der zeitproportionalen Messmethode können Sie für eine tagesgenaue

Berechnung der Fertigstellungsgrade anstelle der Periode auch ein Datum eingeben. Bei der Ausführung der Fortschrittsanalyse ermittelt das System die Messmethoden für die selektierten Objekte, berechnet die Fertigstellungsgrade in nicht aggregierter und aggregierter Form für die vorgesehenen Kostenartengruppen und schreibt diese als statistische Kennzahlen in die Fortschrittsversion fort. Anschließend berechnet das System auf der Basis der Fertigstellungsgrade die Fertigstellungswerte und schreibt sie in die Fortschrittsversion. Sie können auch mehrere Fortschrittsversionen im Einstiegsbild der Transaktionen CNE1 und CNE2 eingeben. Da bei der Ausführung die Projektstruktur nur einmal gelesen wird, kann so die Berechnung von Fortschrittswerten für mehrere Fortschrittsversionen und somit gegebenenfalls unterschiedliche Messmethoden beschleunigt werden.

Für vergangene Perioden können im Rahmen der Fortschrittswertermittlung auch Korrekturbuchungen, z. B. aufgrund veränderter Plankosten, vorgenommen werden, die neben den ursprünglichen Fertigstellungswerten zu sogenannten *korrigierten Fortschrittswerten* in der Fortschrittsversion führen. Die ursprünglichen Fortschrittswerte und die korrigierten Werte können dabei separat ausgewertet werden. Da die Fertigstellungsgrade auch im Rahmen der Ergebnisermittlung (siehe Abschnitt 5.6, »Ergebnisermittlung«) verwendet werden können, wird neben den aggregierten und nicht aggregierten Fertigstellungsgraden auch ein Fertigstellungsgrad für die Ergebnisermittlung als eigene statistische Kennzahl fortgeschrieben. SAP-Hinweis 189230 enthält einige Informationen, die für Sie gegebenenfalls bei einer Fehlersuche im Rahmen Ihrer Fortschrittsanalyse hilfreich sein können.

Progress-Analysis-Workbench

Nach der Durchführung der Fortschrittsanalyse können Sie die Daten z. B. in der Projektplantafel, mithilfe spezieller Fortschrittsberichte oder auch in der Progress-Analysis-Workbench auswerten (siehe Abbildung 4.29). Die Progress-Analysis-Workbench dient jedoch nicht nur der gemeinsamen Analyse von Fortschrittsdaten, Status, Terminen, Kosten und verschiedenen Stammdaten von Projekten, sondern kann auch für die Änderungen von Daten verwendet werden. So können Sie in der Progress-Analysis-Workbench unter anderem Vorgänge und Vorgangselemente zurückmelden, verschiedene System- und Anwenderstatus setzen, Plan- und Ist-Termine von PSP-Elementen erfassen, Benutzerfelder und kundeneigene Felder ändern und insbesondere Fertigstellungsgrade tabellarisch pflegen. Bei Bedarf können Sie die Daten der Progress-Analysis-Workbench auch nach Microsoft Excel exportieren, dort z. B. Fertigstellungsgrade oder Termine für PSP-Elemente, Vorgänge und Meilensteine erfassen und sie anschließend wieder in das SAP-System importieren.

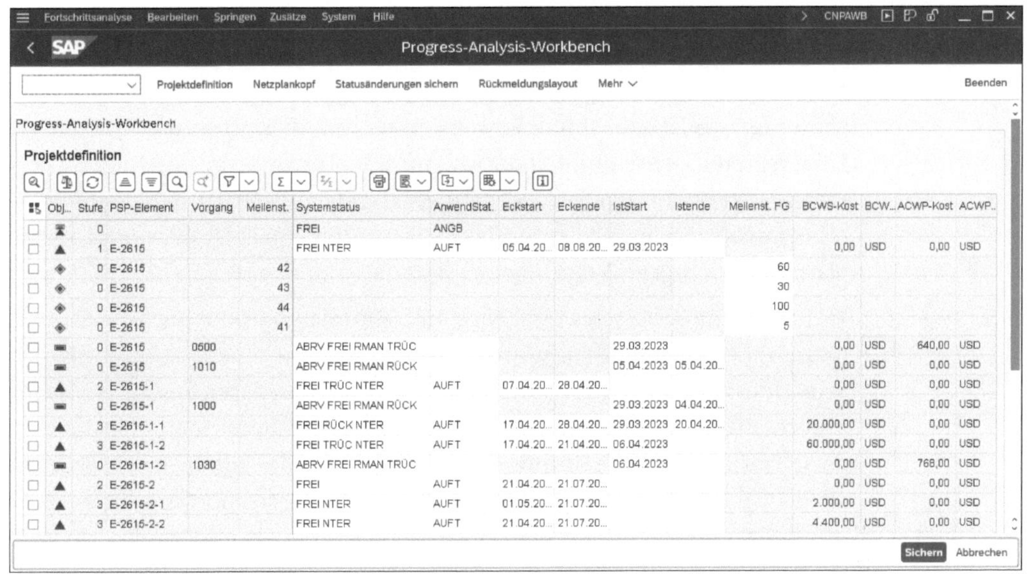

Abbildung 4.29 Progress-Analysis-Workbench

In der Progress-Analysis-Workbench können Sie zwischen der in der Abbildung dargestellten flachen, tabellarischen Darstellung und der Verwendung eines Strukturbaums zur Navigation und Bearbeitung einzelner Objekte wählen. Darüber hinaus können Sie zwischen einem *Standardlayout* und einem *Rückmeldelayout* wechseln. Das Rückmeldelayout umfasst weniger Felder als das Standardlayout und ist daher übersichtlicher bei der Erfassung von Daten.

Darstellungsvarianten

4.7.3 Progress Tracking

Der Einsatz des Progress Trackings im Projektsystem ist für Projekte interessant, bei denen die pünktliche Beschaffung und Lieferung von Materialkomponenten eine zentrale Rolle für die Projektdurchführung spielen. Mithilfe des Progress Trackings können Sie beliebige Ereignisse zu den Materialkomponenten in den Projekten zeitlich verfolgen und bei Bedarf durch Status- und zusätzliche Termininformationen ergänzen. Die Ereignisse können dabei eine Entsprechung in den Belegen des SAP-Systems besitzen, z. B. Bestellung sowie Warenein- und Warenausgang. Sie können jedoch auch völlig unabhängig von den Daten des SAP-Systems definiert werden.

Das Progress Tracking kann im Einkauf auch für die Terminverfolgung von Bestellungen eingesetzt werden. Man unterscheidet daher zwischen den beiden Progress-Tracking-Objekten *Materialkomponente* und *Bestellung*. Weitere Progress-Tracking-Objekte sind *PSP-Elemente* und *Netzplanvorgänge*. Die Verwendung des Progress Trackings für PSP-Elemente und Netzplanvorgänge ist z. B. sinnvoll, wenn Sie Ihre Projektstrukturen möglichst klein halten möchten und dennoch eine detaillierte Terminverfolgung von Ereignissen benötigen. Für jedes Progress-Tracking-Objekt existieren separate Transaktionen und Customizing-Aktivitäten. Im Folgenden wird exemplarisch das Progress Tracking von Materialkomponenten näher erläutert.

Ablauf des Progress Trackings

Wenn Sie das Progress Tracking für Materialkomponenten ausführen (Transaktion COMPXPD), wählen Sie zunächst in einem zweischrittigen Selektionsverfahren die Materialkomponenten aus, deren Ereignisse Sie im Progress Tracking bearbeiten bzw. analysieren möchten. Sofern Sie das Progress Tracking für eine Komponente zum ersten Mal durchführen, müssen Sie der Materialkomponente zunächst die Ereignisse zuordnen, deren Termine Sie auswerten möchten. Dazu können Sie neue Ereignisse für die Komponenten direkt im Progress Tracking anlegen oder auf *Standardereignisse* und *Ereignisszenarien* zurückgreifen, die Sie zuvor im Customizing des Projektsystems definiert haben. Mithilfe eines BAdIs können Sie die Zuordnung von Ereignissen bei Bedarf auch automatisieren.

Zu jedem Ereignis einer Materialkomponente können Sie nun bis zu vier Termine erfassen: einen Ursprungstermin, einen Plantermin, einen Prognosetermin und einen Ist-Termin. Diese Termine können Sie manuell, gegebenenfalls auch mithilfe einer Massenänderung im Progress Tracking eintragen, über Kopierfunktionen von anderen Komponenten übernehmen oder durch eine Terminierung im Progress Tracking berechnen lassen. Insbesondere können die Termine mithilfe eines BAdIs auch automatisch, z. B. aus Belegen des SAP-Systems, ermittelt werden.

Die Ereignistermine der verschiedenen Materialkomponenten können anschließend im Progress Tracking analysiert werden. Ampeln können Sie dabei darauf aufmerksam machen, wenn es Abweichungen, z. B. zwischen den Plan- und den Prognoseterminen eines Ereignisses, gibt oder Plantermine überschritten wurden, ohne dass ein entsprechender Ist-Termin für das Ereignis einer Komponente erfasst wurde (siehe Abbildung 4.30).

Um Termine von Materialkomponenten noch detaillierter analysieren zu können, besteht die Möglichkeit, den Komponenten Unterpositionen zuzuordnen und für jede Unterposition wiederum Ereignistermine zu erfassen. Bei Bedarf können Sie zusätzlich zu jeder Materialkomponente Statusinformationen mit erläuterndem Texten hinterlegen.

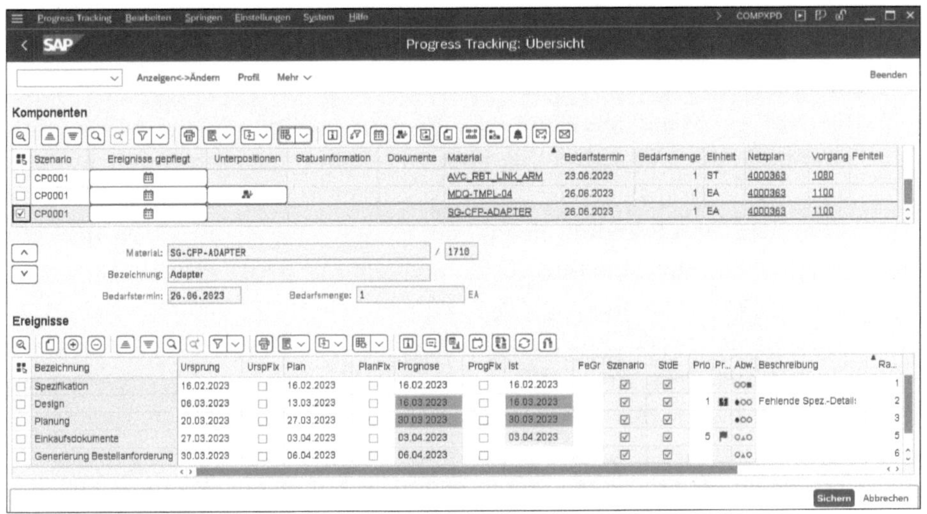

Abbildung 4.30 Beispiel für die Erfassung von Daten im Progress Tracking

Customizing des Progress Trackings

Voraussetzung für die Verwendung des Progress Trackings ist die Definition eines Progress-Tracking-Profils im Customizing des Projektsystems (siehe Abbildung 4.31). Mithilfe des Profils, das Sie im Einstiegsbild des Progress Trackings eingeben müssen, steuern Sie, welche Terminarten (Ursprung, Plan, Prognose, Ist) für Ereignisse dargestellt und welche Abweichungen durch Ampeln hervorgehoben werden sollen, sowie die Details der Terminierung von Ereignisterminen.

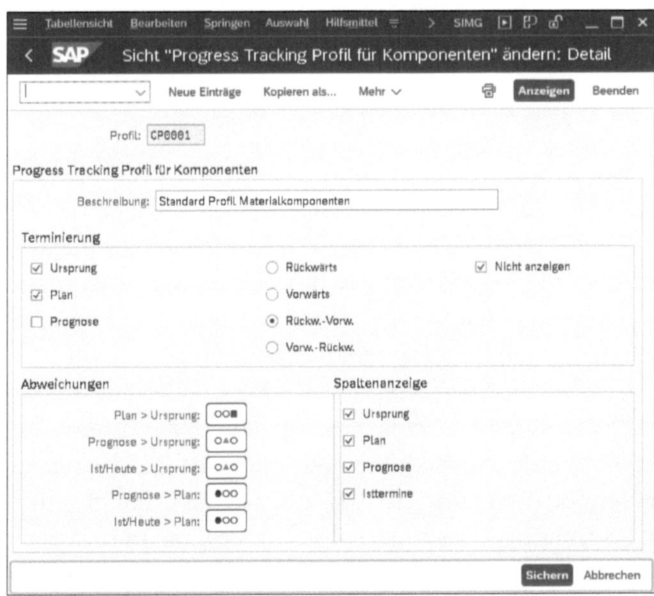

Abbildung 4.31 Beispiel für die Definition eines Progress-Tracking-Profils

Standardereignisse und Szenarien

In der Regel definieren Sie im Progress-Tracking-Customizing zusätzlich Standardereignisse und Ereignisszenarien, um diese später Materialkomponenten im Progress Tracking zuordnen zu können. Im einfachsten Fall besteht ein Standardereignis nur aus einem Schlüssel und einem Text. Wenn Sie die Ereignistermine über eine BAdI-Implementierung ableiten, können Sie für ein Standardereignis zusätzlich festlegen, ob ein abgeleiteter Termin in der Anwendung noch änderbar sein soll oder nicht. Nach der Definition eines Standardszenarios können Sie mit Bezug zum Szenario eine Abfolge von Standardereignissen definieren (siehe Abbildung 4.32). Dabei können Sie jeweils Zeitabstände zwischen zwei Ereignissen eingeben, die dann im Progress Tracking für eine Terminierung von Ereignisterminen herangezogen werden können. Möchten Sie zu den Materialkomponenten im Progress Tracking auch Statusinformationen hinterlegen, müssen Sie zusätzlich Statusinfotypen im Customizing definieren, die zum einen der Strukturierung der Status dienen und zum anderen für eine Berechtigungsprüfung der Statusinformationen verwendet werden können.

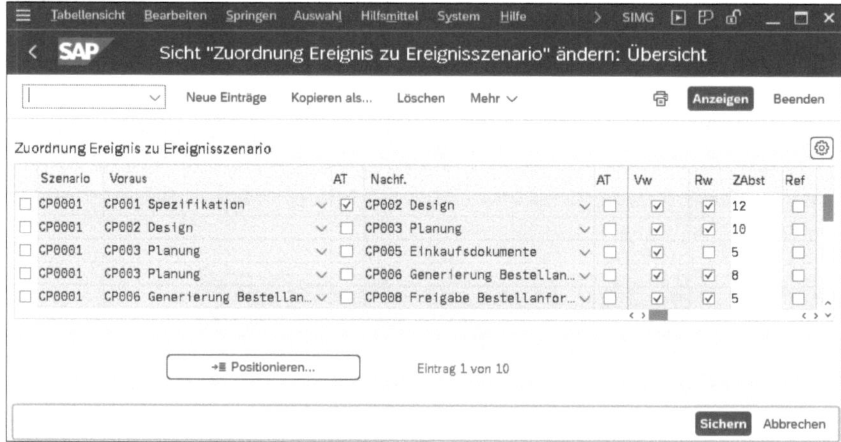

Abbildung 4.32 Zuordnung von Standardereignissen zu einem Szenario

EXP_UPDATE

Um die Funktionen des Progress Trackings an Ihre eigenen Anforderungen anzupassen, steht Ihnen das BAdI `EXP_UPDATE` zur Verfügung. Dieses BAdI umfasst Methoden, mit denen Ereignisszenarien oder Ereignisse automatisch Komponenten zugeordnet werden können oder z. B. Einfluss auf die bei der Terminierung verwendeten Zeitabstände genommen werden kann. Insbesondere können Sie mithilfe einer Methode dieses BAdIs Ereignistermine für Materialkomponenten automatisch, z. B. aus Bestellanforderungen, Bestellungen, Warenbewegungen usw., ableiten. Sie können zusätzlich das BAdI `EXP_ENHANCE` nutzen, um kundeneigene Funktionen und Anpassungen der Benutzeroberfläche vorzunehmen.

4.8 Claim-Management

Mithilfe des Claim-Managements können Sie unvorhergesehene Projektereignisse oder Abweichungen von der Projektplanung in Form von Meldungen (Claims) für ein Projekt dokumentieren. Bei Bedarf können Sie in einem Claim auch notwendige Aktionen und Maßnahmen einleiten und deren Verlauf verfolgen oder aus der Abweichung resultierende Kosten kalkulieren und in die Kostenplanung des betroffenen Projekts integrieren. Im Reporting des Projektsystems stehen Ihnen spezielle Berichte für die Auswertung von Claims zur Verfügung. Standardmäßig werden für das Claim-Management die beiden Meldungsarten **Eigenclaim** und **Fremdclaim** ausgeliefert. Sie können im Customizing des Projektsystems jedoch auch eigene Meldungsarten für das Claim-Management erstellen.

Beispiele für Eigen- und Fremdclaims

Beispiele für Gründe zum Erstellen von Eigenclaims sind interne, unvorhersehbare Kapazitäts- und Materialengpässe, notwendige Anpassungen von Spezifikationen und Projektplandaten, unerwartete Terminverzögerungen oder auch Probleme mit Partnern oder Lieferanten bei der Projektabwicklung. Fremdclaims können z. B. eingesetzt werden, um nachträgliche Kundenwünsche oder Reklamationen von Kunden oder anderen an der Projektdurchführung beteiligten Unternehmen zu dokumentieren. Dies sind nur einige Beispiele für die Verwendung von Claims; im Prinzip sind die Funktionen des Claim-Managements nicht auf spezielle Szenarien festgelegt.

Erstellen von Claims

Sie können Claims im SAP-System mithilfe der Transaktionen CLM1, CLM2 und CLM3 anlegen, bearbeiten und anzeigen. Zur Auswertung von Claims können Sie die Transaktionen CLM10 (Claim Übersicht) und CLM11 (Claim Hierarchie) verwenden. Zusätzlich stehen die SAP-Fiori-Apps **Projekt-Claim-Übersicht** (F6497) und **Projekt-Claim** für eine browserbasierte Auswertung von Claim-Daten zur Verfügung. Sie können Standard-Workflows des Claim-Managements nutzen, um nach der Erfassung eines Claims entsprechende Verantwortliche zu informieren und Prozesse zur Weiterverarbeitung oder auch zur Genehmigung von Claims zu optimieren. Für das Auslesen von Claim-Daten steht zusätzlich ein OData API zur Verfügung (siehe Anhang A, »Ausgewählte Schnittstellen im Projektsystem«).

Wenn Sie einen Claim im SAP-System anlegen, spezifizieren Sie zunächst die Meldungsart des Claims und gegebenenfalls den Partnertyp der Meldung, der darüber entscheidet, welche weiteren Partnerdaten, z. B. Kunden- oder Lieferantennummern, im Claim angegeben werden können. Im Detailbild des Claims tragen Sie anschließend eine Bezeichnung für den Claim ein. Ausführlichere Erläuterungen zum Claim können Sie in verschiedenen Langtexten erfassen, die durch Langtexttypen unterschieden werden können.

Mithilfe einer Filterfunktion für Langtexttypen können so später gezielt Informationen selektiert werden. Beispiele für Langtexttypen sind **Ursachenlangtext** oder **Konsequenzenlangtext**. Sie können die Bezeichnung der maximal vier Langtexttypen jedoch selbst im Customizing definieren. Durch die Anbindung des Claim-Managements an die Dokumentenverwaltung und die Business Document Services des SAP-Systems können Sie auch beliebige andere Dokumente mit dem Claim verknüpfen.

Weitere Informationen, die Sie in einem Claim hinterlegen können, sind z. B. Angaben zu den beteiligten Partnern (Kunden, Lieferanten, verantwortliche Benutzer usw.), relevante Einkaufs- oder Vertriebsbelege, System- und Anwenderstatus, Aktionen und Maßnahmen. Für jede Maßnahme können Sie, im Gegensatz zu den Aktionen, wiederum einen Partner und Status erfassen. Insbesondere können Sie in einem Claim ein PSP-Element eintragen und so den Bezug zu einem Projekt herstellen (siehe Abbildung 4.33).

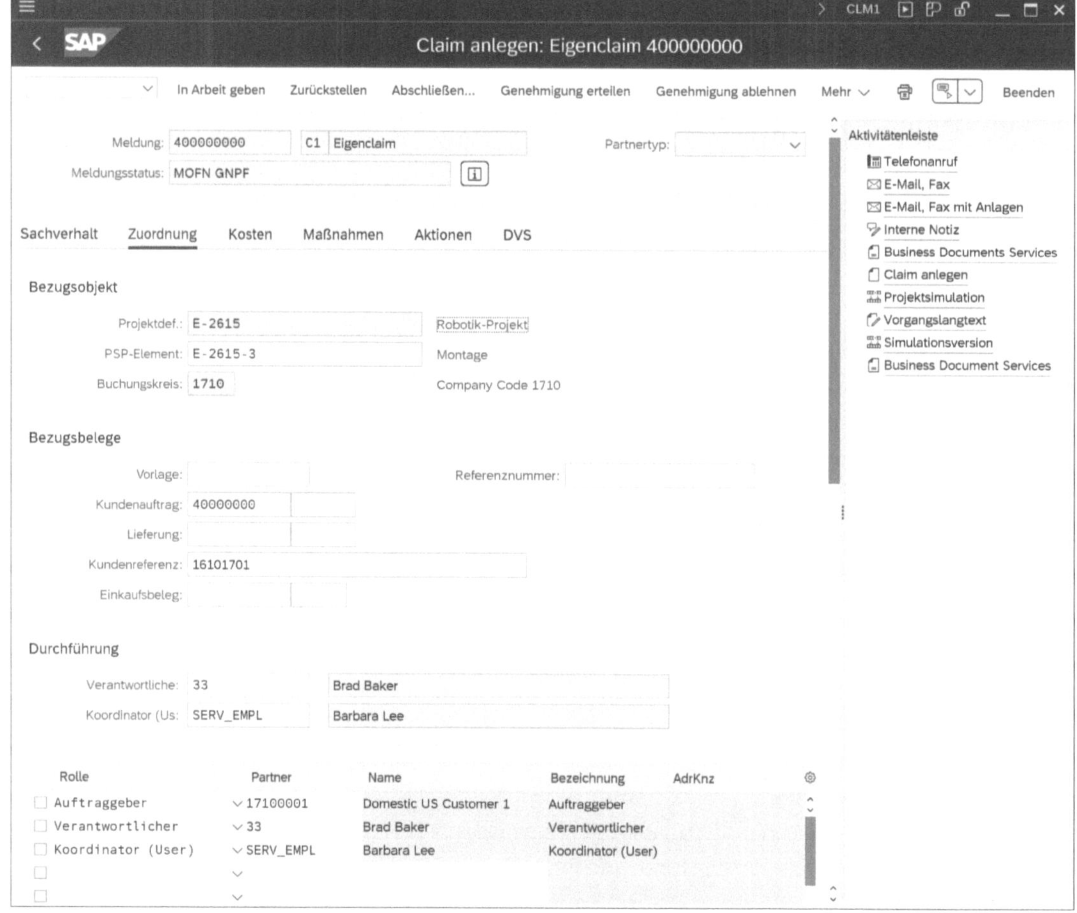

Abbildung 4.33 Beispiel für einen Eigenclaim

Aktivitätenleiste

Mithilfe einer *Aktivitätenleiste* können Sie bei der Claim-Bearbeitung abhängig vom Status des Claims und den Einstellungen im Claim-Customizing diverse Funktionsbausteine ausführen, wie z. B. Telefongespräche starten und dokumentieren, Faxe und E-Mails versenden, weitere Claims oder Simulationsversionen (siehe Abschnitt 1.9.2, »Simulationsversionen«) anlegen. Aktivitäten, die Sie über die Aktivitätenleiste ausgeführt haben, kann das System automatisch als Aktion oder Maßnahme im Claim protokollieren. Im Customizing können Sie die Aktivitätenleiste an Ihre eigenen Anforderungen anpassen und bei Bedarf weitere Aktivitäten hinzufügen.

Kostenintegration von Claims

In einem Claim können Sie auch Informationen zu den voraussichtlich aufgrund der Abweichung entstehenden Kosten hinterlegen. Im einfachsten Fall tragen Sie dazu lediglich einen geschätzten Betrag in den Claim ein. Alternativ können Sie jedoch auch eine detaillierte Kalkulation im Claim erstellen und den berechneten Gesamtbetrag als geschätzte Kosten übernehmen. Wenn Sie eine Kalkulation im Claim erstellt haben, können Sie diese auch in die Kostenplanung des betroffenen Projekts integrieren. Diese Kostenintegration wird technisch mithilfe eines Kostensammlers, eines Innenauftrags, realisiert.

Das heißt, beim Sichern des Claims erstellt das System automatisch einen Innenauftrag mit der Bezeichnung **Meldung**, gefolgt von der Bezeichnung des Claims, und kopiert die geschätzten Kosten des Claims als Plankosten in den Innenauftrag. Gleichzeitig wird auch die Zuordnung des Claims zum PSP-Element im Kostensammler übernommen, und es werden darüber organisatorische Daten des Innenauftrags abgeleitet. Durch die Zuordnung des Innenauftrags zum PSP-Element können nun auch die Plankosten im Reporting des Projekts ausgewertet werden. Die durch die Abweichungen entstehenden Ist-Kosten können ebenfalls auf den Kostensammler gebucht werden. In diesem Fall muss jedoch typischerweise auch eine Abrechnung des Innenauftrags erfolgen. Alternativ können Sie daher die Ist-Kosten auch direkt auf das Projekt buchen. Ein Plan-Ist-Vergleich ist dann jedoch nicht mehr auf der Ebene des Kostensammlers, sondern nur noch auf der Ebene des Projekts möglich.

Das Erzeugen des Kostensammlers wird im Claim automatisch durch den Systemstatus **MKOS** (**Kostensammler angelegt**) dokumentiert. Ändern sich im Nachhinein die geschätzten Kosten im Claim, werden automatisch auch die Plankosten des Innenauftrags angepasst. Wenn Sie verhindern möchten, dass die Plankosten des Innenauftrags manuell, also unabhängig vom Claim, geändert werden, müssen Sie für den Innenauftrag einen Anwenderstatus definieren, der die betriebswirtschaftlichen Vorgänge **Planung Einzelkalkulation** und **Planung Primärkosten** verbietet. Eine Änderung der

Plankosten durch die Änderungen der geschätzten Kosten des Claims bleibt durch diesen Status unbeeinflusst, da für die Kalkulation des Claims der betriebswirtschaftliche Vorgang **Einzelkalkulation primär** verwendet wird. Das Setzen oder die Rücknahme des Status **LÖVM** (**Löschvormerkung**) im Claim führt automatisch dazu, dass der Status auch im Innenauftrag gesetzt bzw. zurückgenommen wird.

Voraussetzungen der Kostenintegration

Damit das System beim Sichern eines Claims einen Kostensammler anlegen kann, müssen verschiedene Voraussetzungen im Claim und dem relevanten PSP-Element erfüllt sein. Im Claim muss ein PSP-Element eingetragen sein, die geschätzten Kosten des Claims müssen durch eine Kalkulation ermittelt werden, und es muss – sofern der Claim genehmigungspflichtig ist – eine Genehmigung des Claims durchgeführt werden. Darüber hinaus muss das PSP-Element ein Kontierungselement sein und den Status **TFRE** (**Teilfreigegeben**) oder **FREI** (**Freigegeben**) haben. Wenn die Profit-Center-Rechnung aktiv ist und Geschäftsbereichsbilanzen im Buchungskreis des PSP-Elements erstellt werden sollen, muss in dem PSP-Element auch ein Profit-Center bzw. ein Geschäftsbereich eingetragen sein.

Eine weitere Voraussetzung für das automatische Erstellen eines Kostensammlers ist, dass Sie eine Implementierung des BAdIs `NOTIF_COST_CUS_CHECK` erstellen und dabei in der Methode CHECK das Kennzeichen E_CREATE_COST_COLLECTOR auf X setzen. Bei Bedarf können Sie in der Methode weitere Bedingungen zum Anlegen eines Kostensammlers programmieren. Die Controlling-Eigenschaften des Innenauftrags werden durch ein *Controlling-Szenario* festgelegt, das Sie im Claim-spezifischen Customizing den relevanten Meldungsarten zuordnen müssen. Im Standard wird zu diesem Zweck bereits ein Controlling-Szenario ausgeliefert. Der Kostensammler wird immer als Innenauftrag zur Auftragsart CL01 angelegt. Mit Ausnahme des Statusschemas sollten Sie keinerlei Änderungen an dieser Auftragsart vornehmen. In der Customizing-Tabelle **Auftragswertfortschreibung von Aufträgen zum Projekt festlegen** können Sie mit Bezug zu dieser Auftragsart entscheiden, ob die Plankosten des Kostensammlers additiv in die Plansumme des PSP-Elements einfließen sollen oder nicht.

Customizing von Claims

Das Customizing von Claims besteht aus dem allgemeinen Meldungs-Customizing und dem Claim-spezifischen Customizing. Im allgemeinen Meldungs-Customizing können Sie bei Bedarf neue Meldungsarten anlegen oder Anpassungen der beiden Standardmeldungsarten **Eigen-** und **Fremdclaim** vornehmen. Mit Bezug zu einer Meldungsart können Sie im allgemeinen Meldungs-Customizing z. B. festlegen, welche Partner, Ursachen, Aktionen oder Maßnahmen in einem Claim erfasst oder auch welche Funktionsbausteine über die Aktivitätenleiste angestoßen werden können. Das

Claim-spezifische Customizing umfasst neben den oben erläuterten Einstellungen zum Kostensammler z. B. die Festlegung der Langtexttypen, die im Claim zur Strukturierung von Informationen verwendet werden können.

4.9 Zusammenfassung

Im Rahmen der Realisierungsphase von Projekten entstehen aufgrund projektbezogener Geschäftsvorfälle diverse Belege im SAP-System, die auf die entsprechenden Projekte kontiert werden und damit zur Fortschreibung von Obligos, Kosten und Erlösen sowie Zahlungen auf den Projekten führen. Um den zeitlichen Verlauf von Projekten bzw. Projektteilen zu überwachen, erfassen Sie Ist-Termine für PSP-Elemente und Vorgänge und stellen diese den geplanten Terminen gegenüber. Werkzeuge zur Fortschrittsanalyse von Projekten unterstützen Sie dabei, rechtzeitig Kosten- und Terminabweichungen von Ihrer Planung zu erkennen.

Kapitel 5

Periodenabschluss

Um alle zu einer Periode gehörenden Daten zu ermitteln und für das Unternehmenscontrolling zur Verfügung zu stellen, führen Sie während der Projektplanung und -durchführung verschiedene periodische Arbeiten durch.

In Kapitel 2, »Planungsfunktionen«, und in Kapitel 4, »Prozesse der Projektdurchführung«, haben Sie erfahren, wie Kosten und Erlöse für Projekte geplant und gebucht werden können. Die Plandaten auf der Basis einer Detailplanung oder auch die Ist-Kosten auf Projekten aufgrund der direkten Kontierung von Leistungsverrechnungen, Materialbelegen oder Rechnungen sind in der Regel jedoch nicht vollständig. Typischerweise müssen zusätzlich auch Gemeinkostenanteile von Kostenstellen berücksichtigt werden, die keinen direkten Bezug zur erbrachten Leistung haben (z. B. Verwaltungskostenstellen). Gegebenenfalls müssen aufgrund veränderter Tarife Korrekturbuchungen für verrechnete Leistungen vorgenommen werden. Insbesondere bei mehrjährigen, kostenintensiven Projekten sollten Zinsgewinne und -verluste betrachtet werden. Um Ihre Projektdaten im Unternehmens-Controlling für entsprechende Analysen zur Verfügung zu stellen, möchten Sie gegebenenfalls die Daten um zusätzliche Kennzahlen, z. B. Prognosedaten, ergänzen. Schließlich dienen Projekte oft nur zur temporären Sammlung von Kosten und Erlösen und verrechnen die in einer Periode gesammelten Kosten/Erlöse später an andere Empfänger weiter.

Periodische Arbeiten

Für all diese Aufgaben stehen Ihnen im Projektsystem verschiedene Funktionen zur Verfügung, die typischerweise periodisch durchgeführt werden. Bevor die verschiedenen Periodenabschlussarbeiten für Projekte erläutert werden, werden im folgenden Abschnitt zunächst einige allgemeine Aspekte zur Ausführung der entsprechenden Funktionen behandelt.

Periodische Tätigkeiten in Plan und Ist

Periodische Tätigkeiten im Plan werden oft auch als *Verrechnungen* bezeichnet, während periodische Tätigkeiten im Ist üblicherweise unter dem Begriff *Periodenabschluss* zusammengefasst werden. SAP-Hinweis 701077 enthält eine Reihe nützlicher Informationen zu den periodischen Tätigkeiten im Projektsystem.

5.1 Verarbeitungsarten

Einzelverarbeitung

Die Durchführung der verschiedenen Periodenabschlussarbeiten kann jeweils für einzelne Projekte bzw. Projektteile in der *Einzelverarbeitung*, aber auch für mehrere Projekte gleichzeitig in der *Sammelverarbeitung* erfolgen. Abbildung 5.1 zeigt ein typisches Einstiegsbild einer Einzelverarbeitung.

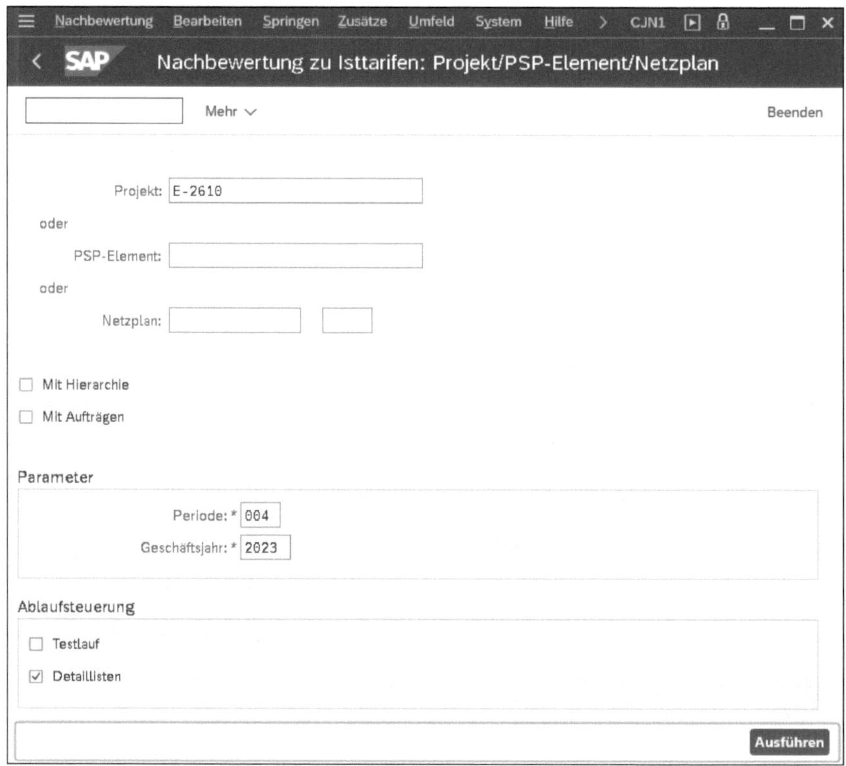

Abbildung 5.1 Einstiegsbild der Nachbewertung zu Ist-Tarifen in der Einzelverarbeitung

Durch die Angabe der Projektdefinition können Sie alle PSP-Elemente zu diesem Projekt gleichzeitig selektieren. Geben Sie anstelle der Projektdefinition ein PSP-Element an, bestimmt das Kennzeichen **Mit Hierarchie,** ob nur das PSP-Element selektiert werden soll oder alle in der Hierarchie untergeordneten PSP-Elemente. Das Kennzeichen **Mit Aufträgen** entscheidet darüber, ob auch jeweils die zugeordneten Netzpläne und Aufträge mitselektiert werden sollen oder nicht.

Je nach Transaktion finden Sie im Einstiegsbild weitere Felder vor, über die Sie z. B. steuern können, welche Perioden und welche Parameter für die Ablaufsteuerung verwendet werden sollen. Mithilfe der Einstellungen der Ablaufsteuerung legen Sie z. B. fest, ob ein Testlauf durchgeführt oder eine Detailliste am Ende der Durchführung erstellt werden soll. Bei einem Testlauf können Sie das Ergebnis der Durchführung analysieren, ohne dass jedoch eine Verbuchung der Daten erfolgt.

Sammelverarbeitung

Für die Verwendung von Sammelverarbeitungen müssen Sie zunächst *Selektionsvarianten*, d. h. Listen aller zu berücksichtigenden Projekte bzw. Projektteile, mithilfe von Transaktion CJ8V definieren. Bei der Objektselektion können Sie zusätzlich die freie Abgrenzung und Statusselektionsschemata als Filterkriterien (siehe Abschnitt 6.1, »Infosystem Strukturen und Übersichts-Apps«) einsetzen. In den Variantenattributen müssen Sie vor dem Sichern mindestens eine Bedeutung für die Selektionsvariante angeben.

[+]

Definition von Selektionsvarianten

Die Verwendung von Selektionsvarianten ist eine generische Funktion im SAP-System, die für alle möglichen Zwecke (Sammelverarbeitungen, Berichtsaufrufe usw.) eingesetzt werden kann. In den Variantenattributen können Sie z. B. Einstellungen zur Darstellung und Eingabebereitschaft von Feldern vornehmen. Insbesondere können Sie bestimmte Felder als Selektionsvariablen kennzeichnen. Der Wert des Felds wird dann erst zur Laufzeit mithilfe der variablen Datumsberechnung (z. B. Tagesdatum) mit benutzerspezifischen Festwerten oder Festwerten, die Sie zentral in der Tabelle TVARVC pflegen, automatisch gefüllt.

SAP-Fiori-App »Gemeinkostenrechnungs-Jobs einplanen«

Im Gemeinkosten-Controlling können Sie auch die SAP-Fiori-App **Gemeinkostenrechnungs-Jobs einplanen** (F3767) verwenden, um verschiedene periodische Tätigkeiten als Hintergrundjobs auszuführen. Speziell für Projekte beinhaltet die App Job-Vorlagen zur Ist-Zuschlagsberechnung und -abrechnung. Sie können diese SAP-Fiori-App sowohl zur Berechnung und zum Buchen der Ist-Werte als auch zum Stornieren von Buchungen verwenden.

Der Periodenabschluss von Projekten kann in der Regel nicht isoliert von anderen periodischen Tätigkeiten in Ihrem Unternehmen betrachtet werden, sondern ist abhängig von weiteren betriebswirtschaftlichen Vorgängen, wie z. B. von der Tarifermittlung in der Kostenstellenrechnung. Dabei müssen bestimmte Reihenfolgen beachtet werden. So muss z. B. erst die Ermittlung der Ist-Tarife in der Kostenstellenrechnung durchgeführt werden, bevor die Nachbewertung der Ist-Tarife Ihrer Projekte erfolgen kann, bevor Sie die Gemeinkosten auf Basis Ihrer Ist-Kosten ermitteln können etc.

Ergänzende Lösungen für Abschlusstätigkeiten

Anstatt einzelne Transaktionen für die jeweiligen Periodentätigkeiten zu verwenden und um den gegebenenfalls abteilungsübergreifenden Ablauf des Periodenabschlusses gesamtheitlich zu planen, automatisiert durchzuführen und zu überwachen, stehen Ihnen verschiedene Optionen zur Verfügung:

- **Schedule Manager**

  Der Schedule Manager ist allerdings Teil des SAP-S/4HANA-Kompatibilitätsumfangs, der mit eingeschränkten Nutzungsrechten versehen ist. Sie müssen daher vor Ablauf der Kompatibilitäts-Package-Lizenz eine Migration vom Schedule Manager auf eine alternative Funktion vornehmen (SAP-Hinweis 3003364 – S4TWL - Schedule Manager).

- **Standard Closing Cockpit**

  Die Funktionen des Standard Closing Cockpits sind jedoch nicht Teil der Zielarchitektur in Finance (SAP-Hinweis 2332547 – S4TWL - Closing Cockpit in Verbindung mit SAP S/4HANA, On-Premise-Edition).

- **SAP S/4HANA Financial Closing Cockpit**

  Alternative zum Standard Closing Cockpit mit erweitertem Funktionsumfang

- **SAP S/4HANA Cloud for Advanced Financial Closing**

  auf SAP Business Technology Platform (siehe Abschnitt 7.3, »Erweiterungen auf der SAP Business Technology Platform«) basierte Cloud-Lösung zur Planung, Ausführung und Analyse von unternehmensweiten Abschlussaufgaben

Abbildung 5.2 zeigt das Beispiel einer Abschlussstruktur im SAP S/4HANA Financial Closing Cockpit (Transaktion FCLOCOC) mit einer Aufgabe für den Periodenabschluss für Projekte. Die Aufgabenpläne der Abschlussstruktur können Sie selbst anlegen oder aber auch z. B. aus dem Schedule Manager eines verknüpften Systems importieren. Aufgaben innerhalb der Struktur repräsentieren die chronologisch organisierten Aktivitäten eines Periodenabschlusses und können z. B. in Form von Transaktionen, Programmen, Ablaufdefinitionen oder anderen Aufgabentypen abgebildet werden.

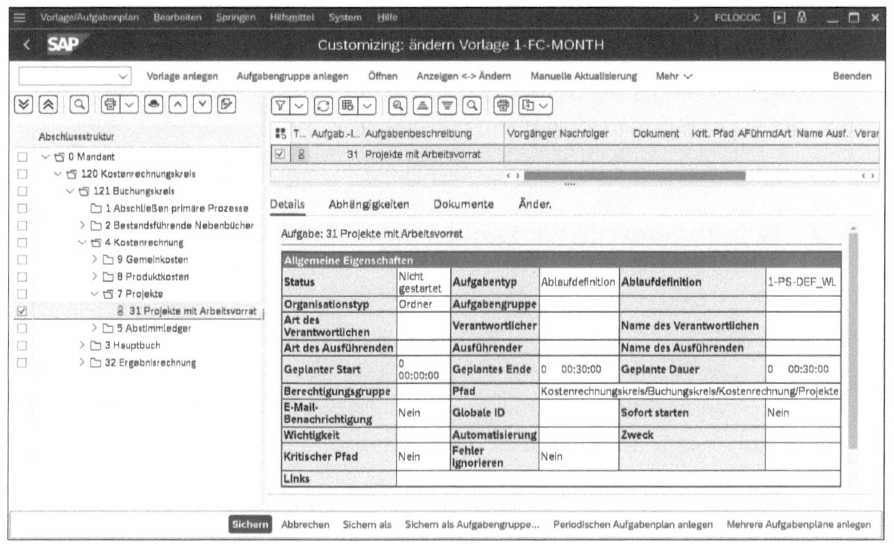

Abbildung 5.2 Beispiel einer Abschlussstrukturvorlage im Financial Closing Cockpit

Abbildung 5.3 zeigt die Ablaufdefinition eines exemplarischen Periodenabschlusses für Projekte. Mithilfe des Workflow Builders können Sie in einer Ablaufdefinition die Abfolge der periodischen Tätigkeiten in Form einzelner Schritte festlegen und bei Bedarf das Versenden von Informationen an Benutzer oder auch Benutzerentscheide integrieren.

Ablaufdefinition

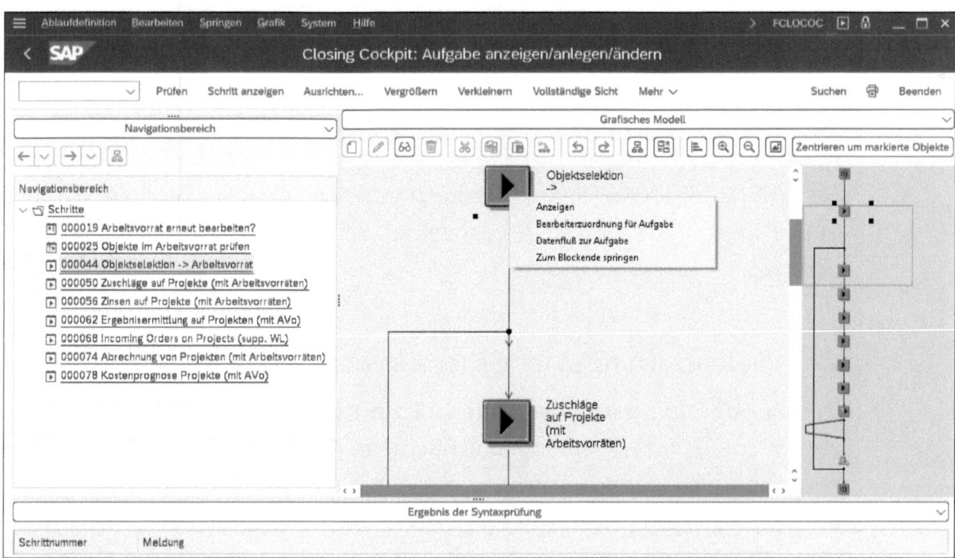

Abbildung 5.3 Beispiel einer Ablaufdefinition für den Periodenabschluss von Projekten

Im Folgenden werden die verschiedenen Funktionen, die für einen Periodenabschluss im Projektsystem zur Verfügung stehen, im Detail behandelt. Die Screenshots zu den einzelnen Funktionen beziehen sich dabei jeweils auf die Transaktionen zur Einzelverarbeitung.

5.2 Nachbewertung zu Ist-Tarifen

Nehmen Ihre Projekte im Rahmen der Realisierungsphase Leistungen von Kostenstellen oder Geschäftsprozessen in Anspruch (z. B. durch Rückmeldungen oder die Kontierung von Leistungsverrechnungen auf PSP-Elemente), werden abhängig von der Leistungsart entsprechende Tarife für die Bewertung der Leistungen und die Berechnung der entsprechenden Kostenflüsse herangezogen.

Ist-Tarifermittlung

Manche Unternehmen bestimmen die Tarife der einzelnen Leistungsarten zur Bewertung der Ist-Leistungen iterativ im Rahmen des Periodenabschlusses mithilfe der sogenannten *Ist-Tarifermittlung*. Dabei ergeben sich die Ist-Tarife aus dem Verhältnis der Ist-Kosten zur tatsächlich erbrachten Leistung der Kostenstelle bzw. des Geschäftsprozesses. Je nach verwendetem Verfahren werden dabei die Kosten und Leistungen der einzelnen Perioden separat betrachtet (periodisch differenzierter Tarif), als Summenwerte (Durchschnittstarif) oder jeweils als kumulierte Werte bis zur Betrachtungsperiode (kumulierter Tarif).

Da die Ist-Tarifermittlung jedoch erst im Rahmen des Periodenabschlusses erfolgt, steht zum Zeitpunkt der Buchung der Ist-Leistung der iterativ ermittelte Ist-Tarif noch nicht zur Verfügung. Daher werden die Leistungen typischerweise zunächst mit Plantarifen bewertet. Nach der Ermittlung der Ist-Tarife können Sie dann entsprechende Korrekturbuchungen vornehmen, d. h., dass Sie für Ihre Projekte eine Nachbewertung zu Ist-Tarifen vornehmen.

5.2.1 Voraussetzungen für die Nachbewertung zu Ist-Tarifen

Um die Funktion **Nachbewertung zu Isttarifen** nutzen zu können, müssen verschiedene Voraussetzungen erfüllt sein. Auf ein Projekt müssen innerbetriebliche Leistungsverrechnungen durchgeführt oder Prozesskosten gebucht worden sein. Sie haben im Customizing in den geschäftsjahresabhängigen Parametern der CO-Version 0 (bzw. der entsprechenden Ist-Version) mithilfe des Kennzeichens **Nachbewertung** festgelegt, ob und wie die Nachbewertung erfolgen soll. Das Kennzeichen hat drei mögliche Ausprägungen:

- **0 (keine Nachbewertung)**

  Es findet keine Nachbewertung statt, d. h. in der Regel, dass alle Ist-Leistungen mit dem Plantarif bewertet werden.
- **1 (Nachbewertung mit eigenem Vorgang)**

  Nachbewertungen sind möglich und werden als Differenzen zur ursprünglichen Verrechnung mit einem eigenen Vorgang (**Isttarifermittlung**) durchgeführt. Die ursprünglichen Verrechnungen bleiben unverändert. Damit ist die Abweichung zwischen den Bewertungen zu Ist- und Plantarif nachvollziehbar.
- **2 (Nachbewertung im Originalvorgang)**

  Nachbewertungen sind möglich und führen zu einer Änderung der ursprünglichen Verrechnungen. Die Abweichungen zwischen den Bewertungen zu Ist- und Plantarif sind nicht mehr nachvollziehbar. Die Änderung der bisherigen Verrechnungssätze ist vor allem sinnvoll, wenn kein Plantarif vorhanden ist und daher bei der originären Buchung keine Bewertung erfolgte.

Als letzte Voraussetzung für eine Nachbewertung zu Ist-Tarifen muss in der Kostenstellen- bzw. Prozesskostenrechnung eine Ist-Tarifermittlung durchgeführt werden (Transaktionen KSII bzw. CPII). Die Ist-Tarifermittlung wird dabei im Wesentlichen durch das Kennzeichen **Verfahren** in den geschäftsjahresabhängigen Parametern der CO-Version und das **Tarifkennzeichen** des Ist-Verrechnungspreises, das als Vorschlagswert aus den Stammdaten der jeweiligen Leistungsart übernommen wird, gesteuert.

5.2.2 Durchführung der Nachbewertung zu Ist-Tarifen

Nachbewertung – Projektstrukturpläne/Netzpläne

Im Projektsystem stehen Ihnen zur Nachbewertung von Projektstrukturplänen und Netzplänen die Transaktionen CJN1 (Einzelverarbeitung) und CJN2 (Sammelverarbeitung) zur Verfügung.

Abbildung 5.1 zeigt das Einstiegsbild der Einzelverarbeitung. Neben der Selektion der Objekte spezifizieren Sie hier für die Nachbewertung die **Periode** und das **Geschäftsjahr** sowie die relevanten Kennzeichen zur **Ablaufsteuerung**. Wiederholen Sie die Nachbewertung für eine Periode, werden nur die Differenzen verbucht, die sich aufgrund nachträglicher Tarifänderungen ergeben haben. Bei Bedarf können Sie die im Echtlauf durchgeführten Nachbewertungen auch stornieren. Die ursprünglichen Leistungsverrechnungen bleiben davon unberührt.

Wurden in der Periode keine Leistungen aufgenommen, existiert kein Ist-Tarif, oder wurde das Projekt schon mit dem aktuellen Ist-Tarif bewertet, findet keine Buchung statt. Wenn der Status des Projekts oder der zu entlastenden Kostenstelle eine Buchung verbietet, gibt das System entsprechende Fehlermeldungen aus.

5.2.3 Abhängigkeiten der Nachbewertung von Ist-Tarifen

Periodensperren setzen

In der Regel ist es sinnvoll, vor der Durchführung der Nachbewertung zu Ist-Tarifen Periodensperren im Ist für die Vorgänge **Leistungsverrechnungen Ist** (RKL) und **indirekte Leistungsverrechnungen Ist** (RKIL) zu setzen (Transaktion OKP1). Nach der Durchführung der Nachbewertung können Sie bei Bedarf auch eine Periodensperre für den Vorgang **Nachbewertung** (RKLN) setzen.

[!]

Einschränkung der Gemeinkostenbezuschlagung bei Verwendung der Nachbewertung zu Ist-Tarifen

Beachten Sie, dass Sie bei der Verwendung der Nachbewertung zu Ist-Tarifen im Rahmen der Gemeinkostenbezuschlagung (siehe Abschnitt 5.3, »Gemeinkostenzuschläge«, keine prozentualen Zuschläge auf der Basis von Kosten zum Kostenartentyp 43 (**Interne Leistungsverrechnungen**) berechnen dürfen. Da die Nachbewertung zu veränderten Kosten dieser Kostenarten führen würde, müssten Sie eine neue Gemeinkostenbezuschlagung durchführen, die wiederum zu veränderten Kosten auf den entlasteten Kostenstellen führen würde. Eine Rekursion wäre die Folge.

Beachten Sie auch die Reihenfolge, in der Sie die Gemeinkostenbezuschlagung, die Abrechnung (siehe Abschnitt 5.9, »Abrechnung«), die Ist-Tarifermittlung und die Nachbewertung vornehmen. Gegebenenfalls müssen Sie vor und nach der Nachbewertung zu Ist-Tarifen (oder nach einem Storno der Nachbewertung) erneut Abrechnungen durchführen, um die Nachbewertungsdaten konsistent auch an die Abrechnungsempfänger weiterzureichen. In der SAP-Bibliothek finden Sie das Beispiel »Nachbewertung zu Ist-Tarifen mit erneuter Abrechnung«, in dem ausführlich der Zusammenhang zwischen Abrechnungen auf Kostenstellen, Tarifermittlung und Nachbewertung erörtert wird.

5.3 Gemeinkostenzuschläge

Nicht alle Kostenstellen eines Unternehmens können ihre Kosten mithilfe von Leistungsverrechnungen, Verteilungen oder Umlagen gezielt an Projekte oder andere Controlling-Objekte weiterverrechnen. Verwaltungskostenstellen z. B. besitzen in der Regel keinen direkten Bezug zu einem Projekt; eine leistungsbezogene Verrechnung von Kosten dieser Kostenstellen scheidet somit aus. Stattdessen erfolgen eine Entlastung solcher Kostenstellen und die gleichzeitige Belastung des Projekts typischerweise mithilfe von Gemeinkostenbezuschlagungen. Grundlage der Berechnung der Gemeinkostenzuschläge sind dabei die Kosten oder Mengen, die mit Bezug zu den relevanten Kostenarten, z. B. Lohn- oder Materialkosten, auf dem Projekt gebucht wurden.

5.3.1 Voraussetzungen für die Verrechnung von Gemeinkostenzuschlägen

Kalkulationsschema

Die Berechnung von Gemeinkostenzuschlägen wird durch ein *Kalkulationsschema* gesteuert, das in den relevanten PSP-Elementen, Netzplanvorgängen bzw. im Falle kopfkontierter Netzpläne in den Netzplanköpfen eingetragen sein muss. Für PSP-Elemente können Sie bereits im Projektprofil einen Vorschlagswert für das Kalkulationsschema hinterlegen. Im Netzplankopf wird das Kalkulationsschema aus der Bewertungsvariante der Kalkulationsvariante des Netzplans abgeleitet, kann jedoch im Netzplankopf auch manuell geändert werden. Wenn Sie einem PSP-Element Vorgänge zuordnen, übernehmen diese Vorgänge das Kalkulationsschema des PSP-Elements; andernfalls übernehmen die Vorgänge das Kalkulationsschema des Netzplankopfs als Vorschlagswert.

Die Definition der Kalkulationsschemata nehmen Sie im Customizing des Projektsystems vor. Ein Kalkulationsschema besteht aus einem Schlüssel und einer Bezeichnung, denen jeweils Zeilen zugeordnet sind (siehe Abbildung 5.4).

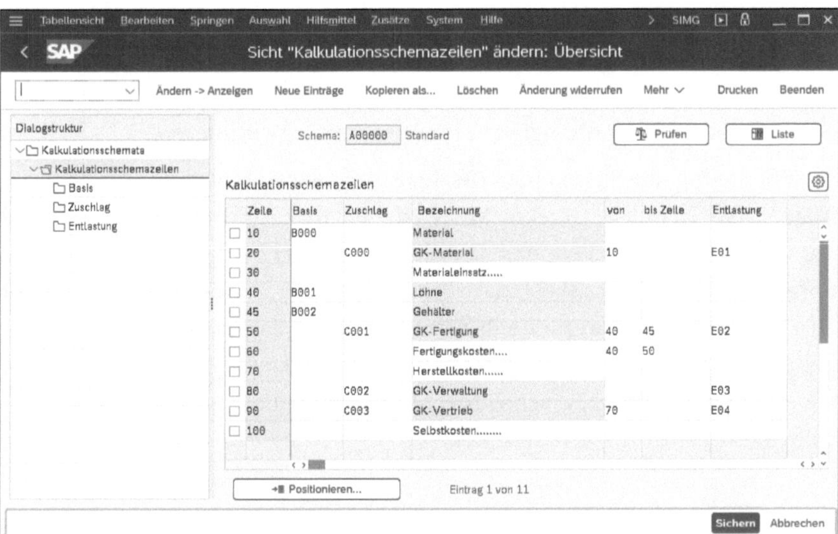

Abbildung 5.4 Beispiel für die Definition eines Kalkulationsschemas

Eine Zeile eines Kalkulationsschemas kann entweder eine *Basis* enthalten (Basiszeile) oder einen *Zuschlag*, zusammen mit einer *Entlastung* und der Angabe, welche Zeilen für die Berechnung des Zuschlags und der Entlastung verwendet werden sollen. Zusätzlich können Sie auch Summenzeilen in einem Kalkulationsschema verwenden, um Zwischen- und Endsummen zu bilden. Bei der Zuschlagsberechnung werden die Zeilen von oben nach unten abgearbeitet.

Berechnungsbasis

Mithilfe der Basiszeilen innerhalb eines Kalkulationsschemas bestimmen Sie, welche Kostenarten die Grundlage für die Berechnung der Gemeinkosten bilden, also bezuschlagt werden sollen. Die Definition von Basen nehmen Sie ebenfalls im Customizing vor. Abhängig vom Kostenrechnungskreis können Sie einer Basis einzelne Kostenarten oder auch Kostenartenintervalle zuordnen. Bei Bedarf können Sie auch einzelne Herkünfte bzw. Herkunftsintervalle zuordnen, um Kosten unterschiedlicher Materialien weiter zu unterscheiden. Hierzu muss eine Herkunft in der Kalkulationssicht der Materialstämme hinterlegt werden.

Zuschlag

Der Zuschlag in einer Zeile des Kalkulationsschemas steuert, wie hoch die Bezuschlagung sein soll. Ein Zuschlag kann dabei prozentual (gerechnet anhand der Kosten der zu bezuschlagenden Kostenarten) definiert werden oder aber auch mengenbezogen, wenn die Kostenarten der Basiszeilen eine Mengenführung erlauben. Die Festlegung der prozentualen oder mengenbezogenen Zuschläge kann in Abhängigkeit von Gültigkeitszeiträumen, von der Zuschlagsart (Plan, Ist oder Obligo) oder z. B. von Organisationseinheiten und Stammdaten der zu bezuschlagenden Objekte erfolgen (siehe Abbildung 5.5). Welche Spalten dabei zur Festlegung unterschiedlicher Prozentsätze oder Beträge pro Mengeneinheit angeboten werden, wird durch die Abhängigkeit gesteuert, die Sie dem Zuschlag zuordnen. Bei Bedarf können Sie eine eigene Abhängigkeit im Customizing definieren.

Entlastung

Die Entlastung, die Sie in einer Zuschlagszeile des Kalkulationsschemas eintragen, steuert, welche Objekte (Kostenstellen, Innenaufträge oder Geschäftsprozesse) um den berechneten Zuschlagswert entlastet werden sollen und unter welcher Zuschlagskostenart (Kostenartentyp 41) die Verrechnung des Zuschlags ausgeführt werden soll (siehe Abbildung 5.6). Zusätzlich können Sie in der Definition einer Entlastung zeitliche Gültigkeiten festlegen und gegebenenfalls entscheiden, welche Prozentsätze der Entlastung als fixe oder variable Anteile verbucht werden sollen.

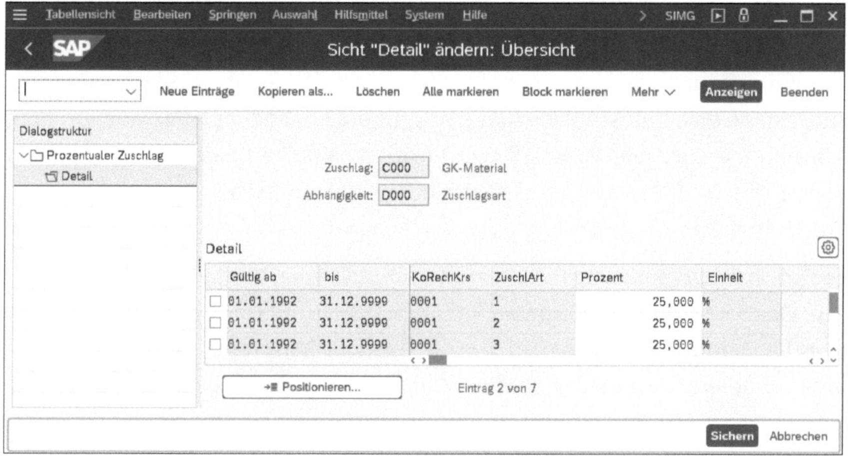

Abbildung 5.5 Beispiel für die Definition eines Zuschlags

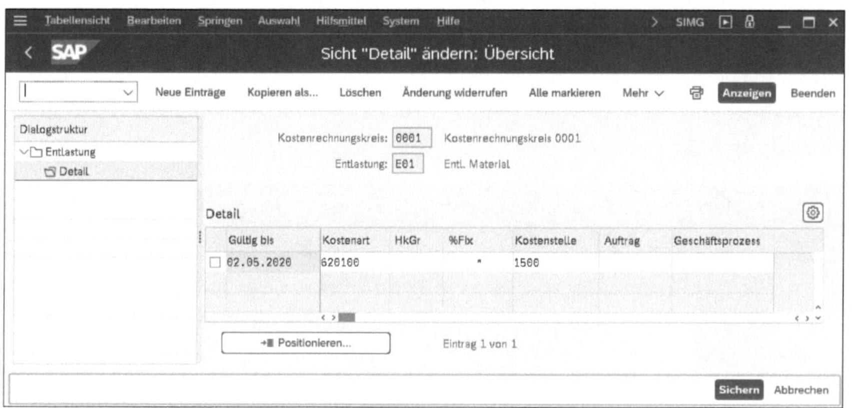

Abbildung 5.6 Beispiel für die Definition einer Entlastung

5.3.2 Durchführung der Gemeinkostenbezuschlagung

Sie können eine Gemeinkostenbezuschlagung für Projekte im Plan (Transaktionen CJ46 und CJ47), im Ist (Transaktionen CJ44 und CJ45) und bei Bedarf auch auf der Basis von Obligos durchführen (Transaktionen CJO8 und CJO9). Eine Entlastung findet jedoch nur für die Berechnung von Gemeinkostenzuschlägen im Ist statt. Im Rahmen der Netzplankalkulation, der Einzelkalkulation zu PSP-Elementen oder bei der Verwendung des Easy Cost Plannings zur Kostenplanung findet die Berechnung der Gemeinkostenzuschläge im Plan automatisch statt. Im Ist muss die Berechnung jedoch im Rahmen des Periodenabschlusses explizit angestoßen werden bzw. als regelmäßiger Hintergrundjob eingeplant sein.

Einstellungen

Zusätzlich zur Objektselektion und zur Festlegung der Ablaufsteuerung spezifizieren Sie im Einstiegsbild der Zuschlagsberechnung die Periode, für die eine Bezuschlagung ausgeführt werden soll. Im Ist erfolgt die Berechnung der Gemeinkostenzuschläge nur für die angegebene Periode; im Plan können Sie auch ein Intervall von Perioden für die Bearbeitung angeben. Dabei müssen allerdings alle Perioden des Intervalls innerhalb eines Geschäftsjahres liegen.

Sie können die Zuschlagsberechnung für ein Projekt beliebig oft wiederholen. Das System ermittelt dabei lediglich die Differenz zum vorangegangenen Lauf und bucht diese auf das Objekt. Der Differenzbetrag kann dabei sowohl positive als auch negative Werte annehmen. Falls notwendig, können Sie auch ein Storno der Gemeinkostenbezuschlagung durchführen.

Fehlerprotokoll

Tauchen im Rahmen der Durchführung Fehler, z. B. aufgrund des Status der Objekte, ungültiger Kalkulationsschemata oder fehlender Prozentsätze, auf, können Sie diese in einem Fehlerprotokoll analysieren. Sofern Sie die Ausgabe von Detaillisten in der Ablaufsteuerung erlaubt haben, können Sie sich zusätzlich auch eine Liste mit Angaben zu den Beträgen pro Sender und Empfänger und der verwendeten Zuschlagskostenart anzeigen lassen (siehe Abbildung 5.7).

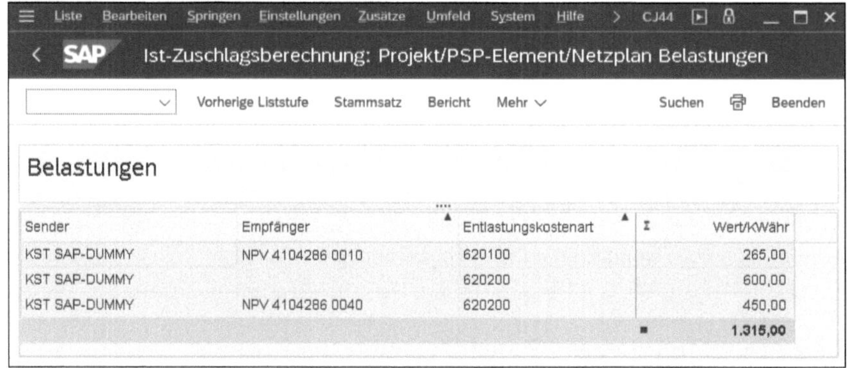

Abbildung 5.7 Ist-Zuschlagsberechnung von Netzplanvorgängen und Vorgangselementen

5.4 Template-Verrechnungen

Bei der im vorangegangenen Abschnitt erläuterten Gemeinkostenbezuschlagung erfolgt die Verrechnung der Gemeinkosten pauschal anhand mengenbezogener oder prozentualer Zuschläge, basierend auf den Mengen bzw. Kosten ausgewählter Kostenarten. Mithilfe der Template-Verrechnung können Sie eine sehr viel differenziertere Berechnung und Verteilung von Gemeinkosten erzielen. Dies geschieht, indem Sie bei der Template-Verrechnung zunächst mithilfe geeigneter *Funktionen* Mengen ermitteln, die im Projekt von den Sendern, d. h. den Kostenstellen oder Geschäftsprozessen, in Anspruch genommen wurden. Die Berechnung der zu verrechnenden Kosten erfolgt dann durch die Bewertung dieser Mengen mit zuvor definierten Tarifen.

[+]

Vorteil der Template-Verrechnung

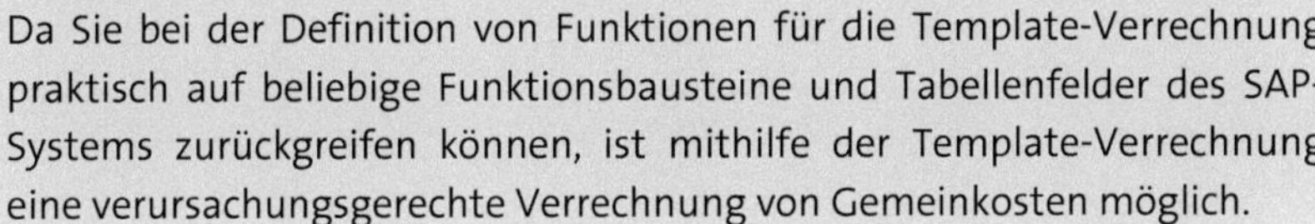

Da Sie bei der Definition von Funktionen für die Template-Verrechnung praktisch auf beliebige Funktionsbausteine und Tabellenfelder des SAP-Systems zurückgreifen können, ist mithilfe der Template-Verrechnung eine verursachungsgerechte Verrechnung von Gemeinkosten möglich.

5.4.1 Voraussetzungen der Template-Verrechnung

Template

Um eine Template-Verrechnung für Projekte durchführen zu können, müssen Sie zunächst im Customizing mithilfe von Transaktion CPT1 bzw. Transaktion CPT2 geeignete Templates definieren. Ein Template enthält zum einen die Liste der Sender, deren Kosten verrechnet werden sollen, und zum anderen die jeweiligen Funktionen und Formeln, die festlegen, wie die Mengen ermittelt werden sollen, die später zur Verrechnung von Kosten mit Tarifen bewertet werden. Mithilfe von Methoden, d. h. logischen Bedingungen, können Sie bei Bedarf die Ermittlung der Sender und auch die Aktivierung der einzelnen Zeilen eines Templates dynamisch steuern. Für die Definition von Formeln und Methoden stehen Ihnen spezielle Editoren in der Template-Bearbeitung zur Verfügung. Durch die Angabe eines Verrechnungszeitpunkts in einem Template können Sie steuern, ob die Kosten periodisch verrechnet werden sollen oder ob z. B. eine Verrechnung nur einmalig für die Start- oder Endperiode des Objekts möglich ist.

Abbildung 5.8 zeigt ein Beispiel eines Templates für die Verrechnung von Gemeinkosten auf Netzpläne. Die Menge wird in diesem Beispiel aus der Anzahl der Netzplanvorgänge bestimmt; der Sender ist ein Geschäftsprozess.

Umgebung

Sie legen ein Template immer mit Bezug zu einer sogenannten *Umgebung* an. Die Umgebung enthält die Funktionen, die Sie zur Definition des Templates verwenden können. Für die Definition von Templates für Projekte stehen Ihnen die beiden Umgebungen 004 (**Netzplan**) und 005 (**PSP-Element**) zur Verfügung, die standardmäßig bereits diverse Funktionen umfassen. Bei Bedarf können Sie den Umgebungen auch neue Funktionen hinzufügen (Transaktion CTU6). Dies können von SAP definierte Standardfunktionen sein – Sie können jedoch auch eigene Funktionen definieren und dabei auf Tabellenfelder des SAP-Systems, im Standard ausgelieferte Funktionsbausteine oder selbst definierte ABAP-Funktionsbausteine zurückgreifen.

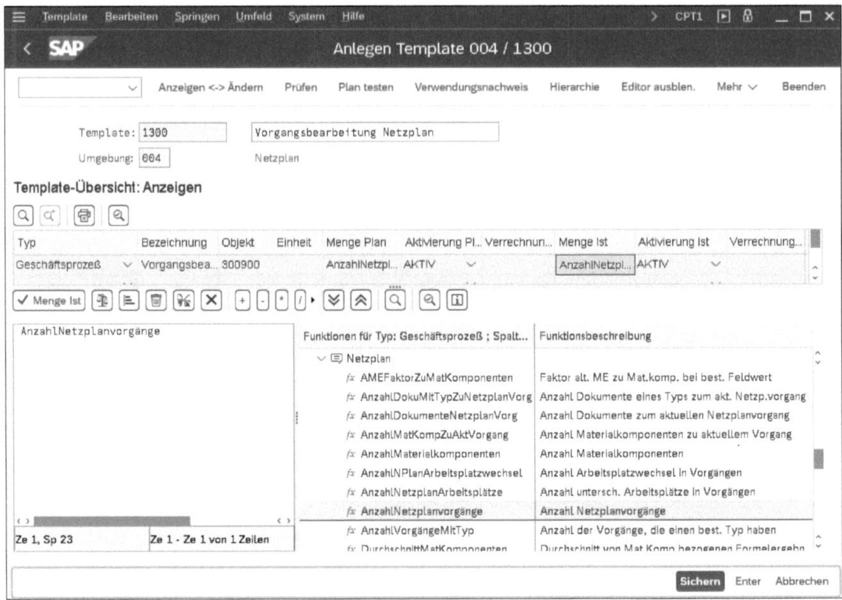

Abbildung 5.8 Beispiel für die Definition eines Templates

Findungsregel und Zuschlagsschlüssel

Nachdem Sie ein Template definiert haben, ordnen Sie es in der Customizing-Transaktion KTPF einer bzw. mehreren Kombinationen aus *Kalkulationsschema* und *Zuschlagsschlüssel* zu (*Findungsregel*). Auch in den Stammdaten der relevanten PSP-Elemente, Vorgänge bzw. Netzplanköpfe hinterlegen Sie die Kombination aus Kalkulationsschema und Zuschlagsschlüssel. Wenn Sie eine Template-Verrechnung für ein Projekt vornehmen, kann das System anhand dieser Kombination automatisch das vorgesehene Template ermitteln. Der Zuschlagsschlüssel in den Stammdaten der Objekte und in der Findungsregel dient nur dazu, Objekte mit dem gleichen Kalkulationsschema unterschiedlichen Templates zuordnen zu können. Im Customizing des Projektsystems können Sie beliebige Zuschlagsschlüssel definieren.

Damit die Template-Verrechnung anhand der Mengen, die über die Funktionen und Formeln des Templates berechnet wurden, auch die zu verrechnenden Kosten ermitteln kann, müssen Sie noch im Rechnungswesen die Tarife festlegen, mit denen die Mengen bewertet werden sollen. Für die Verrechnung der Kosten von Kostenstellen können Sie die Tarife in Abhängigkeit von den Leistungsarten, z. B. mithilfe von Transaktion KP26 im Plan oder Transaktion KBK6 im Ist, definieren. Für die Verrechnung der Kosten von Geschäftsprozessen können Sie die Tarife, z. B. mithilfe der Transaktionen CP26 und KBC6, im Plan bzw. Ist festlegen.

5.4.2 Durchführung der Template-Verrechnung

Sie können eine Template-Verrechnung für Projekte im Plan (Transaktionen CPUK und CPUL) und im Ist (Transaktionen CPTK und CPTL) durchführen. Im Rahmen der Netzplankalkulation, der Einzelkalkulation zu PSP-Elementen oder bei der Verwendung des Easy Cost Plannings zur Kostenplanung findet die Berechnung der Template-Verrechnung im Plan automatisch statt. Im Ist muss die Berechnung jedoch im Rahmen des Periodenabschlusses explizit angestoßen werden.

Im Einstiegsbild der Template-Verrechnung spezifizieren Sie neben der Objektselektion auch die Perioden eines Geschäftsjahres, für die eine Verrechnung durchgeführt werden soll. Dabei können Sie sowohl im Plan als auch im Ist die Template-Verrechnung für mehrere Perioden gleichzeitig ausführen.

Ergebnisanzeige

In der Ergebnisanzeige der Template-Verrechnung können Sie die Beträge der verrechneten Kosten und die jeweiligen Sender und Empfänger analysieren (siehe Abbildung 5.9).

Haben Sie die Template-Verrechnung für mehrere Perioden durchgeführt, können Sie in ein Periodenbild verzweigen und sich die Aufteilung der Verrechnungen auf die verschiedenen Perioden anzeigen lassen. Kam es zu Problemen bei der Template-Verrechnung, können Sie in ein Protokoll mit den entsprechenden Nachrichten, d. h. Warn- oder Fehlermeldungen, abspringen. Bei Bedarf können Sie auch in die Anzeige der Stammdaten von Sendern und Empfängern verzweigen oder die *Template-Auswertung* aufrufen.

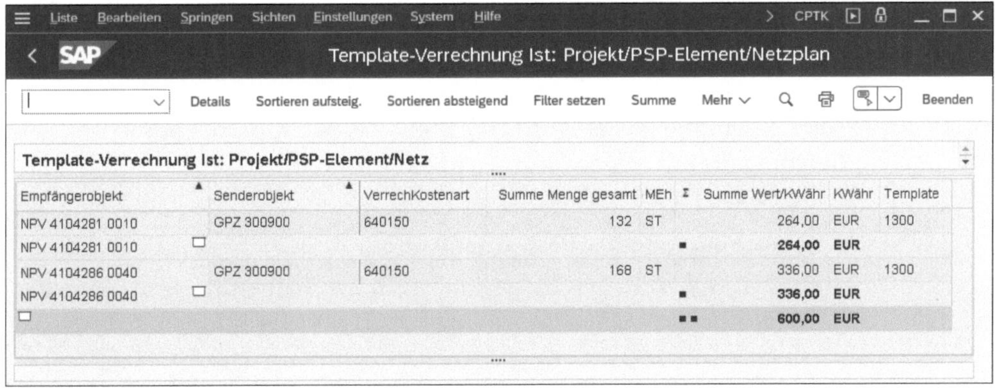

Abbildung 5.9 Ergebnis einer Template-Verrechnung im Ist

Template-Auswertung

Über die Template-Auswertung können Sie in alle relevanten Details der verwendeten Templates abspringen. So können Sie z. B. nachvollziehen, mit welchen Funktionen und Formeln die Mengenberechnung durchgeführt wurde oder welche Methode die Aktivierung einer Verrechnungszeile bewirkt hat. Haben Sie eine Template-Verrechnung für mehrere Perioden durchgeführt, können Sie über die Template-Auswertung die Berechnungen jeder Periode separat analysieren.

5.5 Verzinsung

Im Projektsystem können Sie auf der Basis Ihrer Kosten- und Erlösdaten bzw. Zahlungsflüsse Zinsermittlungen durchführen und die Zinsen als Kosten im Fall von Zinsverlusten bzw. als Erlöse bei Zinsgewinnen auf Ihre Projekte buchen. Die Funktion der Verzinsung steht Ihnen dabei sowohl im Plan als auch im Ist zur Verfügung.

Sowohl die Plan- als auch die Ist-Verzinsung erfolgt dabei in Form einer *Saldenverzinsung*. Dabei wird auf den Saldierungsobjekten, z. B. bestimmten PSP-Elementen Ihres Projekts, zunächst der Saldo aus Kosten, Erlösen bzw. Zahlungsdaten ermittelt und mit einem Zinssatz verzinst. Die Zinsen werden über den Zinszeitraum kumuliert und schließlich auf das Saldierungsobjekt gebucht. Falls möglich, ermittelt das System die Salden tagesgenau, wobei das Buchungsdatum des Belegs oder, im Falle von Zahlungen, das Zahlungsdatum relevant ist. Durch die Berücksichtigung von Zinsen bei der Saldierung ist auch eine Berechnung von Zinseszinsen möglich.

Zinsschema und Zinskennzeichen

Welche Objekte als Saldierungsobjekte berücksichtigt werden sollen, ist abhängig vom verwendeten *Zinsschema* und dem jeweiligen Projekttyp. Über *Zinskennzeichen* ermittelt das System, welcher Zinssatz relevant ist und welche Konten bei der Verbuchung der Zinsen verwendet werden. Welche Wertkategorien, also welche Kostenarten und Finanzpositionen in die Saldierung und Verzinsung einfließen sollen, wird über die Kombination aus Zinsschema und Zinskennzeichen gesteuert. So können Sie die Verzinsung unterschiedlicher Wertkategorien, z. B. von Kosten, Erlösen und Zahlungen, getrennt steuern und separat auswerten.

Verzinsung von Investitionsprojekten

Eine besondere Art der Verzinsung gilt für Investitionsprojekte. Bei PSP-Elementen mit einem Investitionsprofil werden unabhängig von der Zinsrelevanz der einzelnen Wertkategorien alle Kosten, Erlöse bzw. Zahlungen berücksichtigt, die bereits auf der Anlage im Bau aktiviert sind.

Die Transaktionswährung der Verzinsung ist mit der Kostenrechnungskreiswährung identisch, d. h., die Zinsen werden in der Kostenrechnungskreiswährung auf Ihre Projekte gebucht.

5.5.1 Voraussetzungen für die Verzinsung von Projekten

Um die Verzinsung für Projekte nutzen zu können, müssen Sie zunächst einige Einstellungen im Customizing vornehmen. Sollten Sie weitergehende Anforderungen an die Plan- oder Ist-Verzinsung haben, können Sie auch Kundenerweiterungen definieren, um z. B. Einfluss auf die zu verzinsenden Werte und Einzelposten sowie die berechneten Zinsen zu nehmen.

Zinskennzeichen und Zinssätze

Abbildung 5.10 zeigt die Definition von Zinskennzeichen (Transaktion OPIE) im Customizing des Projektsystems. Zinskennzeichen für Projekte dürfen lediglich die Verzinsungsart **S** (**Saldenverzinsung**) tragen. Die Verzinsungsart **P** (**Postenverzinsung**), bei der jeder Zahlungsposten verzinst wird, steht für Projekte nicht zur Verfügung.

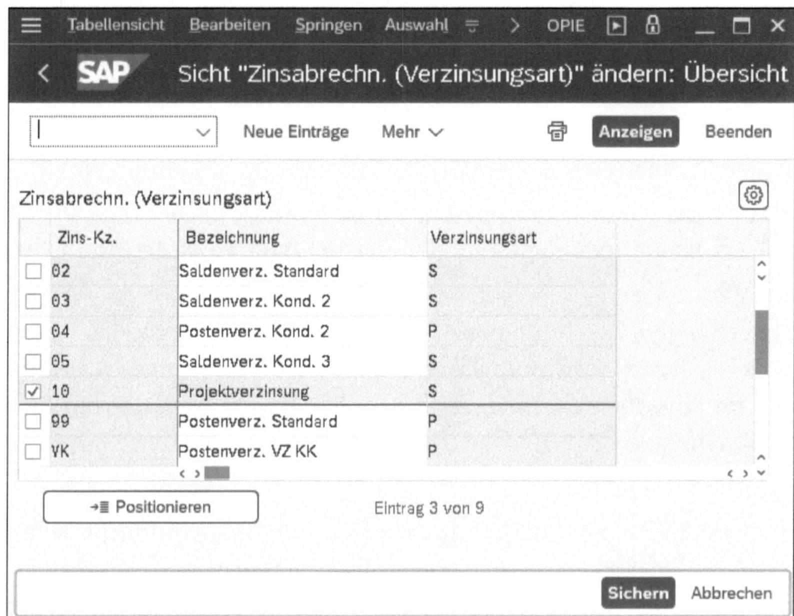

Abbildung 5.10 Definition von Zinskennzeichen

Allgemeine und zeitabhängige Konditionen

Mit Bezug zu den Zinskennzeichen legen Sie allgemeine und zeitabhängige Konditionen und den Zinssatz fest, der für die Verzinsung verwendet werden soll. In den allgemeinen Konditionen (Transaktion OPIH) legen Sie fest, welche Kalenderart (z. B. Bankkalender oder gregorianischer Kalender) bei der Verzinsung zugrunde gelegt werden soll. Die Kalenderart bestimmt die Anzahl der Zinstage pro Monat und Jahr, die verwendet werden sollen, um z. B. aus einem Jahreszinssatz einen Tageszinssatz zu berechnen. Ein Bankkalender umfasst z. B. immer 30 Tage pro Monat, während der gregorianische Kalender die genaue Anzahl der Tage pro Monat berücksichtigt.

Darüber hinaus können Sie in den allgemeinen Konditionen – neben anderen Steuerungsdaten – einen Grenzbetrag für die Zinsen hinterlegen, ab dem erst eine Zinsverrechnung durchgeführt werden soll. In den zeitabhängigen Konditionen definieren Sie, abhängig von Zinskennzeichen, Währung, Bewegungsart (Soll- oder Haben-Zinsen) und den Feldern **Gültig ab** und **Betrag ab**, welcher Zinssatz verwendet werden soll. Der Zinssatz kann dabei über Referenzzinssätze (z. B. Diskontsatz) abgeleitet oder manuell hinterlegt werden.

Zinsschema

Zinsschemata werden im Customizing definiert und können im Projektprofil als Vorschlagswerte hinterlegt werden. Bei der Durchführung der Verzinsung findet eine logische Vererbung der Zinsschemata statt. Das heißt, dass ein Objekt, das über kein eigenes Zinsschema verfügt, das Zinsschema des übergeordneten Objekts verwendet usw. Besitzt ein Objekt jedoch ein eigenes Zinsschema, wird für das Objekt auch dieses Zinsschema verwendet.

Saldierungsobjekte

Über das Zinsschema wird gesteuert, welche Objekte als Saldierungsobjekte an der Verzinsung teilnehmen. Abbildung 5.11 zeigt die Definition eines Zinsschemas.

Die Einstellungen zur (Hierarchie-)Verarbeitung im Zinsschema haben dabei die folgenden Auswirkungen. Wenn Sie als Verarbeitungsart **autom. ableiten** im Zinsschema wählen, ist die Logik der Verarbeitung vom Projekttyp abhängig:

- **Investitionsprojekte**

  Bei PSP-Elementen mit einem Investitionsprofil (Investitionsprojekte) werden nur die Kosten bei der Verzinsung berücksichtigt, die bereits auf einer Anlage im Bau aktiviert sind. Um auch die Kosten zugeordneter Netzpläne und Aufträge zu berücksichtigen, müssen Sie zuvor deren Kosten an das PSP-Element abrechnen. Eine Planverzinsung ist für Investitionsprojekte nicht möglich.

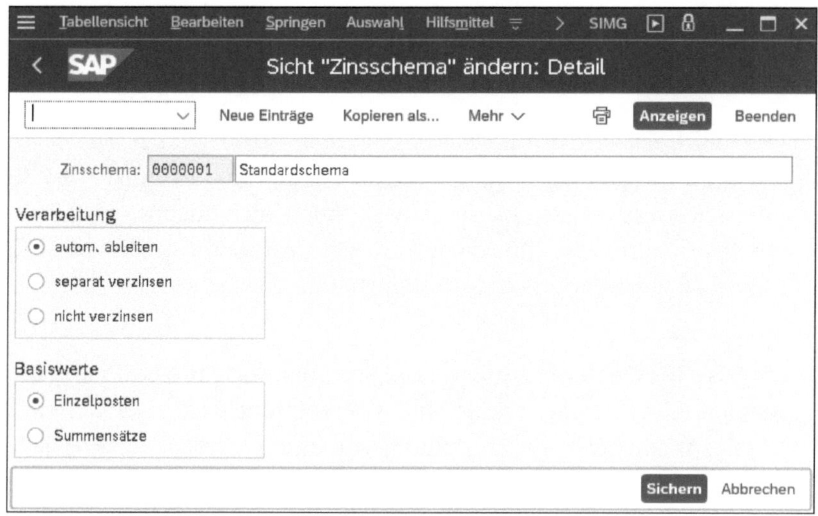

Abbildung 5.11 Beispiel für die Definition eines Zinsschemas

- **Kundenprojekte**
  Bei Projekten mit Fakturierungselementen (Kundenprojekten) berücksichtigt das System bei der Verzinsung das Fakturierungselement und alle Objekte der darunterliegenden Fakturierungshierarchie. Auf dem Fakturierungselement erfolgen die Saldierung und dann die Verbuchung der ermittelten Zinsen. Besitzt das Fakturierungselement oder auch ein untergeordnetes PSP-Element jedoch ein Investitionsprofil, gilt für diese Objekte die Logik der Investitionsprojekte.
- **Kostenprojekte**
  Bei Objekten, die weder ein Investitionsprofil tragen noch unterhalb eines Fakturierungselements liegen (Kostenprojekte), erfolgen die Saldierung und Verbuchung der Zinsen separat auf den einzelnen Kontierungsobjekten (auf PSP-Elementen, Netzplanköpfen bzw. Vorgängen oder zugeordneten Aufträge).
- **Änderung der automatischen Ableitung**
  Bei der Verzinsung von Objekten, die ein Zinsschema mit dem Kennzeichen **separat verzinsen** besitzen, werden untergeordnete Objekte nicht berücksichtigt. Es findet auch keine logische Vererbung dieses Zinsschemas statt. Mithilfe dieses Kennzeichens können Sie also die automatische Ableitung der Hierarchieverarbeitung übersteuern. Mithilfe des Kennzeichens **nicht verzinsen** können Sie ebenfalls die automatische Ableitung der Hierarchieverarbeitung übersteuern; Objekte mit einem Zinsschema, das dieses Kennzeichen trägt, werden nicht verzinst.

Basiswerte der Verzinsung

Im Zinsschema nehmen Sie auch Einstellungen zu den Basiswerten der Verzinsung vor. Die beiden möglichen Ausprägungen haben die folgenden Auswirkungen:

- **Einzelposten**

  Die Verzinsung erfolgt tagesgenau mit Bezug zum Buchungs- bzw. Zahlungsdatum der Einzelposten. Dabei können auch Buchungen in bereits verzinste Zeiträume (Rückvaluten) sowie Änderungen des Zinssatzes innerhalb einer Periode (Zinsbrüche) berücksichtigt werden.

- **Summensätze**

  Als Basis für die Verzinsung werden Summenwerte pro Periode gebildet und auf die Mitte der Periode für die Berechnung der Zinsen datiert. Die Verzinsung ist bei dieser Einstellung nicht mehr tagesgenau, weist jedoch eine bessere Performance als die Verzinsung mit Einzelposten als Basiswerten auf.

Besonderheiten für Einzelposten und Summensätze

Bei der ersten Ist-Verzinsung werden immer Einzelposten verwendet. Bei den folgenden Zinsläufen werden jedoch nur die Einzelposten der letzten vier Perioden vor dem letzten Zinslauf ausgewählt. Unabhängig von den Einstellungen im Zinsschema werden für weiter zurückliegende Perioden Summensätze verwendet. Bei der Planverzinsung können lediglich für die Planzahlungen Einzelposten herangezogen werden. Damit für Planzahlungen jedoch überhaupt Einzelposten geschrieben werden können, müssen Sie zuvor im Customizing (Transaktion KANK) einen Nummernkreis für die tagesgenaue Zahlungsplanung (Vorgang FIPA) eingerichtet haben. Für Plankosten und -erlöse verwendet das System immer Summensätze im Rahmen der Verzinsung.

Detaileinstellungen zum Zinsschema

Mit Bezug zum Zinsschema müssen Sie im Customizing noch Detaileinstellungen vornehmen.

Abbildung 5.12 zeigt Transaktion OPIB. Über die Detaileinstellungen stellen Sie einen Bezug zwischen dem Zinsschema und dem zu verwendenden Zinskennzeichen her.

Darüber hinaus können Sie Bedingungen (Mindestlaufzeiten oder Schwellenwerte) dazu hinterlegen, ab wann eine Zinsberechnung durchgeführt werden soll. Für Investitionsprojekte definieren Sie zusätzlich, welcher Bewertungsbereich als Bemessungsgrundlage für die Verzinsung verwendet werden soll, und mithilfe des Felds **Periodensteuerung** gegebenenfalls, wann Zinseszinsen berechnet werden sollen (z. B. nur vierteljährlich anstatt bei jedem Zinslauf).

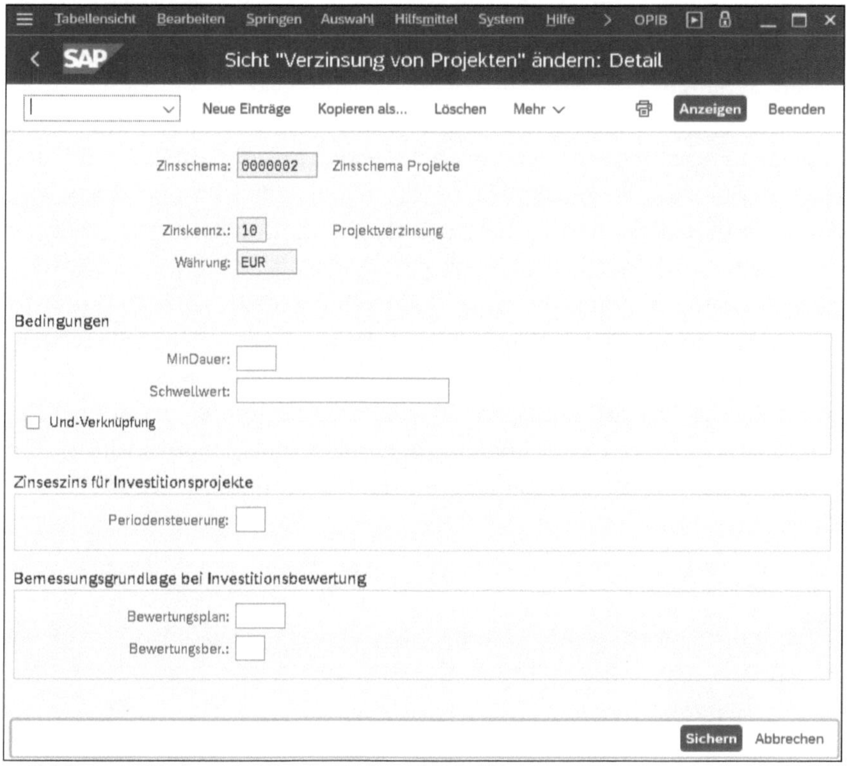

Abbildung 5.12 Beispiel für die Detaileinstellungen eines Zinsschemas

Zinsrelevanz

Schließlich müssen Sie noch im Customizing festlegen, welche Werte überhaupt als Berechnungsgrundlage der Zinsen herangezogen werden sollen. Dazu benötigen Sie Wertkategorien, in denen Sie alle relevanten Kosten- bzw. Erlösarten und Finanzpositionen zusammenfassen. Für jede Wertkategorie können Sie anschließend im Customizing in Transaktion OPIC, abhängig von Zinsschema und Zinskennzeichen, die Zinsrelevanz festlegen.

Verbuchungssteuerung

Mithilfe der Verbuchungssteuerung entscheiden Sie, auf welchen Kostenarten im Controlling die Fortschreibung der Zinsen durchgeführt werden soll. Aus technischen Gründen findet dabei – gesteuert durch sogenannte *Buchungsschemata* – zunächst eine Fortschreibung auf den GuV-Konten in der Finanzbuchhaltung statt. Durch die Definition von Kostenarten zu den relevanten Sachkonten erfolgt schließlich die Fortschreibung in das Controlling.

Buchungsschema

Abbildung 5.13 zeigt die Definition eines Buchungsschemas. Abhängig von den Geschäftsvorfällen *Zinsertrags-* und *Zinsaufwandsbuchung* sowie bei Bedarf abhängig von Zinskennzeichen, Buchungskreis und Geschäftsbereich definieren Sie hier verschlüsselt über Kontosymbole, welche GuV-Konten im betreffenden Kontenplan des Finanzwesens jeweils für Soll und Haben verwendet werden sollen. Möchten Sie keine Differenzierung, z. B. nach Geschäftsbereichen, vornehmen, können Sie das Maskierungszeichen »+« im entsprechenden Feld hinterlegen. Durch die Definition von Kostenarten zu den Sachkonten, die für die Soll-Buchung für Zinsaufwände und die Haben-Buchung bei Zinserträgen verwendet werden, erreichen Sie schließlich eine Fortschreibung der Zinsen auf diesen Kostenarten im Controlling. Wenn Sie das PS-Cash-Management einsetzen, sollten Sie darauf achten, dass den Sachkonten Ihrer Buchungsschemata keine Finanzposition zum Finanzvorgang 30 zugeordnet ist, um eine Fortschreibung in das PS-Cash-Management zu verhindern.

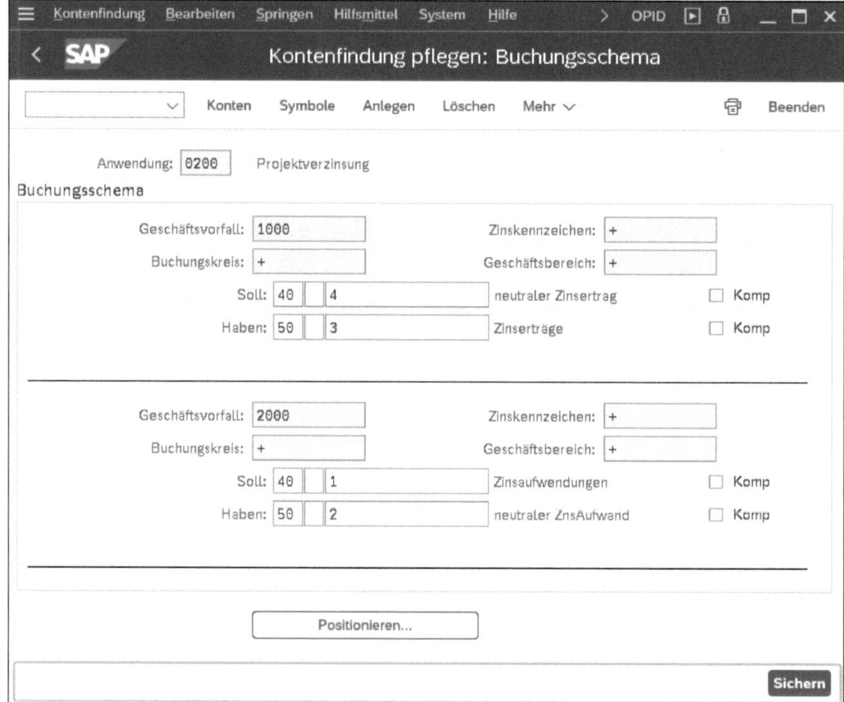

Abbildung 5.13 Definition eines Buchungsschemas

[!]

Salden im Finanzwesen und Controlling

Beachten Sie, dass Sie im Buchungsschema sowohl für Zinserträge als auch für Zinsaufwände jeweils ein Haben- und ein Soll-Konto angeben. Im Finanzwesen ergibt sich somit ein Saldo von null. Damit sich jedoch im Controlling kein Saldo von null ergibt, dürfen Sie zu den Sachkonten für die Soll-Buchungen bei Zinserträgen und die Haben-Buchungen bei Zinsaufwänden keine Kostenarten definieren.

Schließlich müssen Sie im Customizing noch die relevanten Vorgänge KZRI (**Zinsrechnung Ist**) und KZRP (**Zinsrechnung Plan**) einem Nummernkreis zuordnen.

5.5.2 Durchführung der Verzinsung von Projekten

Für die Verzinsung von Projekten stehen Ihnen im Plan die Transaktionen CJZ3 und CJZ5 sowie im Ist die Transaktionen CJZ2 und CJZ1 zur Verfügung. Zwischen den Einstiegsbildern der Ist- und der Planverzinsung gibt es einige Unterschiede.

Ist- und Planverzinsung

Bei der Ist-Verzinsung geben Sie im Einstiegsbild zusätzlich zur Selektion der Objekte und den Parametern zur Ablaufsteuerung die Periode an, bis zu der die Verzinsung durchgeführt werden soll. Über das Menü können Sie auch eine tagesgenaue Grenze setzen.

Bei der Planverzinsung können Sie entweder den Periodenzeitraum für die Verzinsung vorgeben (Performancevorteile) oder – falls Sie keine Einschränkung vornehmen – einen Zinslauf für den gesamten Zeitraum durchführen. Dabei werden der Start des Zeitraums aus dem Termin des ersten Kostenanfalls und das Ende aus den Termindaten der Objekte ermittelt. Für die Planverzinsung müssen Sie zusätzlich im Einstiegsbild die CO-Version spezifizieren, die als Grundlage der Verzinsung dienen soll.

Bei der Ausführung der Verzinsung geschieht nun Folgendes:

1. Das System ermittelt über die Hierarchieverarbeitung, abhängig von Projekttyp und verwendetem Zinsschema, die relevanten Saldierungsobjekte. Gegebenenfalls findet dabei eine logische Vererbung des Zinsschemas statt.
2. Für die im Customizing als relevant gekennzeichneten Wertkategorien findet auf der Ebene der Saldierungsobjekte eine Saldierung für die entsprechenden Perioden statt. Dabei werden gegebenenfalls tagesgenaue bzw. periodengenaue Zwischensalden gebildet.

3. Über das Zinskennzeichen ermittelt das System den Zinssatz und über die Verbuchungssteuerung auch die Kostenarten für die Verbuchung der Zinsen.
4. Das System berechnet die Zinsen und bucht sie auf das Saldierungsobjekt. Dabei wird ein Ursprungsbeleg geschrieben, der im Informationssystem ausgewertet werden kann.

Fehlerprotokolle und Stornierung

Nach der Ausführung der Verzinsung können Sie sich Protokolle zu Fehlermeldungen und Verbuchung anzeigen lassen. Nach einem Echtlauf können Sie im Verbuchungsprotokoll z. B. die Liste der Objekte und zinsrelevanten Einzelposten analysieren, die zur Saldierung beigetragen haben, oder auch die Zwischensalden mit Informationen zu Zinssatz, Anzahl der Zinstage und berechneten Zinsen (siehe Abbildung 5.14).

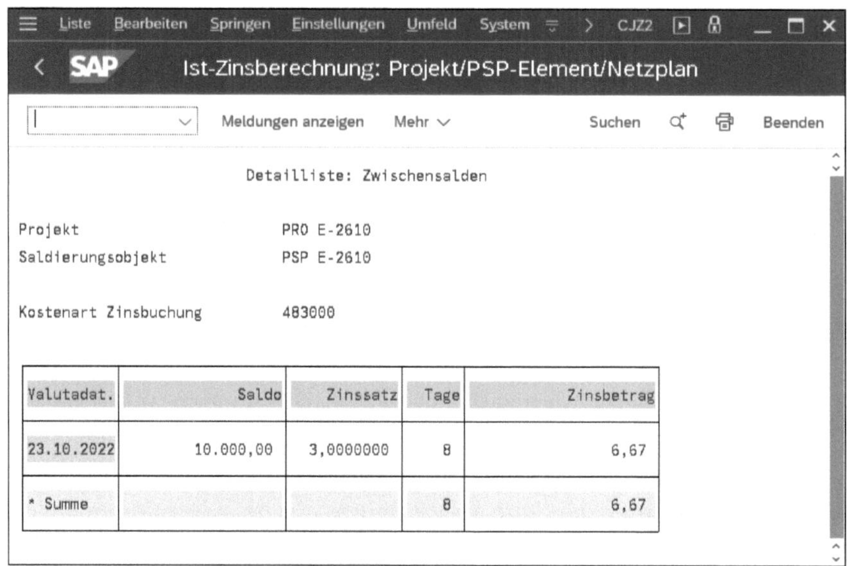

Abbildung 5.14 Darstellung der Zwischensalden einer Ist-Zinsberechnung

Sie können Zinsläufe auch über die angegebenen Transaktionen stornieren. Während bei der Planverzinsung alle vorangegangenen Zinsbuchungen für den spezifizierten Zeitraum storniert werden, findet bei der Ist-Verzinsung immer nur ein Storno des letzten Zinslaufs statt.

Ermittlung aller zu einer Periode gehörenden Rechnungswesendaten

Mithilfe der Nachbewertung zu Ist-Tarifen, Gemeinkosten- und Template-Verrechnung sowie Verzinsung können Sie Korrekturen an den Rechnungswesendaten Ihrer Projekte vornehmen bzw. Gemeinkosten oder Zinsgewinne und -verluste der Projekte ermitteln. Sie stellen damit sicher, dass alle relevanten Kosten und Erlöse für Ihre Projekte am Periodenende ausgewiesen werden und den weiteren Verrechnungen bzw. Periodenabschlussarbeiten zur Verfügung stehen.

5.6 Ergebnisermittlung

Die Ergebnisermittlung nimmt eine Neubewertung der Kosten und Erlöse Ihrer Projekte vor. So können im Rahmen der Ergebnisermittlung – abhängig von der verwendeten Methode – Bestandswerte und Rückstellungen sowie die Kosten des Umsatzes und der errechnete ergebniswirksame Erlös ermittelt werden. Durch die Abrechnung dieser Abgrenzungsdaten (siehe Abschnitt 5.9, »Abrechnung«) können Korrekturbuchungen in der Finanzbuchhaltung (FI) und in der Ergebnis- und Marktsegmentrechnung (Profitability Analysis, CO-PA) vorgenommen bzw. die Werte in FI und CO-PA aufeinander abgestimmt werden.

Abgrenzungsdaten

Die Berechnung der Abgrenzungsdaten ist einerseits abhängig von der Ergebnisermittlungsmethode (sozusagen der Formel zur Berechnung der Abgrenzungsdaten) und andererseits vom Status des Objekts, auf dem die Ergebnisermittlung durchgeführt wird (Steuerung der Bildung und Auflösung von Beständen und Rückstellungen).

Die Aufgabe der Ergebnisermittlung und die genannten Abhängigkeiten sollen einleitend an einem einfachen Beispiel erörtert werden:

Ein Vertriebsprojekt (z. B. die Konstruktion und der Verkauf eines Roboters) erstreckt sich über vier Perioden. Den geplanten Kosten K(p) = 80.000 EUR stehen Planerlöse E(p) in Höhe von 120.000 EUR gegenüber. Für die zweite Periode ist eine Teilfakturierung von 50 % des Zielerlöses, für Periode 3 eine Teilfakturierung von weiteren 25 % und schließlich für Periode 4 eine Schlussrechnung über den Restbetrag mit dem Kunden vereinbart worden.

Jeweils am Periodenende führen Sie die Ergebnisermittlung mit zwei unterschiedlichen Methoden für unterschiedliche Zwecke durch. Zum einen möchten Sie Rückstellungen für fehlende Kosten oder eventuell drohende Verluste ermitteln, und für die geplanten Teilfakturen Ihres Projekts sollen darüber hinaus Zwischengewinne ausgewiesen werden, wenn die Erlöse die berechneten Kosten des Umsatzes überschreiten. Sie wählen daher die **Erlösproportionale Methode mit Gewinnrealisierung** und rechnen die Abgrenzungswerte an CO-PA ab.

Als zweite Ergebnisermittlungsmethode wählen Sie die **Kostenproportionale POC-Methode**, die es Ihnen erlaubt, ergebniswirksame Erlöse auf der

Basis der Ist-Kosten sowie gegebenenfalls erlösfähigen Bestand zu berechnen und nicht realisierte Gewinne auszuweisen. Da in Deutschland nicht realisierte Gewinne nicht in Bilanzen ausgewiesen werden dürfen, verwenden Sie diese Abgrenzungsdaten nur für interne Controlling-Zwecke im Projektsystem.

Erlösproportionale Methode mit Gewinnrealisierung

Bei der erlösproportionalen Methode mit Gewinnrealisierung berechnen sich die errechneten Kosten des Umsatzes K(e) und die errechneten ergebniswirksamen Erlöse E(e) wie folgt:

$$K(e) = K(p) \times E(i) \div E(p)$$
wobei $E(i)$ = Ist-Erlös
$$E(e) = E(i)$$

Kostenanteile im Bestand K(b) werden gebildet, wenn die Ist-Kosten K(i) größer als die errechneten Kosten sind, gemäß der Formel:

$$K(b) = K(i) - K(e), \text{ wenn } K(i) > K(e)$$

Sind umgekehrt die Kosten des Umsatzes größer als die tatsächlichen Ist-Kosten, werden Rückstellungen für die fehlenden Kosten K(r) gebildet, gemäß der Formel:

$$K(r) = K(e) - K(i), \text{ wenn } K(e) > K(i)$$

Kostenproportionale POC-Methode

Bei der kostenproportionalen POC-Methode werden zur Berechnung der ergebniswirksamen Kosten und Erlöse die Plankosten und -erlöse mit dem Verhältnis aus Ist- und Plankosten gewichtet. Es gelten also die folgenden Formeln:

$$K(e) = K(i)$$
$$E(e) = E(p) \times K(i) \div K(p)$$

Ist der Ist-Erlös kleiner als der errechnete Erlös, wird ein erlösfähiger Bestand E(b) gebildet, gemäß der Formel:

$$E(b) = E(e) - E(i), \text{ wenn } E(e) > E(i)$$

Ist jedoch der Ist-Erlös größer als der errechnete Erlös, bildet das System einen Erlösüberschuss E(r), gemäß der Formel:

$$E(r) = E(i) - E(e), \text{ wenn } E(i) > E(e)$$

Die Anwendung der Formeln und Regeln dieser beiden Ergebnisermittlungsmethoden wird nun am Beispiel des Vertriebsprojekts veranschaulicht:

Periode 1

In Periode 1 wird das Projekt freigegeben, und es fallen Ist-Kosten in Höhe von 20.000 EUR, aber noch keine Ist-Erlöse an. Bei der erlösproportionalen Methode mit Gewinnrealisierung ergeben sich folglich ein errechneter

Erlös in Höhe des Ist-Erlöses und errechnete Kosten des Umsatzes von null. Die Abrechnung an CO-PA in der Abgrenzungsversion 0 führt zu den folgenden Werten in der Ergebnis- und Marktsegmentrechnung:

Ist-Erlöse: 0
errechnete Kosten des Umsatzes: 0
Ergebnis: 0

Aufgrund des Status **Freigegeben** werden auch Kostenanteile im Bestand in Höhe von K(b) = 20.000 EUR gebildet und im Rahmen der Abrechnung an CO-PA an FI gebucht. So ergibt sich anschließend in der Gewinn- und Verlustrechnung die folgende Darstellung:

Aufwand: 20.000 EUR (Ist-Kosten)
Ertrag: 20.000 EUR (Bestandsmehrung)

Bei der kostenproportionalen POC-Methode entsprechen die errechneten Kosten des Umsatzes den Ist-Kosten. Für den ergebniswirksamen Erlös ergibt sich:

E(e) = 120.000 EUR × 20.000 EUR ÷ 80.000 EUR = 30.000 EUR

Damit ergibt sich ein erlösfähiger Bestand von E(b) = 30.000 EUR. Würde man die Abgrenzungsdaten an CO-PA abrechnen (es können jedoch nur die Daten der Abgrenzungsversion 0 an CO-PA abgerechnet werden; damit ist dies eine hypothetische Betrachtung), ergäbe sich das folgende Bild in der Ergebnis- und Marktsegmentrechnung und in der Gewinn- und Verlustrechnung:

errechneter Erlös: 30.000 EUR
Kosten des Umsatzes: 20.000 EUR
Ergebnis: 10.000 EUR
Aufwand: 20.000 EUR (Ist-Kosten) + 10.000 EUR (Gewinn)
Ertrag: 0 EUR (Ist-Erlös) + 30.000 EUR (erlösfähiger Bestand)

Periode 2

In Periode 2 werden weitere 30.000 EUR als Ist-Kosten auf das Projekt gebucht, sodass sich die Ist-Kosten insgesamt auf K(i) = 50.000 EUR erhöht haben. Darüber hinaus wird die vereinbarte Teilfakturierung in Höhe von 60.000 EUR durchgeführt. Die erlösproportionale Methode mit Gewinnrealisierung ergibt:

K(e) = 80.000 EUR × 60.000 EUR ÷ 120.000 EUR = 40.000 EUR
E(e) = 60.000 EUR
K(b) = 50.000 EUR – 40.000 EUR = 10.000 EUR

Die Abrechnung an CO-PA überträgt die Differenzwerte zur Vorperiode und führt zu den folgenden neuen Werten in der Ergebnis- und Marktsegmentrechnung und in der Gewinn- und Verlustrechnung:

Ist-Erlöse: 60.000 EUR
errechnete Kosten des Umsatzes: 40.000 EUR
Ergebnis: 20.000 EUR
Aufwand: 50.000 EUR (Ist-Kosten) + 20.000 EUR (Gewinn)
Ertrag: 60.000 EUR (Ist-Erlös) + 10.000 EUR (Bestandsmehrung)

Bei der Verwendung der kostenproportionalen POC-Methode ergeben sich rechnerisch die folgenden Abgrenzungswerte:

K(e) = 50.000 EUR
E(e) = 120.000 EUR × 50.000 EUR ÷ 80.000 EUR = 75.000 EUR
E(b) = 75.000 EUR – 60.000 EUR = 15.000 EUR

Eine hypothetische Abrechnung würde zu den folgenden Werten in CO-PA und FI führen:

errechneter Erlös: 75.000 EUR
errechnete Kosten des Umsatzes: 50.000 EUR
Ergebnis: 25.000 EUR
Aufwand: 50.000 EUR (Ist-Kosten) + 25.000 EUR (Gewinn)
Ertrag: 60.000 EUR (Ist-Erlös) + 15.000 EUR (erlösfähiger Bestand)

Periode 3 In Periode 3 entstehen nun weitere Ist-Kosten in Höhe von lediglich 5.000 EUR. Die zweite Teilfakturierung über 30.000 EUR führt in dieser Periode zu Ist-Erlösen in Höhe von insgesamt 90.000 EUR.

Die erlösproportionale Methode ermittelt nun die folgenden ergebniswirksamen Werte:

K(e) = 80.000 EUR × 90.000 EUR ÷ 120.000 EUR = 60.000 EUR
E(e) = 90.000 EUR

Aufgrund des verhältnismäßig geringen Kostenzuwachses und der zweiten Teilfakturierung sind nun die errechneten Kosten des Umsatzes höher als die tatsächlichen Ist-Kosten. Daher werden die Kostenanteile im Bestand aufgelöst und stattdessen Rückstellungen für die fehlenden Kosten ermittelt:

K(r) = 60.000 EUR – 55.000 EUR = 5.000 EUR

In CO-PA und FI werden nach der Abrechnung die folgenden Werte ausgewiesen:

Ist-Erlöse: 90.000 EUR
errechnete Kosten des Umsatzes: 60.000 EUR

Ergebnis: 30.000 EUR
Aufwand: 55.000 EUR (Ist-Kosten)
+ 5.000 EUR (Rückstellungen)
+ 30.000 EUR (Gewinn)
Ertrag: 90.000 EUR (Ist-Erlös)

Die Ergebnisermittlung nach der kostenproportionalen POC-Methode ergibt die folgenden Abgrenzungswerte:

K(e) = 55.000 EUR
E(e) = 120.000 EUR × 55.000 EUR ÷ 80.000 EUR = 82.500 EUR

Anders als in Periode 2 ist nun der Ist-Erlös größer als der errechnete Erlös, sodass ein Erlösüberschuss mit Rückstellungscharakter gebildet wird, gemäß:

E(r) = 90.000 EUR – 82.500 EUR = 7.500 EUR

Eine Abrechnung nach CO-PA würde zu den folgenden Ergebnissen führen:

errechneter Erlös: 82.500 EUR
errechnete Kosten des Umsatzes: 55.000 EUR
Ergebnis: 27.500 EUR
Aufwand: 55.000 EUR (Ist-Kosten)
+ 7.500 EUR (Erlösüberschuss)
+ 27.500 EUR (Gewinn)
Ertrag: 90.000 EUR (Ist-Erlös)

Periode 4

In Periode 4 werden nun weitere Ist-Kosten in Höhe von 30.000 EUR auf das Projekt gebucht, sodass die Plankosten um 5.000 EUR überschritten werden. Die Schlussrechnung führt schließlich zum vereinbarten Zielerlös in Höhe von 120.000 EUR. Sie schließen nun das Projekt ab. Aufgrund des Statuswechsels werden bei der Ergebnisermittlung alle eventuellen Bestände und Rückstellungen aufgelöst.

Da die Ist-Kosten die Plankosten überschreiten, werden nun bei der erlösproportionalen Methode die Ist-Kosten als Kosten des Umsatzes übernommen. Aufgrund des Status werden die bestehenden Rückstellungen aufgelöst. Nach der Abrechnung an CO-PA werden die folgenden Werte in der Ergebnis- und Marktsegmentrechnung und in FI ausgewiesen:

Ist-Erlöse: 120.000 EUR
errechnete Kosten des Umsatzes: 85.000 EUR
Ergebnis: 35.000 EUR
Aufwand: 85.000 EUR (Ist-Kosten) + 35.000 EUR (Gewinn)
Ertrag: 120.000 EUR (Ist-Erlös)

Bei der kostenproportionalen POC-Methode wird nun der errechnete Erlös gleich dem Ist-Erlös gesetzt. Eine Abrechnung an CO-PA würde zu denselben Ergebnissen in CO-PA und FI wie die erlösproportionale Methode führen.

Weitere Ergebnisermittlungsmethoden

Neben den gerade erläuterten Ergebnisermittlungsmethoden gibt es eine Reihe weiterer Methoden im Standard, die Sie für die Ergebnisermittlung nutzen können. Die Auswahl der Ergebnisermittlungsmethode ist von verschiedenen betriebswirtschaftlichen Faktoren abhängig, z. B. von den benötigten Abgrenzungsdaten (sollen Bestandskosten und Rückstellungen gebildet werden?) und ihrer weiteren Verwendung (interne Informationszwecke oder Verwendung in der Bilanz) sowie von den jeweiligen gesetzlichen Bestimmungen.

Im Folgenden werden die im Standard zur Verfügung stehenden Ergebnisermittlungsmethoden aufgelistet (eine detaillierte Erläuterung mit expliziten Beispielen finden Sie in der SAP-Bibliothek):

- (01) erlösproportionale Methode mit Gewinnrealisierung
- (02) erlösproportionale Methode ohne Gewinnrealisierung
- (03) kostenproportionale POC-Methode
- (04) mengenproportionale Methode
- (05) mengenproportionale POC-Methode
- (06) POC-Methode auf Basis des Planerlöses je Periode
- (07) POC-Methode auf Basis der Projektfortschrittswertermittlung
- (08) Ableitung der Kosten des Umsatzes aus »alter« aufwandsbezogener Fakturierung der CO-Einzelposten
- (09) Completed-Contract-Methode
- (10) Bestandsermittlung, ohne Plankosten, ohne Teilfakturen
- (11) Bestandsermittlung, ohne Plankosten, mit Teilfakturen
- (12) Bestandsermittlung, Rückstellungen für Nachlaufkosten, ohne Teilfakturen
- (13) Bestandsermittlung »WIP zu Ist-Kosten« für nicht erlösführende Objekte
- (14) Ableitung der Kosten des Umsatzes aus der aufwandsbezogenen Fakturierung von dynamischen Posten
- (15) Ableitung des Erlöses aus der aufwandsbezogenen Fakturierung und der Simulation von dynamischen Posten

5.6.1 Voraussetzungen für die Ergebnisermittlung

Die Ergebnisermittlungsmethode, die Statusabhängigkeit der Bestände und Rückstellungen und andere steuernde Einstellungen der Ergebnisermittlung sind im Customizing in *Bewertungsmethoden* zusammengefasst. Die Bewertungsmethode wird ermittelt aus den *Abgrenzungsschlüsseln* der relevanten Objekte und der *Abgrenzungsversion*, die Sie bei der Durchführung der Ergebnisermittlung angeben. Die Fortschreibung der Abgrenzungsdaten in das Projektsystem, CO-PA und FI, wird über Abgrenzungskostenarten, sogenannte *Zeilenidentifikationen*, Regeln zur Fortschreibung der Abgrenzungskostenarten und Buchungsregeln gesteuert. Die entsprechenden Customizing-Aktivitäten werden nun kurz erläutert.

Abgrenzungsschlüssel

Nur für PSP-Elemente, die einen Abgrenzungsschlüssel tragen, kann eine Bewertungsmethode ermittelt und eine Ergebnisermittlung durchgeführt werden. Allerdings können in Projekten auch die Kosten untergeordneter Objekte automatisch bei der Abgrenzung berücksichtigt werden. Im Standard sind bereits verschiedene Abgrenzungsschlüssel definiert, die Sie verwenden können. Abgrenzungsschlüssel können Sie entweder manuell in PSP-Elementen erfassen, im Projektprofil als Vorschlagswert hinterlegen oder zusammen mit der Abrechnungsvorschrift über Strategien ableiten (siehe Abschnitt 5.9.1, »Voraussetzungen für Projektabrechnungen«).

Abgrenzungskostenarten

Die Fortschreibung der Werte der Ergebnisermittlung auf die abgegrenzten PSP-Elemente erfolgt unter Verwendung von Abgrenzungskostenarten, d. h. Kostenarten des Kostenartentyps 31. Die Auswertung der Daten der Ergebnisermittlung in den Kostenberichten des Projektsystems erfolgt anhand der verwendeten Abgrenzungskostenarten.

Abgrenzungsversion

Bei der Durchführung der Ergebnisermittlung geben Sie eine Abgrenzungsversion an, in die die Daten der Ergebnisermittlung fortgeschrieben werden. Da die Ermittlung der Bewertungsmethode auch abhängig von der Abgrenzungsversion erfolgt, können Sie mehrere Ergebnisermittlungen mit unterschiedlichen Methoden für ein und dasselbe Objekt vornehmen und die abgegrenzten Daten jeweils in einer anderen CO-Version speichern. Allerdings können nur die Werte der Abgrenzungsversion 0 an die Ergebnis- und Marktsegmentrechnung abgerechnet werden.

Abbildung 5.15 zeigt ein Beispiel für die Definition einer Abgrenzungsversion in der Customizing-Transaktion OKG2.

Relevanz der Abgrenzungsdaten

Mithilfe der Kennzeichen **abrechnungsrelevante Version** und **Weiterleitung in die Finanzbuchhaltung** in der Abgrenzungsversion steuern Sie die Relevanz der Abgrenzungsdaten hinsichtlich der Abrechnung und der gleichzeitigen automatischen Überleitung in die Finanzbuchhaltung. Ist die Profit-Center-Rechnung aktiv, wird gleichzeitig auch eine Buchung für das Profit-Center, das in den Stammdaten des Abrechnungsobjekts hinterlegt ist, durchgeführt, sofern das Kennzeichen **Weiterleitung in die Finanzbuchhaltung** in der Abgrenzungsversion gesetzt ist. In der erweiterten Steuerung der Abgrenzungsversion können Sie entscheiden, ob die Version auch für eine Planergebnisermittlung verwendet werden soll.

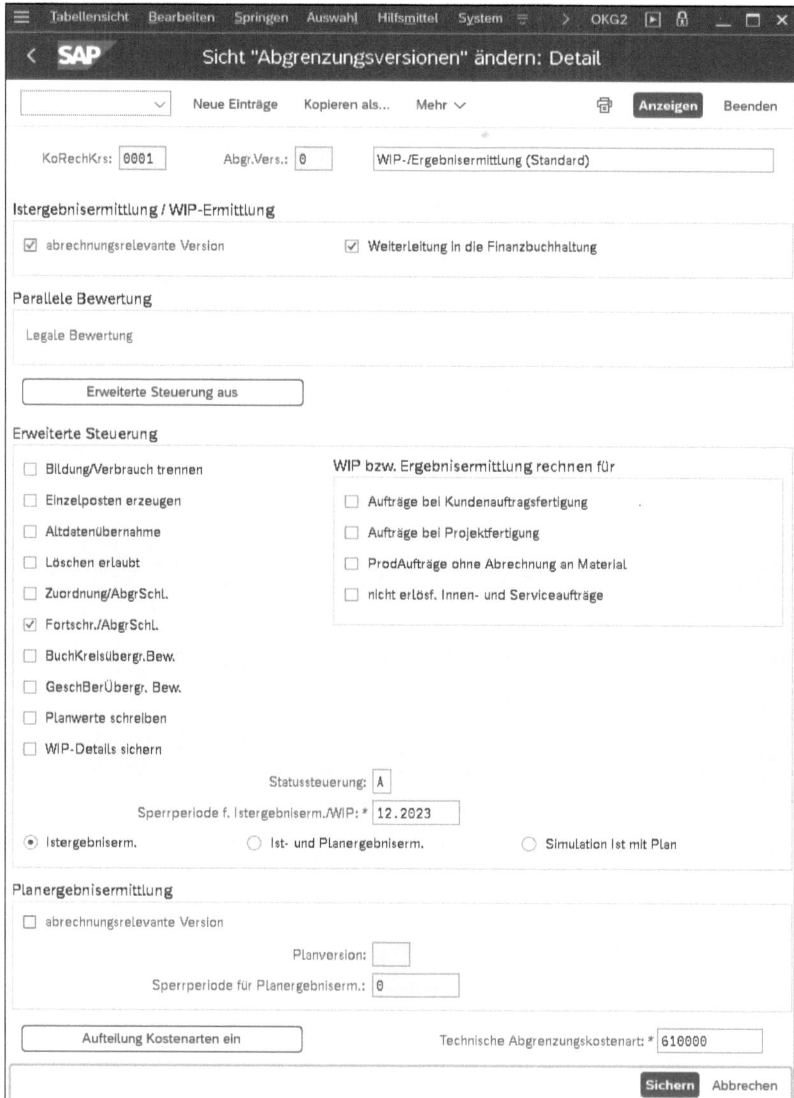

Abbildung 5.15 Beispiel für die Definition einer Abgrenzungsversion

Mithilfe weiterer Kennzeichen in der erweiterten Steuerung können Sie z. B. festlegen, ob die Bildung und der Verbrauch von Beständen oder Rückstellungen unter verschiedenen Kostenarten fortgeschrieben werden sollen, ob Einzelposten bei der Ergebnisermittlung gebildet werden oder – bei Verwendung des unbewerteten Projektbestands – ob für zugeordnete Aufträge, abhängig von deren Abgrenzungsschlüsseln, separat Ware in Arbeit gebildet werden kann. Aus Performancegründen wird häufig jedoch auf das Schreiben von Einzelposten bei der Ergebnisermittlung verzichtet.

Bewertungsmethoden

Die Abgrenzungsversion verweist in Kombination mit dem Abgrenzungsschlüssel auf eine Bewertungsmethode. In der Bewertungsmethode ist die Ergebnisermittlungsmethode hinterlegt, die bei der Ergebnisermittlung verwendet werden soll. Im Standard werden bereits diverse Bewertungsmethoden ausgeliefert, in denen jeweils eine Ergebnisermittlungsmethode hinterlegt ist. Bei der Definition von Bewertungsmethoden wird zwischen einer Pflege mit und ohne Expertenmodus unterschieden. Abbildung 5.16 zeigt die Pflege einer Bewertungsmethode ohne Verwendung des Expertenmodus in der Customizing-Transaktion OKG3.

Abbildung 5.16 Beispiel für die Definition einer Bewertungsmethode

Neben der Ergebnisermittlungsmethode können Sie hier beispielsweise die Systemstatus festlegen, zu denen Bestände und Rückstellungen aufgelöst werden sollen. Die Bildung der Bestände und Rückstellungen erfolgt immer ab dem Status **Freigegeben**. Durch die Angabe der Gewinnbasis steuern Sie, welche Plankosten die Grundlage der Ergebnisermittlung bilden sollen.

Zusätzlich können Sie die Bewertungsebene (summarische Aufteilung der Abgrenzungsdaten entsprechend den Voreinstellungen im Expertenmodus oder Aufteilung gemäß der Zeilenidentifikation) sowie Mindestwerte für die Fortschreibung von Beständen und Rückstellungen definieren.

Expertenmodus Abbildung 5.17 zeigt den Expertenmodus zur Definition von Bewertungsmethoden.

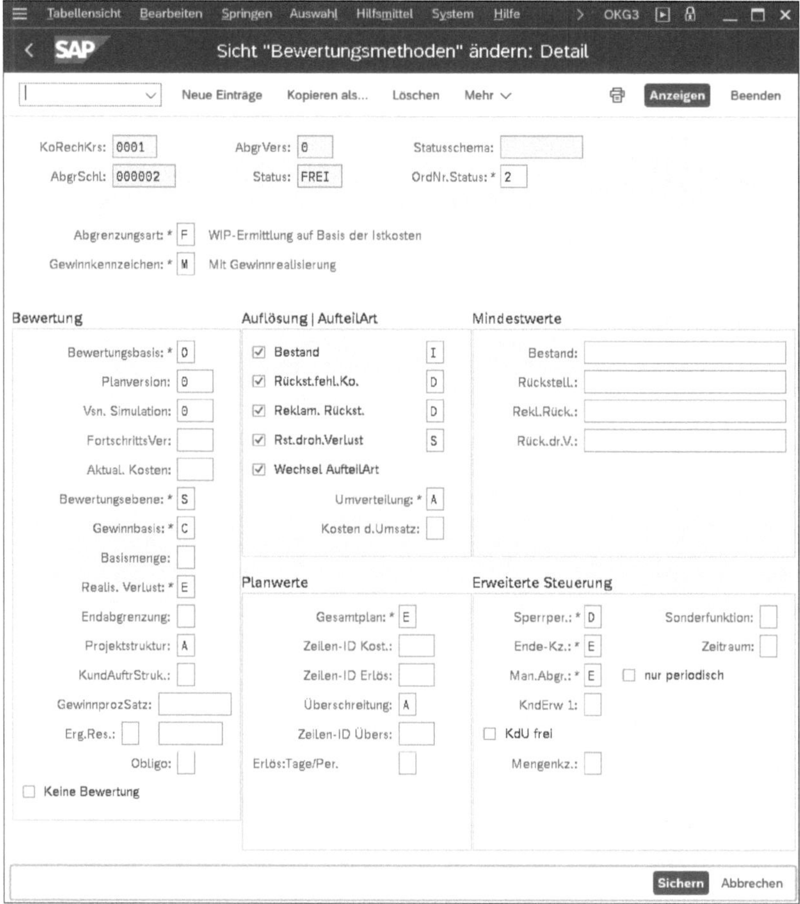

Abbildung 5.17 Expertenmodus einer Bewertungsmethode

Abhängig vom Status können Sie hier zusätzliche Detaileinstellungen zur Bewertung, Auflösung von Rückstellungen und Beständen oder auch zur

Ermittlung der Planwerte als Basis der Abgrenzung vornehmen. Mithilfe der Kennzeichen zur erweiterten Steuerung der Ergebnisermittlung können Sie unter anderem festlegen, welche Perioden bei der Ergebnisermittlung berücksichtigt oder nach welchem Verfahren manuell ergänzte Abgrenzungsdaten gehandhabt werden sollen.

Projektstruktur-kennzeichen

Beachten Sie insbesondere das Kennzeichen **Projektstruktur** im Expertenmodus der Bewertungsmethode. Die wichtigsten Ausprägungen dieses Kennzeichens werden im Folgenden erläutert:

- **Projektstrukturkennzeichen A**

  Standardmäßig, d. h., wenn Sie nur die einfache Pflege einer Bewertungsmethode einsetzen oder keinen Eintrag für das Projektstrukturkennzeichen vornehmen, wird das Projektstrukturkennzeichen **A** verwendet. Bei der Verwendung dieses Kennzeichens ist eine Ergebnisermittlung nur für Fakturierungselemente eines Projekts möglich. Automatisch werden bei der Ergebnisermittlung die Werte aller untergeordneten PSP-Elemente und aller zugeordneten Netzpläne und Aufträge auf der Ebene der Fakturierungselemente zum Zweck der Abgrenzung verdichtet. Ein Vorteil dieses Szenarios ist, dass Sie nur die Fakturierungselemente abrechnen müssen, da die Abgrenzungsdaten dieser PSP-Elemente bereits die Werte aller untergeordneten Objekte berücksichtigen.

[!]

Verwendung des Projektstrukturkennzeichens A

Stellen Sie bei Verwendung des Projektstrukturkennzeichens **A** die folgenden Punkte sicher:

- Es darf nur in den Fakturierungselementen, für die Sie Abgrenzungsdaten ermitteln möchten, ein Abgrenzungsschlüssel hinterlegt sein, nicht jedoch in den reinen Planungs- oder Kontierungselementen.
- Es darf nur für das oberste Fakturierungselement, auf dem die Daten für die Ergebnisermittlung verdichtet wurden, eine Abrechnung durchgeführt werden. Verwenden Sie hierzu z. B. eine geeignete Strategie zur Ableitung der Abrechnungsvorschriften (siehe Abschnitt 5.9.1, »Voraussetzungen für Projektabrechnungen«).
- Es sollten weder ober- noch unterhalb der Fakturierungselemente, für die Sie eine Ergebnisermittlung vornehmen möchten, weitere Fakturierungselemente in der Projektstruktur existieren.

- **Projektstrukturkennzeichen B**

  Wenn innerhalb der Projektstruktur Fakturierungselemente nicht nur auf der obersten Stufe, sondern auch auf untergeordneten Stufen vorhanden sind und Sie sowohl am Gesamtergebnis des Projekts als auch am Ergebnis der einzelnen Zwischenstufen interessiert sind, können Sie das Projektstrukturkennzeichen **B** einsetzen. Bei diesem Szenario werden zu jedem Fakturierungselement, zu dem ein Abgrenzungsschlüssel hinterlegt ist, Abgrenzungsdaten fortgeschrieben. Zur Ermittlung der Abgrenzungsdaten werden jeweils alle Plan- und Ist-Daten dieses Elements und der untergeordneten Objekte berücksichtigt – so haben Sie, wie bei der Verwendung des Kennzeichens **A** in der Gesamtbetrachtung auf dem obersten Fakturierungselement, ein vollständiges Ergebnis. Auf dem übergeordneten Fakturierungselement wird dabei jedoch nur die Differenz aus den Abgrenzungsdaten dieses Elements und den Abgrenzungsdaten der untergeordneten Elemente fortgeschrieben.

- **Projektstrukturkennzeichen T**

  Für Projekte mit einer buchungskreisübergreifenden Struktur ist es in der Regel sinnvoll, für die Fakturierungsstrukturen der jeweiligen Buchungskreise separate Abgrenzungsdaten zu ermitteln. Zu diesem Zweck können Sie im Expertenmodus das Projektstrukturkennzeichen **T** setzen. Bei der Verwendung dieses Kennzeichens findet ebenfalls eine Verdichtung von Daten auf den relevanten Fakturierungselementen statt. Anders als beim Kennzeichen **B** werden die Werte untergeordneter Fakturierungselemente und deren zugeordnete PSP-Elemente und Aufträge bei der Verdichtung jedoch nicht berücksichtigt.

- **Projektstrukturkennzeichen E**

  Wenn Sie für die PSP-Elemente eines Projekts unabhängig voneinander separate Abgrenzungsdaten ermitteln möchten, verwenden Sie das Projektstrukturkennzeichen **E**. In diesem Fall werden nur die Werte auf dem abzugrenzenden PSP-Element selbst sowie die Werte der zugeordneten Aufträge für die Ergebnisermittlung verdichtet. Hierarchisch untergeordnete PSP-Elemente und deren zugeordnete Aufträge werden dabei jedoch nicht berücksichtigt.

- **Weitere Projektstrukturkennzeichen**

  Weitere mögliche Projektstrukturkennzeichen sind **C**, **Q** und **U**. Die Verwendung dieser Kennzeichen entnehmen Sie bitte z. B. der F1-Hilfe des Felds **Projektstruktur** einer Bewertungsmethode im Expertenmodus.

Zeilenidentifikationen

Mithilfe von Zeilenidentifikationen gliedern Sie Abgrenzungsdaten nach den Anforderungen der Finanzbuchhaltung. Im Standard werden bereits diverse Zeilenidentifikationen von SAP ausgeliefert. Bei Bedarf können Sie jedoch auch eigene Zeilenidentifikationen, abhängig vom Kostenrechnungskreis, im Customizing anlegen (siehe Abbildung 5.18).

Den Zeilenidentifikationen müssen Sie mithilfe der Customizing-Transaktion OKG5 alle Kostenarten zuordnen, unter denen Be- und Entlastungen gebucht werden und die bei der Abgrenzung berücksichtigt werden sollen.

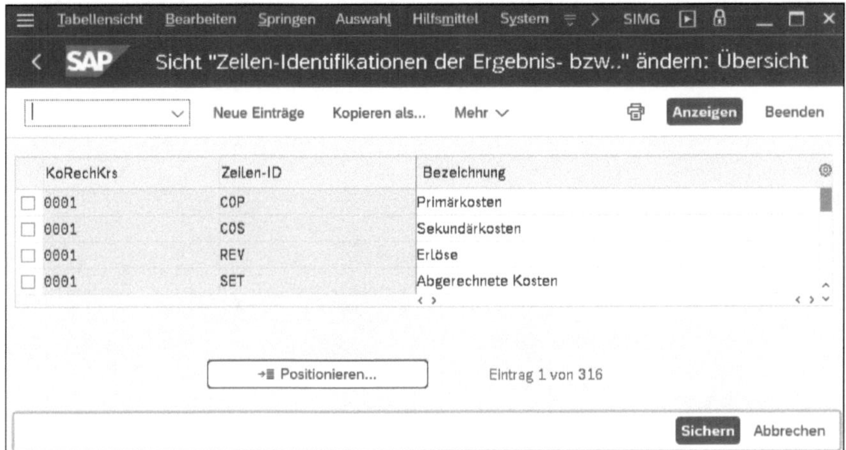

Abbildung 5.18 Definition von Zeilenidentifikationen

Abbildung 5.19 zeigt die Zusammenfassung von Kostenarten zu Zeilenidentifikationen. Jede Zuordnung können Sie z. B. von der Abgrenzungsversion, dem Abgrenzungsschlüssel, fixen und variablen Anteilen, dem Be- und Entlastungskennzeichen oder auch einer zeitlichen Gültigkeit abhängig machen. Für die spätere Buchung in die Finanzbuchhaltung legen Sie für jede Zuordnung fest, ob die Kostenarten aktivierungspflichtig oder nicht aktivierungspflichtig sind oder ein Aktivierungswahlrecht besteht. Zusätzlich können Sie für jede Zuordnung bestimmen, welcher Prozentsatz nicht aktiviert werden darf und gegebenenfalls für welchen Prozentsatz ein Aktivierungswahlrecht gelten soll.

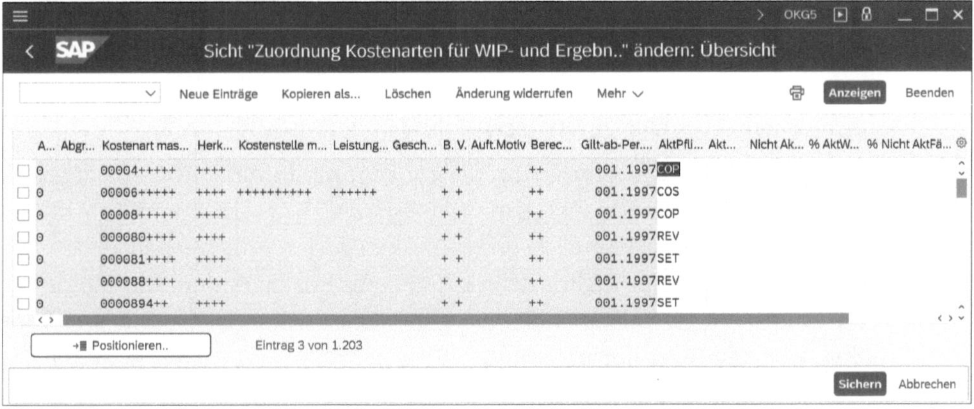

Abbildung 5.19 Zuordnung von Kostenarten zu Zeilenidentifikationen

Fortschreibungsregeln

Als nächste Customizing-Aktivität definieren Sie in Transaktion OKG4, unter welchen Abgrenzungskostenarten die jeweiligen Abgrenzungsdaten fortgeschrieben werden sollen (siehe Abbildung 5.20).

Abbildung 5.20 Definition von Fortschreibungsregeln

Hierzu ordnen Sie jede Zeilenidentifikation zunächst einer Kategorie zu, die über die mögliche Gruppierung der Abgrenzungsdaten z. B. nach Bestand, Rückstellung, direkten Kosten, Erlösen usw. entscheidet. Je nach Kategorie können Sie anschließend den Zeilenidentifikationen unterschiedliche Abgrenzungskostenarten für jede Gruppierung zuweisen.

Buchungsregeln

Schließlich müssen Sie noch mithilfe der Customizing-Transaktion OKG8 Buchungsregeln definieren, die die Überleitung der Abgrenzungsdaten an die Finanzbuchhaltung steuern (siehe Abbildung 5.21).

Eine Buchungsregel besteht aus der Zuordnung einzelner Abgrenzungskostenarten oder ganzer Abgrenzungskategorien zu jeweils einem GuV-Konto und einem Bilanzkonto. Abgrenzungskategorien entsprechen dabei den Zuordnungen von Kostenarten zu Zeilenidentifikationen, die Sie zuvor mithilfe von Transaktion OKG5 vorgenommen haben, also z. B. **WIPA** (**Ware in Arbeit, aktivierungspflichtig**).

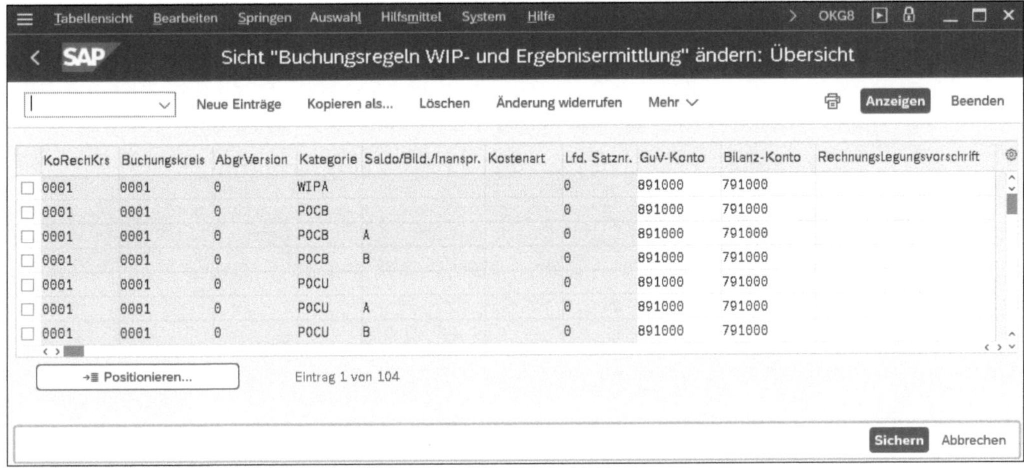

Abbildung 5.21 Definition von Buchungsregeln

5.6.2 Durchführung der Ergebnisermittlung

Sperrperiode

Bevor Sie eine Ergebnisermittlung im Ist für ein Projekt vornehmen, sollten Sie eine Sperrperiode setzen, die dafür sorgt, dass alle bis einschließlich zur Sperrperiode ermittelten Abgrenzungsdaten nicht mehr durch die Ergebnisermittlung geändert werden. Dies ist insbesondere relevant, wenn Sie auch keine Buchungen mehr in die Finanzbuchhaltung für diese Perioden vornehmen können. Im Standard ist für alle Bewertungsmethoden eingestellt, dass die Sperrperiode immer die Vorperiode der Abgrenzungsperiode ist. Bei Bedarf können Sie diese Einstellung jedoch im Expertenmodus ändern und eine Sperrperiode in der Abgrenzungsversion hinterlegen.

Sie können eine Planergebnisermittlung mithilfe der Transaktionen KKA2P und KKAJP vornehmen. Im Ist verwenden Sie die Transaktionen KKA2 und KKAJ. Mithilfe von Transaktion KKG2 können Sie, abhängig von den Einstellungen der Bewertungsmethode, auch manuell Kosten des Umsatzes für ein Projekt erfassen. Im Einstiegsbild der Ergebnisermittlung geben Sie neben der Selektion der relevanten PSP-Elemente die Abgrenzungsperiode und die zu verwendende Abgrenzungsversion an. Bei der Ergebnisermittlung ermittelt das System anhand der Abgrenzungsversion und des Abgrenzungsschlüssels der Objekte die Bewertungsmethode, die für die Abgrenzung der Daten verwendet werden soll. Abhängig vom Status der abzugrenzenden PSP-Elemente erfolgt dann die Berechnung der Abgrenzungsdaten. Je nach den Einstellungen der Bewertungsmethode können Sie noch manuelle Ergänzungen der Abgrenzungsdaten vornehmen.

Flexible Fehlersteuerung

Mit einer flexiblen Fehlersteuerung, die Sie im Customizing des Projektsystems definieren können, haben Sie die Möglichkeit, Einfluss auf Meldungen zu nehmen, die gegebenenfalls im Rahmen der Durchführung der Ergebnisermittlung entstehen. So können Sie z. B. für bestimmte Ereignisse aus dem Meldungstyp Warnmeldung eine Fehlermeldung machen und umgekehrt oder auch Meldungen komplett unterdrücken.

Abbildung 5.22 zeigt das Resultat einer Ergebnisermittlung.

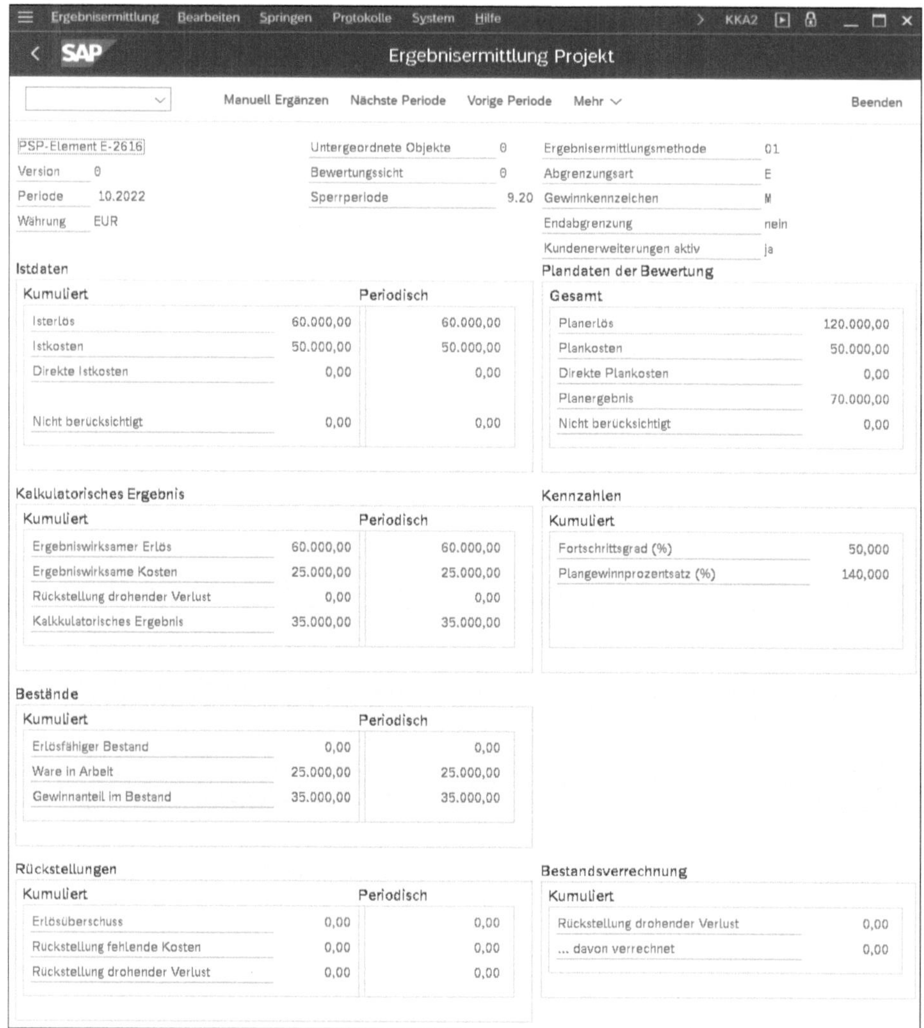

Abbildung 5.22 Beispiel für das Resultat einer Ergebnisermittlung

Fortschreibung der Abgrenzungsdaten

Achten Sie darauf, dass Sie das Resultat sichern, damit eine Fortschreibung der Abgrenzungsdaten durchgeführt wird. Weicht die Kostenrechnungskreiswährung von der Buchungskreiswährung ab, wird die Ergebnisermittlung in beiden Währungen durchgeführt. Sie müssen in diesem Fall mehrfach sichern, damit die Daten fortgeschrieben werden. Die Buchung von

Abgrenzungsdaten in die Ergebnis- und Marktsegmentrechnung sowie in die Finanzbuchhaltung erfolgt erst im Rahmen der Projektabrechnung (siehe Abschnitt 5.9, »Abrechnung«).

Zeitabhängige Systemstatus

Da der Zeitpunkt der Ergebnisermittlung und der Zeitpunkt, zu dem ein für die Abgrenzung relevanter Status gesetzt worden ist, voneinander abweichen können, kann es bei der Ergebnisermittlung zu einer fehlerhaften Zuordnung der Abgrenzungsdaten zu den relevanten Perioden kommen. Um dies zu vermeiden, können Sie im Customizing die Zeitabhängigkeit für Systemstatus aktivieren. Das System hält anschließend z. B. für die Status **Freigegeben**, **Technisch abgeschlossen** oder **Endfakturiert** das Datum fest, zu dem der Status gesetzt wurde, und berücksichtigt dies bei der Ergebnisermittlung. Für die Planergebnisermittlung ist es zusätzlich möglich, den Zeitpunkt einer Statusänderung zu planen.

5.6.3 Vorgangsbezogene Erlösrealisierung

Die zuvor vorgestellten Funktionen zur kalkulatorischen Ergebnisermittlung und Fortschreibung der Abgrenzungsdaten werden typischerweise im Rahmen des Periodenabschlusses von Projekten ausgeführt. Die entsprechenden Abgrenzungsdaten, deren Abgleich mit der Finanzbuchhaltung sowie die entsprechenden Informationen in der Ergebnis- und Marktsegmentrechnung stehen also nur am Periodenende zur Verfügung.

Vorteile der vorgangsbezogenen Erlösrealisierung

Bei einer vorgangsbezogenen Erlösrealisierung werden Kosten und Erlöse für projektbezogene Vorgänge realisiert, sobald sie auftreten. Kostenbuchungen werden Erlösen der Periode gegenübergestellt und sofort als Aufwendungen ausgewiesen, während Erlöse sofort auf ein Gewinn- und Verlustkonto gebucht werden. Die Erlösrealisierung und Korrekturbuchungen werden gleichzeitig mit den Vorgängen generiert. Daher sind periodische Abstimmungsläufe nicht notwendig. Kosten und Erlöse werden immer dem ausgewiesenen Gewinn gegenübergestellt und sind immer aktuell. (Ausnahmen besprechen wir auf den folgenden Seiten unter Manuelle Anpassungen und Neubewertungen.) Sie können also Gewinn- und Verlustrechnungen oder Berichte zu den Kosten des Umsatzes jederzeit erstellen.

Buchungen der vorgangsbezogenen Erlösrealisierung

Bei der vorgangsbezogenen Erlösrealisierung werden beim Buchen eines Belegs, z. B. einer Zeitrückmeldung oder einer Faktura mit Bezug zu einem PSP-Element, also immer zwei getrennte Buchungsbelege erzeugt, ein Buchungsbeleg für die Kosten oder die Erlöse und ein zweiter für die Erlösrealisierung. Für jede Buchung der Erlösrealisierung werden ferner weitere für die Ergebnisermittlung relevante Attribute, wie z. B. die Kundennummer aus der Abrechnungsvorschrift des relevanten Faktura-PSP-Elements, abgeleitet und in das umfassende Journal (ACDOCA) geschrieben. Das umfassende Journal beinhaltet zu diesem Zweck neben Feldern des Hauptbuches und CO-Feldern zu echten oder auch statistischen Kontierungselementen daher auch eine große Anzahl von Feldern der Ergebnisermittlung (siehe Abbildung 5.23) und ermöglicht so direkte Margenanalysen.

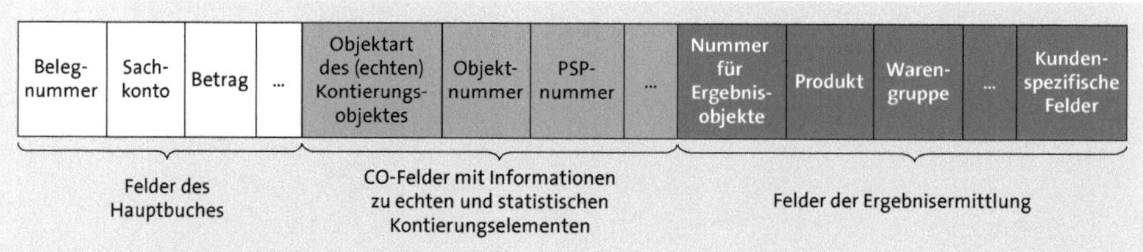

Abbildung 5.23 Schematischer Aufbau des Universal Journal (Tabelle ACDOCA)

Manuelle Anpassungen und Neubewertungen

In manchen Fällen möchten Sie jedoch ggf. temporäre Anpassungen und Rückstellungen erfassen. Dies kann z. B. der Fall sein, wenn Zeitrückmeldungen nicht zeitnah erfasst werden können oder sie bereits wissen, dass es bei Projektabschluss zu Erlösschmälerungen kommt, da Sie nicht den vollen Planerlös erhalten werden. Während die temporären Anpassungen im Rahmen einer Neubewertung überschrieben werden, müssen Sie die manuell von Ihnen erfassten Rückstellungen später auch wieder manuell auflösen, sobald die zurückgestellten Beträge realisiert werden. Bei manuellen Anpassungen der Ergebnisrealisierung, aber auch bei anderen Prozessen ohne Ursprungsbeleg, wie z. B. Änderungen der Planwerte eines Festpreisprojekts, müssen Sie also eine Neubewertung vornehmen. Für die Analyse, Anpassungen und Neubewertung der vorgangsbezogenen Erlösrealisierung von Projekten stehen Ihnen eine Reihe von SAP-Fiori-Apps zur Verfügung. Die SAP-Fiori-App **Erlösrealisierung ausführen – Projekte** können Sie zur (periodischen) Neuberechnung von Erlösrealisierungswerten von Projekten verwenden.

Einstellungen und weitere Informationen

Die Einstellungen für vorgangsbezogene Erlösrealisierung nehmen Sie im Customizing unter folgendem Pfad vor: **Controlling • Produktkosten-Controlling • Kostenträgerrechnung • Kundenauftrags-Controlling • Periodenabschluss • Vorgangsbezogene Erlösrealisierung**. Weitere Informationen zu Anwendungsfällen der vorgansbezogenen Erlösrealisierung, dessen Einschränkungen sowie Details zum Umstieg auf eine vorgangsbezogene Ergebnisermittlung finden Sie in der SAP-Bibliothek und unter SAP-Hinweis 2349278.

5.7 Projektbezogener Auftragseingang

Für Vertriebsprojekte können Sie mithilfe der projektbezogenen Auftragseingangsermittlung zusätzliche Controlling-Kennzahlen zum *Auftragseingang*, zur *Auftragshistorie*, zum *Auftragsbestand* und zum *Abbau des Auftragsbestands* ermitteln und diese im Reporting des Projektsystems auswerten oder an die Ergebnisermittlung abrechnen und sie so Ihrem unternehmensweiten Ergebnis-Controlling für Analysen zur Verfügung stellen.

Anhand der Kennzahlen der Auftragseingangsermittlung können Sie Aussagen über das voraussichtlich zu erwartende Ergebnis Ihrer Vertriebsprojekte hinsichtlich Kosten, Erlösen und gegebenenfalls Mengen treffen. Die Auswertung der Auftragshistorie erlaubt es Ihnen, die Ergebnisentwicklung Ihrer Projekte aufgrund neu hinzugekommener Kundenaufträge, Änderungen der Aufträge oder z. B. auch Absagen zu verfolgen.

Beispiel zur projektbezogenen Auftragsermittlung

Funktion und Verwendung der projektbezogenen Auftragseingangsermittlung sollen zunächst am einfachen Beispiel des Roboterprojekts verdeutlicht werden. Auf dem Projekt wurden kostenartengerecht Kosten in Höhe von 80.000 EUR geplant.

Die Kontierung einer Kundenauftragsposition auf das Projekt führt zu einer Fortschreibung von Planerlösen in Höhe von 120.000 EUR. Die projektbezogene Auftragseingangsermittlung weist entsprechende Auftragsbestandskosten und -erlöse in Höhe von 80.000 EUR und 120.000 EUR zu speziellen Kostenarten des Auftragseingangs unter der Kategorie **AENA** (**Neuer Auftrag**) aus.

Im Laufe des Projekts werden Ist-Kosten in Höhe von 40.000 EUR auf das Projekt gebucht, und es findet eine Fakturierung in Höhe von 60.000 EUR statt. Bei der Ergebnisermittlung werden z. B. bei der Verwendung einer erlösproportionalen Methode (siehe das Beispiel in Abschnitt 5.6, »Ergebnisermittlung«) 40.000 EUR als Kosten des Umsatzes und 60.000 EUR als ergebniswirksame Erlöse gebucht.

Eine neue projektbezogene Kundenauftragsermittlung zeigt nun die abgegrenzten Werte unter der Kategorie **ABAF** (**Auftragsbestand: Abbau durch Faktura**) an. Die neuen Auftragsbestandswerte für die Kosten und Erlöse des Projekts ergeben sich dabei aus den ursprünglichen Auftragsbestandswerten, abzüglich der Abbaubeträge – in diesem Fall abzüglich der Abgrenzungsdaten:

Auftragsbestand (Erlöse) = 120.000 EUR – 60.000 EUR = 60.000 EUR
Auftragsbestand (Kosten) = 80.000 EUR – 40.000 EUR = 40.000 EUR

Im weiteren Verlauf des Projekts ergeben sich weitere Änderungen. Zum einen werden zusätzliche Ist-Kosten in Höhe von 5.000 EUR und Ist-Erlöse in Höhe von 30.000 EUR auf das Projekt gebucht. Zusätzlich wurde eine neue Kundenauftragsposition auf das Projekt kontiert, die zu zusätzlichen Planerlösen in Höhe von 30.000 EUR auf dem Projekt führt. Die Plankosten des Projekts wurden daraufhin ebenfalls um 15.000 EUR erhöht. Die Ergebnisermittlung des Projekts führt nun zu Kosten des Umsatzes in Höhe von 57.000 EUR und ergebniswirksamen Erlösen in Höhe von 90.000 EUR. Die anschließende projektbezogene Auftragseingangsermittlung weist nun als Differenz zur vorherigen Durchführung zur Kategorie **AEGA** (**Auftragsänderung**) 30.000 EUR bei den Erlösen und 15.000 EUR bei den Kosten aus. Die Änderungen der Abgrenzungswerte, also im Falle der ergebniswirksamen Erlöse 30.000 EUR und bei den Kosten des Umsatzes 17.000 EUR, werden wiederum als Abbaubeträge unter der Kategorie **ABAF** verwendet. Als neue Auftragsbestandswerte ergeben sich für das Projekt nun also:

Auftragsbestand (Erlöse) = 120.000 EUR – 90.000 EUR + 30.000 EUR = 60.000 EUR

Auftragsbestand (Kosten) = 80.000 EUR – 57.000 EUR + 15.000 EUR = 38.000 EUR

Abbildung 5.24 zeigt den Hierarchiebericht (siehe Abschnitt 6.2.1, »Hierarchieberichte«) **Auftragseingang/-bestand**, in dem die Werte dieses Beispiels dargestellt werden.

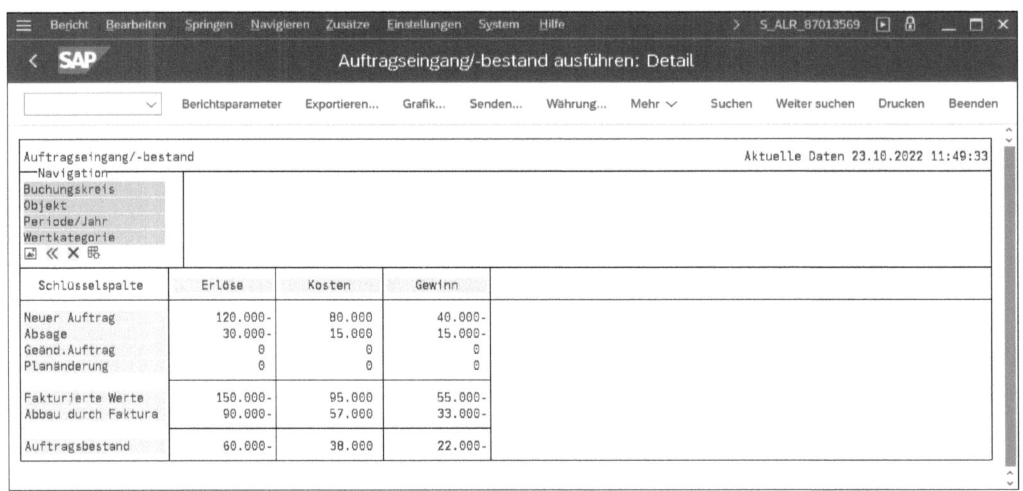

Schlüsselspalte	Erlöse	Kosten	Gewinn
Neuer Auftrag	120.000-	80.000	40.000-
Absage	30.000-	15.000	15.000-
Geänd.Auftrag	0	0	0
Planänderung	0	0	0
Fakturierte Werte	150.000-	95.000	55.000-
Abbau durch Faktura	90.000-	57.000	33.000-
Auftragsbestand	60.000-	38.000	22.000-

Abbildung 5.24 Auswertung des projektbezogenen Auftragseingangs

Statusabhängigkeit Bei der Ermittlung der Auftragseingangsdaten wird eine Unterscheidung zwischen endfakturierten und nicht endfakturierten PSP-Elementen getroffen. Solange ein Fakturierungselement noch nicht den Systemstatus **ENFA** (**Endfakturiert**) hat, ergeben sich die Auftragsbestandswerte wie folgt:

Auftragsbestand (Erlöse) =
Auftragseingang (Erlöse) – ergebniswirksame Erlöse
Auftragsbestand (Kosten) =
Auftragseingang (Kosten) – Kosten des Umsatzes

Der Auftragseingang wird dabei auf der Basis der erlösartengerecht geplanten Erlöse auf dem Fakturierungselement und der kostenartengerecht geplanten Kosten auf Objekten der Fakturierungsstruktur des PSP-Elements ermittelt. Wie oben dargestellt, ergeben sich die Abbaubeträge zum Auftragsbestand auf der Basis der abgegrenzten Ist-Daten der Abgrenzungsversion 0. Wenn Sie noch keine Ergebnisermittlung vorgenommen haben, ist der Abbaubetrag gleich null und damit der Auftragsbestand gleich dem Auftragseingang.

Bei einem Fakturierungselement mit dem Status **Endfakturiert** ergeben sich sowohl der Auftragseingang als auch die Abbaubeträge aus den abgegrenzten Ist-Daten der Abgrenzungsversion 0. Das heißt, dass die Abbaubeträge in diesem Fall gleich den Auftragseingangsdaten und somit die Auftragsbestände gleich null sind.

Übersteigen die Ist-Erlöse die geplanten Erlöse, ergibt sich unabhängig vom Status des Fakturierungselements, dass die Auftragseingangserlöse gleich den Ist-Erlösen sind. Analog gilt, dass bei Überschreiten der Plankosten durch die Ist-Kosten die Auftragseingangskosten gleich den Ist-Kosten gesetzt werden.

5.7.1 Voraussetzungen der projektbezogenen Auftragseingangsermittlung

Auftragseingangskostenarten

Als erste Voraussetzung für die Verwendung der projektbezogenen Auftragseingangsermittlung müssen Sie sekundäre Kostenarten anlegen, unter denen Kosten, Erlöse und gegebenenfalls Mengen zum Auftragseingang fortgeschrieben werden sollen. Verwenden Sie dabei die folgenden Kostenartentypen:

- 50 (**Auftragseingang Umsatzerlöse**)
- 51 (**Auftragseingang sonstige Erträge**)
- 52 (**Auftragseingang Kosten**)

Soll der projektbezogene Auftragseingang später an die Ergebnis- und Marktsegmentrechnung abgerechnet werden, ist es in der Regel sinnvoll, die Auftragseingangskostenarten entsprechend den Wertfeldern der Ergebnisrechnung zu gliedern.

Als Nächstes müssen Sie im Customizing des Projektsystems den Auftragseingangskostenarten die relevanten Kostenarten der Kosten und Erlöse sowie die Abgrenzungskostenarten zuordnen. Diese Zuordnung können Sie für Kostenartenintervalle oder Kostenartengruppen, abhängig von Kostenrechnungskreis und Abgrenzungsschlüssel (siehe Abschnitt 5.6.1, »Voraussetzungen für die Ergebnisermittlung«) vornehmen. Für die spätere Auswertung müssen Sie schließlich die den Auftragseingangskostenarten entsprechenden Wertkategorien mithilfe von Transaktion OPI2 zuordnen (siehe Abschnitt 6.2.1, »Hierarchieberichte«).

Einstellungen in CO-PA

Wenn Sie die Daten der projektbezogenen Auftragseingangsermittlung an die Ergebnisrechnung abrechnen möchten, benötigen Sie zum einen ein geeignetes Ergebnisschema, das bei der Abrechnung die Abbildung der Auftragseingangskostenarten auf Wertkategorien der Ergebnisrechnung bestimmt (siehe Abschnitt 5.9.1, »Voraussetzungen für Projektabrechnungen«). Zum anderen muss der Ergebnisbereich, in den die Daten abgerechnet werden sollen, das Merkmal **SORHIST** umfassen, und es muss ein Nummernkreis für die Vorgangsart I (**Kundenauftr.-Projekt**) gepflegt sein. Die Definition eines Nummernkreises können Sie mithilfe von Transaktion KEN1 im Customizing der Ergebnis- und Marktsegmentrechnung vornehmen. Die Zuordnung des Merkmals **SORHIST** zu einem Ergebnisbereich nehmen Sie über Transaktion KEQ3 vor. Das Kennzeichen besitzt die folgenden vier möglichen Kategorien:

- **AENA (Neuer Auftrag)**

  Diese Kategorie umfasst die Kostenartentypen 50, 51 und 52 und wird beim Anlegen von Kundenauftragspositionen zu Fakturierungselementen gebildet.

- **AEGA (Auftragsänderung)**

  Diese Kategorie umfasst nur den Kostenartentyp 50 und wird gebildet, falls es z. B. zu Konditions- oder Mengenänderungen in relevanten Kundenaufträgen kommt.

- **AEAB (Absagen)**

  Diese Kategorie umfasst die Kostenartentypen 50, 51 und 52 und wird bei der Stornierung von Kundenauftragspositionen zu Fakturierungselementen gebildet.

- **AEPA (Planänderung)**

  Diese Kategorie umfasst die beiden Kostenartentypen 51 und 52 und wird gebildet, wenn es zu relevanten Änderungen der Kostenstruktur der Projekte kommt.

Abgrenzungsschlüssel

Für die projektbezogene Auftragseingangsermittlung müssen Sie auch für die relevanten Abgrenzungsschlüssel im Customizing des Projektsystems Einstellungen vornehmen (siehe Abbildung 5.25).

So entscheiden Sie z. B. über die Kennzeichen **Hierarchie-Ebene der Fakturastruktur** in den Einstellungen eines Abgrenzungsschlüssels, ob die vollständige Auftragshistorie nur für das gesamte Projekt oder für die einzelnen Fakturierungselemente ermittelt werden soll. Die Kategorien **Auftragsänderung** und **Planänderung** der Auftragshistorie werden jedoch immer auf der Ebene der einzelnen Fakturierungselemente ermittelt. Zusätzlich spezifizieren Sie im Abgrenzungsschlüssel die CO-Version, deren Daten als Basis für die Auftragseingangsermittlung verwendet werden sollen.

Abbildung 5.25 Beispiel für die Einstellungen zu einem Abgrenzungsschlüssel

Fakturierungselemente zum Auftragseingang

Auch die Fakturierungselemente, auf denen Sie die Kennzahlen zum Auftragseingang ermitteln möchten, müssen bestimmte Voraussetzungen erfüllen. Zum einen müssen die Fakturierungselemente einen Abgrenzungsschlüssel haben und freigegeben sein, damit der betriebswirtschaftliche Vorgang **Maschinelle Abgrenzung** erlaubt ist; zum anderen müssen auf den Fakturierungselementen Kundenauftragswerte unter dem Werttyp 29 fortgeschrieben worden sein. Diese Fortschreibung kann dabei durch eine auf das Projekt kontierte Kundenauftragsposition erfolgen oder bei Bedarf auch mithilfe eines BAPIs aus einem Fremdsystem. Die Fortschreibung der Planerlöse des Kundenauftrags auf dem Projekt sollte dabei im Planprofil des Projekts erlaubt sein (siehe Abschnitt 2.5.3, »Fakturierungsplan«).

5.7.2 Durchführung der projektbezogenen Kundenauftragsermittlungen

Sie führen die Ermittlung der projektbezogenen Kundenaufträge typischerweise im Anschluss an die Ergebnisermittlung der Projekte aus. Für die Ausführung stehen Ihnen im Projektsystem die Transaktionen CJA2 und CJA1 zur Verfügung. Im Einstiegsbild nehmen Sie eine Objektselektion über die Angabe von Kundenaufträgen, Projekten oder einzelnen PSP-Elementen vor und spezifizieren die Periode, für die eine Auftragsermittlung durchgeführt werden soll, sowie die Ablaufsteuerung.

Auftragseingangs-ermittlung

Wenn Sie die projektbezogene Auftragseingangsermittlung ausführen, bestimmen der Abgrenzungsschlüssel der Fakturierungselemente und deren Status (endfakturiert oder nicht endfakturiert), wie die Kennzahlen **Auftragsbestand** und **Auftragseingang** gebildet werden sollen.

Abbildung 5.26 zeigt die Detailliste einer projektbezogenen Auftragseingangsermittlung.

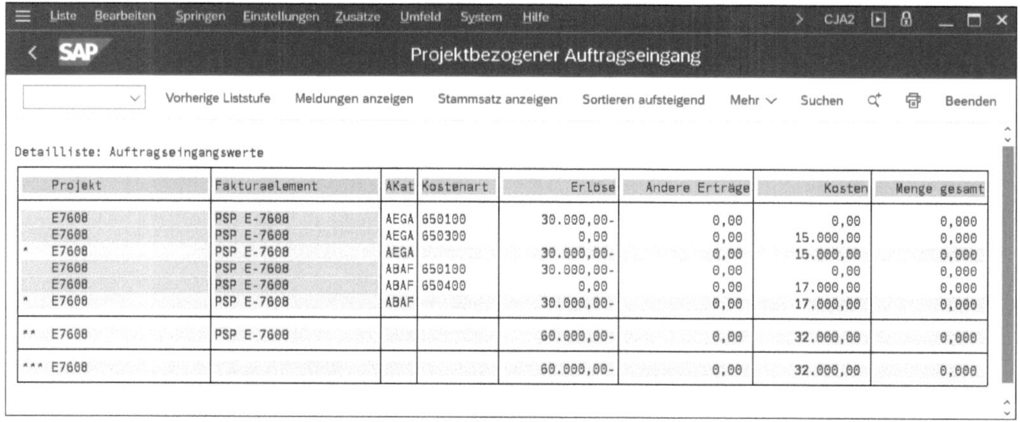

Projekt	Fakturaelement	AKat	Kostenart	Erlöse	Andere Erträge	Kosten	Menge gesamt
E7608	PSP E-7608	AEGA	650100	30.000,00-	0,00	0,00	0,000
E7608	PSP E-7608	AEGA	650300	0,00	0,00	15.000,00	0,000
* E7608	PSP E-7608	AEGA		30.000,00-	0,00	15.000,00	0,000
E7608	PSP E-7608	ABAF	650100	30.000,00-	0,00	0,00	0,000
E7608	PSP E-7608	ABAF	650400	0,00	0,00	17.000,00	0,000
* E7608	PSP E-7608	ABAF		30.000,00-	0,00	17.000,00	0,000
** E7608	PSP E-7608			60.000,00-	0,00	32.000,00	0,000
*** E7608				60.000,00-	0,00	32.000,00	0,000

Abbildung 5.26 Detailliste der Ermittlung eines projektbezogenen Auftragseingangs

Die ermittelten Kennzahlen können Sie im Reporting des Projektsystems auswerten – standardmäßig steht Ihnen hierzu z. B. der Hierarchiebericht **Auftragseingang/-bestand** zur Verfügung (siehe Abbildung 5.24) – und bei Bedarf an die Ergebnis- und Marktsegmentrechnung abrechnen und dann mithilfe geeigneter Berichte auf der Ebene des Ergebnisbereichs auswerten.

Sie können eine projektbezogene Auftragseingangsermittlung auch mehrfach für eine Periode ausführen. Bei der Ermittlung der Kennzahlen auf Basis der Plandaten werden jedoch generell nur die Änderungen zu der vorangegangenen Ausführung berücksichtigt. Beachten Sie, dass bei der

Ermittlung des Auftragseingangs alle Auftragseingänge und -änderungen zwischen der letzten Ausführung und der aktuellen Ausführung berücksichtigt werden, unabhängig davon, für welche Periode die Änderungen ausgeführt wurden.

Bei Bedarf können Sie eine projektbezogene Auftragseingangsermittlung auch wieder stornieren. Dies kann insbesondere notwendig sein, wenn Sie nachträglich das Fakturierungskennzeichen oder den Abgrenzungsschlüssel aus einem PSP-Element, für das Sie bereits einen Auftragseingang ermittelt haben, löschen möchten. Darüber hinaus können das Stornieren und eine erneute Ausführung der Auftragseingangsermittlung sinnvoll sein, wenn Sie mehrere Auftragseingangsermittlungen innerhalb einer Periode durchgeführt haben, Sie jedoch an der Gesamtänderung der Kennzahlen im Vergleich zur Vorperiode interessiert sind.

5.8 Kostenprognose

Estimate to Completion

In den vorangegangenen Kapiteln wurde erörtert, wie Sie Kosten auf Projekten planen können und wie im Rahmen der Realisierungsphase Obligos und Ist-Kosten auf Projekte gebucht werden können. Kommt es bei der Durchführung Ihrer Projekte jedoch zu Abweichungen in Form von Verzögerungen, voraussichtlicher Mehrarbeit usw., reicht eine reine Betrachtung der aktuellen Plan-, Ist-Kosten und Obligos nicht aus, um aussagekräftige Prognosen über die Kostenentwicklung Ihrer Projekte zu tätigen. Aufgabe der *Kostenprognose* ist es, auf Basis der Plan-, Obligo-, Ist- und insbesondere der Prognosedaten der Netzpläne *aktualisierte Restkosten* (Estimate to Completion) für zukünftige Perioden kostenartengerecht zu ermitteln. Die aktualisierten Restkosten werden zusammen mit den Obligos und Ist-Kosten der CO-Version 0 in eine oder mehrere spezielle Prognoseversionen kopiert und dienen Ihnen hier als Vorschlagswerte für eine realistische Kostenvorhersage.

Die aktualisierten Restkosten werden bei der Durchführung der Kostenprognose wie folgt ermittelt:

Für Eigenbearbeitungsvorgänge ist die Berechnung der aktualisierten Restkosten vom Status der Vorgänge und deren zeitlicher Lage relativ zum Stichtag der Kostenprognose abhängig. Wurde ein Eigenbearbeitungsvorgang noch nicht zurückgemeldet, hat also noch keinen Ist-Termin, geht die Kostenprognose davon aus, dass die gesamte geplante Arbeit noch zu erbringen ist. Für einen Vorgang, der zeitlich nach dem Stichtag liegt, bedeutet dies, dass sich die aktualisierten Restkosten aus der normalen Kalkulation des Vorgangs ergeben. Für einen Vorgang, der zeitlich komplett vor dem Stichtag liegt, verwendet das System die Periode des Stichtags zur Bewertung der insgesamt geplanten Arbeit.

Liegt ein Teil der geplanten Arbeit eines Vorgangs zeitlich vor dem Stichtag, ein Teil zeitlich später, verteilt das System unter Berücksichtigung des Verteilungsschlüssels die gesamte Arbeit auf den Zeitraum zwischen dem Stichtag und dem geplanten Endtermin und ermittelt die aktualisierten Restkosten für diesen Zeitraum periodengerecht. Die *aktualisierten Gesamtkosten* (Estimate at Completion) entsprechen in allen drei Fällen den aktualisierten Restkosten.

Für einen teilrückgemeldeten Eigenbearbeitungsvorgang werden die aktualisierten Restkosten aus der prognostizierten Restarbeit (siehe Abschnitt 4.3, »Rückmeldungen«), verteilt über den Zeitraum zwischen vorläufigem Ist-Endtermin und dem Endtermin der Vorgänge, berechnet. Der Endtermin ergibt sich dabei entweder aus dem Prognoseendtermin bzw. der prognostizierten Restdauer oder aus dem berechneten Endtermin (siehe Abschnitt 4.1.2, »Ist-Termine von Vorgängen«). Die aktualisierten Gesamtkosten ergeben sich aus der Summe der Ist-Kosten der bereits zurückgemeldeten Arbeit und den aktualisierten Restkosten. Wurde ein Eigenbearbeitungsvorgang endrückgemeldet, sind die aktualisierten Restkosten des Vorgangs gleich null. Die aktualisierten Gesamtkosten entsprechen den Ist-Kosten des Vorgangs.

Fremd- und Dienstleistungsvorgänge

Bei Fremd- und Dienstleistungsvorgängen ist die Ermittlung der aktualisierten Restkosten davon abhängig, ob bereits Bestellanforderungen und Bestellungen erfasst wurden. Existiert noch keine Bestellanforderung bzw. Bestellung für einen Vorgang, ist wieder die zeitliche Lage des Vorgangs relativ zum Stichtag der Kostenprognose relevant. Liegt der geplante Starttermin nach dem Stichtag der Kostenprognose, ergeben sich die aktualisierten Restkosten aus der normalen Kalkulation des Vorgangs. Liegt der Starttermin des Vorgangs vor dem Stichtag, werden die Plankosten in der Periode des Stichtags neu bewertet. Bei der Verwendung eines Rechnungsplans werden die geplanten Kosten zu Terminen vor dem Stichtag auf den Stichtag gelegt und die Kosten zu Terminen nach dem Stichtag unverändert übernommen. Da noch keine Ist-Kosten und Obligos vorhanden sind, entsprechen die aktualisierten Gesamtkosten jeweils den aktualisierten Restkosten.

Existiert bereits eine Bestellanforderung bzw. Bestellung für einen Vorgang, werden die aktualisierten Restkosten auf null gesetzt (auch bei Verwendung eines Rechnungsplans). Die aktualisierten Gesamtkosten ergeben sich aus der Summe der Ist-Kosten bzw. Obligos auf dem Vorgang.

Kostenvorgänge

Für Kostenvorgänge ist die Ermittlung der aktualisierten Restkosten davon abhängig, ob bereits Ist-Kosten gebucht wurden. Für einen Kostenvorgang ohne Ist-Kosten erfolgt die Berechnung der aktualisierten Restkosten abhängig von der zeitlichen Lage des Vorgangs relativ zum Stichtag der Kostenprognose. Dabei wird die gleiche Logik angewandt wie bei Eigenbearbeitungsvorgängen, die noch nicht zurückgemeldet wurden. Haben Sie einen Rechnungsplan für die Kostenplanung verwendet, werden die Plankosten zu Terminen vor dem Stichtag auf den Stichtag gesetzt und die Kosten zu Terminen nach dem Stichtag unverändert als aktualisierte Restkosten übernommen. Die aktualisierten Gesamtkosten entsprechen den aktualisierten Restkosten.

Wurden bereits Ist-Kosten auf einen Kostenvorgang gebucht, ergeben sich die aktualisierten Restkosten aus der Differenz zwischen den Plan- und Ist-Kosten des Vorgangs. Die Verteilung erfolgt anhand des Verteilungsschlüssels über den Zeitraum zwischen dem Stichtag der Kostenprognose und dem Endtermin des Vorgangs. Überschreiten die Ist-Kosten die Plankosten, ist der Wert der aktualisierten Restkosten null. Die aktualisierten Gesamtkosten ergeben sich aus der Summe der Ist-Kosten und der aktualisierten Restkosten.

Materialkomponenten

Die Berechnung der aktualisierten Restkosten für Materialkomponenten ist abhängig vom Positionstyp der Komponente (siehe Abschnitt 2.3.1, »Zuordnung von Materialkomponenten«).

Für Nichtlagerpositionen werden die Plankosten der Komponente bei der Ermittlung der aktualisierten Restkosten auf dem Vorgang berücksichtigt. Existiert bereits eine Bestellanforderung, Bestellung oder ein Wareneingang bzw. Rechnungseingang für die Komponente, werden nur die Obligos bzw. die Ist-Kosten für die Berechnung verwendet.

Für Lagerpositionen unterscheidet man zwischen Komponenten, für die bereits ein Warenausgang gebucht wurde, und solchen ohne Entnahme. Wurde noch kein Warenausgang gebucht, werden die aktualisierten Restkosten der Komponente auf dem Vorgang aus den Plankosten der Komponente ermittelt. Die Periode der Plankostenermittlung ergibt sich entweder aus dem Bedarfstermin, wenn dieser nach dem Stichtag der Kostenprognose liegt, oder andernfalls aus dem Stichtag der Kostenprognose. Die aktualisierten Gesamtkosten der Komponente entsprechen den aktualisierten Restkosten. Wurde bereits ein Warenausgang für eine Komponente gebucht, ermittelt die Kostenprognose zunächst die Differenz aus der geplanten und entnommenen Menge und berechnet für die noch offene Menge die aktualisierten Restkosten. Die aktualisierten Gesamtkosten entsprechen der Summe aus Ist-Kosten und aktualisierten Restkosten.

5.8.1 Voraussetzungen und Einschränkungen der Kostenprognose

Die Verwendung der Kostenprognose ist nur sinnvoll, wenn Sie mit Netzplänen und Projektstrukturplänen arbeiten. Die Netzpläne müssen vorgangskontiert und sowohl additiv als auch dispositiv wirksam sein (d. h., reine Vorplanungsnetze werden nicht berücksichtigt). Darüber hinaus werden nur die Werte der CO-Version 0 kalkulationsrelevanter Vorgänge berücksichtigt, die eine Zuordnung zu einem PSP-Element haben.

Die Berechnung der aktualisierten Restkosten für projektbestandsgeführte Materialkomponenten im Rahmen der Kostenprognose ist nicht möglich. Denn es werden nur werksbestandsgeführte Lagerpositionen in die Berechnung der Kostenprognose einbezogen, während die Plandaten von PSP-Elementen bei der Kostenprognose nicht berücksichtigt werden. Die Obligo- und Ist-Kosten der PSP-Elemente werden jedoch zusammen mit den Werten der zugeordneten Netzpläne in die Prognoseversion kopiert und können somit beim Ausweis der aktualisierten Gesamtkosten einbezogen werden.

Prognoseversion

Für die Fortschreibung der aktualisierten Restkosten und Kopien der Obligos und Ist-Kosten benötigen Sie eine Prognoseversion, die Sie bei der Durchführung der Kostenprognose angeben müssen. Standardmäßig steht Ihnen die Version 110 zur Verfügung. Sie können jedoch auch eigene CO-Versionen im Customizing für die Kostenprognose anlegen (siehe Abschnitt 2.4, »Planung von Kosten und statistischen Kennzahlen«). Diese müssen dann die exklusive Verwendung **Prognosekosten** besitzen.

Um Terminveränderungen aufgrund von Rückmeldungen zu berücksichtigen, ist es in der Regel sinnvoll, vor der Durchführung der Kostenprognose eine Neuterminierung vorzunehmen. So werden die aktualisierten Restkosten auf der Basis Ihrer aktuellen Terminplanung ermittelt. Vor der Durchführung der Kostenprognose sollten Sie darüber hinaus die Zuschlagsberechnung der Obligo- und Ist-Werte ausgeführt haben, damit die vollständigen Obligos und Ist-Kosten in die Prognoseversion kopiert werden. Eine Planbezuschlagung muss jedoch nicht manuell vorgenommen werden, da die Planzuschläge automatisch bei der Kostenprognose ermittelt werden.

5.8.2 Durchführung und Auswertung der Kostenprognose

Für die Durchführung einer Kostenprognose stehen Ihnen die Transaktionen CJ9L und CJ9M zur Verfügung. Neben der Objektselektion und der Auswahl der Ablaufsteuerung geben Sie auch den Stichtag für die Ermittlung der aktualisierten Restkosten sowie die Prognoseversion an. Bei der Ausführung der Kostenprognose ermittelt das System nun für die selektierten Objekte, abhängig vom Stichtag, die aktualisierten Restkosten und überträgt diese in die Prognoseversion. Darüber hinaus kopiert das System die Obligos und Ist-Kosten in die Prognoseversion, sodass sie hier für den Ausweis der aktualisierten Gesamtkosten herangezogen werden können.

Beispiel für Kostenprognose

Abbildung 5.27 zeigt ein Beispiel für das Ergebnis einer Kostenprognose (dargestellt ist hier nur das Ergebnis eines einzelnen Vorgangs eines Projekts in der Detailliste der Kostenprognose). In diesem Beispiel werden für einen Eigenbearbeitungsvorgang Plankosten für die Perioden 10 und 11 angezeigt. Aufgrund einer Teilrückmeldung in Periode 10 und der dabei prognostizierten Restdauer ergibt die Kostenprognose aktualisierte Restkosten zusätzlich auch für Periode 12. Darüber hinaus werden aufgrund der prognostizierten Restarbeit stark abweichende aktualisierte Gesamtkosten im Vergleich zu den Plankosten ausgewiesen.

Liste Bearbeiten Springen Einstellungen System Hilfe CJ9L

SAP Kostenprognose: Werteliste

Vorherige Liststufe Erste Spalte Spalte links Spalte rechts Mehr Beenden

Detailliste

Netzplan	Vorgang	Projekt					
Periode	**GJahr**	**Kostenart**	**Plankosten**	**Istkosten**	**Obligo**	**Akt. Restkosten**	**Akt. Gesamtkosten**
914302	0010	E-2616					
* 914302	0010						
			14.175,01	1.000,00	0,00	17.010,00	18.010,00
914302	0020	E-2616					
10	2022	620000	5.000,00	800,00	0,00	1.650,00	2.450,00
10	2022	655200	250,00	0,00	0,00	82,50	82,50
10	2022	655300	1.050,00	0,00	0,00	346,50	346,50
10	2022	655400	787,50	0,00	0,00	259,88	259,88
11	2022	620000	5.000,00	0,00	0,00	5.776,20	5.776,20
11	2022	655200	250,00	0,00	0,00	288,81	288,81
11	2022	655300	1.050,00	0,00	0,00	1.213,00	1.213,00
11	2022	655400	787,50	0,00	0,00	909,75	909,75
12	2022	620000	0,00	0,00	0,00	5.773,80	5.773,80
12	2022	655200	0,00	0,00	0,00	288,69	288,69
12	2022	655300	0,00	0,00	0,00	1.212,50	1.212,50
12	2022	655400	0,00	0,00	0,00	909,37	909,37
* 914302	0020						
			14.175,00	800,00	0,00	18.711,00	19.511,00
** 914302							
			28.350,01	1.800,00	0,00	35.721,00	37.521,00

Abbildung 5.27 Beispiel für das Ergebnis einer Kostenprognose

Standardmäßig steht Ihnen für die Analyse der aktualisierten Restkosten sowie der Obligos und Ist-Kosten zum Zeitpunkt der Kostenprognose der Hierarchiebericht **Prognose** (12CTC1) zur Verfügung. Da die Werte jedoch kostenartengerecht ermittelt werden, können Sie auch eigene Kostenartenberichte für die Auswertung der Kostenprognose definieren (siehe Abschnitt 6.2.2, »Kostenartenberichte«).

Ermittlung weiterer periodenbezogener Projektkennzahlen

Anhand der Ergebnis- und Kundenauftragsermittlung sowie der Kostenprognose können Sie am Periodenende Neubewertungen der Rechnungswesendaten Ihrer Projekte vornehmen und zusätzliche Kennzahlen wie z. B. aktivierungsfähige Kosten und Rückstellungen, Auftragseingänge und -bestände sowie aktualisierte Rest- und Gesamtkosten ermitteln.

5.9 Abrechnung

Möglichkeiten der Projektabrechnung

In der Regel dienen die Projektstrukturen nur als temporäre Träger von Kosten, d. h., dass die Kosten, die im Rahmen der Realisierungsphase auf ein Projekt gebucht werden, typischerweise im Rahmen des Periodenabschlusses ganz oder teilweise an einen oder auch mehrere andere Empfänger weiterverrechnet werden; sie werden *abgerechnet*. Je nach Zweck der Abrechnung werden die Kosten an unterschiedliche Empfänger weiterverrechnet. Im Folgenden finden Sie einige Beispiele der Projektabrechnung:

- **Abrechnung an Ergebnis- und Marktsegmentrechnung (CO-PA)**

  Mithilfe der Ergebnisermittlung können Sie z. B. die Bestandskosten oder Rückstellungen für Projekte ermitteln (siehe Abschnitt 5.6, »Ergebnisermittlung«). Die Abrechnung dieser abgegrenzten Kosten an CO-PA stellt die Informationen zum einen der Ergebnisrechnung für ein detailliertes Unternehmens-Controlling zur Verfügung, und zum anderen können gleichzeitig in der Finanzbuchhaltung automatisch Korrekturbuchungen vorgenommen werden.

- **Abrechnung an die Anlagenbuchhaltung**

  Für Investitionsprojekte können aktivierungsfähige bzw. aktivierungspflichtige Kostenanteile an Anlagen im Bau (AiB) oder fertige Anlagen abgerechnet werden. In der Anlagenbuchhaltung können diese Werte schließlich z. B. für entsprechende Abschreibungen verwendet werden.

- **Abrechnung an Kostenstellen**

  Wenn Sie die Kosten von Projekten an Kostenstellen abrechnen, können diese Werte in der Kostenstellenrechnung z. B. für Tarifermittlungen verwendet werden.

Neben den oben aufgeführten Abrechnungsempfängern können Sie die Kosten von Projekten, je nach den Anforderungen Ihres Unternehmens-Controllings, z. B. auch an andere Aufträge, Projekte, Kostenträger, Kundenauftragspositionen oder Sachkonten abrechnen. Welche Kosten zu welchen

Anteilen bzw. mit welchen Beträgen an welche Empfänger abgerechnet werden sollen, steuern Sie mithilfe von *Abrechnungsvorschriften*, die in den jeweiligen Sendern, also z. B. in den PSP-Elementen oder Netzplanvorgängen hinterlegt werden müssen.

In der Regel werden Abrechnungen nur im Ist durchgeführt. Für planintegrierte PSP-Elemente können Sie jedoch auch Plandaten an Kostenstellen, Geschäftsprozesse oder – sofern Sie zuvor eine Planergebnisermittlung durchgeführt haben – an die Ergebnisrechnung abrechnen. In der Kostenstellen- bzw. Prozesskostenrechnung können die Plandaten so z. B. für eine Plantarifermittlung genutzt werden. Plandaten nicht planintegrierter Projekte können auch ohne Abrechnung an die Ergebnisrechnung weitergeleitet werden. Dies geschieht durch eine sogenannte *Plandatenübernahme* der Daten von PSP-Elementen mit einem Abgrenzungsschlüssel.

5.9.1 Voraussetzungen für Projektabrechnungen

Für Projektabrechnungen müssen verschiedene Voraussetzungen im Customizing des Projektsystems und in den Stammdaten der entsprechenden Projekte erfüllt sein.

Abrechnungsvorschrift

Damit die Kosten von einem PSP-Element oder Netzplankopf bzw. -vorgang abgerechnet werden können, muss in dem jeweiligen Objekt eine Abrechnungsvorschrift hinterlegt sein. Eine Abrechnungsvorschrift besteht zum einen aus steuernden Parametern, insbesondere einem *Abrechnungsprofil*, und zum anderen aus einer bzw. bis zu maximal 999 *Aufteilungsregeln*. Abbildung 5.28 zeigt Ihnen ein Beispiel für die Aufteilungsregeln eines PSP-Elements.

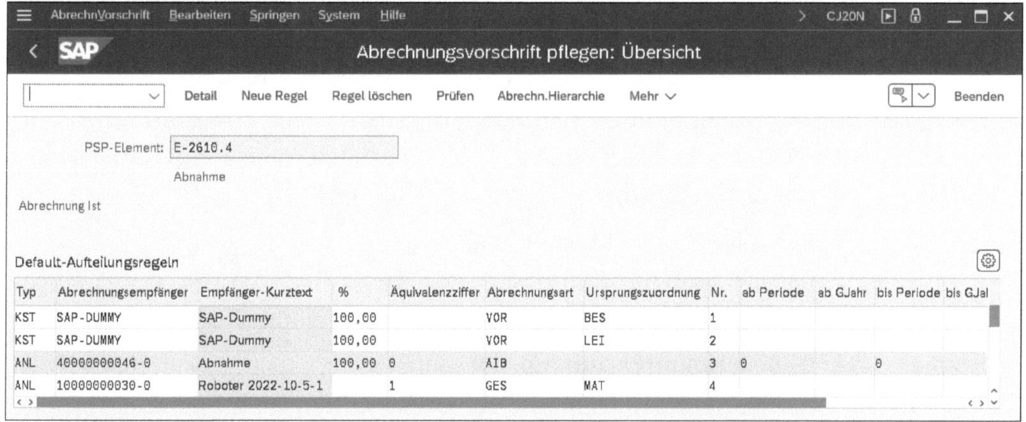

Typ	Abrechnungsempfänger	Empfänger-Kurztext	%	Äquivalenzziffer	Abrechnungsart	Ursprungszuordnung	Nr.	ab Periode	ab GJahr	bis Periode	bis GJal
KST	SAP-DUMMY	SAP-Dummy	100,00		VOR	BES	1				
KST	SAP-DUMMY	SAP-Dummy	100,00		VOR	LEI	2				
ANL	40000000046-0	Abnahme	100,00	0	AIB		3	0		0	
ANL	10000000030-0	Roboter 2022-10-5-1		1	GES	MAT	4				

Abbildung 5.28 Beispiel für Aufteilungsregeln einer Abrechnungsvorschrift

Aufteilungsregel

In einer Aufteilungsregel legen Sie zunächst den Empfänger der Abrechnung fest. Indem Sie mehrere Aufteilungsregeln innerhalb einer Abrechnungsvorschrift anlegen, können Sie auch Abrechnungen an unterschiedliche Empfänger realisieren. Welche Abrechnungsempfänger in der Abrechnungsvorschrift verwendet werden können, wird über das Abrechnungsprofil gesteuert.

Als Nächstes können Sie für jede Aufteilungsregel festlegen, welcher Teil der Kosten an den Abrechnungsempfänger weiterverrechnet werden soll. Eine Aufteilung von Kosten kann dabei *prozentual*, mithilfe von *Äquivalenzziffern* oder auch *betragsmäßig* vorgenommen werden. Bei einer Betragsabrechnung entscheidet der Betragsregeltyp der Aufteilungsregel darüber, ob der angegebene Betrag periodisch abgerechnet werden soll oder ob der Betrag lediglich eine Obergrenze für alle Abrechnungen darstellt. Im ersten Fall kann gegebenenfalls ein negativer Saldo auf dem Objekt aufgrund der Betragsabrechnung entstehen, und im zweiten Fall wird periodisch maximal nur die tatsächliche Belastung abgerechnet.

Kostenarten

Oft soll die Aufteilung der Kosten auf unterschiedliche Empfänger zusätzlich abhängig von den jeweiligen Kostenarten erfolgen. Dazu können Sie in einer Aufteilungsregel – je nach den Parametern der Abrechnungsvorschrift – eine *Ursprungszuordnung* hinterlegen, die auf ein Kostenartenintervall oder eine Kostenartengruppe verweist. Die Aufteilungsregel gilt somit nur für Belastungen zu diesen Kostenarten. So können z. B. bei Investitionsprojekten die aktivierungsfähigen bzw. -pflichtigen Belastungen an die Anlagenbuchhaltung und die anderen Kostenanteile an die Kostenstellen abgerechnet werden. In der Anlagenbuchhaltung kann mithilfe von Bewertungsbereichen bei Bedarf eine weitere Differenzierung von aktivierbaren und nichtaktivierbaren Kostenanteilen je nach Bewertungszweck vorgenommen werden. Nichtaktivierbare Anteile eines Bewertungsbereichs werden dabei vom System als neutrale Aufwände verbucht.

Abrechnungsart

Die Abrechnungsart einer Aufteilungsregel steuert weitere Details der Abrechnung an den Empfänger. Die folgenden Abrechnungsarten stehen Ihnen zur Verfügung:

- **PER (periodische Abrechnung)**

  Bei der späteren Abrechnung werden nur die Kosten der jeweiligen Abrechnungsperiode entsprechend der Aufteilungsregel abgerechnet.

- **GES (Gesamtabrechnung)**

  Bei der Gesamtabrechnung werden die Kosten der Abrechnungsperiode, aber auch die noch nicht abgerechneten Kosten aus vorangegangenen Perioden abgerechnet.

Für Investitionsprojekte, d. h. für PSP-Elemente mit einem Investitionsprofil, stehen zusätzlich die folgenden Abrechnungsarten zur Verfügung:

- **AIB (Aktivierung auf Anlage im Bau)**

  Diese Abrechnungsart wird für die Abrechnung der Kosten von PSP-Elementen an Anlage im Bau verwendet. Aufteilungsregeln zur Abrechnungsart AIB können nicht manuell angelegt werden, sondern werden vom System automatisch bei der ersten Abrechnung erstellt, sofern eine Anlage im Bau zum PSP-Element existiert.
- **VOR (Vorabrechnung)**

  Aufteilungsregeln zur Abrechnungsart VOR werden im Rahmen der Abrechnung vor den Aufteilungsregeln zur Abrechnungsart AIB durchlaufen. Mithilfe der Abrechnungsart VOR können Sie also Kostenanteile abrechnen, die nicht aktiviert werden sollen.

Bei Bedarf können Sie für Aufteilungsregeln auch einen Gültigkeitszeitraum erfassen, der bei der Durchführung der Abrechnung berücksichtigt werden soll. Nach der Verwendung einer Aufteilungsregel in einer Abrechnung ist nur noch das Ende des Gültigkeitszeitraums änderbar.

Parameter zur Abrechnungsvorschrift

Die Parameter zur Abrechnungsvorschrift umfassen im Wesentlichen das Abrechnungsprofil, ein Verrechnungsschema sowie bei Bedarf ein Ursprungs- und ein Ergebnisschema. Sämtliche dieser Profile müssen Sie zuvor im Customizing des Projektsystems definieren.

Abrechnungsprofil

Das Abrechnungsprofil (siehe Abbildung 5.29) ist das zentrale Profil für die Abrechnung.

In einem Abrechnungsprofil legen Sie z. B. fest, welche Empfängertypen in der Abrechnungsvorschrift verwendet werden können bzw. müssen und wie die Aufteilung von Kosten vorgenommen werden kann. Durch das Setzen des Kennzeichens **vollständig abzurechnen** erreichen Sie, dass ein Objekt erst dann abgeschlossen oder zur Löschung vorgemerkt werden kann, wenn sein Saldo null ist. Neben weiteren steuernden Kennzeichen können Sie in einem Abrechnungsprofil auch bereits Vorschlagswerte für die weiteren Profile der Parameter einer Abrechnungsvorschrift hinterlegen.

Verrechnungsschema

Das Verrechnungsschema (im Customizing auch teilweise *Abrechnungsschema* genannt) steuert, welche (Ursprungs-)Kostenarten unter welchen (Abrechnungs-)Kostenarten an die jeweiligen Empfängertypen abgerechnet werden sollen. Ein Verrechnungsschema besteht zu diesem Zweck aus einer oder auch mehreren Zuordnungen. Jede Zuordnung verweist einerseits auf Ursprungskostenarten, d. h. ein Intervall von Kostenarten oder eine Kostenartengruppe, unter denen Belastungen anfallen können, und zum anderen auf Abrechnungskostenarten (siehe Abbildung 5.30), unter denen die Belastungen im Rahmen der Abrechnung weiterverrechnet werden.

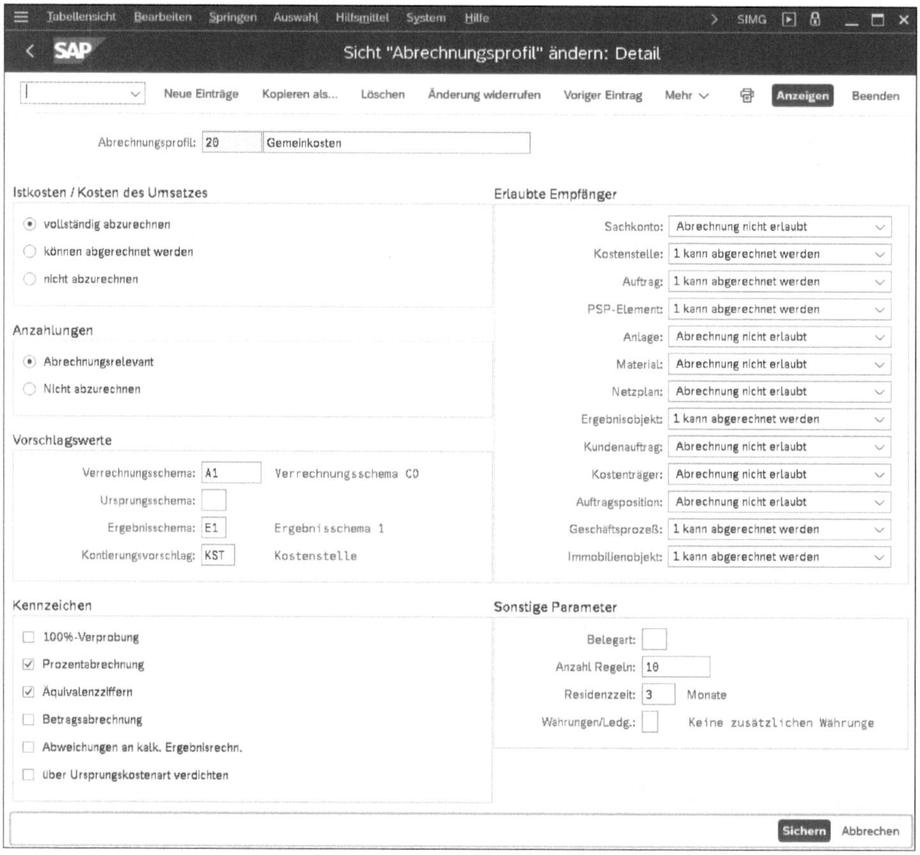

Sicht "Abrechnungsprofil" ändern: Detail

Neue Einträge | Kopieren als... | Löschen | Änderung widerrufen | Voriger Eintrag | Mehr | Anzeigen | Beenden

Abrechnungsprofil: 20 Gemeinkosten

Istkosten / Kosten des Umsatzes

- (•) vollständig abzurechnen
- ( ) können abgerechnet werden
- ( ) nicht abzurechnen

Anzahlungen

- (•) Abrechnungsrelevant
- ( ) Nicht abzurechnen

Vorschlagswerte

Verrechnungsschema:	A1	Verrechnungsschema CO
Ursprungsschema:		
Ergebnisschema:	E1	Ergebnisschema 1
Kontierungsvorschlag:	KST	Kostenstelle

Erlaubte Empfänger

Sachkonto:	Abrechnung nicht erlaubt
Kostenstelle:	1 kann abgerechnet werden
Auftrag:	1 kann abgerechnet werden
PSP-Element:	1 kann abgerechnet werden
Anlage:	Abrechnung nicht erlaubt
Material:	Abrechnung nicht erlaubt
Netzplan:	Abrechnung nicht erlaubt
Ergebnisobjekt:	1 kann abgerechnet werden
Kundenauftrag:	Abrechnung nicht erlaubt
Kostenträger:	Abrechnung nicht erlaubt
Auftragsposition:	Abrechnung nicht erlaubt
Geschäftsprozeß:	1 kann abgerechnet werden
Immobilienobjekt:	1 kann abgerechnet werden

Kennzeichen

- [ ] 100%-Verprobung
- [x] Prozentabrechnung
- [x] Äquivalenzziffern
- [ ] Betragsabrechnung
- [ ] Abweichungen an kalk. Ergebnisrechn.
- [ ] über Ursprungskostenart verdichten

Sonstige Parameter

Belegart:		
Anzahl Regeln:	10	
Residenzzeit:	3	Monate
Währungen/Ledg.:		Keine zusätzlichen Währunge

Sichern | Abbrechen

Abbildung 5.29 Beispiel für die Definition eines Abrechnungsprofils

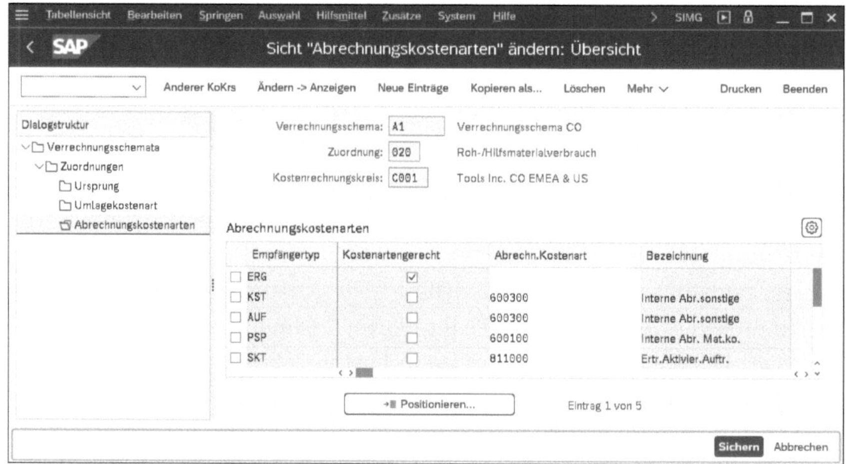

Abbildung 5.30 Festlegung der Abrechnungskostenarten in einem Verrechnungsschema

Die Festlegung der Abrechnungskostenarten erfolgt dabei in Abhängigkeit vom jeweiligen Empfänger der Abrechnung. Bei Bedarf kann die Abrechnung an die Empfänger auch unter der Beibehaltung der ursprünglichen Kostenarten vorgenommen werden. Zu diesem Zweck setzen Sie im Verrechnungsschema das Kennzeichen **Kostenartengerecht** für die relevanten Empfängertypen. Aus Performancegründen ist häufig jedoch eine Abrechnung mithilfe einiger weniger Abrechnungskostenarten einer kostenartengerechten Abrechnung vorzuziehen.

[!]

Definition von Verrechnungsschemata

Beachten Sie bei der Definition eines Verrechnungsschemas, dass das Schema alle Ursprungskostenarten umfasst, unter denen Belastungen anfallen können, und dass jede dieser Ursprungskostenarten nur einmal innerhalb des Verrechnungsschemas auftauchen darf.

Ursprungsschema

Ein Ursprungsschema umfasst eine oder mehrere Ursprungszuordnungen. In einer Zuordnung werden die Belastungskostenarten zusammengefasst, die bei der Abrechnung nach den gleichen Aufteilungsregeln abgerechnet werden sollen. Wenn Sie eine Aufteilungsregel erstellen, können Sie durch die Angabe einer Ursprungszuordnung die Gültigkeit der Aufteilungsregel auf die Kostenarten dieser Zuordnung beschränken. Im Beispiel aus Abbildung 5.28 werden also alle Kosten der Ursprungszuordnungen **BES** und **LEI** an eine Kostenstelle abgerechnet, während alle anderen Kosten an die AiB bzw. die fertige Anlage abgerechnet werden.

Ergebnisschema

Sie benötigen ein Ergebnisschema im Rahmen der Projektabrechnung nur, wenn Sie die Kosten an die Ergebnis- und Marktsegmentrechnung abrechnen möchten. Da in der Ergebnisrechnung ein Ausweis von Daten mit Bezug zu Wertfeldern erfolgt, steuern Sie mithilfe des Ergebnisschemas, welche Kostenarten welchen Wertfeldern zugeordnet werden sollen. Dazu erstellen Sie in einem Ergebnisschema eine oder mehrere Zuordnungen. Jede Zuordnung verweist einerseits auf Ursprungskostenarten (ein Kostenartenintervall oder eine Kostenartengruppe) und andererseits auf ein Wertfeld. Bei Bedarf können Sie auch für fixe und variable Anteile unterschiedliche Wertfelder innerhalb einer Zuordnung hinterlegen.

[!]

Definition von Ergebnisschemata

Wenn Sie vor der Projektabrechnung an die Ergebnisrechnung eine Ergebnisermittlung vornehmen, müssen Sie darauf achten, dass das Ergebnisschema alle relevanten Abgrenzungskostenarten umfasst.

Erstellen von Abrechnungsvorschriften

Es gibt verschiedene Möglichkeiten, wie Sie Abrechnungsvorschriften für PSP-Elemente und Netzplanköpfe bzw. -vorgänge erstellen können. Das Abrechnungsprofil und somit automatisch auch alle relevanten Abrechnungsparameter können Sie als Vorschlagswert für PSP-Elemente bereits im Projektprofil für Netzpläne in der Netzplanart hinterlegen. Sollen für alle PSP-Elemente und gegebenenfalls auch Netzpläne eines Projekts die gleichen Aufteilungsregeln verwendet werden, können Sie beim Anlegen des Projekts (mit oder ohne Vorlage) auf der Ebene der Projektdefinition diese Aufteilungsregeln hinterlegen. Beim Sichern übernehmen alle PSP-Elemente und – abhängig von den Einstellungen in den Netzplanparametern – auch die zugeordneten Netzpläne diese Abrechnungsvorschrift. Legen Sie neue PSP-Elemente bzw. Netzpläne zu dem Projekt an, übernehmen diese ebenfalls die Abrechnungsvorschrift der Projektdefinition.

Strategien für Abrechnungsvorschriften

Eine andere effiziente Methode, um Abrechnungsvorschriften für PSP-Elemente und Netzpläne zu erfassen, ist die Verwendung von Strategien zur Ermittlung von Abrechnungsvorschriften.

Abbildung 5.31 zeigt die Definition einer Strategie zur Generierung einer Abrechnungsvorschrift für PSP-Elemente. Mithilfe der Strategie können sowohl das Abrechnungsprofil, der Abgrenzungsschlüssel (siehe Abschnitt 5.6.1, »Voraussetzungen für die Ergebnisermittlung«) als auch die Empfänger der Abrechnungsvorschrift bestimmt werden. Die Empfänger werden dabei durch die Angabe des Kontierungstyps (**KontTyp**) in der Strategie festgelegt.

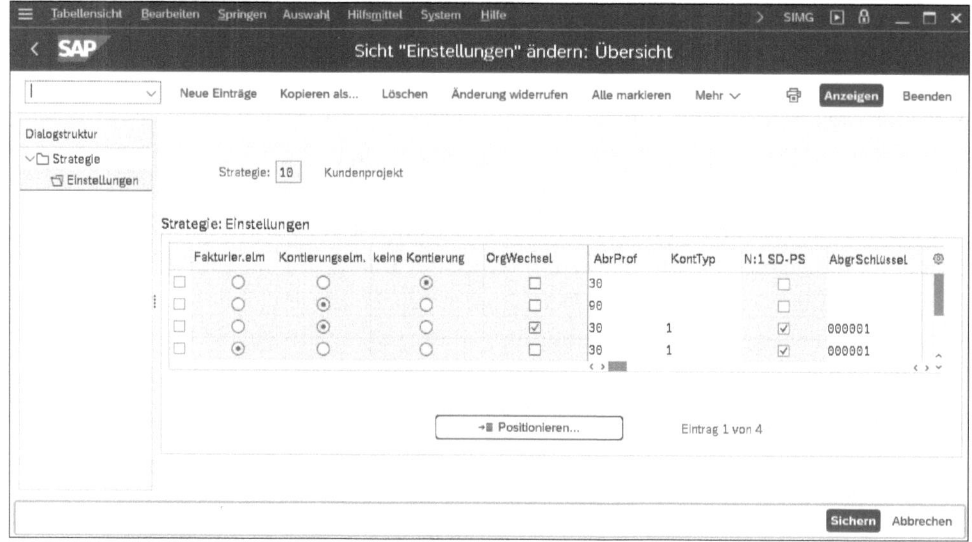

Abbildung 5.31 Beispiel für die Definition einer Strategie zur Generierung von Abrechnungsvorschriften für PSP-Elemente

Kontierungstypen

Die folgenden Kontierungstypen stehen Ihnen für die Definition einer Strategie zur Verfügung:

- **Kein Empfänger**

  Es wird keine Aufteilungsregel erzeugt.
- **Ergebnisobjekt**

  Es wird eine Aufteilungsregel an ein Ergebnisobjekt der Ergebnis- und Marktsegmentrechnung erzeugt. Die Merkmalswerte werden dabei aus dem PSP-Element und den Vertriebsbelegpositionen abgeleitet, die auf das PSP-Element kontiert sind. Sind mehrere Vertriebsbelegpositionen auf ein PSP-Element kontiert, entscheidet das Kennzeichen **N:1 SD-PS** der Strategie darüber, ob eine Abrechnungsvorschrift erzeugt werden soll oder nicht.
- **Anfordernde Kostenstelle**

  Es wird eine Aufteilungsregel mit dem Empfängertyp **Kostenstelle** erzeugt. Als Empfängerkostenstelle übernimmt das System die anfordernde Kostenstelle des PSP-Elements.
- **Verantwortliche Kostenstelle**

  Es wird eine Aufteilungsregel mit dem Empfängertyp **Kostenstelle** erzeugt. Als Empfängerkostenstelle übernimmt das System die verantwortliche Kostenstelle des PSP-Elements.
- **Übernahme der Vorschrift vom übergeordneten Objekt**

  Das PSP-Element übernimmt die Abrechnungsvorschrift des übergeordneten PSP-Elements bzw. der Projektdefinition.

Übernahme der Vorschrift vom übergeordneten Objekt

Bei der Übernahme der Vorschrift vom übergeordneten Objekt wird standardmäßig nur dann eine Abrechnungsvorschrift erzeugt, wenn das PSP-Element zuvor noch keine Abrechnungsvorschrift besaß. Mithilfe eines BAdIs können Sie jedoch auch Abrechnungsvorschriften auf PSP-Elemente mit existierender Abrechnungsvorschrift vererben.

Die Ermittlung des Kontierungstyps, des Abrechnungsprofils und gegebenenfalls des Abgrenzungsschlüssels können Sie für Fakturierungs-, Kontierungs- und PSP-Elemente, die weder eine Fakturierung noch eine Kontierung erlauben, separat innerhalb einer Strategie definieren. Mithilfe des Kennzeichens **OrgWechsel** können Sie zusätzlich festlegen, dass die getroffenen Einstellungen nur gültig sein sollen, wenn das aktuelle PSP-Element und das hierarchisch direkt übergeordnete Objekt sich in der Zuordnung zu Buchungskreis, Geschäftsbereich oder Profit-Center unterscheiden.

Abrechnungsvorschriften

Wenn Sie eine Strategie im Customizing des Projektsystems definiert haben, müssen Sie diese noch den relevanten Projektprofilen zuordnen. Schließlich müssen Sie noch die Generierung der Abrechnungsvorschriften für PSP-Elemente anstoßen. Dazu rufen Sie Transaktion CJB2 (Einzelverarbeitung) bzw. CJB1 (Sammelverarbeitung) auf, selektieren die entsprechenden Objekte und führen die Generierung aus. Das System ermittelt anhand des Projektprofils die relevante Strategie und erzeugt – falls möglich – für die selektierten PSP-Elemente Abrechnungsvorschriften und gegebenenfalls Abgrenzungsschlüssel.

Mithilfe eines BAdIs können Sie bei der Generierung von Abrechnungsvorschriften über die Transaktionen CJB1 oder CJB2 weiteren Einfluss nehmen. So können Sie die Ermittlung der Strategien an Ihre eigenen Anforderungen anpassen oder bei Vertriebsprojekten z. B. auch die Selektion der Vertriebsbelegpositionen einschränken. In einem Protokoll und bei Bedarf in einer Detailliste können Sie sich anschließend weitere Informationen zur Generierung der Abrechnungsvorschriften anzeigen lassen.

[+]

Verhindern generierter Abrechnungsvorschriften

Beachten Sie, dass eine automatische Generierung von Abrechnungsvorschriften mithilfe von Transaktion CJB1 oder CJB2 für Investitionsprojekte nicht möglich ist. Möchten Sie auch für andere PSP-Elemente eine Generierung von Abrechnungsvorschriften verhindern, können Sie einen Anwenderstatus definieren, der den betriebswirtschaftlichen Vorgang **Autom. Generierung Abr.vorschr** (**SRGN**) verbietet. Die manuelle Erfassung von Abrechnungsvorschriften bleibt davon unbeeinflusst.

Substitution und Validierung von Abrechnungsparametern

Für PSP-Elemente können Sie das Abrechnungsprofil, Ursprungs-, Ergebnis- und Verrechnungsschemata auch mithilfe geeigneter Substitutionen beeinflussen (siehe Abschnitt 1.8.4, »Substitution«). So können Sie z. B. sehr leicht unterschiedliche Abrechnungsszenarien für Investitions- und Nichtinvestitions-PSP-Elemente innerhalb eines Projekts definieren ohne große manuelle Anpassungsaufwände. Mithilfe von Validierungen können Sie auch eigene Konsistenzprüfungen für diese Abrechnungsparameter in Abhängigkeit von den Stammdaten von PSP-Elementen definieren und so Fehler im Rahmen der Abrechnung vermeiden (siehe Abschnitt 1.8.5, »Validierung«).

Strategien für Netzpläne

Auch für Netzpläne können Sie im Customizing des Projektsystems Strategien zur Ermittlung von Abrechnungsvorschriften definieren. In einer Strategie für Netzpläne legen Sie fest, in welcher Reihenfolge das System verschiedene Arten zur Ermittlung von Abrechnungsvorschriften durchführen soll (siehe Abbildung 5.32). Die folgenden Arten können Sie dabei für die Definition von Strategien verwenden:

- Abrechnung auf PSP-Element
- Abrechnungsvorschrift des PSP-Elements übernehmen
- Abrechnungsvorschrift der Projektdefinition übernehmen
- keine Abrechnungsvorschrift
- manuelle Pflege der Abrechnungsvorschrift
- automatische Generierung der Abrechnungsvorschrift

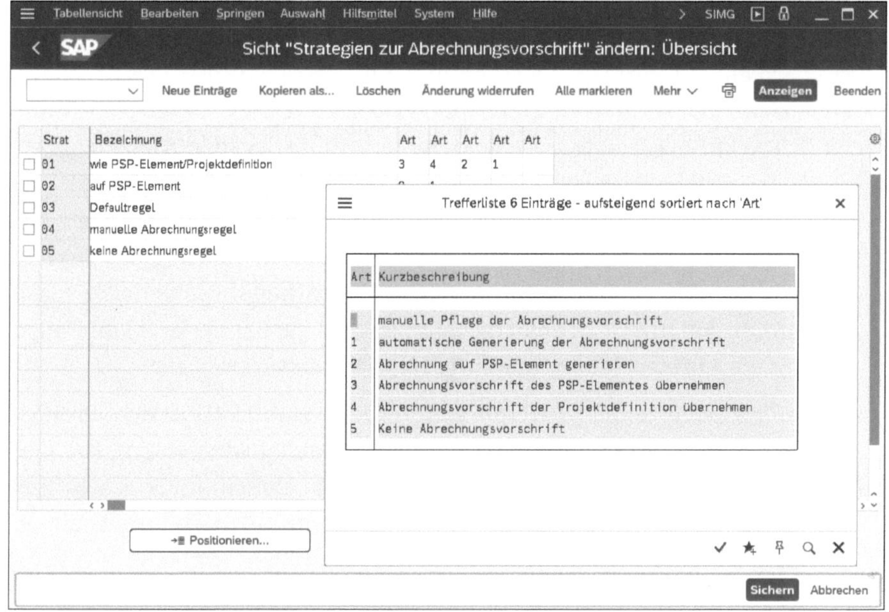

Abbildung 5.32 Definition von Strategien zur Generierung von Abrechnungsvorschriften für Netzpläne

Defaultregel

Bei der Art **automatische Generierung der Abrechnungsvorschrift** verwendet das System eine sogenannte *Defaultregel* als Abrechnungsvorschrift. Welche Defaultregel verwendet werden soll, hinterlegen Sie in den Parametern zur Netzplanart. Die zur Verfügung stehenden Defaultregeln sind fest von SAP vordefiniert und können nicht geändert werden. Eine mögliche Defaultregel für Netzpläne ist z. B. **Netzplan: an KdAuf/PSP-Element**, die zu einer Abrechnung an eine zugeordnete Kundenauftragsposition oder ein PSP-Element führt.

Auch die Strategie selbst, nach der das System Abrechnungsvorschriften für Netzpläne ermitteln soll, hinterlegen Sie in den Parametern zur Netzplanart. Anders als bei PSP-Elementen muss für die Generierung der Abrechnungsvorschriften für Netzpläne anhand von Strategien jedoch keine zusätzliche Transaktion ausgeführt werden.

Manuelle Erfassung von Aufteilungsregeln

In manchen Fällen ist weder die Erfassung von Vorschlagsaufteilungsregeln in der Projektdefinition noch eine automatische Generierung von Abrechnungsvorschriften sinnvoll. Sie müssen dann manuell Aufteilungsregeln für die relevanten operativen Objekte anlegen. Dazu können Sie aus den Stammdaten der Objekte in die Pflege von Aufteilungsregeln abspringen (siehe Abbildung 5.28) und gegebenenfalls von dort aus auch in die Bearbeitung der Abrechnungsparameter. Sobald eine Abrechnungsvorschrift für ein Objekt existiert, wird dies in Form des Systemstatus **ABRV** (**Abrechnungsvorschrift erfasst**) auf dem Objekt dokumentiert.

Um sich einen Überblick über die Abrechnungsvorschriften von Projekten zu verschaffen, können Sie den Report RKASELRULES_PR verwenden. Mithilfe einer Selektionsvariante entscheiden Sie im Einstiegsbild dieses Reports zunächst, welche Projekte Sie analysieren möchten. Bei Bedarf können Sie Angaben zu Abrechnungsparametern und Abrechnungsempfängern als zusätzliche Selektionskriterien verwenden. Nach Ausführung des Reports erhalten Sie eine tabellarische Auflistung der Aufteilungsregeln der selektierten Objekte und können in die Stammdaten der Sender und Empfänger oder in die Anzeige der Abrechnungsvorschriften verzweigen.

Ferner steht Ihnen auch die Transaktion CNSETTLRULE (Übersicht Projektabrechungsvorschriften) zur projektübergreifenden Auswertung zur Verfügung. Sie ermöglicht es Ihnen, Details der Abrechnungsvorschriften gemeinsam mit Stammdaten der Projektelemente tabellarisch zu analysieren und bei Bedarf in weitere Details zu verzweigen (siehe SAP-Hinweis 2316217).

5.9.2 Durchführung von Projektabrechnungen

Einzel- und Sammelverarbeitung

Für die Einzel- und Sammelverarbeitung der Projektabrechnungen stehen Ihnen im Projektsystem im Plan die Transaktionen CJ9E bzw. CJ9G und im Ist die Transaktionen CJ88 bzw. CJ8G zur Verfügung. Abbildung 5.33 zeigt das Einstiegsbild in die Einzelverarbeitung der Projektabrechnung im Ist.

Zusätzlich zur Objektselektion und Spezifikation der Ablaufsteuerung legen Sie im Einstiegsbild die Periode fest, für die Sie die Abrechnung vornehmen möchten. Abhängig von der Abrechnungsart der jeweiligen Aufteilungsregeln werden bei der Abrechnung nur Belastungen der angegebenen Abrechnungsperiode berücksichtigt oder auch Kosten aus vorangegangenen Perioden. Sollen die Abrechnungen nicht in die Abrechnungsperiode verbucht werden, da diese z. B. bereits für Buchungen gesperrt ist, können Sie auch eine nachfolgende Periode als Buchungsperiode angeben, sofern diese im gleichen Geschäftsjahr wie die Abrechnungsperiode liegt.

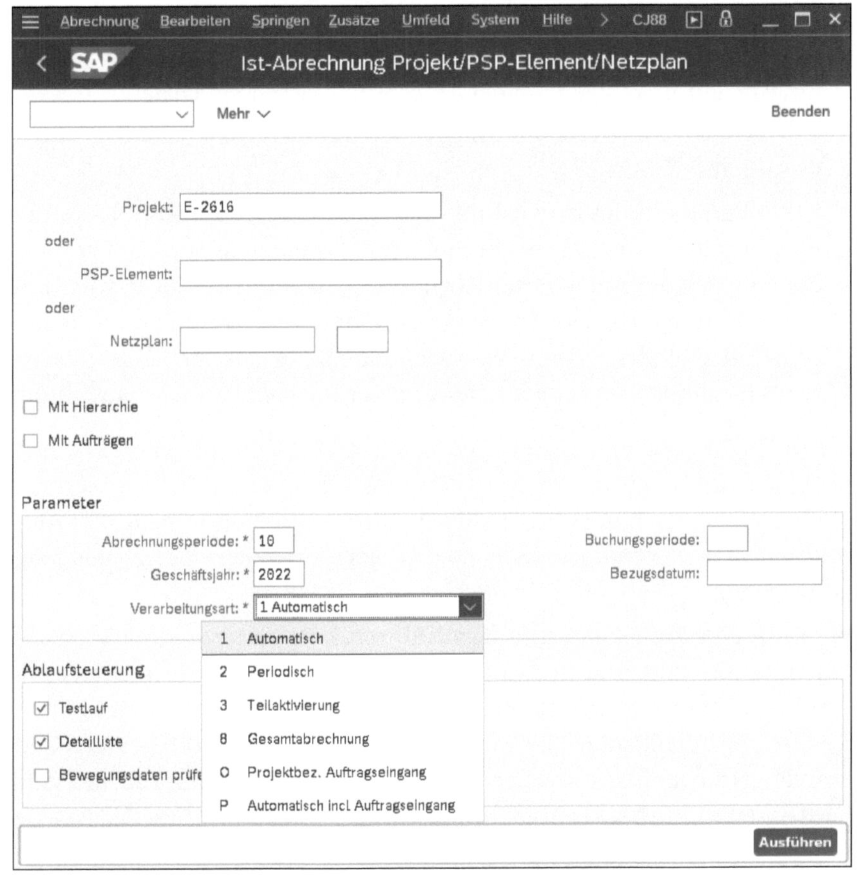

Abbildung 5.33 Einstiegsbild der Ist-Abrechnung eines Projekts

Verarbeitungsarten

Im Einstiegsbild der Projektabrechnung geben Sie ebenfalls eine Verarbeitungsart an, die weitere Details zum Ablauf der Abrechnung steuert. Die folgenden Verarbeitungsarten stehen Ihnen zur Verfügung:

- **Automatisch**

  Bei dieser Verarbeitungsart werden die Aufteilungsregeln zur Abrechnungsart PER vorrangig vor solchen mit der Abrechnungsart GES ausgeführt. Für Investitionsprojekte werden Abrechnungen an Anlagen mit der Abrechnungsart GES erst nach dem technischen Abschluss der entsprechenden PSP-Elemente berücksichtigt.

- **Periodisch**

  Bei einer periodischen Abrechnung werden nur Aufteilungsregeln zu den Abrechnungsarten PER, VOR und AIB berücksichtigt. Die Abrechnung an die Anlage(n) im Bau erfolgt dabei zuletzt.

- **Teilaktivierung**

  Bei dieser Verarbeitungsart werden für Investitionsprojekte Aufteilungsregeln an Anlagen mit der Abrechnungsart GES auch dann verwendet, wenn das PSP-Element noch nicht technisch abgeschlossen wurde.

- **Gesamtabrechnung**

  Diese Verarbeitungsart wird für Abrechnungsvorschriften mit Aufteilungsregeln allein zur Abrechnungsart PER verwendet, um zu überprüfen, ob nach der Abrechnung noch ein Saldo auf dem Objekt aufgrund von Belastungen aus vorangegangenen Perioden vorhanden ist. In diesem Fall gibt das System eine Fehlermeldung aus, und Sie müssen zunächst die Abrechnung für die vorangegangenen Perioden ausführen.

Wenn Sie im Rahmen der Abrechnung auch Daten des projektbezogenen Auftragseingangs in die Ergebnisrechnung abrechnen möchten, können Sie schließlich noch die beiden Verarbeitungsarten **Projektbezogener Auftragseingang** und **Automatisch incl. projektbezogener Auftragseingang** verwenden.

Ergebnisanalyse

Wenn Sie eine Projektabrechnung ausführen, können Sie anschließend das Ergebnis in einer Grundliste und – je nach Einstellung der Ablaufsteuerung – in einer Detailliste analysieren (siehe Abbildung 5.34). Bei Bedarf können Sie aus der Detailliste in die Anzeige der Stammdaten von Sendern und Empfängern oder in die Anzeige der Abrechnungsvorschriften abspringen. Kam es zu Fehlern bei der Ausführung, weil z. B. der Status eines Objekts die Abrechnung verbietet oder Abrechnungsvorschriften fehlen, können Sie sich die entsprechenden Nachrichten hierzu anzeigen lassen.

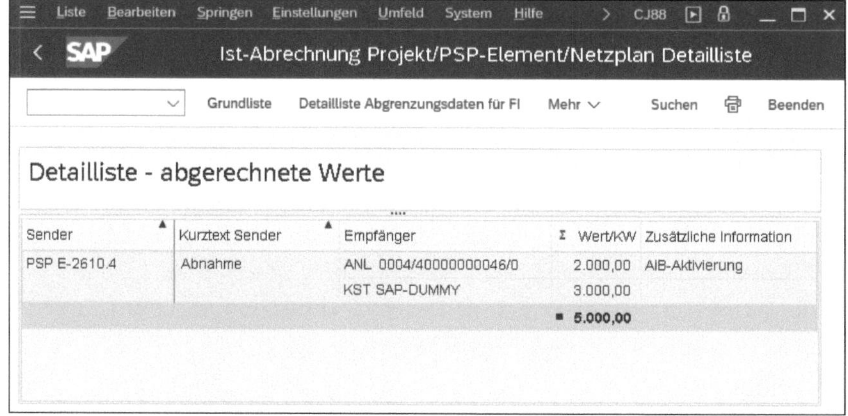

Abbildung 5.34 Detailliste einer Ist-Abrechnung

Sie können eine Projektabrechnung für eine Periode beliebig oft wiederholen. Das System berücksichtigt dabei nur die Buchungen, die nach der letzten Abrechnung vorgenommen wurden. Auch können Sie Abrechnungen in der Einzel- und Sammelverarbeitung stornieren. Es wird bei einem Stornolauf jedoch immer nur die letzte Abrechnung storniert. Haben Sie also z. B. für eine Periode mehrere Abrechnungen durchgeführt, und möchten Sie nun die Projektabrechnung für die gesamte Abrechnungsperiode stornieren, müssen Sie auch mehrere Stornoläufe durchführen.

5.9.3 Abrechnung von Investitionsprojekten

Für Investitionsprojekte sind einige Besonderheiten im Rahmen der Projektabrechnung zu berücksichtigen. Wenn Sie einem PSP-Element ein Investitionsprofil zuordnen, kann das System – abhängig von den Einstellungen des Investitionsprofils – automatisch eine oder auch mehrere AiB bei der Freigabe des PSP-Elements erzeugen. Dabei werden verschiedene Daten des PSP-Elements, wie z. B. die Bezeichnung oder die anfordernde Kostenstelle des PSP-Elements, von der AiB übernommen. Die Definition von Investitionsprofilen nehmen Sie im Customizing des Investitionsmanagements mithilfe von Transaktion OITA vor (siehe Abbildung 5.35).

Aufteilungsregel

Bei der ersten Abrechnung des PSP-Elements erzeugt das System automatisch eine Aufteilungsregel zur Abrechnungsart AIB an die zugeordnete AiB. Sollen nicht alle Kosten des PSP-Elements an diese AiB abgerechnet werden, müssen Sie manuell zusätzliche Aufteilungsregeln für die nicht zu aktivierenden Belastungen an andere Empfänger erstellen. Damit diese Aufteilungsregeln im Rahmen der Projektabrechnung vor der Abrechnung an die AiB berücksichtigt werden, verwenden Sie die Abrechnungsart VOR. Um die zu aktivierenden und nicht zu aktivierenden Kostenanteile zu unterscheiden, können Sie z. B. ein geeignetes Ursprungsschema definieren (siehe Abbildung 5.28).

Ist die Anlage-im-Bau-Phase beendet, erstellen Sie eine fertige Anlage. Diese können Sie entweder mithilfe von Transaktionen der Anlagenbuchhaltung oder auch direkt bei der Bearbeitung des PSP-Elements anlegen. In den relevanten PSP-Elementen hinterlegen Sie nun eine Aufteilungsregel zur Abrechnungsart GES für die zu aktivierenden Kostenanteile und tragen die fertige Anlage als Abrechnungsempfänger ein. Diese Aufteilungsregel wird bei der Projektabrechnung jedoch erst dann berücksichtigt, wenn Sie als Verarbeitungsart **Teilaktivierung** verwenden oder die Verarbeitungsart **Automatisch** wählen und die relevanten PSP-Elemente zuvor technisch abgeschlossen haben, d. h. den Systemstatus **TABG** gesetzt haben.

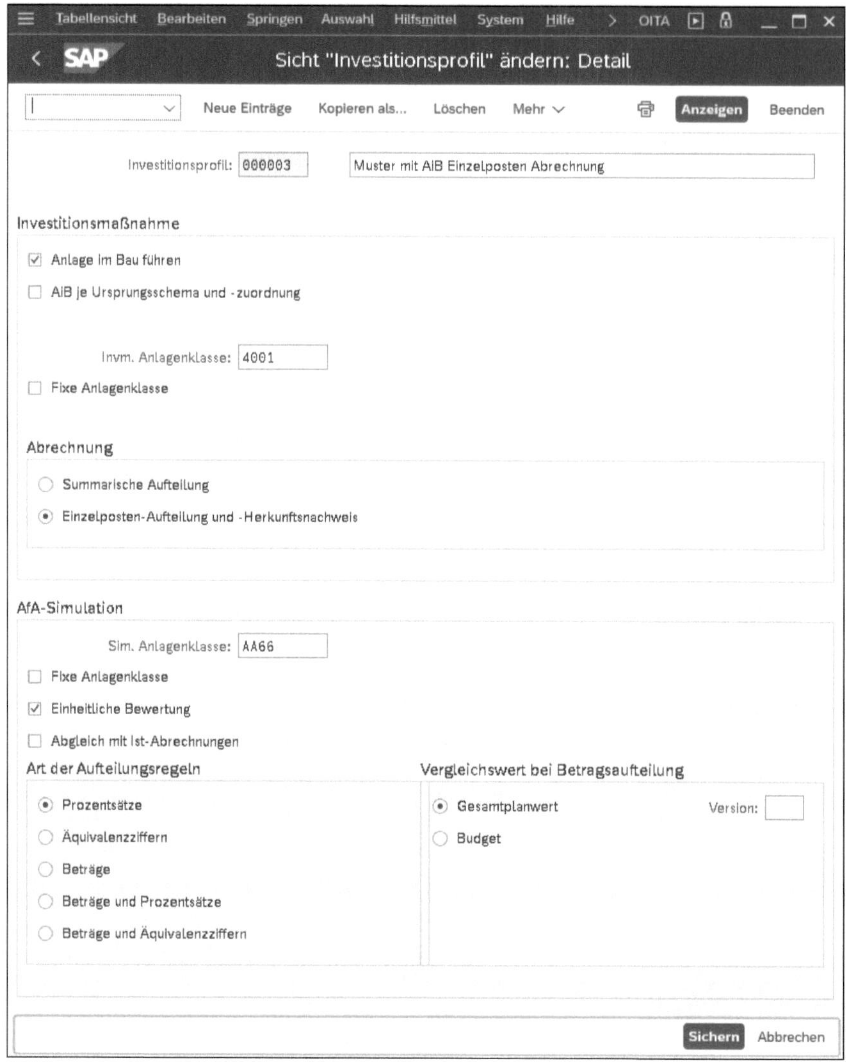

Abbildung 5.35 Beispiel für die Definition eines Investitionsprofils

Nach dem technischen Abschluss der PSP-Elemente findet gleichzeitig mit der Gesamtabrechnung an die Anlage automatisch auch eine Umbuchung der zuvor auf die AiB abgerechneten Belastungen auf die fertige Anlage statt. Es können anschließend jedoch durchaus noch weitere Belastungen auf die PSP-Elemente gebucht werden. Die relevanten Kostenanteile werden dann im Rahmen der nächsten Projektabrechnung wiederum an die Anlage abgerechnet.

Einzelpostengenaue Abrechnung

Sofern das Investitionsprofil es erlaubt, können Sie für Investitionsprojekte auch eine einzelpostengenaue Abrechnung durchführen. Bei einer einzelpostengenauen Abrechnung können Sie für jede gebuchte Belastung, d. h. für jeden Einzelposten, eine eigene, spezifische Aufteilungsregel erfassen. So ist für jeden Einzelposten ein exakter Herkunftsnachweis von der fertigen Anlage bis zur ursprünglichen Belastung auf das Investitionsprojekt möglich. Zusätzlich zu den einzelpostengenauen Abrechnungsvorschriften können Sie auch eine pauschale Abrechnungsvorschrift hinterlegen. Diese Vorschrift verwendet das System dann bei allen Einzelposten, denen keine eigene Abrechnungsvorschrift zugeordnet ist. Für die Erfassung einzelpostengenauer Aufteilungsregeln steht Ihnen Transaktion CJIC zur Verfügung.

Mehrstufige Abrechnung

Während z. B. bei Vertriebs- oder Gemeinkostenprojekten in der Regel *Direktabrechnungen* verwendet werden, kann für Investitionsprojekte auch eine *mehrstufige Abrechnung* sinnvoll sein. Bei Direktabrechnungen rechnen die Senderobjekte ihre jeweiligen Belastungen direkt an die vorgesehenen Empfänger ab. Bei einer mehrstufigen Abrechnung für Investitionsprojekte rechnen Sie zunächst alle Kosten an die PSP-Elemente mit Investitionsprofil ab und schließlich von diesen PSP-Elementen aus die gesammelten Belastungen an AiB, Anlagen und andere Empfänger. Das System erkennt dabei automatisch anhand der Abrechnungsvorschriften, ob eine Direktabrechnung oder eine mehrstufige Abrechnung ausgeführt werden muss. Auch für eine mehrstufige Abrechnung müssen Sie also nur einen Abrechnungslauf durchführen. Diese mehrstufige Abrechnung von Investitionsprojekten ist insbesondere dann notwendig, wenn Sie mit zugeordneten Netzplänen oder Aufträgen ohne Investitionsprofil arbeiten, da diese ihre Kosten nicht automatisch an die AiB abrechnen können. Darüber hinaus ist die Verwendung der mehrstufigen Abrechnung gegebenenfalls sinnvoll, wenn Sie bei langjährigen Projekten zugeordnete Aufträge bereits im Verlauf der Anlage-im-Bau-Phase archivieren und löschen möchten. Dies ist aus Nachweisgründen nicht möglich, wenn Sie die Aufträge direkt an die AiB abrechnen.

Beachten Sie bei der Verwendung einer mehrstufigen Abrechnung jedoch die im folgenden Abschnitt erläuterten Abhängigkeiten. Berücksichtigen Sie ebenfalls die Besonderheiten bei der Zinsermittlung von Investitionsprojekten (siehe Abschnitt 5.5, »Verzinsung«).

5.9.4 Abhängigkeiten der Projektabrechnungen

Damit bei einer Projektabrechnung auch tatsächlich alle zu einer Periode gehörenden Belastungen berücksichtigt werden können, müssen Sie zuvor alle anderen relevanten Periodenabschlussarbeiten ausgeführt haben. Insbesondere sollten Sie zuvor die Gemeinkosten- und Template-Verrechnung durchführen. Setzen Sie auch eine Nachbewertung zu Ist-Tarifen, eine Verzinsung und Ergebnisermittlung ein, sollten Sie auch diese Periodenabschlussarbeiten vor der Projektabrechnung durchführen. Unter bestimmten Umständen müssen Sie vor und nach der Nachbewertung zu Ist-Tarifen eine Abrechnung vornehmen (siehe Abschnitt 5.2.3, »Abhängigkeiten der Nachbewertung von Ist-Tarifen«). Wenn Sie einen projektbezogenen Auftragseingang ermitteln (siehe Abschnitt 5.7, »Projektbezogener Auftragseingang«), müssen Sie – abhängig von der von Ihnen bei der Abrechnung verwendeten Verarbeitungsart – eine separate Abrechnung dieser Daten vornehmen.

Binnenumsatzeliminierung

Beachten Sie die besondere Problematik der hierarchisch aggregierten Darstellung von Werten in den Berichten des Projektsystems nach einer mehrstufigen Projektabrechnung. Damit auf einem PSP-Element nach einer mehrstufigen Abrechnung keine falschen Daten in der Strukturübersicht oder in Hierarchieberichten ausgewiesen werden (siehe Abschnitt 6.1, »Infosystem Strukturen und Übersichts-Apps«, und Abschnitt 6.2.1, »Hierarchieberichte«), führt das System eine *Binnenumsatzeliminierung* durch. Bei einer Binnenumsatzeliminierung erzeugt das System interne Verrechnungssätze, die die auf einem PSP-Element verbuchten Abrechnungen aufheben, sodass auf diesem PSP-Element keine doppelten Ist-Kosten, zum einen aufgrund der Abrechnung und zum anderen aufgrund der Aggregation der Werte, ausgewiesen werden.

Damit die Darstellung von Werten in der Strukturübersicht und Hierarchieberichten mithilfe der Binnenumsatzeliminierung korrekt ausgeführt werden kann, müssen Sie bei der mehrstufigen Abrechnung die folgenden Punkte beachten:

- Rechnen Sie die PSP-Elemente immer an das direkt übergeordnete PSP-Element ab und nicht auf untergeordnete oder in der Hierarchie mehrere Stufen übergeordnete PSP-Elemente.
- Rechnen Sie zugeordnete Netzplanköpfe bzw. Vorgänge und Aufträge immer an das zugeordnete PSP-Element ab.
- Ändern Sie nachträglich nicht die hierarchische Einbettung der abgerechneten Objekte.

Weitere Details zur Binnenumsatzeliminierung nach einer mehrstufigen Abrechnung finden Sie in SAP-Hinweis 51971.

5.10 Zusammenfassung

Das Projektsystem umfasst verschiedene Funktionen, die Sie im Rahmen des Periodenabschlusses Ihrer Projekte dabei unterstützen, Korrekturbuchungen aufgrund veränderter Ist-Tarife, Gemeinkostenbezuschlagungen und Verzinsungen vorzunehmen. Mithilfe der Ergebnisermittlung und der Berechnung projektbezogener Auftragseingänge können Sie weitere Kennzahlen ermitteln und Ihrem Unternehmens-Controlling zur Verfügung stellen. Die Kostenprognose liefert Ihnen Informationen zu den erwarteten Rest- und Gesamtkosten Ihrer Projekte und berücksichtigt dabei auch die Prognosedaten von Rückmeldungen. Schließlich können Sie mithilfe der Projektabrechnung die auf den Projekten gesammelten Kosten- und Erlösdaten an andere Empfänger im SAP-System weiterverrechnen.

Kapitel 6
Reporting

Ein wesentlicher Aspekt des Projektmanagements ist ein flexibles und übersichtliches Reporting aller projektbezogenen Daten. Zu diesem Zweck stellt das Projektsystem Rechnungswesen- und Logistikberichte unterschiedlicher Detaillierungsgrade zur Verfügung.

Für die Überwachung und Steuerung von Projekten benötigen Sie Berichte, die Sie in die Lage versetzen, aktuelle Aussagen, z. B. über die Kosten-, Erlös-, Termin- oder Kapazitätssituation Ihrer Projekte, zu treffen. Das Reporting des Projektsystems stellt hierfür unterschiedliche Standardberichte zur Verfügung. Bei Bedarf können Sie diese Berichte anpassen oder gegebenenfalls auch eigene Berichte definieren. Das Reporting des Projektsystems zerfällt grob in das *Infosystem Strukturen* und das *Infosystem Controlling*. Zusätzlich stehen weitere Berichte für spezielle logistische Auswertungen und für eine Analyse des Projektfortschritts zur Verfügung sowie Übersichts- und Objektseiten-Apps zur SAP-Fiori-basierten Auswertung von Stammdaten. In den folgenden Abschnitten dieses Kapitels lernen Sie verschiedene Auswertungsmöglichkeiten des Projektsystems kennen.

Zusätzlich zu den hier vorgestellten Reporting-Optionen gibt es jedoch auch die Möglichkeit andere, spezielle Analysewerkzeuge zu verwenden.

Unternehmen, die SAP Business Warehouse (BW) für Reporting-Zwecke einsetzen, können auf vordefinierten Business Content zum Projektsystem zurückgreifen. Dieser Business Content umfasst z. B. diverse Extraktoren, Fortschreibungsregeln, Merkmale und Kennzeichen, InfoCubes, Querys und Rollen.

Details zum Content für das Projektsystem finden Sie in der SAP-Bibliothek zum BI Content unter den folgenden Stichworten:

- **Product Lifecycle Management • Programm und Projektmanagement**
- **SAP ERP Central Components • Financials • Controlling • Gemeinkostencontrolling • Gemeinkostenprojekte**

SAP Analytics Cloud stellt eine weitere Option dar. Sie kann nicht nur zur Planung von Projekten verwendet werden (siehe Abschnitt 2.4.8, »ACDOCP-basierte Planungsformen«), sondern auch zur Analyse von Projektdaten. Mithilfe der OData Services des Projektsystems (siehe Anhang A) und bei Bedarf auch Services und Content anderer Applikationen können Sie in SAP Analytics Cloud eigene Berichte entsprechend Ihren Anforderungen definieren und nutzen. Die zu analysierenden Daten selbst können dabei im Ursprungssystem verbleiben (Live Connection) oder nach SAP Analytics Cloud repliziert werden.

[»]

Weiterführende Informationen zu SAP Analytics Cloud

Mehr Informationen zu SAP Analytics Cloud finden Sie in dem Buch »SAP Analytics Cloud« von Abassin Sidiq (Rheinwerk Verlag 2020).

6.1 Infosystem Strukturen und Übersichts-Apps

Der Schwerpunkt des Infosystems Strukturen liegt auf der Auswertung von Stammdaten, Terminen und Status von Projektobjekten; es können jedoch z. B. auch Kosten- und Erlösdaten ausgewiesen werden. Im Infosystem Strukturen wird zwischen der Strukturübersicht bzw. Projektstrukturübersicht und Einzelübersichten unterschieden. Während Einzelübersichten jeweils nur die Auswertung eines Beleg- bzw. Objekttyps, also z. B. nur von PSP-Elementen oder nur von Vorgängen erlauben, können Sie mithilfe der Struktur-/Projektstrukturübersicht Daten mehrerer Objekttypen gleichzeitig analysieren. Bevor die Struktur-/Projektstrukturübersicht und die Einzelübersichten näher erläutert werden, wird nun zunächst die Datenselektion, die alle Berichte des Infosystems Strukturen (und auch des Infosystems Controlling) gemeinsam haben, behandelt.

Datenselektion

Abbildung 6.1 zeigt das Einstiegsbild eines Berichts im Infosystem Strukturen des Projektsystems. Im Selektionsbereich des Einstiegsbilds können Sie Bereiche, d. h. einzelne Werte oder ganze Intervalle von Projektdefinitionen, PSP-Elementen, Netzplänen und Aufträgen usw., bestimmen, zu denen Sie Daten auswerten möchten. Mithilfe von Kennzeichen können Sie festlegen, ob Sie Daten operativer Objekte, Daten von Versionen, Standardstrukturen oder bereits archivierten Objekten für Ihre Auswertung von der Datenbank selektieren möchten.

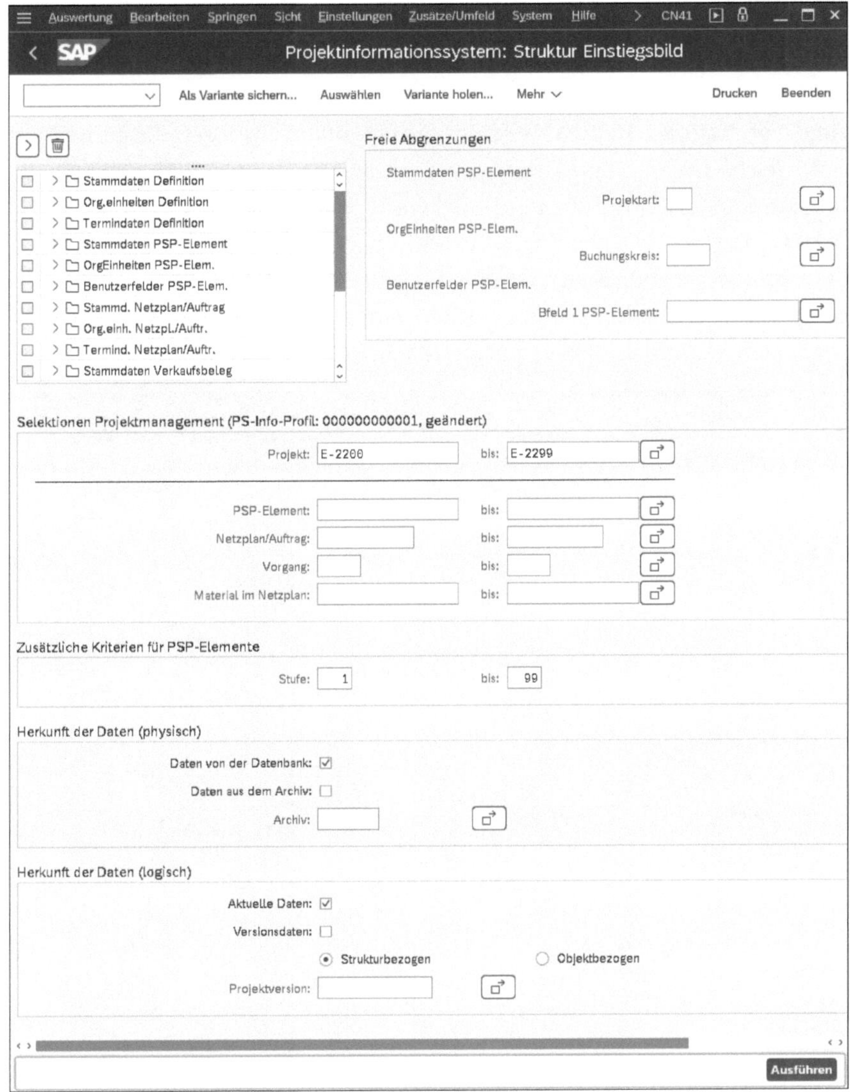

Abbildung 6.1 Beispiel für ein Einstiegsbild der Strukturübersicht mit aktiver freier Abgrenzung

Datenbankprofil

Das Aussehen eines Einstiegsbilds und damit die zur Verfügung stehenden Selektionsmöglichkeiten, insbesondere aber auch die Selektion der Daten selbst, sind vom verwendeten *Datenbankprofil* abhängig. Sie können ein Datenbankprofil Benutzern z. B. in den Benutzerstammdaten (Transaktion SU01) als Parameterwert zur Parameteridentifikation **PDB** zuordnen oder es in einem *PS-Infoprofil* als Vorschlagswert hinterlegen. Sofern das Datenbankprofil dies erlaubt, können Sie temporär Änderungen am Datenbankprofil beim Aufruf eines Berichts vornehmen oder bei Bedarf auch ein anderes Datenbankprofil auswählen.

Abbildung 6.2 zeigt die Definition eines Datenbankprofils in der Customizing-Transaktion OPTX. Mithilfe des Datenbankprofils legen Sie zum einen fest, welche Objekte und Daten von der Datenbank gelesen werden sollen, und zum anderen mithilfe der Projektsicht, wie die Daten im Bericht angezeigt werden sollen – gemäß der Projektstruktur oder z. B. geordnet, anhand der verantwortlichen Kostenstellen des Projekts. Eine ausführliche Beschreibung der verschiedenen Kennzeichen eines Datenbankprofils und deren gegenseitigen Abhängigkeiten finden Sie in SAP-Hinweis 423830.

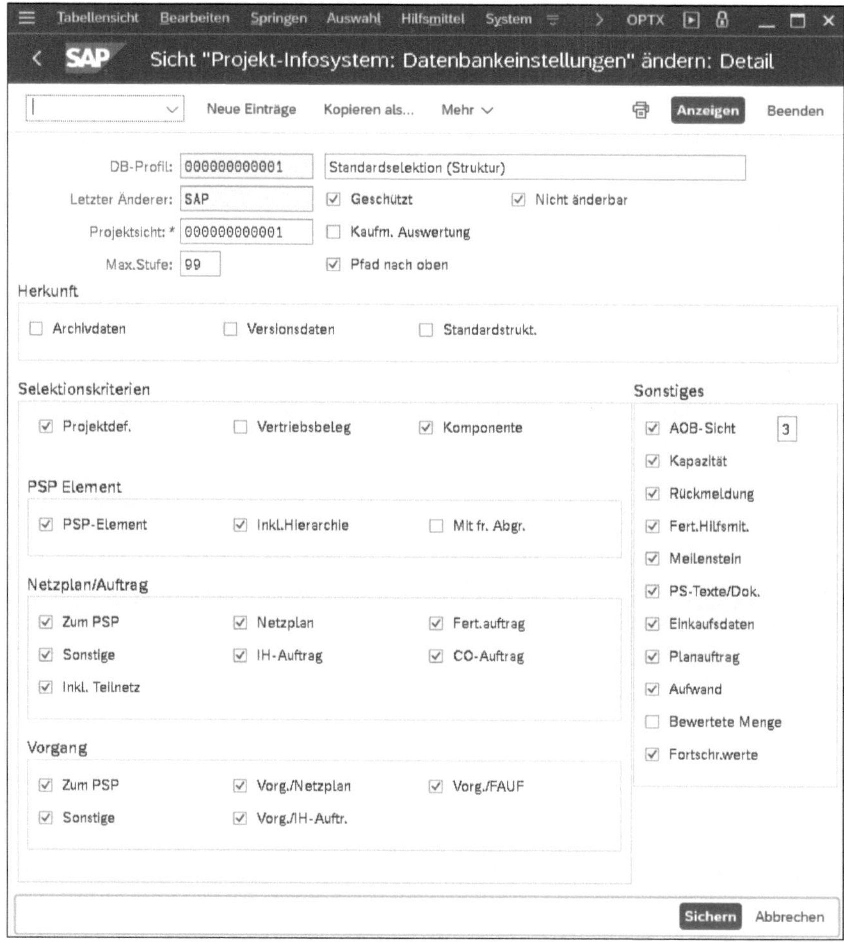

Abbildung 6.2 Beispiel für die Definition eines Datenbankprofils

Freie Abgrenzung

Die Objektselektion, die Sie im Einstiegsbild eines Berichts vorgenommen haben, können Sie mithilfe der *freien Abgrenzung* und anhand von *Status-*

selektionsschemata weiter einschränken. Abbildung 6.1 zeigt z. B. eine freie Abgrenzung der Objektselektion nach der Projektart, dem Buchungskreis und einem Benutzerfeld von PSP-Elementen. Die Angaben in den freien Abgrenzungen wirken als Filter bei der Selektion der Objekte von der Datenbank. Durch eine geeignete freie Abgrenzung können Sie den Umfang der Datenselektion verringern und somit entscheidend Einfluss auf die Performance der Auswertung nehmen. Bei Bedarf können Sie selbst festlegen, welche Felder bei der freien Abgrenzung zur Verfügung stehen sollen. Dazu legen Sie mithilfe von Transaktion SE36 einen Selektions-View zur logischen Datenbank PSJ mit der Herkunft CUS an. Beachten Sie hierbei, dass die Definition eines eigenen Selektions-Views für die freie Abgrenzung mandantenübergreifend ist.

Statusselektionsschemata

Zusätzlich zu den Feldwerten der freien Abgrenzung können Sie auch Status als Filterkriterien bei der Objektselektion verwenden. Dazu müssen Sie zunächst im Customizing des Projektsystems mithilfe von Transaktion BS42 ein Statusselektionsschema definieren. In einem Statusselektionsschema hinterlegen Sie verschiedene Zeilen, bestehend aus System- oder auch Anwenderstatus (siehe Abschnitt 1.6, »Status«). Zur Festlegung, wie die Kombination dieser Status als Filter verwendet werden soll, können Sie `NICHT`-, `UND`- oder auch `ODER`-Bedingungen für jede Zeile verwenden. Im Einstiegsbild eines Berichts können Sie anschließend das Statusselektionsschema für die unterschiedlichen Objekttypen als zusätzliche Einschränkung bei der Selektion der Daten von der Datenbank auswählen.

[+]

Freie Abgrenzung mithilfe von Statuskombinationscodes

Alternativ zu den Statusselektionsschemata können Sie auch Statuskombinationscodes (siehe Abschnitt 1.6, »Status«) in der freien Abgrenzung als Filterkriterien bei der Objektselektion verwenden. Da Statuskombinationscodes in den Stammdaten der Projektobjekte gespeichert werden und nicht – wie die eigentlichen Status – in einer separaten Datenbanktabelle, führt die Verwendung der Statuskombinationscodes anstelle von Statusselektionsschemata als Filterkriterium zu einer stark verbesserten Performance bei der Objektselektion im Reporting.

Selektionsvarianten

Wenn Sie eine komplexere Selektion im Einstiegsbild eines Berichts vorgenommen haben, können Sie diese Selektion in Form einer *Selektionsvariante* speichern. Wenn Sie den Bericht zu einem späteren Zeitpunkt erneut aufrufen und die gleiche Selektion vornehmen möchten, müssen Sie nicht alle Selektionsbedingungen erneut manuell eingeben, sondern brauchen lediglich die von Ihnen gespeicherte Selektionsvariante auszuwählen.

[!]

Eigenschaften der Datenselektion

Beachten Sie, dass Sie in der Regel innerhalb der Auswertungen keine weiteren Daten von der Datenbank selektieren können, d. h., dass Ihre Datenselektion bestimmt, welche Daten Ihnen zur Auswertung zur Verfügung stehen. Umgekehrt können Sie den Umfang der Datenselektion innerhalb des Berichts auch nicht mehr einschränken, sondern mithilfe von z. B. Feldauswahlen oder Filterfunktionen lediglich deren Anzeige beeinflussen. Das heißt, dass die Datenselektion, die Sie im Einstiegsbild eines Berichts vornehmen, maßgeblich auch über die Performance der Auswertung entscheidet.

Selektionsversionen

Die Daten der Berichte des Infosystems Strukturen können Sie auch in Form von *Selektionsversionen* speichern. Beim Aufruf eines Berichts können Sie dann entscheiden, ob Sie die aktuellen Daten von der Datenbank selektieren oder die Daten einer Selektionsversion für die Auswertung auswählen möchten. Sie können beliebig viele Selektionsversionen erstellen und bei Bedarf mit einem Gültigkeitszeitraum versehen. Für die Analyse sehr großer Datenmengen können Sie die Erstellung einer Selektionsversion im Einstiegsbild eines Berichts auch als Hintergrundjob einplanen und so z. B. die Datenselektion automatisch nachts ausführen lassen. Beim Anlegen einer Selektionsversion können Sie eine Anzahl von Tagen angeben, nach deren Ablauf die Version automatisch vom System gelöscht werden soll; Sie können Selektionsversionen aber auch manuell löschen.

Projektsichten

Neben der Steuerung der Datenselektion bestimmen Sie über das Datenbankprofil mithilfe des Felds **Projektsicht** auch, welche Hierarchie beim Aufruf hierarchisch aufgebauter Berichte der Infosysteme Strukturen und Controlling für die Anzeige der Daten verwendet werden soll. Im Standard werden bereits einige Projektsichten ausgeliefert, wie z. B.:

- Projektstruktur
- Profit-Center
- Kostenstellen
- Investitionsprogramm
- Vertriebssicht
- Merkmalshierarchie aus Verdichtung (siehe Abschnitt 6.4, »Projektverdichtung«)

Bei Bedarf können Sie in der Customizing-Transaktion OPUR auch eigene Projektsichten zu vordefinierten Hierarchietypen erstellen. Mithilfe einer Kundenerweiterung können Sie zusätzlich selbst einen Hierarchieaufbau für Projektsichten zum Hierarchietyp 99 definieren.

Eigenschaften der Projektsicht

Über die Projektsicht werden keine weiteren Daten von der Datenbank selektiert, sondern es wird nur die Darstellung der Daten im Informationssystem festgelegt. Die hierarchische Darstellung der Daten in Strukturberichten erfolgt am performantesten, wenn Sie die Projektstruktur als Projektsicht verwenden.

[+]

6

Weiterführende Informationen zur Datenselektion in den Berichten des Projektsystems finden Sie auch in den SAP-Hinweisen 107605 und 700697.

6.1.1 Struktur-/Projektstrukturübersicht

Mithilfe der *Strukturübersicht* und der *Projektstrukturübersicht* können Sie Daten aus allen Projektobjekten und ihnen zugeordneten Aufträgen sowie aus Vertriebsbelegen (Kundenanfragen, -angeboten und -aufträgen) gleichzeitig auswerten.

Strukturübersicht

PS-Infoprofil

Abbildung 6.3 zeigt die Auswertung eines Projekts in der Strukturübersicht (Transaktion CN41). Die Darstellung der Daten sowie verschiedene Funktionen dieses Berichts werden durch ein *PS-Infoprofil* bestimmt, das Sie Benutzerinnen und Benutzern über die Parameteridentifikation **PFL** zuweisen bzw. beim Aufruf des Berichts manuell auswählen können.

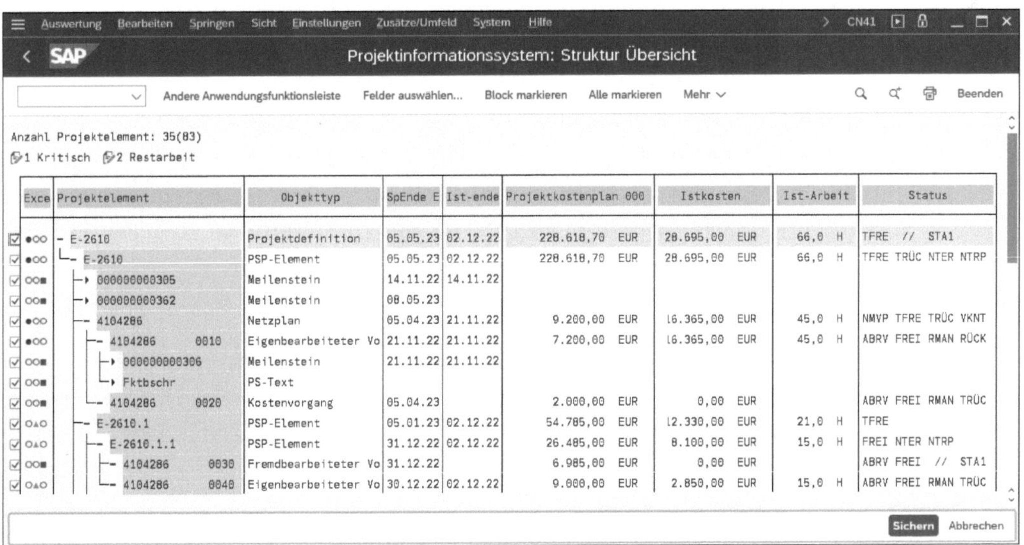

Exce	Projektelement	Objekttyp	SpEnde E	Ist-ende	Projektkostenplan 000	Istkosten	Ist-Arbeit	Status
●○○	- E-2610	Projektdefinition	05.05.23	02.12.22	228.618,70 EUR	28.695,00 EUR	66,0 H	TFRE // STA1
●○○	E-2610	PSP-Element	05.05.23	02.12.22	228.618,70 EUR	28.695,00 EUR	66,0 H	TFRE TRÜC NTER NTRP
○○■	000000000305	Meilenstein	14.11.22	14.11.22				
○○■	000000000362	Meilenstein	08.05.23					
●○○	4104286	Netzplan	05.04.23	21.11.22	9.200,00 EUR	16.365,00 EUR	45,0 H	NMVP TFRE TRÜC VKNT
●○○	4104286 0010	Eigenbearbeiteter Vo	21.11.22	21.11.22	7.200,00 EUR	16.365,00 EUR	45,0 H	ABRV FREI RMAN RÜCK
○○■	000000000306	Meilenstein	21.11.22	21.11.22				
○○■	Fktbschr	PS-Text						
○○■	4104286 0020	Kostenvorgang	05.04.23		2.000,00 EUR	0,00 EUR		ABRV FREI RMAN TRÜC
○▲○	E-2610.1	PSP-Element	05.01.23	02.12.22	54.785,00 EUR	12.330,00 EUR	21,0 H	TFRE
○▲○	E-2610.1.1	PSP-Element	31.12.22	02.12.22	26.485,00 EUR	8.100,00 EUR	15,0 H	FREI NTER NTRP
○○■	4104286 0030	Fremdbearbeiteter Vo	31.12.22		6.985,00 EUR	0,00 EUR		ABRV FREI // STA1
○▲○	4104286 0040	Eigenbearbeiteter Vo	30.12.22	02.12.22	9.000,00 EUR	2.850,00 EUR	15,0 H	ABRV FREI RMAN TRÜC

Abbildung 6.3 Auswertung eines Projekts in der Strukturübersicht

Das PS-Infoprofil ist im Wesentlichen ein Gesamtprofil, in dem mehrere Unterprofile zusammengefasst werden. Im Standard werden bereits einige PS-Infoprofile und alle benötigten Unterprofile ausgeliefert. Sie können jedoch auch eigene PS-Infoprofile mithilfe von Transaktion OPSM im Customizing des Projektsystems definieren. Bei Bedarf können Sie aus einem PS-Infoprofil auch direkt in die Bearbeitung untergeordneter Profile abspringen.

PS-Infoprofil definieren

Abbildung 6.4 zeigt die Definition eines PS-Infoprofils. Mithilfe der Felder im Abschnitt **Auswahl-Aktionen** im PS-Infoprofil können Sie festlegen, welche Aktion das System ausführen soll, wenn Sie im Bericht einen Doppelklick auf ein Objekt oder Datenfeld ausführen. Mögliche Aktionen sind z. B. das Abspringen in das Anzeigen oder Ändern des Objekts, die Anzeige des Langtextes oder von Änderungsbelegen zum Objekt. Die Darstellung der Strukturübersicht wird durch das Profil **Strukturübersicht** im PS-Infoprofil gesteuert. Dieses Profil enthält wiederum untergeordnete Profile, die die Anzeige, Sortierung, Gruppierung, Filterung, farbliche Hervorhebung von Objekten (Exceptions) usw. sowie Kennzeichen, die z. B. über die Aggregation und Darstellung der Daten entscheiden, festlegen.

Berichtseinstellungen

Viele Einstellungen können im Bericht selbst geändert werden:

- Sie können über eine Feldauswahl bestimmen, welche Felder angezeigt werden sollen.
- Sie können per Mausklick die Reihenfolge der Feldspalten und deren Breite ändern.
- Sie können Filter- und gegebenenfalls auch Sortier-, Gruppier- und Verdichtungskriterien festlegen oder entscheiden, ob die Werte aggregiert oder nicht aggregiert dargestellt werden sollen usw. Gruppierung, Sortierung und Verdichtung sind in der Strukturübersicht jedoch nur möglich, wenn Sie die hierarchische Darstellung der Objekte aufheben.
- Insbesondere können Sie in dem Bericht auch Exceptions definieren, um z. B. die zeitliche Überschreitung geplanter Termine oder Objekte mit besonderen Eigenschaften in Form von Ampeln oder farblichen Hervorhebungen zu kennzeichnen.

Sofern das PS-Infoprofil bzw. die entsprechenden Unterprofile dies erlauben, können Sie die Änderungen, die Sie im Bericht vorgenommen haben, als Änderungen der Customizing-Profile abspeichern oder gegebenenfalls auch neue Profile im Bericht generieren.

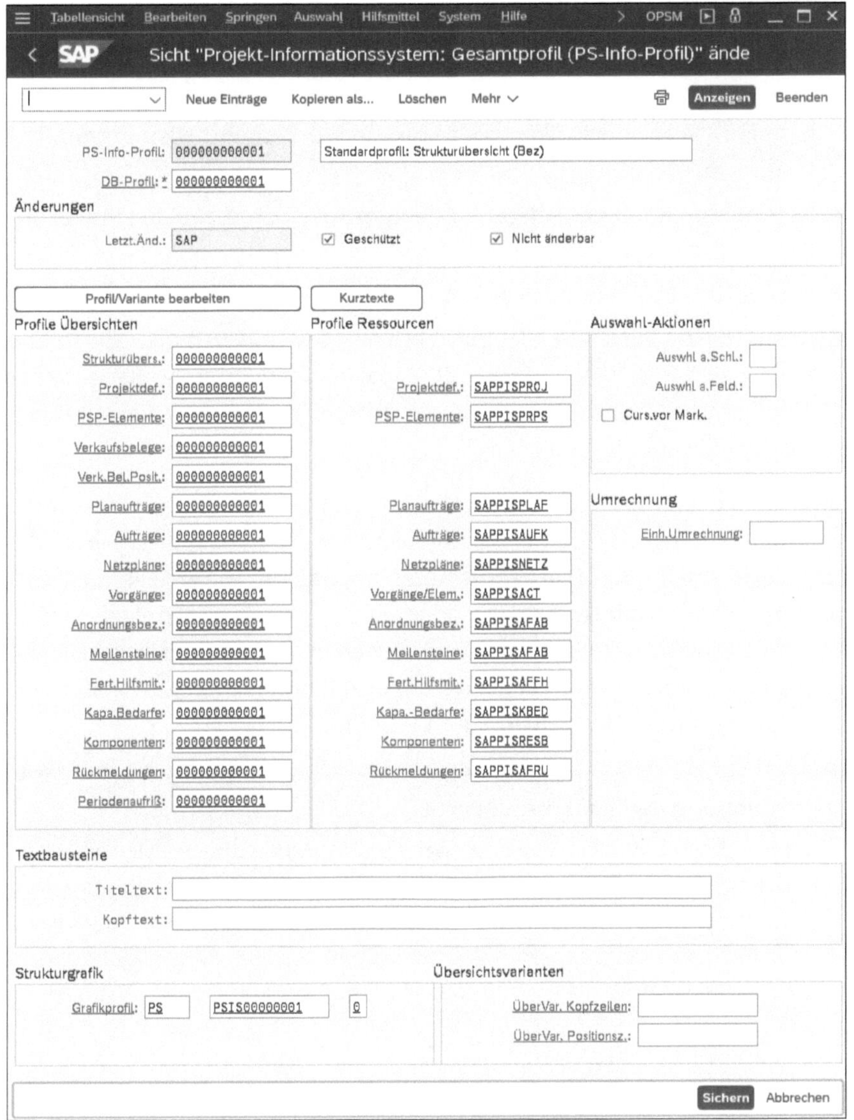

Abbildung 6.4 Beispiel für die Definition eines PS-Infoprofils

Funktionen der Strukturübersicht

Neben den verschiedenen Möglichkeiten, die Darstellung der Daten in dem Bericht anzupassen und die Berichtsdaten auszudrucken, stehen Ihnen zusätzlich z. B. die folgenden Funktionen in der Strukturübersicht zur Verfügung:

- Anzeigen, Ändern, Massenänderung und Anlegen von Objekten
- Rückmelden von Vorgängen, Erstellen und Versenden von Rückmeldevorräten

- Verfügbarkeitsprüfung für Materialkomponenten
- Aktualisieren der Daten (»Auffrischen«)
- grafische Darstellung von Daten in Form von Struktur-, Netzplan-, Balkenplan-, Portfoliografiken oder Summenkurven und Histogrammdarstellungen
- Versenden von Berichtsdaten und Export der Daten, z. B. ins Microsoft-Excel-Format
- periodische Darstellungen z. B. von Kosten, Obligos oder Erlösen
- Absprung in Einzelübersichten, Berichte des Infosystems Controlling oder logistische Berichte, wie z. B. Kapazitätsberichte oder Berichte zur Anzeige von Reservierungen, Bestellanforderungen oder Bestellungen zu einem ausgewählten Objekt

Um Daten besser miteinander vergleichen zu können – z. B. geplante Mengen oder Beträge mit den tatsächlichen Ist-Werten – können Sie in der Strukturübersicht auch Differenzspalten auswählen und sich so die Differenz in Form absoluter Beträge oder auch prozentual anzeigen lassen. Wenn Sie Projekt- oder Simulationsversionen in der Strukturübersicht analysieren, können Sie zusätzlich auch einen zeilenweisen Vergleich der Versionsdaten und der operativen Daten vornehmen.

[+]

Verwendung der Strukturübersicht

Aufgrund der vielfältigen Funktionen der Strukturübersicht, der Möglichkeit, Struktur-, Termin- und Controlling-Daten aller projektbezogenen Objekte gleichzeitig zu analysieren und insbesondere auch in die Bearbeitung aller Objekte zu verzweigen, wird die Strukturübersicht von einigen Unternehmen als zentrale Transaktion für das Management von Projekten verwendet.

Projektstrukturübersicht

Genau wie in der Strukturübersicht können Sie auch in der Projektstrukturübersicht (Transaktion CN41N) Daten zu Projektdefinitionen, PSP-Elementen, zugeordneten Netzplänen und Aufträgen sowie verschiedenen Vertriebsbelegen gleichzeitig auswerten. Während die Oberfläche der Strukturübersicht auf einer »klassischen« Darstellung beruht, wird für die Darstellung der Objekte und Daten in der Projektstrukturübersicht die SAP-List-Viewer-Oberfläche (ALV) verwendet (siehe Abbildung 6.5).

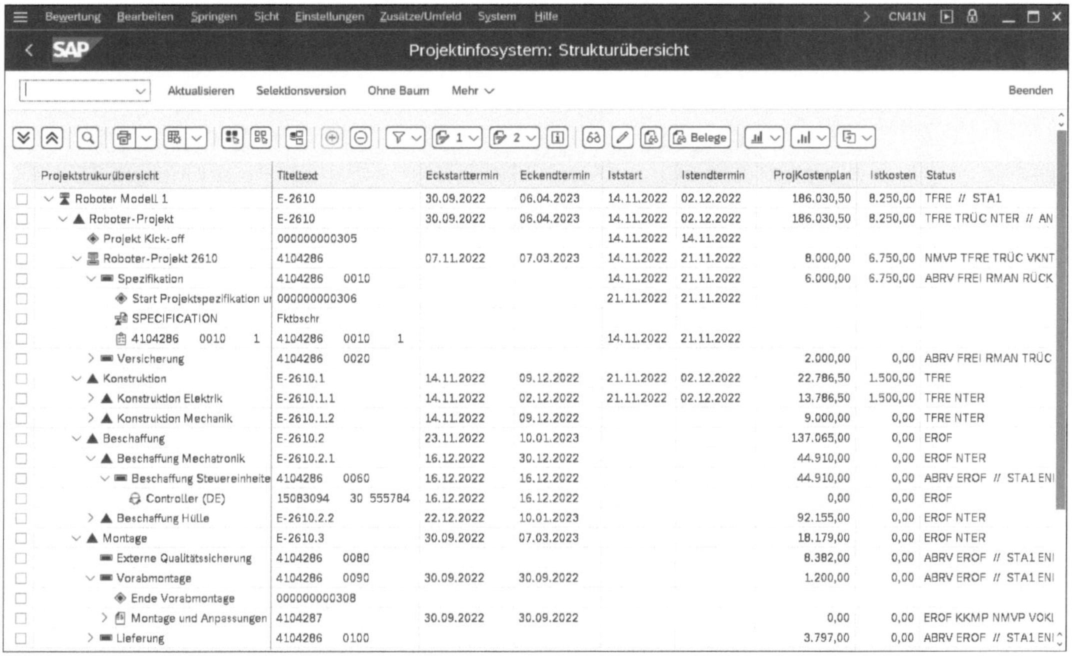

Bewertung Bearbeiten Springen Sicht Einstellungen Zusätze/Umfeld System Hilfe CN41N

Projektinfosystem: Strukturübersicht

Aktualisieren Selektionsversion Ohne Baum Mehr Beenden

Belege

Projektstrukurübersicht	Titeltext	Eckstarttermin	Eckendtermin	Iststart	Istendtermin	ProjKostenplan	Istkosten	Status
Roboter Modell 1	E-2610	30.09.2022	06.04.2023	14.11.2022	02.12.2022	186.030,50	8.250,00	TFRE // STA1
Roboter-Projekt	E-2610	30.09.2022	06.04.2023	14.11.2022	02.12.2022	186.030,50	8.250,00	TFRE TRÜC NTER // AN
Projekt Kick-off	000000000305			14.11.2022	14.11.2022			
Roboter-Projekt 2610	4104286	07.11.2022	07.03.2023	14.11.2022	21.11.2022	8.000,00	6.750,00	NMVP TFRE TRÜC VKNT
Spezifikation	4104286 0010			14.11.2022	21.11.2022	6.000,00	6.750,00	ABRV FREI RMAN RÜCK
Start Projektspezifikation u	000000000306			21.11.2022	21.11.2022			
SPECIFICATION	Fktbschr							
4104286 0010 1	4104286 0010 1			14.11.2022	21.11.2022			
Versicherung	4104286 0020					2.000,00	0,00	ABRV FREI RMAN TRÜC
Konstruktion	E-2610.1	14.11.2022	09.12.2022	21.11.2022	02.12.2022	22.786,50	1.500,00	TFRE
Konstruktion Elektrik	E-2610.1.1	14.11.2022	02.12.2022	21.11.2022	02.12.2022	13.786,50	1.500,00	TFRE NTER
Konstruktion Mechanik	E-2610.1.2	14.11.2022	09.12.2022			9.000,00	0,00	TFRE NTER
Beschaffung	E-2610.2	23.11.2022	10.01.2023			137.065,00	0,00	EROF
Beschaffung Mechatronik	E-2610.2.1	16.12.2022	30.12.2022			44.910,00	0,00	EROF NTER
Beschaffung Steuereinheite	4104286 0060	16.12.2022	16.12.2022			44.910,00	0,00	ABRV EROF // STA1 ENI
Controller (DE)	15083094 30 555784	16.12.2022	16.12.2022			0,00	0,00	EROF
Beschaffung Hülle	E-2610.2.2	22.12.2022	10.01.2023			92.155,00	0,00	EROF NTER
Montage	E-2610.3	30.09.2022	07.03.2023			18.179,00	0,00	EROF NTER
Externe Qualitätssicherung	4104286 0080					8.382,00	0,00	ABRV EROF // STA1 ENI
Vorabmontage	4104286 0090	30.09.2022	30.09.2022			1.200,00	0,00	ABRV EROF // STA1 ENI
Ende Vorabmontage	000000000308							
Montage und Anpassungen	4104287	30.09.2022	30.09.2022			0,00	0,00	EROF KKMP NMVP VOKI
Lieferung	4104286 0100					3.797,00	0,00	ABRV EROF // STA1 ENI

Abbildung 6.5 Auswertung eines Projekts in der Projektstrukturübersicht

Layouts

Die Oberfläche der Projektstrukturübersicht bietet den Vorteil, dass Sie sehr leicht Änderungen an der Auswahl der Spalten, deren Reihenfolge und Breite vornehmen und diese Änderungen in Form von *Layouts* sichern können. Dabei können Sie beliebig viele Layouts speichern und später auswählen, welches Layout für die Darstellung der Daten herangezogen werden soll. Wenn Sie ein Layout speichern und dabei das Kennzeichen **Benutzerspezifisch** setzen, können nur Sie dieses Layout auswählen oder ändern; andernfalls haben alle anderen Personen die Möglichkeit, Ihr Layout zu verwenden. Wenn Sie ein Layout als Einstiegslayout kennzeichnen, wird beim nächsten Berichtsaufruf anstelle des Standardlayouts dieses Layout verwendet.

Funktionen der Projektstrukturübersicht

Die Projektstrukturübersicht bietet Ihnen jedoch bei Weitem nicht den Funktionsumfang, den die Strukturübersicht zur Verfügung stellt. Im Folgenden sind die Funktionen der Projektstrukturübersicht aufgeführt:

- Darstellung mit oder ohne Hierarchiebaum
- Druckvorschau und Drucken der aktuellen Ansicht oder der kompletten Hierarchie
- Filterfunktionen
- Anzeige und Ändern von Objekten, Anzeige von Langtexten

- Aktualisieren der Daten
- grafische Darstellung von Daten in Form von Struktur-, oder Netzplangrafiken
- Export der Daten, z. B. als Datei in XML, im DOC-, RTF-, TXT-, HTML- oder HTM-Format

Objektwährung in Struktur- und Projektstrukturübersicht

Mithilfe einer Kundenerweiterung (SAP-Hinweis 1628596) können Sie in der Struktur- und Projektstrukturübersicht sowie in der Projektplantafel und der Auswertung der Fortschrittsanalyse eine Darstellung von Rechnungswesendaten in der Objektwährung freischalten. Alle relevanten Felder stehen dann nicht nur in der Kostenrechnungskreiswährung, sondern auch in der jeweiligen Objektwährung zur Verfügung und können entsprechend in das Layout der Berichte bzw. in die Feldauswahl mitaufgenommen werden. Eine Aggregation der Daten in der Objektwährung findet jedoch nur so lange statt, wie die Objektwährung innerhalb der Struktur einheitlich ist.

6.1.2 Einzelübersichten

Mithilfe von Einzelübersichten können Sie die Daten zu einzelnen Beleg- bzw. Objekttypen auswerten. Ähnlich wie bei der Struktur- und der Projektstrukturübersicht stehen Ihnen auch bei den Einzelübersichten zwei unterschiedliche Oberflächen zur Verfügung. Zum einen können Sie die erweiterten Einzelübersichten verwenden, die auf einer klassischen Darstellung der Daten beruhen, und zum anderen können Sie auch ALV-basierte Einzelübersichten für Ihre Auswertungszwecke nutzen.

Einzelübersichten im Infosystem Strukturen

Die folgenden Einzelübersichten stehen Ihnen insgesamt im Infosystem Strukturen zur Verfügung (die Angabe der Transaktionscodes bezieht sich jeweils auf die erweiterten und die ALV-basierten Übersichten):

- Projektdefinitionen (CN42/CN42N)
- PSP-Elemente (CN43/CN43N)
- Planaufträge (CN44/CN44N)
- Aufträge (CN45/CN45N)
- Netzpläne (CN46/CN46N)
- Vorgänge/Vorgangselemente (CN47/CN47N)
- Rückmeldungen (CN48/CN48N)
- Anordnungsbeziehungen (CN49/CN49N)

- Kapazitätsbedarfe (CN50/CN50N)
- Fertigungshilfsmittel (CN51/CN51N)
- Materialkomponenten (CN52/CN52N)
- Meilensteine (CN53/CN53N)
- Vertriebsbelege (CNS54)
- Vertriebsbelegpositionen (CNS55)
- Änderungsbelege zum Projekt/Netzplan (CN60)

Die Partnerübersicht (Transaktion CNPAR), mit der Sie die zugeordneten Partner (siehe Abschnitt 1.2, »Projektstrukturplan«) zu Projektdefinitionen und PSP-Elementen analysieren können, liegt dagegen nur als ALV-basierter Bericht vor und bietet im Vergleich zu den Einzelübersichten einen sehr stark eingeschränkten Funktionsumfang sowie nur wenige Anpassungsmöglichkeiten.

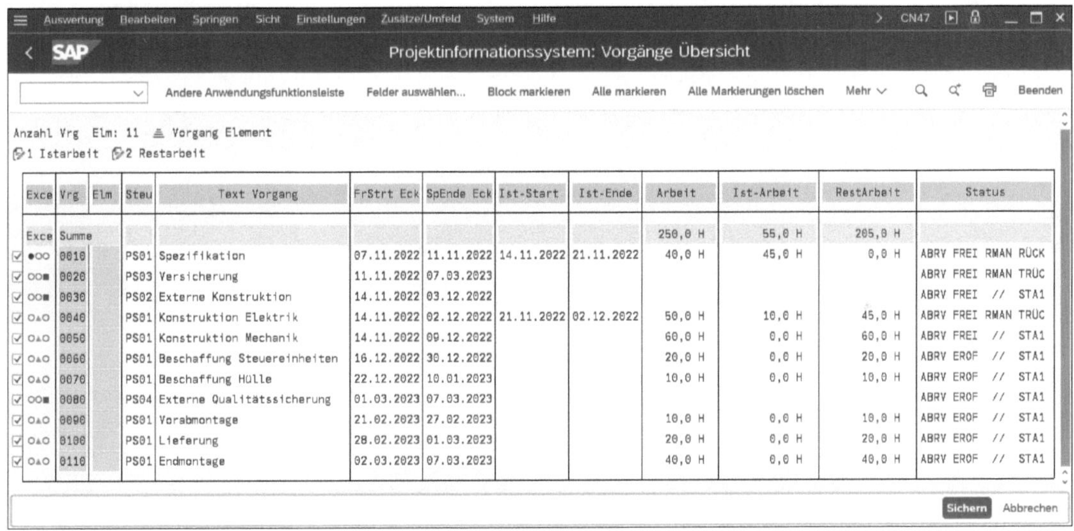

Exce	Vrg	Elm	Steu	Text Vorgang	FrStrt Eck	SpEnde Eck	Ist-Start	Ist-Ende	Arbeit	Ist-Arbeit	RestArbeit	Status
Exce	Summe								250,0 H	55,0 H	205,0 H	
●○○	0010		PS01	Spezifikation	07.11.2022	11.11.2022	14.11.2022	21.11.2022	40,0 H	45,0 H	0,0 H	ABRV FREI RMAN RÜCK
○○■	0020		PS03	Versicherung	11.11.2022	07.03.2023						ABRV FREI RMAN TRÜC
○○■	0030		PS02	Externe Konstruktion	14.11.2022	03.12.2022						ABRV FREI // STA1
○▲○	0040		PS01	Konstruktion Elektrik	14.11.2022	02.12.2022	21.11.2022	02.12.2022	50,0 H	10,0 H	45,0 H	ABRV FREI RMAN TRÜC
○▲○	0050		PS01	Konstruktion Mechanik	14.11.2022	09.12.2022			60,0 H	0,0 H	60,0 H	ABRV FREI // STA1
○▲○	0060		PS01	Beschaffung Steuereinheiten	16.12.2022	30.12.2022			20,0 H	0,0 H	20,0 H	ABRV EROF // STA1
○▲○	0070		PS01	Beschaffung Hülle	22.12.2022	10.01.2023			10,0 H	0,0 H	10,0 H	ABRV EROF // STA1
○○■	0080		PS04	Externe Qualitätssicherung	01.03.2023	07.03.2023						ABRV EROF // STA1
○▲○	0090		PS01	Vorabmontage	21.02.2023	27.02.2023			10,0 H	0,0 H	10,0 H	ABRV EROF // STA1
○▲○	0100		PS01	Lieferung	28.02.2023	01.03.2023			20,0 H	0,0 H	20,0 H	ABRV EROF // STA1
○▲○	0110		PS01	Endmontage	02.03.2023	07.03.2023			40,0 H	0,0 H	40,0 H	ABRV EROF // STA1

Abbildung 6.6 Beispiel für eine erweiterte Einzelübersicht

Erweiterte Einzelübersichten

Die Darstellung der Daten in den erweiterten Einzelübersichten basiert auf dem PS-Infoprofil und den untergeordneten Profilen. Abbildung 6.6 zeigt die Auswertung von Vorgängen mithilfe der erweiterten Einzelübersicht **Vorgänge/Vorgangselemente**. In den erweiterten Einzelübersichten stehen Ihnen im Wesentlichen die gleichen Funktionen zur Verfügung wie in der Strukturübersicht (siehe Abschnitt 6.1.1, »Struktur-/Projektstrukturübersicht«). Im Gegensatz zur Strukturübersicht werden in den Einzelübersichten jedoch keine Kosten-, Erlös-, Budget- oder Obligodaten ausgewiesen; Sie können aber bei Bedarf aus einer Einzelübersicht in die Berichte des Infosystems Controlling abspringen.

ALV-basierte Einzelübersichten

Abbildung 6.7 zeigt Ihnen die Auswertung der ALV-basierten Einzelübersicht **Meilensteine**. Genau wie bei der Projektstrukturübersicht können Sie sehr leicht Anpassungen der Oberfläche vornehmen und diese als Layouts speichern und verwalten (siehe Abschnitt 6.1.1, »Struktur-/Projektstrukturübersicht«).

Im Vergleich zur Projektstrukturübersicht stehen Ihnen jedoch sehr viel mehr Anpassungsmöglichkeiten bei den Einzelübersichten zur Verfügung, wie z. B. eine Sortierung, eine direkte Darstellung in der Microsoft-Excel-Oberfläche, diverse Darstellungsoptionen (Spaltenoptimierung, Streifenmuster usw.) oder das Bilden von Summen, Zwischensummen, Mittel- oder Extremalwerten. Darüber hinaus können Sie, ähnlich wie in den erweiterten Einzelübersichten, Filter und Exceptions verwenden, einen Export der Daten in diverse Dateiformate vornehmen, Objekte anzeigen oder ändern und schließlich auch die angezeigten Daten aktualisieren.

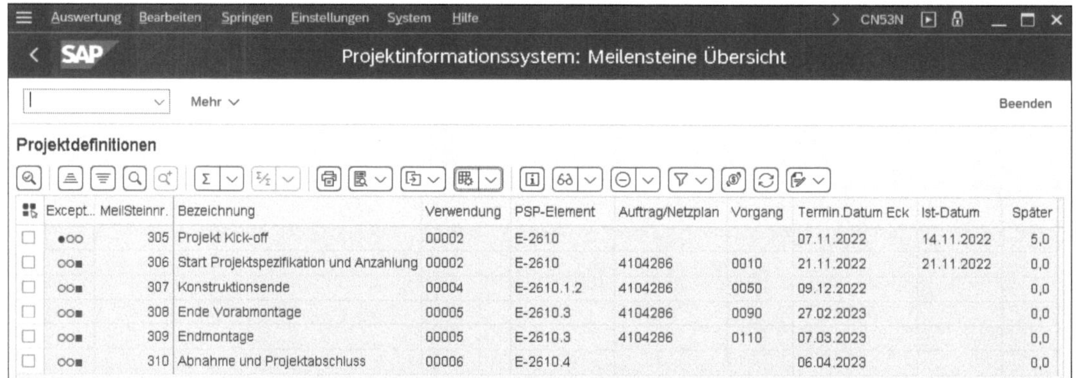

Except...	MeilSteinnr.	Bezeichnung	Verwendung	PSP-Element	Auftrag/Netzplan	Vorgang	Termin.Datum Eck	Ist-Datum	Später
●○○	305	Projekt Kick-off	00002	E-2610			07.11.2022	14.11.2022	5,0
○○■	306	Start Projektspezifikation und Anzahlung	00002	E-2610	4104286	0010	21.11.2022	21.11.2022	0,0
○○■	307	Konstruktionsende	00004	E-2610.1.2	4104286	0050	09.12.2022		0,0
○○■	308	Ende Vorabmontage	00005	E-2610.3	4104286	0090	27.02.2023		0,0
○○■	309	Endmontage	00005	E-2610.3	4104286	0110	07.03.2023		0,0
○○■	310	Abnahme und Projektabschluss	00006	E-2610.4			06.04.2023		0,0

Abbildung 6.7 Beispiel für eine ALV-basierte Einzelübersicht

Allerdings bieten die ALV-basierten Einzelübersichten nicht alle Funktionen, die in den erweiterten Einzelübersichten zur Verfügung stehen. So können Sie z. B. die Daten dieser Einzelübersichten nicht per SAP Mail an andere Benutzerinnen und Benutzer versenden, Sie können keine neuen Objekte anlegen und aus dem Infosystem Controlling nur Hierarchieberichte (Recherche-Berichte), jedoch keine Kostenartenberichte den Einzelübersichten zuordnen. Hinzu kommt, dass beim Aktualisieren der Daten einige Einstellungen verloren gehen. Detailinformationen zu den Funktionen und Einschränkungen der ALV-basierten Einzelübersichten finden Sie in der SAP-Bibliothek und in SAP-Hinweis 353255.

6.1.3 Übersichts-Apps

Neben den SAP GUI basierten Einzelübersichten stehen Ihnen zur Auswertung von Stammdaten von verschiedenen Objekten des Projektsystems auch die folgenden SAP-Fiori-Übersichts-Apps zur Verfügung (siehe auch Abschnitt 1.1.3, »Benutzeroberfläche und Rollen«):

- Übersicht Projektdefinition (F1976)
- PSP-Elementübersicht (F1974)
- Netzplanübersicht (F1973)
- Übersicht Netzplanvorgang (F1970)
- Meilensteinübersicht (F1975)
- Übersicht Materialkomponente (F1971)
- Projekt-Claim-Übersicht (F6497)

Die Übersichten basieren auf sogenannten SAP-Fiori-Element-List-Reports, die einen einheitlichen Aufbau und Satz an Funktionen bieten.

Abbildung 6.8 zeigt die PSP-Elementübersicht, die nun exemplarisch näher erläutert werden soll.

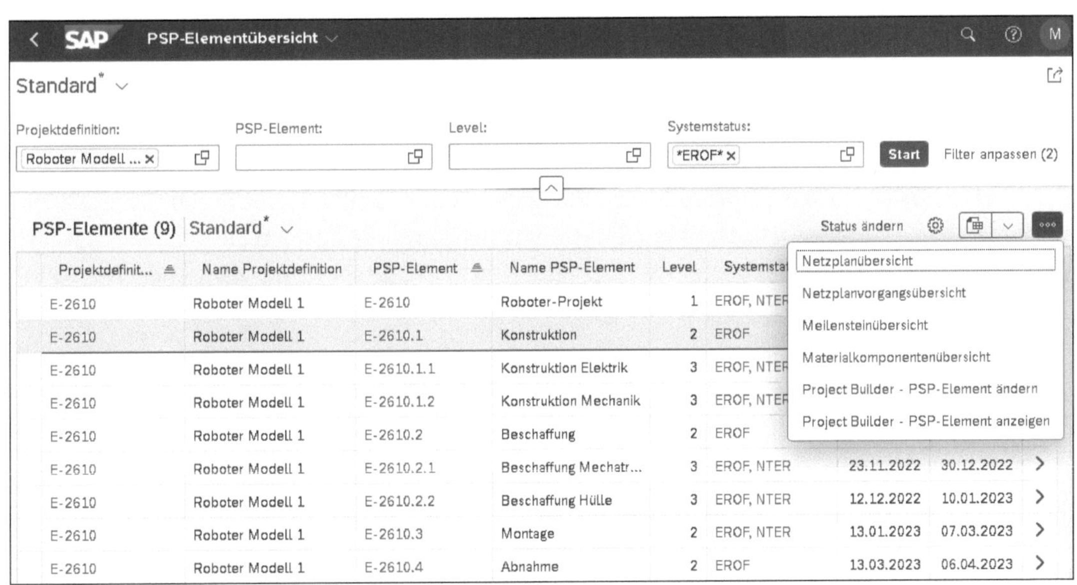

Abbildung 6.8 Beispiel einer SAP-Fiori-Übersichts-App

Filter

Im Filterbereich können Sie die Liste der PSP-Elemente durch die Eingabe geeigneter Stammdatenfelder entsprechend Ihren Anforderungen einschränken. Neben Feldern wie der Identifikation der PSP-Elemente oder der Projekte, organisatorischen Zuordnungen oder Benutzerfeldern können Sie auch Statusinformationen als Filter nutzen. Ihre Filtereinstellungen können Sie in Form von Ansichten speichern und so den Zugriff auf regelmäßig benötigte Informationen beschleunigen.

Im tabellarischen Bereich werden die PSP-Elemente in einer flachen Liste dargestellt. Mithilfe der Einstellungen können Sie die Auswahl und Reihenfolge der Spalten, Sortierungen und Gruppierungen sowie weitere Filter festlegen. Diese Einstellungen können Sie ebenfalls in Form von Ansichten speichern.

Bei Bedarf können Sie die Liste auch exportieren, um Sie z. B. in Tabellenkalkulationswerkzeugen weiter zu verwenden.

Navigation

Zusätzlich stehen verschiedene Navigationsmöglichkeiten zur Verfügung. Das Icon **Details** am Ende jeder Zeile führt Sie zur Objektseite des Objekts, in der Sie die Daten des Objekts selbst sowie gegebenenfalls auch zugeordneter Objekte auswerten können (siehe auch Abschnitt 1.1.3, »Benutzeroberfläche und Rollen«).

Felder wie z. B. die **Projektdefinition** in der Liste sind als Links realisiert, die Ihnen die Navigation zur Objektseite des Objekts, anderen SAP-Fiori-Apps oder Transaktionen mit Bezug zu dem Objekt erlauben.

Haben Sie ein PSP-Element in der Liste selektiert, können Sie auch zu anderen Übersichts-Apps, wie z. B. der Netzplanvorgangsübersicht navigieren. Dabei wird das PSP-Element als Filter weitergereicht, sodass Ihnen nur die dem PSP-Element zugeordneten Vorgänge angezeigt werden.

Aktionen

Je nach Übersichts-App können Sie schließlich für ein selektiertes Objekt gegebenenfalls noch Aktionen ausführen. So können Sie beispielsweise für ein selektiertes PSP-Element direkt zur SAP-Fiori-App zum Ändern des PSP-Element-Status springen.

Technische Informationen zur Implementierung der Übersichten, wie z. B. zu den benötigten Katalogen und Rollen, finden Sie in der SAP-Fiori-App-Referenzbibliothek.

[»]

Core Data Services (CDS)

Die SAP-Fiori-basierten Berichte beruhen auf sogenannten Core Data Services (CDS). CDS erlauben die Erstellung komplexer Datenmodelle direkt auf der Datenbankebene und ermöglichen es Ihnen somit insbesondere, die Vorteile der SAP-HANA-Datenbank zu nutzen. Mithilfe freigegebener CDS Views aus dem Projektsystem, dem Rechnungswesen und anderer Applikationen können Sie auch selbst eigene Berichte entsprechend Ihren Anforderungen erstellen.

Infosystem Strukturen und Übersichts-Apps

Die Struktur- bzw. die Projektstrukturübersicht im Infosystem Strukturen gibt Ihnen einen hierarchischen Gesamtüberblick sowohl über logistische als auch über die Controlling-Daten Ihrer Projekte und zugeordneter Objekte. Einzelübersichten dienen zur tabellarischen Auswertung einzelner Objekttypen mit dem Schwerpunkt auf Stammdaten, Status sowie logistischen Informationen. Sie können die Berichte im Infosystem Strukturen flexibel anpassen und diverse Funktionen für Detailanalysen oder auch zur Bearbeitung von Objekten nutzen. SAP-Fiori-Übersichts-Apps stellen zusätzlich eine sehr vereinfachte, benutzerfreundliche, browserbasierte Möglichkeit zur Auswertung der Stammdaten von Projektobjekten zur Verfügung.

6.2 Infosystem Controlling

Mithilfe der Berichte des Infosystems Controlling können Sie Plan- und Ist-Kosten, Obligos, Budgetwerte und Zahlungen analysieren. Die Berichte werden nach Hierarchie-, Kostenarten- und Einzelpostenberichten unterschieden. Diese drei Berichtsarten unterscheiden sich jeweils in den Funktionen, die zur Darstellung und Auswertung von Daten zur Verfügung stehen, den Daten, die ausgewertet werden können, und insbesondere auch im Grad der Detaillierung, den Sie für Ihre Analysen nutzen können.

Zur direkten Auswertung von Plan- und Ist-Kosten aus den Rechnungswesentabellen ACDOCP und ACDOCA (siehe Abschnitt 2.4.8, »ACDOCP-basierte Planungsformen«, und Kapitel 4, »Prozesse der Projektdurchführung«) stehen Ihnen zusätzlich auch SAP-Fiori-basierte Berichte und analytische Apps im Projektsystem und Rechnungswesen zur Verfügung.

Die verschiedenen Berichtsarten werden in den folgenden Abschnitten erläutert.

Datenselektion

Alle transaktionalen Berichte des Infosystems Controlling haben gemeinsam, dass Sie – genau wie bei den Strukturberichten – im Einstiegsbild mithilfe des Selektionsbilds, der freien Abgrenzung, Statusselektionsschemata und insbesondere dem Datenbankprofil den Umfang der Daten festlegen, der von der Datenbank gelesen wird (siehe Abschnitt 6.1, »Infosystem Strukturen und Übersichts-Apps«).

Je nach Bericht können Sie im Einstiegsbild der Berichte des Infosystems Controlling jedoch noch weitere Auswahlbedingungen, wie z. B. Geschäftsjahre, Perioden, CO-Versionen oder Kostenartenintervalle bzw. -gruppen, spezifizieren. Komplexere Selektionen können Sie in Form von Selektionsvarianten für spätere Berichtsaufrufe speichern. Bei der Selektion großer Datenmengen ist auch eine Hintergrundausführung der Berichte möglich.

6.2.1 Hierarchieberichte

Hierarchieberichte basieren auf Funktionen der Recherche im SAP-System und können daher auch als *Recherche-Berichte* bezeichnet werden. Die Basis für die Auswertungen mithilfe von Hierarchieberichten bildet die Projektinfodatenbank RPSCO, in der sämtliche projektbezogenen Controlling- und Zahlungsdaten in Form von *Wertkategorien* verdichtet gespeichert werden. Vor der ersten Verwendung von Hierarchieberichten im Projektsystem müssen Sie einige Einstellungen im SAP-System vornehmen.

Voraussetzungen für die Verwendung von Hierarchieberichten

Wertkategorien

Wertkategorien sind Gruppierungen von Kostenarten oder Finanzpositionen (siehe Abschnitt 6.2.5, »PS-Cash-Management«). Wertkategorien werden nicht nur für Auswertungen mithilfe von Hierarchieberichten benötigt, sondern z. B. auch im Rahmen der Verzinsung von Projekten (siehe Abschnitt 5.5, »Verzinsung«). Noch bevor Sie Buchungen auf Projekte durchführen, müssen Sie geeignete Wertkategorien definieren und diesen alle relevanten Kostenarten und Finanzpositionen zuordnen.

Die Definition von Wertkategorien nehmen Sie mithilfe von Transaktion OPI1 vor. Neben einem Schlüssel und einem Kurztext spezifizieren Sie für jede Wertkategorie den Belastungstyp, z. B. die Kosten und Zahlungsausgänge oder die Erlöse und Zahlungseingänge. Mithilfe der Transaktionen OPI2 und OPI4 ordnen Sie anschließend den Wertkategorien Kostenartenintervalle oder -gruppen bzw. Intervalle von Finanzpositionen zu. Mithilfe von Transaktion CJVC können Sie schließlich eine Konsistenzprüfung Ihrer Zuordnungen vornehmen.

Mengeninformationen

Mithilfe von Wertkategorien kann auch eine Fortschreibung von Mengeninformationen in die Projektinfodatenbank RPSQT durchgeführt werden. Diese Mengeninformationen können dann z. B. für Auswertungen in Fortschrittsberichten des Projektsystems verwendet werden (siehe Abschnitt 4.7.2, »Fortschrittsanalyse«). Damit die Mengen in dieser Datenbank fortgeschrieben werden können, müssen Sie den relevanten Wertkategorien zusätzlich zum Belastungstyp auch eine Mengeneinheit zugeordnet haben.

Maschinelle Wertkategorie

Anstatt im Vorfeld manuell Wertkategorien zu erstellen und alle relevanten Kostenarten und Finanzpositionen zuzuordnen, können Sie auch das

Kennzeichen **Maschinelle Wertkategorien** in der Verbuchungssteuerung der Projektinfodatenbank RPSCO setzen. Dieses Kennzeichen bewirkt, dass zu jeder neu bebuchten Kostenart bzw. Finanzposition automatisch eine eigene Wertkategorie mit der gleichen Bezeichnung angelegt wird.

Beachten Sie jedoch, dass die automatische Generierung von Wertkategorien negative Performanceauswirkungen sowohl auf die Verbuchungen als auch – aufgrund der gegebenenfalls sehr großen Anzahl an erzeugten Wertkategorien – auf die Auswertung der Daten haben kann.

[+]

Definition von Wertkategorien

Aus Performancegründen ist es sinnvoll, mehrere Kostenarten bzw. Finanzpositionen in Wertkategorien zusammenzufassen. In diesem Fall ist eine Auswertung auf der Ebene einzelner Kostenarten oder Finanzpositionen mithilfe von Hierarchieberichten jedoch nicht möglich. Wenn Sie nachträglich Änderungen an den Zuordnungen zu Wertkategorien vornehmen, müssen Sie anschließend die Projektinfodatenbank mithilfe von Transaktion CJEN neu aufbauen.

SAP liefert bereits diverse Standardhierarchieberichte zur Auswertung von Kosten, Budgets, Erlösen, Ergebnis- und Prognosedaten oder Zahlungen aus, die Sie, je nach Bedarf, aus dem Mandanten 000 mithilfe der Customizing-Transaktion CJEQ importieren können. Zusätzlich können Sie, abhängig von Ihren Anforderungen, auch eigene Hierarchieberichte definieren. Außerdem steht Ihnen eine Kundenerweiterung für eigene Anpassungen zur Verfügung. Vor der Erläuterung der verschiedenen Funktionen, die Sie zur Analyse von Projektdaten innerhalb von Hierarchieberichten nutzen können, werden zunächst zu deren Verständnis die technischen Grundlagen von Hierarchieberichten behandelt.

Grundlagen von Hierarchieberichten

Ausgabearten

Zur Auswertung von Daten mithilfe von Hierarchieberichten können Sie zwei unterschiedliche Oberflächen (Ausgabearten) verwenden, eine *grafische Berichtsausgabe* und die Darstellung als *klassischer Recherche-Bericht*. Je nach Berichtsdefinition ist die Ausgabeart fest vorgegeben oder kann im Einstiegsbild des Berichts manuell ausgewählt werden. Klassische Recherche-Berichte setzen Sie typischerweise ein, wenn Sie eine hohe Performance bei der Auswertung großer Datenmengen benötigen. Die grafische Berichtsausgabe verwenden Sie insbesondere dann, wenn unterschiedliche

Listenarten gleichzeitig dargestellt werden sollen oder Sie für den Berichtskopf eigene HTML-Vorlagen verwenden möchten.

Merkmale und Kennzahlen

Abbildung 6.9 zeigt die grafische Berichtsausgabe des Standardberichts **Plan/Ist/Obligo/Restplan/Verfügt**. Die Darstellung der Daten in einem Hierarchiebericht basiert auf *Merkmalen* und *Kennzahlen*. Merkmale sind unter anderem z. B. **Objekt**, **Periode** und **Geschäftsjahr**, **Wertkategorie**, **Währung**, **Abgrenzungskategorie** (siehe Abschnitt 5.6, »Ergebnisermittlung«) oder **Geschäftsvorfall**. Die Daten der Projektinfodatenbank RPSCO können nach den unterschiedlichen Ausprägungen dieser Merkmale unterschieden werden. Zusätzlich besitzen die jeweiligen Kombinationen der Merkmalsausprägungen im Datenbestand bestimmte Werte. Diese Datenwerte, d. h. die Plan-, Budget-, Obligo-, Kosten-, Erlös- und Finanzwerte und daraus gegebenenfalls in einem Bericht mithilfe von Formeln berechnete Werte, werden als Kennzahlen bezeichnet.

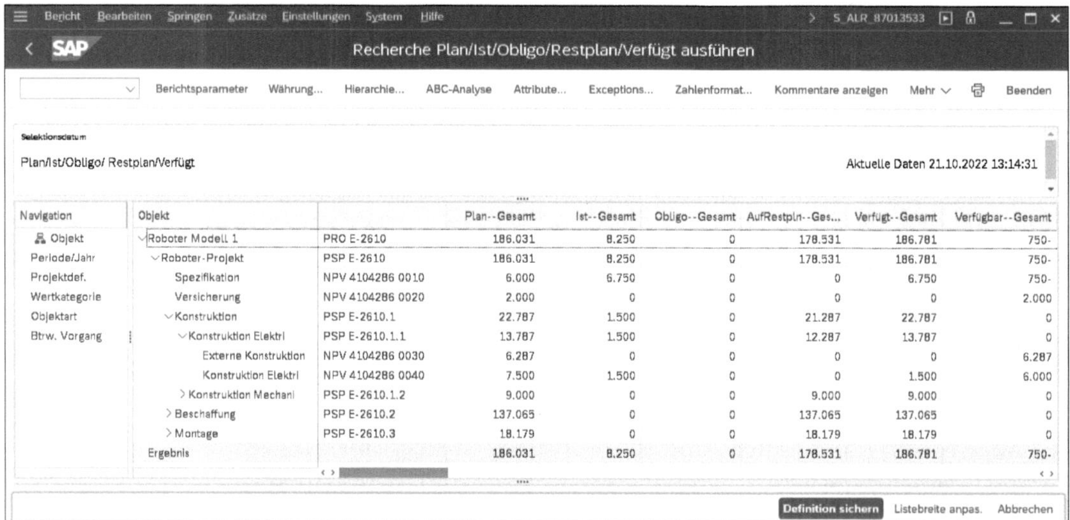

Objekt		Plan--Gesamt	Ist--Gesamt	Obligo--Gesamt	AufRestpln--Ges...	Verfügt--Gesamt	Verfügbar--Gesamt
Roboter Modell 1	PRO E-2610	186.031	8.250	0	178.531	186.781	750-
Roboter-Projekt	PSP E-2610	186.031	8.250	0	178.531	186.781	750-
Spezifikation	NPV 4104286 0010	6.000	6.750	0	0	6.750	750-
Versicherung	NPV 4104286 0020	2.000	0	0	0	0	2.000
Konstruktion	PSP E-2610.1	22.787	1.500	0	21.287	22.787	0
Konstruktion Elektrl	PSP E-2610.1.1	13.787	1.500	0	12.287	13.787	0
Externe Konstruktion	NPV 4104286 0030	6.287	0	0	0	0	6.287
Konstruktion Elektrl	NPV 4104286 0040	7.500	1.500	0	0	1.500	6.000
Konstruktion Mechani	PSP E-2610.1.2	9.000	0	0	9.000	9.000	0
Beschaffung	PSP E-2610.2	137.065	0	0	137.065	137.065	0
Montage	PSP E-2610.3	18.179	0	0	18.179	18.179	0
Ergebnis		186.031	8.250	0	178.531	186.781	750-

Abbildung 6.9 Beispiel für die grafische Berichtsausgabe eines Hierarchieberichts

Kennzahl Auftragsrestplan

Der Auftragsrestplan wird auf der Ebene von PSP-Elementen beim Berichtsaufruf berechnet und ergibt sich aus der Summe der dispositiven Planwerte zugeordneter Aufträge bzw. Netzpläne abzüglich deren Ist- und Obligowerten (dieser für jeden Auftrag berechnete Wert wird jedoch nur in der Summe berücksichtigt, sofern der Wert positiv ist).

Formular

Die Darstellung der Daten, d. h. der Merkmale und Kennzahlen in einem Hierarchiebericht, wird über ein *Formular* und eine zugeordnete *Berichtsdefinition* gesteuert. Eine Verwendung von Ad-hoc-Berichten, d. h. Berichten ohne ein Formular, ist nicht möglich. Mithilfe eines Formulars zur Formularart **Zwei Koordinaten (Matrix)** wird der prinzipielle Aufbau der Zeilen und Spalten des Berichts gesteuert.

Detail- und Aufrissliste

Dabei unterscheidet man zwischen Darstellungen in Form einer *Detailliste* und einer *Aufrissliste* (Listenarten).

Abbildung 6.10 zeigt als Beispiel die Definition einer Detailliste des Standardformulars 12KST1C. In der Detailliste dieses Beispiels werden verschiedene Ausprägungen des Merkmals **Geschäftsjahr** als Zeilen verwendet und Kennzahlen als Spalten dargestellt. Für die Festlegung der Zeilen wird dabei auf eine (globale) Variable zurückgegriffen. Als Kennzahlen werden zum einen feste Werte und zum anderen auch anhand von Formeln berechnete Werte verwendet. Weitere Details zur Steuerung der dargestellten Werte in den Spalten werden in Abschnitt 6.2.2, »Kostenartenberichte«, erörtert.

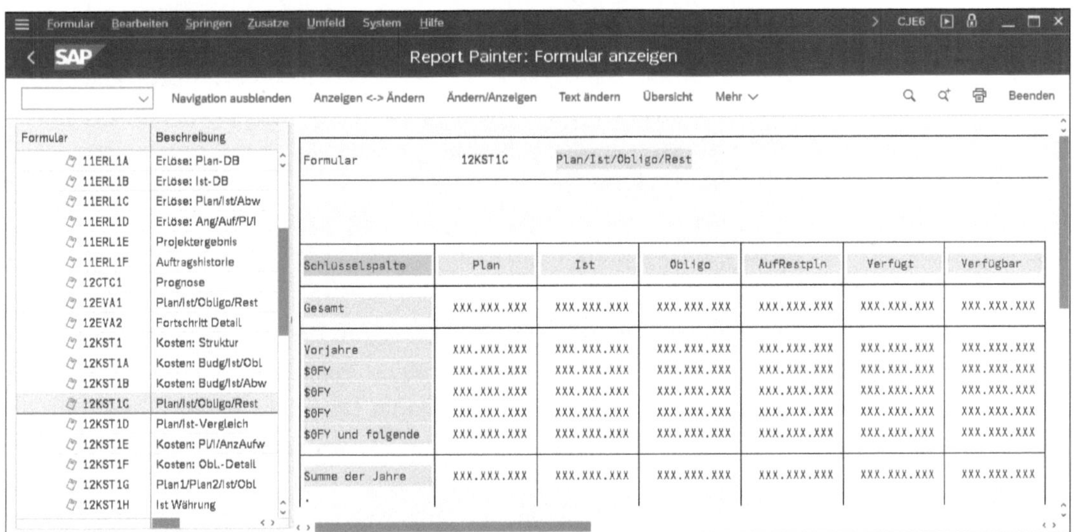

Abbildung 6.10 Beispiel für die Definition einer Detailliste eines Formulars

Abbildung 6.11 zeigt exemplarisch die Aufrissliste des Formulars 12KSTC1. In dieser Aufrissliste werden flexibel Merkmale bzw. deren Ausprägungen als Zeilen dargestellt, während Kennzahlen zu verschiedenen Merkmalsausprägungen des Merkmals **Geschäftsjahr** die Spalten bilden. Das Geschäftsjahr wird dabei wieder durch eine Variable festgelegt.

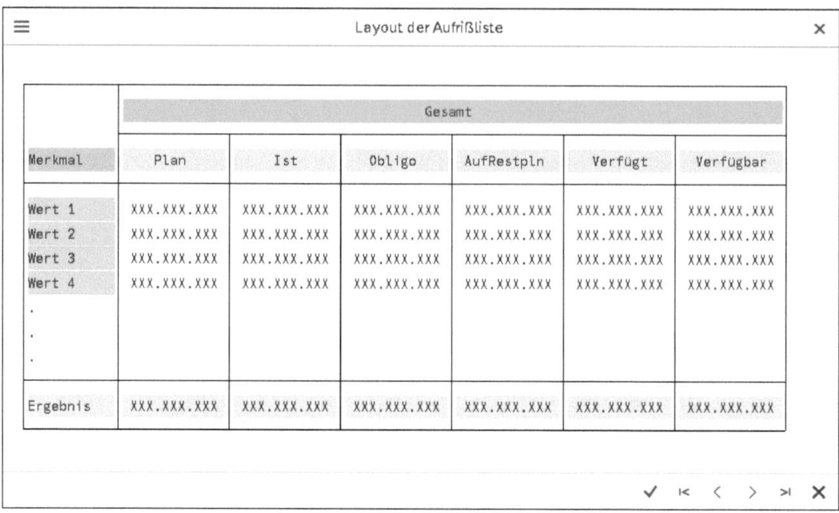

Abbildung 6.11 Beispiel für die Definition einer Aufrissliste

Auswertung von Versionen in Hierarchieberichten

Beachten Sie, dass Sie die Daten aus Projekt- oder Simulationsversionen in einem Hierarchiebericht nur dann auswerten können, wenn das Merkmal **Versionsschlüssel** in den allgemeinen Selektionen des entsprechenden Formulars ausgewählt wurde.

Berichtsdefinition

Ein Formular legt nur den generellen Aufbau der Detail- und Aufrisslisten eines Hierarchieberichts fest. Die Berichtsdefinition, die mit Bezug zum Formular angelegt wird, bestimmt hingegen dessen Inhalt. Dazu wird in einer Berichtsdefinition definiert, welche Merkmale für die Auswertung verwendet werden können (das Merkmal **Objekt** ist dabei immer enthalten). Für lokale Variablen, die im Formular verwendet werden, können in der Berichtsdefinition feste Werte hinterlegt oder kann eine Eingabe im Einstiegsbild des Berichts ermöglicht werden. Zusätzlich werden in der Berichtsdefinition Einstellungen zur Ausgabeart und diverse weitere Darstellungsoptionen festgelegt. Abbildung 6.12 zeigt die Berichtsdefinition zum Formular 12KST1C.

Bericht-Bericht-Schnittstellen

Hierarchieberichte erlauben auch einen Absprung in andere Hierarchie-, Kostenarten- oder Einzelpostenberichte des Projektsystems für weitergehende, gegebenenfalls detailliertere Analysen. Voraussetzung dafür ist, dass im Customizing des Projektsystems entsprechende Bericht-Bericht-Schnittstellen unter dem Menüpfad **Berichtszuordnung** eingerichtet sind. Sie können für die Standardberichte Bericht-Bericht-Schnittstellen aus dem Mandanten 000 importieren oder eigene Berichtszuordnungen definieren. Beachten Sie, dass man immer nur in Berichte gleichen Detaillierungsgrads oder in detailliertere Berichte abspringen kann, d. h., aus einem Einzelpostenbericht können Sie z. B. nicht in einen Hierarchiebericht verzweigen.

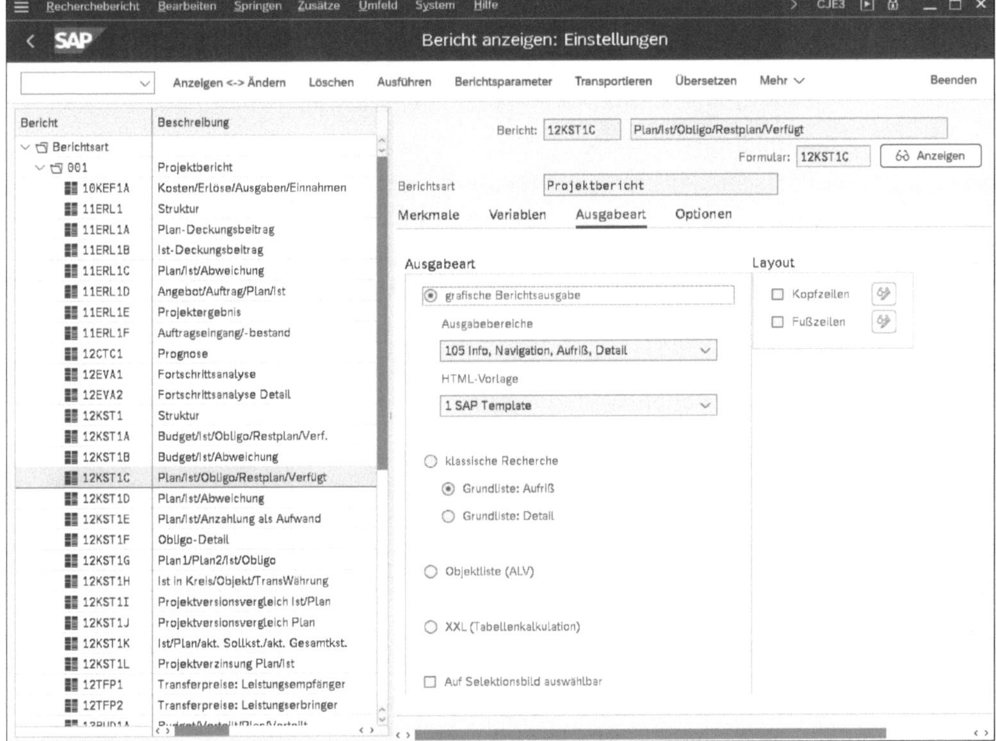

Abbildung 6.12 Berichtsdefinition eines Hierarchieberichts

[+]

Erstellen eigener Hierarchieberichte

Wenn Sie einen eigenen Hierarchiebericht erstellen möchten, müssen Sie zunächst ein geeignetes Formular und anschließend eine Berichtsdefinition zu diesem Formular anlegen. Dabei empfiehlt es sich, die im Standard ausgelieferten Formulare und Berichtsdefinitionen als Kopiervorlage zu verwenden. Bei Bedarf können Sie zusätzlich geeignete Bericht-Bericht-Schnittstellen einrichten.

Transaktionen

Für das Erstellen, Ändern und Anzeigen von Formularen können Sie die Transaktionen CJE4, CJE5 und CJE6 verwenden. Die Bearbeitung erfolgt dabei mithilfe von Funktionen des *Report Painters* (siehe Abschnitt 6.2.2, »Kostenartenberichte«). Für die Erstellung oder Bearbeitung bzw. Anzeige von Berichtsdefinitionen stehen Ihnen die Transaktionen CJE1, CJE2 und CJE3 zur Verfügung. Mithilfe von Transaktion CJE0 können Sie schließlich direkt selbst definierte Hierarchieberichte ausführen. Bei Bedarf können Sie Ihre Berichte jedoch auch in das SAP-Menü oder in Benutzermenüs integrieren.

Auswertungen mithilfe von Hierarchieberichten

In Abbildung 6.9 ist die Aufrissliste eines Hierarchieberichts dargestellt, in der verschiedene Kostendaten für die verschiedenen Projektobjekte in aggregierter Form ausgewiesen werden. Im Navigationsbereich werden die Merkmale, die der Berichtsdefinition zugeordnet sind, angezeigt. Anstatt die Auswertung der Kennzahlen nach dem Merkmal **Objekt** durchzuführen, können Sie über den Navigationsbereich auch ein anderes Merkmal für einen Aufriss auswählen. So können Sie sich die Verteilung der Werte auf die verschiedenen Wertkategorien oder z. B. nach Periode und Geschäftsjahr anzeigen lassen.

Drill-down

Bei einem Wechsel des Aufrisses können Sie entweder die gesamten im Bericht dargestellten Werte nach einem anderen Merkmal aufreißen, Sie können bei Bedarf jedoch auch eine bestimmte Merkmalsausprägung auswählen und nur für die Werte dieser Merkmalsausprägung einen Aufrisswechsel durchführen (Drill-down). Dies soll anhand des in Abbildung 6.9 dargestellten Beispiels verdeutlicht werden. Auf der Ebene des PSP-Elements **Beschaffung** werden sehr hohe (aggregierte) Plankosten ausgewiesen. Sie möchten nun nur die Werte dieses PSP-Elements weiter analysieren und führen dazu einen Aufriss für das PSP-Element **Beschaffung** nach dem Merkmal **Periode/Jahr** aus. Sie stellen fest, dass die höchsten Plankosten des PSP-Elements für Periode 12 ausgewiesen werden. Um zu ermitteln, auf welche Wertkategorien sich die Plankosten des PSP-Elements **Beschaffung** in Periode 12 verteilen, führen Sie einen Aufriss für diese Periode nach dem Merkmal **Wertkategorie** aus. Abbildung 6.13 zeigt das Ergebnis dieses zweifachen Drill-downs.

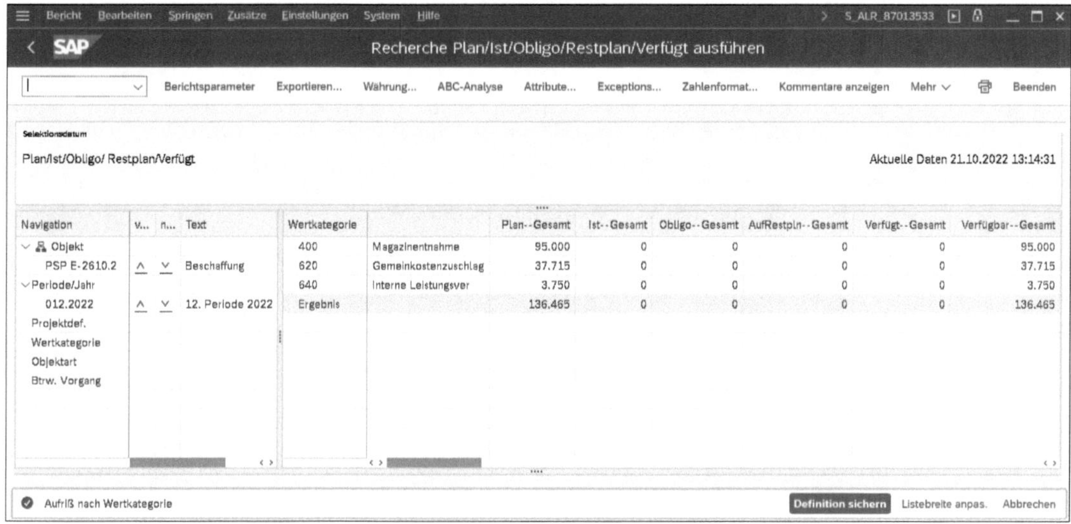

Abbildung 6.13 Beispiel für ein Drill-down in einem Hierarchiebericht

Recherche-Bericht

In einem klassischen Recherche-Bericht können Sie zwischen den Aufrisslisten und der Detailliste hin- und herwechseln und Grafiken von ausgewählten Kennzahlen aufrufen (siehe Abbildung 6.14). In der grafischen Berichtsausgabe können, je nach den Einstellungen der Berichtsdefinition, Aufriss- und Detaillisten sowie bei Bedarf auch eine grafische Darstellung von Kennzahlen gleichzeitig dargestellt werden.

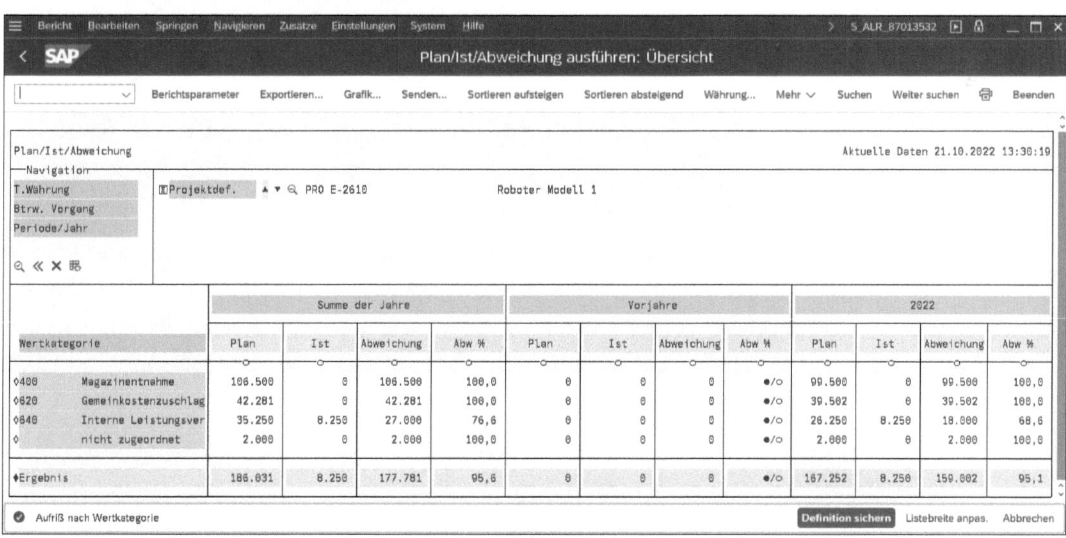

Abbildung 6.14 Detailsicht eines Hierarchieberichts in der klassischen Darstellung

Weitere Funktionen

Weitere Funktionen, die Ihnen in Hierarchieberichten zur Verfügung stehen, sind z. B.:

- Export und Ausdruck von Daten (Das Drucken von Berichtsdaten aus der grafischen Berichtsausgabe ist dabei nur eingeschränkt möglich und erfolgt z. B. in der klassischen Darstellung der Daten.)
- Umrechnung von Werten in andere Währungen
- farbliche Hervorhebung von Daten bei Über- oder Unterschreiten von Schwellenwerten (Exceptions)
- Sortierung von Werten in Form von Ranglisten und Definition von Bedingungen für die Anzeige von Werten
- Pflege und Anzeige von Kommentaren zum Bericht
- Absprung in die Anzeige der Stammdaten von Objekten und Aufruf anderer Berichte

Abhängig von der Ausgabeart stehen Ihnen in den Hierarchieberichten noch weitere Funktionen zur Verfügung. Die Daten eines klassischen Recherche-Berichts können Sie z. B. direkt per SAP Mail an andere Benutzerinnen und Benutzer versenden. Die grafische Berichtsausgabe erlaubt dafür z. B. eine sehr viel flexiblere Anpassung der Spaltendarstellung und Bildschirmaufteilung.

Einschränkungen

Beachten Sie, dass Hierarchieberichte keine Möglichkeit zum Aktualisieren von Daten bieten. Das heißt, wenn sich nach dem Berichtsaufruf Änderungen an den Daten ergeben, müssen Sie den Bericht verlassen und ihn erneut aufrufen, um die aktuellen Daten analysieren zu können. Bevor Sie einen Bericht verlassen, können Sie die Daten des Berichts auch sichern. Beim nächsten Berichtsaufruf können Sie dann zwischen einer Neuselektion der aktuellen Daten und einer Auswertung der gesicherten Berichtsdaten wählen.

Anders als z. B. bei den Berichten des Infosystems Strukturen kann jedoch für die Berichtsdaten von Hierarchieberichten jeweils nur ein Datenstand gespeichert werden. Sichern Sie die Daten erneut, werden die zuvor gesicherten Berichtsdaten überschrieben. Zusätzliche Informationen zu Hierarchieberichten finden Sie auch in SAP-Hinweis 668240.

6.2.2 Kostenartenberichte

Report-Painter-Berichte

Mithilfe von Kostenartenberichten des Projektsystems können Sie Kosten, Obligos und Erlöse von Projekten und zugeordneten Netzplänen bzw. Aufträgen analysieren. Kostenartenberichte werden über den Report Painter definiert und daher manchmal auch als *Report-Painter-Berichte* bezeichnet.

Abbildung 6.15 zeigt ein Beispiel für die Auswertung von Projektdaten mithilfe des Standardberichts **Ist/Obl./Summe/Plan** in Kreiswährung.

[+]

Werte in Kostenartenberichten

Auswertungen mithilfe von Kostenartenberichten basieren auf Summensätzen zu Kostenarten. Werte, die keinen Bezug zu Kostenarten besitzen, wie z. B. hierarchische Kosten- oder Erlöspläne, Budgets oder Zahlungen, können daher in den Kostenartenberichten nicht analysiert werden.

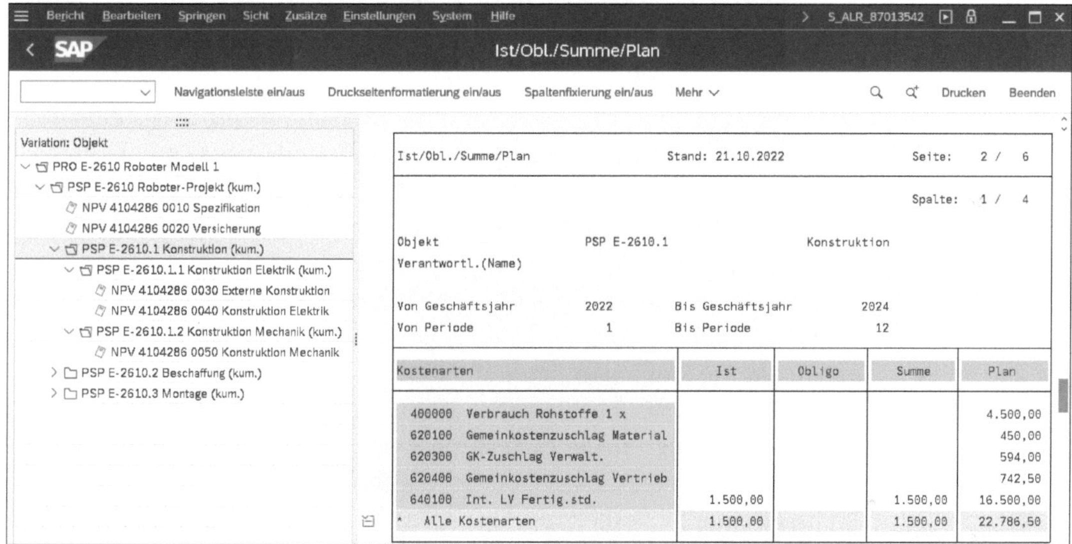

Abbildung 6.15 Beispiel für die Auswertung von Projektdaten mithilfe eines Kostenartenberichts

Voraussetzungen und Grundlagen der Kostenartenberichte

Standardberichte

Im Standard werden bereits diverse Kostenartenberichte ausgeliefert, die Sie, je nach Bedarf, aus dem Mandanten 000 mittels Customizing-Transaktion OKSR importieren und anschließend über Transaktion OKS7 generieren können. Wenn Sie Auswertungen nicht nur auf der Ebene einzelner Kostenarten ausführen möchten, sondern aus Gründen der Übersichtlichkeit auch Zwischensummen für einzelne Intervalle von Kostenarten analysieren möchten, müssen Sie geeignete Kostenartengruppen mithilfe von Transaktion KAH1 anlegen. Kostenartengruppen können dabei hierarchisch in Form von Knoten angeordnet werden, wobei in der Regel eine zweistufige Gliederung von Kostenartengruppen ausreichend ist. Im Einstiegsbild eines Kostenartenberichts können Sie dann die zu analysierende Kostenartengruppe auswählen. Der Bericht zeigt Ihnen nun für jede Kostenart und für jeden

Knoten der Kostenartengruppe eine eigene Zeile, wobei für die Knoten die Summe der darin enthaltenen Kostenarten ausgewiesen wird.

Selektion von Kostenarten

Beachten Sie, dass der Bericht nur Werte zu den Kostenarten anzeigt, die Sie gegebenenfalls in Form einer Kostenartengruppe oder eines Kostenartenintervalls im Einstiegsbild spezifiziert haben, unabhängig davon, ob auch zu anderen Kostenarten Buchungen vorgenommen wurden. Wenn Sie die Auswahl der Kostenartengruppe bzw. des Kostenartenintervalls leer lassen, werden alle bebuchten Kostenarten dargestellt.

Bibliotheken

Auswertungen mittels Kostenartenberichten im Projektsystem basieren technisch auf einer logischen Zusammenfassung mehrerer Datenbanktabellen (COSP, COSS, COEP usw.). Diese Zusammenfassung wird im Projektsystem durch die logische Reporting-Tabelle CCSS realisiert, die in der Tabelle T804E hinterlegt ist. Sie können sich die Liste der zusammengefassten Datenbanktabellen mithilfe des Data Browsers (Transaktion SE16) anschauen, wenn Sie zunächst die Tabelle T804E und anschließend die Reporting-Tabelle CCSS auswählen. Die Kostenartenberichte greifen jedoch nicht auf alle Merkmale, Kennzahlen und Kombinationen von Merkmalen und Kennzahlen (sogenannte *Basiskennzahlen* bzw. vordefinierte Spalten) dieser Reporting-Tabelle CCSS zurück, sondern nur auf eine Teilmenge; diese Teilmenge wird als *Bibliothek* bezeichnet. Alle Report-Painter-Berichte müssen einer Bibliothek zugeordnet sein und können nur die ausgewählte Teilmenge an Merkmalen, Kennzahlen und Basiskennzahlen der zugeordneten Bibliothek verwenden. Die Kostenartenberichte des Projektsystems sind standardmäßig der Bibliothek 6P3 zugeordnet.

Berichtsgruppen

Gegebenenfalls möchten Sie während der Auswertung von Projektdaten zwischen unterschiedlichen Kostenartenberichten hin- und herwechseln. Um zu verhindern, dass dabei immer wieder neu eine Selektion der Daten von der Datenbank durchgeführt werden muss, werden Berichtsgruppen verwendet. Berichtsgruppen sind Zusammenfassungen von Berichten einer Bibliothek, die auf dieselben Daten zugreifen, diese aber unterschiedlich aufbereiten.

Zuordnungen von Kostenartenberichten zu Bibliotheken und Berichtsgruppen

Jeder Kostenartenbericht muss einer Bibliothek und einer Berichtsgruppe zugeordnet sein. Eine Berichtsgruppe kann dabei auch mehrere Berichte umfassen. Diese müssen jedoch alle die gleiche Bibliothek verwenden.

Wenn Sie die Daten mithilfe eines Kostenartenberichts auswerten möchten, führen Sie die entsprechende Berichtsgruppe aus. Diese nimmt die Selektion der Daten von der Datenbank für alle Berichte gleichzeitig vor. Sind der Berichtsgruppe mehrere Berichte zugeordnet, können Sie zwischen den verschiedenen Berichten hin- und herwechseln, ohne dass eine erneute Datenselektion ausgeführt werden muss. Die Standard-Report-Painter-Berichte des Projektsystems sind Berichtsgruppen zugeordnet, deren Identifikation mit 6PP beginnt. Zusätzlich existieren auch Kostenartenberichte im Projektsystem z. B. zu Berichtsgruppen, beginnend mit 6PO. Dies sind Berichte, die nur über den Report Writer bearbeitet werden können.

Report Painter

Die Definition von Berichten selbst kann mithilfe des Report Painters erfolgen. Abbildung 6.16 zeigt die Definition eines Berichts am Beispiel des Standardkostenartenberichts **Ist/Obl./Summe/Plan in Kreiswährung**. Als Zeilen des Berichts wird das Merkmal **Kostenarten** verwendet. Die Spalten werden in diesem Beispiel durch Basiskennzahlen und durch anhand von Formeln berechnete Kennzahlen gebildet. Die Darstellung der Zeilen und Spalten und andere Darstellungsoptionen werden durch das Layout eines Berichts bzw. Berichtsabschnitts gesteuert.

Abbildung 6.16 Definition eines Kostenartenberichts im Report Painter

Kennzahlen mit Merkmalen

Bei der Definition von Spalten, bestehend aus Kennzahlen mit Merkmalen, bestimmen die angegebenen Ausprägungen dieser Merkmale, welche Werte der Kennzahlen tatsächlich für die Anzeige selektiert werden sollen (siehe Abbildung 6.17).

So können Sie z. B. über die Ausprägungen des Merkmals **Werttyp** entscheiden, ob Plan- oder Ist-Kosten, Obligos oder auch statistische Ist-Kosten in einer Spalte angezeigt werden sollen.

Mithilfe des Merkmals **Version** können Sie die CO-Version bestimmen, aus der die Daten selektiert werden sollen. Im Standard werden auch bereits vordefinierte Kennzahlen ausgeliefert, die sinnvolle Kombinationen aus einer Basiskennzahl und einem oder mehreren Merkmalen beinhalten.

Abbildung 6.17 Definition der Spalte »Ist« mithilfe einer Basiskennzahl

Allgemeine Selektionen

Zusätzlich zur Definition der Zeilen und Spalten legen die allgemeinen Selektionen eines Berichts die Merkmale fest, die für die berichtsweite Selektion der Daten herangezogen werden sollen. Abbildung 6.18 zeigt ein Beispiel der allgemeinen Selektionen.

Variationen

Die Merkmale der allgemeinen Selektionen können auch für Variationen verwendet werden. *Variation* bedeutet, dass Sie im Rahmen einer Auswertung innerhalb des Berichts die verschiedenen Ausprägungen des Merkmals zur Navigation verwenden können. Je nachdem, welche Merkmalsausprägung bzw. Kombination aus Merkmalsausprägungen Sie im Bericht auswählen, werden Ihnen nur Daten zu diesen Ausprägungen angezeigt.

Definition eigener Kostenartenberichte

Wenn Sie einen eigenen Kostenartenbericht erstellen, spezifizieren Sie zunächst die Bibliothek. Danach definieren Sie den Aufbau der Zeilen und Spalten und legen die allgemeinen Selektionen sowie gegebenenfalls Variationen fest. Schließlich müssen Sie den Bericht noch einer Berichtsgruppe zuordnen. Bei Bedarf können Sie auch für Kostenartenberichte Bericht-Bericht-Schnittstellen definieren.

Sie können alle im Standard ausgelieferten Berichte als Kopiervorlage verwenden.

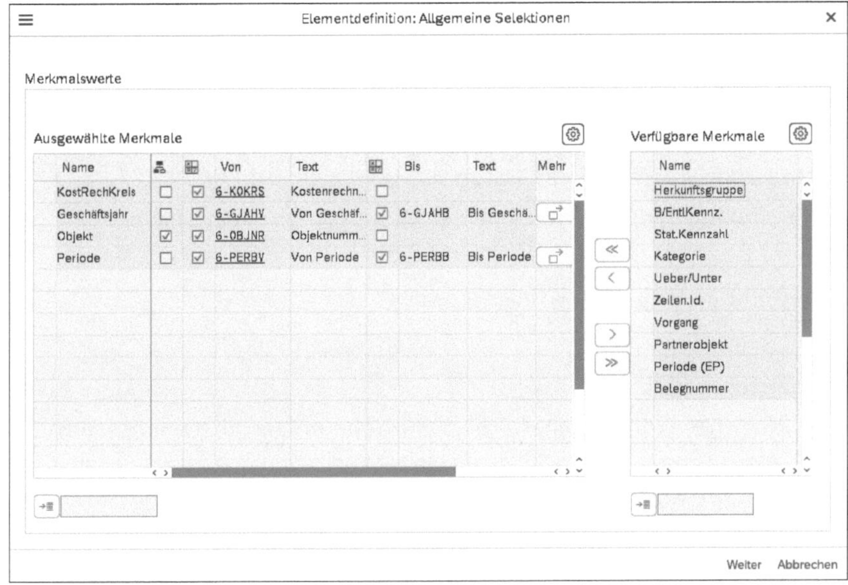

Abbildung 6.18 Beispiel für die Definition der allgemeinen Selektionen

Transaktionen

Für das Erstellen, Ändern und Anzeigen von Kostenartenberichten können Sie die Report-Painter-Transaktionen GRR1, GRR2 und GRR3 verwenden. Für die Definition von Kostenartenberichten mithilfe des Report Writers steht Ihnen Transaktion GR31 zur Verfügung. Bei Bedarf können Sie in Transaktion GR51 auch neue Berichtsgruppen mit Bezug zu einer Bibliothek anlegen. Mithilfe von Transaktion GR55 können Sie schließlich direkt selbst definierte Berichtsgruppen ausführen. Das Einbinden Ihrer Berichte in das SAP-Menü oder in Benutzermenüs ist ebenfalls möglich.

Auswertungen mithilfe von Kostenartenberichten

In Abbildung 6.15 haben Sie die Auswertung von Projektdaten mithilfe des Berichts **Ist/Obl./Summe/Plan in Kreiswährung** gesehen. Die Variation im linken Bereich erlaubt hier z. B. eine Navigation zwischen den verschiedenen Objekten des Projekts. Für einige PSP-Elemente sind zwei Einträge in der Variation enthalten. Je nachdem, welchen Eintrag Sie selektieren, zeigt Ihnen das System entweder die Werte an, die direkt auf dem jeweiligen PSP-Element gebucht wurden, oder aber die aggregierten Werte aller untergeordneten Objekte und des PSP-Elements selbst. Die verschiedenen Werte werden als Summensätze zu den jeweiligen Kostenarten angezeigt. Bei der Verwendung von Kostenartengruppen bei der Selektion würden zusätzlich noch Zwischensummen ausgewiesen.

Funktionen

Die folgenden weiteren Funktionen stehen Ihnen z. B. in den Kostenartenberichten zur Verfügung:

- Ausdruck, Export und Versenden von Daten
- Umrechnung von Werten in andere Währungen
- Verwendung von Schwellenwerten als Filter
- Sortierung von Werten
- grafische Darstellung von Daten
- Darstellung der Daten mithilfe der Microsoft-Excel-Oberfläche
- Aufruf anderer Berichte
- Aktualisieren der Daten über das Menü

Expertenmodus

Beachten Sie, dass Sie einige der hier aufgeführten Funktionen, insbesondere das Aktualisieren der Berichtsdaten, erst verwenden können, wenn Sie das Kennzeichen **Expertenmodus** in den Optionen des Berichts gesetzt haben.

Extrakte

Beim Verlassen eines Kostenartenberichts können Sie die Berichtsdaten auch in Form eines Extrakts abspeichern, und Sie können beliebig viele Extrakte zu einer Selektion sichern. Beim nächsten Berichtsaufruf können Sie dann im Einstiegsbild mithilfe der Funktion **Datenquelle** entscheiden, ob die Daten neu von der Datenbank selektiert werden sollen oder ob Sie ein bereits bestehendes Extrakt für Ihre Auswertung verwenden möchten. Sie können Extrakte manuell löschen oder durch die Angabe eines Verfallsdatums automatisch vom System löschen lassen. Zusätzliche Informationen zu Kostenartenberichten finden Sie auch in SAP-Hinweis 668513.

6.2.3 Einzelpostenberichte

Während Hierarchieberichte lediglich eine Auswertung von Projektdaten auf der Ebene von Wertkategorien erlauben und Kostenartenberichte nur Summensätze zu Kostenarten ausweisen, können Sie mithilfe von Einzelpostenberichten jeden Geschäftsvorgang, der zu einer relevanten Buchung geführt hat, separat analysieren.

Voraussetzung für die Auswertung von Daten mithilfe von Einzelpostenberichten

Voraussetzungen

Damit die Daten in Einzelpostenberichten selektiert und analysiert werden können, müssen zunächst entsprechende Einzelposten vorhanden sein. Für das Schreiben von Einzelposten gelten dabei die folgenden Voraussetzungen:

- **Plan**

  Planeinzelposten werden nur für bestimmte Planungsfunktionen unterstützt (siehe Abschnitt 2.4, »Planung von Kosten und statistischen Kennzahlen«). Darüber hinaus muss der Status des Objekts das Schreiben von Planeinzelposten explizit erlauben oder eine Planintegration aktiviert sein.

- **Budget**

  Jede Budgetänderung wird durch einen Einzelposten dokumentiert.

- **Obligo**

  Ist die Obliogoverwaltung aktiviert (siehe Abschnitt 4.2.1, »Obligoverwaltung«), werden alle Obligos in Form von Einzelposten verbucht.

- **Ist**

  Bei jeder Ist-Buchung wird ein Einzelposten geschrieben. Auch bei Abgrenzungs- und Abrechnungsvorgängen werden Einzelposten erzeugt.

- **Zahlungen**

  Einzelposten für Zahlungen werden im Projektsystem nur bei einem aktivierten PS-Cash-Management geschrieben (siehe Abschnitt 6.2.5, »PS-Cash-Management«). Für das Schreiben von Planeinzelposten zu den Zahlungen muss zusätzlich der betriebswirtschaftliche Vorgang FIPA einem Nummernkreis zugeordnet sein.

Anzeigevarianten (Layouts)

Für Einzelpostenberichte wird die ALV-Oberfläche verwendet. Dabei wird die Darstellung der Daten durch eine Anzeigevariante (Layout) festgelegt, die Sie im Einstiegsbild eines Einzelpostenberichts auswählen können. Neben den standardmäßig ausgelieferten Anzeigevarianten können Sie in den Berichten auch eigene Layouts definieren. Die Definition von Layouts und deren Verwaltung wurden bereits in Abschnitt 6.1, »Infosystem Strukturen und Übersichts-Apps«, erläutert.

Auswertungen mithilfe von Einzelpostenberichten

Standardeinzelpostenberichte

Im Standard stehen Ihnen unter anderem die folgenden Einzelpostenberichte zur Verfügung:

- Plankosten/-erlöse (CJI4, CJ4N)
- Hierarchische Kosten-/Erlösplanung (CJI9)
- Budget (CJI8)
- Obligo (CJI5)
- Ist-Kosten/-erlöse (CJI3, CJI3N)
- Ergebnisermittlung (CJIF)
- Einzelpostenabrechnung (CJID)
- Planzahlungen (CJIB)
- Ist-Zahlungen/Zahlungsobligo (CJIA)

Abbildung 6.19 zeigt die Auswertung der Einzelposten eines Projekts mithilfe des Berichts **Ist-Kosten/-erlöse**. Die Darstellung der Einzelposten erfolgt in Form einer Liste, die mithilfe der ALV-Funktionen flexibel angepasst werden kann (Spaltenauswahl, Sortierung, Filterung, Summen- und Zwischensummen, Extremalwerte, Darstellung in Microsoft Excel usw.). Die Oberfläche erlaubt Ihnen standardmäßig zusätzlich z. B. auch das Drucken, Versenden oder Exportieren der Berichtsdaten.

Sie haben auch die Möglichkeit, im Einzelpostenbericht **Ist-Kosten/-erlöse** gleichzeitig archivierte und nicht archivierte Einzelposten für Projekte zu analysieren. Dies ist in der Regel dann notwendig, wenn Sie sehr lang laufende Projekte haben, bei denen Sie bereits vor Projektabschluss Einzelposten vergangener Perioden archivieren, jedoch im Infosystem auf alle Einzelposten gemeinsam zugreifen möchten.

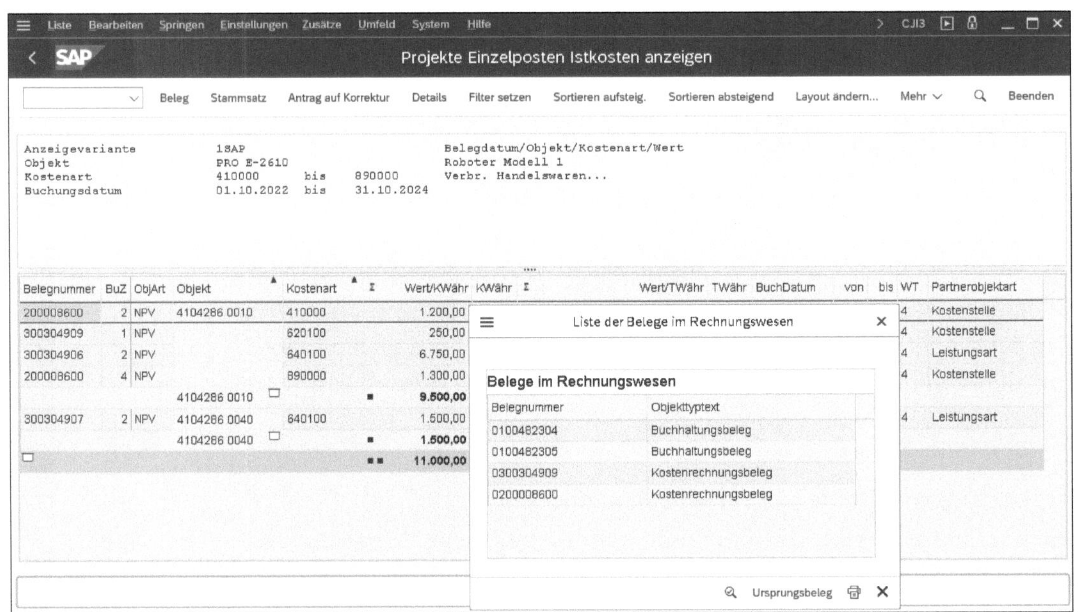

Abbildung 6.19 Einzelpostenbericht mit Auswahl der Umfeldbelege

Die Anzahl von Einzelposten kann im Projektverlauf sehr groß werden und somit z. B. die Performance des Berichts **Ist-Kosten/-erlöse** beeinträchtigen. Die Berichte CJI3N und CJ4IN zur Auswertung von Plan und Ist-Einzelposten stellen daher HANA-optimierte Selektionsmöglichkeiten zur Verfügung. Im Unterschied zu den ursprünglichen Berichten bieten diese Berichte auch einen Strukturbaum zur Navigation in den selektierten Projektstrukturen. Weitere Informationen zu diesen Berichten finden Sie in SAP-Hinweis 1698066.

Umfeldbelege

Eine sehr nützliche Funktion von Einzelpostenberichten ist die Möglichkeit, in das Umfeld der Einzelposten zu verzweigen. So können Sie in die Stammdaten der Objekte und Partnerobjekte abspringen oder sich den Ursprungsbeleg eines Einzelpostens anzeigen lassen, also z. B. die Rückmeldung, die zu Kosten auf einem Vorgang geführt hat. Insbesondere haben Sie die Möglichkeit, über das Menü auch alle Belege der Kostenrechnung zu analysieren, die bei dem jeweiligen Geschäftsvorgang erstellt wurden. Je nach Geschäftsvorgang können dies z. B. Kostenrechnungs-, Profit-Center- oder auch Finanzbuchhaltungsbelege sein (siehe Abbildung 6.19).

6.2.4 SAP-Fiori-basierte Berichte und analytische Apps

Kostenübersicht

Neben den zuvor beschriebenen Berichten stehen Ihnen in SAP S/4HANA auch eine wachsende Anzahl an ACDOCP- und ACDOCA-basierter Berichtsoptionen zur Verfügung. Abbildung 6.20 zeigt Ihnen z. B. die Kostenübersicht eines Projekts in der entsprechenden SAP-Fiori-App. Im Filterbereich selektieren Sie das zu analysierende Projekt oder einen Teilast und geben an, welche Plankategorien Sie für die Auswertung nutzen möchten (siehe Abschnitt 2.4.8, »ACDOCP-basierte Planungsformen«). Bei Bedarf können Sie die Selektion auch auf einen Buchungszeitraum oder bestimmte Sachkonten einschränken.

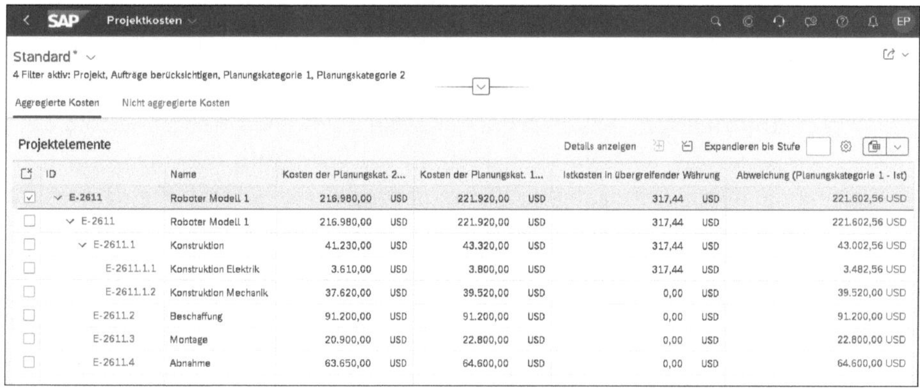

ID	Name	Kosten der Planungskat. 2...		Kosten der Planungskat. 1...		Istkosten in übergreifender Währung		Abweichung (Planungskategorie 1 - Ist)
E-2611	Roboter Modell 1	216.980,00	USD	221.920,00	USD	317,44	USD	221.602,56 USD
E-2611	Roboter Modell 1	216.980,00	USD	221.920,00	USD	317,44	USD	221.602,56 USD
E-2611.1	Konstruktion	41.230,00	USD	43.320,00	USD	317,44	USD	43.002,56 USD
E-2611.1.1	Konstruktion Elektrik	3.610,00	USD	3.800,00	USD	317,44	USD	3.482,56 USD
E-2611.1.2	Konstruktion Mechanik	37.620,00	USD	39.520,00	USD	0,00	USD	39.520,00 USD
E-2611.2	Beschaffung	91.200,00	USD	91.200,00	USD	0,00	USD	91.200,00 USD
E-2611.3	Montage	20.900,00	USD	22.800,00	USD	0,00	USD	22.800,00 USD
E-2611.4	Abnahme	63.650,00	USD	64.600,00	USD	0,00	USD	64.600,00 USD

Abbildung 6.20 Beispiel einer SAP-Fiori-basierten Kostenübersicht

Wenn Sie die Auswertung ausführen, wird Ihnen die Projektstruktur gemeinsam mit Plan- und Ist-Summenwerten im Auswertungsbereich dargestellt. Dabei können Sie zwischen zwei Sichten wählen:

- In der aggregierten Sicht werden die Kosteninformationen auf den übergeordneten Stufen aggregiert dargestellt. So können Sie sehr leicht die Kosten des gesamten Projekts oder von Teilästen überblicken.

- In der nicht aggregierten Kostensicht werden die Kosten nur auf den tatsächlichen Kontierungsobjekten angezeigt. Diese Sicht ist insbesondere dann sinnvoll, wenn Sie verstehen möchten, auf welchen Objekten etwaige Kostenabweichungen entstanden sind.

Mithilfe der Berichtseinstellungen können Sie definieren, welche Spalten angezeigt werden sollen. Die Spalte **Abweichungen** zeigt die Differenz aus Plan- und Ist-Werten. Standardmäßig werden die Kosten in der Kostenrechnungskreiswährung angezeigt. Für die Auswertung der Kosten in anderen Währungen stehen Ihnen zusätzliche Spalten zur Anzeige zur Verfügung. Mittels der Exportfunktion, können Sie die Werte z. B. auch in einem Microsoft-Excel-Format abspeichern und dann in Tabellenkalkulationswerkzeugen für erweiterte Auswertungszwecke verwenden.

Analyse von Einzelposten

Zur Analyse der gebuchten Ist-Einzelposten und Details der Plankosten steht Ihnen auch eine SAP-Fiori-basierte Einzelpostenübersicht im Projektsystem zur Verfügung (siehe Abbildung 6.21). Über den Filter schränken Sie zunächst die Datenselektion entsprechend Ihren Anforderungen ein. Die Auswertung der selektierten Posten können Sie nun grafisch oder tabellarisch vornehmen.

Im grafischen Bereich können Sie bei Bedarf den Diagrammtyp, sowie auch die Dimensionen und Kennzahlen ändern. Die Selektion eines Grafikelements fungiert gleichzeitig auch als Filter für die Daten im tabellarischen Bereich. Im tabellarischen Bereich werden die einzelnen Posten, inklusive Detailinformationen zu den Buchungsdaten, in einer flachen Liste dargestellt. Über die Einstellungen können Sie wiederum die anzuzeigenden Spalten, deren Sortierung und Gruppierung sowie bei Bedarf auch weitere Filter definieren. Auch hier ermöglicht Ihnen die Exportfunktion die Übertragung der Daten z. B. in ein Microsoft-Excel-Format. Verschiedene Felder, wie z. B. **PSP-Element** oder **Beleg-ID/Position**, erlauben eine Navigation zu weiteren Details.

Analytische Apps

Neben den gerade beschriebenen SAP-Fiori-Berichten des Projektsystems können Sie auch analytische Apps aus dem Rechnungswesen nutzen. Abbildung 6.22 zeigt exemplarisch den Bericht Projekte – Plan/Ist, der standardmäßig der Rolle eines Gemeinkostencontrollers (SAP_BR_OVERHEAD_ACCOUNTANT) zugeordnet ist. Diese analytische App bietet einen erweiterten Funktionsumfang für den Aufriss und die Analyse von Daten und richtet sich daher an erfahrene Benutzerinnen und Benutzer.

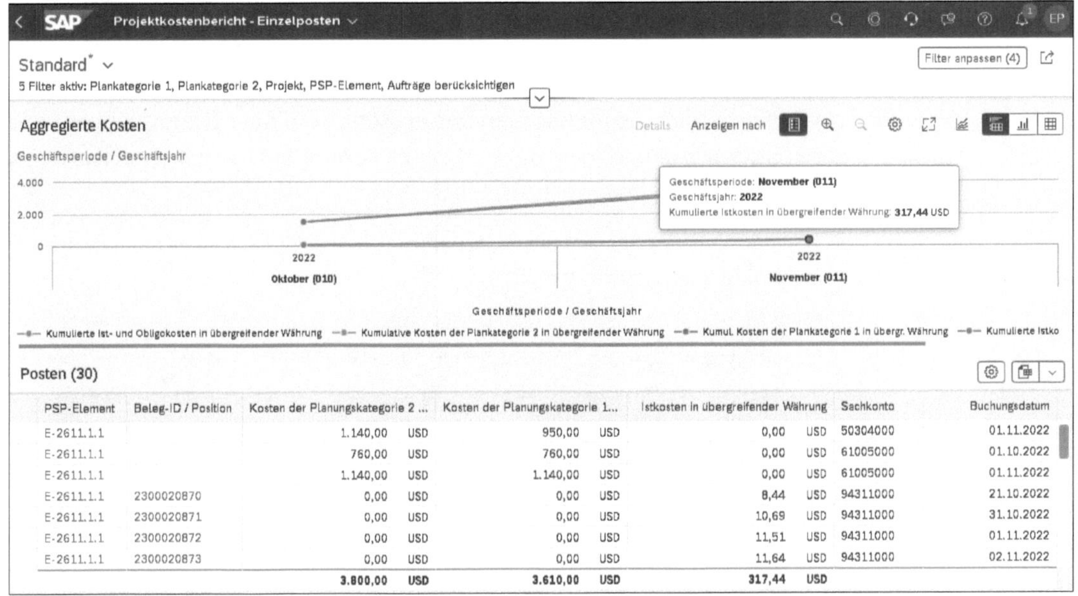

Abbildung 6.21 Beispiel einer SAP-Fiori-basierten Einzelpostenauswertung

Abbildung 6.22 Beispiel einer analytischen App zur Projektauswertung auf Basis der Tabellen ACDOCP/ACDOCA

Bitte beachten Sie, dass die gerade vorgestellten SAP-Fiori-basierten Berichte und analytischen Apps die Kostendaten ausschließlich aus den Tabellen ACDOCP und ACDOCA beziehen. Eine Analyse der Daten aus den CO-Tabellen, die z. B. im Rahmen der Kostenarten- oder Hierarchieberichte verwendet werden, oder eine Analyse basierend auf Wertkategorien ist in diesen Berichten daher nicht möglich.

Infosystem Controlling

Mithilfe der Berichte des Infosystems Controlling haben Sie die Möglichkeit, alle projektbezogenen Rechnungswesendaten zu analysieren. Je nach Art der verwendeten Berichte stehen Ihnen dabei für die Auswertung unterschiedliche Oberflächen, Funktionen und Detaillierungsgrade zur Verfügung.

Die Bericht-Bericht-Schnittstellen erlauben es Ihnen, von weniger detaillierten Berichten in immer genauere Berichtsarten abzuspringen. So können Sie z. B. die Auswertung von Projektdaten mithilfe eines Hierarchieberichts beginnen, ausgewählte Daten in einem Kostenartenbericht weiteranalysieren, bei Bedarf für bestimmte Daten in einen Einzelpostenbericht verzweigen und sich gegebenenfalls von hier aus alle relevanten Umfeldbelege anzeigen lassen.

6.2.5 PS-Cash-Management

Neben einer Auswertung projektbezogener Daten hinsichtlich Kosten und Erlösen sind gerade für sehr kapitalintensive Projekte auch die Planung und Analyse von Zahlungsflüssen bzw. Einnahmen und Ausgaben relevant, um z. B. einen positiven Cashflow und somit gegebenenfalls Zinsgewinne zu realisieren. Zu diesem Zweck können Sie im Projektsystem das sogenannte *PS-Cash-Management* einsetzen.

Planung von Ein- und Auszahlungen

Es bietet Funktionen sowohl für die Planung von Ein- und Auszahlungen Ihrer Projekte als auch zur projektbezogenen Auswertung von Zahlungen und Zahlungsverpflichtungen. Dabei können für Projekte relevante Zahlungsdaten aus Finanzbuchhaltung (z. B. Ein- und Auszahlungen, Anzahlungen und Anzahlungsanforderungen), Einkauf (Obligos aufgrund von Bestellanforderungen oder Bestellungen) und Vertrieb (Daten aus Kundenangeboten, -aufträgen, Fakturaanforderungen oder Fakturen) im PS-Cash-Management fortgeschrieben werden.

Besonderheiten des PS-Cash-Managements

Anders als z. B. im Treasury, in dem Zahlungen nach Kreditoren- und Debitorengruppen gegliedert und Zahlungsflüsse für das gesamte Unternehmen betrachtet werden, erfolgen im PS-Cash-Management die Planung und Auswertung von Zahlungsdaten immer projektbezogen. Das PS-Cash-Management wird daher auch als *Projekt-Cash-Management* bezeichnet. Weitere Informationen zum Thema PS-Cash-Management finden Sie auch in SAP-Sammelhinweis 417511.

Voraussetzungen für den Einsatz des PS-Cash-Managements

Finanzkreise

Für den Einsatz des PS-Cash-Managements müssen bestimmte Einstellungen im Einführungsleitfaden des SAP-Systems vorgenommen werden. Zunächst werden Finanzkreise als organisatorische Einheiten zur Strukturierung Ihres Unternehmens aus Finanzmittelsicht benötigt. Für das PS-Cash-Management müssen Sie anschließend eine Zuordnung von Buchungskreisen zu den Finanzkreisen vornehmen. Dabei können Sie mehrere Buchungskreise einem Finanzkreis zuordnen. Über diese Zuordnung erfolgt später eine Ableitung der Finanzkreise aus den betroffenen Buchungskreisen der Geschäftsvorfälle. Die Zuordnung der Buchungskreise und die Definition von Finanzkreisen nehmen Sie im allgemeinen Customizing der Unternehmensstruktur vor.

Finanzpositionen

Die Planung und Fortschreibung zahlungsrelevanter Daten in das PS-Cash-Management erfolgen auf der Basis von Finanzpositionen und deren Verknüpfung mit Sachkonten. Finanzpositionen dienen somit der Gliederung von Einnahmen und Ausgaben. Abbildung 6.23 zeigt die Bearbeitung einer Finanzposition in der Customizing-Transaktion FMCIA. Die Eigenschaften einer Finanzposition werden durch die beiden Felder (Attribute) **Finanzvorgang** und **Finanzpositionstyp** gesteuert. Der Finanzvorgang repräsentiert betriebswirtschaftliche Geschäftsvorfälle und steuert die Fortschreibung der entsprechenden Zahlungsdaten.

Finanzvorgang für das PS-Cash-Management

Beachten Sie, dass in das PS-Cash-Management nur Daten aus Geschäftsvorfällen zum **Finanzvorgang** 30 (**Buchen Ertrag, Aufwand, Anlage, Vorrat,** ...) fortgeschrieben werden.

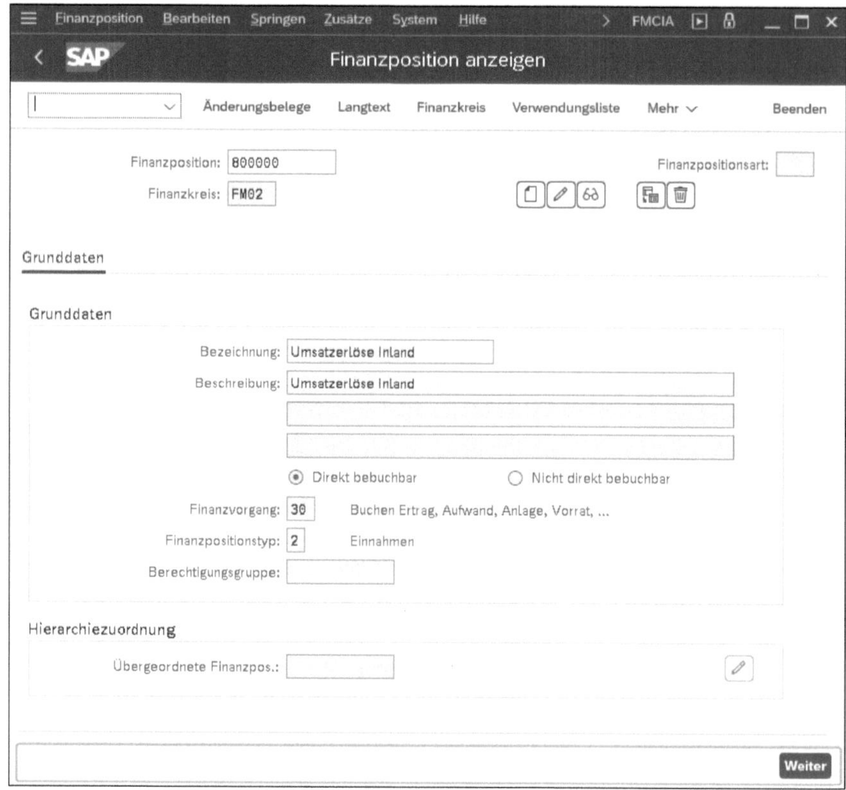

Abbildung 6.23 Beispiel für die manuelle Definition einer Finanzposition

Mithilfe von Finanzpositionstypen erfolgt eine Differenzierung von Daten, z. B. nach Bestand, Einnahmen oder Ausgaben. Damit eine Fortschreibung von Daten mit Bezug zu Finanzpositionen vorgenommen werden kann, müssen Sie die Finanzpositionen noch einem oder auch mehreren relevanten Sachkonten zuordnen.

Maschinelle Erstellung von Finanzpositionen

Sie können Finanzpositionen manuell anlegen und eine Zuordnung zu den Sachkonten vornehmen (Transaktion FMCIA und Transaktion FIPOS). Sie können jedoch auch eine automatische Erstellung von Finanzpositionen und Zuordnungen verwenden (FIPOS, siehe Abbildung 6.24).

Dabei erstellt das System Vorschlagswerte für Finanzpositionen und deren Attribute anhand der Daten der Sachkonten. So wird z. B. die Bezeichnung einer Finanzposition aus der Bezeichnung des Sachkontos übernommen, die Attribute der Finanzposition werden aus der Art des Sachkontos abgeleitet, und die Finanzposition selbst wird dem Sachkonto zugeordnet.

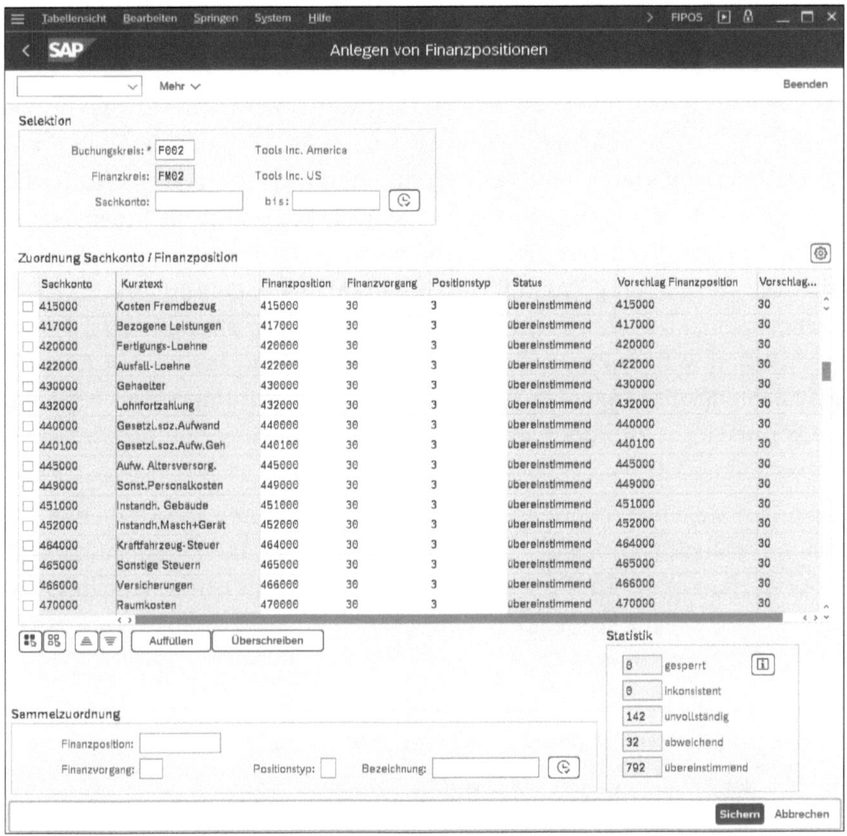

Abbildung 6.24 Transaktion FIPOS zur maschinellen Erstellung von Finanzpositionen

Zuordnungen überprüfen

Probleme bei der Ableitung oder Abweichungen der Vorschlagswerte von bereits existierenden Finanzpositionen werden in Form von Status ausgewiesen. Vor der Übernahme der Vorschlagswerte können Sie bei Bedarf noch eine manuelle Änderung der Finanzpositionen vornehmen. Mithilfe von Transaktion FM3N können Sie die Zuordnungen von Finanzpositionen zu Sachkonten auch noch einmal überprüfen. Sie können sich hier z. B. eine Liste aller Finanzpositionen ohne Zuordnung oder umgekehrt auch Sachkonten ohne eine Finanzposition anzeigen lassen.

[+]

Erstellen von Finanzpositionen

Wenn Sie einem Finanzkreis nur einen Buchungskreis zugeordnet haben, empfiehlt sich in der Regel die automatische Erstellung und Zuordnung von Finanzpositionen. Beachten Sie beim Einrichten des PS-Cash-Managements, dass Sie allen relevanten Sachkonten eine Finanzposition zuordnen. Beachten Sie darüber hinaus, dass gegebenenfalls auch andere SAP-

Komponenten (z. B. Treasury, Haushaltsmanagement) dieselben Finanzpositionen nutzen.

Damit Sie Hierarchieberichte zur Auswertung der Zahlungsdaten verwenden können, müssen Sie die Finanzpositionen noch Wertkategorien (siehe Abschnitt 6.2.1, »Hierarchieberichte«) zuordnen. Dazu steht Ihnen Transaktion OPI4 zur Verfügung. Für die spätere Fortschreibung von Zahlungsdaten muss der Vorgang KAFM (**Zahlungsdaten**) einem Nummernkreis zugeordnet sein. Damit im Rahmen der Zahlungsplanung Einzelposten geschrieben werden können, muss zusätzlich der Vorgang FIPA (**Automatische Zahlungsplanung**) eine Zuordnung zu einem Nummernkreis besitzen. Sie können diese Zuordnungen mithilfe der Customizing-Transaktion KANK vornehmen.

Aktivierung des PS-Cash-Managements

Nachdem Sie alle notwendigen Einstellungen vorgenommen haben, müssen Sie schließlich noch das PS-Cash-Management aktivieren. Sie können diese Aktivierung mithilfe von Transaktion OPI6 im Customizing des Projektsystems separat für jeden Buchungskreis, der einem Finanzkreis zugeordnet ist, vornehmen.

[!]

Auswirkung der Aktivierung des PS-Cash-Managements

Nach der Aktivierung des PS-Cash-Managements für einen Buchungskreis schreibt das System alle projektbezogenen, zahlungsrelevanten Daten aus Geschäftsvorfällen dieses Buchungskreises in das PS-Cash-Management fort. Dabei werden zusätzliche Belege im SAP-System erzeugt, die gegebenenfalls Auswirkungen auf die Performance des Systems haben können.

Zahlungsplanung

Manuelle Zahlungsplanung

Für die Planung der Zahlungsflüsse Ihrer Projekte stehen Ihnen verschiedene Möglichkeiten zur Verfügung. Zum einen können Sie – analog zur Detailplanung von Kosten und Erlösen (siehe Abschnitt 2.4.3, »Detailplanung«) – manuell Ein- und Auszahlungen mit Bezug zu Finanzpositionen auf der Ebene von PSP-Elementen planen. Sie können für die manuelle Zahlungsplanung auf Standardlayouts zurückgreifen (diese müssen Sie gegebenenfalls zunächst aus dem Mandanten 000 importieren) oder auch eigene Layouts und Planerprofile im Customizing des Projektsystems erstellen. Die manuelle Zahlungsplanung ist periodengerecht, jedoch nicht tagesgenau.

Automatische Zahlungsplanung

Zum anderen können Planzahlungen aus Vorgangsdaten und Rechnungsplänen, Fakturaplänen an PSP-Elementen oder auch aus Kundenangeboten oder -aufträgen, die auf ein Projekt kontiert sind, abgeleitet werden. Diese Formen der Zahlungsplanung sind tagesgenau, wobei gegebenenfalls auch entsprechende Zahlungsbedingungen berücksichtigt werden können. Für Netzpläne findet eine Fortschreibung der Zahlungsdaten nur statt, wenn Sie vorgangskontierte Netzpläne und die asynchrone Netzplankalkulation (CJ9K) für die Ermittlung der Plandaten verwenden. Weitere Details zur Kalkulation von Netzplänen, der Verwendung von Rechnungs- und Fakturierungsplänen sowie zur Fortschreibung von Plandaten aus Vertriebsbelegen werden in Abschnitt 2.4.5, »Netzplankalkulation«, und Abschnitt 2.5.3, »Fakturierungsplan«, erörtert.

Fortschreibung von Obligo- und Ist-Zahlungsdaten

Geschäftsvorfälle

Im Rahmen der Realisierungsphase von Projekten werden bei aktiviertem PS-Cash-Management automatisch Zahlungen und Zahlungsverpflichtungen aus dem Einkauf und der Finanzbuchhaltung im PS-Cash-Management fortgeschrieben, sofern die entsprechenden Geschäftsvorfälle sich auf Finanzpositionen zum Finanzvorgang 30 beziehen und eine Kontierung auf PSP-Elemente, Vorgänge bzw. Netzpläne und zugeordnete Aufträge vorliegt. Die folgenden kreditorischen und debitorischen Geschäftsvorfälle werden berücksichtigt:

- Bestellanforderungen und Bestellungen
- Anzahlungsanforderungen, Anzahlungen und Anzahlungsverrechnungen
- Rechnungs- und Zahlungseingänge

Die Fortschreibung der Daten der unterschiedlichen Geschäftsvorfälle erfolgt dabei unter verschiedenen Werttypen. Anzahlungen können bei nicht aktiviertem PS-Cash-Management unter dem Werttyp 12 in Berichten ausgewertet werden. Ist das PS-Cash-Management aktiv, wird der Werttyp 61 verwendet. Zahlungsverpflichtungen werden sukzessive durch die entsprechenden Zahlungen abgebaut. Im Projektsystem können Sie zur Korrektur von Fehlkontierungen zusätzlich auch Zahlungsumbuchungen mithilfe von Transaktion FMWA vornehmen.

Ausnahmen von der automatischen Fortschreibung

Beachten Sie bei der Fortschreibung von Zahlungsdaten noch die folgenden Besonderheiten: Solange Sie keine Zahlungsübernahme (CJFN) durchgeführt haben, werden Daten ausgeglichener Rechnungen und Teilzahlungen unter dem Werttyp 54 (**Rechnungen**), jedoch noch nicht unter dem Werttyp 57 (**Zahlungen**) ausgewiesen. Skontosätze von Ist-Zahlungen werden erst nach dem Ausführen des Reports SAPF181 im PS-Cash-Management berücksichtigt.

Wenn Sie das PS-Cash-Management nachträglich aktivieren, müssen Sie gegebenenfalls zunächst die Einkaufsdaten und anschließend die Daten der Finanzbuchhaltung in das PS-Cash-Management übernehmen. Hierzu stehen Ihnen die Transaktionen OPH4 und OPH5 bzw. OPH6 zur Verfügung. Für einen korrekten Ausweis der Daten sollten Sie dann noch mithilfe von Transaktion CJEN die Projektinfodatenbank neu aufbauen.

Auswertungen von Zahlungsdaten

Für die Auswertung projektbezogener Zahlungsdaten stehen Ihnen im Projektsystem zum einen Hierarchieberichte und zum anderen Einzelpostenberichte standardmäßig zur Verfügung. Während die Einzelpostenberichte eine tagesgenaue Analyse der Daten erlauben, erfolgt die Auswertung in den Hierarchieberichten nur periodengenau. Aus einem Hierarchiebericht können Sie für ausgewählte Daten jedoch auch in einen Einzelpostenbericht verzweigen und sich bei Bedarf hier auch alle relevanten Umfeldbelege anzeigen lassen. Details zu Hierarchie- und Einzelpostenberichten wurden bereits in Abschnitt 6.2.1, »Hierarchieberichte«, und Abschnitt 6.2.3, »Einzelpostenberichte«, erläutert. Abbildung 6.25 zeigt exemplarisch die Auswertung von Zahlungsdaten eines Projekts mithilfe des Hierarchieberichts **Einnahmen/Ausgaben aller Geschäftsjahre**.

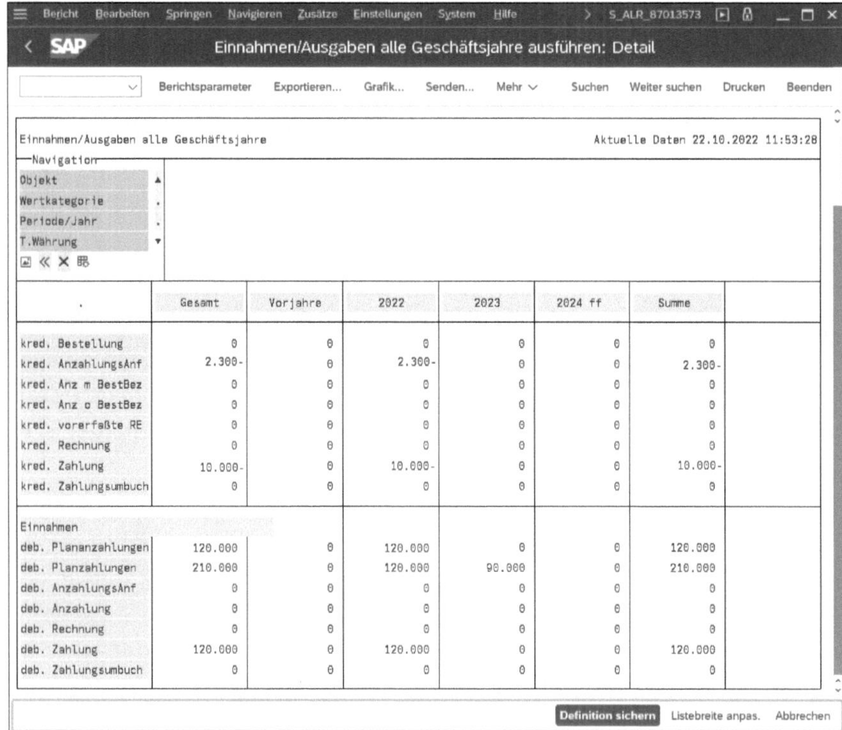

Abbildung 6.25 Beispiel für die Auswertung von Einnahmen und Ausgaben mithilfe der klassischen Darstellung eines Hierarchieberichts

6.3 Logistische Berichte

In Abschnitt 4.5.3, »ProMan«, wurde mit ProMan bereits ein Werkzeug vorgestellt, das die Analyse praktisch aller logistischen Informationen zu den projektbezogenen Beschaffungen innerhalb einer Transaktion erlaubt. Auch das Infosystem Strukturen, das in Abschnitt 6.1, »Infosystem Strukturen und Übersichts-Apps«, erläutert wurde, stellt diverse Berichte für die Auswertung logistischer Daten, wie z. B. von Termin- und Mengeninformationen oder Status, zur Verfügung. Speziell für die Analyse der Termine von Materialkomponenten können Sie auch das Progress Tracking nutzen, das in Abschnitt 4.7.3, »Progress Tracking«, erörtert wurde.

In diesem Abschnitt werden nun zusätzliche Berichte aus dem Reporting des Projektsystems vorgestellt, die Sie zur Auswertung logistischer Daten von Einkaufsprozessen und Materialbeschaffungen verwenden können. Insbesondere werden auch Kapazitätsberichte behandelt, die zur Gegenüberstellung der Kapazitätsangebote und -bedarfe von Arbeitsplätzen und Einzelkapazitäten und somit zur Analyse der Kapazitätsauslastung dienen können.

6.3.1 Bestellanforderungen und Bestellungen zum Projekt

Einkaufsbelege

Speziell für die Analyse von Einkaufsbelegen mit Bezug zu Projekten stehen Ihnen im Reporting des Projektsystems die Transaktionen ME5J (Bestellanforderungen zum Projekt) und ME2J (Bestellungen zum Projekt) zur Verfügung. Im Einstiegsbild dieser Transaktionen bestimmen Sie zunächst über die Selektion der Projektobjekte, auf denen die Belege kontiert sein müssen – gegebenenfalls durch eine freie Abgrenzung und Statusselektionsschemata –, die Auswahl der zu analysierenden Bestellanforderungen bzw. Bestellungen. Sie können dabei auch Informationen der Einkaufsbelege selbst als zusätzliche Selektionskriterien verwenden. Komplexere Selektionen können Sie als Varianten sichern.

Nach dem Ausführen des Berichts werden die Daten der selektierten Bestellanforderungen bzw. Bestellungen in Form einer Liste aufgeführt, die Sie bei Bedarf auch ausdrucken können. Abbildung 6.26 zeigt ein Beispiel für die Auflistung von Bestellanforderungen in Transaktion ME5J.

Funktionen von ME5J

Für weitere Informationen können Sie in die Anzeige der jeweiligen Einkaufsbelege selbst verzweigen. In dem Bericht `ME5J` (Bestellanforderungen zum Projekt) stehen Ihnen zusätzlich z. B. die folgenden Funktionen zur Verfügung:

- Absprung in die Anzeige von Materialstammdaten, von Berichten zum Materialbestand, Rahmenverträgen, Infosätzen oder Lieferantenbeurteilungen
- Vormerkung von Bestellanforderungen zur Anfragebearbeitung
- Übersicht der bestehenden Zuordnungen
- Absprung in die Änderungen der Bestellanforderungen und die zugeordneten Bestellungen

Abbildung 6.26 Tabellarische Darstellung von Bestellanforderungen zum Projekt in Transaktion ME5J

Funktionen des Berichts ME2J

Wenn Sie den Bericht `ME2J` für die Auswertungen von Bestellungen zu Ihren Projekten nutzen, können Sie z. B. die folgenden Funktionen verwenden:

- Absprung in Bestellentwicklungen und Änderungen der Bestellungen
- Anzeige oder Pflege von Einteilungen
- Anzeige der Leistungen in Dienstleistungspositionen

Im Reporting des Projektsystems finden Sie zusätzlich noch die Transaktionen ME5K (Bestellanforderungen zur Kontierung), ME2K (Bestellungen zur Kontierung) und ME3K (Rahmenverträge), die Sie für allgemeine Auswertungen von Einkaufsbelegen nutzen können.

SAP-Fiori-App »Projektbeschaffung verwalten«

Zur einfachen Überwachung PSP-Element-kontierter Bestellanforderungen und Bestellungen können Sie auch die SAP-Fiori-App **Projektbeschaffung verwalten** (F2930, siehe Abbildung 6.27) des Projektsystems verwenden. In diesem List Report werden Ihnen Details zu den Einkaufsbelegen auf entsprechenden Registerkarten entsprechend Ihrer Filterauswahl angezeigt. Grafische Elemente und farbliche Hervorhebungen helfen Ihnen dabei Zeitverzüge im Rahmen des Beschaffungsprozesses oder fehlende Liefermengen schnell zu identifizieren.

Bei Bedarf können Sie in weitere Details der Einkaufsbelege navigieren. Bitte beachten Sie jedoch, dass der Bericht nur PSP-Element-kontierte Einkaufsbelege anzeigt, d. h., Bestellanforderungen aus Netzplänen oder anderen zugeordneten Aufträgen können Sie hier nicht auswerten. Für erweiterte Auswertungen, unabhängig vom Kontierungstyp, stehen Ihnen im Einkauf zusätzliche SAP-Fiori-Apps, wie z. B. **Bestellpositionen überwachen**, zur Verfügung.

Abbildung 6.27 Anzeige bestellrelevanter Daten in der SAP-Fiori-App »Projektbeschaffung verwalten«

6.3.2 Materialberichte

Übersichten

Im Infosystem Strukturen stehen Ihnen bereits verschiedene Übersichten zur Auswertung materialbezogener Daten zur Verfügung (siehe Abschnitt 6.1, »Infosystem Strukturen und Übersichts-Apps«). Mithilfe der Einzelübersichten CN52/CN52N (Materialkomponenten) des Infosystems Strukturen können Sie z. B. Daten zu Material in Netzplänen oder in zugeordneten Aufträgen analysieren. Die Einzelübersichten CN44/CN44N und CN45/CN45N können Sie für eine Auswertung von Plan- und Fertigungsaufträgen zu Projekten nutzen. Darüber hinaus stehen Ihnen im Projektsystem noch die folgenden Materialberichte zur Verfügung:

- **Bedarf/Bestand (MD04)**

  Diese Liste zeigt Ihnen die Bestandssituation von Material sowie Bedarfe und geplante Zugänge in den verschiedenen Bestandssegmenten .

- **Bewerteter Projektbestand (MBBS)**

  Dieser Bericht dient zur Auswertung von Material, das in bewerteten Projekt- oder Kundenauftragsbeständen geführt wird.

- **Fehlteile (CO24)**

  Mithilfe dieses Berichts können Sie Materialkomponenten analysieren, die im Rahmen der Verfügbarkeitsprüfung (siehe Abschnitt 2.3.4, »Verfügbarkeitsprüfung«) als Fehlteile gekennzeichnet wurden.

- **Bedarfsverursacher (MD09)**
  Insbesondere bei mehrstufigen Fertigungsprozessen können Sie diesen Bericht verwenden, um z. B. für ausgewählte Aufträge oder Bestellungen den ursprünglichen Bedarfsverursacher zu ermitteln.
  Reservierungen (MB25)
  Dieser Bericht zeigt Ihnen eine Liste der Reservierungen zu ausgewählten Materialien.
- **Auftragsbericht (MD4C)**
  Mithilfe dieses Berichts können Sie die gegebenenfalls mehrstufige Fertigung von Material für Projekte überwachen.

6.3.3 Kapazitätsberichte

Mithilfe der Einzelübersichten *Kapazitätsbedarfe* (CN50/CN50N) des Infosystems Strukturen (siehe Abschnitt 6.1.2, »Einzelübersichten«) können Sie Soll-, Ist- und Restkapazitätsbedarfe von Projekten analysieren. Diese Berichte zeigen jedoch nur die Kapazitätsbedarfe der selektierten Objekte an. Ein Vergleich der Kapazitätsbedarfe mit den zur Verfügung stehenden Kapazitätsangeboten ist mithilfe dieser Berichte nicht möglich.

Für eine Analyse der Kapazitätsauslastung der in den Projekten benötigten Kapazitäten werden im Projektsystem Berichte der SAP-Anwendung Kapazitätsplanung verwendet. Bei diesen Berichten wird zwischen einfachen und erweiterten Kapazitätsauswertungen unterschieden.

Gesamtprofile

Beide Berichtsarten werden über sogenannte *Gesamtprofile* gesteuert, die im Customizing der Kapazitätsplanung definiert werden. Diese Gesamtprofile sind wiederum nur Zusammenfassungen verschiedener untergeordneter Profile, die die Datenselektion, Auswertungsoberfläche und Funktionen der Kapazitätsberichte bestimmen. Im Standard sind bereits diverse Gesamtprofile für unterschiedliche Auswertungszwecke vorhanden und Transaktionen des SAP-Menüs zugeordnet. Bei Bedarf können Sie die Zuordnung von Transaktionscodes zu Gesamtprofilen mithilfe von Parametern benutzerspezifisch ändern.

Bei den einfachen Kapazitätsauswertungen können Sie im Einstiegsbild über das Menü jedoch auch ein abweichendes Gesamtprofil auswählen oder bei Aufruf von Transaktion CM07 direkt das Gesamtprofil angeben. Für erweiterte Kapazitätsauswertungen ist eine Änderung des Gesamtprofils beim Berichtsaufruf nicht möglich. Sie können jedoch mithilfe von Transaktion CM25 direkt beim Einstieg ein Standard- oder selbst definiertes Profil für die erweiterte Auswertung auswählen.

Tabelle 6.1 listet einige Transaktionen, die standardmäßig zugeordneten Gesamtprofile sowie die Parameter, mit denen Sie diese Zuordnung in den Benutzerstammdaten ändern können, auf.

Transaktion (Transaktionscode)	Gesamtprofil	Parameter
Belastung (CM01)	SAPX911	CY1
Aufträge (CM02)	SAPX912	CY2
Vorrat (CM03)	SAPX913	CY3
Rückstand (CM04)	SAPX914	CY4
Überlast (CM05)	SAPX915	CY5
Arbeitsplatzsicht (CM50)	SAPSFCG020	CY:
Einzelkapazitätssicht (CM51)	SAPSFCG022	CY~
Auftragssicht (CM52)	SAPSFCG021	CY_
PSP-Element/Version (CM53)	SAPPS_G020	CY8
Arbeitsplatz/Version (CM55)	SAPPS_G021	CY?
Version (CM54)	SAPPS_G022	CY9

Tabelle 6.1 Parameter zur Zuordnung von Gesamtprofilen zu Transaktionscodes

Kapazitätsauswertungen

Kapazitätsauslastung

Im Einstiegsbild der Kapazitätsauswertungen selektieren Sie die Arbeitsplätze und Kapazitätsarten, die Sie analysieren möchten. Der Zeitraum, in dem die Daten von der Datenbank gelesen werden, wird dabei fest durch das Auswahlprofil bestimmt, das im Gesamtprofil des Berichts hinterlegt ist. Für die Auswertung der Kapazitätsauslastung stehen Ihnen nun drei unterschiedliche Übersichten zur Verfügung, zwischen denen Sie bei Bedarf hin- und herwechseln können.

Standardübersicht

Abbildung 6.28 zeigt die Standardübersicht einer Kapazitätsauswertung. In einer Standardübersicht werden periodisch, d. h. je nach Anforderung z. B. tage- oder wochenweise, die Bedarfe an den Kapazitäten der ausgewählten Arbeitsplätze dem Angebot dieser Kapazitäten tabellarisch gegenübergestellt. In den Spalten **freie Kapazität** und **Belastung** werden zusätzlich die Differenz und das Verhältnis der Kapazitätsangebote und -bedarfe ausgewiesen. Existiert in einer Periode eine Überlast, d. h., übersteigen die Bedarfe das Angebot einer Kapazität, wird die entsprechende Berichtszeile farblich hervorgehoben.

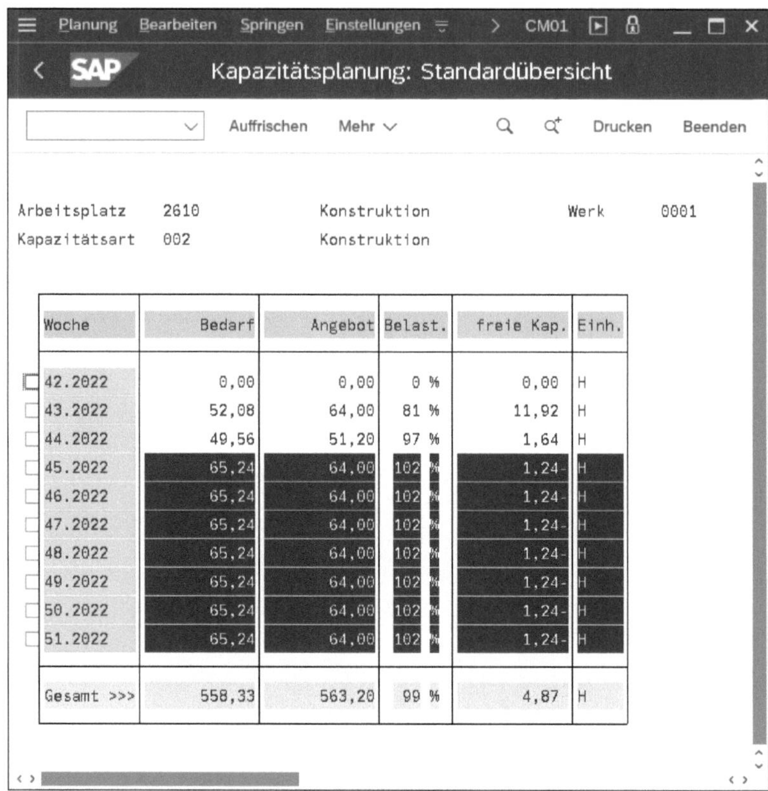

Woche	Bedarf	Angebot	Belast.	freie Kap.	Einh.
42.2022	0,00	0,00	0 %	0,00	H
43.2022	52,08	64,00	81 %	11,92	H
44.2022	49,56	51,20	97 %	1,64	H
45.2022	65,24	64,00	102 %	1,24-	H
46.2022	65,24	64,00	102 %	1,24-	H
47.2022	65,24	64,00	102 %	1,24-	H
48.2022	65,24	64,00	102 %	1,24-	H
49.2022	65,24	64,00	102 %	1,24-	H
50.2022	65,24	64,00	102 %	1,24-	H
51.2022	65,24	64,00	102 %	1,24-	H
Gesamt >>>	558,33	563,20	99 %	4,87	H

Abbildung 6.28 Standardübersicht einer Kapazitätsauswertung

Kapazitätsdetails

Um zu analysieren, welche Objekte die Kapazitätsbedarfe in den einzelnen Perioden verursachen, müssen Sie von der Standardübersicht zur Sicht **Kapazitätsdetails** wechseln. Diese Sicht listet die Bedarfsverursacher der in der Standardübersicht selektierten Bedarfe auf (siehe Abbildung 6.29). Über eine Feldauswahl können Sie bestimmen, welche Daten zu den verschiedenen Bedarfsverursachern angezeigt werden sollen. Zusätzlich können Sie Spalten miteinander vergleichen, sich also die Differenz und das Verhältnis zweier Spalten anzeigen lassen. Aus dieser Sicht können Sie gegebenenfalls auch Rückmeldungen zu ausgewählten Bedarfsverursachern erstellen oder stornieren.

Variable Übersicht

Die in der variablen Übersicht dargestellten Spalten, mit Ausnahme der fest vorgegebenen Periodenspalte, sind vollständig abhängig von den Einstellungen des Listenprofils, das im Gesamtprofil hinterlegt ist. Abbildung 6.30 zeigt eine variable Übersicht, in der z. B. Kapazitätsbedarfe von Werkaufträgen, also z. B. von Fertigungsaufträgen und operativen Netzplänen, und die Bedarfe aufgrund von Planaufträgen separat aufgelistet werden.

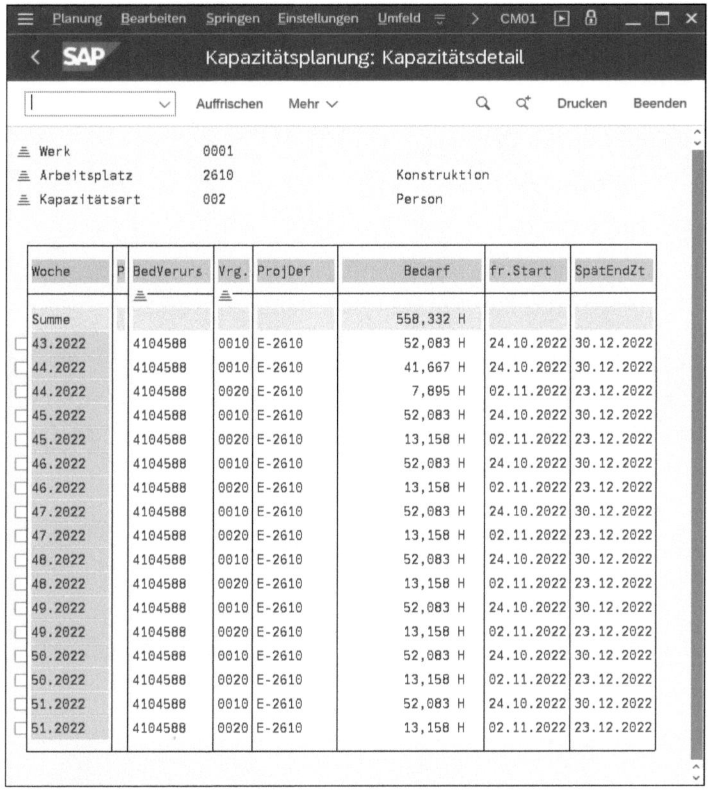

Woche	P	BedVerurs	Vrg.	ProjDef	Bedarf	fr.Start	SpätEndZt
Summe					558,332 H		
43.2022		4104588	0010	E-2610	52,083 H	24.10.2022	30.12.2022
44.2022		4104588	0010	E-2610	41,667 H	24.10.2022	30.12.2022
44.2022		4104588	0020	E-2610	7,895 H	02.11.2022	23.12.2022
45.2022		4104588	0010	E-2610	52,083 H	24.10.2022	30.12.2022
45.2022		4104588	0020	E-2610	13,158 H	02.11.2022	23.12.2022
46.2022		4104588	0010	E-2610	52,083 H	24.10.2022	30.12.2022
46.2022		4104588	0020	E-2610	13,158 H	02.11.2022	23.12.2022
47.2022		4104588	0010	E-2610	52,083 H	24.10.2022	30.12.2022
47.2022		4104588	0020	E-2610	13,158 H	02.11.2022	23.12.2022
48.2022		4104588	0010	E-2610	52,083 H	24.10.2022	30.12.2022
48.2022		4104588	0020	E-2610	13,158 H	02.11.2022	23.12.2022
49.2022		4104588	0010	E-2610	52,083 H	24.10.2022	30.12.2022
49.2022		4104588	0020	E-2610	13,158 H	02.11.2022	23.12.2022
50.2022		4104588	0010	E-2610	52,083 H	24.10.2022	30.12.2022
50.2022		4104588	0020	E-2610	13,158 H	02.11.2022	23.12.2022
51.2022		4104588	0010	E-2610	52,083 H	24.10.2022	30.12.2022
51.2022		4104588	0020	E-2610	13,158 H	02.11.2022	23.12.2022

Abbildung 6.29 Detailsicht einer Kapazitätsauswertung

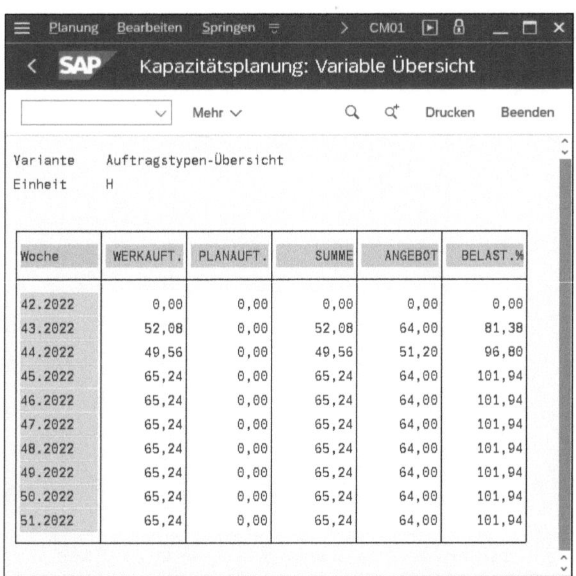

Woche	WERKAUFT.	PLANAUFT.	SUMME	ANGEBOT	BELAST.%
42.2022	0,00	0,00	0,00	0,00	0,00
43.2022	52,08	0,00	52,08	64,00	81,38
44.2022	49,56	0,00	49,56	51,20	96,80
45.2022	65,24	0,00	65,24	64,00	101,94
46.2022	65,24	0,00	65,24	64,00	101,94
47.2022	65,24	0,00	65,24	64,00	101,94
48.2022	65,24	0,00	65,24	64,00	101,94
49.2022	65,24	0,00	65,24	64,00	101,94
50.2022	65,24	0,00	65,24	64,00	101,94
51.2022	65,24	0,00	65,24	64,00	101,94

Abbildung 6.30 Beispiel für die variable Übersicht einer Kapazitätsauswertung

Funktionen von Kapazitätsauswertungen

Die folgenden Funktionen stehen Ihnen für alle Sichten der Kapazitätsauswertungen zur Verfügung:

- Ausdruck und Export der Sichten
- grafische Darstellung von Daten
- Auffrischen der Berichtsdaten
- Hintergrundverarbeitung
- Absprung in diverse Umfeldinformationen, abhängig von der jeweiligen Sicht, z. B. in Arbeitsplätze, Kapazitäten oder Bedarfsverursacher

Sie können in den einfachen Kapazitätsauswertungen auch die Profile wechseln, die die Eigenschaften des Berichts festlegen, oder auch temporär allgemeine Einstellungen des Berichts ändern. Abbildung 6.31 zeigt die temporären Anpassungsmöglichkeiten der Berichtseinstellungen.

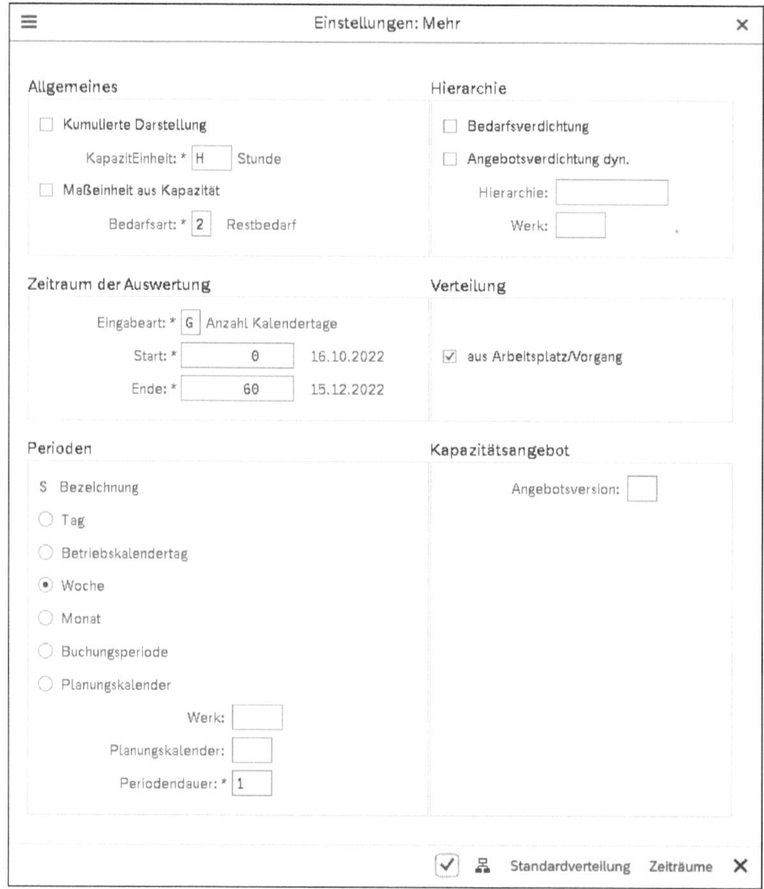

Abbildung 6.31 Beispiel für die allgemeinen Einstellungen einer Kapazitätsauswertung

Beachten Sie insbesondere das Kennzeichen **Verteilung aus Arbeitsplatz/Vorgang**, das festlegt, dass die Verteilung der Kapazitätsbedarfe über die Dauer der Bedarfsverursacher über den Verteilungsschlüssel des Vorgangs bzw. Arbeitsplatzes gesteuert wird (siehe Abschnitt 2.2.1, »Kapazitätsplanung mit Arbeitsplätzen«). Ist das Kennzeichen nicht gesetzt, bestimmen Verteilungsschlüssel des Berichts über die Verteilung der Kapazitätsbedarfe.

Einschränkungen der Kapazitätsauswertungen

Die einfachen Kapazitätsauswertungen besitzen jedoch auch verschiedene Einschränkungen, z. B. können Sie keine Ist-Kapazitätsbedarfe mithilfe dieser Berichte analysieren. Darüber hinaus ist auch eine Auswertung von Kapazitätssplits, d. h. von Kapazitätsbedarfen z. B. an einzelnen Personen der Arbeitsplätze, nicht möglich. Für die Auswertung dieser Kapazitätsdaten können Sie jedoch erweiterte Kapazitätsauswertungen im Projektsystem verwenden.

Erweiterte Kapazitätsauswertungen

Im Einstiegsbild der erweiterten Kapazitätsauswertungen nehmen Sie die Auswahl der zu analysierenden Kapazitäten vor. Abbildung 6.32 zeigt z. B. das Standardeinstiegsbild von Transaktion CM53 (PSP-Element/Version). Die Selektion der Kapazitäten erfolgt hier über die Angabe von PSP-Elementen. Das System ermittelt anhand dieser Selektion alle Arbeitsplätze des Projekts und deren Kapazitätsbedarfe. Dabei werden jedoch auch die Bedarfe anderer Projekte und Aufträge ermittelt. Ob z. B. das Standardangebot der Arbeitsplätze oder das verdichtete Angebot der Einzelkapazitäten einer Kapazitätsart als Kapazitätsangebot im Bericht dargestellt wird, steuern die Unterprofile des Gesamtprofils. Im Einstiegsbild können Sie bei Bedarf temporär Einstellungen der Zeiträume, die zum Lesen der Kapazitätsdaten von der Datenbank und deren Anzeige verwendet werden, ändern.

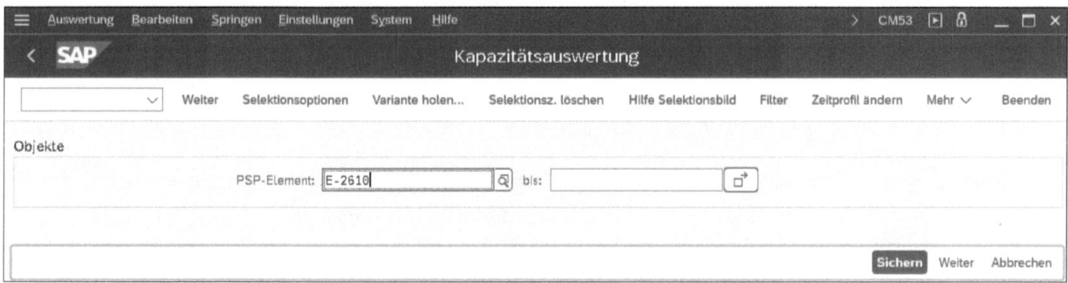

Abbildung 6.32 Einstiegsbild der erweiterten Kapazitätsauswertung PSP-Element/Version

Standardübersicht und Kapazitätsdetails

In den erweiterten Kapazitätsauswertungen wird zwischen zwei Sichten unterschieden. In der *Standardübersicht* werden Kapazitätsbedarfe und

Kapazitätsangebote periodisch gegenübergestellt. Mithilfe einer Feldauswahl können Sie entscheiden, welche Spalten, z. B. welche Kapazitätsbedarfe, angezeigt werden sollen. Zur Auswertung der Bedarfsverursacher müssen Sie zur Sicht **Kapazitätsdetails** wechseln. Sie können die Kapazitätsdetails für einzelne Perioden nacheinander analysieren (**KapaDetail/Einzel**) oder auch für mehrere Perioden gleichzeitig (**KapaDetail/Sammel**).

Funktionen der erweiterten Kapazitätsauswertungen

In den erweiterten Kapazitätsauswertungen können Sie darüber hinaus die folgenden Funktionen nutzen:

- Ausdruck und Export der Daten
- Feldauswahl
- Sortieren, Gruppieren und Verdichten von Daten
- Absprung in die Anzeige von z. B. Arbeitsplatz-, Kapazitäts- und Personaldaten sowie gegebenenfalls von Bedarfsverursachern

Damit Sie die Ist-Kapazitätsbedarfe in den erweiterten Kapazitätsauswertungen analysieren können, müssen zum einen die relevanten Arbeitsplätze die Ermittlung von Ist-Kapazitätsbedarfen vorsehen (siehe Abschnitt 2.2.1, »Kapazitätsplanung mit Arbeitsplätzen«), und zum anderen müssen die Selektionsprofile der entsprechenden Gesamtprofile die Auswertung von Ist-Kapazitätsbedarfen erlauben. Bei Bedarf können Sie auch die Listenprofile der Gesamtprofile im Customizing bereits so anpassen, dass automatisch die Spalten zu den Ist-Kapazitätsbedarfen in den Berichten angezeigt werden (siehe Abbildung 6.33).

Mithilfe von erweiterten Kapazitätsauswertungen können Sie auch gesplittete Bedarfe, z. B. an einzelnen Personen, analysieren. Standardmäßig steht Ihnen hierfür bereits der Bericht CM51 (**Einzelkapasicht**) bzw. das Gesamtprofil SAPSFCG022 zur Verfügung. Wurden Bedarfe an einzelnen Personalressourcen nur aufgrund von Netzplanvorgängen erzeugt, können Sie darüber hinaus den Bericht CMP9 (**Auswertung der Arbeitsverteilung**) im Projektsystem verwenden (siehe Abbildung 2.25 in Abschnitt 2.2.2, »Arbeitsverteilung auf Personalressourcen«).

Einschränkungen

Im Gegensatz zu den einfachen Kapazitätsauswertungen können Sie die Berichtsdaten der erweiterten Kapazitätsauswertungen nicht auffrischen. Um den jeweils aktuellen Stand der Kapazitätssituation analysieren zu können, müssen Sie also diese Berichte zunächst verlassen und dann eine neue Selektion der Daten vornehmen. Sie können darüber hinaus in den erweiterten Auswertungen nicht – wie in den einfachen Kapazitätsauswertungen – andere Profile für die Analyse der Daten auswählen. Auch eine temporäre Änderung von Berichtseinstellungen, wie z. B. des Periodenrasters oder der

Verdichtung über Arbeitsplatzhierarchien, ist für erweiterte Kapazitätsauswertungen nicht möglich.

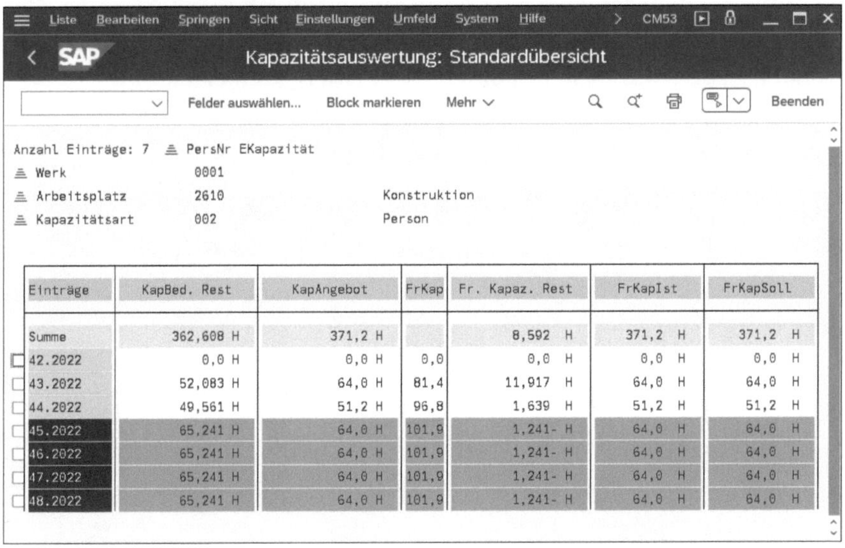

Liste Bearbeiten Springen Sicht Einstellungen Umfeld System Hilfe > CM53

Kapazitätsauswertung: Standardübersicht

Felder auswählen... Block markieren Mehr Beenden

Anzahl Einträge: 7 PersNr EKapazität
Werk 0001
Arbeitsplatz 2610 Konstruktion
Kapazitätsart 002 Person

Einträge	KapBed. Rest	KapAngebot	FrKap	Fr. Kapaz. Rest	FrKapIst	FrKapSoll
Summe	362,608 H	371,2 H		8,592 H	371,2 H	371,2 H
42.2022	0,0 H	0,0 H	0,0	0,0 H	0,0 H	0,0 H
43.2022	52,083 H	64,0 H	81,4	11,917 H	64,0 H	64,0 H
44.2022	49,561 H	51,2 H	96,8	1,639 H	51,2 H	51,2 H
45.2022	65,241 H	64,0 H	101,9	1,241- H	64,0 H	64,0 H
46.2022	65,241 H	64,0 H	101,9	1,241- H	64,0 H	64,0 H
47.2022	65,241 H	64,0 H	101,9	1,241- H	64,0 H	64,0 H
48.2022	65,241 H	64,0 H	101,9	1,241- H	64,0 H	64,0 H

Abbildung 6.33 Standardübersicht einer erweiterten Kapazitätsauswertung

6.4 Projektverdichtung

Für ein übersichtliches, stark verdichtetes Reporting sehr vieler Projekte und Aufträge können Sie im Projektsystem die spezielle Funktion der *Projektverdichtung* einsetzen. Bei der Projektverdichtung definieren Sie eigene Auswertungs- bzw. Verdichtungshierarchien, bestehend aus Hierarchieknoten, nach denen Sie Bewegungsdaten von Projekten und Aufträgen, wie z. B. Kosten, Obligos, Erlöse oder Budgetwerte, aggregiert analysieren können. Abbildung 6.34 zeigt Ihnen ein Beispiel der Auswertung verdichteter Projektdaten mithilfe des Hierarchieberichts **Kosten/Erlöse/Ausgaben/Einnahmen.** Im dargestellten Beispiel erfolgt die Verdichtung auf den Hierarchieknoten **Projektart** und **Verantwortlicher.**

Verdichtung über Klassifizierung/ Stammdaten

Sie können entweder Klassifizierungsmerkmale oder Stammdatenfelder der Objekte als Hierarchieknoten verwenden. Im ersten Fall spricht man von einer *Projektverdichtung über Klassifizierung* und im anderen Fall von einer *Projektverdichtung über Stammdaten.* Die Form der Projektverdichtung – über Klassifizierung oder über Stammdaten – wird dabei durch das Kennzeichen **Verdichtung über Stammdaten** im Projekt- bzw. Netzplanprofil gesteuert. Wenn Sie ein Projekt mit Vorlage anlegen, übernimmt das System die Form der Verdichtung jedoch aus der Vorlage. Wurde die Vorlage über die Klassifizierung verdichtet und soll das neue Projekt jetzt jedoch über Stammdatenfelder verdichtet werden, müssen Sie die Form der Verdichtung mithilfe des Reports RCJCLMIG umsetzen. Wurden im Rahmen der Verdichtung über die Klassifizierung Merkmale als Hierarchieknoten verwendet, zu denen kein Stammdatenfeld existiert, können Sie eine Kundenerweiterung nutzen, um diese Merkmale als zusätzliche Felder bei der Verdichtung über Stammdaten zu berücksichtigen.

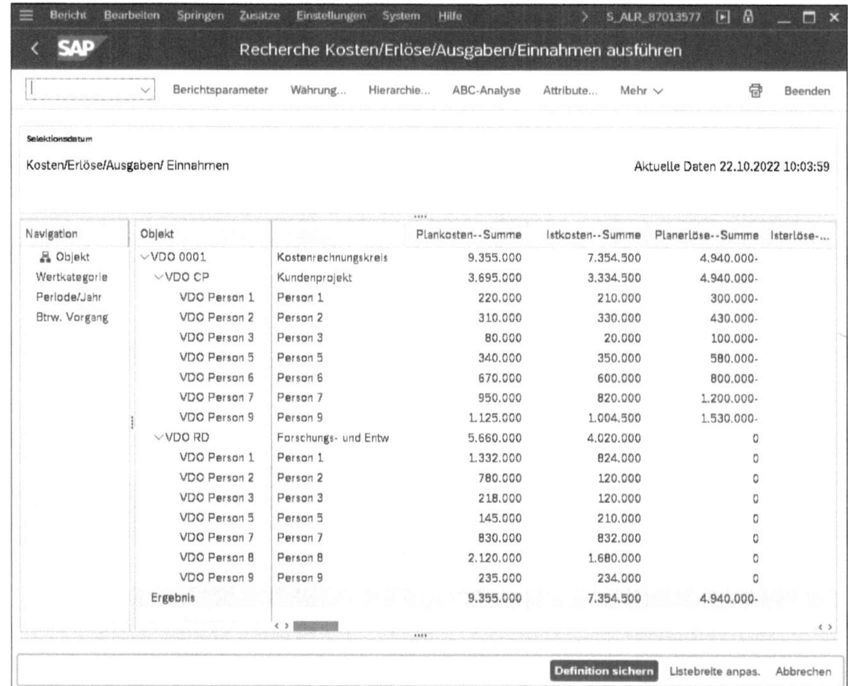

Objekt		Plankosten--Summe	Istkosten--Summe	Planerlöse--Summe	Isterlöse-...
VDO 0001	Kostenrechnungskreis	9.355.000	7.354.500	4.940.000-	
VDO CP	Kundenprojekt	3.695.000	3.334.500	4.940.000-	
VDO Person 1	Person 1	220.000	210.000	300.000-	
VDO Person 2	Person 2	310.000	330.000	430.000-	
VDO Person 3	Person 3	80.000	20.000	100.000-	
VDO Person 5	Person 5	340.000	350.000	580.000-	
VDO Person 6	Person 6	670.000	600.000	800.000-	
VDO Person 7	Person 7	950.000	820.000	1.200.000-	
VDO Person 9	Person 9	1.125.000	1.004.500	1.530.000-	
VDO RD	Forschungs- und Entw	5.660.000	4.020.000	0	
VDO Person 1	Person 1	1.332.000	824.000	0	
VDO Person 2	Person 2	780.000	120.000	0	
VDO Person 3	Person 3	218.000	120.000	0	
VDO Person 5	Person 5	145.000	210.000	0	
VDO Person 7	Person 7	830.000	832.000	0	
VDO Person 8	Person 8	2.120.000	1.680.000	0	
VDO Person 9	Person 9	235.000	234.000	0	
Ergebnis		9.355.000	7.354.500	4.940.000-	

Abbildung 6.34 Beispiel einer Auswertung verdichteter Projektdaten

Empfehlung zur Form der Verdichtung

Da eine Verdichtung über die Stammdatenfelder der Objekte diverse Vorteile gegenüber der älteren Verdichtungsform, der Verdichtung über eine Klassifizierung, hat, empfiehlt SAP die Verwendung der Projektverdichtung über Stammdaten. Für eine Umsetzung der Verdichtung über Klassifizierung auf eine Verdichtung über Stammdaten können Sie den Report RCJCLMIG verwenden. Die folgenden Erläuterungen beziehen sich allesamt auf die Projektverdichtung über Stammdaten.

Verdichtungshierarchien

Bevor Sie die Projektverdichtung einsetzen können, müssen Sie zunächst die Hierarchie der Knoten festlegen, in der Sie Daten auswerten möchten.

Sie erstellen Verdichtungshierarchien mithilfe von Transaktion KKRO (siehe Abbildung 6.35). Dabei legen Sie zunächst für jede Verdichtungshierarchie fest, welche Objektarten bei einer Verdichtung berücksichtigt werden sollen. Sie können die Verdichtungen jeweils für Innenaufträge, Instandhaltungs- und Serviceaufträge, Fertigungsaufträge sowie Projekte und Kundenaufträge aktivieren. Wenn Sie eine Verdichtung von Projekten vornehmen, werden dabei jedoch automatisch immer auch die zugeordneten additiven Netzpläne und Aufträge mitverdichtet. Aus Performancegründen können Sie bei Bedarf für Verdichtungshierarchien im nächsten Schritt festlegen, dass einzelne Summensatztabellen von einer Verdichtung ausgeschlossen werden sollen. Bitte beachten Sie bei der Definition des Datenumfangs jedoch auch die in SAP-Hinweis 2963339 beschriebenen Einschränkungen der Verdichtung mithilfe von Transaktion KKRC in SAP S/4HANA.

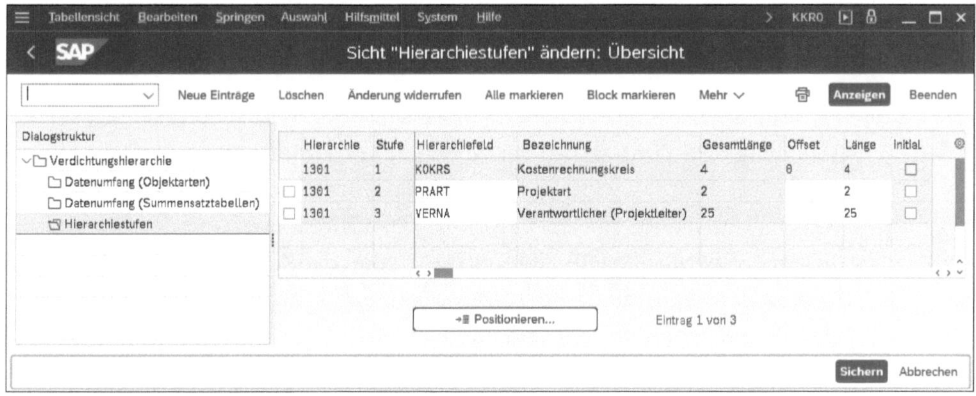

Abbildung 6.35 Beispiel für die Definition einer Verdichtungshierarchie

Schließlich bestimmen Sie bei der Definition einer Verdichtungshierarchie die Hierarchieknoten. Dazu legen Sie maximal neun Hierarchiestufen an und geben jeweils den Namen des Stammdatenfelds an, das zur Verdichtung von Bewegungsdaten auf dieser Stufe herangezogen werden soll. Das System summiert im Rahmen der Verdichtung später Daten von Objekten mit gleichen Feldwerten, wobei die Objekte und Feldwerte zunächst über eine sogenannte *Vererbung* bestimmt werden müssen.

Der oberste Knoten einer Verdichtungshierarchie ist immer der Kostenrechnungskreis. Eine kostenrechnungskreisübergreifende Verdichtung ist also nicht möglich. Die Liste der Stammdatenfelder, die als Hierarchieknoten verwendet werden können, ist vorgegeben. Bei Bedarf können Sie mithilfe einer Kundenerweiterung jedoch auch beliebige zusätzliche Felder als Knoten verwenden.

Vererbung Mithilfe der Vererbung (Transaktion CJH1) bestimmen Sie, welche Objekte an einer Verdichtung teilnehmen und welche Stammdatenfeldwerte für diese Objekte bei der Verdichtung verwendet werden sollen. Im Einstiegsbild der Transaktion (siehe Abbildung 6.36) spezifizieren Sie dazu zunächst die Projekte, deren Daten später verdichtet werden sollen.

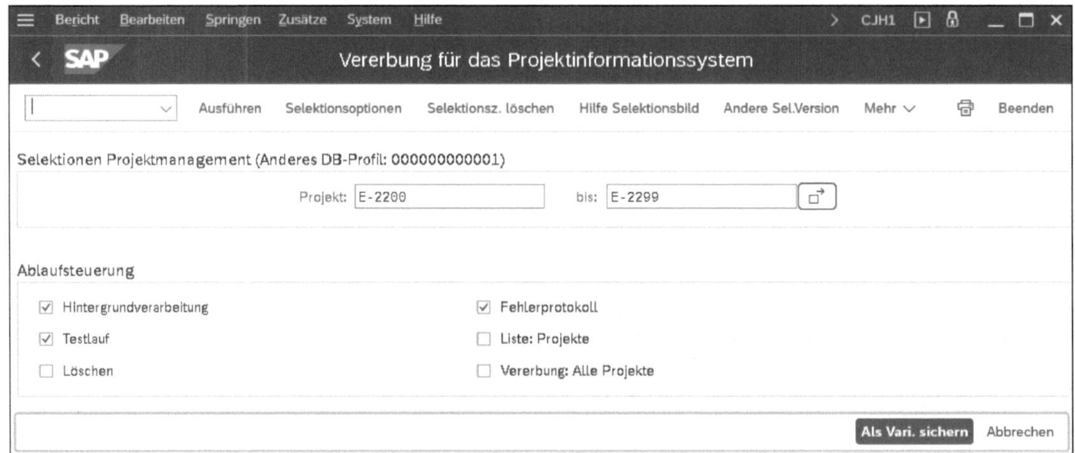

Abbildung 6.36 Einstiegsbild der Vererbung von Projektdaten

Wenn Sie anschließend die Vererbung ausführen, ermittelt das System aus diesen Projekten alle PSP-Elemente, in denen das Kennzeichen **ProjVerdichtung** in den Stammdaten gesetzt ist (siehe Abschnitt 1.2, »Projektstrukturplan«), und schreibt diese und die relevanten Stammdatenfeldwerte dieser PSP-Elemente in die Tabelle PSERB. Gleichzeitig nimmt das System eine logische Vererbung dieser Feldwerte auf alle untergeordneten Objekte, Vorgänge, zugeordneten Aufträge und PSP-Elemente ohne das Kennzeichen **ProjVerdichtung** vor und schreibt auch diese Objekte und die vererbten Feldwerte in die Tabelle PSERB. Die eigentlichen Stammdaten der Objekte werden durch eine Vererbung jedoch nicht geändert.

Sie können die Vererbung nacheinander für unterschiedliche Projekte vornehmen und so die Daten der Tabelle PSERB nach und nach erweitern. Haben sich relevante Stammdatenänderungen ergeben, müssen Sie die Vererbung wiederholen, um die Tabelle zu aktualisieren. Die Objekte und Feldwerte der Tabelle PSERB stellen die Grundlage für die spätere Verdichtung von Daten dar. Mithilfe von Transaktion CJH2 können Sie sich das Ergebnis der Vererbung anzeigen lassen.

Verdichtung Nachdem Sie mindestens eine Vererbung durchgeführt haben, nehmen Sie in einem zweiten Schritt die Verdichtung der Daten über Transaktion KKRC vor. Im Einstiegsbild dieser Transaktion (siehe Abbildung 6.37) geben Sie die Verdichtungshierarchie oder gegebenenfalls auch -teilhierarchie an, nach der eine Verdichtung erfolgen soll, sowie den Zeitraum für die Verdichtung.

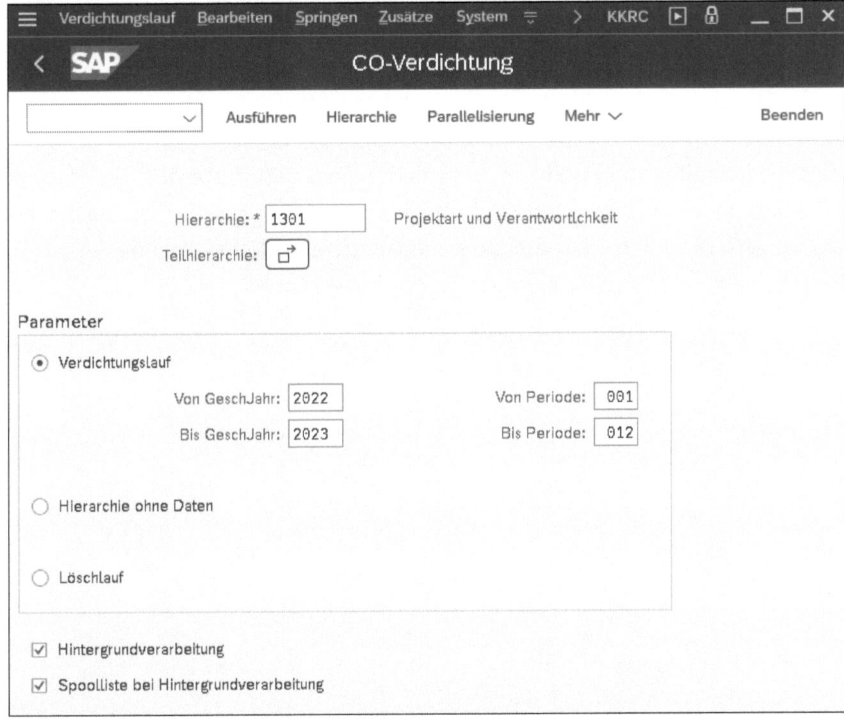

Abbildung 6.37 Einstiegsbild der Verdichtung von Projektdaten

Wenn Sie die Transaktion ausführen, ermittelt das System die Verdichtungsobjekte und deren Stammdatenfeldwerte aus der Tabelle PSERB, selektiert deren Bewegungsdaten und schreibt das verdichtete Ergebnis auf den jeweiligen Hierarchieknoten in die Datenbanktabelle RPSCO fort.

Verdichtungsberichte

Für die Auswertung der verdichteten Rechnungswesendaten stehen Ihnen im Projektsystem eigene Hierarchie- und Kostenartenberichte zur Verfügung. Im Einstiegsbild dieser Berichte geben Sie die Verdichtungshierarchie oder auch -teilhierarchie an, die für die Darstellung der Daten verwendet werden soll. Für diese Verdichtungshierarchie muss zuvor eine Verdichtung durchgeführt worden sein. Je nach Bericht geben Sie weitere Selektionsbedingungen an, wie z. B. einen Auswertungszeitraum oder die CO-Version der zu analysierenden Daten. Zusätzliche Erläuterungen zur Projektverdichtung finden Sie auch in den SAP-Hinweisen 313899 und 701076.

6.5 Zusammenfassung

Im Projektsystem können Sie diverse Berichte für ein Echtzeit-Reporting aller Projektdaten nutzen. Je nachdem, welche Daten Sie analysieren möchten, verwenden Sie Berichte des Infosystems Strukturen, Hierarchie-, Kostenarten- oder Einzelpostenberichte des Infosystems Controlling oder logistische Berichte, wie z. B. Material- oder Kapazitätsauswertungen. Mithilfe der Projektverdichtung haben Sie die Möglichkeit, Daten sehr vieler Projekte gleichzeitig, übersichtlich und nach selbst definierten Verdichtungskriterien zu analysieren. Eine zunehmende Anzahl an SAP-Fiori-basierten Berichten erlaubt Ihnen eine sehr benutzerfreundliche Analyse von z. B. Projektstammdaten, Kosten oder Einkaufsbelegen.

Kapitel 7
Integrationsszenarien mit anderen Projektmanagement-Werkzeugen

Viele Unternehmen setzen mehrere unterschiedliche Programme für das Management von Projekten und Projektportfolios ein. Dieses Kapitel behandelt einige typische Szenarien, wie das Projektsystem mit anderen Programmen integriert werden kann.

Für einen bidirektionalen Datenaustausch mit anderen Projektmanagement-Werkzeugen bzw. allgemein mit externen Programmen stehen im Projektsystem verschiedene Schnittstellen zur Verfügung mittels derer Projektdaten ausgelesen, angelegt, geändert oder gelöscht werden können.

Anwendungsschnittstellen (APIs)

Im Rahmen der Kommunikation zwischen Programmen oder Systemen kommen sogenannte *Anwendungsschnittstellen* (APIs) zum Einsatz. Typische Anwendungsfälle von APIs im Projektsystem sind beispielsweise der Export von Projektdaten zu Präsentationszwecken, ein initialer Datentransfer in das Projektsystem aus Altsystemen oder auch die Integration spezieller, oft selbst programmierter Werkzeuge für einzelne Aspekte des Projektmanagements (Erstellung von Materiallisten, Terminierung, Offline-Bearbeitung von Objekten usw.).

Business-Objekte

Für das Projektsystem können im Wesentlichen zwei Arten von Anwendungsschnittstellen verwendet werden. Beide Schnittstellen basieren auf sogenannten Business-Objekttypen, mittels derer die Daten des SAP-Systems nach betriebswirtschaftlichen Kriterien in einzelne Komponenten gegliedert werden. Lesende und schreibende Zugriffe auf die Daten von Business-Objekten sind nur mittels klar definierter Methoden bzw. Services möglich.

Open Data Protocol (OData) APIs

Open Data Protocol (OData) APIs sind http-basierte Schnittstellen, die zur Kommunikation zwischen kompatiblen Systemen verwendet werden. Die für SAP-Anwendungen verfügbaren OData APIs, sowie ihre verfügbaren Services und Events, sind im SAP API Business Hub *https://api.sap.com/* dokumentiert. Mit SAP S/4HANA 2022 stehen lesende Services für Projekt und Projektstrukturelemente und ändernde Services für Projektdefinition und PSP-Elemente sowie Events für PSP-Elemente zur Verfügung. Dadurch, dass der Aufruf von Services der OData APIs über das http-Protokoll stattfindet, eignen sich diese Schnittstellen besonders für Integrationsszenarien zu Cloud-Anwendungen.

BAPIs *Business Application Programming Interfaces (BAPIs)* sind SAP-Schnittstellen, die mittels definierter Methoden den Zugriff auf Business Objekte erlauben. Mithilfe von Transaktion BAPI können Sie sich eine Liste der Business-Objekttypen, der jeweils zur Verfügung stehenden BAPIs sowie eine detaillierte Dokumentation zu jedem BAPI im SAP-System anzeigen lassen. Im Anhang finden Sie eine Übersicht wichtiger Schnittstellen des Projektsystems.

Ein Einsatzgebiet für die beschriebenen Anwendungsschnittstellen sind Integrationen zu diversen Standardprogrammen, wie z. B. für Microsoft Project oder Oracle Primavera, die von SAP-Partnern oder von anderen Anbietern bezogen werden können. Andere Verwendungen sind Integrationen zwischen Projektsystem und anderen SAP-S/4HANA-Anwendungen. Zwei dieser Integrationsszenarien werden in diesem Kapitel in Abschnitt 7.1, »Portfolio and Project Management«, und in Abschnitt 7.2, »Commercial Project Management«, beschrieben. Mit deren Hilfe können Sie das Projektsystem um weitere Prozesse und Funktionen ergänzen. In Abschnitt 7.3, »Erweiterungen auf der SAP Business Technology Platform«, wird auf cloudbasierte Lösungen eingegangen, die im Projektsystem-Kontext, abhängig von der Art der Projekte, relevant sein können.

7.1 Portfolio and Project Management

Portfolio and Project Management (PPM) besteht aus den beiden eng verzahnten Komponenten *PPM-Portfoliomanagement* und *PPM-Projektmanagement*. Das Portfoliomanagement stellt Funktionen zur unternehmensweiten Verwaltung, z. B. von IT-, Innovations- oder Investitionsprojekten, zur Verfügung. Die Projektmanagement-Komponente ist ein weiteres Werkzeug von SAP zum operativen Management von Projekten. Die Portfolio- und Projektmanagement-Komponenten, und insbesondere die Integrationsszenarien zum Projektsystem, werden im Folgenden näher vorgestellt.

7.1.1 PPM-Projektmanagement

Einsatz Das PPM-Projektmanagement ist aufgrund seiner Konzeption und seines Funktionsumfangs insbesondere für IT-, Entwicklungs- und Dienstleistungsprojekte geeignet. Sie können das PPM-Projektmanagement eigenständig, also unabhängig vom Projektsystem, einsetzen. Sie können das

PPM-Projektmanagement jedoch auch in Kombination mit dem Projektsystem nutzen. Dabei können unterschiedliche Integrationsszenarien verwendet werden. Zum einen kann ein Projekt im Projektsystem für das Projekt-Controlling eines verknüpften PPM-Projektmanagement-Projekts verwendet werden, und zum anderen können Projekte im Projektsystem und im PPM-Projektmanagement parallel eingesetzt werden, um für unterschiedliche Benutzergruppen unterschiedliche Sichten auf ein Projekt zu realisieren.

Mit SAP S/4HANA stehen im PPM-Projektmanagement für Projektverantwortliche und Projektteammitglieder verschiedene SAP-Fiori-Apps als Einstiegssichten zur Verfügung. Projektverantwortliche verwenden z. B. die Apps **Meine Projekte – Nächste Meilensteine** oder **Meine Projekte – Kritisch**, um Projekte mit anstehenden Aktivitäten zu identifizieren und in die entsprechenden Bearbeitungssichten zu navigieren.

Projektteammitglieder verwenden die Apps **Meine Aufgaben** (siehe Abbildung 7.1) oder **Meine Checklistenpunkte**, um einen Überblick über die ihnen zugeordneten Aktivitäten im Projekt zu bekommen. Zur Rückmeldung der Aufgaben verwenden die Projektteammitglieder entweder die App **Projektaufgaben rückmelden** oder die klassischen Web-Dynpro-Anwendungen.

Abbildung 7.1 Übersicht der dem Projektteammitglied zugeordneten Aufgaben in der App »Meine Aufgaben«

Funktionsumfang Das PPM-Projektmanagement umfasst Funktionen für eine phasen- und aufgabenorientierte Strukturierung von Projekten (siehe Abbildung 7.2) und für die Terminplanung, verschiedene Möglichkeiten zur Verwaltung von Dokumenten, sowie Funktionen zum Risikomanagement. Im Risikomanagement werden Projektrisiken und -chancen in Form eines Risikoregisters dokumentiert, bewertet und analysiert. Für jedes Risiko kann eine qualitative und quantitative Bewertung vorgenommen werden; diese dient als Basis für die Berechnung des Risikowerts und der Risikostufe. Die gewählte Art der Risikobewältigung sowie die verantwortliche Person können je Risiko hinterlegt werden. Im Verlauf des Projekts wird im Projektrisikomanagement der Status und die Auswirkungen des Risikos auf das Projekt dokumentiert.

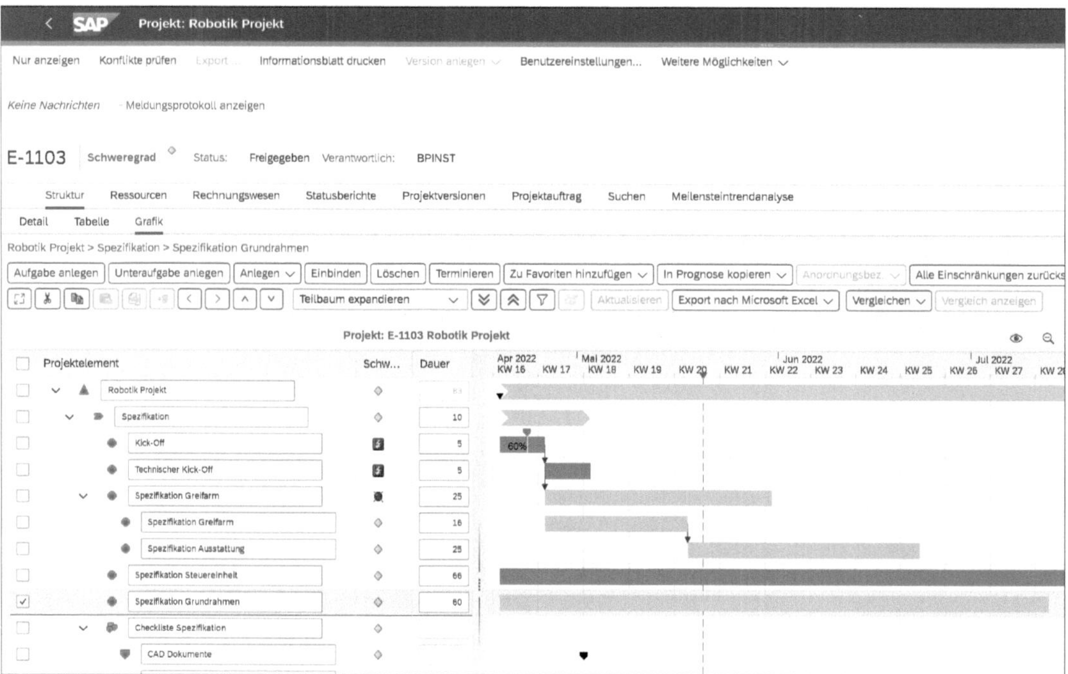

Abbildung 7.2 Beispiel einer Projektstruktur im PPM-Projektmanagement

Die Ressourcenplanung im PPM-Projektmanagement basiert auf Rollen, die den Ressourcenbedarf eines Projekts beschreiben, und Geschäftspartnern, die als Ressourcen für eine Besetzung der Rollen verwendet werden. Die Besetzung solcher Projektrollen in PPM kann auf unterschiedliche Weise erfolgen: Neben einer direkten Besetzung von Rollen im Projekt, beispielsweise durch die projektverantwortliche Person, stehen z. B. auch erweiterte, projektübergreifende Besetzungsprozesse zur Verfügung. Bei diesen Prozessen übernehmen Mitarbeitende des Ressourcenmanagements, gegebenenfalls in Abhängigkeit vom Status der Rolle, die Besetzung von Rollen. PPM stellt zu diesem Zweck die beiden Schnellerfassungsbilder **Ressourcen-** und **Besetzungsübersicht** zur Verfügung.

Projektvorlagen

Um die Erstellung von Projekten zu vereinfachen, können Sie im PPM-Projektmanagement *Projektvorlagen* definieren und als Kopiervorlage nutzen. Simulationsversionen können im Rahmen der Projektdurchführung für Was-wäre-wenn-Analysen verwendet werden. Der Lebenszyklus der Strukturobjekte eines PPM-Projektmanagement-Projekts kann durch den Status gesteuert werden. Der Übergang zwischen zwei Phasen eines Projekts wird typischerweise durch spezielle Abnahmeprozesse im PPM-Projektmanagement geregelt.

Checklisten

Dabei können Sie mithilfe sogenannter *Checklisten* sicherstellen, dass alle notwendigen Aspekte zur Abnahme einer Phase erfüllt wurden. Mithilfe von Projektstatusberichten und Versionen können Sie den Verlauf eines Projekts im PPM-Projektmanagement dokumentieren.

Berechtigungskonzept

Das Berechtigungskonzept des PPM-Projektmanagements basiert auf Zugriffskontrolllisten, wodurch Sie sehr leicht Berechtigungen objektbezogen – bis hin zu einzelnen Dokumenten – vergeben können. Mithilfe verschiedener Verknüpfungsmöglichkeiten zwischen PPM-Projektmanagement-Projekten und z. B. der Verwendung des *Multiprojektmonitors* in PPM können Sie auch ein Multi-Projektmanagement von Projekten im PPM-Projektmanagement realisieren. Spezielle Projektauswertungen, vordefinierter Business Content für separat installierte SAP-Business-Warehouse-Systeme sowie die Anbindung des PPM-Projektmanagements an das SAP Alert Management erlauben eine effektive Überwachung aller PPM-Projektmanagement-Projekte. Die im Rahmen des SAP Alert Managements ausgelösten Meldungen können in der SAP-Fiori-App **Projektfortschritt überwachen** (F2031) zusammen mit dem Zeitplan und Fortschritt eines Projekts visualisiert werden. Diese Probleme werden im Kopf der App nach verschiedenen Schweregradtypen gruppiert und können dort analysiert werden (siehe Abbildung 7.3).

Das PPM-Projektmanagement bietet weitere Integrationsszenarien, unter anderem zu Commercial Project Management (CPM), z. B. zur Abwicklung von Dienstleistungsprojekten, zum Arbeitszeitblatt CATS für die Rückmeldung von Aufgaben in PPM-Projektmanagement-Projekten und insbesondere zum PPM-Portfoliomanagement. Mit *Objektverknüpfungen* können darüber hinaus praktisch alle Strukturobjekte von Projekten in PPM mit diversen Objekten in SAP- und Nicht-SAP-Systemen verbunden werden.

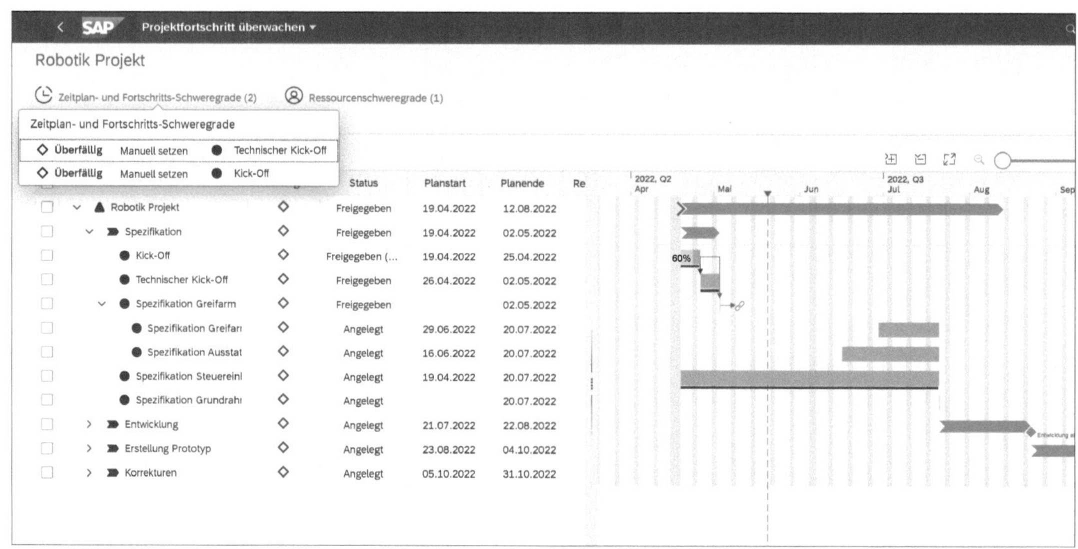

Abbildung 7.3 SAP-Fiori-App »Projektfortschritt überwachen« mit Anzeige verschiedener Ausnahmen

Objektverknüpfungen

So können Sie z. B. eine Phase des PPM-Projektmanagements und einen Netzplan des Projektsystems über eine Objektverknüpfung miteinander verbinden. Diese Objektverknüpfung erlaubt es Ihnen, z. B. Daten aus dem Netzplan gemeinsam mit den Daten der Phase in Auswertungen des PPM-Projektmanagements zu analysieren. Darüber hinaus können die Daten des Netzplans für die Ermittlung sogenannter *Schwellenwertverletzungen* und somit zum automatischen Versenden von Alert-Nachrichten im PPM-Projektmanagement verwendet werden.

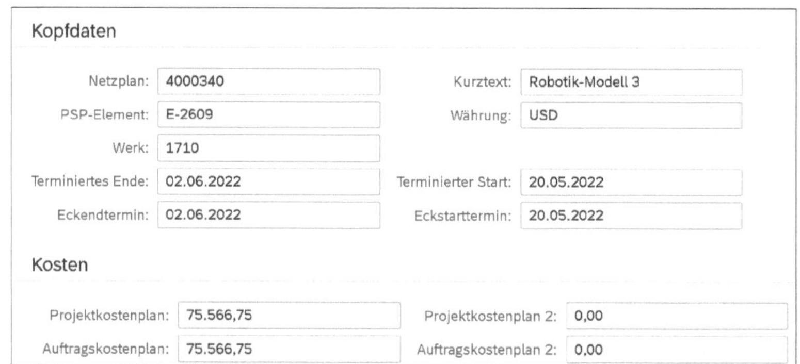

Abbildung 7.4 Beispiel für die Anzeige von Netzplandaten im PPM-Projektmanagement

Die Objektverknüpfung erlaubt es Ihnen auch, Daten des Netzplans in der Phase auszuwerten (siehe Abbildung 7.4) oder bei Bedarf direkt aus dem

PPM-Projektmanagement in die Detailanzeige oder in die Bearbeitungstransaktionen für den Netzplan abzuspringen.

Die Definition der Objektverknüpfungen und der benötigten RFC-Verbindung zum ERP-System erfolgt im Customizing von PPM. Im Standard werden bereits verschiedene Objektverknüpfungen für das PPM-Projektmanagement ausgeliefert.

Abbildung 7.5 zeigt z. B. die Definition einer Objektverknüpfung für die Netzpläne des Projektsystems.

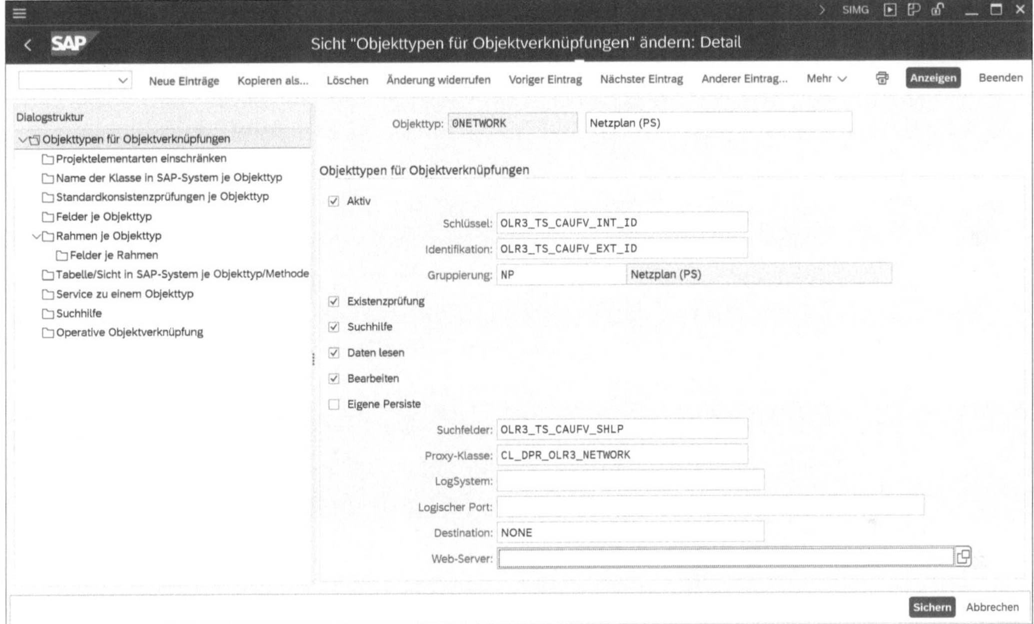

Abbildung 7.5 Definition einer Objektverknüpfung im PPM-Customizing

Rechnungswesenintegration

Besondere Integrationsszenarien zwischen dem Projektsystem und dem PPM-Projektmanagement können für den Austausch von Controlling-Daten verwendet werden. Da das PPM-Projektmanagement – mit Ausnahme einer rudimentären Kosten- und Erlösplanung auf der Basis geplanter Ressourcenbedarfe – keinerlei Rechnungswesenfunktionen bietet, können parallel zu den Projekten im PPM-Projektmanagement Projekte im Projektsystem geführt werden, um alle Rechnungswesenaspekte der Projektplanung und -durchführung hierarchisch abzubilden. Aus dem PPM-Projektmanagement können zu diesem Zweck insbesondere Informationen zu geplanten Leistungen und deren Kosten- bzw. Erlössätzen an das Easy Cost Planning (siehe Abschnitt 2.4.4, »Easy Cost Planning«) des Projektsystem übergeleitet und bei Bedarf um weitere Kosten-, Erlös- oder auch Budgetdaten ergänzt werden.

Controlling-Methoden

Dabei gibt es verschiedene Möglichkeiten, sogenannte *Controlling-Methoden*, um ein Projekt im PPM-Projektmanagement mit einem Projekt des Projektsystems zu verknüpfen:

- **Hierarchisches Controlling (Strukturelement, manuell)**

  Sie legen manuell einen Projektstrukturplan im Projektsystem an und ordnen den PSP-Elementen anschließend im PPM-Projektmanagement Phasen, Aufgaben und Unteraufgaben zu.

- **Hierarchisches Controlling (Projektrolle, manuell)**

  Sie legen ebenfalls einen Projektstrukturplan manuell im Projektsystem an, nehmen anschließend im PPM-Projektmanagement jedoch eine Zuordnung von Rollen zu den verschiedenen PSP-Elementen vor.

- **Hierarchisches Controlling (Strukturelement, automatisch)**

  Das System legt für die Projektdefinition eines Projekts in PPM automatisch im Projektsystem eine Projektdefinition und ein Fakturierungselement an. Entsprechend der Struktur des Projekts in PPM werden für Phasen, Aufgaben und Unteraufgaben jeweils untergeordnete PSP-Elemente erstellt und mit diesen verknüpft. Die maximale Anzahl der Stufen kann durch die Festlegung einer Controlling-Ebene bestimmt werden. Alle tiefer angeordneten Strukturelemente des Projekts in PPM werden dann den PSP-Elementen der untersten Stufe zugeordnet.

- **Hierarchisches Controlling (Projektrolle, automatisch)**

  Es werden automatisch eine Projektdefinition und ein Fakturierungselement auf der obersten Stufe im Projektsystem angelegt; für jede Rolle des Projekts in PPM werden weitere PSP-Elemente erstellt.

Weitere Controlling-Methoden stehen Ihnen zur Verfügung, wenn Sie kein hierarchisches Controlling für ein Projekt in PPM benötigen und anstelle von PSP-Elementen Innenaufträge als Controlling-Elemente im ERP-System für die Rechnungswesenintegration verwenden möchten.

[+]

Manuelle Änderung automatisch erstellter Zuordnungen

Bei Bedarf können Sie vor der Freigabe eines Projekts im PPM-Projektmanagement noch manuelle Änderungen an den Zuordnungen vornehmen, die mittels automatischer Controlling-Methoden erstellt wurden. In diesem Fall können Sie jedoch nicht mehr zur automatischen Controlling-Methode zurückkehren. Dies bedeutet insbesondere, dass Sie für nachträglich im PPM-Projektmanagement erstellte Projektelemente manuell Verknüpfungen anlegen müssen.

Projektelemente und PSP-Elemente

Ein Projektelement im PPM-Projektmanagement kann maximal einem PSP-Element zugeordnet werden. Umgekehrt kann ein PSP-Element jedoch mit mehreren Elementen im PPM-Projektmanagement verknüpft sein, sofern diese Elemente zum selben Projekt in PPM gehören. Darüber hinaus gilt, dass Sie die Projektelemente eines Projekts in PPM nicht PSP-Elementen unterschiedlicher Projekte im Projektsystem zuordnen können; verschiedene PSP-Elemente können jedoch durchaus Projektelementen unterschiedlicher Projekte in PPM zugeordnet werden.

Die Festlegung der Controlling-Methode, der Controlling-Ebene und eines Controlling-Szenarios, das z. B. Angaben zum Kalkulationsschema oder zum Abrechnungsprofil der Controlling-Objekte im ERP-System enthält, nehmen Sie mit Bezug zur Projektart in PPM im Customizing des ERP-Systems unter dem Menüpfad **Integration mit anderen SAP-Komponenten • Projektmanagement** vor (siehe Abbildung 7.6).

Hier finden Sie auch Dokumentationen zu verschiedenen BAdIs, die Ihnen für kundeneigene Anpassungen der Rechnungswesenintegration zur Verfügung stehen.

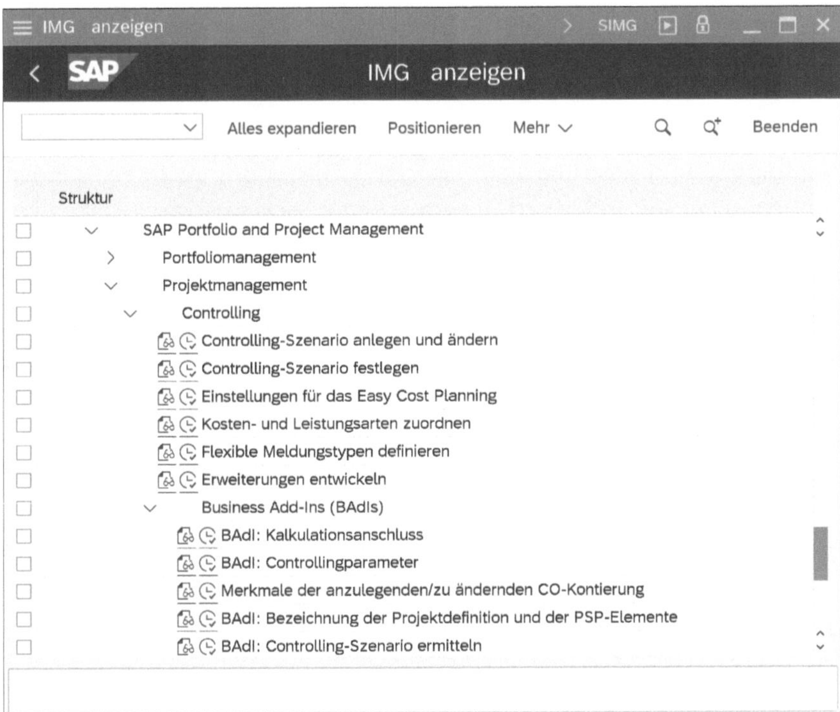

Abbildung 7.6 Einstellungen zur Rechnungswesenintegration im SAP-System des Projektsystems

Übertragung

Im Customizing des PPM-Projektmanagements legen Sie zusätzlich und in Abhängigkeit von der Projektart fest, wann gegebenenfalls das automatische Erstellen von Projekten und PSP-Elementen und die Überleitung der kalkulationsrelevanten Daten eines Projekts in PPM in das Projektsystem erfolgen sollen. Diese sogenannte *Übertragung* kann unabhängig vom Status des Projekts in PPM jedes Mal beim Sichern, automatisch bei jedem Sichern nach Setzen des Status **Zur Übertragung vorgemerkt** oder auch nach dem Setzen des Status **Freigegeben** erfolgen.

Auch die Rechnungswesenintegration basiert technisch auf Objektverknüpfungen. Im Standard steht Ihnen im PPM-Projektmanagement die Objektart OFIN_INT_ERP_PS zur Verfügung, in der Sie lediglich die RFC-Verbindung zum ERP-System des Projektsystems hinterlegen müssen, um diese für Objektverknüpfungen nutzen zu können. Sobald eine Objektverknüpfung zwischen einem Projektelement im PPM-Projektmanagement und einem PSP-Element erstellt wurde, können Sie sich z. B. diverse Daten des PSP-Elements direkt im Projektelement in PPM anzeigen lassen oder auch verschiedene Internetservices zum PSP-Element im PPM-Projektmanagement aufrufen.

7.1.2 PPM-Portfoliomanagement

Während das Projektsystem und das PPM-Projektmanagement für die Detailplanung von Projekten und deren operative Abwicklung eingesetzt werden können, dient das PPM-Portfoliomanagement der strategischen Analyse und Steuerung ganzer Projektportfolios und insbesondere der Planung und Genehmigung von Projektvorhaben in einer frühen Phase.

Portfolio-strukturierung

Zum Management von Projektportfolios können Sie verschiedene *Portfolios* in SAP PPM definieren und diese hierarchisch in *Portfoliobereiche* untergliedern (siehe Abbildung 7.7). Auf der Ebene der Portfoliobereiche können Sie bereits eine Planung, z. B. von Kosten, Budgets oder Kapazitätsdaten, vornehmen. Den Portfoliobereichen der untersten Stufe können Sie anschließend *Portfolioelemente* zuordnen. In einer frühen Phase dienen Portfolioelemente bereits dazu, Projektvorschläge und -ideen in PPM zu erfassen und spätere Selektions- und Genehmigungsprozesse zu unterstützen. In dieser Phase stehen angelegte Projekte und Detailplanungen typischerweise noch nicht zur Verfügung. Später – z. B. nach den entsprechenden Genehmigungsprozessen – können manuell oder automatisch Projekte im PPM-Projektmanagement oder im Projektsystem erzeugt und mit einem Portfolioelement verknüpft werden. Synchronisationsszenarien dienen dann dazu, automatisch Daten zwischen dem Portfolioelement und dem verknüpften Projekt auszutauschen. So können Projektdaten später auch im Portfoliomanagement mithilfe diverser Dashboards, Berichte und Metriken überwacht und analysiert werden.

Abbildung 7.7 Beispiel einer Portfoliostruktur in PPM

Klassifizierungshierarchien

Zu Auswertungszwecken können Sie auch mehrere alternative Portfoliohierarchien, sogenannte *Klassifizierungshierarchien*, definieren. Portfolioelemente können dann gleichzeitig unterschiedlichen Portfoliobereichen der Klassifizierungshierarchien zugeordnet werden. Die prozentuale Aufteilung, die Sie bei den Zuordnungen angeben, steuert die Details der Datenaggregation in den Klassifizierungshierarchien. Typische Strukturierungsmöglichkeiten von Portfolios sind z. B. Strukturierungen nach Regionen oder nach funktionalen oder organisatorischen Gesichtspunkten.

Die Verwendung von Portfolioelementen und die Integration mit Projekten in SAP Projektsystem soll am Roboterbeispiel erläutert werden.

Portfolioelement

In Ihrem Unternehmen sollen verschiedene Investitionen im Bereich Forschung und Entwicklung getätigt werden. Ein Projektvorschlag ist dabei das Austauschen einer Greifarmachse in einer Modellserie. Zur Evaluierung dieses Vorschlags legen Sie zunächst ein Portfolioelement in einem geeigneten Portfoliobereich an (siehe Abbildung 7.8).

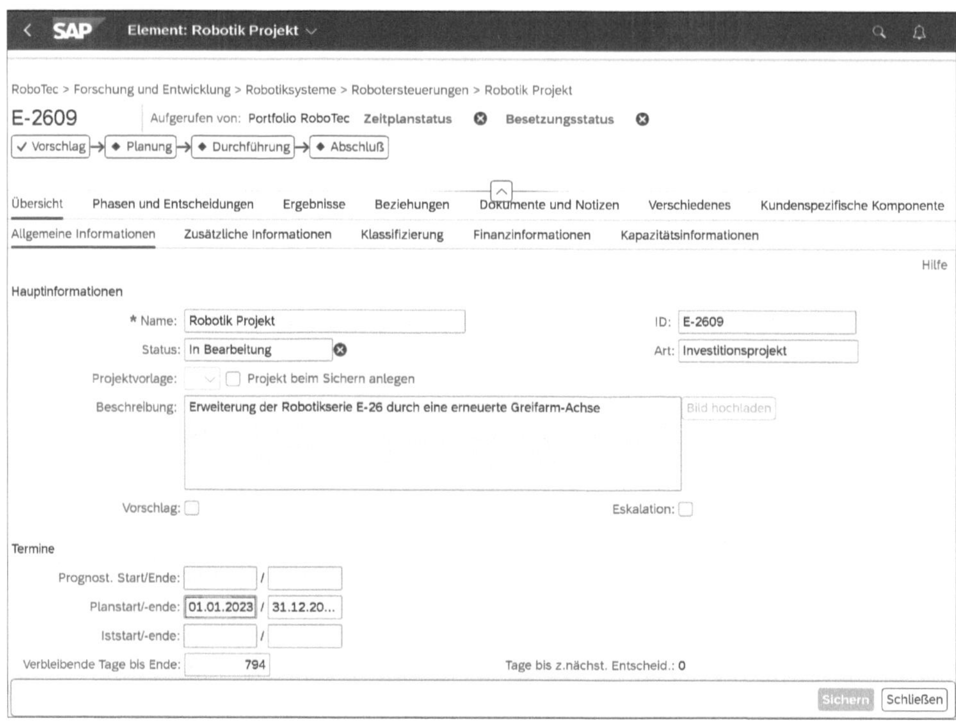

Abbildung 7.8 Beispiel eines Portfolioelements in PPM

Erfassung von Kennzahlen

Neben den allgemeinen Daten zur Beschreibung und Terminplanung dieses Vorschlags erfassen Sie auch diverse Kennzahlen, z. B. zum Risiko, zur Machbarkeit oder zum wirtschaftlichen Nutzen des Vorhabens. Diese Kennzahlen wurden im Vorfeld für das Portfolio als gemeinsame Basis für spätere Genehmigungsprozesse in Ihrem Unternehmen definiert. Sogenannte *Fragebögen* und *Bewertungsmodelle* können dabei verwendet werden, um die Erfassung der Kennzahlen zu vereinfachen und transparent zu gestalten bzw. Kennzahlenwerte automatisch aus anderen Feldwerten abzuleiten. Neben verschiedenen Standardkennzahlen können Sie auch kundeneigene Kennzahlenfelder definieren und in PPM integrieren. Gibt es Beziehungen zu anderen Objekten, können Sie diese in Form von Abhängigkeiten zu anderen Portfolioelementen oder mithilfe von Objektverknüpfungen und Dokumenten im Portfolioelement hinterlegen. Für das Risikomanagement stehen die in Abschnitt 7.1.1, »PPM-Projektmanagement«, beschriebenen Funktionen zur Verfügung.

[+]

Initiativen und Sammlungen

Initiativen können optional in PPM genutzt werden, um verschiedene Portfolioelemente und Projekte zu bündeln und zu managen. Initiativen werden typischerweise für Innovationsvorhaben verwendet, bei denen z. B. die Entwicklung neuer Produkte und deren Markteinführung gemeinsam gesteuert werden sollen.

Eine alternative, losere Form der Bündelung von Portfolioelementen in PPM stellen *Sammlungen* dar. Sammlungen dienen lediglich dazu, mehrere Portfolioelemente unterschiedlicher Bereiche gemeinsam zu überwachen.

Entscheidungspunkte

Der Lebenszyklus des Portfolioelements kann in verschiedene Phasen, sogenannte *Entscheidungspunkte*, untergliedert werden. Sie planen die Start- und Endtermine sowie die Entscheidungstermine für die einzelnen Phasen des Roboterprojekts. Status steuern den Ablauf der einzelnen Phasen. Auf der Ebene des Portfolioelements sehen Sie jederzeit Informationen zum aktuellen Entscheidungspunkt.

Finanz- und Kapazitätsplanung

In einem nächsten Schritt nehmen Sie eine erste grobe Finanz- und Kapazitätsplanung für den Bau des Roboters auf der Ebene des Portfolioelements vor (siehe Abbildung 7.9). Abhängig von den Einstellungen kann die Planung dabei z. B. für Geschäftsjahre oder einzelne Perioden ausgeführt werden. Die Struktur der Finanz- und Kapazitätsplanung kann dabei frei im Customizing von PPM mithilfe sogenannter *Sichten*, *Typen* und *Gruppen* definiert werden. Bei Bedarf können bestimmte Finanz- und Kapazitätsdaten auch auf die übergeordneten Portfoliobereiche hochgeladen werden (Roll-up), um sie dort mit deren Plandaten zu vergleichen.

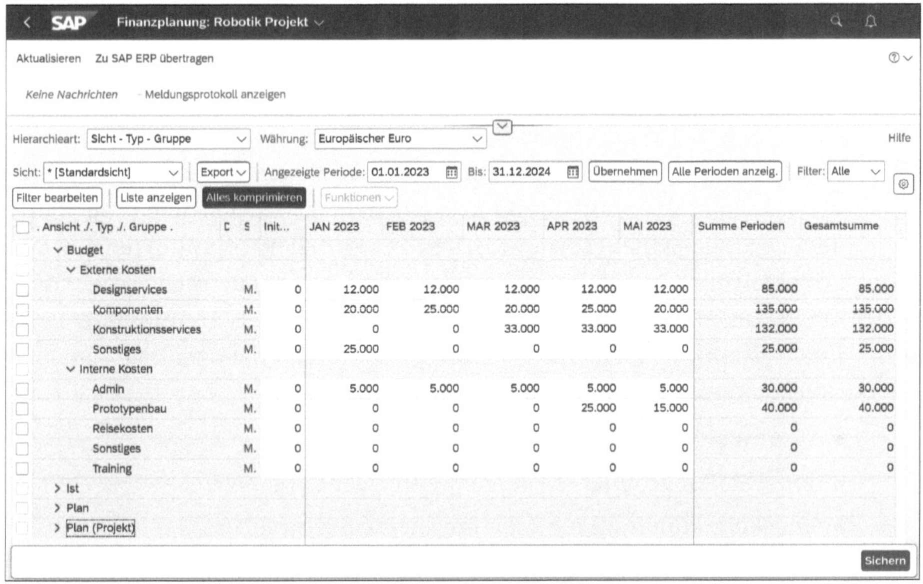

. Ansicht ./. Typ ./. Gruppe .	C	S	Init...	JAN 2023	FEB 2023	MAR 2023	APR 2023	MAI 2023	Summe Perioden	Gesamtsumme
Budget										
Externe Kosten										
Designservices		M.	0	12.000	12.000	12.000	12.000	12.000	85.000	85.000
Komponenten		M.	0	20.000	25.000	20.000	25.000	20.000	135.000	135.000
Konstruktionsservices		M.	0	0	0	33.000	33.000	33.000	132.000	132.000
Sonstiges		M.	0	25.000	0	0	0	0	25.000	25.000
Interne Kosten										
Admin		M.	0	5.000	5.000	5.000	5.000	5.000	30.000	30.000
Prototypenbau		M.	0	0	0	0	25.000	15.000	40.000	40.000
Reisekosten		M.	0	0	0	0	0	0	0	0
Sonstiges		M.	0	0	0	0	0	0	0	0
Training		M.	0	0	0	0	0	0	0	0
Ist										
Plan										
Plan (Projekt)										

Abbildung 7.9 Beispiel einer Finanzplanung auf der Ebene eines Portfolioelements

Reviews und Scoreboards

Nachdem die Erfassung der Portfolioelementdaten abgeschlossen ist, können entsprechende Genehmigungsprozesse durchlaufen werden. PPM unterstützt solche Genehmigungsprozesse unter anderem mit einer entsprechenden Statusverwaltung, mit Workflows sowie insbesondere mit *Portfolio-Reviews* und *Scoreboards*. Portfolio-Reviews dienen zur Genehmigung – aber auch zur Überwachung von Portfolioelementen – und können periodisch, z. B. jährlich, oder auch ad hoc ausgeführt werden. Wenn Sie ein Review in PPM erstellt haben, können Sie diesem Review Portfolioelemente, die Sie gemeinsam evaluieren möchten, zuordnen. Ein *Reporting Cockpit* gibt Ihnen einen Überblick über die wesentlichen Kennzahlen und Plandaten der Elemente des Reviews in Form von Tabellen und Diagrammen. Mithilfe der Scoreboard-Funktion kann Ihnen das System automatisch Ranglisten der Portfolioelemente des Reviews, basierend auf unterschiedlichen Bewertungsmodellen, erstellen. Bewertungsmodelle werden im Customizing von PPM definiert und basieren auf einer gewichteten Auswertung der Kennzahlen der Portfolioelemente.

What-if-Szenarien

Mithilfe von *What-if-Szenarien* innerhalb von Reviews können Sie zunächst auch unterschiedliche Kennzahlen, Finanz- und Kapazitätsdaten für alle oder einen Teil der Review-Elemente simulieren. Für What-if-Szenarien stehen separate Reporting Cockpits und Dashboards zur Verfügung, mit denen Sie die simulierten Kennzahlen und Plandaten den Originaldaten gegenüberstellen können.

Verknüpfung mit Projekten

Nachdem die Anpassung der Fertigungsroboterserie im Rahmen des Portfolio-Reviews genehmigt worden ist, ändern Sie den Status des Portfolioelements bzw. des aktuellen Entscheidungspunkts entsprechend. Sie erstellen ein neues operatives Projekt in SAP Projektsystem automatisch mithilfe einer Kundenerweiterung oder durch das Setzen des Kennzeichens **Projekt beim Sichern anlegen** sowie anhand der Auswahl einer geeigneten Projektvorlage in der Übersicht des Portfolioelements. Zwischen dem Projekt und dem Portfolioelement sowie zwischen den Entscheidungspunkten und den Projektelementen können nun automatisch verschiedene Objektverknüpfungen angelegt werden, die einen Austausch von z. B. Termininformationen, Systemstatus, Finanz- oder Kapazitätsdaten erlauben. Die folgenden Objektverknüpfungen können erstellt werden:

- Portfolioelement → Projekt
- Entscheidungspunkt → PSP-Elemente oder Vorgänge
- Objektverknüpfung zur Rechnungswesenintegration

Der Austausch von Termin- oder Statusinformationen kann dabei *bidirektional*, *synchron* oder *asynchron* erfolgen. So können Sie z. B. Prognosetermine aus dem Portfolioelement an das Projekt und umgekehrt die Plan- und Ist-Termine des Projekts zurück an das Portfolioelement übergeben.

Manuelle Projekterstellung und Objektverknüpfung

Alternativ zur automatisierten Erstellung und Verknüpfung eines Projekts aus einem Portfolioelement können Sie auch manuell ein Projekt im Projektsystem erstellen und die Projektdefinition, PSP-Elemente oder Vorgänge in PPM mit dem Portfolioelement bzw. den Entscheidungspunkten verknüpfen.

Rechnungswesenintegration

Wenn eine Objektverknüpfung zur Rechnungswesenintegration zwischen dem Portfolioelement und dem Projekt vorhanden ist, können Sie die Finanzdaten zwischen beiden Objekten austauschen. Zum Hochladen von Rechnungswesendaten aus dem Projektsystem nutzen Sie dabei das Programm `/RPM/FICO_INT_PLANNING`, das Sie in PPM z. B. regelmäßig zur Ausführung im Hintergrund einplanen können (siehe Abbildung 7.10). Die in die Finanzplanung des Portfolioelements übertragenen Daten aus dem Projekt können automatisch auch weiter innerhalb der Portfoliostruktur hochgeladen werden, sodass sie zu Auswertungszwecken auch in den übergeordneten Portfoliobereichen zur Verfügung stehen.

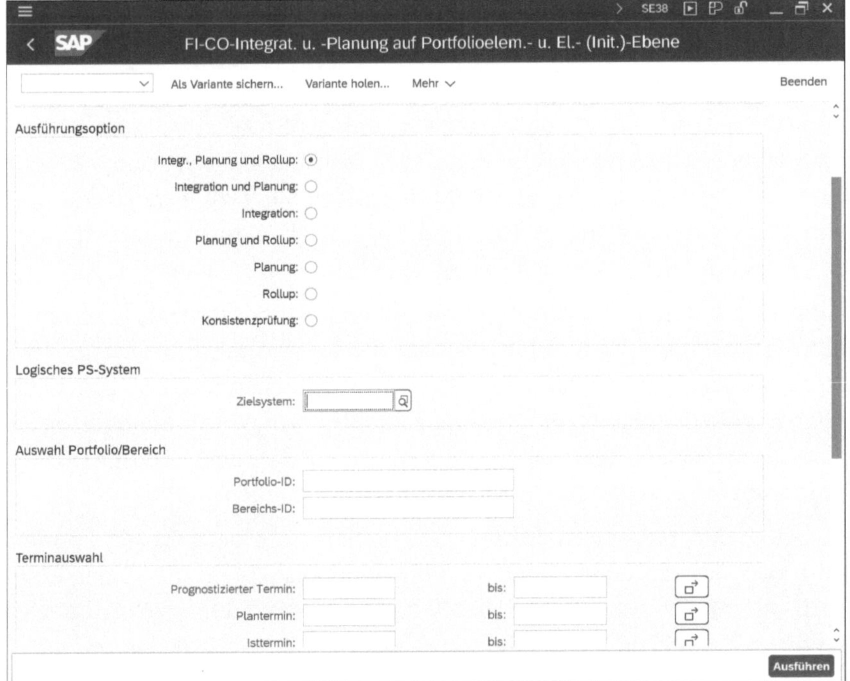

Abbildung 7.10 Programm zur Integration von Rechnungswesendaten

Detaileinstellungen

Detaileinstellungen zur Rechnungswesenintegration nehmen Sie im Customizing von PPM und des ERP-Systems vor. In PPM legen Sie neben den technischen Details der Objektverknüpfung z. B. fest, wie die Daten von hierarchisch untergeordneten Objekten im Projekt und von zugeordneten Aufträgen verarbeitet werden sollen. Insbesondere definieren Sie hier die Zuordnung der Kosten- und Erlösarten im ERP-System zu den Finanzsichten, -typen und -gruppen in PPM. Bei Bedarf können Sie diese Zuordnung durch die Angabe von Kostenstellen und Leistungsarten noch weiter detaillieren. Im Customizing des verknüpften ERP-Systems können Sie darüber hinaus noch festlegen, wie bereits abgerechnete Werte im Rahmen der Integration mit PPM verarbeitet werden sollen.

Budgetübertragung

Neben dem Laden von Rechnungswesendaten aus dem Projektsystem in das Portfoliomanagement können Sie auch Finanzdaten aus Portfolioelementen in Form hierarchisch strukturierter Plankosten oder Budgets in die zugeordneten Projekte übertragen. Das im Portfoliomanagement für den Austausch des Fertigungsroboters vergebene Budget können Sie so aus der Finanzplanung des Portfolioelements an das Projekt weiterleiten. Eine für das Projekt verantwortliche Person kann dann dieses Budget innerhalb der Projektstruktur weiterverteilen (siehe Abschnitt 3.1, »Funktionen der Budgetierung im Projektsystem«).

Integration von Kapazitätsdaten

Zusätzlich zu den Finanzdaten können Sie auch Kapazitätsdaten im Portfoliomanagement aus dem Projektsystem hochladen und mit den in PPM geplanten Werten vergleichen. Zum Ableiten der Kapazitätsdaten nutzt PPM jedoch nicht direkt die Kapazitätsdaten von Projekten im Projektsystem (siehe Abschnitt 2.2.1, »Kapazitätsplanung mit Arbeitsplätzen«), sondern leitet entsprechende Werte aus den übertragenen Rechnungswesendaten ab. Im Customizing von PPM definieren Sie dazu eine Zuordnung von Kostenarten, Leistungsarten und Kostenstellen zu den entsprechenden Kapazitätssichten, -typen und -gruppen.

Beim Hochladen der Rechnungswesendaten aus dem Projektsystem mithilfe des Programms `/RPM/FICO_INT_PLANNING` werden dann automatisch die Mengeninformationen aus den CO-Sätzen an die zugeordneten Kapazitätssätze in PPM übergeben. Im Gegensatz zur Rechnungswesenintegration ist ein Herunterladen von Kapazitätsdaten aus Portfolioelementen in die zugeordneten Projekte im Projektsystem nicht möglich.

Aufgrund der Integration des Portfolioelements mit dem Projekt können nun also Projektdetails auch im Portfoliomanagement in aggregierter Form überwacht werden. Bei Bedarf können Sie aus einem Portfolioelement auch direkt in die Bearbeitungs- oder Reporting-Transaktionen des Projektsystems abspringen, um sich weitere Details anzeigen zu lassen. Eine Vielzahl von Reporting-Möglichkeiten, wie z. B. diverse Dashboards, das Reporting Cockpit, ein Metrikmanagement sowie vordefinierter BI-Content und -Berichte, unterstützt Sie bei der weiteren Überwachung und Steuerung Ihrer Projektportfolios in PPM.

7.2 Commercial Project Management

Commercial Project Management (CPM) ergänzt das Projektsystem oder auch das PPM-Projektmanagement und andere SAP-Applikationen um diverse Funktionen zur Optimierung von Geschäftsprozessen. Als Bestandteil von SAP S/4HANA wurde CPM speziell für die Abwicklung von Kundenprojekten mit dem Fokus auf Professional-Service-Szenarien oder Bauprojekte entwickelt. Verschiedene Funktionen von CPM sind jedoch durchaus auch für andere Projektarten und Industrien verwendbar. CPM umfasst drei Komponenten, die Sie im Folgenden näher kennenlernen werden.

7.2.1 Kosten- und Erlösplanung

Kosten- und Erlösplanung

Die Komponente *Kosten- und Erlösplanung* stellt eine weitere Möglichkeit zur Finanzplanung von Projekten dar. Im Gegensatz zu den in Kapitel 2, »Planungsfunktionen«, behandelten Möglichkeiten können Sie einen Finanzplan der Kosten- und Erlösplanung jedoch auch in der Angebotsphase eines Kundenprojekts nutzen, in der gegebenenfalls noch keine Projektstruktur zur Planung existiert. Ein Finanzplan von CPM bietet dazu die Möglichkeit, eine eigene Angebotsstruktur zu definieren, die dann für eine strukturierte Finanzplanung genutzt werden kann. Existiert später eine Projektstruktur, können Sie die Angebotsstruktur der Projektstruktur zuordnen und die Planwerte auf diese übertragen. Natürlich können Sie auch direkt eine Projektstruktur zur Finanzplanung nutzen, sofern diese zum Zeitpunkt der Planung bereits existiert.

Weitere Vorteile der Kosten- und Erlösplanung von CPM sind z. B. die folgenden:

- die Verwendung von SAP Analysis for Microsoft Office und Microsoft Excel als Planungsoberfläche mit der Möglichkeit, eigene Arbeitsmappen zu definieren sowie Analysefunktionen in die Planung zu integrieren
- einheitliches Planungswerkzeug über alle Projektphasen hinweg, angefangen bei den Angebotskalkulationen über detaillierte Projektkalkulationen und die Planung von Abweichungskosten bis hin zu speziellen Funktionen und Arbeitsmappen zur Kostenprognose
- gemeinsame Planung von Mengen, Kosten und Erlösen in einer Planungsoberfläche mit eingebetteten Analysefunktionen

- Möglichkeit zur monats-, wochen- oder auch tagesgenauen Planung
- erweiterte Funktionen zum Kopieren und Versionieren von Finanzplandaten sowie zum Plan-Ist- und Versionsvergleich

Abbildung 7.11 zeigt ein Beispiel einer Kosten- und Erlösplanung mit CPM. Technisch betrachtet verwendet die Kosten- und Erlösplanung von CPM die BW-integrierte Planung. Neben der Microsoft-Excel-basierten Benutzeroberfläche steht alternativ auch eine Web-Dynpro-Planungsoberfläche mit einem reduzierten Funktionsumfang zur Verfügung.

In CPM werden die Finanzplandaten nicht direkt in die Planungstabellen von SAP S/4HANA geschrieben, sondern in Echtzeit-InfoCubes des Business Warehouse gespeichert. Bei Bedarf können die Plandaten im Anschluss jedoch auch für Nachfolgeprozesse in das ERP-System, z. B. in Form einer Kosten- bzw. Erlösplanung, oder zur Mengen- oder Materialkomponentenfortschreibung in Netzplänen übertragen werden. Aufgrund dieses flexiblen technischen Frameworks bietet Ihnen die Kosten- und Erlösplanung von CPM sehr viele Anpassungs- und Erweiterungsmöglichkeiten.

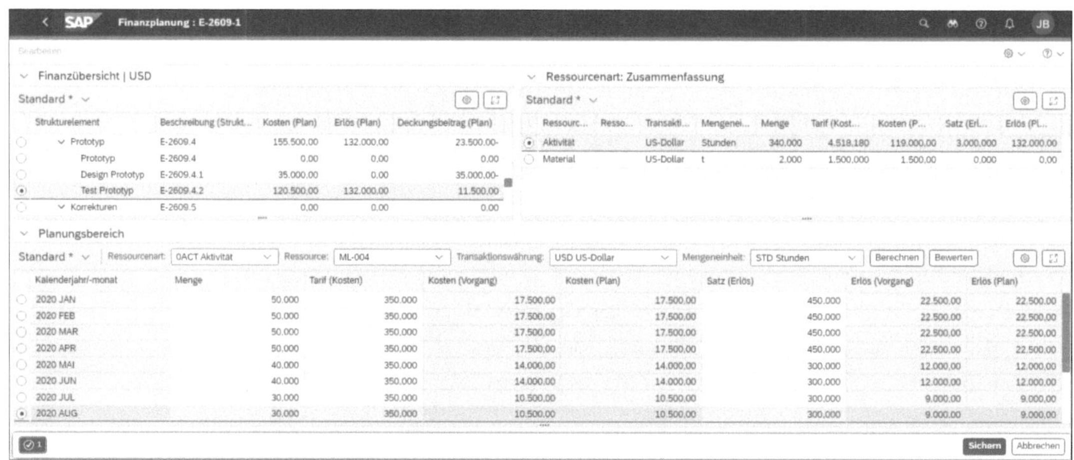

Abbildung 7.11 Beispiel einer Kosten- und Erlösplanung mit CPM

7.2.2 Problem- und Änderungsmanagement

Problem- und Änderungsmanagement

Das *Problem- und Änderungsmanagement* von CPM stellt eine moderne, Web-Dynpro-basierte Alternative zum in Abschnitt 4.8, »Claim-Management«, behandelten Claim-Management dar. Die beiden wesentlichen Geschäftsprozesse, die durch diese Komponente unterstützt werden, sind die Erfassung und Verarbeitung von Problemen im Rahmen der Projektabwicklung und die Handhabung und Genehmigung projektbezogener Änderungsanträge. Diese beiden, oft miteinander verknüpften Prozesse werden im Folgenden erläutert.

Erfassung und Verarbeitung von Problemen

Probleme

Zur Dokumentation und gegebenenfalls Lösung von Schwierigkeiten im Rahmen des Projektverlaufs können Sie sogenannte *Probleme* in CPM nutzen (siehe Abbildung 7.12).

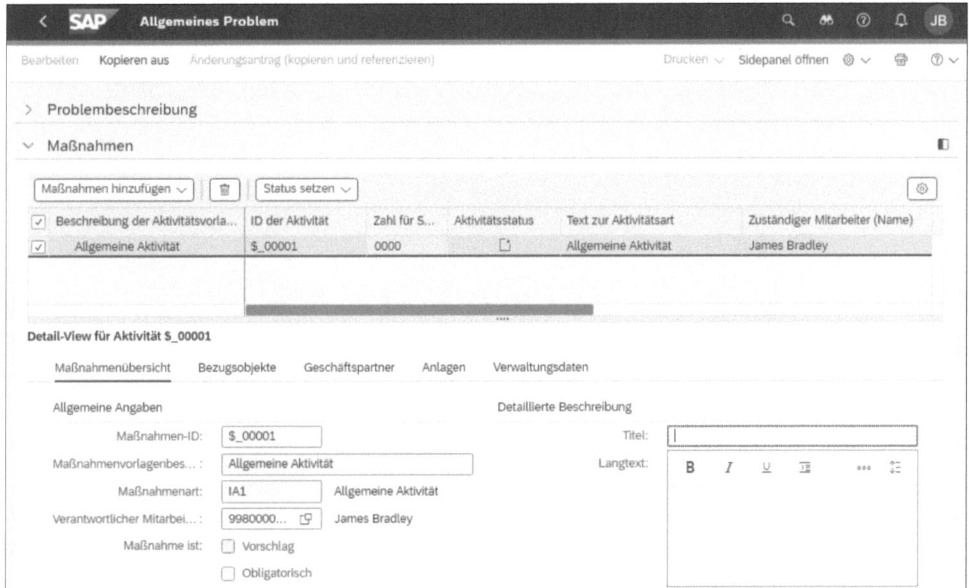

Abbildung 7.12 Erfassung einer Aktivität als Maßnahme für ein Problem

Die Informationen, die Sie in einem Problem hinterlegen können, umfassen z. B.:

- allgemeine Problemdetails wie Identifikation, Titel, Beschreibung, Art und Priorität des Problems sowie verantwortliche Mitarbeitende und Bearbeitungsstatus
- Maßnahmen zur weiteren Bearbeitung des Problems, bis hin zu dessen Lösung und Abschluss
- Informationen zu relevanten internen oder externen Geschäftspartnern und deren Rollen
- Referenzobjekte, auf die sich das Problem bezieht, wie z. B. Projektelement oder Einkaufs- oder Vertriebsbelege, auf die Sie aus dem Problem heraus zur Anzeige oder auch zur Bearbeitung zugreifen möchten
- Dokumente der Dokumentenverwaltung, Anlagen oder Links in Form von URLs

- Informationen zu den möglichen Auswirkungen des Problems, wie z. B. geschätzte Abweichungskosten oder geschätzter Terminverzug, sowie ein erwartetes Lösungsdatum und gegebenenfalls ein Lösungsvorschlag
- Beleghistorie, die es ermöglicht, nachträgliche Änderungen an dem Problem zu verfolgen

Aktivitäten

Abbildung 7.12 zeigt das Beispiel der Erfassung eines Problems und entsprechender Maßnahmen in CPM. Die Definition von Maßnahmen geschieht dabei mit sogenannten *Aktivitäten*. Aktivitäten können manuell, mithilfe von Vorlagen oder auch automatisch angelegt werden. Ordnen Sie Aktivitäten Partner zu, können Sie Aktivitäten auch nutzen, um entsprechende Benachrichtigungen via E-Mail zu versenden oder z. B. Genehmigungsprozesse in Form von Workflows zu definieren.

BRFplus

Die Regeln zum automatischen Erstellen von Aktivitäten sowie zum Versenden von Workflows und E-Mails können dabei sehr flexibel mit dem Business Rule Framework plus (BRFplus) konfiguriert werden.

Änderungsmanagement

Im Rahmen des Projektverlaufs kann es z. B. aufgrund von Problemen oder aber auch infolge von Änderungswünschen von Kunden die Anforderungen geben, Änderungen an einem Projekt vorzunehmen, die Auswirkungen auf den Zeitplan, auf die benötigten Ressourcen, auf die Kosten oder auch auf die Erlöse haben können. Mithilfe des Änderungsmanagements können Sie entsprechende Anforderungen dokumentieren, Auswirkungen auf den Projektplan abschätzen und bewerten und Genehmigungsprozesse definieren.

Änderungsanträge

Das Änderungsmanagement findet dabei mit Bezug zu einem *Änderungsantrag* in CPM statt. Einen Änderungsantrag können Sie entweder direkt anlegen, kopieren oder auch aus einem Problem heraus erstellen. Im letzten Fall werden dann Daten aus dem Problem in den Änderungsantrag kopiert und das Problem als Referenzobjekt übernommen. Bei Bedarf können Sie auch einen Sammeländerungsantrag erstellen, indem Sie mehrere Änderungsanträge bündeln, um die weitere Bearbeitung zu optimieren. Ein Änderungsantrag bietet Ihnen ähnliche Funktionen und Felder wie die oben erläuterten Probleme, z. B. die Zuordnung von Partnern, Anlagen und Referenzobjekten sowie die Verwendung von Aktivitäten, um Maßnahmen und Genehmigungsprozesse zu definieren. In einem Änderungsantrag haben Sie auch die Möglichkeit, sogenannte Kostenschätzungsalternativen zu erfassen.

Kostenschätzungs-alternativen

Kostenschätzungsalternativen ermöglichen es Ihnen, Änderungen an der Finanzplanung Ihres Projekts bzw. Ihrer Projektteile zu planen und mit dem Änderungsantrag zu verknüpfen. Dabei können Sie auch mehrere Kostenschätzungsalternativen zu einem Änderungsantrag erfassen. Später können Sie dann eine Alternative mithilfe eines Status als bereit zur Genehmigung kennzeichnen. Wird eine Kostenschätzungsalternative genehmigt, können deren Werte später im Projektkostenstatus-Reporting von CPM gemeinsam mit den anderen Finanzplanwerten ausgewertet werden. Die Abwicklung des Genehmigungsprozesses selbst geschieht dabei wieder mit den entsprechenden Aktivitäten und BRFplus.

7.2.3 Arbeitsbereich

Arbeitsbereich

In den verschiedenen Phasen eines Kundenprojekts spielen in der Regel eine Vielzahl von Business-Objekten und Belegen aus unterschiedlichen Anwendungen oder auch Systemen eine Rolle, wie z. B. Opportunitys von SAP Customer Relationship Management (SAP CRM), Angebote, Aufträge aus dem Vertrieb, Finanzpläne, Projekte, Probleme und Änderungsanträge, Bestellanforderungen und Bestellungen usw. Ferner sind je nach Phase typischerweise Mitarbeitende mit unterschiedlichen Bereichen involviert, beispielsweise Vertrieb, Projektmanagement, Controlling oder (Projekt-)Einkauf. Die dritte Komponente von CPM, der *Arbeitsbereich*, stellt eine zentrale Arbeitsumgebung für alle Projektbeteiligten dar, in der Informationen über alle relevanten Objekte und Belege integriert dargestellt werden können. Welche Informationen die Personen sehen können, ist abhängig von ihrer Rolle.

Abbildung 7.13 zeigt den Einstieg in den Arbeitsbereich von CPM mittels der SAP-Fiori-App **Multi-Projekt-Übersicht**. In der App werden bereits diverse Kennzahlen und Informationen für verschiedene Projekte übersichtlich angezeigt. Bevor der Arbeitsbereich mit seinen projektübergreifenden und projektspezifischen Sichten näher erläutert wird, soll jedoch zunächst auf die Integration und Anzeige der relevanten Daten aus SAP-CRM-, SAP-ERP-Systemen oder z. B. auch PPM mittels sogenannter *Kundenprojekte* eingegangen werden.

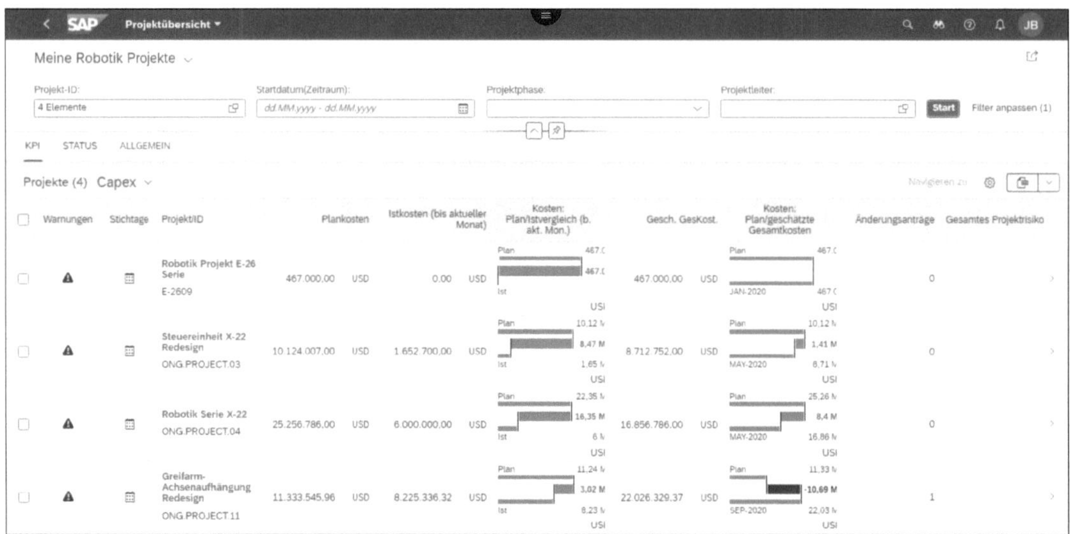

Abbildung 7.13 Projektübergreifende Sicht des Arbeitsbereichs in CPM

Kundenprojekte Ein Kundenprojekt dient in CPM als Klammer für alle im Rahmen des Projekts relevanten Business-Objekte aus SAP- oder auch Nicht-SAP-Systemen. Das Kundenprojekt ist somit das führende Objekt in CPM. Neben der Art des Kundenprojekts, einer Beschreibung und einer Identifikation können Sie einem Kundenprojekt noch eine Reihe weiterer Informationen zuordnen, wie z. B. die Details zur organisatorischen Zuordnung, zu Start- und Endterminen, zur aktuellen Projektphase oder auch frei im Customizing des CPM konfigurierbaren Reporting-Attribute. Mithilfe von BAdIs können Sie dabei auch verschiedene Informationen mit den dem Kundenprojekt zugeordneten Business-Objekten synchronisieren. So können Sie z. B. Start- und Endtermin mit den Terminen einer Projektdefinition im Projektsystem automatisch abgleichen oder Reporting-Attribute in die Kundenfelder der zugeordneten SAP-Objekte übertragen.

Kundenprojektstruktur Die Struktur eines Kundenprojekts wird durch die zugeordneten Business-Objekte gebildet. Die Zuordnung der Business-Objekte kann dabei manuell oder teilweise auch automatisiert geschehen. Ordnen Sie einem Kundenprojekt z. B. eine Projektdefinition zu, können automatisch auch die untergeordneten Projektelemente oder verknüpfte Vertriebsbelege dem Kundenprojekt zugeordnet werden. In CPM können Sie dabei den zugeordneten Business-Objekten bei Bedarf auch weitere Informationen und Attribute zuweisen. Ferner können Sie in CPM unterschiedliche *Views* der Kundenprojektstruktur definieren, mit denen Sie bestimmen, welche der zugeordneten Business-Objekte angezeigt und wie deren hierarchische Struktur dargestellt werden soll. So können z. B. unterschiedliche Rollen im Projekt, z. B. Vertrieb und Projektmanagement, verschiedene Views im Arbeitsbereich nutzen.

Mit Bezug zu den Kundenrprojekten stehen Ihnen im Arbeitsbereich von CPM weitere Funktionen zur Verfügung, wie z. B.:

- **Definition von Teams und Rollen**
  Zur Dokumentation aller relevanten Projektmitglieder und deren Verantwortlichkeiten, verwenden Sie Teams und Rollen. Durch die Zuordnung von Rollen zu den Teammitgliedern können Sie auch deren Sichten und Berechtigungen im Arbeitsbereich von CPM beeinflussen.
- **Preislisten-Editor**
  Den Preislisten-Editor nutzen Sie zur Festlegung von kundenprojektspezifischen Preisen, die im Rahmen der Preisfindung der zugeordneten Verkaufsbelege berücksichtigt werden.
- **Fakturierungsplan-Manager**
  Im Rahmen einer erweiterten Planung und Steuerung von Fakturaereignissen (z. B. gemeinsame Planung von Festpreis- und aufwandsbezogenen Fakturaereignissen oder Verwendung von Deltadatensätzen bei Änderungen an Mengen oder Beträgen von fakturarelevanten Ereignissen) können Sie den Fakturierungsplan-Manager nutzen.
- **Statusverwaltung**
  Ermöglicht es Ihnen, beschreibende Texte und Trends zum aktuellen Status von einzelnen frei konfigurierbaren Aspekten (z. B. Gesamtstatus, Qualität, Budget usw.) zu erfassen. Über Änderungsprotokolle, Statusreports und Funktionen zur Prüfung bzw. zum Review der Status können Sie die Entwicklung des Projektstatus entsprechend verfolgen.
- **Warnungs-Framework**
  Hier können Sie Ausnahmesituationen definieren, die direkt im Arbeitsbereich angezeigt werden sollen. Beispiele von Warnungen, die Ihnen standardmäßig zur Verfügung stehen, sind Abweichungen zwischen Plan- und Ist-Kosten, offene Rechnungen oder überfällige Kundenzahlungen, Anzahl von Problemen oder Änderungsanträgen usw.

Projektübergreifende Sicht

Die projektübergreifende Sicht des Arbeitsbereichs (siehe Abbildung 7.13) gibt Ihnen eine Übersicht über wichtige Kennzahlen Ihrer Projekte, den aktuellen Status und Trend sowie relevante Warnungen und wichtige Stichtage. Eine Vielzahl der Einstellungen dieser Sicht ist benutzerspezifisch anpassbar, wie z. B. die Anzeigereihenfolge von Kundenprojekten und deren Gruppierung in Kategorien, die Auswahl der Kennzahlen oder Einstellungen zu den Warnungen.

Kundenprojektarbeitsbereich

Aus der projektübergreifenden Sicht können Sie nun weiter in den Kundenprojektarbeitsbereich navigieren. In Abhängigkeit von Ihrer Rolle und Berechtigungen in dem Projekt werden Ihnen unterschiedliche Sichten in dem Kundenprojektarbeitsbereich angezeigt. Abbildung 7.14 zeigt Ihnen exemplarisch die Übersicht des Kundenprojektarbeitsbereichs.

Auf der linken Seite sehen Sie die Struktur des Kundenprojekts mit den verschiedenen Business-Objekten. Sie können hier in der Kundenprojektstruktur navigieren, sich wichtige Informationen zu einem Objekt ansehen oder aber auch direkt in die Transaktionen zur Anzeige oder Bearbeitung abspringen. Auf der rechten Seite finden Sie in den Arbeitsbereich eingebettete Analysefunktionen, die Ihnen tabellarisch oder grafisch aktuelle Informationen zu verschiedenen Aspekten des selektierten Objekts liefern, wie z. B. zu den Kosten, der Ware in Arbeit oder zum Projektfortschritt.

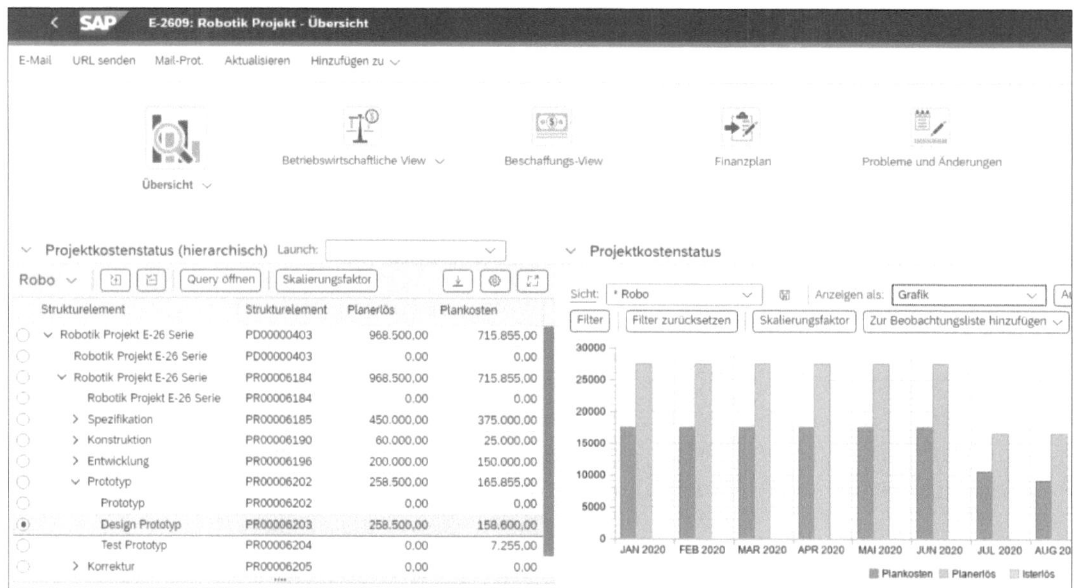

Abbildung 7.14 Übersicht eines Projekts im Kundenprojektarbeitsbereich von CPM

Der Kundenprojektarbeitsbereich bietet folgende Standardsichten:

- betriebswirtschaftliche Sicht zur Analyse zugeordneter Vertriebsbelege und für den Absprung in deren Bearbeitung
- Beschaffungssicht zur Übersicht über die Informationen der Einkaufshistorie, inklusive Bestellungen, offene Bestellanforderungen, Leistungserfassungsblätter und Rechnungen, sowie zum Aufruf entsprechender Transaktionen

- Teamübersicht
- Sicht zur Analyse und zum Erstellen von Finanzplänen (siehe Abschnitt 7.2.1, »Kosten- und Erlösplanung«)
- Übersicht aller Probleme und Änderungsanträge zum Kundenprojekt (siehe Abschnitt 7.2.2, »Problem- und Änderungsmanagement«)
- Dokumente zur Ansicht und Zuordnung von Dokumenten und Anlagen
- Übersicht über Auswirkungen und Wahrscheinlichkeiten von Risiken

Die flexible Layoutdefinition, die eingebetteten Analysefunktionen sowie diverse Kundenerweiterungsmöglichkeiten von CPM ermöglichen Ihnen eine Vielzahl an kunden- und teilweise auch benutzerspezifischen Anpassungsmöglichkeiten des Arbeitsbereichs.

7.3 Erweiterungen auf der SAP Business Technology Platform

Eine weitere Möglichkeit, das Projektsystem um einzelne Funktionen oder auch ganze Geschäftsprozesse zu erweitern, stellen Cloud-Services und Applikationen auf der SAP Business Technology Platform (SAP BTP) dar.

Die SAP BTP ist eine cloudbasierte Plattform, die ein integriertes Technologieportfolio zu den Bereichen Datenmanagement und -analysen, künstliche Intelligenz, Anwendungsentwicklung sowie Automatisierung und Integration umfasst. Auf Basis dieser einheitlichen Plattform stellen SAP und Partner verschiedene Services und Anwendungen zur Verfügung. Sie haben jedoch ebenfalls die Möglichkeit, sehr leicht eigene Erweiterungen auf der SAP BTP zu bauen und in Ihre Projektabläufe zu integrieren. So können Sie z. B. systemübergreifende Workflows oder Softwareroboter zum Automatisieren Ihrer Geschäftsprozesse entwerfen und verwalten.

SAP Integrated Product Development

Für Aufgaben des Product Lifecycle Managements im Rahmen von Entwicklungsprojekten können Sie verschiedene Cloud-Services von SAP Integrated Product Development (ehemals SAP Enterprise Product Development) nutzen. Diese umfassen unter anderem Funktionen, wie z. B.:

- die Orchestrierung der Zusammenarbeit mit internen oder externen Personen (z. B. Originalteileherstellern (OEMs)) und dem Austausch von Konstruktionsdokumenten sowie der gemeinsamen Bearbeitung von Produktdaten von Stücklisten
- Workflows für eine prozessgesteuerte Zusammenarbeit
- die Verwaltung, Konvertierung und Visualisierung von 3-D-Daten

- das Sammeln und Analysieren von Produktanforderungen, sowie der Anforderungsverwaltung und Systemmodellierung
- Integrationsszenarien mit dem PPM-Projektmanagement

SAP Asset Intelligence Network

Im Kontext von Instandhaltungsprojekten oder Projekten im Anlagenbau bietet das SAP Asset Intelligence Network zusätzliche Funktionen, wie z. B.:

- ein Geschäftsnetzwerk für Zulieferer, Anlagenhersteller, Betreiber und Dienstleister von Anlagen
- Kooperationsszenarien zur Definition, Anreicherung und gemeinsame Nutzung von anlagenbezogenen Stammdaten, wie Anlagenklassifizierungen oder Merkmalen

SAP Project and Resource Management

Speziell zur Erweiterung von Projektsteuerungsfunktionen in SAP S/4HANA Cloud, aber auch in SAP S/4HANA On-Premise, steht Ihnen SAP Project and Resource Management (ehemals SAP S/4HANA Cloud for projects) auf der SAP BTP zur Verfügung. Die Funktionen für ein kollaboratives Projektmanagement und ein zentrales Ressourcenmanagement dieser Lösung sollen nun etwas ausführlicher erläutert werden.

7.3.1 Kollaboratives Projektmanagement

Während der Fokus der Kollaborationsszenarien von SAP Integrated Product Development auf Produktstammdaten und -anforderungen liegt und der von SAP Asset Intelligence Network auf anlagenbezogenen Stammdaten, bietet das kollaborative Projektmanagement Funktionen zum Austausch und gemeinsamen Bearbeitung von projektbezogenen Daten.

Ein Beispiel für die Nutzung des kollaborativen Projektmanagements ist die Zusammenarbeit im Rahmen eines Bauprojekts (siehe Abbildung 7.15). Hier müssen zahlreiche Dokumente zwischen dem auftraggebenden Unternehmen und verschiedenen Auftragnehmern ausgetauscht werden. Terminpläne müssen zwischen den verschiedenen Projektmitgliedern abgestimmt, Probleme dokumentiert und nachverfolgt werden. Im Rahmen der Projektausführung sollen gegebenenfalls einzelne Aufgaben definiert und verantwortlichen Personen der verschiedenen Unternehmen für deren Abarbeitung zugeordnet werden.

Collaboration-Projekt

Um das kollaborative Projektmanagement zu nutzen, legen Sie in einem ersten Schritt ein Collaboration-Projekt in SAP Project and Resource Management an. Sie können nun sehr einfach interne oder auch externe Personen von Projektpartnern einladen. Um den legalen Rahmen für eine Zusammenarbeit festzulegen, unterstützt das System Sie mit der Verwaltung von Rechtsdokumenten, wie z. B. Nutzungsbedingungen oder Datenschutzerklärungen.

Abbildung 7.15 Details eines Collaboration-Projekts

Projektpartner können dabei Unternehmen sein, die bereits Teil des Geschäftsnetzwerks von SAP Project and Resource Management sind, oder neue Unternehmen, die Sie explizit für die Zusammenarbeit einladen. Haben Sie eine Person des Projektpartners ausgewählt, erzeugt das System automatisch eine E-Mail mit allen relevanten Informationen, die Sie an die Person senden können. Akzeptiert die Person die Einladung und die damit verknüpften Rechtsdokumente, hat sie direkt Zugriff auf das Collaboration-Projekt.

Die Zugriffsrechte auf das Collaboration-Projekt sowie auf die verschiedenen Elemente des Projekts können dabei durch die Vergabe von Berechtigungen gesteuert werden. Durch die Verwendung von Berechtigungsgruppen und Rollen können Sie sehr effizient Berechtigungen für ganze Personengruppen aber auch einzelne Personen verwalten.

Nachdem Sie ein Collaboration-Projekt angelegt haben, können Sie nun Projektpläne, Dokumente oder auch digitale Zwillinge, also digitale Darstellungen physischer Entitäten, wie z. B. Gebäude- oder Anlagenteile, verwalten und mit anderen Projektpartnern teilen.

Abbildung 7.15 zeigt exemplarisch die Details eines Collaboration-Projekts.

Projektpläne

Sie können Projektpläne entweder direkt in SAP Project and Resource Management anlegen, strukturieren und deren Termine planen, oder aber auch importieren. So können Sie z. B. einen Projektstrukturplan aus dem SAP Projektsystem sowie Terminpläne von Geschäftspartnern aus anderen externen Systemen hochladen und gemeinsam in einem Gantt-Diagramm darstellen.

Zu den Projektelementen der verschiedenen Projektpläne können Sie nun Meldungen hinzufügen und Personen oder Projektpartner zuordnen, um z. B. notwendige Änderungen zu dokumentieren und zu verwalten. Bei Bedarf können Sie auch mehrere Meldungen im BIM Collaboration Format (BCF) importieren oder Meldungen auch nach Microsoft Excel exportieren.

Zur Steuerung einer gemeinsamen Ausführung von Projektelementen oder von Meldungen können Sie Aufgaben nutzen, die einzelne projektbezogene Aktivitäten repräsentieren und die Sie wiederum Benutzern oder Projektpartnern zur Abarbeitung zuordnen können. Mithilfe von Unteraufgaben oder der Integration mit dem SAP-BTP-Workflow-Service können Sie die Bearbeitung von Aufgaben weiter detaillieren und effizient orchestrieren.

Meldungen und Aufgaben können Sie auch sehr leicht mit zugehörigen Objekten aus anderen Systemen, wie z. B. Bestellungen oder Kundenaufträgen, verknüpfen und bei Bedarf – und entsprechende Berechtigungen vorausgesetzt – in deren Anzeige oder Bearbeitung abspringen.

7.3.2 Ressourcenmanagement

Insbesondere bei personalintensiven Projekten, wie z. B. bei Beratungsprojekten im Dienstleistungsbereich, ist ein effizientes Management dieser Personalressourcen von zentraler Bedeutung. Wichtige Aspekte eines Ressourcenmanagements sind dabei:

- die rechtzeitige Zuordnung geeigneter Ressourcen zu Projektbedarfen basierend auf den Fähigkeiten und der Verfügbarkeit der einzelnen Personen
- Funktionen zur Überwachung der Auslastung von Ressourcen
- die Unterstützung der Zusammenarbeit zwischen den Projektverantwortlichen, dem Ressourcenmanagement und den einzelnen Ressourcen selbst

Rollen und Funktionen

Das Ressourcenmanagement von SAP Project and Resource Management unterstützt Sie dabei mit folgenden Rollen und Funktionen.

Projektteammitglied

Als Projektteammitglied, z. B. als Berater oder Beraterin, können Sie in der SAP-Fiori-App **Meine Projekterfahrung** selbst ein eigenes Profil mit Details zu Ihren Qualifikationen und Projekterfahrungen pflegen. So können Sie sicherstellen, dass Sie Projekten zugeordnet werden können, die Ihren Erfahrungen entsprechen.

In dieser App können Sie sich auch aktuelle Zuordnungen anzeigen lassen und so Ihre Arbeit entsprechend planen. Im Bereich **Verfügbarkeit** finden Sie ferner Informationen zu Ihrer Auslastung in den kommenden Monaten.

Anfragende Person

Als anfragende Person, z. B. als Projektleiter oder Projektleiterin, sind Sie verantwortlich für Ressourcenanfragen auf Grundlage der Projektdaten und Bedarfe aus Ihren Projekten. Ressourcenanfragen können manuell angelegt oder aber auch mithilfe von APIs automatisiert erstellt werden. Eine Ressourcenanfrage enthält dabei unter anderem Informationen zum Projekt bzw. Arbeitspaket, der Projektrolle und den benötigten Fähigkeiten, Start- und Enddatum und dem benötigten Aufwand. Bei Bedarf können Sie den Aufwand auch auf Tage oder Wochen im angefragten Zeitraum verteilen.

Um den Besetzungsprozess für eine Ressourcenanfrage zu starten, müssen Sie diese mittels eines entsprechenden Status veröffentlichen. Sie können als anfragende Person im Anschluss den Verlauf des Besetzungsprozesses weiter verfolgen und sich in der Ressourcenanfrage z. B. anzeigen lassen, welche Projektteammitglieder der Ressourcenanfrage zugeordnet sind und wie der Zuordnungsstatus der einzelnen Zuordnungen ist.

Ressourcenmanagement

Als Ressourcenmanagerin bzw. Ressourcenmanager nehmen Sie den Besetzungsprozess von veröffentlichten Ressourcenanfragen vor und überwachen die Auslastung Ihrer Ressourcen. Das System unterstützt Sie bei der Besetzung einer Ressourcenanfrage, indem es automatisch passende Ressourcen vorschlägt. Dabei berücksichtigt das System unter anderem Informationen zur Verfügbarkeit sowie zur Übereinstimmung der Fähigkeiten. Sollte in Ihrer Lieferorganisation keine geeignete Ressource zur Verfügung stehen, können Sie eine Ressourcenanfrage auch an eine andere Lieferorganisation weiterleiten. Bei der Besetzung können Sie Ressourcen direkt fest zuordnen oder auch zunächst nur vorläufig, um z. B. eine Ressource für ein noch nicht bestätigtes Projekt zu reservieren.

Mithilfe der SAP-Fiori-App **Ressourcenauslastung verwalten** können Sie die Auslastung all Ihrer Ressourcen überwachen und bei Bedarf auch Zuordnungen bearbeiten. Abbildung 7.16 zeigt ein Beispiel zur Darstellung von Ressourcenauslastungen in dieser App.

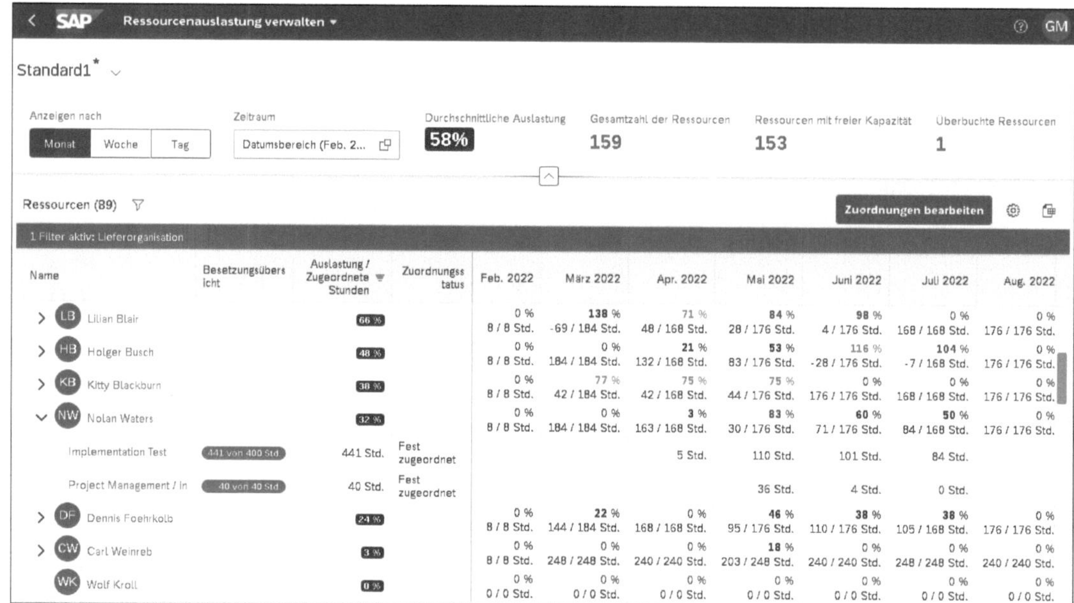

Abbildung 7.16 Überwachung von Ressourcenauslastungen mithilfe der SAP-Fiori-App »Ressourcenauslastung verwalten«

7.4 Zusammenfassung

Das Projektsystem stellt diverse Anwendungsschnittstellen für den Datenaustausch mit externen Programmen zur Verfügung. Mithilfe dieser BAPIs und Services können Projektdaten aus dem Projektsystem exportiert und Projekte geändert oder neue Projektobjekte erstellt werden. Projekte im PPM-Projektmanagement können Integrationsszenarien zum Projektsystem z. B. für eine Rechnungswesenintegration in das ERP-System nutzen. Die Integration von SAP Projektsystem mit dem PPM-Portfoliomanagement kann zur Erfassung, Genehmigung, Steuerung und Überwachung ganzer Projektportfolios eingesetzt werden. Commercial Project Management ergänzt das Projektsystem um verschiedene Funktionen und Prozesse, speziell für die Kundenprojektabwicklung. Integrationsszenarien mit cloudbasierten Anwendungen ermöglichen Ihnen weitere funktionale Erweiterungen, wie z. B. den Austausch von Terminplänen oder eine Zusammenarbeit im Rahmen der Projektausführung mit externen Unternehmen.

Anhang

Anhang A
Ausgewählte Schnittstellen im Projektsystem

Für einen Datenaustausch mit anderen Programmen stehen im Projektsystem verschiedene Schnittstellen zur Verfügung. Neben den klassischen Business Application Programming Interfaces (BAPIs) können Sie in SAP S/4HANA 2022 auch verschiedene OData-basierte (Open Data Protocol) APIs nutzen. Mehr Informationen zu den BAPIs finden Sie in Transaktion BAPI und zu den aktuell jeweils verfügbaren OData APIs des Projektsystems im SAP API Business Hub unter *api.sap.com*.

BAPI Objekttyp	Methoden
ProjectDefintionPI	Change CreateFromData CreateSingle Delete ExistenceCheck GetData GetDetail GetGuidFromKey GetKeyFromGuid GetList GetStatus PartnerChangeMultiple
	PartnerCreateMultiple PartnerGetdetail PartnerGetlist PartnerRemoveMultiple SetStatus Update

Tabelle A.1 Ausgewählte BAPIs im Projektsystem

BAPI Objekttyp	Methoden
WBSPI	ChangeMultiple CreateMultiple DeleteMultiple ExistenceCheck GetData GetGuidFromKey Getinfo GetKeyFromGuid GetStatus Maintain SaveReplica SetStatus
NetworkPI	ActChangeMultiple ActCreateMultiple ActDeleteMultiple ActElemChangeMultiple ActElemCreateMultiple ActElemDeleteMultiple ActElemGetData ActGetData AddComponent AddConfirmation CancelConfirmation Change CreateFromData Delete ExistenceCheck GetActGuidFromKey GetActKeyFromGuid GetData Getdetail GetDetailComponent GetDetailConfirmation GetElemGuidFromKey

Tabelle A.1 Ausgewählte BAPIs im Projektsystem (Forts.)

BAPI Objekttyp	Methoden
	GetElemKeyFromGuid GetGuidFromKey Getinfo GetKeyFromGuid GetList GetListComponent GetListConfirmation GetProposalConfirmation GetStatus Maintain RemoveComponent SetStatus

Tabelle A.1 Ausgewählte BAPIs im Projektsystem (Forts.)

API (Service Name)	API-Entität	Unterstützte Operationen
Project (API_PROJECT_V3)	Project	Lesen, Anlegen, Ändern, Löschen
	ProjectStatus	Lesen, Ändern
	WBSElement	Lesen, Anlegen, Ändern, Löschen
	WBSElementStatus	Lesen, Ändern

Tabelle A.2 OData APIs in SAP S/4HANA 2022

API (Service Name)	API-Entität	Unterstützte Operationen
Project Network (API_PROJECTNETWORK)	ProjectNetwork ProjectNetworkActivity ProjectNetworkActivityStatus ProjectNetworkStatus ProjectNetworkActivityElement ProjNtwkActivityMilestone ProjNtwkActivityMatlComp ProjNtwkActivityMatlCompStatus ProjNtwkActyRelationship	Lesen
Project Claim (API_PROJECTCLAIM)	ProjectClaim ProjectClaimStatus	Lesen

Tabelle A.2 OData APIs in SAP S/4HANA 2022 (Forts.)

Anhang B
Ausgewählte Datenbanktabellen des Projektsystems

Tabelle B.1 und Tabelle B.2 können Sie die wichtigsten Datenbanktabellen des Projektsystems und des Rechnungswesens entnehmen.

Tabellenname	Kurzbeschreibung
PROJ	Projektdefinition
PRPS	PSP-Elemente
PRTE	Termine PSP-Elemente
PRHI	PSP-Hierarchie
AUFK/AFKO	Aufträge und Netzpläne
AFVC/AFVU/AFVV	Netzplanvorgänge
RESB	Materialkomponenten
MLST	Meilensteine
VS<Tabellenname>_CN	Stammdaten von Versionen

Tabelle B.1 Datenbanktabellen zu Stammdaten des Projektsystems

Identifikation	Kurzbeschreibung
RPSCO	Projektinfodatenbank (Kosten, Erlöse usw.)
RPSQT	Projektinfodatenbank (Mengen, statistische Kennzahlen usw.)
COSP	Primärkosten (Summensätze)
COSS	Sekundärkosten (Summensätze)
COSB	Abweichungen/Abgrenzung (Summensätze)

Tabelle B.2 Datenbanktabellen zu Bewegungsdaten des Projektsystems

Identifikation	Kurzbeschreibung
COEP	Ist-Kosten (Einzelposten)
COOI	Obligo (Einzelposten)
COEJ	Plankosten (Einzelposten)
BPGE	Gesamtbudget, Gesamtplankosten
BPJA	Geschäftsjahresbudget, Geschäftjahresplanwerte
QBEW	Bewertung Projektbestand
MSPR	bewerteter und unbewerteter Projektbestand
ACDOCP	Plandaten-Einzelposten
ACDOCA	Buchungsbelegpositionen

Tabelle B.2 Datenbanktabellen zu Bewegungsdaten des Projektsystems (Forts.)

Anhang C
Transaktionen und Menüpfade

Das Menü des Projektsystems erreichen Sie im SAP-Standardmenü sowohl über den Einstieg **Logistik** als auch über den Einstieg **Rechnungswesen**.

In den SAP-Customizing-Einführungsleitfaden gelangen Sie mithilfe von Transaktion SPRO oder über den Menüpfad **Werkzeuge • Customizing • IMG • Projektbearbeitung**.

C.1 Strukturen und Stammdaten

In diesem Abschnitt finden Sie eine Übersicht der Transaktionen, Customizing-Aktivitäten und Menüpfade zur Erstellung und Bearbeitung von Projektstrukturen und deren Stammdaten.

C.1.1 Transaktionen im SAP-Menü

Zunächst werden die relevanten Transaktionen im SAP-Menü aufgeführt.

Operative Strukturen

Project Builder [CJ20N]: **Projektsystem • Projekt • Project Builder**

Projektplantafel [CJ27/CJ2B/CJ2C]: **Projektsystem • Projekt • Projektplantafel • Projekt anlegen/Projekt ändern/Projekt anzeigen**

Strukturplanung [CJ2D/CJ20/CJ2A]: **Projektsystem • Projekt • Spezielle Pflegefunktionen • Strukturplanung • Projekt anlegen/Projekt ändern/Projekt anzeigen**

Projektstrukturplan [CJ01/CJ02/CJ03]: **Projektsystem • Projekt • Spezielle Pflegefunktionen • Projektstrukturplan • Anlegen/Ändern/Anzeigen**

Projektdefinition [CJ06/CJ07/CJ08]: **Projektsystem • Projekt • Spezielle Pflegefunktionen • Projektstrukturplan • Projektdefinition • Anlegen/Ändern/Anzeigen**

Einzelnes Element [CJ11/CJ12/CJ13]: **Projektsystem • Projekt • Spezielle Pflegefunktionen • Projektstrukturplan • Einzelnes Element • Anlegen/Ändern/Anzeigen**

Netzplan [CN21/CN22/CN23]: Projektsystem • Projekt • Spezielle Pflegefunktionen • Netzplan • Anlegen/Ändern/Anzeigen

Massenänderung [CNMASS]: Projektsystem • Grunddaten • Werkzeuge • Massenänderung • Ausführen

Massenstatusänderung [CNMASSSTATUS]: Projektsystem • Grunddaten • Werkzeuge • Massenänderung • Massenstatusänderung

Massenanlegen von Projekten [CNMASSCREATE]: Projektsystem • Grunddaten • Werkzeuge • Massenänderung • Massenanlegen von Projekten

Archivierung Projektstrukturen [CN80]: Projektsystem • Grunddaten • Werkzeuge • Archivierung • Projektstrukturen

Standardstrukturen und Versionen

Standard-PSP [CJ91/CJ92/CJ93]: Projektsystem • Grunddaten • Vorlagen • Standard-PSP • Anlegen/Ändern/Anzeigen

Standardnetz [CN01/CN02/CN03/CN98]: Projektsystem • Grunddaten • Vorlagen • Standardnetz • Anlegen/Ändern/Anzeigen/Löschen

Standardmeilenstein [CN11/CN12/CN13]: Projektsystem • Grunddaten • Vorlagen • Standardmeilenstein • Anlegen/Ändern/Anzeigen

Simulation [CJV1/CJV2/CJV3/CJV5]: Projektsystem • Projekt • Simulation • Anlegen/Ändern/Anzeigen/Löschen

Projekt übertragen [CJV4]: Projektsystem • Projekt • Simulation • Projekt übertragen

Projektversion [CN72]: Projektsystem • Projekt • Projektversion • Anlegen

C.1.2 Customizing-Aktivitäten

Im Folgenden finden Sie eine Übersicht relevanter Customizing-Aktivitäten zur Erstellung von Projektstrukturen und deren Stammdaten.

Operative Strukturen

Projektprofil anlegen [OPSA]: SAP Customizing Einführungsleitfaden • Projektsystem • Strukturen • Operative Strukturen • Projektstrukturplan • Projektprofil anlegen

Sonderzeichen für Projekt festlegen [OPSK]: SAP Customizing Einführungsleitfaden • Projektsystem • Strukturen • Operative Strukturen • Projektstrukturplan • Projektedition • Sonderzeichen für Projekt festlegen

Projektcodierung für Projekt festlegen [OPSJ]: SAP Customizing Einführungsleitfaden • Projektsystem • Strukturen • Operative Strukturen • Projektstrukturplan • Projektedition • Projektcodierung für Projekt festlegen

Verantwortlichen für PSP-Elemente anlegen [OPS6]: Customizing Einführungsleitfaden • Projektsystem • Strukturen • Operative Strukturen • Projektstrukturplan • Verantwortlichen für PSP-Elemente anlegen

Statusschema anlegen [OK02]: Customizing Einführungsleitfaden • Projektsystem • Strukturen • Operative Strukturen • Projektstrukturplan • Anwenderstatus Projektstrukturplan • Statusschema anlegen

Statuskombinationscodes bearbeiten: Customizing Einführungsleitfaden • Projektsystem • Strukturen • Operative Strukturen • Projektstrukturplan • Statuskombinationscode bearbeiten

Validierungen pflegen [OPSI]: Customizing Einführungsleitfaden • Projektsystem • Strukturen • Operative Strukturen • Projektstrukturplan • Validierungen pflegen

Substitutionen pflegen [OPSN]: Customizing Einführungsleitfaden • Projektsystem • Strukturen • Operative Strukturen • Projektstrukturplan • Validierungen pflegen

Nummernkreise für Netzplan festlegen [CO82]: Customizing Einführungsleitfaden • Projektsystem • Strukturen • Operative Strukturen • Netzplan • Steuerung für Netzpläne • Nummernkreise für Netzplan festlegen

Netzplanarten pflegen [OPSC]: Customizing Einführungsleitfaden • Projektsystem • Strukturen • Operative Strukturen • Netzplan • Steuerung für Netzpläne • Netzplanarten pflegen

Parameter für Netzplanart festlegen [OPUV]: Customizing Einführungsleitfaden • Projektsystem • Strukturen • Operative Strukturen • Netzplan • Steuerung für Netzpläne • Parameter für Netzplanart festlegen

Netzplanprofile pflegen [OPUU]: Customizing Einführungsleitfaden • Projektsystem • Strukturen • Operative Strukturen • Netzplan • Steuerung für Netzpläne • Netzplanprofile pflegen

Steuerschlüssel festlegen [OPSU]: Customizing Einführungsleitfaden • Projektsystem • Strukturen • Operative Strukturen • Netzplan • Steuerung für Netzplanvorgänge • Steuerschlüssel festlegen

Parameter für Teilnetzpläne festlegen [OPTP]: Customizing Einführungsleitfaden • Projektsystem • Strukturen • Operative Strukturen • Netzplan • Parameter für Teilnetzpläne festlegen

Verwendung der Meilensteine festlegen: Customizing Einführungsleitfaden • Projektsystem • Strukturen • Operative Strukturen • Meilensteine • Verwendung der Meilensteine festlegen

Profile für die Projektplantafel anlegen [OPT7]: Customizing Einführungsleitfaden • Projektsystem • Strukturen • Operative Strukturen • Projektplantafel • Profile für die Projektplantafel anlegen

Sichtart-Cluster konfigurieren: Customizing Einführungsleitfaden • Projektsystem • Strukturen • Operative Strukturen • Netzplan • Sichtarten für Projektnetzplangrafik • Sichtart-Cluster konfigurieren

Standardstrukturen und Versionen

Nummernkreise für Standardnetz festlegen [CNN1]: Customizing Einführungsleitfaden • Projektsystem • Strukturen • Vorlagen • Standardnetz • Nummernkreise für Standardnetz festlegen

Parameter zum Standardnetz festlegen [OP8B]: Customizing Einführungsleitfaden • Projektsystem • Strukturen • Vorlagen • Standardnetz • Parameter zum Standardnetz festlegen

Standardnetzprofile pflegen [OPS5]: Customizing Einführungsleitfaden • Projektsystem • Strukturen • Vorlagen • Standardnetz • Standardnetzprofile pflegen

Status für Standardnetz festlegen [OPUW]: Customizing Einführungsleitfaden • Projektsystem • Strukturen • Vorlagen • Standardnetz • Status für Standardnetz festlegen

Meilensteingruppen für Standardmeilensteine definieren [OPT6]: Customizing Einführungsleitfaden • Projektsystem • Strukturen • Vorlagen • Standardmeilenstein • Meilensteingruppen für Standardmeilensteine definieren

Versionsschlüssel für die Simulation festlegen [OPUS]: Customizing Einführungsleitfaden • Projektsystem • Simulation • Versionsschlüssel für die Simulation festlegen

Simulationsprofile pflegen: Customizing Einführungsleitfaden • Projektsystem • Simulation • Simulationsprofile pflegen

Profil für Projektversion anlegen [OPTS]: Customizing Einführungsleitfaden • Projektsystem • Projektversion • Profil für Projektversion anlegen

C.2 Planungsfunktionen

Die folgenden Funktionen und deren Customizing-Einstellungen werden vor allem bei der Projektplanung im Projektsystem verwendet.

C.2.1 Transaktionen im SAP-Menü

Zunächst gibt Ihnen dieser Abschnitt eine Übersicht über die Transaktionen, die bei der Planung zum Einsatz kommen können.

Terminplanung

Ecktermine [CJ21/CJ22]: Projektsystem • Termine • Ecktermine ändern/anzeigen

Prognosetermine [CJ23/CJ24]: Projektsystem • Termine • Prognosetermine ändern/anzeigen

Projektterminierung [CJ29]: Projektsystem • Termine • Projektterminierung

Gesamtnetzterminierung [CJ24]: Projektsystem • Termine • Gesamtnetzterminierung

Gesamtnetzterminierung (neu) [CJ24N]: Projektsystem • Termine • Gesamtnetzterminierung (neu)

Ressourcenplanung

(Projekt-)Arbeitsplatz [CNR1/CNR2/CNR3]: Projektsystem • Grunddaten • Stammdaten • Arbeitsplatz • Stammsatz • Anlegen/Ändern/Anzeigen

Arbeitsverteilung auf Personalressourcen [CMP2/CMP3/CMP9]: Projektsystem • Ressourcen • Arbeitsverteilung auf Personalressourcen • Projektsicht/Arbeitsplatzsicht/Auswertung

Kapazitätsabgleich [CM32/CM26]: Projektsystem • Ressourcen • Kapazitätsplanung • Abgleich • Projektsicht • Plantafel grafisch/tabel.

Materialplanung

Einstufige Projektstückliste [CS71/CS72/CS73]: Logistik • Produktion • Stammdaten • Stücklisten • Stückliste • Projektstückliste • Einstufig • Anlegen/Ändern/Anzeigen

Mehrstufige Projektstückliste [CS74/CS75/CS76/CSPB]: Logistik • Produktion • Stammdaten • Stücklisten • Stückliste • Projektstückliste • Mehrstufig • Anlegen/Ändern/Anzeigen/Projekt Browser

Stücklistenübernahme [CN33]: Projektsystem • Material • Planung • Stücklistenübernahme

PSP-Elemente zur Bedarfszusammenfassung zuordnen [GRM4/GRM3]: Projektsystem • Material • Planung • Bedarfszusammenfassung • PSP-Elemente einzeln/über Liste zuordnen

Dispositionsgruppen zuordnen [GRM5]: Projektsystem • Material • Planung • Bedarfszusammenfassung • Dispositionsgruppen zuordnen

Dispo-PSP-Elemente pflegen [GRM8]: Projektsystem • Material • Planung • Bedarfszusammenfassung • Dispo-PSP-Elemente pflegen

Pegging-Lauf ausführen [PMMO_PEGGING]: Logistik • Management und Optimierung der Projektfertigung • Pegging • Pegging-Lauf ausführen

Verteilungslauf ausführen [PMMO_DISTRIBUTION]: Logistik • Management und Optimierung der Projektfertigung • Verteilung • Verteilungslauf ausführen

Kosten- und Erlösplanung

Gesamtplanung [CJ40/CJ41]: Projektsystem • Controlling • Planung • Kosten im PSP • Gesamt • Ändern/Anzeigen

Kosten/Leistungsaufnahmen [CJR2/CJR3]: Projektsystem • Controlling • Planung • Kosten im PSP • Kosten/Leistungsaufnahmen • Ändern/Anzeigen

Modelle für Easy Cost Planning [CKCM]: Projektsystem • Grunddaten • Vorlagen • Modelle für Easy Cost Planning

(Asynchrone) Netzplankalkulation [CJ9K]: Projektsystem • Controlling • Planung • Netzplankalkulation

Zahlungen im PSP [CJ48/CJ49]: Projektsystem • Controlling • Planung • Zahlungen im PSP • Ändern/Anzeigen

Erlöse im PSP [CJ42/CJ43]: Projektsystem • Controlling • Planung • Erlöse im PSP • Ändern/Anzeigen

Verkaufspreiskalkulation [DP81/DP82]: Projektsystem • Controlling • Planung • Verkaufspreiskalkulation/Verkaufspreiskalkulation Projekt

Kosten und Erlöse kopieren (Einzel) [CJ9BS/CJ9CS/CJ9FS]: Projektsystem • Controlling • Planung • Kosten und Erlöse kopieren • PSP Plan in Plan/PSP Ist in Plan/Projektkalkulation kopieren

Kosten und Erlöse kopieren (Sammel) [CJ9B/CJ9C/CJ9F]: Projektsystem • Controlling • Planung • Kosten und Erlöse kopieren • PSP Plan in Plan/PSP Ist in Plan/Projektkalkulation kopieren

Rollen [PFCG]: Werkzeuge • Administration • Benutzerpflege • Rollenverwaltung • Rollen

C.2.2 Customizing-Aktivitäten

Die folgenden Customizing-Aktivitäten für die Planungsfunktionen stehen Ihnen im Projektsystem zur Verfügung.

Terminplanung

Terminierungsarten festlegen [OPJN]: Customizing Einführungsleitfaden • Projektsystem • Termine • Terminierung • Terminierungsarten festlegen

Terminierungsparameter für den Netzplan festlegen [OPU6]: Customizing Einführungsleitfaden • Projektsystem • Termine • Terminierung • Terminierungsparameter für den Netzplan festlegen

Parameter für PSP-Terminierung festlegen: Customizing Einführungsleitfaden • Projektsystem • Termine • Terminplanung im Projektstrukturplan • Parameter für PSP-Terminierung festlegen

Ressourcenplanung

Arbeitsplatzarten festlegen [OP40]: Customizing Einführungsleitfaden • Projektsystem • Ressourcen • Arbeitsplatz • Arbeitsplatzarten festlegen

Kapazitätsarten festlegen: Customizing Einführungsleitfaden • Projektsystem • Ressourcen • Kapazitätsarten festlegen

Profile für Arbeitsverteilung auf Personalressourcen anlegen [CMPC]: Customizing Einführungsleitfaden • Projektsystem • Ressourcen • Profile für Arbeitsverteilung auf Personalressourcen anlegen

Kontierungstypen und Belegart für Bestellanforderungen [OPTT]: Customizing Einführungsleitfaden • Projektsystem • Strukturen • Operative Strukturen • Netzplan • Steuerung für Netzplanvorgänge • Kontierungstypen und Belegart für BestellAnforderungen

Materialplanung

Beschaffungskennzeichen für Materialkomponenten definieren [OPS8]: Customizing Einführungsleitfaden • Projektsystem • Material • Beschaffung • Beschaffungskennzeichen für Materialkomponenten definieren

Kataloge (OCI-Schnittstelle): Customizing Einführungsleitfaden • Projektsystem • Material • Schnittstelle zur Beschaffung über Kataloge (OCI)

Bezugsorte für Stücklistenübernahme definieren: Customizing Einführungsleitfaden • Projektsystem • Material • Stücklistenübernahme • Bezugsorte für Stücklistenübernahme definieren

Felder in Stückliste und Vorgang als Bezugsorte definieren [CN38]: Customizing Einführungsleitfaden • Projektsystem • Material • Stücklistenübernahme • Felder in Stückliste und Vorgang als Bezugsorte definieren

Profile für die Stücklistenübernahme anlegen: Customizing Einführungsleitfaden • Projektsystem • Material • Stücklistenübernahme • Profile für die Stücklistenübernahme anlegen

Dispositionsgruppen für Bedarfszusammenfassung aktivieren: Customizing Einführungsleitfaden • Projektsystem • Material • Beschaffung • Dispositionsgruppen für Bedarfszusammenfassung aktivieren

PMMO Customizing [PMMO_IMG]: Customizing Einführungsleitfaden • Management und Optimierung der Projektfertigung

Prüfungssteuerung definieren [OPJK]: Customizing Einführungsleitfaden • Projektsystem • Material • Verfügbarkeitsprüfung • Prüfungssteuerung definieren

Kosten- und Erlösplanung

CO-Versionen anlegen: Customizing Einführungsleitfaden • Projektsystem • Kosten • CO-Versionen anlegen

Kategorie für Planung pflegen: Customizing Einführungsleitfaden • Controlling • Controlling Allgemein • Planung • Kategorie für Planung pflegen

Planprofil anlegen/ändern [OPSB]: Customizing Einführungsleitfaden • Projektsystem • Kosten • Plankosten • Manuelle Kostenplanung im PSP • Hierarchische Kostenplanung • Planprofil anlegen/ändern

Kalkulationsvarianten für Einzelkalkulation anlegen [OKKT]: Customizing Einführungsleitfaden • Projektsystem • Kosten • Plankosten • Manuelle Kostenplanung im PSP • Einzelkalkulation • Kalkulationsvarianten anlegen

Easy Cost Planning: Customizing Einführungsleitfaden • Projektsystem • Kosten • Plankosten • Easy Cost Planning and Execution Services • Easy Cost Planning

Kalkulationsvarianten für Netzplankalkulation festlegen [OPL1]: Customizing Einführungsleitfaden • Projektsystem • Kosten • Plankosten • Maschinelle Kalkulation im Netzplan/Vorgang • Kalkulation • Kalkulationsvarianten festlegen

Auftragswertfortschreibung von Aufträgen zum Projekt festlegen [OPSV]: Customizing Einführungsleitfaden • Projektsystem • Kosten • Plankosten • Auftragswertfortschreibung von Aufträgen zum Projekt festlegen

DPP-Profil [ODP1]: Customizing Einführungsleitfaden • Projektsystem • Erlöse und Ergebnis • Integration mit Vertriebsbelegen • Angebotserstellung und Fakturierung für Projekte • Profile für Angebotserstellung und Fakturierung pflegen

C.3 Budget

Bei der Budgetierung von Projekten können Sie insbesondere die hier aufgeführten Transaktionen, Customizing-Aktivitäten und Menüpfade aufrufen.

C.3.1 Transaktionen im SAP-Menü

Die in diesem Abschnitt aufgeführten Transaktionen spielen bei der Budgetierung eine Rolle.

Budgetierung im Projektsystem

Originalbudget [CJ30/CJ31]: Projektsystem • Controlling • Budgetierung • Originalbudget • Ändern/Anzeigen

Nachtrag [CJ37/CJ36]: Projektsystem • Controlling • Budgetierung • Nachtrag • Im Projekt/Auf Projekt

Rückgabe [CJ38/CJ35]: Projektsystem • Controlling • Budgetierung • Rückgabe • Im Projekt/Von Projekt

Umbuchung [CJ34]: Projektsystem • Controlling • Budgetierung • Umbuchung

Freigabe [CJ32/CJ33]: Projektsystem • Controlling • Budgetierung • Freigabe • Ändern/Anzeigen

Massenfreigabe von Budget für Projekte [IMCBR3]: Projektsystem • Controlling • Budgetierung • Werkzeuge • Massenfreigabe von Budget für Projekte

Verfügbarkeitskontrolle [CJBV/CVBW]: Projektsystem • Controlling • Budgetierung • Werkzeuge • Verfügbarkeitskontrolle aktivieren/deaktivieren

Übernahme Plan nach Budget für Projekte [IMCCP3]: Projektsystem • Controlling • Budgetierung • Werkzeuge • Übernahme Plan nach Budget für Projekte

Budgetübertrag [CJCO]: Projektsystem • Controlling • Jahresabschluss • Budgetübertrag

Integration zum Investitionsmanagement

Vorschlag Plan [IM34]: Rechnungswesen • Investitionsmanagement • Programme • Programmplanung • Vorschlag Plan

Budgetverteilung [IM52/IM53]: Rechnungswesen • Investitionsmanagement • Programme • Budgetierung • Budgetverteilung • Bearbeiten/Anzeigen

C.3.2 Customizing-Aktivitäten

Die folgenden Einstellungen zur Budgetverwaltung können im Customizing vorgenommen werden.

Budgetierung im Projektsystem

Budgetprofil pflegen [OPS9]: Customizing Einführungsleitfaden • Projektsystem • Kosten • Budget • Budgetprofil pflegen

Toleranzgrenzen festlegen: Customizing Einführungsleitfaden • Projektsystem • Kosten • Budget • Toleranzgrenzen festlegen

Ausnahmekostenarten festlegen [OPTK]: Customizing Einführungsleitfaden • Projektsystem • Kosten • Budget • Ausnahmekostenarten festlegen

Verfügbarkeitskontrolle neu aufbauen [CJBN]: Customizing Einführungsleitfaden • Projektsystem • Kosten • Budget • Verfügbarkeitskontrolle neu aufbauen

Integration zum Investitionsmanagement

Programmarten definieren: Customizing Einführungsleitfaden • Investitionsmanagement • Investitionsprogramme • Stammdaten • Programmarten definieren

C.4 Prozesse der Projektdurchführung

In der Durchführungsphase von Projekten stehen Ihnen die in diesem Abschnitt aufgelisteten Transaktionen und Menüpfade zur Verfügung.

C.4.1 Transaktionen im SAP-Menü

Hier finden Sie zunächst die für die Projektdurchführung relevanten Transaktionen.

Kontierung von Belegen, Rückmeldungen und Beschaffungsprozessen

Bestellanforderungen [ME51N/ME52N/ME53N]: Logistik • Materialwirtschaft • Einkauf • Banf • Anlegen/Ändern/Anzeigen

Bestellung anlegen [ME21N/ME25/ME58/ME59]: Logistik • Materialwirtschaft • Einkauf • Bestellung • Anlegen • Lieferant/Lieferwerk bekannt/Lieferant unbekannt/über Banf-ZuordListe/Automat. Über Banfen

Wareneingang [MIGO]: Logistik • Materialwirtschaft • Einkauf • Bestellung • Folgefunktionen • Wareneingang

Leistungserfassung [ML81N]: Logistik • Materialwirtschaft • Einkauf • Bestellung • Folgefunktionen • Leistungserfassung • Pflegen

Leistungsverrechnungen [KB21N/KB23N/KB24N]: Projektsystem • Controlling • Leistungsverrechnung • Erfassen/Anzeigen/Stornieren

Einzelrückmeldung [CN25/CN28/CN29]: Projektsystem • Fortschritt • Rückmeldung • Einzelerfassung • Erfassen/Anzeigen/Stornieren

Sammelrückmeldung [CN27]: Projektsystem • Fortschritt • Rückmeldung • Sammelerfassung

CATS classic [CAT2/CAT3]: Projektsystem • Fortschritt • Rückmeldung • Arbeitszeitblatt • CATS classic • Arbeitszeiten erfassen/anzeigen

CATS for service providers [CATSXT/CATSXT_ADMIN]: Projektsystem • Fortschritt • Rückmeldung • Arbeitszeitblatt • CATS for Service Providers • Eigene Arbeitszeiten erfassen/Arbeitszeiten erfassen

Überleitung [CATA/CAT7/CAT6/CATM/CAT9/CAT5]: Projektsystem • Fortschritt • Rückmeldung • Arbeitszeitblatt • Überleitung • Komponentenübergreifend/Rechnungswesen/Personalwirtschaft/Externe Leistungen/Instandhaltungs-/Serviceabwicklung/Projektsystem

MRP-Lauf Projektbestand [MD51]: Projektsystem • Material • Planung • MRP Projekt

Lieferung aus Projekt [CNS0]: Projektsystem • Material • Realisierung • Lieferung aus Projekt

ProMan [CNMM]: Projektsystem • Material • Realisierung • Projektorientierte Beschaffung (ProMan)

Fakturierung, Projektfortschritt und Claim-Management

Faktura [VF01/VF02/VF03/VF04/VF11]: Logistik • Vertrieb • Fakturierung • Faktura • Anlegen/Ändern/Anzeigen/Fakturavorrat bearbeiten/Stornieren

Aufwandsbezogene Faktura [DP91/DP96/DP93]: Logistik • Vertrieb • Verkauf • Auftrag • Folgefunktionen • Aufwandsbezogene Faktura/Aufw. Faktura (Sammelverarbeitung)/Fakturierung zwischen Buchungskreisen

Meilensteintrendanalyse [CNMT]: Projektsystem • Infosystem • Fortschritt • Meilensteintrendanalyse

Fortschrittsermittlung [CNE1/CNE2]: Projektsystem • Fortschritt • Fortschrittsermittlung • Einzelverarbeitung/Sammelverarbeitung

Progress-Analysis-Workbench [CNPAWB]: Projektsystem • Fortschritt • Progress-Analysis-Workbench

Progress Tracking [COMPXPD/WBSXPD/NTWXPD]: Projektsystem • Fortschritt • Progress Tracking/Progress Tracking für Projektstrukturpläne/Progress Tracking für Netzpläne

Claim [CLM1/CLM2/CLM3]: Projektsystem • Meldungen • Claim • Anlegen/Ändern/Anzeigen

Claim-Auswertungen [CLM10/CLM11]: Projektsystem • Infosystem • Claim • Überblick/Hierarchie

C.4.2 Customizing-Aktivitäten

Im Customizing des Projektsystems können Sie vor allem die folgenden Einstellungen in Bezug auf die Projektdurchführung vornehmen.

Kontierung von Belegen, Rückmeldungen und Beschaffungsprozessen

Execution Services: Customizing Einführungsleitfaden • Projektsystem • Kosten • Plankosten • Easy Cost Planning and Execution Services • Execution Services

Rückmeldeparameter festlegen [OPST]: Customizing Einführungsleitfaden • Projektsystem • Rückmeldung • Rückmeldeparameter festlegen

Arbeitszeitblatt CATS: Customizing Einführungsleitfaden • Anwendungsübergreifende Komponenten • Arbeitszeitblatt

ProMan-Profile: Customizing Einführungsleitfaden • Projektsystem • Material • Projektorientierte Beschaffung (ProMan)

Projektfortschritt und Claim-Management

Fortschrittsanalyse: Customizing Einführungsleitfaden • Projektsystem • Fortschritt • Fortschrittsanalyse

Progress Tracking: Customizing Einführungsleitfaden • Projektsystem • Fortschritt • Progress Tracking

Claim-Management: Customizing Einführungsleitfaden • Projektsystem • Claim

C.5 Periodenabschluss

Für den Periodenabschluss werden im Wesentlichen die in diesem Abschnitt aufgeführten Transaktionen und Customizing-Aktivitäten verwendet.

C.5.1 Transaktionen im SAP-Menü

Sehen Sie hier zunächst die Liste der Transaktionen, die beim Periodenabschluss eine Rolle spielen.

Schedule Manager [SCMA]: **Projektsystem • Controlling • Periodenabschluss • Schedule Manager**

Nachbewertung Ist-Tarife [CJN1/CJN2]: **Projektsystem • Controlling • Periodenabschluss • Einzelfunktionen • Nachbewertung Isttarife • Einzelverarbeitung/Sammelverarbeitung**

Zuschläge Obligo und Ist [CJO8/CJO9/CJ44/CJ45]: **Projektsystem • Controlling • Periodenabschluss • Einzelfunktionen • Zuschläge • Einzelverarbeitung Obligo/Sammelverarbeitung Obligo/Einzelverarbeitung Ist/Sammelverarbeitung Ist**

Zuschläge Plan [CJ46/CJ47]: **Projektsystem • Controlling • Planung • Verrechnungen • Zuschläge • Einzelverarbeitung/Sammelverarbeitung**

Template-Verrechnung Ist [CPTK/CPTL]: **Projektsystem • Controlling • Periodenabschluss • Einzelfunktionen • Template-Verrechnung • Einzelverarbeitung/Sammelverarbeitung**

Template-Verrechnung Plan [CPUK/CPUL]: **Projektsystem • Controlling • Planung • Verrechnungen • Template-Verrechnung • Einzelverarbeitung/Sammelverarbeitung**

Verzinsung Ist [CJZ2/CJZ1]: **Projektsystem • Controlling • Periodenabschluss • Einzelfunktionen • Verzinsung • Einzelverarbeitung/Sammelverarbeitung**

Verzinsung Plan [CJZ3/CJZ5]: **Projektsystem • Controlling • Planung • Verrechnungen • Verzinsung • Einzelverarbeitung/Sammelverarbeitung**

Ergebnisermittlung Ist [KKA2/KKAJ]: **Projektsystem • Controlling • Periodenabschluss • Einzelfunktionen • Ergebnisermittlung • Durchführen • Einzelverarbeitung/Sammelverarbeitung**

Ergebnisermittlung Plan [KKA2P/KKAJP]: **Projektsystem • Controlling • Planung • Verrechnungen • Ergebnisermittlung • Durchführen • Einzelverarbeitung/Sammelverarbeitung**

Projektbezogener Auftragseingang [CJA2/CJA1]: Projektsystem • Controlling • Periodenabschluss • Einzelfunktionen • Auftragseingang • Einzelverarbeitung/Sammelverarbeitung

Kostenprognose [CJ9L/CJ9M]: Projektsystem • Controlling • Periodenabschluss • Einzelfunktionen • Kostenprognose • Einzelverarbeitung/Sammelverarbeitung

Abrechnungsvorschrift [CJB2/CJB1]: Projektsystem • Controlling • Periodenabschluss • Einzelfunktionen • Abrechnungsvorschrift • Einzelverarbeitung/Sammelverarbeitung

Übersicht Projektabrechnungsvorschriften [CNSETTLRULE]: Projektsystem • Infosystem • Strukturen • Übersicht Projektabrechnungsvorschriften

Abrechnung Ist [CJ88/CJ8G/CJIC]: Projektsystem • Controlling • Periodenabschluss • Einzelfunktionen • Abrechnung • Einzelverarbeitung/Sammelverarbeitung/Investitionsprojekt Einzelposten

Abrechnung Plan [CJ9E/CJ9G]: Projektsystem • Controlling • Planung • Verrechnungen • Abrechnung • Einzelverarbeitung/Sammelverarbeitung

C.5.2 Customizing-Aktivitäten

Im Customizing des Projektsystems stehen Ihnen die folgenden Anpassungsmöglichkeiten für den Periodenabschluss zur Verfügung.

Gemeinkostenzuschläge: Customizing Einführungsleitfaden • Projektsystem • Kosten • Automatische und periodische Verrechnungen • Gemeinkostenzuschläge

Template-Verrechnungen: Customizing Einführungsleitfaden • Projektsystem • Kosten • Automatische und periodische Verrechnungen • Template-Verrechnungen von Gemeinkosten

Verzinsung: Customizing Einführungsleitfaden • Projektsystem • Kosten • Automatische und periodische Verrechnungen • Verzinsung

Ergebnisermittlung: Customizing Einführungsleitfaden • Projektsystem • Erlöse und Ergebnis • Automatische und periodische Verrechnungen • Ergebnisermittlung

Projektbezogener Auftragseingang: Customizing Einführungsleitfaden • Projektsystem • Erlöse und Ergebnis • Automatische und periodische Verrechnungen • Auftragseingang

Abrechnung: Customizing Einführungsleitfaden • Projektsystem • Kosten • Automatische und periodische Verrechnungen • Abrechnung

C.6 Reporting

Schließlich finden Sie hier die wesentlichen Transaktionen, Customizing-Aktivitäten und Menüpfade, die im Reporting zur Verfügung stehen.

C.6.1 Transaktionen im SAP-Menü

Die hier aufgeführten Transaktionen können Sie im Infosystem Strukturen, im Infosystem Controlling sowie für logistische Berichte aufrufen.

Infosystem Strukturen

(Projekt-)Strukturübersicht [CN41N/CN41]: Projektsystem • Infosystem • Strukturen • Projektstrukturübersicht/Strukturübersicht

Einzelübersichten: Projektsystem • Infosystem • Strukturen • Einzelübersichten

Erweiterte Einzelübersichten: Projektsystem • Infosystem • Strukturen • erweiterte Einzelübersichten

Änderungsbelege [CN60/CJCS/CN61]: Projektsystem • Infosystem • Strukturen • Änderungsbelege • Zum Projekt/Netzplan/Zum Standard-PSP/Zum Standardnetz

Infosystem Controlling und Verdichtung

Formular [CJE4/CJE5/CJE6]: Projektsystem • Infosystem • Werkzeuge • Hierarchieberichte • Formular • Anlegen/Ändern/Anzeigen

(Hiererachie-)Bericht [CJE1/CJE2/CJE3/CJE0]: Projektsystem • Infosystem • Werkzeuge N Hierarchieberichte • Bericht • Anlegen/Ändern/Anzeigen/Ausführen

Plankostenbezogene Standard-Hierarchieberichte: Projektsystem • Infosystem • Controlling • Kosten • Planbezogen • Hierarchisch

Budgetbezogene Standard-Hierarchieberichte: Projektsystem • Infosystem • Controlling • Kosten • Budgetbezogen • Hierarchisch

Erlös-/Ergebnisbezogene Standard-Hierarchieberichte: Projektsystem • Infosystem • Controlling • Erlöse und Ergebnis • Hierarchisch

Berichtsgruppe [GR51/GR52/GR53/GR54/GR55]: Projektsystem • Infosystem • Werkzeuge • Kostenartenberichte • Definieren • Report Writer • Berichtsgruppe • Anlegen/Ändern/Anzeigen/Löschen/Ausführen

Kostenartenbericht [GRR1/GRR2/GRR3/GR34]: Projektsystem • Infosystem • Werkzeuge • Kostenartenberichte • Definieren • Bericht • Anlegen/Ändern/ Anzeigen/Löschen

Plankostenbezogene Standard-Kostenartenberichte: Projektsystem • Infosystem • Controlling • Kosten • Planbezogen • Nach Kostenarten

Erlös-/Ergebnisbezogene Standard-Kostenartenberichte: Projektsystem • Infosystem • Controlling • Erlöse und Ergebnis • Nach Kostenarten

Einzelpostenberichte: Projektsystem • Infosystem • Controlling • Einzelposten

Standard-Zahlungsberichte: Projektsystem • Infosystem • Controlling • Zahlungen

Verdichtung [CJH1/CJH2/KKRC]: Projektsystem • Infosystem • Werkzeuge • Verdichtung • Vererbung/Auswertung Vererbung/Verdichtung

Standardberichte zur Verdichtung: Projektsystem • Infosystem • Controlling • Verdichtung

Logistische Berichte

Bestellanforderungen zum Projekt [ME5J/ME5K]: Projektsystem • Infosystem • Material • Bestellanforderungen • Zum Projekt/Zur Kontierung

Bestellungen zum Projekt [ME5J/ME5K]: Projektsystem • Infosystem • Material • Bestellungen • Zum Projekt/Zur Kontierung

Materialberichte [CN52N/MD04/CO24/MB25/MD4C/MBBS]: Projektsystem • Infosystem • Material • Materialkomponenten/Bedarf/Bestand/Fehlteile/Reservierungen/Auftragsbericht/Bewerteter Projektbestand

Kapazitätsauswertung Arbeitsplatzsicht [CM01/CM02/CM03/CM04/CM05]: Projektsystem • Ressourcen • Kapazitätsplanung • Auswertung • Arbeitsplatzsicht N Belastung/Aufträge/Vorrat/Rückstand/Überlast

Erweiterte Auswertung [CM50/CM51/CM52]: Projektsystem • Ressourcen • Kapazitätsplanung • Auswertung • Erweiterte Auswertung • Arbeitsplatzsicht/EinzelkapaSicht/Auftragssicht

Erweiterte Auswertung Projektsicht [CM53/CM54/CM55]: Projektsystem • Ressourcen • Kapazitätsplanung • Auswertung • Erweiterte Auswertung • Projektsicht • PSP-Elem/Version/Version/Arbeitsplatz/Vers

C.6.2 Customizing-Aktivitäten

Die folgenden Customizing-Aktivitäten können Sie für das Reporting ausführen.

Selektion

Datenbankprofil [OPTX]: Customizing Einführungsleitfaden • Projektsystem • Infosystem • Selektion • Profil für Datenbankselektion festlegen

Projektsicht für Infosystem festlegen [OPUR]: Customizing Einführungsleitfaden • Projektsystem • Infosystem • Selektion • Projektsicht für Infosystem festlegen

Statusselektionsschema [BS42]: Customizing Einführungsleitfaden • Projektsystem • Infosystem • Selektion • Selektionsschema für Infosystem definieren

Infosystem Strukturen

PS-Infoprofil [OPSM]: Customizing Einführungsleitfaden • Projektsystem • Infosystem • Technische Projektberichte • Gesamtprofil für Infosystem festlegen

Profil für Aufruf der Übersichten festlegen [OPSL]: Customizing Einführungsleitfaden • Projektsystem • Infosystem • Technische Projektberichte • Profil für Aufruf der Übersichten festlegen

Infosystem Controlling und Verdichtung

Wertkategorien: Customizing Einführungsleitfaden • Projektsystem • Kosten • Wertkategorien

Finanzpositionen: Customizing Einführungsleitfaden • Projektsystem • Zahlungen • Finanzpositionen

PS-Cashmanagement aktivieren [OPI6]: Customizing Einführungsleitfaden • Projektsystem • Zahlungen • Projekt-Cashmanagement im Buchungskreis aktivieren

(Hierarchie-)Berichte importieren [CJEQ]: Customizing Einführungsleitfaden • Projektsystem • Infosystem • Infosystem Kosten/Erlöse • Hierarchiebericht • Berichte importieren

(Kostenarten-)Berichte importieren [OKSR]: Customizing Einführungsleitfaden • Projektsystem • Infosystem • Infosystem Kosten/Erlöse • Kostenartenanalyse • Standardberichte • Berichte importieren

Neuaufbau der Projektinfo-Datenbank [CJEN]: Customizing Einführungsleitfaden • Projektsystem • Infosystem • Infosystem Kosten/Erlöse • Projektinfo-Datenbank (Kosten, Erlöse, Zahlungen) • Neuaufbau der Projektinfo-Datenbank

Verdichtungshierarchie pflegen [KKRO]: Customizing Einführungsleitfaden • Projektsystem • Infosystem • Bereichscontrolling • Projektverdichtung • Verdichtungshierarchie pflegen

Logistische Berichte

Profile für Kapazitätsauswertung [OPA2-OPA6]: Customizing Einführungsleitfaden • Produktion • Kapazitätsplanung • Auswertung • Profile • Auswahlprofile/Einstellungsprofile/Listenprofile/Grafikprofile/Gesamtprofile festlegen

Profile für erweiterte Auswertung [OPDO-OPD4]: Customizing Einführungsleitfaden • Produktion • Kapazitätsplanung • Kapazitätsabgleich und Erweiterte Auswertung • Gesamtprofil/Selektionsprofil/Zeitprofil/Auswertungsprofil/Periodenprofil definieren

Das Autorenteam

Dr. Mario Franz ist aktuell als Produktmanager im Bereich Enterprise Portfolio- und Projektmanagement tätig. Er hat sich bereits zuvor in wechselnden Rollen bei SAP um dieses Thema gekümmert und insbesondere mehrere Jahre SAP-Kurse zum Projektsystem gehalten sowie bei der Beraterausbildung mitgewirkt.

Andrea Langlotz arbeitet seit 2005 im Bereich Enterprise Portfolio- und Projektmanagement der SAP SE, aktuell als Produktmanagerin. Ihr Schwerpunkt sind die SAP-S/4HANA-basierten Aspekte der EPPM-Anwendung. Zuvor war sie viele Jahre als Solution Managerin für die Go-to-Market-Strategie und Vermarktung der Lösung zuständig.

Index

D

E

F

O

P

T

U

V

W

Z